《现代数学基础丛书》编委会

国家科学技术学术著作出版基金资助出版
“十四五”时期国家重点出版物出版专项规划项目

现代数学基础丛书 197

临界非线性色散方程

苗长兴　徐桂香　郑继强　著

科学出版社
北　京

内 容 简 介

本书主旨是以能量临界 Schrödinger 方程、聚焦非线性 Klein-Gordon 方程为范例，向读者介绍近年来非线性色散(波)方程研究中派生的 Bourgain 能量归纳法、陶哲轩 I-团队的相互作用 Morawetz 估计及其局部化技术、Kenig-Merle 在色散框架下发展的变分原理与刚性方法. 主要涉及非线性色散方程的物理背景、Fourier 分析基础及 Strichartz 估计、变分法与椭圆理论：基态解及其变分刻画、集中紧致原理与轮廓分解、非聚焦能量临界 Schrödinger 方程的整体适定性与散射理论、聚焦能量临界 Schrödinger 方程及非线性 Klein-Gordon 方程的散射理论. 与此同时，以评述的形式给出其他非线性色散方程的研究进展及相关参考文献. 希望通过本书使青年学者掌握如何用现代分析，特别是调和分析来研究非线性色散方程，尽快进入该研究领域的前沿.

本书可供理工科院校数学、应用数学专业的高年级本科生、研究生、教师及相关专业的科技工作者阅读参考.

图书在版编目(CIP)数据

临界非线性色散方程/苗长兴，徐桂香，郑继强著. —北京：科学出版社，2023.3
(现代数学基础丛书；197)
ISBN 978-7-03-074853-9

Ⅰ. ①临… Ⅱ. ①苗… ②徐… ③郑… Ⅲ. ①非线性偏微分方程 Ⅳ. ①O175.29

中国国家版本馆 CIP 数据核字(2023)第 024058 号

责任编辑：李静科 贾晓瑞／责任校对：彭珍珍
责任印制：吴兆东／封面设计：陈 敬

科学出版社 出版
北京东黄城根北街 16 号
邮政编码：100717
http://www.sciencep.com
北京天宇星印刷厂印刷
科学出版社发行 各地新华书店经销
*
2023 年 3 月第 一 版 开本：720×1000 1/16
2024 年 1 月第二次印刷 印张：30 1/4
字数：590 000

定价：188.00 元

(如有印装质量问题，我社负责调换)

《现代数学基础丛书》序

对于数学研究与培养青年数学人才而言，书籍与期刊起着特殊重要的作用. 许多成就卓越的数学家在青年时代都曾钻研或参考过一些优秀书籍，从中汲取营养，获得教益.

20 世纪 70 年代后期，我国的数学研究与数学书刊的出版由于“文化大革命”的浩劫已经破坏与中断了 10 余年，而在这期间国际上数学研究却在迅猛地发展着. 1978 年以后，我国青年学子重新获得了学习、钻研与深造的机会. 当时他们的参考书籍大多还是 50 年代甚至更早期的著述. 据此，科学出版社陆续推出了多套数学丛书，其中《纯粹数学与应用数学专著》丛书与《现代数学基础丛书》更为突出，前者出版约 40 卷，后者则逾 80 卷. 它们质量甚高，影响颇大，对我国数学研究、交流与人才培养发挥了显著效用.

《现代数学基础丛书》的宗旨是面向大学数学专业的高年级学生、研究生以及青年学者，针对一些重要的数学领域与研究方向，作较系统的介绍. 既注意该领域的基础知识，又反映其新发展，力求深入浅出，简明扼要，注重创新.

近年来，数学在各门科学、高新技术、经济、管理等方面取得了更加广泛与深入的应用，还形成了一些交叉学科. 我们希望这套丛书的内容由基础数学拓展到应用数学、计算数学以及数学交叉学科的各个领域.

这套丛书得到了许多数学家长期的大力支持，编辑人员也为其付出了艰辛的劳动. 它获得了广大读者的喜爱. 我们诚挚地希望大家更加关心与支持它的发展，使它越办越好，为我国数学研究与教育水平的进一步提高做出贡献.

杨　乐

2003 年 8 月

前　　言

非线性色散方程的现代研究表明, 许多公开问题的解决依赖于调和分析的方法与技术, 同时也促进了调和分析自身的发展. 现代调和分析与偏微分方程的研究相得益彰, 相互促进. 例如: Fourier 限制估计为非线性色散方程能量解或低正则解提供了研究框架, 从而直接获得非线性色散方程真正的物理解. 基于欧氏空间中 Littlewood-Paley 理论 (Laplace 算子谱分解的离散化形式) 的局部化技术与微局部分析等现代分析工具, 激发人们从象征出发研究色散方程解的色散性质、奇性传播、局部光滑性、Strichartz 估计等, 开发 Morawetz 估计在物理与频率空间的局部化性质, 进而达到研究非线性色散 (波) 方程 Cauchy 问题解的长时间动力学行为. 作为典型范例, 本书重点研究能量临界的 Schrödinger 方程与非线性 Klein-Gordon 方程 Cauchy 问题的散射理论.

众所周知, Morawetz 估计在非线性色散 (波) 方程的散射理论中起着核心作用. 次临界情形的研究方法源于物理理念 (在无限时刻势能消失), 色散估计用于处理不含时间奇性的区间, 而对含时间奇性区间实施物理空间的分解 (尺度依赖于时间), 对大尺度区域采用有限或几乎有限传播速度、对最困难的小尺度区域需要采用 Morawetz 估计. 然而如何研究能量临界的非线性色散 (波) 方程, 是一个长期悬而未决的公开问题! 究其原因无外乎两个层面, 从数学上来看, Morawetz 估计仅仅提供了 $H^{1/2}$ 层次控制估计而非能量层次的控制估计 (如能量临界的 Schrödinger 方程); 从物理层面上讲, 动能与势能处于同一个量级, 无法用动能控制势能, 这对能量临界聚焦非线性色散方程尤为如此. Fields 奖得主 Bourgain 率先实现临界问题研究的突破, 开创了极小能量归纳法, 解决了非聚焦能量临界 Schrödinger 方程的径向散射猜想. Fields 奖得主陶哲轩及其研究团队发展了相互作用的 Morawetz 估计及其在频率空间上局部化技术, 彻底解决三维非聚焦能量临界 Schrödinger 方程的散射猜想. 对不具正定 Morawetz 估计的聚焦非线性色散 (波) 方程, 无法直接使用极小能量归纳法. Kenig-Merle 在 Bourgain 极小能量归纳方法的启示下, 发展了“色散框架下的变分方法”, 引入极小动能爆破解或极小临界元的概念, 实现了排除能量聚积的目标. 现代调和分析在这些进程中发挥了举足轻重的作用, 特别是集中紧致原理的轮廓 (profile) 分解刻画、刚性方法等在基态猜想、孤立子猜想、爆破解分类等研究中尤为突出.

本书共七章, 主要涉及色散方程的物理背景与研究动因、Fourier 分析基础及

Strichartz 估计、椭圆理论与变分刻画、集中紧致原理与轮廓分解、非聚焦能量临界 Schrödinger 方程的散射理论、聚焦能量临界 Schrödinger 方程的散射理论及非线性聚焦 Klein-Gordon 方程的散射理论. 主旨是以能量临界 Schrödinger 方程、聚焦非线性 Klein-Gordon 方程为范例, 向读者介绍近年来临界非线性色散 (波) 方程研究中派生的新方法. 与此同时, 以评述的形式给出其他非线性色散方程的研究进展及相关参考文献. 希望通过阅读本书, 青年学者能够掌握如何用现代调和分析来研究非线性色散方程, 尽快进入该研究领域的前沿.

第 1 章: 非线性色散方程的物理背景.

不同于传统的椭圆、抛物及双曲型偏微分方程, 非线性色散方程刻画了线性色散与非线性放大之间相互作用, 解的传播速度依赖于频率的尺度, "局部能量" 随着时间的推移而减少. 非线性 Schrödinger 方程是非线性色散方程 (量子力学中的基本方程) 的典范, 尽管该方程的解不具极值原理. 自由 Schrödinger 方程的解的谱落在高斯曲率不为零的时空抛物面上, 这类谱几何特性反映了解具有 Strichartz 估计, 对应着 Fourier 限制性估计的对偶形式. 另一方面, 非线性色散方程是典型的 Hamilton 系统, Noether 定理总决定着这些方程若干守恒律与不变量, 为非线性色散方程的研究框架提供重要的物理支撑与数学抉择. 例如: 自由 Schrödinger 方程的解具有质量守恒 (L^2 范数) 及 L^∞ 范数关于时间的衰减, 由此就推出解的 L^1 范数是增长的. 由此可见 L^1 范数不可能是我们所选择的拓扑. 除此之外, 既然解具有 L^2 范数守恒, 自然就不存在 L^2 范数意义下的整体光滑估计, 这是色散方程的自然属性.

第 2 章: Fourier 分析基础与 Strichartz 估计.

对称型 Strichartz 估计对应着 Tomas-Stein 限制性定理, Strichartz 估计为非线性色散方程适定性提供了研究框架. 与此同时, 不同形式的 Strichartz 估计在非线性色散方程研究中发挥不同的作用. 一般形式 Strichartz 估计的证明依赖于色散估计、TT^* 方法. 本章的主旨是通过驻相分析建立不同类型的色散估计, 进而建立双线性 Strichartz 估计等不同类型的 Strichartz 估计, 并给出长时间 Strichartz 估计的评述. 作为必要准备, 本章简明扼要介绍与本书相关的 Fourier 分析基础知识, 其中包括 Littlewood-Paley 分解、仿积与仿微分算子、Bony 的二次微局部分解与分数阶求导估计、奇异积分算子与驻相分析等. 作为研究非线性色散 (波) 方程的基本工具, 本章介绍了 Strichartz 估计在非线性色散方程的局部分析的主导作用, 其中包括解的适定性 (含小解的整体适定性)、稳定性定理低正则空间框架下的局部适定性. 当然, 深入的低正则性课题会涉及局部光滑估计、Bourgain 空间 $X^{s,b}$、多线性分析、I-方法、共振分解技术等, 相关的内容可见苗长兴的系列专著 [137—139] 或 Dodson 的专著 [34].

第 3 章: 椭圆理论: 基态及其变分刻画.

聚焦型非线性色散 (波) 方程的局部理论与非聚焦情形一样, 然而整体理论大相径庭. 一般来讲, 不能期待任意能量初值具有整体适定性与散射理论. 事实上, 聚焦型非线性色散解的动力学行为远比非聚焦情形复杂, 在数学上派生了基态猜想与孤立子猜想. 为了研究聚焦型非线性色散 (波) 方程对应基态猜想、孤立子猜想及解的爆破机制, 就需要研究这些方程对应的基态解及一般有界态解的存在性. 基于极小功原理构造临界或次临界椭圆方程对应的 Lagrange 约束泛函, 通过研究 Lagrange 约束泛函的临界点来证明椭圆方程的基态或有界态解的存在性. 与此同时, 重点分析了色散 (波) 方程的散射理论与相应的椭圆方程解之间的密切联系, 说明了这些椭圆方程的解及其在共形变换群下轨道就形成了散射意义下相变的边界或属于散射区域的边界. 然而, 如何界定它们对应的椭圆方程并非易事, 这与临界与次临界、方程是否容许伸缩变换群、相应的物理系统是否满足动能与势能的平衡或极小功原理是否在椭圆方程的解处达到等问题密切相关. 对具有伸缩不变性的临界波动方程或非线性色散方程, 仅仅需要考虑在伸缩变换下的变分导数就行了, 主要原因是无须考虑 L^2 范数的控制估计! 然而, 对不具伸缩不变性的临界 Klein-Gordon 方程或非线性色散方程, 需要估计高频-低频控制估计, 这势必考虑相应的 Hopf 的变分导数. 其优点在于更好地刻画不同线性能量之间的平衡, 适应不同的物理机制. 我们以聚焦非线性 Klein-Gordon 方程为例, 给出了不具伸缩不变性的相对波动方程的变分导数与散射理论的关系.

第 4 章: 集中紧致原理与轮廓分解.

众所周知, 紧性是分析学中最重要的拓扑概念之一, 与各种方程的求解密切相关. 刻画紧性的概念也是丰富多彩的. 众所周知, 经典的集中紧致方法在变分问题、椭圆与抛物方程中有广泛的应用, Bourgain 的能量归纳方法激活了色散框架下的“变分法”, Bahouri-Gérard 率先通过轮廓分解刻画集中紧致原理. 具有里程碑意义的是 Kenig-Merle 成功地将其应用到聚焦临界非线性色散 (波) 方程的整体适定性与散射理论, 解决了聚焦能量临界波动方程对应的基态猜想、聚焦能量临界 Schrödinger 方程径向基态猜想. 与此同时, 陶哲轩研究团队通过系统地开发 Sobolev 空间、Strichartz 空间框架下的“集中紧现象”, 将极小能量爆破解的概念提升到极小动能爆破解. 作为本书的核心内容之一, 本章介绍在不同色散框架下集中紧致原理及其相应的轮廓分解刻画, 紧性亏损源于形如平移变换、伸缩变换等非紧群的非平凡作用, 为研究非线性临界色散方程提供了一个极其朴实且有效的方法. 为完备起见, 我们还将用注记的方式, 对质量临界 Schrödinger 方程进行讨论.

第 5 章: 非聚焦型能量临界 Schrödinger 方程的整体适定性与散射理论.

众所周知, Bourgain 的能量归纳方法为研究临界色散方程的整体适定性与散射理论开辟了道路. 鉴于非聚焦能量临界的 Schrödinger 方程的径向对称解只可能在原点附近产生聚积, Bourgain 建立 Morawetz 估计的局部化估计, 排除能量在原点聚积的可能, 解决了非聚焦能量临界 Schrödinger 方程径向解的散射猜想 (也可参见 Grillakis 的证明)! 显然, 仅仅依靠 Morawetz 估计在原点附近的局部化, 不足以处理远离原点的能量聚积现象! 对一般的能量初值函数, 如何建立非聚焦能量临界 Schrödinger 方程解散射理论是一个引人注目的公开问题. 基于 Bourgain 的能量归纳方法, 陶哲轩及其研究团队在物理与频率空间同时实施归纳分析, 建立了相互作用的 Morawetz 估计及其在相空间的局部化, 通过几乎守恒方法控制 L^2 质量在频率空间中的运动, 解决了非聚焦能量临界 Schrödinger 方程的散射猜想. 本章主要取材于陶哲轩及其研究团队的工作, 并附作者对这个著名工作的理解. 同时, 我们用注记的方式, 介绍 Dodson 建立极小临界元对应的长时间 Strichartz 估计 (不是普适的先验估计) 方法, 给出了非聚焦能量临界的 Schrödinger 方程散射理论的一个简化证明.

第 6 章: 聚焦型能量临界 Schrödinger 方程.

从“相变”的观点, 如果能量临界聚焦 Schrödinger 方程对应的基态猜想不成立, 从集中紧的轮廓分解刻画可获得具有“适当正则性”的“极小临界元”. 然而, 通过“极小临界元”满足的刚性条件可推出该临界元是平凡的, 从而证明高维情形下的“基态猜想”. 需要说明三维能量临界聚焦 Schrödinger 方程的基态猜想仍然是公开的, 这里我们仅给出高维 ($d \geqslant 5$) 情形下的基态猜想. 本章重点介绍色散框架下的集中紧致原理及其轮廓分解刻画, 说明色散框架下的集中紧方法是极小能量归纳方法的定性朴实版本, 不仅适用于非聚焦情形, 同时也适用于不具正定 Morawetz 估计的聚焦情形. 读者将会体会到轮廓分解、集中紧致原理与 Sobolev 嵌入的紧性亏损、对称群变换、重整化技术等数学方法的交叉与融合, 为了完备起见, 我们还将用注记方式, 给出聚焦临界波方程的基态猜想、质量临界的 Schrödinger 方程散射猜想等的相关研究.

第 7 章: 非线性 Klein-Gordon 方程的散射理论.

不同于能量临界聚焦波动方程 (仅需考虑伸缩变换下的变分导数), 非线性 Klein-Gordon 方程不具伸缩不变性. 建立散射理论不仅需要高频控制, 同时也需要低频对应的控制估计. 基于能量重分与渐近极小功原理, “极小临界元”的刻画势必需要采用 Hopf 变分导数, 寻求不同线性能量之间的平衡, 适应及刻画的不同的物理机制与过程. 我们以聚焦非线性 Klein-Gordon 方程为例, 构造与之对应的不同形式的 Largrange 约束泛函, 证明这些具有物理意义的泛函的临界点及其刚性运动恰好形成了“散射的相变边界”. 如何克服在失去伸缩对称情形下, 建立相应轮廓分解及紧性刻画, 也是本章的主要目的, 作者希望通过聚焦非线性 Klein-Gordon 方程, 了解如何排除非平凡极小临界元, 进而建立不具伸缩不变的

非线性色散 (波) 方程的散射理论.

最后, 作者还要感谢年轻同事与学生: 陈琼蕾研究员、张军勇研究员、高燕芳副教授、薛留堂副教授、郑孝信副教授、杨建伟副研究员、路静副教授、唐兴栋博士、赵腾飞博士、苏晓燕博士、高传伟博士、杨凯龙博士、李静月博士、员继业博士、郝晓楠博士及博士生李卓然、孟繁飞、徐成彬、王颖、高中、邓明明、李珍、陶李莹、童成俊、张睿骁、宋易霖、钱思捷等, 他们为本书的校对做了许多有益的工作.

本书得到国家重点研发计划 (No.2022YFA1005700, No.2020YFA0712900)、国家科学技术学术著作出版基金、国家高层次人才青年项目、国家自然科学基金重点项目 (No.11831004) 与国家重点研发计划青年科学家项目 (No.2021YFA1002500) 的资助.

作　者

2022 年 8 月于北京

目　　录

第 1 章　非线性色散方程的物理背景

Schrödinger 方程是量子力学中的基本模型, 从偏微分方程的分类来看, 该方程是一个典型色散方程. 多玻色相互作用的平均场极限 (通过其感应位势) 给出的基态对应着非线性 Schrödinger 方程和 Hartree 方程解的一个因子化态, 参见 [21, 40—42, 95, 96].

在具有限能量的非线性色散方程中, 非线性 Schrödinger 方程作为一个“万能”的伸缩变换极限形式, 它可在多种不同的情形推出. 例如: 非线性 Schrödinger 方程可以通过 KdV 方程的小扰动及大相位调制 $e^{ikx}N^{\frac{1}{2}}\varphi(Nx)$ ($|k| \gg N$) 推出, 详细参见 [83, 179]. 质量临界 Schrödinger 方程可视为非线性 Klein-Gordon 方程的非相对极限, 详细参见 [88, 108]. 能量临界非线性 Schrödinger 方程可视为弯曲空间中具有集中初值的能量临界 Schrödinger 方程的极限, 参见 [69—71].

1.1　非线性色散方程的特征

不同于传统的椭圆、抛物及双曲型偏微分方程, 非线性色散方程刻画了线性色散与非线性放大之间相互作用, 解的传播速度依赖于频率的尺度, “局部能量”随着时间的演化而减少. 非线性 Schrödinger 方程是非线性色散方程的典范, 尽管该方程的解不具极值原理, 自由 Schrödinger 方程的解的谱落在 Gauss 曲率不为零的时空抛物面上, 这类谱几何特性反映了解具有 Strichartz 估计, 对应着 Fourier 限制性估计的对偶形式.

一般来讲, 线性色散算子可表示为:① $L = i\partial_t + \omega(i^{-1}\nabla)$. 这些算子在以 L^2 为基底的 Hilbert 空间中生成一个连续酉群, 它以 $\omega(k)/k$-速度来传输平面波 $u = e^{ikx}$, 其中 $\omega(k)$ 对应着色散关系. 随着时间演化, 不同频率部分以不同的速度移动, 进而相互分离, 这就意味着“局部能量”随着时间的推移而减少, 即使对这些关于时间具有可逆性质的方程也不例外.

非线性放大产生的发散多种多样. 为确定起见, 仅考虑相旋转不变的非线性放大, 即满足 $f(e^{i\theta}u) = e^{i\theta}f(u)$. 上述非线性 $f(u)$ 实际上对应着半线性方程. 为简单起见, 通常取 $f(u) = |u|^{p-1}u$ 是多项式增长的情形. 一般来说, $u = 0$ 及 $|u| = +\infty$ 附近的非线性增长阶数和非线性项的符号决定解的动力学行为.

① 自然也可考虑形如 $L\overline{L}$ 的二阶算子 (包含经典波动方程), 仅需考虑向量形式解 $U = (u, u_t)$, 将其纳入色散框架之下.

非线性色散方程是典型的 Hamilton 系统, Noether 定理决定着这些方程若干守恒律与不变量, 为非线性色散方程的研究框架提供重要的物理支撑与数学抉择. 例如: 自由 Schrödinger 方程的解具有质量守恒 (L^2 范数) 及 L^∞ 范数关于时间的衰减, 由此就推出解的 L^1 范数是增长的. 由此可见 L^1 范数不可能是我们所选择的拓扑. 再例如, 既然解具有 L^2 范数守恒, 自然就不存在 L^2 范数意义下的整体光滑估计, 这是色散方程的自然属性.

1.2　半线性色散方程分类

通过色散算子对应的象征的阶数 (或色散阶数 ℓ) 对色散方程进行分类是目前常用的方式. 以 Schrödinger 方程对应的 $\ell = 2$ 阶色散为标准, KdV 与四阶 Schrödinger 方程 (FOS) 等对应着 $2 < \ell \leqslant 4$ 的高色散区域. $1 \leqslant \ell \leqslant 2$ 对应着中间色散区域, 包括一阶色散对应的经典波动方程 ($\omega(k) = |k|$). $0 \leqslant \ell < 1$ 对应着低色散区域, 包含了经典水波方程 ($\omega(k) = \sqrt{|k|}$). 总之, 色散方程的分类可以粗线条地归结为如下几种情形:

• $0 \leqslant \ell < 1$-低色散区域.

$$\ell = \begin{cases} 0, & \text{常微分方程 (零阶色散)}, \\ \dfrac{1}{2}, & \text{水波方程 (低阶色散)}. \end{cases}$$

• $1 \leqslant \ell \leqslant 2$-中间色散区域.

$$\ell = \begin{cases} 1, & \text{波动方程 (双曲色散)}, \\ \dfrac{3}{2}, & \text{曲面水波方程 (中间层次色散)}, \\ 2, & \text{Schrödinger 方程 (标准色散)}. \end{cases}$$

• $2 < \ell < \infty$-高色散区域.

$$\ell = \begin{cases} 3, & \text{KdV 方程 (高阶色散)}, \\ 4, & \text{四阶 Schrödinger 方程 (更高阶色散)}. \end{cases}$$

非线性色散方程的统一表示形式

非线性色散方程是经典的 Hamilton 方程, 可以统一表示为如下形式

$$(J\partial_t + A)\,U = \mathcal{N}(U), \tag{1.2.1}$$

这里 J 满足 $J^2=\mathrm{Id}$, A 是一个线性椭圆算子, $\mathcal{N}$ 是关于 $U,\overline{U}$ 的非线性函数.

非线性 Schrödinger 方程

非线性 Schrödinger 方程 (NLS) 可表示为

$$(i\partial_t+\Delta)\,u=\lambda|u|^{p-1}u, \tag{1.2.2}$$

这里 $u:\mathbb{R}\times\mathbb{R}^d\to\mathbb{C}$ 是未知函数, $p>1$ 是一个实数, $\lambda\in\mathbb{R}$.

- 当 $\lambda>0$ 时, 称 (1.2.2) 是非聚焦的 (defocusing).
- 当 $\lambda<0$ 时, 称 (1.2.2) 是聚焦的 (focusing).
- 非线性 Schrödinger 方程 (1.2.2) 对应的 Hamilton (能量)

$$H_{\mathrm{NLS}}(u)=\frac{1}{2}\int_{\mathbb{R}^d}\left(|\nabla u(t,x)|^2+\frac{2\lambda}{p+1}|u(t,x)|^{p+1}\right)dx. \tag{1.2.3}$$

- 非线性 Schrödinger 方程 (1.2.2) 在 $X=L^2(\mathbb{R}^d)$ 上的辛结构

$$\Omega(u,v)=\mathrm{Im}\int_{\mathbb{R}^d}u(x)\overline{v}(x)dx=\langle u,iv\rangle_{L^2\times L^2}.$$

非线性 Schrödinger 方程 (1.2.2) 具有三个守恒量: 质量守恒、动量守恒及 Hamilton 守恒, 即

$$M(u)=\int_{\mathbb{R}^d}|u(t,x)|^2dx,\quad \mathrm{Mom}(u)=2\mathrm{Im}\int_{\mathbb{R}^d}\overline{u}(t,x)\nabla u(t,x)dx, \tag{1.2.4}$$

$$H_{\mathrm{NLS}}(u)=\frac{1}{2}\int_{\mathbb{R}^d}\left(|\nabla u(t,x)|^2+\frac{2\lambda}{p+1}|u(t,x)|^{p+1}\right)dx=H_{\mathrm{NLS}}(u_0). \tag{1.2.5}$$

质量守恒源于方程在相旋转变换

$$u\mapsto e^{i\theta}u,\quad \forall\,\theta\in\mathbb{R}$$

下对应的不变量, 动量守恒则对应着方程在平移变换

$$u\mapsto u(\cdot-y),\quad \forall\,y\in\mathbb{R}^d$$

下对应的不变量. 能量守恒对应着在时间平移变换下对应的不变量.

通常, 我们对守恒律的局部形式更感兴趣, 容易看出

$$\partial_t|u|^2=\mathrm{div}[\mathrm{Mom}(u)]=\mathrm{div}\left[2\mathrm{Im}(\overline{u}\nabla u)\right],$$

$$\partial_t\mathrm{Mom}(u)=-\nabla\left[\Delta|u|^2\right]+4\mathrm{Re}\left[\mathrm{div}[\partial_i\overline{u}\partial_j ue_i]e_j\right]+2\lambda\frac{p-1}{p+1}\nabla|u|^{p+1}.$$

特别, 存在一个涉及质量二阶导数的美妙等式——Virial 恒等式, 即

$$\frac{d^2}{dt^2}\int_{\mathbb{R}^d}|x|^2|u(t,x)|^2dx = 16H_{\mathrm{NLS}}(u(0)), \quad p = 1+\frac{4}{d}. \tag{1.2.6}$$

至于其他类似的例子, 可以参见 [143,155].

非线性 Schrödinger 方程 (1.2.2) 另一个特征是在 Galilean 变换下保持不变. 如果 $v \in \mathbb{R}^d$, u 是 (1.2.2) 的解, 则

$$\tilde{u}(t,x) = e^{-ix\cdot v}e^{it|v|^2}u(t,x-2vt) \tag{1.2.7}$$

也是 (1.2.2) 的解.

完全可积系统 当 $\lambda = -1$, $p = 3$ 时, 一维 Schrödinger 方程 (1.2.2) 是一个完全可积系统, 具有无限多个守恒律. 然而, 这仅是一个特殊情形. 对一般非线性 Schrödinger 方程 (1.2.2) 而言, 难以期待它是完全可积的.

非线性 Schrödinger 方程 (1.2.2) 具有伸缩不变性, 即对于 (1.2.2) 任意解 u, 其伸缩变换形式

$$u_\alpha(t,x) = \alpha^{\frac{2}{p-1}}u(\alpha^2 t, \alpha x), \quad \forall \alpha > 0, \tag{1.2.8}$$

仍然是非线性 Schrödinger 方程 (1.2.2) 的解, 相应的初值为

$$u_\alpha(0,x) = \alpha^{\frac{2}{p-1}}u(0,\alpha x).$$

进而, 伸缩解满足如下尺度不变性

$$\|u_\alpha\|_{L_t^q(\alpha^{-2}I, L_x^r)} = \alpha^{\frac{2}{p-1}-\frac{2}{q}-\frac{d}{r}}\|u\|_{L_t^q(I,L_x^r)}$$

及

$$\|u_\alpha(0)\|_{\dot{H}^{s_c}} = \|u(0)\|_{\dot{H}^{s_c}}, \quad s_c = \frac{d}{2}-\frac{2}{p-1}.$$

它为我们获得局部适定性提供了最低正则性空间. 见苗长兴与张波的专著 [141] 及 [23].

非线性波动方程与非线性 Klein-Gordon 方程

考虑非线性波动方程

$$\begin{cases} u_{tt} - \Delta u + \lambda |u|^{p-1}u = 0, & (x,t) \in \mathbb{R}^d \times \mathbb{R}, \\ u(0,x) = u_0, \quad u_t(0,x) = u_1 \end{cases} \tag{1.2.9}$$

与非线性 Klein-Gordon 方程

$$
\begin{cases} u_{tt} - \Delta u + u + \lambda |u|^{p-1} u = 0, \quad (x,t) \in \mathbb{R}^d \times \mathbb{R}, \\ u(0,x) = u_0, \quad u_t(0,x) = u_1, \end{cases} \tag{1.2.10}
$$

这里 $u : \mathbb{R} \times \mathbb{R}^d \to \mathbb{R}$. 当 $\lambda > 0$ 时, 对应着非聚焦的波动方程与非聚焦的 Klein-Gordon 方程; 当 $\lambda < 0$ 时, 它们分别对应着聚焦情形. 记

$$
\begin{cases} 2_* - 1 < p \leqslant 2^* - 1, \quad 2^* = \dfrac{2d}{d-2}, \quad 2_* = 2 + \dfrac{4}{d}, \quad d \geqslant 3, \\ 2_* - 1 < p < +\infty, \quad 2_* = 2 + \dfrac{4}{d}, \quad 1 \leqslant d \leqslant 2. \end{cases} \tag{1.2.11}
$$

称 $p = 2^* - 1$ 为能量临界指标, $p = 2_* - 1$ 对应着质量临界指标. 容易看出, 方程 (1.2.9) 与 (1.2.10) 分别具有 Hamilton 守恒量:

$$
H_{\mathrm{W}} = E(u, u_t) = \int_{\mathbb{R}^d} \left[\frac{1}{2} \left(|\nabla u(t)|^2 + |u_t(t)|^2 \right) + \frac{\lambda}{p+1} |u(t)|^{p+1} \right] dx,
$$

$$
H_{\mathrm{KG}} = E(u, u_t) = \int_{\mathbb{R}^d} \left[\frac{1}{2} \left(|\nabla u(t)|^2 + |u(t)|^2 + |u_t(t)|^2 \right) + \frac{\lambda}{p+1} |u(t)|^{p+1} \right] dx
$$

及动量守恒量

$$
P_{\mathrm{KG}}(u, u_t) = P_{\mathrm{W}}(u, u_t) = \int_{\mathbb{R}^d} u_t(t) \nabla u(t) dx.
$$

非线性波动方程 ($X = \dot{H}^{\frac{1}{2}} \times \dot{H}^{-\frac{1}{2}}$) 与非线性 Klein-Gordon 方程 ($X = H^{\frac{1}{2}} \times H^{-\frac{1}{2}}$) 对应的辛结构:

$$
\begin{aligned} \Omega[(u_1, v_1), (u_2, v_2)] &= \int_{\mathbb{R}^d} (u_1, v_1) \begin{pmatrix} 0 & 1 \\ -1 & 0 \end{pmatrix} \begin{pmatrix} u_2 \\ v_2 \end{pmatrix} dx \\ &= \int_{\mathbb{R}^d} \left[u_1(x) v_2(x) - u_2(x) v_1(x) \right] dx. \end{aligned}
$$

记

$$
\partial = (\partial_t, \nabla_x), \quad \mathscr{D} = (-\partial_t, \nabla_x),
$$

则方程 (1.2.9) 或 (1.2.10) 对应的 Lagrange 密度分别为

$$
\ell(u) = \frac{1}{2} \left[-|\dot{u}|^2 + |\nabla u|^2 \right] + F(u), \quad \frac{\partial F}{\partial u} = f(u) \quad (\text{波动方程}), \tag{1.2.12}
$$

$$\ell(u) = \frac{1}{2}\left[-|\dot{u}|^2 + |\nabla u|^2 + |u|^2\right] + F(u), \quad \frac{\partial F}{\partial u} = f(u) \quad \text{(NLKG)}. \tag{1.2.13}$$

注意到微分算子 $\mathscr{D}$ 出现在 $\ell(u)$ 的变分中, 直接验算 $\ell(u)$ 的临界点

$$\delta_v \ell(u) := \lim_{\varepsilon\to 0} \frac{\ell(u+\varepsilon v) - \ell(u)}{\varepsilon} = \langle \mathrm{eq}(u), v\rangle + \partial\langle \mathscr{D}u, v\rangle = 0 \tag{1.2.14}$$

对应着方程 (1.2.9) 或 (1.2.10) 的弱解, 这里

$$\mathrm{eq}(u) = \Box u + f(u), \quad f(u) = -|u|^{p-1}u \quad (\text{波动方程}),$$

$$\mathrm{eq}(u) = \Box u + u + f(u), \quad f(u) = -|u|^{p-1}u \quad (\text{NLKG}).$$

令

$$B^2 = -\Delta \quad (\text{波动方程}), \quad B^2 = -\Delta + 1 \quad (\text{NLKG}),$$

则在函数变换

$$U = u + iB^{-1}u_t$$

下, 非线性波动方程与非线性 Klein-Gordon 方程可以写成

$$iU_t - BU - B^{-1}f(\mathrm{Re}U) = 0. \tag{1.2.15}$$

因此, 相应的 Hamilton 形式就可以表示为

$$U_t = -i\nabla H, \quad H(U,\overline{U}) = \int_{\mathbb{R}^d} \left[\frac{1}{2}|BU|^2 + F(\mathrm{Re}U)\right] dx. \tag{1.2.16}$$

梯度算子 ∇ 作用在复数域上的 Hilbert 空间 $H^{\frac{1}{2}}$ 上形成的内积可表示为

$$[\phi, \psi] = \langle \phi, B\psi\rangle. \tag{1.2.17}$$

1.3 Schrödinger 群的色散分析

Schrödinger 解算子 $e^{it\Delta}$ 对应的核函数可表示为

$$e^{it\Delta}(x,y) = (2\pi)^{-d}\int_{\mathbb{R}^d} e^{i\xi\cdot(x-y) - it|\xi|^2} d\xi = (4\pi i t)^{-\frac{d}{2}} e^{\frac{i|x-y|^2}{4t}}, \tag{1.3.1}$$

它的许多性质均可通过驻相分析的方法获得. Fraunholer 渐近轮廓公式是核函数表示式著名应用之一. 这个术语源于光学, 它刻画了单色光在近轴逼近中的绕射斑图.

引理 1.3.1(Fraunholer 公式) 设 $\psi \in L^2(\mathbb{R}^d)$, 则

$$\lim_{t\to\pm\infty}\left\|\left[e^{it\Delta}\psi\right](x)-(4\pi it)^{-\frac{d}{2}}e^{\frac{i|x|^2}{4t}}\hat{\psi}\left(\frac{x}{2t}\right)\right\|_{L^2(\mathbb{R}^d)}=0. \tag{1.3.2}$$

进而, 如果 ψ 具有紧支集, 则对充分大的 $|t|$ 有如下估计

$$\left\|\left[e^{it\Delta}\psi\right](x)-(4\pi it)^{-\frac{d}{2}}e^{\frac{i|x|^2}{4t}}\hat{\psi}\left(\frac{x}{2t}\right)\right\|_{L^2(\mathbb{R}^d)}\lesssim |t|^{-1}. \tag{1.3.3}$$

证明 用驻相分析可以给出上述渐近公式的清晰证明, 现给出一种避开驻相分析的直接方法. 事实上, 利用 (1.3.1), 就有

$$\begin{aligned}
(1.3.2)\ \text{的左边} &= \left\|(4\pi it)^{-\frac{d}{2}}\int_{\mathbb{R}^d}e^{\frac{i|x-y|^2}{4t}}\left[1-e^{-\frac{i|y|^2}{4t}}\right]\psi(y)dy\right\|_{L_x^2}\\
&=\left\|\int_{\mathbb{R}^d}e^{it\Delta}(x,y)\left[1-e^{-\frac{i|y|^2}{4t}}\right]\psi(y)dy\right\|_{L_x^2}\\
&=\left\|e^{it\Delta}\left[\left(1-e^{-\frac{i|\cdot|^2}{4t}}\right)\psi\right]\right\|_{L_x^2}\\
&=\left\|\left[1-e^{-\frac{i|y|^2}{4t}}\right]\psi(y)\right\|_{L_y^2}.
\end{aligned}$$

利用控制收敛定理就得 (1.3.2). □

Fraunholer 公式表明位于频率 ξ 处的波包 (wave packet) 以速度 2ξ 传播, 这就是群速度 (group velocity). 与此同时, 平面波解

$$e^{i(\xi\cdot x-|\xi|^2t)}=e^{i|\xi|(x\cdot\frac{\xi}{|\xi|}-|\xi|t)}$$

是沿着方向 $\dfrac{\xi}{|\xi|}$, 以速度 $|\xi|$ 传播. 一般地, 考虑自由色散方程

$$i\partial_t u+H(D)u=0,\quad u(0,x)=\psi(x)$$

的解可表示为

$$\begin{aligned}
\left[e^{itH(D)}\psi\right](x)&=(2\pi)^{-\frac{d}{2}}\int_{\mathbb{R}^d}e^{i\xi x+iH(\xi)t}\hat{\psi}(\xi)d\xi\\
&=(2\pi)^{-\frac{d}{2}}\int_{\mathbb{R}^d}e^{i|\xi|\left(x\frac{\xi}{|\xi|}+\frac{H(|\xi|)}{|\xi|}t\right)}\hat{\psi}(\xi)d\xi.
\end{aligned}$$

一方面, 它对应的平面波

$$e^{i\xi x+iH(\xi)t}=e^{i|\xi|(x\cdot\frac{\xi}{|\xi|}+\frac{H(\xi)}{|\xi|}t)},\quad c=\frac{|H(\xi)|}{|\xi|}$$

是沿着方向 $\frac{\xi}{|\xi|}$ 以速度 c 进行传播. 另一方面, 从一阶近似表示公式:

$$\begin{aligned}\left[e^{itH(D)}\psi\right](x) &= (2\pi)^{-\frac{d}{2}}\int_{\mathbb{R}^d} e^{i\xi x}e^{iH(\xi)t}\hat{\psi}(\xi)d\xi \\ &\simeq (2\pi)^{-\frac{d}{2}}\int_{\mathbb{R}^d} e^{i\xi x}e^{it[H(\xi_0)+\nabla H(\xi_0)\cdot(\xi-\xi_0)]}\hat{\psi}(\xi)d\xi \\ &= (2\pi)^{-\frac{d}{2}}e^{it(H(\xi_0)-\nabla H(\xi_0)\cdot\xi_0)}\psi(x+t\nabla H(\xi_0)),\end{aligned}$$

可以看出在频率 ξ 处的相速度与群速度的表示公式如下:

$$V_{\text{phase}} = \frac{H(\xi)}{|\xi|}\ (\text{刻画频率空间的传播}), \quad V_{\text{group}} = \nabla H(\xi)\ (\text{刻画物理空间的传播}).$$

上面分析表明如下色散性质: 其一, Schrödinger 自由群 $e^{it\Delta}$ 在不同频率以不同的传播速度传播; 其二, 高频波在物理空间的原点附近几乎不花费时间.

引理 1.3.2(核函数的估计) 设 $m \geqslant 0$, 则 Schrödinger 自由群所对应的核满足如下估计:

$$\left|\left(P_N e^{it\Delta}\right)(x,y)\right| \lesssim_m \begin{cases} |t|^{-\frac{d}{2}}, & |x-y| \sim N|t| \geqslant N^{-1}, \\ \dfrac{N^d}{\langle N^2 t\rangle^m \langle N|x-y|\rangle^m}, & \text{其他}, \end{cases} \tag{1.3.4}$$

这里 $\langle a\rangle := \sqrt{1+|a|^2}$, P_N 代表 Littlewood-Paley 截断算子.

证明 记 $\phi(\xi)$ 是 Littlewood-Paley 分解中标准齐次 bump 函数. 注意到

$$\begin{aligned}\left(P_N e^{it\Delta}\right)(x,y) &\simeq \int_{\mathbb{R}^d} e^{i(x-y)\xi}\phi_N(\xi)e^{-i|\xi|^2 t}d\xi \\ &= N^d\int_{\mathbb{R}^d} e^{-iN^2|\xi|^2 t+i(x-y)N\xi}\phi(\xi)d\xi \\ &\simeq \left[N^d\hat{\phi}(N\cdot) * (4\pi i t)^{-\frac{d}{2}}e^{\frac{i|\cdot|^2}{4t}}\right](x-y),\end{aligned} \tag{1.3.5}$$

总有估计:

$$\left|\left(P_N e^{it\Delta}\right)(x,y)\right| \lesssim \min\left\{|t|^{-\frac{d}{2}},\ N^d\right\}. \tag{1.3.6}$$

这样就得到在区域

$$\left\{(x,y) : |x-y| \sim N|t| \geqslant N^{-1}\right\},$$

$$\left\{(x,y) : |x-y| \sim N|t| \leqslant N^{-1}\right\}$$

以及

$$\Big\{(x,y):|x-y|\leqslant N^{-1},\ \text{且}\ N|t|\leqslant N^{-1}\Big\}$$

上对应的估计.

下面仅需考虑 $|x-y|\not\sim N|t|$ 情形下的估计. 注意到 $\phi(\xi)$ 的支集范围, 容易看出

$$|x-y|\ll N|t||\xi| \quad \text{或} \quad |x-y|\gg N|t||\xi|, \quad \xi\in \text{supp}\phi. \tag{1.3.7}$$

采用驻相方法, 令

$$\Phi(\xi)=-N^2t|\xi|^2+N(x-y)\xi. \tag{1.3.8}$$

直接计算可见

$$\nabla_\xi\Phi=-2N^2t\xi+N(x-y), \quad \nabla_\xi^2\Phi=-2dN^2tI_{d\times d}.$$

构造不变导数

$$L(D)f=\frac{[-iN(x-y)+i2N^2\xi t]\cdot\nabla_\xi}{\big|N(x-y)-2N^2\xi t\big|^2}f, \quad |\xi|\sim 1. \tag{1.3.9}$$

记 $L^*(D)$ 表示 $L(D)$ 的对偶算子且

$$L(D)^m e^{-iN^2|\xi|^2t+i(x-y)N\xi}=e^{-iN^2|\xi|^2t+i(x-y)N\xi}, \quad m\in\mathbb{Z}^+.$$

注意到

$$\begin{aligned}\Big|\left(P_Ne^{it\Delta}\right)(x,y)\Big| &\lesssim N^d\Big|\int_{\mathbb{R}^d}e^{-iN^2|\xi|^2t+i(x-y)N\xi}L^*(D)^{2m}\phi(\xi)d\xi\Big|\\ &\lesssim\frac{N^d}{\big|N(x-y)-2N^2\xi t\big|^{2m}},\end{aligned} \tag{1.3.10}$$

这样从 (1.3.7) 就得 (1.3.4) 其余情形的估计. 因此, 结合 (1.3.6) 就证明了 (1.3.4).

□

引理 1.3.3(局部光滑估计) 设 $f\in L_x^2(\mathbb{R}^d)$, 则

$$\int_{\mathbb{R}}\int_{\mathbb{R}^d}\Big|\big[|\nabla|^{\frac12}e^{it\Delta}f\big](x)\Big|^2e^{-|x|^2}dxdt\lesssim\|f\|_{L_x^2(\mathbb{R}^d)}^2, \quad \forall\, f\in L_x^2(\mathbb{R}^d). \tag{1.3.11}$$

特别通过伸缩变换, 有如下局部光滑估计

$$\Big\||\nabla|^{\frac12}e^{it\Delta}f\Big\|_{L_{t,x}^2(\mathbb{R}\times B(0,R))}\lesssim R^{\frac12}\|f\|_{L_x^2(\mathbb{R}^d)}, \quad \forall\, R>0. \tag{1.3.12}$$

证明 给定 $a:\mathbb{R}^d\longmapsto[0,\infty)$, 考察

$$
\begin{aligned}
&\int_{\mathbb{R}}\int_{\mathbb{R}^d}\left|\left[|\nabla|^{\frac{1}{2}}e^{it\Delta}f\right](x)\right|^2 a(x)dxdt\\
=&(2\pi)^{-d}\int_{\mathbb{R}}\int_{\mathbb{R}^d}\int_{\mathbb{R}^d}\int_{\mathbb{R}^d}e^{ix\cdot\xi-it|\xi|^2}|\xi|^{\frac{1}{2}}\hat{f}(\xi)e^{-ix\cdot\eta+it|\eta|^2}|\eta|^{\frac{1}{2}}\overline{\hat{f}(\eta)}a(x)\,d\xi\,d\eta\,dx\,dt\\
=&\int_{\mathbb{R}^d}\int_{\mathbb{R}^d}\hat{a}(\eta-\xi)\delta(|\eta|^2-|\xi|^2)|\xi|^{\frac{1}{2}}|\eta|^{\frac{1}{2}}\hat{f}(\xi)\overline{\hat{f}(\eta)}\,d\xi\,d\eta\\
=&\int_{\mathbb{R}^d}\int_{\mathbb{R}^d}\hat{a}(\eta-\xi)\delta(|\eta|-|\xi|)\frac{|\xi|^{\frac{1}{2}}|\eta|^{\frac{1}{2}}}{|\xi|+|\eta|}\hat{f}(\xi)\overline{\hat{f}(\eta)}\,d\xi\,d\eta.
\end{aligned}
$$

利用 Schur 测试引理 (参见引理 2.1.4), (1.3.11) 就归结为证明

$$
\sup_{\eta\in\mathbb{R}^d}\int_{\mathbb{R}^d}\hat{a}(\eta-\xi)\delta(|\eta|-|\xi|)\frac{|\xi|^{\frac{1}{2}}|\eta|^{\frac{1}{2}}}{|\xi|+|\eta|}\,d\xi\lesssim 1. \tag{1.3.13}
$$

事实上, 选取 $a(x)=e^{-|x|^2}$, 利用极坐标公式与旋转变换可见

$$
\begin{aligned}
&\int_{\mathbb{R}^d}\hat{a}(\eta-\xi)\delta(|\eta|-|\xi|)\frac{|\xi|^{\frac{1}{2}}|\eta|^{\frac{1}{2}}}{|\xi|+|\eta|}\,d\xi\\
\lesssim&\int_{\mathbb{S}^{d-1}}\int_0^\infty e^{-|rw-\eta|^2}\delta(|\eta|-r)\frac{r^{\frac{1}{2}}|\eta|^{\frac{1}{2}}}{r+|\eta|}r^{d-1}\,dr\,d\sigma(w)\\
\lesssim&\int_{\mathbb{S}^{d-1}}e^{-|\eta|^2|w-\frac{\eta}{|\eta|}|^2}|\eta|^{d-1}\,d\sigma(w)\\
\lesssim&\int_0^\pi e^{-2|\eta|^2(1-\cos\theta)}|\eta|^{d-1}(\sin\theta)^{d-2}\,d\theta\\
\lesssim&\int_0^{\frac{\pi}{2}}e^{-\frac{|\eta|^2\theta^2}{100}}|\eta|^{d-1}\theta^{d-2}\,d\theta\\
\lesssim&\int_0^\infty e^{-\frac{\tau^2}{100}}\tau^{d-2}\,d\tau\lesssim 1.
\end{aligned}
$$

由此可得 (1.3.13). □

下面来给出 Kato 的局部光滑估计的一个应用, 它在建立几乎有限周期解的归结过程中起着关键的作用!

引理 1.3.4(Kato 局部光滑估计的应用) 设 $\varphi\in\dot{H}^1(\mathbb{R}^d)$, 则对任意 $T,R>0$,

$$
\left\|\nabla e^{it\Delta}\varphi\right\|^3_{L^2_{t,x}([-T,T]\times\{x:\,|x|\leqslant R\})}\lesssim T^{\frac{2}{d+2}}R^{\frac{3d+2}{2(d+2)}}\left\|e^{it\Delta}\varphi\right\|_{L_{t,x}^{\frac{2(d+2)}{d-2}}}\|\nabla\varphi\|^2_{L^2_x}. \tag{1.3.14}
$$

证明 对 $N>0$, 由 Hölder 不等式与 Bernstein 估计可见

$$\begin{aligned}\left\|\nabla e^{it\Delta}P_{\leqslant N}\varphi\right\|_{L^2_{t,x}([-T,T]\times\{x:\,|x|\leqslant R\})}&\lesssim T^{\frac{2}{d+2}}R^{\frac{2d}{d+2}}\|e^{it\Delta}\nabla P_{\leqslant N}\varphi\|_{L_{t,x}^{\frac{2(d+2)}{d-2}}}\\&\lesssim T^{\frac{2}{d+2}}R^{\frac{2d}{d+2}}N\|e^{it\Delta}\varphi\|_{L_{t,x}^{\frac{2(d+2)}{d-2}}}.\end{aligned}\tag{1.3.15}$$

另一方面, 利用 Kato 的局部光滑估计 (1.3.12) 可见

$$\left\|\nabla e^{it\Delta}P_{>N}\varphi\right\|_{L^2_{t,x}([-T,T]\times\{x:\,|x|\leqslant R\})}\lesssim R^{\frac12}\left\||\nabla|^{\frac12}P_{>N}\varphi\right\|_{L^2_x}\lesssim R^{\frac12}N^{-\frac12}\|\nabla\varphi\|_{L^2_x}.\tag{1.3.16}$$

令 (1.3.15) 与 (1.3.16) 右边相等, 取

$$N=\left(\frac{R^{\frac12}\|\nabla\varphi\|_{L^2_x}}{T^{\frac{2}{d+2}}R^{\frac{2d}{d+2}}\|e^{it\Delta}\varphi\|_{L_{t,x}^{\frac{2(d+2)}{d-2}}}}\right)^{\frac23}$$

就可推出估计 (1.3.14). □

1.4 其他色散方程

■ **KdV 型方程** Korteweg-de Vries 提出了如下著名的方程

$$\left(\partial_t-\partial_x^3\right)u=\partial_x(u^p),$$

这里 $u:\mathbb{R}_t\times\mathbb{R}_x\to\mathbb{R}$. 特别, $p=2$ 对应着经典 KdV 方程, $p=3$ 对应着修正 KdV 方程.

■ **Benjamin-Ono 方程**

$$\left(\partial_t+\mathcal{H}\partial_x^2\right)u+\partial_x(u^2)=0,$$

这里 $u:\mathbb{R}_t\times\mathbb{R}_x\to\mathbb{R}$, $\mathcal{H}$ 表示 Hilbert 变换, $\mathcal{H}f=\mathcal{F}^{-1}(-i\mathrm{sign}(\xi)\hat{f})$.

■ **KP-I/II 方程**

$$\left(\partial_t+\partial_x^3\pm\partial_x^{-1}\partial_y^2\right)u+\partial_x(u^2)=0,$$

这里 $u:\mathbb{R}_t\times\mathbb{R}_x\times\mathbb{R}_y\to\mathbb{R}$. 减号对应着 KP-I 方程, 而加号对应着 KP-II 型方程.

第 2 章 Fourier 分析基础与 Strichartz 估计

2.1 驻相分析与相空间上的调和分析基础

本节将罗列调和分析 (特别是频率空间中的调和分析) 的一些基本事实, 详细证明或更进一步的结果均可在苗长兴的系列专著 [137,139] 中找到, 相应的英文专著可参见 [164,184,185].

用 $X \lesssim Y$ 表示在相差一个仅依赖空间维数 d 的常数意义下成立, 即 $X \leqslant CY$. 类似地, $X \simeq Y$ 表示 $X \lesssim Y \lesssim X$. 形如 $\lesssim_a, \simeq_a$ 表示不等关系中的常数可能依赖于 a.

我们用 $L_t^q(\mathbb{R}, L_x^r(\mathbb{R}^d))$ 或 $L_t^q(L_x^r)$ 表示时空 Lebesgue 空间, 相应的范数为

$$\|u\|_{L_t^q(\mathbb{R}, L_x^r(\mathbb{R}^d))} = \left(\int_{\mathbb{R}} \left(\int_{\mathbb{R}^d} |u(t,x)|^r dx\right)^{\frac{q}{r}} dt\right)^{\frac{1}{q}},$$

当 q 或 r 为 ∞ 时, 范数的定义作适当的修改. 对于区间 $I \subset \mathbb{R}$, $L_t^q(I, L_x^r)$ 表示 $L_t^q(L_x^r)$ 上的函数在区间 I 上的限制. 特别, 当 $q = r$ 时, 我们简单地将时空空间记为 $L^q(I \times \mathbb{R}^d)$ 或 $L_{t,x}^q$ $(I = \mathbb{R})$.

2.1.1 Fourier 变换与 Littlewood-Paley 投影算子

Fourier 变换①

$$(\mathcal{F}f)(\xi) = \frac{1}{(2\pi)^{\frac{d}{2}}} \int_{\mathbb{R}^d} f(x) e^{-ix\cdot\xi} dx \triangleq \hat{f}(\xi)$$

是研究非线性色散方程的基本工具. 特别地, 对于任意的线性色散方程

$$\begin{cases} i\partial_t u + \omega(i^{-1}\nabla)u = 0, \\ u(0) = u_0(x), \end{cases}$$

显式解可以表示为

$$\hat{u}(t) = e^{it\omega(\xi)}\hat{u}_0,$$

① Fourier 变换的定义方式不尽相同, 该定义方式确保 $i^{-1}\nabla \to \xi$ 及简化物理空间的微分运算的记号.

其中初始函数 $u_0 \in \mathcal{S}'$ 是一个缓增分布. 另外, 我们总定义 Fourier 乘子 $m(i^{-1}\nabla)$ 如下:

$$\big(\mathcal{F}m(i^{-1}\nabla)f\big)(\xi) = m(\xi)\,(\mathcal{F}f)\,(\xi).$$

注意到 $\omega(\xi)$ 是实值函数, Parseval 恒等式

$$\|u\|_{L^2_x} = \|\hat{u}\|_{L^2_\xi}$$

就意味着半群算子 $e^{it\omega(i^{-1}\nabla)}$ 是 $L^2_x \to L^2_x$ 上的有界算子.

研究非线性色散方程的基本空间借助于乘子所定义的 Hilbert 空间. 对任意的 $s \in \mathbb{R}$, 空间范数定义为

$$\|u\|_{H^s_x} = \|(1+|\xi|^2)^{\frac{s}{2}}\hat{u}\|_{L^2_\xi},$$

相应的齐次空间范数定义为

$$\|u\|_{\dot{H}^s_x} = \|\,|\xi|^s\hat{u}\|_{L^2_\xi},$$

这里 s 表示正则指标. 非齐次 Hilbert 空间 H^s_x 不仅具有正交结构, 同时可用它来排除非线性色散方程的解在 L^2_x 范数意义下的集中.

齐次空间 $\dot{H}^s_x$ 的优势在于解在合适的伸缩变换下的不变性. 如果考虑解在伸缩变换下的奇异极限问题 (对伸缩参数取极限等), 齐次空间就是自然选择. 更精确地讲,

$$\|\delta^s_\lambda f\|_{\dot{H}^s_x} = \|f\|_{\dot{H}^s_x}, \quad \delta^s_\lambda f(x) = \lambda^{\frac{d}{2}-s}f(\lambda x).$$

若 $0 \leqslant s < \dfrac{d}{2}$, 我们**自然认为**这些函数空间[①]的函数在无穷远处趋向于 0. 事实上, 在此情形下, 我们有如下嵌入关系.

定理 2.1.1 假设 $0 \leqslant s < \dfrac{d}{2}$, $p_s = \dfrac{2d}{d-2s} < +\infty$, 则 $\dot{H}^s(\mathbb{R}^d) \hookrightarrow L^{p_s}(\mathbb{R}^d)$, 且

$$\|f\|_{L^{p_s}_x} \lesssim \|f\|_{\dot{H}^s_x}, \quad \forall\, f \in \dot{H}^s_x.$$

非齐次空间 H^s_x 的优势在于它形成了阶梯关系 $H^s_x \subset H^t_x$ $(s \geqslant t)$. 除此之外, 还有自然嵌入

$$H^s_x \subset L^2_x, \quad s \geqslant 0$$

及广泛的嵌入关系:

① 在 $s > d/2$ 的情形下, 相应的齐次空间仅能作为商空间的形式来定义, 详见 [185] 或苗长兴的专著 [138] .

定理 2.1.2 设 $0 \leqslant s < \frac{d}{2}$ 及 $\frac{1}{2} - \frac{s}{d} \leqslant \frac{1}{p} \leqslant \frac{1}{2}$, 则

$$\|f\|_{L_x^p} \lesssim \|f\|_{H_x^s}, \quad \forall\, f \in H_x^s.$$

在非齐次 Hilbert 空间框架下, 可以自由地选择与使用 Lebesgue 空间.

注记 2.1.1 在研究非线性色散方程的过程中, 不可避免使用借助于 Fourier 变换定义的 Sobolev 空间 (非 Hilbert 空间)! 事实上, 我们可以定义一类位势 Sobolev 空间: 设 $1 < p < \infty$ 及 $0 \leqslant s < \frac{d}{p}$,

$$\dot{H}_x^{s,p} = \left\{ f \in \mathcal{S}' : |\nabla|^s f \in L_x^p \right\}, \quad \|u\|_{\dot{H}_x^{s,p}} = \||\nabla|^s f\|_{L_x^p}$$

及相应的非齐次空间

$$H_x^{s,p} = \left\{ f \in \mathcal{S}' : (I-\Delta)^{\frac{s}{2}} f \in L_x^p \right\}, \quad \|u\|_{H_x^{s,p}} = \|(I-\Delta)^{\frac{s}{2}} f\|_{L_x^p},$$

这些空间具有与经典的 Sobolev 空间 $\dot{H}_x^s$ 或 H_x^s 相类似的良好性质.

为了发展函数或解的精确估计, 就需要施行频率空间上的分析. 为此先回忆经典的 Littlewood-Paley 分解, 详细内容可以参考苗长兴、吴家宏、章志飞的专著 [140].

设 $\hat{\psi} \in C_c^\infty(\mathbb{R}^d)$ 支在球 $B(0,2)$ 上, 并且在球 $B(0,1)$ 上满足 $\hat{\psi} = 1$. 对于任意的二进制数 $N = 2^k, k \in \mathbb{Z}$, 定义如下 Littlewood-Paley 算子为

$$\begin{aligned} &\widehat{P_{\leqslant N} f}(\xi) = \hat{\psi}(\xi/N)\hat{f}(\xi), \\ &\widehat{P_{>N} f}(\xi) = (1 - \hat{\psi}(\xi/N))\hat{f}(\xi), \\ &\widehat{P_N f}(\xi) = \Big(\hat{\psi}(\xi/N) - \hat{\psi}(2\xi/N)\Big)\hat{f}(\xi). \end{aligned} \tag{2.1.1}$$

类似地, 我们通过方程

$$P_{<N} = P_{\leqslant N} - P_N \quad 和 \quad P_{\geqslant N} = P_{>N} + P_N$$

来定义 $P_{<N}$ 与 $P_{\geqslant N}$. 这些 Littlewood-Paley 算子、梯度算子 ∇、乘子算子 $|\nabla|$ 等微分或拟微分算子均可相互交换, 并且在 L_x^2 上是自伴算子.

定理 2.1.3 (Bernstein 不等式) 设 $1 \leqslant p \leqslant \infty$, Littlewood-Paley 算子 P_N, $P_{\leqslant N}$ 是 L_x^p 上的一致有界算子 (关于 N), 进而, 对任意的 $s \geqslant 0$, 有如下的

Bernstein 不等式

$$\begin{aligned}
&\|P_{\geqslant N}f\|_{L_x^p} \lesssim_s N^{-s}\||\nabla|^s P_{\geqslant N}f\|_{L_x^p} \lesssim_s N^{-s}\||\nabla|^s f\|_{L_x^p},\\
&\||\nabla|^s P_{\leqslant N}f\|_{L_x^p} \lesssim_s N^s\|P_{\leqslant N}f\|_{L_x^p} \lesssim_s N^s\|f\|_{L_x^p},\\
&\||\nabla|^{\pm s} P_N f\|_{L_x^p} \lesssim_s N^{\pm s}\|P_N f\|_{L_x^p} \lesssim_s N^{\pm s}\|f\|_{L_x^p},\\
&\|P_N f\|_{L_x^q} \lesssim N^{\frac{d}{p}-\frac{d}{q}}\|P_N f\|_{L_x^p},
\end{aligned} \tag{2.1.2}$$

这里 $1 \leqslant p \leqslant q \leqslant \infty$, $|\nabla|^s$ 是经典的分数阶算子.

定理 2.1.3 的证明 为了证明 Littlewood-Paley 算子在 L^p 中的一致有界性, 将其改写成物理空间中的卷积形式

$$(P_{\leqslant N}f)(x) = \int_{\mathbb{R}^d} \left[N^d \psi(Ny)\right] f(x-y)dy,$$

注意到

$$\|N^d \psi(N\cdot)\|_{L^1} = \|\psi\|_{L^1} < +\infty, \quad \psi \in \mathcal{S},$$

以及标准的 Young 不等式

$$\|f * g\|_{L_x^p} \leqslant \|f\|_{L_x^p}\|g\|_{L_x^1},$$

就推知 $P_{\leqslant N}$ 的一致有界性! 另外, 注意到

$$P_N = P_{\leqslant N} - P_{\leqslant N/2}, \quad P_{>N} = \mathrm{Id} - P_{\leqslant N}$$

等, 就推出所有的 Littlewood-Paley 算子均是一致有界性的.

关于算子 $N^{-s}|\nabla|^s P_{\leqslant N}$ 在 L^p 中的有界性, 仅从其物理空间的卷积形式

$$N^{-s}|\nabla|^s P_{\leqslant N} f = \left[N^d \left(\mathcal{F}^{-1}(|\xi|^s \hat{\psi}(\xi))\right)(N\cdot)\right] * f,$$

$$\left\|\left[N^d \left(\mathcal{F}^{-1}(|\xi|^s \hat{\psi}(\xi))\right)(Nx)\right]\right\|_{L^1} < \infty,$$

就可以推出 $N^{-s}|\nabla|^s P_{\leqslant N}$ 一致有界性. 关于 (2.1.2) 中的第二个不等式则需使用如下再生公式 $P_{\leqslant 2N}P_{\leqslant N} = P_{\leqslant N}$.

同理, 注意到 $\hat{\phi}(\xi) = \hat{\psi}(\xi) - \hat{\psi}(2\xi) \in \mathcal{S}(\mathbb{R}^d)$ 且在 $\xi = 0$ 的一个小邻域内恒等于 0, 对于

$$N^s|\nabla|^{-s}P_N f = \left[N^d \left(\mathcal{F}^{-1}(|\xi|^{-s}\hat{\phi}(\xi))\right)(N\cdot)\right] * f, \quad \hat{\phi}(\xi) = \hat{\psi}(\xi) - \hat{\psi}(2\xi),$$

利用标准的 Young 不等式, 就推出算子 $N^s|\nabla|^{-s}P_N$ 在 L^p 中有界. 关于 (2.1.2) 中的第三个不等式则需使用如下再生公式

$$P_N f = \widetilde{P}_N P_N f, \quad \widetilde{P}_N = P_{N/2} + P_N + P_{2N}. \tag{2.1.3}$$

最后证明 (2.1.2) 中的第四个不等式. 注意到再生公式 (2.1.3) 及

$$P_N f = \big[N^d \phi(N\cdot) * f\big](x), \quad \widetilde{P}_N f = \big[N^d \widetilde{\phi}(N\cdot) * f\big](x), \quad \widehat{\widetilde{\phi}} = \hat{\psi}\left(\frac{\xi}{2}\right) - \hat{\psi}(4\xi).$$

容易推出

$$\|P_N f\|_{L_x^q} = \|\widetilde{P}_N P_N f\|_{L_x^q} \lesssim \|N^d \tilde{\phi}(N\cdot)\|_{L_x^r} \|P_N f\|_{L_x^p} \lesssim N^{\frac{d}{p}-\frac{d}{q}} \|f\|_{L_x^p},$$

这里用到了标准的 Young 不等式

$$\|f * g\|_{L_x^q} \lesssim \|f\|_{L_x^p} \|g\|_{L_x^r}, \quad \frac{1}{p} + \frac{1}{r} = 1 + \frac{1}{q}$$

及

$$\|N^d \tilde{\phi}(N\cdot)\|_{L_x^r} \lesssim N^{\frac{d}{p}-\frac{d}{q}}. \qquad \square$$

注记 2.1.2 在 Littlewood-Paley 理论中, ψ 的具体形式与支集性质并不是本质的, 然而 ψ 的光滑性至关重要! 事实上, 如果选取 ψ 就是球上的特征函数 (对应着 Fourier 投影算子), 相应的乘子算子在 $L_x^p(\mathbb{R}^d)(p \neq 2)$ 框架下是无界的! 在 $\mathbb{R}^2$ 对应着 Fefferman 所否定的圆盘猜想, 即

$$\|\mathcal{F}^{-1}(\chi_B(\xi)\hat{f})(x)\|_{L^p} \leqslant C\|f\|_{L^p}, \quad p \neq 2, \quad d = 2$$

不再成立, 见 [43]. 然而, 根据 Hilbert 变换的有界性, 如果选取 ψ 是方体上的特征函数, 相应的乘子算子 (精确的投影算子) 是 L_x^p 上的有界算子, 其中 $1 < p < \infty$. 详见苗长兴的专著 [137].

■ 线性流在演化不同频率部分时具有不同的传播速度, 而 Littlewood-Paley 算子 (几乎投影算子) 与 Littlewood-Paley 分解的功能在于将所考虑的函数分解成不同频率的光滑部分之和, 这就充分体现了 Littlewood-Paley 理论在非线性发展方程研究中的重要性!

■ Littlewood-Paley 算子优化了工作对象. 事实上, 即使 $f \in \mathcal{S}'$ 仅仅是一个缓增分布, $P_N f$ 也是解析的! 与此同时, 它还保持了 f 原有的可积性. 根据 Littlewood-Paley 分解在频率空间的几乎正交性, Littlewood-Paley 投影算子本质上实现了 Laplace 算子的对角化.

■ Littlewood-Paley 低频截断 $P_{\leqslant N}f$ 本质上就是函数 f 的卷积型光滑逼近 (当 $N\to+\infty$ 时, $P_{\leqslant N}f\to f$). 在非线性分析中, $P_{\leqslant N}$ 对应着物理空间中标准的光滑化子.

为了熟悉与体会 Littlcwood-Paley 分解的威力, 我们证明定理 2.1.2 的非端点情形.

定理 2.1.2 的证明 仅需对于 $f\in\mathcal{S}$ 来证明. 利用定理 2.1.3, 容易看出

$$\|P_Nf\|_{L_x^p}\lesssim N^{\frac{d}{2}-\frac{d}{p}}\|P_Nf\|_{L_x^2}\leqslant\min\left\{N^{\frac{d}{2}-\frac{d}{p}},N^{\frac{d}{2}-\frac{d}{p}-s}\right\}\|P_Nf\|_{H_x^s}.$$

利用 Littlewood-Paley 分解 $I=\sum\limits_N P_N$, 在条件

$$0\leqslant s<\frac{d}{2},\quad 2<p<p_s,\quad p_s=\frac{2d}{d-2s}$$

下, 直接估计可见

$$\|f\|_{L_x^p}\leqslant\sum_N\|P_Nf\|_{L_x^p}\lesssim\sum_N\min\left\{N^{\frac{d}{2}-\frac{d}{p}},N^{\frac{d}{2}-\frac{d}{p}-s}\right\}\|P_Nf\|_{H_x^s}\lesssim\|f\|_{H_x^s}.\qquad\square$$

定理 2.1.1 的严格证明需要面积 (square) 函数的深刻估计, 参见定理 2.1.8. 然而, 当 p_s 是整数时, 可以给出一个简单的证明.

定理 2.1.1 在 $d=3$, $s=1$ 情形下的证明 利用稠密性, 无妨假设 $f\in C_c^\infty(\mathbb{R}^3)$ 是实值函数. 根据再生公式或 Littlewood-Paley 分解

$$f=\sum_N P_Nf,$$

重新排列求和次序就有

$$\begin{aligned}\|f\|_{L_x^6}^6&=\sum_{N_1,N_2,\cdots,N_6}\int_{\mathbb{R}^3}P_{N_1}fP_{N_2}f\cdots P_{N_6}fdx\\&=c\sum_{N_1\geqslant N_2\geqslant N_3\geqslant\cdots\geqslant N_6}\int_{\mathbb{R}^3}P_{N_1}fP_{N_2}f\cdots P_{N_6}fdx\\&\lesssim\left(\sup_M M^{-\frac{1}{2}}\|P_Mf\|_{L_x^\infty}\right)^4\sum_{N_1\geqslant N_2\geqslant N_3\geqslant\cdots\geqslant N_6}N_3^{\frac{1}{2}}N_4^{\frac{1}{2}}N_5^{\frac{1}{2}}N_6^{\frac{1}{2}}\int_{\mathbb{R}^3}P_{N_1}fP_{N_2}fdx,\end{aligned}$$

现在对于 N_6, N_5, N_4 及 N_3 依次求和, 利用

$$\|\nabla f\|_{L_x^2}^2\simeq\sum_N N^2\|P_Nf\|_{L_x^2}^2$$

及 Schur 测试引理就得

$$\begin{aligned}\|f\|_{L_x^6}^6 &\lesssim \left(\sup_M M^{-\frac{1}{2}}\|P_M f\|_{L_x^\infty}\right)^4 \sum_{N_1\geqslant N_2} \frac{N_2}{N_1}\int_{\mathbb{R}^3}(N_1 P_{N_1} f)(N_2 P_{N_2} f)dx \\ &\lesssim \left(\sup_M M^{-\frac{1}{2}}\|P_M f\|_{L_x^\infty}\right)^4 \sum_{N_1\geqslant N_2} \frac{N_2}{N_1}\|\nabla P_{N_1} f\|_{L_x^2}\|\nabla P_{N_2} f\|_{L_x^2} \\ &\lesssim \left(\sup_M M^{-\frac{1}{2}}\|P_M f\|_{L_x^\infty}\right)^4 \|\nabla f\|_{L_x^2}^2,\end{aligned}$$

这里用到

$$k(M,N)=\frac{M}{N}1_{M\leqslant N}\in \ell_M^\infty \ell_N^1(2^{\mathbb{Z}}\times 2^{\mathbb{Z}})\cap \ell_N^\infty \ell_M^1(2^{\mathbb{Z}}\times 2^{\mathbb{Z}})$$

及

$$\left\|\sum_n k(m,n)g_n\right\|_{\ell^2(2^{\mathbb{Z}})}\leqslant C\big\|\{g_m\}\big\|_{\ell^2(2^{\mathbb{Z}})}.$$

另外, 利用 Bernstein 估计 (2.1.3), 就得

$$M^{-\frac{1}{2}}\|P_M f\|_{L_x^\infty}\lesssim \sup_M \|\nabla P_M f\|_{L_x^2}\leqslant \|\nabla f\|_{L_x^2}.$$

就完成了证明. □

从上面定理的证明过程可以看出, 我们实际上获得了一个比定理 2.1.1 更优的估计:

$$\|f\|_{L_x^6}\lesssim \|f\|_{\dot B^{-\frac{1}{2}}_{\infty,\infty}}^{\frac{2}{3}}\|f\|_{\dot H^1}^{\frac{1}{3}}.$$

其中 $\dot B^{-\frac{1}{2}}_{\infty,\infty}$ 是同度 $\left(-\dfrac{1}{2}\right)$ 最大或最弱空间平移不变空间. 我们将会在下面的命题 2.1.9 中证明这一最佳型估计. 这个精确 (precised) 估计将是分析中许多研究方法特别是轮廓分解与集中紧致方法的出发点!

有兴趣的读者可以自己证明如下著名的引理, 参见苗长兴的专著 [137].

引理 2.1.4(Schur 测试引理) 假设 $K: X\times Y\to\mathbb{C}$ 定义了一个从 $L^1(Y)\cap L^\infty(Y)\to L^1(X)+L^\infty(X)$ 的算子:

$$(Tf)(x)=\int_Y K(x,y)f(y)dy.$$

如果

$$\sup_x \int_Y |K(x,y)|dy \leqslant A, \quad \sup_y \int_X |K(x,y)|dx \leqslant B.$$

则 T 是从 $L^2 \to L^2$ 的有界算子, 并且

$$\|T\|_{L^2\to L^2} \leqslant \sqrt{AB}.$$

事实上, 更一般的 Young 不等式和 Hardy-Littlewood-Sobolev 不等式同样成立.

定理 2.1.5(Young 不等式) 设 $1 \leqslant p \leqslant q \leqslant \infty$ 和 $r \geqslant 1$ 满足

$$\frac{1}{q} + 1 = \frac{1}{r} + \frac{1}{p}.$$

若存在常数 $C > 0$, 使得核函数 $K(x,y)$ 满足

$$\sup_x \left(\int_{\mathbb{R}^d} |K(x,y)|^r dy\right)^{\frac{1}{r}} \leqslant C, \quad \sup_y \left(\int_{\mathbb{R}^d} |K(x,y)|^r dx\right)^{\frac{1}{r}} \leqslant C.$$

则 $T: L^p(\mathbb{R}^d) \to L^q(\mathbb{R}^d)$ 是有界算子, 即

$$\|Tf\|_{L^q} \leqslant C\|f\|_{L^p}.$$

定理 2.1.6 (Hardy-Littlewood-Sobolev 不等式) 假设 $1 < p < q < \infty$ 和 $r > 1$ 满足

$$\frac{1}{q} + 1 = \frac{1}{r} + \frac{1}{p}.$$

则分数次积分算子

$$(I_r f)(x) = \int_{\mathbb{R}^d} |x-y|^{-\frac{d}{r}} f(y)dy$$

是从 $L^p(\mathbb{R}^d)$ 到 $L^q(\mathbb{R}^d)$ 的有界算子, 即存在 $C_{p,q} > 0$ 使得

$$\|I_r f\|_{L^q} \leqslant C_{p,q}\|f\|_{L^p}.$$

作为应用, 我们有如下算子有界性结论.

定理 2.1.7 假设 $x, y \in \mathbb{R}^d$ 及 $t, t' \in \mathbb{R}$. $K(t,x;t',y)$ 是积分算子 W 的核函数, 即

$$WF(t,x) = \int_{\mathbb{R}^{1+d}} K(t,x;t',y)F(t',y)dt'dy.$$

假设对于任意固定的 t, t', 对应的积分算子

$$W_{t,t'}f(x) = \int_{\mathbb{R}^d} K(t,x;t',y)f(y)dy$$

将 $C_0^\infty(\mathbb{R}^d)$ 映入 $C(\mathbb{R}^d)$, 并且存在 $1 \leqslant p \leqslant q \leqslant \infty$, $0 < \sigma < 1$ 及 $C_0 > 0$, 使得对任意的 $f \in C_0^\infty(\mathbb{R}^d)$ 满足

$$\|W_{t,t'}f\|_{L^q(\mathbb{R}^d)} \leqslant C_0|t-t'|^{-\sigma}\|f\|_{L^p(\mathbb{R}^d)}.$$

如果存在 $1 < r < s < \infty$ 满足

$$\frac{1}{s} + 1 = \sigma + \frac{1}{r}.$$

那么

$$\|WF\|_{L^sL^q(\mathbb{R}^{1+d})} \leqslant C_0C_{r,s}\|F\|_{L^rL^p(\mathbb{R}^{1+d})},$$

其中 $C_{r,s}$ 是 1 维 Hardy-Littlewood-Sobolev 不等式中的常数.

定理 2.1.8 (Littlewood-Paley 定理) 设 $1 < p < \infty$, 则

$$\|f\|_{L_x^p} \simeq \left\| \left(\sum_N |P_N f|^2 \right)^{\frac{1}{2}} \right\|_{L_x^p}, \quad \forall f \in L_x^p(\mathbb{R}^d).$$

Besov 空间 定理 2.1.8 表明通过修改正则性指标与可积性指标, 就可定义一类比 Sobolev 空间阶梯更细、更好的函数空间链! 常见例子就是所谓的 Besov 空间.

给定 $s \in \mathbb{R}$, $1 \leqslant p \leqslant \infty$, $1 \leqslant q \leqslant \infty$, 定义齐次 Besov 空间 $\dot{B}^s_{p,q}$ 的范数为

$$\|f\|_{\dot{B}^s_{p,q}} = \left(\sum_N N^{sq}\|P_N f\|^q_{L_x^p} \right)^{\frac{1}{q}}.$$

刻画 Besov 空间范数三个参数的重要性依次为: 刻画光滑性的正则指标 s、刻画聚积性的可积指标 p、刻画可和性指标 q. 通常 q 作用不大, 常常可以忽略不计.

在具有相同的伸缩尺度的空间中, $\dot{B}^s_{\infty,\infty}$ 最大, 即:

命题 2.1.9 设 $X \subset \mathcal{S}'(\mathbb{R}^d)$ 是与 $\dot{B}^s_{\infty,\infty}(\mathbb{R}^d)$ 具有相同的平移与伸缩 (dilation) 不变性的 Banach 空间. 则 $X \subset \dot{B}^s_{\infty,\infty}$.

命题 2.1.9 的证明 注意到 $X \subset \mathcal{S}'(\mathbb{R}^d)$, 对 X 中的任意元素与 Gauss 核函数

$$G(x) = \frac{1}{(4\pi)^{\frac{d}{2}}} e^{-|x|^2/4} \in \mathcal{S}(\mathbb{R}^d)$$

形成有效的配对. 对任意 $f \in X$, $\lambda > 0$ 及 $y \in \mathbb{R}^d$, 考虑

$$f_{\lambda,y}(x) = \lambda^{-s} f(\lambda(x-y)).$$

根据假设 $\|f_{\lambda,y}\|_X = \|f\|_X$. 因此

$$\lambda^{-s}\left(e^{\lambda^2\Delta} f\right)(\lambda y) = \langle f_{\lambda,y}, G\rangle \leqslant \|f_{\lambda,y}\|_X \|G\|_{\mathcal{S}} \lesssim \|f\|_X,$$

这就意味着

$$\sup_N N^s \|e^{N^{-2}\Delta} f\|_{L_x^\infty} \lesssim \|f\|_X.$$

然而, 上式的左边等价于 $\dot{B}^s_{\infty,\infty}$ 的范数, 命题得证. □

注记 2.1.3 ■ 在施行轮廓分解的过程中, 命题 2.1.9 起着举足轻重的作用.

■ 设 X 与 $\dot{B}^s_{1,1}$ 具有相同平移与伸缩不变的 Banach 空间, 则 $\dot{B}^s_{1,1} \subset X$. 证明详见 [46].

■ 我们将会看到 Besov 空间为解决自然极值或极端问题提供了有效工作框架. 自然, Besov 空间可以通过 Sobolev 空间的插值来获得.

分数阶微分或积分算子

$$\widehat{|\nabla|^s f} = (2\pi)^{-\frac{d}{2}} \int_{\mathbb{R}^d} e^{-ix\xi} |\nabla|^s f(x) dx = |\xi|^s \hat{f}(\xi),$$

$$\widehat{\langle\nabla\rangle^s f} = \langle\xi\rangle^s \hat{f}(\xi) = \left(1+|\xi|^2\right)^{\frac{s}{2}} \hat{f}(\xi),$$

$$\|f\|_{\dot{H}^s} = \left\||\nabla|^s f\right\|_2, \quad \|f\|_{H^s} = \left\|\langle\nabla\rangle^s f\right\|_2.$$

2.1.2 仿积与仿微分算子

Littlewood-Paley 投影算子的重要功能之一是“几乎对角化”Laplace 算子. 事实上, 它们满足

$$P_N(P_{N/2} + P_N + P_{2N}) = (P_{N/2} + P_N + P_{2N})P_N = P_N,$$

这是投影算子等式 $P^2 = P$ 的一个很好的逼近! 进而

$$\frac{1}{2} P_N \leqslant \frac{1}{N^2}(-\Delta)(P_N) \leqslant 4P_N$$

是对角化公式

$$A = \sum_{\lambda} \lambda \pi_{\lambda}$$

的一个很好的逼近, 这里 A 是有限维空间中一个自伴算子, λ 是特征根, π_{λ} 是相应特征空间上的投影. 除此之外, 在再生公式

$$f = \sum_{N} P_N f, \quad \forall f \in \mathcal{S}'(\mathbb{R}^d)$$

成立的意义下, P_N 形成了一个 "完全" 系统或基底.

在处理非线性问题中, 仿积起着巨大的作用. 作为特例, 缓增分布的乘积可以形式分解为具有紧谱的光滑函数之和:

$$\begin{aligned} uv &= \sum_{N \leqslant 2M \leqslant 4N} P_N u P_M v + \sum_{N \leqslant M/4} P_N u P_M v + \sum_{M \leqslant N/4} P_N u P_M v \\ &= \sum_{N \sim M} P_N u P_M v + \sum_{M} \left(P_{\leqslant M/4} u\right) P_M v + \sum_{N} \left(P_{\leqslant N/4} v\right) P_N u \\ &\triangleq R(u, v) + T_u v + T_v u. \end{aligned} \tag{2.1.4}$$

缓增分布函数的仿积分解是 Bony 在研究双曲型偏微分方程解的奇性传播时引入的, 前后经历 Meyer 等数学家发展, 被广泛地应用到偏微分方程的研究. Bony 仿积分解的特点是将缓增分布的乘积分解成两种不同类型的相互作用, 其一是 "平衡" 型相互作用——$R(u, v)$, 其二是 "高-低" 或 "低-高" 相互作用——$T_u v$ 或 $T_v u$. 这两种相互作用具有如下的特点:

- "平衡" 型相互作用项 $R(u, v)$ 的优势在于微分运算可以平均作用到每一个因子上, 从而可以避免导数损失. 例如: 用一阶微分算子 Λ 作用在 $R(u, v)$ 上时, 等价于用 $\dfrac{1}{2}$ 阶微分算子 $\Lambda^{\frac{1}{2}}$ 平均作用到 u, v 上的效果.

- "高-低" 型相互作用的仿积部分 $T_u v$ 对应着高频-低频相互作用, 可以视为 v 的 "线性算子", 线性算子的系数依赖于低频. 例如

$$\|T_u v\|_{B^s_{p,r}} \leqslant C \|u\|_{\infty} \|v\|_{B^s_{p,r}}, \quad s \in \mathbb{R}.$$

这也说明 Bony 仿积 $T_u v$ 的正则性由 v 的正则性所决定, 因此, 它不可能比 v 的正则性更好.

- Bony 仿积分解可以视为将缓增分布的乘积 uv 分解成无限阶矩阵形状中元素的和, $R(u, v)$ 对应着 "准对角" 位置的元素之和, $T_u v$ 对应着 "下对角位置" 的元素求和, $T_v u$ 正好对应着 "上对角位置" 的元素求和.

• Bony 仿积分解的另一观点是将线性算子 $v \mapsto uv$ 分解为: 对角部分 $R(u,\cdot)$ (基底由 $(P_N\delta)_N$ 给出), "上对角部分" $T_v(\cdot)$ 及 "下对角部分" $T_{(\cdot)}v$. 这样可以充分利用 R 关于 u,v 对称及 "上对角部分" $T_v(\cdot)$ 与 "下对角部分" $T_{(\cdot)}v$ 中 u,v 对称的性质.

需要指出的是: Bony 仿积分解的作用并非局限于乘积情形. 事实上, 对于满足 $F(0)=0$ 的光滑函数 F 及任意的 Schwartz 函数 u, 我们有

$$F(u)=\sum_N [F(P_{\leqslant 2N}u)-F(P_{\leqslant N}u)]=\sum_N \left[\int_0^1 F'(P_{\leqslant N}u+sP_{2N}u)ds\right]P_{2N}u. \tag{2.1.5}$$

这也启示性地验证了形如 $P_NF(u)=F'(P_{\leqslant N}u)P_Nu$ 的粗略公式, 同时 (2.1.5) 可以视为 Bony 仿积分解 (2.1.4) 的一个很好逼近, 这就是所谓的**仿线性化技术**. 下面给出仿线性化思想的一个应用.

命题 2.1.10 (温顺估计) 假设 F 是满足 $F(0)=0$ 的光滑函数, $0\leqslant s\leqslant 1$, 则

$$\|F(u)\|_{H^s}\lesssim \sup_{0\leqslant |x|\leqslant \|u\|_\infty}[|F'(x)|+|xF''(x)|]\cdot\|u\|_{H^s}. \tag{2.1.6}$$

我们常常称关于最高阶导数是线性的估计为"温顺估计" (tame estimate). 利用归纳与下面的不等式 (2.1.10), 容易推出

$$\|F(u)\|_{H^s}\lesssim C(F,\|u\|_\infty,s)\|u\|_{H^s},$$

其中 $C(F,\|u\|_{L^\infty},s)$ 的依赖关系可以显式表示. 事实上, 当 $s=0$ 或 $s=1$ 时, 结论是显然的. 进而, 上面估计稍稍改进了如下平凡的估计

$$\|u^p\|_{H^s}\lesssim \|u\|_{H^s}^p,\quad s>d/2,\ p\in\mathbb{N}. \tag{2.1.7}$$

命题 2.1.10 的证明 若 $s=0$, 由 $F(0)=0$ 和微积分基本公式得

$$F(u)=u\int_0^1 F'(su)ds.$$

由此可得

$$\|F(u)\|_{L^2}\lesssim\left(\sup_{0\leqslant|x|\leqslant\|u\|_\infty}|F'(x)|\right)\|u\|_{L^2}.$$

下面考虑 $s\in(0,1]$, 事实上,

$$\|F(u)\|_{H^s}^2\lesssim\|F(u)\|_{L^2}^2+\sum_{M\geqslant 1}M^{2s}\|P_MF(u)\|_{L^2}^2.$$

显然第一项可以被 (2.1.6) 控制, 利用仿线性化分解 (2.1.5) 可见

$$F(u)=F(P_{\leqslant 1}u)+\sum_{N\geqslant 1}G_NP_{2N}u,\quad G_N=\int_0^1 F'(P_{\leqslant N}u+sP_{2N}u)ds.$$

利用 Sobolev 嵌入与 Bernstein 估计, 易见

$$\|F(P_{\leqslant 1}u)\|_{H^s}\leqslant \|F(P_{\leqslant 1}u)\|_{H^1}\lesssim \sup_{0\leqslant |x|\leqslant \|u\|_\infty}|F'(x)|\cdot\|u\|_2.$$

下面处理剩余部分.

$$\begin{aligned}&\sum_{M\geqslant 1}M^{2s}\|P_MF(u)\|_{L^2}^2\\ \leqslant&\sum_{M\geqslant 1}M^{2s}\left(\sum_{N\geqslant M}\|P_M[G_NP_{2N}u]\|_{L^2}+\sum_{N\leqslant M}\|P_M[G_NP_{2N}u]\|_{L^2}\right)^2.\end{aligned}\tag{2.1.8}$$

注意到当 $N\leqslant M$ 时, 就有

$$\|P_M[G_NP_Nu]\|_{L^2}\lesssim M^{-1}\|\nabla[G_NP_{2N}u]\|_{L^2}\lesssim (N/M)K\|P_{2N}u\|_{L^2},\tag{2.1.9}$$

这里

$$K=\sup_{0\leqslant x\leqslant \|u\|_\infty}[|F'(x)|+|xF''(x)|].$$

对于第一个求和项, 用 G_N 的 L^∞ 来估计就得

$$\|G_NP_{2N}u\|_{L^2}\lesssim K\|P_{2N}u\|_{L^2}.$$

这样, 对于第一个求和项直接使用 Cauchy-Schwarz 不等式, 就得

$$\begin{aligned}K^2\sum_M M^{2s}\left[\sum_{N\geqslant M}\|P_Nu\|_{L^2}\right]^2&\lesssim K^2\sum_M\left[\sum_{N\geqslant M}\left(\frac{M}{N}\right)^s\|P_Nu\|_{H^s}\right]^2\\ &\leqslant K^2\sum_M\left[\sum_{N\geqslant M}\left(\frac{M}{N}\right)^s\|P_Nu\|_{H^s}^2\right]\left[\sum_{N\geqslant M}\left(\frac{M}{N}\right)^s\right]\\ &\lesssim K^2\sum_M\sum_{N\geqslant M}\left(\frac{M}{N}\right)^s\|P_Nu\|_{H^s}^2\\ &\lesssim K^2\|u\|_{H^s}^2.\end{aligned}$$

对于第二个求和项即“尾巴”项, 直接使用估计 (2.1.9) 就得

$$\sum_{M\geqslant 1} M^{2s}\left[\sum_{M\geqslant N\geqslant 1}\|P_M[G_N P_{2N}u]\|_{L^2}\right]^2 \lesssim K^2\left[\sum_{M\geqslant N\geqslant 1} NM^{s-1}\|P_N u\|_{L^2}\right]^2$$
$$\lesssim K^2\|u\|_{H^s}^2.$$

综上就完成了命题的证明. □

作为练习, 使用类似的方法可以证明如下双线性估计与非线性估计:

练习 2.1.1 直接利用 Leibniz 法则证明: 对于 $u, v\in H^s$, $s>\dfrac{d}{2}$ 是整数, 则

$$\|uv\|_{H^s}\lesssim \|u\|_{H^s}\|v\|_{H^s}.$$

由此归纳推出估计 (2.1.7).

练习 2.1.2 设 $s>0$. 证明 $\dot H^s\cap L^\infty$ 是一个 Banach 代数:

$$\|uv\|_{\dot H^s}\lesssim \|u\|_{\dot H^s}\|v\|_{L^\infty}+\|u\|_{L^\infty}\|v\|_{\dot H^s}. \tag{2.1.10}$$

这是命题 2.1.10 所暗示的双线性形式.

练习 2.1.3 采用 (2.1.6) 的证明方法来证明 $q=2$ 时的变形: 对于某个 $\alpha>1$, 只要 $f\in C^\infty(\mathbb{C})$ 满足

$$f(0)=0,\quad |f'(u)|+|uf''(u)|\lesssim |u|^\alpha,$$

则对于 $0<s<1$, $1<p,q,r<+\infty$ 及 $1/p=1/q+1/r$, 我们有估计

$$\||\nabla|^s f(u)\|_{L^p_x}\lesssim \||\nabla|^s u\|_{L^q}\|u\|_{L^{\alpha r}}^\alpha. \tag{2.1.11}$$

通过链锁法则就可以推出 $s>1$ 对应的估计. 注意到正则性的假设并非最优, 更优的估计可见 [187, 附录 B]. 证明 $s=1$ 对应的估计 (平凡的情形)!

引理 2.1.11 (Moser 型估计[24]) 设 $s>0$, $1<r,p_1,p_2,q_1,q_2<\infty$ 满足

$$\frac{1}{r}=\frac{1}{p_j}+\frac{1}{q_j},\quad j=1,2.$$

则

$$\big\||\nabla|^s(fg)\big\|_r\lesssim \big\|f\big\|_{p_1}\big\||\nabla|^s g\big\|_{q_1}+\big\||\nabla|^s f\big\|_{p_2}\big\|g\big\|_{q_2}. \tag{2.1.12}$$

证明 我们这里参考 Breen 的 [10, 定理 7.10] 中利用 Littlewood-Paley 理论中 Bony 仿积分解给出该引理的证明.

首先, 由 Littlewood-Paley 定理 (定理 2.1.8) 可得

$$\left\||\nabla|^s(fg)\right\|_r \simeq \left\|\left(\sum_{N\in 2^{\mathbb{Z}}} N^{2s}\left|P_N(fg)\right|^2\right)^{\frac{1}{2}}\right\|_r.$$

由 Bony 仿积和卷积的支集性质可得

$$P_N(fg) = P_N\left(P_{\geqslant \frac{N}{8}} fg\right) + P_N\left(P_{<\frac{N}{8}} f P_{\geqslant \frac{N}{8}} g\right).$$

注意到 Littlewood-Paley 投影算子 P_N 被 Hardy-Littlewood 极大函数控制, 则

$$|P_N(fg)| \leqslant M\left(P_{\geqslant \frac{N}{8}} fg\right) + M\left((Mf) P_{\geqslant \frac{N}{8}} g\right).$$

因此,

$$\begin{aligned}\left\||\nabla|^s(fg)\right\|_r \lesssim& \left\|\left(\sum_{N\in 2^{\mathbb{Z}}} N^{2s}\left|M\left(P_{\geqslant \frac{N}{8}} fg\right)\right|^2\right)^{\frac{1}{2}}\right\|_r \\ &+ \left\|\left(\sum_{N\in 2^{\mathbb{Z}}} N^{2s}\left|M\left((Mf) P_{\geqslant \frac{N}{8}} g\right)\right|^2\right)^{\frac{1}{2}}\right\|_r,\end{aligned}$$

利用向量型 Hardy-Littlewood 极大函数的有界性和 Hölder 不等式可得

$$\begin{aligned}&\left\||\nabla|^s(fg)\right\|_r \\ \lesssim& \left\|\left(\sum_{N\in 2^{\mathbb{Z}}} N^{2s}\left|P_{\geqslant \frac{N}{8}} fg\right|^2\right)^{\frac{1}{2}}\right\|_r + \left\|\left(\sum_{N\in 2^{\mathbb{Z}}} N^{2s}\left|(Mf) P_{\geqslant \frac{N}{8}} g\right|^2\right)^{\frac{1}{2}}\right\|_r \\ =& \left\||g|\left(\sum_{N\in 2^{\mathbb{Z}}} N^{2s}\left|P_{\geqslant \frac{N}{8}} f\right|^2\right)^{\frac{1}{2}}\right\|_r + \left\||Mf|\left(\sum_{N\in 2^{\mathbb{Z}}} N^{2s}\left|P_{\geqslant \frac{N}{8}} g\right|^2\right)^{\frac{1}{2}}\right\|_r \\ \lesssim& \|g\|_{q_2}\left\|\left(\sum_{N\in 2^{\mathbb{Z}}} N^{2s}\left|P_{\geqslant \frac{N}{8}} f\right|^2\right)^{\frac{1}{2}}\right\|_{p_2} + \|Mf\|_{p_1}\left\|\left(\sum_{N\in 2^{\mathbb{Z}}} N^{2s}\left|P_{\geqslant \frac{N}{8}} g\right|^2\right)^{\frac{1}{2}}\right\|_{q_1} \\ \lesssim& \left\||\nabla|^s f\right\|_{p_2}\|g\|_{q_2} + \|f\|_{p_1}\left\||\nabla|^s g\right\|_{q_1}.\end{aligned}$$

引理得证. □

引理 2.1.12(分数阶求导法则[24]) 设 $G\in C^1(\mathbb{C}), s\in(0,1], 1<p,p_1,p_2<\infty$ 满足

$$\frac{1}{p}=\frac{1}{p_1}+\frac{1}{p_2},$$

则

$$\left\||\nabla|^s G(u)\right\|_p \lesssim \left\|G'(u)\right\|_{p_1}\left\||\nabla|^s u\right\|_{p_2}. \tag{2.1.13}$$

引理 2.1.13 (Hölder 函数的分数阶求导法则[189]) 设 $G\in C^\alpha(\mathbb{C},\mathbb{C})$, $\alpha\in(0,1)$, 则对任意的 $0<s<\alpha$, $1<p,p_1,p_2<\infty$ 及 $\dfrac{s}{\alpha}<\sigma<1$, 有

$$\left\||\nabla|^s G(u)\right\|_p \lesssim \left\||u|^{\alpha-\frac{s}{\sigma}}\right\|_{p_1}\left\||\nabla|^\sigma u\right\|_{p_2}^{\frac{s}{\sigma}}, \tag{2.1.14}$$

这里

$$\frac{1}{p}=\frac{1}{p_1}+\frac{1}{p_2},\quad \left(1-\frac{s}{\alpha\sigma}\right)p_1>1.$$

证明 对于任意的 Schwartz 函数 f, Strichartz 证明

$$\left\||\nabla|^s f\right\|_{L_x^p}\approx\left\|\mathcal{D}_s(f)\right\|_{L_x^p},\quad 1<p<\infty,\ \ 0<s<1, \tag{2.1.15}$$

其中分数阶导数的内蕴表示为

$$\mathcal{D}_s(f)(x)=\left(\int_0^\infty\left|\int_{|y|<1}\left|f(x+ry)-f(x)\right|dy\right|^2\frac{dr}{r^{1+2s}}\right)^{1/2}. \tag{2.1.16}$$

这样, (2.1.14) 就归结为证明如下的点态估计

$$\mathcal{D}_\sigma(G(u))(x)\lesssim\left[M(|u|^\alpha)(x)\right]^{1-\frac{\sigma}{\alpha s}}\left[\mathcal{D}_s(u)(x)\right]^{\frac{\sigma}{s}}, \tag{2.1.17}$$

这里 M 表示经典的 Hardy-Littlewood 极大函数.

注意到 G 是 α-Hölder 连续, 自然有下面的粗估:

$$|G(u(x+ry))-G(u(x))|\lesssim|u(x+ry)-u(x)|^\alpha\lesssim|u(x+ry)|^\alpha+|u(x)|^\alpha.$$

上面的两个估计具有不同的功能, 对于小尺度 (r 小的情形) 就利用第一个估计, 对于大尺度, 我们采用第二个估计. 这里所定义的尺度不依赖于 x.

当 $r\lesssim 1$ 时, 利用 Hölder 不等式就得

$$\int_0^{A(x)}\left|\int_{|y|<1}\left|G(u(x+ry))-G(u(x))\right|dy\right|^2\frac{dr}{r^{1+2\sigma}}$$

$$
\begin{aligned}
&\lesssim \int_0^{A(x)} \left| \int_{|y|<1} \left| u(x+ry)-u(x) \right|^{\alpha} dy \right|^2 \frac{dr}{r^{1+2\sigma}} \\
&\lesssim \int_0^{A(x)} \left| \int_{|y|<1} \left| u(x+ry)-u(x) \right| dy \right|^{2\alpha} \frac{dr}{r^{1+2\sigma}} \\
&\lesssim \left[A(x)\right]^{2(s\alpha-\sigma)} \left(\int_0^{A(x)} \left| \int_{|y|<1} \left| u(x+ry)-u(x) \right| dy \right|^2 \frac{dr}{r^{1+2s}} \right)^{\alpha} \\
&\lesssim \left[A(x)\right]^{2(s\alpha-\sigma)} \left[\mathcal{D}_s(u)(x)\right]^{2\alpha}.
\end{aligned}
$$

倒数第二个不等式用到 $s\alpha-\sigma>0$.

当 $r \gtrsim 1$ 时, 注意到

$$
\int_{|y|<1} \left| u(x+ry) \right|^{\alpha} dy \lesssim M\left(|u|^{\alpha}\right)(x),
$$

容易推出

$$
\begin{aligned}
&\int_{A(x)}^{\infty} \left| \int_{|y|<1} \left| G(u(x+ry)) - G(u(x)) \right| dy \right|^2 \frac{dr}{r^{1+2\sigma}} \\
\lesssim &\int_{A(x)}^{\infty} \left| \int_{|y|<1} |u(x+ry)|^{\alpha} + |u(x)|^{\alpha} dy \right|^2 \frac{dr}{r^{1+2\sigma}} \\
\lesssim &\int_{A(x)}^{\infty} \frac{dr}{r^{1+2\sigma}} \left[M\left(|u|^{\alpha}\right)(x)\right]^2 \\
\lesssim &\left[A(x)\right]^{-2\sigma} \left[M\left(|u|^{\alpha}\right)(x)\right]^2.
\end{aligned}
$$

现选取

$$
A(x) = [M(|u|^{\alpha})(x)]^{\frac{1}{s\alpha}} [\mathcal{D}_s(u)(x)]^{-\frac{1}{s}}
$$

就直接获得 (2.1.17). 对于点态估计 (2.1.17) 使用 Hölder 不等式及 H-L 极大算子的有界性, 就得 Killip-Visan 建立的非线性估计, 这里需要 $\left(1-\dfrac{\sigma}{\alpha s}\right)p_1 > 1$ 的条件. □

引理 2.1.14(非线性 Bernstein 估计) 设 $G \in C^{\alpha}(\mathbb{C},\mathbb{C})$, $\alpha \in (0,1]$, $1 \leqslant p < \infty$. 则

$$
\left\| P_N G(u) \right\|_{L^{\frac{p}{\alpha}}(\mathbb{R}^d)} \lesssim N^{-\alpha} \left\| \nabla u \right\|_{L^p(\mathbb{R}^d)}^{\alpha}, \quad u \in \dot{W}^{1,p}(\mathbb{R}^d). \tag{2.1.18}
$$

证明 对于任意的 $h \in \mathbb{R}^d$, 利用 Newton-Leibniz 公式可见

$$u(x+h) - u(x) = \int_0^1 h \cdot \nabla u(x+\theta h) d\theta,$$

以及 $G \in C^\alpha(\mathbb{C}, \mathbb{C})$, 容易看出

$$\big\| G(u(x+h)) - G(u(x)) \big\|_{L_x^{\frac{p}{\alpha}}} \lesssim \|u(x+h) - u(x)\|_{L^p}^\alpha \lesssim |h|^\alpha \|\nabla u\|_{L_x^p}^\alpha. \quad (2.1.19)$$

令 $\phi(x) = P_1\delta(x)$ 表示 Littlewood-Paley 投影算子 P_1 在物理空间的卷积形式所对应的核函数. 因此, 利用消失条件 $\displaystyle\int_{\mathbb{R}^d} \phi(x)dx = 0$, 就得

$$\big[P_N f\big](x) = \int_{\mathbb{R}^d} N^d \phi(N(x-y)) f(y) dy = \int_{\mathbb{R}^d} N^d \phi(-Nh) \big[f(x+h) - f(x)\big] dh.$$

结合 (2.1.19), 并利用 Young 不等式, 就得

$$\begin{aligned}
\big\| P_N G(u) \big\|_{L^{\frac{p}{\alpha}}(\mathbb{R}^d)} &\lesssim \int_{\mathbb{R}^d} N^d \big|\phi(-Nh)\big| dh \big\| G(u(x+h)) - G(u(x)) \big\|_{L_x^{\frac{p}{\alpha}}(\mathbb{R}^d)} \\
&\lesssim \int_{\mathbb{R}^d} N^d |h|^\alpha \big|\phi(-Nh)\big| dh \|\nabla u\|_{L^p(\mathbb{R}^d)}^\alpha \\
&\lesssim N^{-\alpha} \big\|\nabla u\big\|_{L^p(\mathbb{R}^d)}^\alpha.
\end{aligned}$$

□

形象记忆

$$\big\|G(u)\big\|_{L^{\frac{p}{\alpha}}(\mathbb{R}^d)} \lesssim \big\|u\big\|_{L^p(\mathbb{R}^d)}^\alpha, \quad \big\||\nabla|^\alpha P_N G(u)\big\|_{L^{\frac{p}{\alpha}}(\mathbb{R}^d)} \lesssim \big\|\nabla u\big\|_{L^p(\mathbb{R}^d)}^\alpha.$$

利用引理 2.1.13 中的 Hölder 函数的分数阶求导法则与插值定理, 可以将分数阶求导法则 (引理 2.1.12) 中的求导指标提高到任意的 $s > 1$. 例如:

推论 2.1.15 (高次分数阶求导估计举例) 设 $0 < s < 1 + \dfrac{4}{d}$, $F(u) = |u|^{\frac{4}{d}} u$. 则对任意的时空 slab 区域 $I \times \mathbb{R}^d$, 成立如下估计

$$\big\||\nabla|^s F(u)\big\|_{L_{t,x}^{\frac{2(2+d)}{d+4}}} \lesssim \big\|u\big\|_{L_{t,x}^{\frac{2(2+d)}{d}}}^{\frac{4}{d}} \big\||\nabla|^s u\big\|_{L_{t,x}^{\frac{2(2+d)}{d}}}. \quad (2.1.20)$$

证明 当 $0 < s \leqslant 1$ 时, 估计 (2.1.20) 是引理 2.1.12 中的直接结果. 剩余的情形是 $1 < s \leqslant 1 + \dfrac{4}{d}$. 为了简单起见, 仅仅考虑 $d \geqslant 5$ 的情形 ($d \leqslant 4$ 的情形需要

利用插值定理与多次求导运算, 可作为练习, 这里主要强调 Hölder 函数的分数阶求导法则的作用).

利用求导的链锁法则及乘积法则, 容易看出

$$\begin{aligned}\left\||\nabla|^s F(u)\right\|_{L_{t,x}^{\frac{2(2+d)}{d+4}}} &\lesssim \left\||\nabla|^{s-1}\left(F_z(u)\nabla u + F_{\bar{z}}(u)\overline{\nabla u}\right)\right\|_{L_{t,x}^{\frac{2(2+d)}{d+4}}}\\ &\lesssim \left\||\nabla|^s u\right\|_{L_{t,x}^{\frac{2(2+d)}{d}}}\|u\|_{L_{t,x}^{\frac{2(2+d)}{d}}}^{\frac{4}{d}} + \|\nabla u\|_{L_{t,x}^{\frac{2(2+d)}{d}}}\\ &\quad\times\left[\left\||\nabla|^{s-1}F_z(u)\right\|_{L_{t,x}^{\frac{2+d}{2}}} + \left\||\nabla|^{s-1}F_{\bar{z}}(u)\right\|_{L_{t,x}^{\frac{2+d}{2}}}\right],\end{aligned}$$

因此, 估计 (2.1.20) 就归结于证明如下**断言**: 对 $\dfrac{d(s-1)}{4} < \sigma < 1$,

$$\left\||\nabla|^{s-1}F_z(u)\right\|_{L_{t,x}^{\frac{2+d}{2}}} + \left\||\nabla|^{s-1}F_{\bar{z}}(u)\right\|_{L_{t,x}^{\frac{2+d}{2}}} \lesssim \left\||\nabla|^{\sigma}u\right\|_{L_{t,x}^{\frac{2(2+d)}{d}}}^{\frac{s-1}{\sigma}}\|u\|_{L_{t,x}^{\frac{2(2+d)}{d}}}^{\frac{4}{d}-\frac{s-1}{\sigma}}.$$

事实上, 利用插值定理

$$\left\||\nabla|^{\sigma}u\right\|_{L_{t,x}^{\frac{2(2+d)}{d}}} \lesssim \|u\|_{L_{t,x}^{\frac{2(2+d)}{d}}}^{1-\frac{\sigma}{s}}\left\||\nabla|^s u\right\|_{L_{t,x}^{\frac{2(2+d)}{d}}}^{\frac{\sigma}{s}},$$

$$\|\nabla u\|_{L_{t,x}^{\frac{2(2+d)}{d}}} \lesssim \|u\|_{L_{t,x}^{\frac{2(2+d)}{d}}}^{1-\frac{1}{s}}\left\||\nabla|^s u\right\|_{L_{t,x}^{\frac{2(2+d)}{d}}}^{\frac{1}{s}}.$$

代入前面的估计就可以直接推出估计 (2.1.20).

断言的证明 事实上, 注意到 $F_z(u)$, $F_{\bar{z}}(u)$ 均是 $\dfrac{4}{d}$ 阶 Hölder 连续, 只要利用 Hölder 函数的分数阶求导法则即得断言. 具体地说, 在引理 2.1.13 中, 取 $\alpha = \dfrac{4}{d}$, s 视为 $s-1$ 就行了. □

2.1.3 奇异积分算子

定理 2.1.8 的证明依赖于 Calderón-Zygmund 奇异积分算子理论. 一个简单且非常有用的定理就是:

命题 2.1.16 (Hörmander-Mikhlin) 假设 $m \in C^\infty(\mathbb{R}^d \setminus \{0\})$ 满足

$$|\partial_\xi^\alpha m(\xi)| \lesssim_\alpha |\xi|^{-|\alpha|}, \quad \text{对任意的多重指标 } \alpha. \tag{2.1.21}$$

则对任意的 $1 < p < \infty$, 乘子算子 T_m:

$$T_m(f) = \mathcal{F}_\xi^{-1} m(\xi)\mathcal{F}_x f \tag{2.1.22}$$

是 $L^p \to L^p$ 有界算子.

事实上, 在更弱的条件下仍能得到 T_m 的有界性, 例如: 在条件 (2.1.21) 中, 仅仅要求存在 $\ell_0 > d/2$, 对满足 $|\alpha| \leqslant \ell_0$ 的 α 证明即可. 详见苗长兴的专著 [137] 或 [164].

2.1.4 驻相分析

驻相分析方法具有极强威力, 在现代分析中起着举足轻重的作用. 事实上, 作为驻相分析的直接结果, 可以直接推出自由 Schrödinger 方程解的衰减估计.

命题 2.1.17 对任意的 $t \neq 0$, 有

$$\|e^{it\Delta} f\|_{L_x^\infty(\mathbb{R}^d)} \leqslant \frac{1}{(4\pi|t|)^{\frac{d}{2}}} \|f\|_{L^1(\mathbb{R}^d)}. \tag{2.1.23}$$

该估计可以从自由群的精确表示式

$$e^{it\Delta} f(x) = \frac{1}{(4i\pi t)^{\frac{d}{2}}} \int_{\mathbb{R}^d} e^{i\frac{|x-y|^2}{4t}} f(y) dy \tag{2.1.24}$$

直接获得! 不仅如此, 还可以证明 (2.1.23) 中关于 t 的衰减是最佳的. 这可以从如下更精确的估计

$$e^{it\Delta} f(x) = \frac{e^{i\frac{|x|^2}{4t}}}{(2it)^{\frac{d}{2}}} \hat{f}\left(\frac{x}{2t}\right) + \frac{1}{t^{\frac{d+2}{2}}} O(\|x^2 f\|_{L^1})$$

中直接得到. 事实上, 从精确表示公式, 容易推出

$$e^{it\Delta} f(x) = \frac{1}{(4i\pi t)^{\frac{d}{2}}} \int_{\mathbb{R}^d} e^{i\frac{|x-y|^2}{4t}} f(y) dy = \frac{e^{i\frac{|x|^2}{4t}}}{(4i\pi t)^{\frac{d}{2}}} \int_{\mathbb{R}^d} e^{-i\langle \frac{x}{2t}, y\rangle} e^{i\frac{|y|^2}{4t}} f(y) dy,$$

注意到

$$|e^{i\frac{|y|^2}{4t}} - 1| \lesssim \frac{|y|^2}{t}$$

及 Taylor 公式就得精确的估计.

一般来讲, 我们不能期望对所有的线性色散方程获得基本解的精确表达式. 然而, 解的振荡性这一主要特征使我们可以有效控制解的传播, 这正是需要通过驻相分析 (或公式) 捕获的主要特征.

定理 2.1.18 假设 $m > 0$, $\Phi \in C^\infty(\mathbb{R}^d \setminus \{0\}, \mathbb{R})$ 满足

$$\begin{cases} |\nabla \Phi(\xi)| \simeq |\xi|^{m-1}, \\ |\det \nabla^2 \Phi(\xi)| \simeq |\xi|^{d(m-2)}, \\ |\partial^\alpha \Phi(\xi)| \lesssim |\xi|^{m-|\alpha|}. \end{cases} \tag{2.1.25}$$

记

$$
\begin{aligned}
& i\partial_t u + \Phi(-i\nabla)u = 0, \quad u(0) = u_0, \\
& v(t,x) \triangleq \mathcal{F}^{-1}\left[|\det \nabla^2\Phi(\xi)|^{\frac{1}{2}} (\mathcal{F}u)(\xi)\right](t,x).
\end{aligned}
$$

则有如下的驻相估计

$$
\|v(t)\|_{L^\infty_x} \lesssim |t|^{-\frac{d}{2}} \|u_0\|_{L^1_x}. \tag{2.1.26}
$$

定理 2.1.18 的证明 证明的思想源于 Kenig-Ponce-Vega[80]. 不失一般性, 我们假设 $t > 0$. 先将相空间分解成三个不同的区域, 形成了全空间的一个覆盖:

$$
\begin{aligned}
& \Omega_1 = \{|\xi| < t^{-1/m}\}, \\
& \Omega_2 = \left\{|\xi| > \frac{1}{2}t^{-1/m}, \quad \left|\nabla_\xi\Phi(\xi) - \frac{x}{t}\right| < \frac{1}{n}\left|\frac{x}{t}\right|\right\}, \\
& \Omega_3 = \left\{|\xi| > \frac{1}{2}t^{-1/m}, \quad \left|\nabla_\xi\Phi(\xi) - \frac{x}{t}\right| > \frac{1}{2n}\left|\frac{x}{t}\right|\right\}.
\end{aligned}
$$

用 $\{\varphi_j\}_{1\leqslant j\leqslant 3}$ 表示从属于上述覆盖的一个单位分解, 我们记

$$
I_j = \int_{\mathbb{R}^d} e^{i[t\Phi(\xi) - \langle x,\xi\rangle]} \left|\det \nabla^2\Phi(\xi)\right|^{\frac{1}{2}} \varphi_j(\xi)d\xi,
$$

根据 $v(t,x) = \sum\limits_{1\leqslant j\leqslant 3} I_j * u_0$, 仅需证明

$$
|I_j| \lesssim t^{-\frac{d}{2}}, \quad j = 1,2,3. \tag{2.1.27}
$$

显然,

$$
\begin{aligned}
|I_1| & \lesssim \int_0^{t^{-\frac{1}{m}}} \int_{\mathbb{S}^{d-1}} \left|\det \nabla^2\Phi(r\omega)\right|^{\frac{1}{2}} \varphi_i(r\omega) r^{d-1} dr d\omega \\
& \lesssim \int_0^{t^{-\frac{1}{m}}} r^{d-1+\frac{d}{2}(m-2)} dr \lesssim t^{-\frac{d}{2}}.
\end{aligned}
$$

在区域 Ω_3 上, 注意到

$$
|\xi|^{m-1} \sim |\nabla_\xi\Phi| \leqslant (2n+1)\left|\nabla_\xi\Phi - \frac{x}{t}\right|,
$$

则相函数

$$
\phi = \Phi(\xi) - \left\langle \frac{x}{t}, \xi\right\rangle, \quad \nabla_\xi\phi = \nabla_\xi\Phi(\xi) - \frac{x}{t}
$$

没有稳态点 (没有临界点). 定义不变导数算子为

$$\mathcal{L} = \frac{1}{|\nabla_\xi \phi|^2} \nabla_\xi \phi \cdot \nabla_\xi,$$

满足

$$e^{it\phi} = \frac{1}{it} \mathcal{L} e^{it\phi}. \tag{2.1.28}$$

在 I_3 中关于变量 ξ 分部积分 d 次, 就得

$$\begin{aligned}
|I_3| &\lesssim t^{-d} \left| \int_{\Omega_3} e^{it\phi} \left[\mathcal{L}^*\right]^d \left[\left|\det \nabla_\xi^2 \Phi(\xi)\right|^{\frac{1}{2}} \varphi_3(\xi) \right] d\xi \right| \\
&\lesssim t^{-d} \int_{\Omega_3} \frac{1}{|\nabla_\xi \phi(\xi)|^d} |\xi|^{-d} |\xi|^{\frac{d}{2}(m-2)} d\xi \\
&\lesssim \frac{1}{t^d} \int_{\{|\xi| \geqslant t^{-1/m}\}} \frac{1}{|\xi|^{\frac{md}{2}}} \frac{d\xi}{|\xi|^d} \lesssim \frac{1}{t^{\frac{d}{2}}}.
\end{aligned}$$

因此, 关于 Ω_3 的衰减估计也是成立!

下面转向包含稳态点的区域 Ω_2. 在此情形下, 我们有

$$|\nabla_\xi \Phi(\xi)| \sim \left|\frac{x}{t}\right| \sim |\xi|^{m-1}, \quad |\det \nabla^2 \Phi(\xi)| \gtrsim |\xi|^{d(m-2)}. \tag{2.1.29}$$

我们引入截断参数 $\lambda = \left|\frac{x}{t}\right|^{\frac{m-2}{m-1}}$, 如果存在临界点 ξ_c, 则 $\lambda \sim \partial_\xi^2 \Phi(\xi_c) \sim |\xi_c|^{m-2}$.

我们考虑满足

$$|\nabla_\xi \phi(\xi_0)| \leqslant \frac{1}{4} \left(\frac{\lambda}{t}\right)^{\frac{1}{2}}, \quad |\xi_0| \sim \lambda^{1/(m-2)} \tag{2.1.30}$$

的几乎稳态点 $\xi_0 \in \Omega_2$. 如果没有这种几乎稳态点 $\xi_0 \in \Omega_2$, 我们就选取 $\xi_0 \in \Omega_2$ 满足

$$|\nabla_\xi \phi(\xi_0)| \leqslant 2 \inf_{\xi \in \Omega_2} |\nabla_\xi \phi|.$$

在此基础上, 我们进一步将 Ω_2 分解成围绕稳定点的集合 V_1 与稳定点之外的集合 V_2, 于是

$$V_1 = \{\xi \in \Omega_2 : |\xi - \xi_0| \leqslant 2(t\lambda)^{-\frac{1}{2}}\},$$

$$V_2 = \{\xi \in \Omega_2 : |\xi - \xi_0| \geqslant (t\lambda)^{-\frac{1}{2}}\}.$$

明显地, 小尺度 V_1 上的积分是可以忽略的, 即

$$\left|\int_{V_1} e^{i[t\Phi(\xi)-\langle x,\xi\rangle]} \left|\det \nabla^2\Phi(\xi)\right|^{\frac{1}{2}} \varphi_2(\xi)d\xi\right| \lesssim \int_{V_1} |\xi|^{\frac{d(m-2)}{2}} d\xi \lesssim |\xi_0|^{\frac{d(m-2)}{2}} \mathrm{Vol}(V_1)$$
$$\lesssim t^{-\frac{d}{2}},$$

这里用到对于所有的 $\xi \in \Omega_2$, 根据 (2.1.29), 我们均有 $|\xi| \simeq |\xi_0|$.

最后, 我们考虑 V_2 上的估计. 除了我们不得不对 ξ 求和之外, 完全类似于区域 Ω_3 上的估计. 注意到 (2.1.25) 最后的两个假设意味着 $\nabla^2\Phi(\xi)$ 所有特征均具有形如 $|\xi|^{m-2}$ 的尺寸. 因此, 利用 (2.1.30) 我们推知

$$\begin{aligned}
|\nabla_\xi\phi(\xi)| &\geqslant |\nabla_\xi\Phi(\xi)-\nabla_\xi\Phi(\xi_0)| - |\nabla_\xi\phi(\xi_0)| \\
&\geqslant \left|\int_0^1 \nabla^2\phi(\xi_0+s(\xi-\xi_0))\cdot(\xi-\xi_0)ds\right| - \frac{1}{4}(\lambda/t)^{\frac{1}{2}} \\
&\gtrsim |\xi-\xi_0||\xi_0|^{m-2}.
\end{aligned}$$

定义不变算子

$$\mathcal{L} = \frac{1}{|\nabla_\xi\phi|^2}\nabla_\xi\phi\cdot\nabla_\xi,$$

满足再生公式 (2.1.28). 此外, 我们还要注意到

$$\begin{aligned}
\mathcal{L}^*H &= 2\frac{\nabla_\xi^2\phi(\nabla_\xi\phi,\nabla_\xi\phi)}{|\nabla_\xi\phi|^4}H - \frac{\Delta_\xi\phi}{|\nabla_\xi\phi|^2}H - \frac{1}{|\nabla_\xi\phi}\frac{\nabla_\xi\phi}{|\nabla_\xi\phi|}\cdot\nabla_\xi H \\
&\sim \frac{|\xi|^{m-2}}{|\nabla_\xi\phi(\xi)|^2}H + \frac{1}{|\nabla_\xi\phi(\xi)|}\partial H,
\end{aligned}$$

并且在 V_2 上关于变量 ξ 分部积分 $d+1$ 次, 就推出

$$\begin{aligned}
|I_2| &\lesssim t^{-d-1}\left|\int_{V_2} e^{it\phi}(\mathcal{L}^*)^{d+1}\left[\left|\det\nabla_\xi^2\Phi(\xi)\right|^{\frac{1}{2}}\varphi_i(\xi)\right]d\xi\right| \\
&\lesssim t^{-d-1}\sum_{j+k=d+1}\int_{V_2}\frac{1}{|\nabla_\xi\phi(\xi)|^{d+1+j}}|\xi|^{(\frac{d}{2}+j)(m-2)-k}d\xi \\
&\lesssim t^{-\frac{d}{2}}.
\end{aligned}$$

□

注记 2.1.4 通过伸缩变换, 上面证明可以归结为对于具支集 $1 \leqslant |\xi| \leqslant 2$ 的相函数 Φ 证明. 假设相函数 Φ 满足 $\Phi(\xi_1,\cdots,\xi_d) = \prod_i \varphi(\xi_i)$, 从一维的驻相定理就直接推出 d-维情形的驻相定理.

2.2 Strichartz 估计

众所周知, Strichartz 估计是研究非线性色散方程适定性的基础, 而 Strichartz 估计可以通过色散估计与 TT^* 方法而建立. 如何通过驻相分析获得的色散估计与抽象的 TT^* 方法来建立线性色散方程解对应的 Strichartz 估计是本节的目标. 我们给出一个统一的处理, 着重强调色散估计与 Strichartz 估计的关系等.

首先回忆定理 2.1.18. 假设 $m>0$, $\Phi\in C^\infty(\mathbb{R}^d\setminus\{0\},\mathbb{R})$ 满足

$$\begin{cases}|\nabla\Phi(\xi)|\simeq|\xi|^{m-1},\\ |\det\nabla^2\Phi(\xi)|\simeq|\xi|^{d(m-2)},\\ |\partial^\alpha\Phi(\xi)|\lesssim|\xi|^{m-|\alpha|}.\end{cases}\tag{2.2.1}$$

则

$$u(t)\triangleq S(t)u_0(x)=e^{it\Phi(\nabla/i)}u_0\tag{2.2.2}$$

是 Cauchy 问题

$$i\partial_t u+\Phi(-i\nabla)u=0,\quad u(0)=u_0\tag{2.2.3}$$

的解, 并且

$$v(t,x)\triangleq\mathcal{F}^{-1}\left[|\det\nabla^2\Phi(\xi)|^{\frac12}(\mathcal{F}u)(\xi)\right](t,x).\tag{2.2.4}$$

满足如下的驻相估计

$$\|v(t)\|_{L_x^\infty}\lesssim|t|^{-\frac d2}\|u_0\|_{L_x^1}.\tag{2.2.5}$$

注记 2.2.1 (i) 对于经典的 Schrödinger 方程, 对应的相函数满足

$$\Phi(\xi)=\frac12|\xi|^2,\quad|\nabla\Phi(\xi)|=|\xi|,\quad|\det\nabla^2\Phi(\xi)|=1,\quad m=2.$$

则 (2.2.5) 恰好对应着经典 Schrödinger 方程解的色散估计:

$$\|e^{it\Delta}u_0\|_{L^\infty(\mathbb{R}^d)}\lesssim|t|^{-\frac d2}\|u_0\|_{L^1(\mathbb{R}^d)}.$$

(ii) 对于四阶 Schrödinger 方程, 对应的相函数满足

$$\Phi(\xi)=\frac12|\xi|^4,\quad|\nabla\Phi(\xi)|=|\xi|^3,\quad|\det\nabla^2\Phi(\xi)|\simeq|\xi|^{2d},\quad m=4.$$

则 (2.2.5) 对应着四阶 Schrödinger 方程解的光滑性色散估计

$$\||\nabla|^d e^{it\Delta^2}u_0\|_{L^\infty(\mathbb{R}^d)}\lesssim|t|^{-\frac d2}\|u_0\|_{L^1(\mathbb{R}^d)}.$$

2.2.1 TT^* 方法及经典 Strichartz 估计

考虑一般非齐次色散方程

$$(i\partial_t + \Phi(\nabla/i))u = h, \tag{2.2.6}$$

Strichartz 估计是实现小时间区间控制的最佳估计, 它是驻相分析给出的色散估计与 L^2 上酉单位算子群 $U(t) = e^{it\Phi}$ 的结合体!

定理 2.2.1 (Strichartz 估计; Segal[159], Strichartz[166], Ginibre-Velo[55]) 对于任意的 $t \in \mathbb{R}$, 假设 $U(t)$ 是定义在 $L^1 \cap L^\infty$ 的线性算子, 满足

$$\begin{cases} \|U(t)U^*(s)f\|_{L^\infty(\mathbb{R}^d)} \lesssim |t-s|^{-\sigma}\|f\|_{L^1(\mathbb{R}^d)}, \\ \|U(t)f\|_{L^2(\mathbb{R}^d)} \lesssim \|f\|_{L^2(\mathbb{R}^d)}. \end{cases} \tag{2.2.7}$$

则

$$\|U(t)f\|_{L^q(\mathbb{R},L^r(\mathbb{R}^d))} \lesssim \|f\|_{L^2(\mathbb{R}^d)}, \tag{2.2.8}$$

$$\left\|\int_{\mathbb{R}} U^*(s)g(s)ds\right\|_{L^2(\mathbb{R}^d)} \lesssim \|g\|_{L^{q'}(\mathbb{R},L^{r'}(\mathbb{R}^d))}, \tag{2.2.9}$$

$$\left\|\int_0^t U(t)U^*(s)g(s)ds\right\|_{L^q(\mathbb{R},L^r(\mathbb{R}^d))} \lesssim \|g\|_{L^{a'}(\mathbb{R},L^{b'}(\mathbb{R}^d))}, \tag{2.2.10}$$

其中

$$\frac{1}{q} = \sigma\left(\frac{1}{2} - \frac{1}{r}\right), \quad 2 < q, r \leqslant \infty \quad \left[\,\sigma\text{-容许对, 记为 } (q,r) \in \Lambda_\sigma\,\right].$$

注记 2.2.2 在多数情形下, 端点的 Strichartz 估计 ($q = 2$ 情形) 仍然有效, 见文献 [76]. 关于 Strichartz 不等式 (2.2.8) 中的最佳常数问题, 见文献 [45].

Strichartz 估计的证明 (2.2.8) 是标准 TT^* 方法与 (2.2.9) 的直接结果. 事实上, 对 (2.2.7) 插值, 即得一般色散估计

$$\|U(t)U^*(s)f\|_r \lesssim |t-s|^{-\sigma(1-\frac{2}{r})}\|f\|_{r'}.$$

仅需证明

$$\left\|\int_{\mathbb{R}} U^*(s)g(s)ds\right\|_2 \lesssim \|g\|_{L_t^{q'}(\mathbb{R},L_x^{r'})}.$$

直接计算就得

$$\left\|\int_{\mathbb{R}} U^*(s)g(s)ds\right\|_2^2 = \iint_{s,t} \langle U^*(t)g(t), U^*(s)g(s)\rangle dsdt$$

$$
\begin{aligned}
&= \iint_{s,t} \langle g(t), U(t)U^*(s)g(s) \rangle dsdt \\
&\lesssim \iint_{s,t} \frac{\|g(t)\|_{r'} \|g(s)\|_{r'}}{|l-s|^{\sigma(1-\frac{2}{r})}} dsdt \\
&\lesssim \|g\|^2_{L_t^{q'}(\mathbb{R}, L_x^{r'})}.
\end{aligned}
$$

最后证明 (2.2.10). 根据 Ginibre-Velo 的时空插值估计, 仅需证明如下三种情形

- $(q,r) = (\infty, 2)$ 及任意的 $(a,b) \in \Lambda_\sigma$;
- $(a,b) = (\infty, 2)$ 及任意的 $(q,r) \in \Lambda_\sigma$;
- $(a,b) = (q,r) \in \Lambda_\sigma$.

事实上, 利用 (2.2.8) 直接看出

$$
\left\| \int_0^t U(t)U^*(s)g(s)ds \right\|_2 = \left\| \int_0^t U^*(s)g(s)ds \right\|_2 \lesssim \|\chi_{[0,t]} g\|_{L_t^{a'} L_x^{b'}}
$$

及

$$
\begin{aligned}
\left\| \int_0^t U(t)U^*(s)g(s)ds \right\|_{L^q(\mathbb{R}, L^r)} &\leqslant \int_{\mathbb{R}} \left\| \chi_{[s,+\infty)}(t) U(t)U^*(s)g(s) \right\|_{L^q(\mathbb{R}, L^r)} ds \\
&\lesssim \int_{\mathbb{R}} \left\| U(t)U^*(s)g(s) \right\|_{L^q(\mathbb{R}, L^r)} ds \\
&\lesssim \int_{\mathbb{R}} \left\| U^*(s)g(s) \right\|_{L^2} ds \\
&\lesssim \int_{\mathbb{R}} \left\| g(s) \right\|_{L^2} ds.
\end{aligned}
$$

与此同时, 完全类似于 (2.2.9) 的证明过程, 采用泛函对偶的技术就得

$$
\begin{aligned}
&\left| \left\langle \int_0^t U(t)U^*(s)g(s)ds, h(t) \right\rangle_{L_t^q L_x^r \times L_t^{q'} L_x^{r'}} \right| \\
\lesssim &\iint_{t, 0 \leqslant s \leqslant t} \frac{\|g(s)\|_{r'} \|h(t)\|_{r'}}{|t-s|^{\sigma(1-\frac{2}{r})}} dsdt \lesssim \|g\|_{L_t^{q'} L_x^{r'}} \|h\|_{L_t^{q'} L_x^{r'}},
\end{aligned}
$$

这就意味着

$$
\left\| \int_0^t U(t)U^*(s)g(s)ds \right\|_{L^q(\mathbb{R}, L^r(\mathbb{R}^d))} \lesssim \|g\|_{L^{q'}(\mathbb{R}, L^{r'})}. \qquad \square
$$

推论 2.2.2　定义与经典 Schrödinger 方程对应的容许对的集合为

$$\Lambda_S = \left\{ (q,r), 2 \leqslant q, r \leqslant \infty, \frac{2}{q} = d\left(\frac{1}{2} - \frac{1}{r}\right), (q,r,d) \neq (2,\infty,2) \right\}.$$

考虑齐次 Schrödinger 方程的 Cauchy 问题

$$i\partial_t u + \Delta u = h, \quad u(0) = u_0(x), \tag{2.2.11}$$

则

$$\|u\|_{L^q(\mathbb{R},L^r)} \lesssim \|u_0\|_2 + \|h\|_{L^{a'}(\mathbb{R},L^{b'})}, \quad \forall (q,r),(a,b) \in \Lambda_S. \tag{2.2.12}$$

作为定理 2.2.1 的直接应用, 可以获得 Schrödinger 方程解对应的经典的 Strichartz 估计:

定理 2.2.3　设 $(q,r),(\tilde{q},\tilde{r}) \in \Lambda_S, u_0(x) \in \mathcal{S}(\mathbb{R}^d)$, $F(s) \triangleq F(s,x) \in \mathcal{S}(\mathbb{R}\times\mathbb{R}^d)$, 则

$$\left\| e^{it\Delta} u_0 \right\|_{L^q(\mathbb{R};L^r(\mathbb{R}^d))} \lesssim \|u_0(x)\|_{L^2(\mathbb{R}^d)}, \tag{2.2.13}$$

$$\left\| \int_0^t e^{i(t-s)\Delta} F(s) ds \right\|_{L^q(I;L^r(\mathbb{R}^d))} \lesssim \|F(t)\|_{L^{\tilde{q}'}(I;L^{\tilde{r}'}(\mathbb{R}^d))}. \tag{2.2.14}$$

证明见苗长兴与张波的专著 [141]. 需要指出: 尽管估计 (2.2.13)—(2.2.14) 的指标范围不能扩张, 然而非齐次部分对应的 Strichartz 估计 (2.2.14) 是可以扩张的! 这在 Keel-Tao 的端点时空估计扮演着重要的作用, 事实上, 引理 2.3.8 就提供了一个特例. 一般的情形可以表述如下:

定理 2.2.4(D. Foschi[44])　设 $u(t,x)$ 是线性 Schrödinger 方程

$$\begin{cases} iu_t + \Delta u = f(t,x), \\ u(0,x) = 0 \end{cases} \quad \left(u = \int_0^t e^{i(t-\tau)\Delta} f(\tau,x) d\tau \right) \tag{2.2.15}$$

的解, 则

$$\left\| \int_0^t e^{i(t-s)\Delta} f(u(s)) ds \right\|_{L_t^q(\mathbb{R};L^r(\mathbb{R}^d))} \lesssim \|f(t)\|_{L_t^{\tilde{q}'}(\mathbb{R};L^{\tilde{r}'}(\mathbb{R}^d))}, \tag{2.2.16}$$

这里

$$(q,r),\ (\widetilde{q},\widetilde{r}) \in \widetilde{\Lambda} = \left\{ (q,r) \;\middle|\; \frac{1}{q} < d\left(\frac{1}{2} - \frac{1}{r}\right),\ \text{或}\ (q,r) = (\infty,2) \right\} \quad (d/2\text{-容许集}),$$

以及

(1) 尺度条件 (平均意义下满足容许关系)

$$\frac{2}{q}+\frac{2}{\widetilde{q}}=d\left(1-\frac{1}{r}-\frac{1}{\widetilde{r}}\right)\Longleftrightarrow\frac{2}{q}=\delta(r)-s\quad 和\quad\frac{2}{\widetilde{q}}=\delta(\widetilde{r})+s,\quad\delta(r)=d\left(\frac{1}{2}-\frac{1}{r}\right).$$

(2)

$$\begin{cases}\dfrac{1}{q}+\dfrac{1}{\widetilde{q}}<1,\\ \dfrac{d-2}{d}\leqslant\dfrac{r}{\widetilde{r}}\leqslant\dfrac{d}{d-2},\end{cases}\quad(非最佳)\quad 或\quad\begin{cases}\dfrac{1}{q}+\dfrac{1}{\widetilde{q}}=1,\\ \dfrac{d-2}{d}<\dfrac{r}{\widetilde{r}}<\dfrac{d}{d-2},\end{cases}\quad(最佳).$$

注记 2.2.3 $d/2$-容许集 $\widetilde{\Lambda}$ 表明 (q,r) 的定义域, 尺度条件表明额外 Strichartz 估计虽然不要求 (q,r) $(\tilde{q},\tilde{r})\in\Lambda$ (容许对), 但是要求它们在"平均意义"下满足容许关系. (2) 所给出的条件恰好对应原来容许指标的上下限之比! 具体证明可以参考 [44] 及 [186].

2.2.2 双线性 Strichartz 估计

为了更好地研究非线性 Schrödinger 解 u 的高频部分与低频部分的相互作用, Strichartz 估计不能担当如此重任. 这就需要开发 Strichartz 估计的双线性形式, 即双线性 Strichartz 估计, 它在处理质量临界与能量临界的 Schrödinger 方程起着重要的作用. 双线性 Strichartz 估计源于 Bourgain, 后来 I-团队 (包括五个人: Coliander J, Keel M, Staffllani G, Takaoka H, Tao T) 给出了其一般形式. 对于一般的空间维数, 给出它的陈述.

定理 2.2.5 (双线性估计-I) 设 $d\geqslant 1$, $0<M\leqslant N$, 则有

$$\left\|e^{it\Delta}P_Mf\ e^{it\Delta}P_Ng\right\|_{L^2_{t,x}(I\times\mathbb{R}^d)}\leqslant M^{\frac{d-1}{2}}N^{-\frac{1}{2}}\|f\|_{L^2(\mathbb{R}^d)}\|g\|_{L^2(\mathbb{R}^d)},\tag{2.2.17}$$

其中 P_M,P_N 是 Littlewood-Paley 投影算子, 对于 $d=1$, 我们还要求 $M\leqslant\dfrac{1}{4}N$.

证明概要 对于 $M\sim N$ 且 $d\neq 1$, 利用经典 Strichartz 估计

$$\|e^{it\Delta}f\|_{L^4(\mathbb{R};L^{\frac{2d}{d-1}}(\mathbb{R}^d))}\lesssim\|f\|_{L^2(\mathbb{R}^d)}$$

及 Bernstein 不等式就得 (2.2.17) 的证明.

选取 $M\leqslant\dfrac{1}{4}N$, 根据对偶性原理与 Parseval 恒等式, (2.2.17) 就归结为证明

$$\left|\iint_{\mathbb{R}^d\times\mathbb{R}^d}F(|\xi|^2+|\eta|^2,\xi+\eta)\widehat{f_M}(\xi)\widehat{g_N}(\eta)d\xi d\eta\right|$$

$$\leqslant M^{\frac{d-1}{2}}N^{-\frac{1}{2}}\|F\|_{L^2_{\omega,\xi}(\mathbb{R}^{1+d})}\|\hat{f}\|_{L^2_\xi(\mathbb{R}^d)}\|\hat{g}\|_{L^2_\eta(\mathbb{R}^d)}, \quad w=\xi^2+\eta^2. \tag{2.2.18}$$

事实上, 首先, 通过剖分积分区域及合适的旋转变换, 可以将积分区域限制在 $\eta_1-\xi_1\gtrsim N$ 的情形. 其次, 令

$$\zeta=\xi+\eta, \quad \omega=\xi^2+\eta^2, \quad \beta=(\xi_2,\cdots,\xi_d).$$

注意到 $|\beta|\lesssim M$, 相应的 Jacobian $J\sim N^{-1}$, 并且利用 Cauchy-Schwarz 不等式就得

$$\begin{aligned}
(2.2.18)\ 的左边 &= \left|\iiint F(\omega,\zeta)\widehat{f_M}(\xi)\widehat{g_N}(\eta)Jd\omega d\zeta d\beta\right| \\
&\leqslant \|F\|_{L^2_{\omega,\xi}(\mathbb{R}^{1+d})}\int\left[\iint|\widehat{f_M}(\xi)|^2|\widehat{g_N}(\eta)|^2J^2d\omega d\zeta\right]^{\frac{1}{2}}d\beta \\
&\leqslant \|F\|_{L^2_{\omega,\xi}(\mathbb{R}^{1+d})}M^{\frac{d-1}{2}}\left(\iiint|\widehat{f_M}(\xi)|^2|\widehat{g_N}(\eta)|^2J^2d\omega d\zeta d\beta\right)^{\frac{1}{2}} \\
&\leqslant \|F\|_{L^2_{\omega,\xi}(\mathbb{R}^{1+d})}M^{\frac{d-1}{2}}\left(\iint|\widehat{f_M}(\xi)|^2|\widehat{g_N}(\eta)|^2N^{-1}d\xi d\eta\right)^{\frac{1}{2}},
\end{aligned}$$

这就意味着双线性估计 (2.2.17). □

为简单之便, 记

$$F:=(i\partial_t+\Delta)u, \quad G:=(i\partial_t+\Delta)v.$$

利用 Duhamel 公式将 u,v 表示成

$$u=e^{i(t-t_0)\Delta}u(t_0)-i\int_{t_0}^t e^{i(t-t')\Delta}F(t')\,dt', \tag{2.2.19}$$

$$v=e^{i(t-t_0)\Delta}v(t_0)-i\int_{t_0}^t e^{i(t-t')\Delta}G(t')\,dt'. \tag{2.2.20}$$

通过分频及频段上的双线性估计 (2.2.17), 直接计算就得如下推论.

推论 2.2.6(双线性估计-II) 设 d,M,N 满足定理 2.2.5 的条件. 给定任意的时空 slab $I\times\mathbb{R}^d$, 对任意的 $t_0\in I$ 及 $I\times\mathbb{R}^d$ 上的任意函数 u,v, 有

$$\begin{aligned}
&\|P_{\geqslant N}uP_{\leqslant M}v\|_{L^2_{t,x}(I\times\mathbb{R}^d)} \\
&\leqslant M^{\frac{d-1}{2}}N^{-\frac{1}{2}}\left(\|P_{\geqslant N}u(t_0)\|_{L^2_x(\mathbb{R}^d)}+\|i(\partial_t+\Delta)P_{\geqslant N}u\|_{L^{\frac{2(d+2)}{d+4}}_{t,x}(I\times\mathbb{R}^d)}\right) \\
&\quad\times\left(\|P_{\leqslant M}v(t_0)\|_{L^2_x(\mathbb{R}^d)}+\|i(\partial_t+\Delta)P_{\leqslant M}v\|_{L^{\frac{2(d+2)}{d+4}}_{t,x}(I\times\mathbb{R}^d)}\right).
\end{aligned} \tag{2.2.21}$$

注记 2.2.4 频率层次的双线性 Strichartz 估计 (2.2.17) 是一个极其有用的估计 (特别是高频与低频相互作用: $N \gg M$), 充分体现了导数从高频到低频的转移. 换句话讲, 双线性 Strichartz 估计表明高频与低频之间的相互作用是微不足道的, 使得在一个时刻具有一个单一的尺度. 这一具有启发性的结论预示或启迪着我们将采用的研究方法, 特别是如何控制质量、动量、能量从高频模块到低频模块或从低频模块到高频模块转移的估计方式. 修正的 Strichartz 估计源于 Bourgain 文章 [6], 也可以参考其专著 [8]. 一个平凡的事实是: uv 的 $L^2_{t,x}$ 估计与 $u\overline{v}$, $\overline{u}v$, 或 $\overline{uv}$ 的 $L^2_{t,x}$ 完全相同, 充分说明上面的双线性 Strichartz 估计 (2.2.21) 可以适用于形如 $\mathcal{O}(uv)$ 的估计.

引理 2.2.7 设 $d \geqslant 2$. 对于任意的时空 slab $I_* \times \mathbb{R}^d$, $t_0 \in I_*$ 及对于任意的 $\delta > 0$, 成立:

$$\|uv\|_{L^2_t L^2_x(I_* \times \mathbb{R}^d)} \leqslant C(\delta) \left(\|u(t_0)\|_{\dot{H}^{-1/2+\delta}} + \|(i\partial_t + \Delta)u\|_{L^1_t \dot{H}^{-1/2+\delta}_x} \right)$$
$$\times \left(\|v(t_0)\|_{\dot{H}^{\frac{d-1}{2}-\delta}} + \|(i\partial_t + \Delta)v\|_{L^1_t \dot{H}^{\frac{d-1}{2}-\delta}_x} \right). \tag{2.2.22}$$

证明 固定 $\delta > 0$, 在下面估计中容许隐性常数依赖于 δ. 先处理齐次情形, 具体地说, 对于 $u(t) \triangleq e^{it\Delta}\zeta$ 及 $v(t) \triangleq e^{it\Delta}\psi$, 建立形如

$$\|uv\|_{L^2_{t,x}} \lesssim \|\zeta\|_{\dot{H}^{\alpha_1}} \|\psi\|_{\dot{H}^{\alpha_2}} \tag{2.2.23}$$

的估计. 自然, 从伸缩不变性就导出 α_1 及 α_2 必须满足

$$\alpha_1 + \alpha_2 = \frac{d}{2} - 1.$$

我们的目的是对于 $\alpha_1 = -\frac{1}{2} + \delta$ 和 $\alpha_2 = \frac{d-1}{2} - \delta$, 证明估计 (2.2.23).

根据对偶性原理及重整化技术, 双线性估计 (2.2.23) 就可以转化为证明:

$$\left| \int \widehat{g}(\xi_1 + \xi_2, |\xi_1|^2 + |\xi_2|^2) |\xi_1|^{-\alpha_1} \widehat{\zeta}(\xi_1) |\xi_2|^{-\alpha_2} \widehat{\psi}(\xi_2) d\xi_1 d\xi_2 \right| \lesssim \|g\|_{L^2} \|\zeta\|_{L^2} \|\psi\|_{L^2}. \tag{2.2.24}$$

事实上, 直接验证

$$\int_{\mathbb{R}^d \times \mathbb{R}} g(x,t) \overline{e^{it\Delta}\zeta(x) e^{it\Delta}\psi(x)} dx dt$$
$$= \int_{\mathbb{R}^d \times \mathbb{R}} \hat{g}(\xi, \tau) \mathcal{F}_t \left[\int_{\mathbb{R}^d} e^{it[|\xi_1|^2 + |\xi - \xi_1|^2]} \widehat{\zeta}(\xi_1) \widehat{\psi}(\xi - \xi_1) d\xi_1 \right] d\xi d\tau$$

$$
\begin{aligned}
&= \int_{\mathbb{R}^d\times\mathbb{R}} \hat{g}(\xi,\tau)\int_{\mathbb{R}^d}\delta(\tau-|\xi_1|^2-|\xi-\xi_1|^2)\widehat{\zeta}(\xi_1)\widehat{\psi}(\xi-\xi_1)d\xi_1 d\xi d\tau\\
&= \int_{\mathbb{R}^d\times\mathbb{R}^d} \hat{g}(\xi,|\xi_1|^2+|\xi-\xi_1|^2)\widehat{\zeta}(\xi_1)\widehat{\psi}(\xi-\xi_1)d\xi_1 d\xi \qquad (\xi_2=\xi-\xi_1)\\
&= \int_{\mathbb{R}^d\times\mathbb{R}^d} \hat{g}(\xi_1+\xi_2,|\xi_1|^2+|\xi_2|^2)\widehat{\zeta}(\xi_1)\widehat{\psi}(\xi_2)d\xi_1 d\xi_2,
\end{aligned}
$$

这就证明了上述归结. 既然 $\alpha_2\geqslant\alpha_1$, 我们仅需将注意力集中在满足约束 $|\xi_1|\geqslant|\xi_2|$ 上的相互作用. 事实上, 对于 $|\xi_1|\leqslant|\xi_2|$ 情形, 利用以下等式

$$
\begin{aligned}
&\int \widehat{g}(\xi_1+\xi_2,|\xi_1|^2+|\xi_2|^2)|\xi_1|^{-\alpha_1}\widehat{\zeta}(\xi_1)|\xi_2|^{-\alpha_2}\widehat{\psi}(\xi_2)d\xi_1 d\xi_2\\
=&\int\left(\frac{|\xi_2|}{|\xi_1|}\right)^{\alpha_1-\alpha_2}\widehat{g}(\xi_1+\xi_2,|\xi_1|^2+|\xi_2|^2)\\
&\cdot|\xi_1|^{-\alpha_2}\widehat{\zeta}(\xi_1)|\xi_2|^{-\alpha_1}\widehat{\psi}(\xi_2)\left(\frac{|\xi_2|}{|\xi_1|}\right)^{\alpha_1-\alpha_2}d\xi_1 d\xi_2,
\end{aligned}
$$

与下面处理 $|\xi_1|\geqslant|\xi_2|$ 的情形可得. 进而, 我们还可以进一步归结成仅考虑 $|\xi_1|>4|\xi_2|$ 的情形. 否则, 在

$$|\xi_2|\leqslant|\xi_1|\leqslant 4|\xi_2|$$

情形下, 就可以实现频率的相互转移, 利用 Bernstein 在频段上求导的等价估计, 问题归结成 $\alpha_1=\alpha_2$ 的特殊情形, 再利用 $L^4_{t,x}$- Strichartz 估计就行了. 当然, 这里要求 $d\geqslant 2$, 此时对应着 $\alpha=\dfrac{d}{4}-\dfrac{1}{2}$ 层次的 Strichartz 估计 ①.

其次, 实施二进制分解 $|\xi_1|\sim N$, 进而用 $|\xi_1|$ 的二进制倍数 Λ 来刻画 $|\xi_2|\sim\Lambda N$, 于是所需控制量可表示为

$$\sum_N\sum_\Lambda\int\int g_N(\xi_1+\xi_2,|\xi_1|^2+|\xi_2|^2)|\xi_1|^{-\alpha_1}\widehat{\zeta_N}(\xi_1)|\xi_2|^{-\alpha_2}\widehat{\psi_{\Lambda N}}(\xi_2)d\xi_1 d\xi_2.$$

这里 g,ζ,ψ 下标分别表示相应变量的局部化, 即

$$|\xi_1+\xi_2|\sim N,\quad |\xi_1|\sim N,\quad |\xi_2|\sim\Lambda N.$$

注意到在所归结区域上满足 $|\xi_1|\geqslant 4|\xi_2|$, 显然有 $|\xi_1+\xi_2|\sim|\xi_1|$, 这就表明 g 自然被局部化了.

---

① 对于 $d=1$, 当 u,v 对应的频率具有可比性时, 引理 2.2.7 失败. 然而, 当 u,v 具有分离的频率时, 引理 2.2.7 仍然成立. 事实上, $d=1$ 失败的原因是没有非负层次的 $L^4_{t,x}$-Strichartz 估计, 参见 [25].

通过重新命名分量的记号及角分解的程序, 无妨假设 $|\xi_1^1| \sim |\xi_1|$ 及 $|\xi_2^1| \sim |\xi_2|$. 其中 $\xi_2 = (\xi_2^1, \underline{\xi_2})$. 作变量替代

$$u = \xi_1 + \xi_2, \quad v = |\xi_1|^2 + |\xi_2|^2 \implies dudv = Jd\xi_2^1 d\xi_1.$$

简单的计算表明 $J = |2(\xi_1 \pm \xi_2)| \sim |\xi_1|$. 因此, 在新的坐标意义下, 问题就转化成估计形如下面的积分:

$$\sum_N N^{-\alpha_1} \sum_{\Lambda\leqslant 1} (\Lambda N)^{-\alpha_2} \int_{\mathbb{R}^{d-1}} \int_{\mathbb{R}} \int_{\mathbb{R}^d} g_N(u,v) H_{N,\Lambda}(u,v,\underline{\xi_2}) dudvd\underline{\xi_2},$$

其中

$$H_{N,\Lambda}(u,v,\underline{\xi_2}) = \frac{\widehat{\zeta_N}(\xi_1)\widehat{\psi_{\Lambda N}}(\xi_2)}{J}.$$

对含加权测度 $\dfrac{dudv}{J}$ 的积分采用带权 Cauchy-Schwarz 不等式, 然后再回到原来的变量, 就得

$$\sum_N N^{-\alpha_1} \|g_N\|_{L^2} \sum_{\Lambda\leqslant 1} (\Lambda N)^{-\alpha_2} \int_{\mathbb{R}^{d-1}} \left[\int_{\mathbb{R}} \int_{\mathbb{R}^{d-1}} \frac{|\widehat{\zeta_N}(\xi_1)|^2 |\widehat{\psi_{\Lambda N}}(\xi_2)|^2}{J} d\xi_1 d\xi_2^1 \right]^{\frac{1}{2}} d\underline{\xi_2}.$$

注意到 $J \sim N$ 及 ξ_2 已经局部化到区域 $|\xi_2| \sim \Lambda N$ 上, 关于变量 $\underline{\xi_2}$ 的积分采用 Cauchy-Schwarz 不等式, 就得

$$\sum_N N^{-\alpha_1 - \frac{1}{2}} \|g_N\|_{L^2} \sum_{\Lambda\leqslant 1} (\Lambda N)^{-\alpha_2 + \frac{d-1}{2}} \|\widehat{\zeta_N}\|_{L^2} \|\widehat{\psi_{\Lambda N}}\|_{L^2}.$$

选取 $\alpha_1 = -\dfrac{1}{2} + \delta$, $\alpha_2 = \dfrac{d-1}{2} - \delta$, 其中 $\delta > 0$, 代入上式就得

$$\sum_N \|g_N\|_{L^2} \|\widehat{\zeta_N}\|_{L^2} \sum_{\Lambda\leqslant 1} \Lambda^{\delta} \|\widehat{\psi_{\Lambda N}}\|_{L^2},$$

求和就得齐次情形的估计.

下面证明 (2.2.22). 为简单之便, 记

$$F \triangleq (i\partial_t + \Delta)u, \quad G \triangleq (i\partial_t + \Delta)v.$$

利用 Duhamel 公式, 将 u, v 表示成

$$u = e^{i(t-t_0)\Delta} u(t_0) - i \int_{t_0}^{t} e^{i(t-t')\Delta} F(t')\, dt',$$

$$v = e^{i(t-t_0)\Delta}v(t_0) - i\int_{t_0}^{t} e^{i(t-t')\Delta}G(t')\,dt'.$$

因此

$$\begin{aligned}
\|uv\|_{L^2} \lesssim & \left\|e^{i(t-t_0)\Delta}u(t_0)e^{i(t-t_0)\Delta}v(t_0)\right\|_{L^2} \\
& + \left\|e^{i(t-t_0)\Delta}u(t_0)\int_{t_0}^{t} e^{i(t-t')\Delta}G(t')\,dt'\right\|_{L^2} \\
& + \left\|e^{i(t-t_0)\Delta}v(t_0)\int_{t_0}^{t} e^{i(t-t')\Delta}F(t')dt'\right\|_{L^2} \\
& + \left\|\int_{t_0}^{t} e^{i(t-t')\Delta}F(t')dt'\int_{t_0}^{t} e^{i(t-t'')\Delta}G(x,t'')\,dt''\right\|_{L^2} \\
\triangleq & \, I_1 + I_2 + I_3 + I_4.
\end{aligned}$$

I_1 的估计在 (2.2.23) 中已给出. 利用 Minkowski 不等式及齐次部分的估计, 就得

$$I_2 \lesssim \int_{\mathbb{R}} \|e^{i(t-t_0)\Delta}u(t_0)e^{i(t-t')\Delta}G(t')\|_{L^2}\,dt' \lesssim \|u(t_0)\|_{\dot{H}^{-\frac{1}{2}+\delta}}\|G(t)\|_{L_t^1\dot{H}_x^{\frac{d-1}{2}-\delta}}.$$

利用对称性, 类似于 I_2 的估计, 容易推出

$$I_3 \lesssim \int_{\mathbb{R}} \|e^{i(t-t_0)\Delta}v(t_0)e^{i(t-t')\Delta}F(t')\|_{L^2}\,dt' \lesssim \|v(t_0)\|_{\dot{H}_x^{\frac{d-1}{2}-\delta}}\|F(t)\|_{L_t^1\dot{H}^{-\frac{1}{2}+\delta}}.$$

最后, 再次利用 Minkowski 不等式, 我们就得

$$\begin{aligned}
I_4 & \lesssim \int_{\mathbb{R}}\int_{\mathbb{R}} \|e^{i(t-t')\Delta}F(t')e^{i(t-t'')\Delta}G(t'')\|_{L^2}dt'dt'' \\
& \lesssim \|F(t)\|_{L_t^1;\dot{H}^{-\frac{1}{2}+\delta}}\|G(t)\|_{L_t^1\dot{H}_x^{\frac{d-1}{2}-\delta}}.
\end{aligned}$$

将 I_1—I_4 的估计代入到上面的估计就完成引理 2.2.7 的证明. □

注记 2.2.5 如果初始函数局部化在频率空间 (以二进制的尺度, 即二进制频段上的函数), 则估计 (2.2.23) 对于端点 $\alpha_1 = -\dfrac{1}{2}, \alpha_2 = \dfrac{d-1}{2}$ 情形仍然有效, 见 [6]. 另外, Bourgain 的方法还适用于情形:

$$\alpha_1 = -\frac{1}{2} + \delta, \quad \alpha_2 = \frac{d-1}{2} + \delta,$$

此情形不是伸缩不变的. 然而, **一般情形的端点双线性估计不再成立**. 事实上, 取

$$\widehat{\zeta_1} = \chi_{R_1}, \quad R_1 = \left\{\xi : \xi_1 = Ne^1 + O(N^{\frac{1}{2}})\right\}, \quad e^1 = (1, 0, \cdots, 0),$$

$$\widehat{\psi_2}(\xi_2) = |\xi_2|^{-\frac{d-1}{2}} \chi_{R_2}, \quad R_2 = \left\{\xi_2 : 1 \ll |\xi_2| \ll N^{\frac{1}{2}}, \xi_2 \cdot e^1 = O(1)\right\},$$

$$g(u, v) = \chi_{R_0}(u, v), \quad R_0 = \left\{(u, v) : u = Ne^1 + O(N^{\frac{1}{2}}), v = |u|^2 + O(N)\right\},$$

将其代入到 (2.2.24) 的左右两边, 简单的计算表明:

$$(2.2.24) \text{ 的左边} \sim N^{\frac{d+1}{2}} \log N, \quad (2.2.24) \text{ 的右边} \sim N^{\frac{d+1}{2}} (\log N)^{\frac{1}{2}}.$$

同样的反例也表明估计

$$\|u\bar{v}\|_{L^2_{t,x}} \lesssim \|\zeta\|_{\dot{H}^{\alpha_1}} \|\psi\|_{\dot{H}^{\alpha_2}}, \quad u(t) = e^{it\Delta}\zeta, \quad v(t) = e^{it\Delta}\psi$$

在端点处是不成立的.

定理 2.2.8(双线性估计-III) 设 $d \geqslant 2$. 给定任意的时空 slab $I \times \mathbb{R}^d$, 任意的 $\delta > 0$, 任意的 $t_0 \in I$ 及 $I \times \mathbb{R}^d$ 上的任意函数 u, v,

$$\begin{aligned}\|uv\|_{L^2_{t,x}(I\times\mathbb{R}^d)} \leqslant C(\delta)\Big(&\|u(t_0)\|_{\dot{H}_x^{-1/2+\delta}} + \||\nabla|^{-\frac{1}{2}+\delta}(i\partial_t + \Delta)u\|_{L_t^{q'} L_x^{r'}(I\times\mathbb{R}^d)}\Big) \\ &\times \Big(\|v(t_0)\|_{\dot{H}_x^{\frac{d-1}{2}-\delta}} + \||\nabla|^{\frac{d-1}{2}-\delta}(i\partial_t + \Delta)v\|_{L_t^{\tilde{q}'} L_x^{\tilde{r}'}(I\times\mathbb{R}^d)}\Big),\end{aligned} \tag{2.2.25}$$

这里 $(q, r), (\tilde{q}, \tilde{r}) \in \Lambda$ 是任意满足 $q, \tilde{q} > 2$ 的容许对.

为了证明双线性估计-III, 需要引入 Christ-Kiselev 引理, 证明见苗长兴和张波的专著 [141].

引理 2.2.9 设 X, Y 是两个 Banach 空间, 用 $B(X, Y)$ 表示从 X 到 Y 的有界线性算子所组成的 Banach 空间. 设 $-\infty \leqslant a < b \leqslant \infty$, $K(t, s)$ 是定义在 $[a, b]^2$ 上, 取值在 $B(X, Y)$ 上的连续函数. 定义

$$Tf(t) = \int_a^b K(t, s) f(s) ds,$$

并假设

$$\|Tf\|_{L^q([a,b];Y)} \leqslant C\|f\|_{L^p([a,b];X)}.$$

则当 $1 \leqslant p < q \leqslant \infty$ 时, 下三角限制型算子

$$\tilde{T}f(t) = \int_a^t K(t, s) f(s) ds, \quad a \leqslant t \leqslant b \tag{2.2.26}$$

满足估计

$$\|\tilde{T}f\|_{L^q([a,b];Y)} \leqslant \frac{2^{-2(\frac{1}{p}-\frac{1}{q})}\cdot 2C}{1-2^{-(\frac{1}{p}-\frac{1}{q})}}\|f\|_{L^p([a,b];X)}. \tag{2.2.27}$$

定理 2.2.8 的证明 为简单起见, 约定时空范数总是在 $[0,T]\times\mathbb{R}^d$ 上进行, 同时定义

$$\|w\|_{k,q,r} := \|w(t_0)\|_{\dot{H}^k_x} + \||\nabla|^k(i\partial_t+\Delta)w\|_{q',r'}$$

及

$$F_{k,q,r} = \{w:\ \|w\|_{k,q,r}<\infty\}.$$

这样双线性估计 (2.2.25) 就归结为证明:

$$\|uv\|_{L^2_{t,x}(I\times\mathbb{R}^d)} \leqslant C(\delta)\|u\|_{-\frac{1}{2}+\delta,q,r}\|v\|_{\frac{d-1}{2}-\delta,\tilde{q},\tilde{r}},\quad (q,r),(\tilde{q},\tilde{r})\in\Lambda,\quad q,\tilde{q}>2. \tag{2.2.28}$$

引理 2.2.7 中的双线性估计 (2.2.22) 就可以改写成

$$\|uv\|_{L^2_{t,x}(I\times\mathbb{R}^d)} \leqslant C(\delta)\|u\|_{-\frac{1}{2}+\delta,\infty,2}\|v\|_{\frac{d-1}{2}-\delta,\infty,2}, \tag{2.2.29}$$

此恰好对应着 (2.2.28) 中 $q=\tilde{q}=\infty$ 时的特殊形式. 一般的情形的证明需要 Christ-Kiselev 引理与 (2.2.22) 的特殊形式

$$\|e^{i(t-t_0)\Delta}u(t_0)e^{i(t-t_0)\Delta}v(t_0)\|_{L^2_{t,x}(I\times\mathbb{R}^d)} \leqslant C(\delta)\|u(t_0)\|_{\dot{H}_x^{-\frac{1}{2}+\delta}}\|v(t_0)\|_{\dot{H}_x^{\frac{d-1}{2}-\delta}}. \tag{2.2.30}$$

断言 对于固定的 $(q,r)\in\Lambda$ 满足 $q>2$, $v\in F_{\frac{d-1}{2}-\delta,\infty,2}$. 算子 $u\mapsto uv$ 是从 $F_{-\frac{1}{2}+\delta,q,r}$ 到 $L^2_{t,x}$ 的有界线性算子.

事实上, 利用关于 u 的 Duhamel 公式 (2.2.19), 就得

$$\begin{aligned}\|uv\|_{L^2_{t,x}(I\times\mathbb{R}^d)} \leqslant{}& \|e^{i(t-t_0)\Delta}u(t_0)v\|_{L^2_{t,x}(I\times\mathbb{R}^d)}\\ &+\left\|\left(\int_{t_0}^t e^{i(t-s)\Delta}(i\partial_t+\Delta)u(s)ds\right)v\right\|_{L^2_{t,x}(I\times\mathbb{R}^d)}.\end{aligned}$$

利用关于 v 的 Duhamel 公式 (2.2.20) 及 (2.2.30), 直接估计就得

$$\begin{aligned}&\|e^{i(t-t_0)\Delta}u(t_0)v\|_{L^2_{t,x}(I\times\mathbb{R}^d)}\\ \lesssim{}&\|e^{i(t-t_0)\Delta}u(t_0)e^{i(t-t_0)\Delta}v(t_0)\|_{L^2_{t,x}(I\times\mathbb{R}^d)}\end{aligned}$$

$$
\begin{aligned}
&+\Big\|e^{i(t-t_0)\Delta}u(t_0)\int_{t_0}^{t}e^{i(t-s)\Delta}(i\partial_t+\Delta)v(s)ds\Big\|_{L^2_{t,x}(I\times\mathbb{R}^d)}\\
&\leqslant C(\delta)\|u(t_0)\|_{\dot H_x^{-\frac12+\delta}}\|v(t_0)\|_{\dot H_x^{\frac{d-1}{2}-\delta}}\\
&\quad+C(\delta)\|u(t_0)\|_{\dot H_x^{-\frac12+\delta}}\int_{\mathbb{R}}\|(i\partial_t+\Delta)v(s)\|_{\dot H_x^{\frac{d-1}{2}-\delta}}ds\\
&\leqslant C(\delta)\|u(t_0)\|_{\dot H_x^{-\frac12+\delta}}\|v\|_{\frac{d-1}{2}-\delta,\infty,2}\\
&\leqslant C(\delta)\|u\|_{-\frac12+\delta,q,r}\|v\|_{\frac{d-1}{2}-\delta,\infty,2}.
\end{aligned}
$$

为了证明断言, 仅需证明非齐次部分满足如下估计

$$
\Big\|\Big(\int_{t_0}^{t}e^{i(t-s)\Delta}(i\partial_t+\Delta)u(s)ds\Big)v\Big\|_{L^2_{t,x}(I\times\mathbb{R}^d)}\leqslant C(\delta)\|u\|_{-\frac12+\delta,q,r}\|v\|_{\frac{d-1}{2}-\delta,\infty,2}. \tag{2.2.31}
$$

利用引理 2.2.9, 对于任意的 $q>2$, (2.2.31) 就可以归结为证明:

$$
\Big\|\Big(\int_{\mathbb{R}}e^{i(t-s)\Delta}(i\partial_t+\Delta)u(s)ds\Big)v\Big\|_{L^2_{t,x}(I\times\mathbb{R}^d)}\leqslant C(\delta)\|u\|_{-\frac12+\delta,q,r}\|v\|_{\frac{d-1}{2}-\delta,\infty,2}. \tag{2.2.32}
$$

再次使用 Duhamel 公式 (2.2.19), 就有

$$
\begin{aligned}
&\Big\|e^{it\Delta}\Big(\int_{\mathbb{R}}e^{-is\Delta}(i\partial_t+\Delta)u(s)ds\Big)v\Big\|_{2,2}\\
\lesssim&\Big\|\int_{\mathbb{R}}e^{-is\Delta}(i\partial_t+\Delta)u(s)ds\Big\|_{\dot H_x^{-\frac12+\delta}}\|v\|_{\frac{d-1}{2}-\delta,\infty,2}.
\end{aligned}
$$

利用标准的 Strichartz 估计, 就得

$$
\Big\|\int_{\mathbb{R}}e^{-is\Delta}(i\partial_t+\Delta)u(s)ds\Big\|_{\dot H_x^{-\frac12+\delta}}\lesssim\||\nabla|^{-\frac12+\delta}(i\partial_t+\Delta)u\|_{L_t^{q'}L_x^{r'}}\lesssim\|u\|_{-\frac12+\delta,q,r},
$$

因此, (2.2.31) 成立, 从而断言就得证.

其次, 类似于上面讨论可以证明如下断言: 对于固定的 $u\in F_{-\frac12+\delta,q,r}$, 算子 $v\mapsto uv$ 是从 $F_{\frac{d-1}{2}-\delta,\tilde q,\tilde r}$ 到 $L^2_{t,x}$ 的有界线性算子. 于是就完成了定理 2.2.8 的证明. □

2.2.3 若干额外 Strichartz 估计

为读者方便, 我们给出若干额外 Strichartz 估计.

I Stein 限制型猜想 如果将 (2.2.13) 中的 L^2 换成 L^p 范数, 就导致如下著名的 Stein 限制型猜想.

猜想 2.2.10

$$\left\|e^{it\Delta}f\right\|_{L^q(\mathbb{R}\times\mathbb{R}^d)} \lesssim \|\hat{f}(\xi)\|_{L^p(\mathbb{R}^d)}, \quad \frac{d+2}{d}p' = q > \frac{2(d+1)}{d}. \tag{2.2.33}$$

Fefferman 在 1970 年解决了 $d=1$ 的情形 (圆盘猜想), 对于高维的情形是公开的. Tao[169] 给出了 $q > \dfrac{2(d+3)}{d+1}$ 情形的结论, 其基本工具就是下面即将提到的双线性限制估计.

II 双线性限制型估计 比较能量临界的 Schrödinger 方程与质量临界的 Schrödinger 方程, 双线性估计在前者扮演着更重要的角色. 为了更有效地研究质量临界 Schrödinger 方程, 需要下面引入的双线性限制型估计.

定理 2.2.11(双线性限制型估计) 设 $f, g \in L_x^2(\mathbb{R}^d)$. 假设对于 $c>0$, 满足

$$N \triangleq \operatorname{dist}(\operatorname{supp}\hat{f}, \operatorname{supp}\hat{g}) \geqslant c\max\left\{\operatorname{diam}(\operatorname{supp}\hat{f}), \operatorname{diam}(\operatorname{supp}\hat{g})\right\}. \tag{2.2.34}$$

则

$$\left\|e^{it\Delta}f\, e^{it\Delta}g\right\|_{L^q_{t,x}(I\times\mathbb{R}^d)} \lesssim_{d,q} N^{d-\frac{d+2}{q}}\|f\|_{L^2(\mathbb{R}^d)}\|g\|_{L^2(\mathbb{R}^d)}, \quad q > \frac{d+3}{d+1}. \tag{2.2.35}$$

注记 2.2.6 (i) 定理 2.2.11 早年是 Klainerman-Machedon 的猜想, Wolff[192] 率先解决锥面上的限制性估计 (对应着波动方程). 当 $q \geqslant \dfrac{d+2}{d}$ 时, 定理 2.2.11 可以通过通常的 Strichartz 估计及 Bernstein 估计直接得到. 主要困难是给出 $q < \dfrac{d+2}{d}$ 的证明, 详见 [169].

(ii) 当 $d \geqslant 2$ 时, 端点情形 $q = \dfrac{d+3}{d+1}$ 最近被杨建伟[193] 所解决. 当 $q < \dfrac{d+3}{d+1}$, 定理 2.2.11 失败. 基本理念对应着火车之间的超越. 事实上, 选取沿同一个方向以不同速度传播的两个 wave-packets (波包, 且在其横截方向不大),

$$\begin{aligned} f &= \delta^{\frac{d+1}{2}}\phi(\delta^2 x_1)\phi(\delta x_2)\cdots\phi(\delta x_d), \\ g &= \delta^{\frac{d+1}{2}}e^{ix_1}\phi(\delta^2 x_1)\phi(\delta x_2)\cdots\phi(\delta x_d), \end{aligned} \quad \hat{\phi} \in C_c^\infty(\mathbb{R}^d). \tag{2.2.36}$$

选取 δ 趋向于零, 就推出矛盾. 如果 wave-packets 在横截方向上越来越细长, 它将很快色散.

限于篇幅, 这里不给出定理 2.2.11 的严格证明. 然而, 我们会告知定理 2.2.11 在研究质量临界的 Schrödinger 方程中扮演的重要角色. 为此, 先引入一个标准的二进方体, 给出定理 2.2.11 的另一个表述形式.

定义 2.2.1 给定 $j \in \mathbb{Z}$, 用 $\mathcal{D}_j = \mathcal{D}_j(\mathbb{R}^d)$ 表示 $\mathbb{R}^d$ 上边长是 2^j 的全体二进方体的集合, 即

$$\mathcal{D}_j = \left\{ \prod_{j=1}^{d} \left[2^j k_j, 2^j(k_j+1)\right) \subseteq \mathbb{R}^d \right\}, \quad \mathcal{D} = \bigcup_j \mathcal{D}_j.$$

另外, 对于任意的 $Q \in \mathcal{D}$, 定义 $f_Q = \mathcal{F}^{-1}\left(\chi_Q \hat{f}\right)$.

推论 2.2.12 假设 $Q, Q' \in \mathcal{D}$ 满足

$$\operatorname{dist}(Q, Q') \gtrsim \operatorname{diam}(Q) = \operatorname{diam}(Q'),$$

则

$$\left\| \left[e^{it\Delta} f_Q\right] \left[e^{it\Delta} g_{Q'}\right] \right\|_{L_{t,x}^{\frac{d^2+3d+1}{d(d+1)}}} \leqslant |Q|^{1-\frac{2}{p}-\frac{1}{d^2+3d+1}} \|\hat{f}\|_{L_\xi^p(Q)} \|\hat{g}\|_{L_\xi^p(Q')}, \quad p < 2. \tag{2.2.37}$$

证明 利用插值估计 (2.2.35) 及如下平凡估计

$$\left\| \left[e^{it\Delta} f_Q\right] \left[e^{it\Delta} g_{Q'}\right] \right\|_{L_{t,x}^{\infty}} \lesssim \|\hat{f}\|_{L_\xi^1(Q)} \|\hat{g}\|_{L_\xi^1(Q')},$$

就得估计 (2.2.37). □

III X_p^q-Strichartz 估计 这类估计是经典 Strichartz 估计的一个加强形式. X_p^q-Strichartz 估计的记号源于右边控制项中指标的表示方式.

定理 2.2.13 (X_p^q-Strichartz 估计-I) 设 $f \in \mathcal{S}(\mathbb{R}^d)$. 假设

$$\frac{1}{2} < \frac{1}{p} < \frac{1}{2} + \frac{1}{(d+1)(d+2)}, \quad \frac{p}{2} < \beta < 1.$$

则

$$\begin{aligned}
\|e^{it\Delta} f\|_{L_{t,x}^{\frac{2(d+2)}{d}}} &\lesssim \left[\sum_{Q \in \mathcal{D}} \left(|Q|^{\frac{1}{p}-\frac{1}{2}} \|\hat{f}\|_{L_\xi^p(Q)} \right)^{\frac{2(d+2)}{d}} \right]^{\frac{d}{2(d+2)}} \\
&\lesssim \|f\|_{L^2(\mathbb{R}^d)}^{\beta} \left[\sup_{Q \in \mathcal{D}} |Q|^{\frac{1}{p}-\frac{1}{2}} \|\hat{f}\|_{L_\xi^p(Q)} \right]^{1-\beta},
\end{aligned} \tag{2.2.38}$$

这里求和是对所有的方体 Q 求和.

利用 Hölder 不等式, 从 (2.2.38) 就可以直接推出经典 Strichartz 估计.

命题 2.2.14(X_p^q-Strichartz 估计-II) 设 $f\in\mathcal{S}(\mathbb{R}^d)$, $q=\dfrac{2(d^2+3d+1)}{d^2}$, 则

$$\left\|e^{it\Delta}f\right\|_{L_{t,x}^{\frac{2(d+2)}{d}}}\lesssim\|f\|_{L^2(\mathbb{R}^d)}^{\frac{d+1}{d+2}}\left(\sup_{Q\in\mathcal{D}}|Q|^{\frac{d+2}{dq}-\frac{1}{2}}\left\|e^{it\Delta}f\right\|_{L_{t,x}^q(\mathbb{R}^{d+1})}\right)^{\frac{1}{d+2}}. \tag{2.2.39}$$

注记 2.2.7 限于篇幅, 这里不再给出 X_p^q-Strichartz 估计的具体证明, 感兴趣的读者可参见 [3] 和 [144].

IV 加权型的径向端点 Strichartz 估计

引理 2.2.15(加权型的径向端点 Strichartz 估计) 记 I 是 $\mathbb{R}$ 上的区间, $t_0\in I$. 设 $u_0\in L_x^2(\mathbb{R}^d)$, $f(t,x)\in L_{t,x}^{\frac{2(d+2)}{d+4}}(I\times\mathbb{R}^d)$ 均是空间变量的径向函数, 则

$$u\triangleq e^{i(t-t_0)\Delta}u_0-i\int_{t_0}^t e^{i(t-\tau)\Delta}f(\tau,x)d\tau, \tag{2.2.40}$$

满足如下 Strichartz 估计

$$\left\||x|^{\frac{2(d-1)}{q}}u\right\|_{L_t^qL_x^{\frac{2q}{q-4}}(\mathbb{R}\times\mathbb{R}^d)}\lesssim\|u_0\|_{L^2}+\|f\|_{L_{t,x}^{\frac{2(d+2)}{d+4}}},\quad\forall\quad 4\leqslant q\leqslant\infty. \tag{2.2.41}$$

注记 2.2.8 在尺度变换的意义下, 可以视加权指标是微分指标, 可以取 $s=\dfrac{2(d-1)}{q}$. 它满足

$$\delta\left(\frac{2q}{q-4}\right)-s=\frac{2}{q}, \tag{2.2.42}$$

说明 $\left(q,\dfrac{2q}{q-4}\right)$ 满足 s 层次容许对的条件, 与此同时,

$$(\tilde{q}',\tilde{r}')=\left(\frac{2(d+2)}{d+4},\frac{2(d+2)}{d+4}\right)$$

对应着 L^2 层次对称性容许对

$$\left(\frac{2(d+2)}{d},\frac{2(d+2)}{d}\right)\in\Lambda \tag{2.2.43}$$

的对偶指标.

证明 $q=\infty$ 对应着平凡的 Strichartz 估计. 因此, 仅需证明 $q=4$ 的情形, 其他情形是插值定理的直接结果.

由经典的 TT^* 方法和 Hardy-Littlewood-Sobolev 不等式, $q=4$ 的情形恰好对应着

$$\big\||x|^{\frac{d-1}{2}}e^{it\Delta}|x|^{\frac{d-1}{2}}g\big\|_{L_x^\infty(\mathbb{R}^d)}\lesssim |t|^{-\frac{1}{2}}\|g\|_{L_x^1(\mathbb{R}^d)},\quad \forall\, g \text{ 是径向函数} \tag{2.2.44}$$

记 $P_{\rm rad}$ 表示作用到径向函数上的投影算子, 它与自由解算子可以交换, 即

$$\big[e^{it\Delta}P_{\rm rad}\big](x,y)=(4\pi it)^{-\frac{d}{2}}e^{i\frac{|x|^2+|y|^2}{4t}}\int_{S^{d-1}}e^{i\frac{|y|\omega\cdot x}{2t}}d\sigma(\omega), \tag{2.2.45}$$

这里 $d\sigma(\omega)$ 表示球面测度, 利用驻相方法或 Bessel 函数的性质, 容易看出

$$\Big|\big[e^{it\Delta}P_{\rm rad}\big](x,y)\Big|\lesssim |t|^{-\frac{d}{2}}\left(\frac{|y|\ |x|}{|t|}\right)^{-\frac{d-1}{2}}\lesssim |t|^{-\frac{1}{2}}\ |x|^{-\frac{d-1}{2}}\ |y|^{-\frac{d-1}{2}}. \tag{2.2.46}$$

由此可推出径向色散估计 (2.2.44). □

V Shao-径向 Strichartz 估计

引理 2.2.16 (Shao's Strichartz 估计, Shao[160]) 设 $f\in L_x^2(\mathbb{R}^d)$ 是径向对称函数, $d\geqslant 2$. 则

$$\big\|P_Ne^{it\Delta}f\big\|_{L_{t,x}^q(\mathbb{R}\times\mathbb{R}^d)}\leqslant C(q)N^{\frac{d}{2}-\frac{d+2}{q}}\|f\|_{L_x^2(\mathbb{R}^d)},\quad q>\frac{4d+2}{2d-1}. \tag{2.2.47}$$

注记 2.2.9 从尺度变换的角度, 这一结果仍然服从 $s=\dfrac{d}{2}-\dfrac{d+2}{q}$ 层次的容许关系. 这里新颖的地方在于它将 q 的范围扩充到 $\dfrac{4d+2}{2d-1}=q<q_0=\dfrac{2(d+2)}{d}$, 而后者恰好对应着经典的 Strichartz 估计! Knapp 的反例 (动量在一个方向的聚积的波包) 表明如果没有径向的假设, 这种推广是不可能的! 端点情形 $q=\dfrac{4d+2}{2d-1}$ 由 Guo-Wang[63] 解决. 与此同时, 球对称假设亦可以容许更强的双线性估计.

引理 2.2.17 (Shao's 双线性估计, Shao[160]) 设 $d\geqslant 2$, $f,g\in L_x^2(\mathbb{R}^d)$ 是球对称的, 则

$$\big\|[e^{it\Delta}f_{\leqslant 1}]\ [e^{it\Delta}g_N]\big\|_{L_{t,x}^q}\lesssim N^{d-\frac{d+2}{q}}\|f\|_2\|g\|_2,\quad \frac{2(d+2)}{2d+1}<q\leqslant 2,\quad N\geqslant 6. \tag{2.2.48}$$

2.3 非线性色散方程的局部分析

采用前面建立的 Strichartz 估计, 读者可在低正则空间中建立半线性色散方程的 Cauchy 问题的局部适定性或小解的整体适定性. 首先介绍一个平凡的局部

适定性结果, 与之比较读者就会看到 Strichartz 估计在局部适定性研究中重要作用. 低正则性方面涉及的深入课题包括: 局部光滑估计、Bourgain 空间 $X^{s,b}$、双线性估计、I-方法、共振分解等, 相关的内容可见苗长兴的系列专著 [137, 139] 或 Dodson 的专著 [34].

命题 2.3.1 设 $s > \frac{d}{2}$, $f \in C^\infty$ 满足 $f(0) = 0$. 对于任意的初始函数 $u_0 \in H^s$ 及任意的色散算子 $A = a(|\nabla|)$, 这里 a 是一个强制型多项式. 则如下非线性色散方程的 Cauchy 问题

$$\begin{cases} i\partial_t u + Au = f(u), \\ u(0) = u_0 \end{cases} \tag{2.3.1}$$

在分布意义下存在唯一的局部解 $u \in C([0,T], H^s)$, 这里 $T = T(\|u_0\|_{H^s}) > 0$ 关于其变量单调不增, u 连续依赖于初始函数 u_0.

证明 注意到 $H^s \subset L^\infty$ 是 Banach 代数, 因此 $u \mapsto f(u)$ 是 H^s 上的局部 Lipschitz 映射. 通过积分因子方法, 启发我们引入线性轮廓

$$v(t) = e^{-itA} u(t).$$

于是, 问题 (2.3.1) 就可以改写成

$$\begin{cases} \partial_t v = -ie^{-itA} f(e^{itA} v), \\ v(0) = u_0. \end{cases}$$

注意到 $e^{itA} : H^s \to H^s$ 是一个线性等距映射, 从而推知

$$v \mapsto ie^{-itA} f(e^{itA} v) \tag{2.3.2}$$

也是 Banach 空间 H^s 上的局部 Lipschitz 映射. 利用 Cauchy-Lipschitz 定理就推知上述问题存在唯一的局部解 $v \in C^1([0,T], H^s)$ 且连续依赖于初始函数. 作为 Picard 方法的直接结论, 标准的爆破准则就给出了时间尺度 T 依赖于 f 的 Lipschitz 范数! 因此, T 就依赖于 $\|u\|_{H^s}$. □

解研究框架-合适的低正则空间 一般来讲, 非线性函数的光滑性、初始函数的正则性均有适当的限制. 客观上就要求我们在低正则框架下研究非线性色散方程的 Cauchy 问题的局部适定性. 如何选择合适的解类? 显然, 在分布意义下的解太弱, 相应的空间拓扑无法捕获方程自身的物理属性, 诸如唯一性等. 这就要求我们选择能反映物理属性的强解. 我们选择强解的宗旨是: **保留方程特殊物理性质的最弱的解**! 与此同时, 基于正则性的保持与传播, 方程的一般性质也没有任何损

失. 这里所讨论的正则性的传播是指光滑的初值将导致光滑的解 (见命题 2.3.1). 自然, 一旦我们讨论的解具有足够的正则性, 诸多解的不同的概念就没有任何区别了.

对不同的色散方程, 强解的精确定义略有区别, 但一般来讲是相当显然的. 在 H^s 框架下求解, H^s 层次的强解应该确保是取值在 H^s 空间上关于时间的连续函数、Duhamel 公式在 H^s 拓扑下有意义、施加足够的条件保证解的唯一性. 下面以经典半线性 Schrödinger 方程为例来给出强解的定义.

定义 2.3.1(强解) 称满足

$$|u|^{p-1}u \in L^{\frac{2(d+2)}{d+4}}\left([0,T], H^{s,\frac{2(d+2)}{d+4}}\right)$$

的 $u \in C([0,T], H^s)$ 是非线性 Schrödinger 方程 (1.2.2) 在 $[0,T]$ 上的强解, 如果对于任意的 $t, s \in [0,T]$, 成立

$$u(t) = e^{-i(t-s)\Delta}u(s) - i\lambda \int_s^t e^{-i(t-t')\Delta}[|u|^{p-1}u(t')]dt'.$$

我们知道 u 至少在形式上满足某些守恒律. 可以证明良定强解 (在适当拓扑下保持连续性) 满足相应的守恒律. 例如: 如果 (1.2.2) 局部解 $u \in C([0,T], H^1)$, 可以期望质量与能量均守恒; 如果解仅仅满足 $u \in C([0,T], H^{\frac{1}{2}})$, 只能期望质量守恒! 换言之, 如果 u 在适当拓扑下具有相应的控制估计, 通过扰动理论将光滑解满足的守恒律推广到粗糙解的情形!

引理 2.3.2 对于任意的 $u_0 \in H^s$, $s > d/2$. 由命题 2.3.1 得到的 Cauchy 问题 (1.2.2) 的解 $u(t)$ 满足质量守恒. 与此同时. 如果 $s \geqslant 1$, 解还满足能量守恒.

证明 从线性问题 (2.2.11) 出发来考虑解所满足守恒关系. 假设 $u \in C(\mathbb{R}; H^s)$ 是 (2.2.11) 的解. 考虑 u 的低频截断 $v = P_{\leqslant N}u$, 容易看出

$$v,\ P_{\leqslant N}h \in C(\mathbb{R}, H^{10d}) \implies v_t = iP_{\leqslant N}(\Delta u - h) \in C(\mathbb{R}, H^{5d}).$$

因此,

$$\frac{d}{dt}\|v\|_{L^2}^2 = 2\mathrm{Re}\int_{\mathbb{R}^d} \overline{v} v_t dx = -2\mathrm{Im}\int_{\mathbb{R}^d} \overline{v}\Delta v + 2\mathrm{Im}\int_{\mathbb{R}^d} \overline{v} P_{\leqslant N} h dx.$$

采用分部积分就得

$$\frac{d}{dt}\|v\|_{L^2}^2 = 2\mathrm{Im}\int_{\mathbb{R}^d} \overline{v} P_{\leqslant N} h dx,$$

利用 Newton-Leibniz 公式, 就得

$$\|v(t)\|_{L^2}^2 - \|v(0)\|_{L^2}^2 = 2\mathrm{Im}\int_0^t \int_{\mathbb{R}^d} \overline{v} P_{\leqslant N} h dx. \tag{2.3.3}$$

显然, 若 $u \in C([0,t], L^2)$, 当 $N \to +\infty$ 时, 在 $C([0,t], L^2)$ 拓扑下, 我们就有 $v \to u$, 即

$$\|u(t)\|_{L^2}^2 - \|u(0)\|_{L^2}^2 = 2\lim_{N\to\infty}\left[\mathrm{Im}\int_0^t \int_{\mathbb{R}^d} \overline{v} P_{\leqslant N} h dx\right]. \tag{2.3.4}$$

假设 $u \in C([0,T], H^s)$ 是命题 2.3.1 决定的解. 对 $h = \lambda|u|^{p-1}u$ 应用 (2.3.4), (2.3.4) 的左边的收敛性也就意味着右边的收敛性. 除此之外, 由于 $u \in L_{t,x}^\infty$, 我们推出 $h \in C([0,t], L^2)$, 从而推知

$$\lim_{N\to\infty} P_{\leqslant N} h = h, \quad 在\ C([0,t], L^2).$$

因此,

$$\lim_{N\to\infty} \overline{v} P_{\leqslant N} h = \overline{u}\lambda|u|^{p-1}u, \quad 在\ L_{t,x}^1.$$

注意到 (2.3.4) 极限的虚部为 0, 这就证明了质量守恒. 当 $s \geqslant 1$, 同理也可以证明能量守恒. 一般情况可见苗长兴的专著 [138] 第二章. □

在某些情形下, 局部适定性结合正性守恒律就可获得整体存在性.

例子 2.3.1　*设 f 是 u 与 $\overline{u}$ 的多项式函数. 对于任意的初始函数 $u_0 \in H^1(\mathbb{R})$, 非线性 Schrödinger 方程的 Cauchy 问题*

$$iu_t + u_{xx} = f(u), \quad u(0) = u_0(x)$$

在 $\mathbb{R}_t \times \mathbb{R}_x$ 中存在局部解. 除此之外, 若 $f(u)\bar{u} \geqslant 0$, 则可以延拓成整体解.

事实上, 命题 2.3.1 给出了局部解的存在性, 且存在时间 $T = T(\|u\|_{H^1}) > 0$. 根据假设, 能量 (1.2.3) 中的所有项非负, 根据引理 2.3.2 决定的质量与能量守恒, 就推出 $\|u\|_{H^1}$ 在任意时刻有界. 于是, 可将 u 延拓成整体解!

低正则性问题　在高正则性的假设下, 上面的证明显得异常简单. 不幸的是, 一般情形下, 不存在含高阶导数的不变量, 无法获得含高阶正则性之范数上界. 因此, 研究低正则性问题是自然的选择. 在低正则框架下, 简单的 ODE 或对应的积分方程的研究表明, 不能仅仅在一种拓扑下进行求解. 我们的理念是开发解的时空正则性, 在此基础上构造两类合适的拓扑空间 X 与 Y, 满足如下需求:

• 在自然的假设条件下, 线性方程或非线性方程的解在 X 范数意义下有界. 自然的假设通常是通过守恒律来刻画的, 这些守恒律可以提供的整体的控制估计.

• 解的 X 范数可被非线性项的对偶空间 Y 之范数所控制, 进而又被给定 X 范数意义下的先验估计所控制.

按照上面的讨论, 重要的是理解什么样的范数确保所有线性问题的解有界. 显然, 对于适当的 s, $X = C_t(\dot{H}^s)$ 总能满足第一点需求. 然而, $X = C_t(\dot{H}^s)$ 一般来讲未必满足第二点需求! 漂亮、深刻的 Strichartz 估计为我们提供了强性控制, 例如: $C_t(\dot{H}^1) \cap L^{10}_{t,x}$ 可用来研究 $\mathbb{R}^3$ 上的 5-次非线性 Schrödinger 方程.

关于非线性 Schrödinger 方程在 L^2 与 H^1 的局部适定性、整体适定性、H^s 框架下的局部适定性及小解的整体适定性的讨论, 均可在苗长兴的讲义或专著 [139] 上找到详细的证明. 为读者阅读方便, 强调 Strichartz 估计在改进局部适定性 (命题 2.3.1) 中的功能, 以 L^2 理论为例进行分析、比较与讨论.

命题 2.3.3 假设 $\alpha \in \mathbb{C}$, $d \geqslant 1$, $1 < p \leqslant 1 + 4/d$, 则对于任意的初始函数 $u_0 \in L^2$, 存在 $T > 0$ 与唯一的函数 $u \in C_t([0,T], L^2_x) \cap L^{\frac{2(d+2)}{d}}_{t,x}([0,T]\times\mathbb{R}^d)$ 满足

$$(i\partial_t + \Delta)\, u = \alpha |u|^{p-1} u, \quad u(0) \in L^2_x(\mathbb{R}^d). \tag{2.3.5}$$

除此以外, 还有如下进一步的结论:

• 如果 $p < 1 + 4/d$, 那么 $T = T(\|u_0\|_{L^2_x})$, 这里 T 是单调不增函数. 特别, 当 $\alpha \in \mathbb{R}$, 所获得的解就是整体解.

• 如果 $p = 1 + 4/d$ 及 $\|u_0\|_{L^2_x}$ 充分小, u 是整体存在的.

命题 2.3.3 较命题 2.3.1 要强. 除此之外, 命题 2.3.3 还展示了适定性与尺度变换之间的关系. 在质量次临界情形下, 即考虑初值的正则性高于伸缩不变性对应的正则性 (对应着 $1 < p < 1 + 4/d$, 见苗长兴的专著 [139]), 局部适定性是容易获得并且非常稳定 (存在时间仅依赖于 $\|u_0\|_{L^2}$). 因此, 从质量守恒就直接获得整体存在性. 但是对缺少守恒律的情形, 无法给出任何整体控制. 与此相反, 考虑临界情形 (初始函数的正则性恰好与伸缩不变性对应). 例如: 初始函数属于 L^2, 相应的非线性临界指标就是 $p = 1 + 4/d$, 获得局部存在性就会变得困难些, 与此同时存在区间不仅依赖初始函数的范数, 而且还依赖于初始函数自身的轮廓. 另一方面, 临界情形的局部适定性结论意味着小解的整体适定性. 具体的证明可参考苗长兴的专著 [139] 第 15 讲.

2.3.1 $\dot{H}^s$-临界 Schrödinger 方程的局部适定性

在齐次空间 $\dot{H}^s$ 中研究局部适定性时, 无法使用部分范数的压缩技术, 这需要使用同度空间的部分范数! 最终是要获得形如 $u(t) \in \dot{H}^s$ 满足

$$\lim_{t\to t_0} \|u(t) - u(t_0)\|_{\dot{H}^s} = 0$$

的解. 自然, 也可通过非齐次空间 H^s 中的局部适定性及扰动定理来获得齐次空间 $\dot{H}^s$ 中的局部适定性.

考虑非线性 Schrödinger 方程对应的 Cauchy 问题:

$$\begin{cases} iu_t + \Delta u = F(u), \\ u(0) = u_0(x), \end{cases} \tag{2.3.6}$$

这里 $u(t,x)$ 是定义在 $\mathbb{R} \times \mathbb{R}^d$ $(d \geqslant 1)$ 上的复值函数, 非线性函数 $F(u)$ 是连续可微函数, 满足如下增长条件

$$|F(z)| = O(|z|^\alpha), \quad |F_z(z)|, \quad |F_{\bar{z}}(z)| = O(|z|^{\alpha-1}), \quad \alpha > 1, \tag{2.3.7}$$

$$|F_z(z) - F_z(w)|, \quad |F_{\bar{z}}(z) - F_{\bar{z}}(w)| = O\left(|z-w|^{\min\{\alpha-1,1\}}(|z|+|w|)^{\max\{\alpha-2,0\}}\right),$$

$F_z(z)$, $F_{\bar{z}}(z)$ 表示通常的复导数, 具体定义如下:

$$F_z(z) \triangleq \frac{1}{2}\left(\frac{\partial F}{\partial x} - i\frac{\partial F}{\partial y}\right), \quad F_{\bar{z}}(z) \triangleq \frac{1}{2}\left(\frac{\partial F}{\partial x} + i\frac{\partial F}{\partial y}\right).$$

在上面复导数的意义下, 就有求导链锁法则

$$\nabla F(u(x)) = F_z(u(x))\nabla u + F_{\bar{z}}(u(x))\overline{\nabla u} \tag{2.3.8}$$

及 Newton-Leibniz 公式

$$F(z) - F(w) = (z-w)\int_0^1 F_z(w+\theta(z-w))d\theta + \overline{(z-w)}\int_0^1 F_{\bar{z}}(w+\theta(z-w))d\theta. \tag{2.3.9}$$

利用 (2.3.7), (2.3.9) 及三角不等式就得

$$\big|F(z) - F(w)\big| \lesssim |z-w|\left(|z|^{\alpha-1} + |w|^{\alpha-1}\right), \quad z, w \in \mathbb{C}. \tag{2.3.10}$$

众所周知, 满足 (2.3.7) 的典型例子是 $F(u) = |u|^{\alpha-1}u$. 简单的尺度变换分析表明, 它对应的临界 Sobolev 空间是 $\dot{H}^{s_c}$, 其中

$$s_c = \frac{d}{2} - \frac{2}{\alpha-1}, \quad \alpha > 1.$$

定义 2.3.2($\dot{H}^{s_c}$-mild 解) 设 $0 \in I \subseteq \mathbb{R}$. 称函数 u: $I \times \mathbb{R}^d \longmapsto \mathbb{C}$ 是非零区间上的 $\dot{H}^{s_c}$-mild 解, 如果它满足:

(i) $u(t) \in C_t^0(K; \dot{H}^{s_c}(\mathbb{R}^d)) \cap L_t^{\alpha+1}(K; L_x^{\frac{d(\alpha-1)(\alpha+1)}{4}}(\mathbb{R}^d))$, $\forall$ 紧 $K \subseteq I$. (2.3.11)

$$\text{(ii) } u(t) = e^{it\Delta}u(0) - i\int_0^t e^{i(t-s)\Delta}F(u(s))ds, \forall\, t \in I. \tag{2.3.12}$$

一般来讲, 称 I 是 Cauchy 问题 (2.3.6) 或积分形式 (2.3.12) 的生命区间; 如果 I 不能再扩张, 则称 I 是极大生命区间; 当 $I = \mathbb{R}$ 时, 就称 u 是整体解.

定理 2.3.4(H^{s_c}-局部适定性) 设 $d \geqslant 1$, $u_0(x) \in H^{s_c}$. 进而假设 $0 \leqslant s_c \leqslant 1$. 存在 $\eta_0 = \eta_0(d) > 0$ 满足: 如果 $0 < \eta \leqslant \eta_0$, 含原点的紧区间 I 满足

$$\left\||\nabla|^{s_c} e^{it\Delta}u_0\right\|_{L^{\alpha+1}(I;L^{\frac{2d(\alpha+1)}{d(\alpha+1)-4}}(\mathbb{R}^d))} \leqslant \eta. \tag{2.3.13}$$

则 Cauchy 问题 (2.3.6) 在 $I \times \mathbb{R}^d$ 存在唯一的解 $u(t) \in C(I; H^{s_c}(\mathbb{R}^d))$ 满足如下估计:

$$\left\||\nabla|^{s_c} u\right\|_{L^{\alpha+1}(I;L^{\frac{2d(\alpha+1)}{d(\alpha+1)-4}}(\mathbb{R}^d))} \leqslant 2\eta, \tag{2.3.14}$$

$$\left\||\nabla|^{s_c} u\right\|_{S^0(I\times\mathbb{R}^d)} \lesssim \left\||\nabla|^{s_c} u_0(x)\right\|_{L_x^2} + \eta^\alpha, \tag{2.3.15}$$

$$\left\|u\right\|_{S^0(I\times\mathbb{R}^d)} \lesssim \left\|u_0(x)\right\|_{L_x^2}. \tag{2.3.16}$$

注记 2.3.1 (i) 利用 Strichartz 估计, 易见

$$\left\||\nabla|^{s_c} e^{it\Delta}u_0\right\|_{L^{\alpha+1}(I;L^{\frac{2d(\alpha+1)}{d(\alpha+1)-4}}(\mathbb{R}^d))} \lesssim \left\||\nabla|^{s_c} u_0(x)\right\|_{L_x^2},$$

说明只要初始函数的 $\dot{H}^{s_c}$ 范数充分小, 就可以保证条件 (2.3.13) 成立, 利用时空估计就可推出小解的整体适定性及小解散射结论. 另一方面, 对于任意给定的初值函数, 利用积分的绝对连续性定理, 当区间 I 很小时, 同样可以保证条件 (2.3.13) 成立. 进而, 通过简单的尺度变换分析就可以看出, 存在区间 I 的尺度不仅依赖于初始函数的 $\dot{H}^{s_c}$ 范数, 同时还依赖于 $u_0(x)$ 自身的性质, 例如: $u_0(x)$ 的轮廓格调.

(ii) 通过 Besov 空间框架下的非线性估计, 可以建立齐次临界空间 $\dot{H}^{s_c}$ 中局部适定性理论, 见苗长兴和张波的专著 [141].

(iii) 当 $u_0(x) \in H^{s_c}(\mathbb{R}^d)$(非齐次临界空间) 时, 利用 Cazenave-Weissler 所使用的部分压缩映射的框架, 证明将变得非常简单 (见苗长兴的专著 [139]). 在下面的讨论中, 我们还将证明解在临界空间中一致连续依赖初始函数. 当然, 这种依赖关系在齐次临界空间 $\dot{H}^{s_c}$ 的框架下仍然成立.

定理 2.3.4 的证明 通过尺度变换分析可具体确定 Besov-型的 Strichartz 时空空间, 建立在该 Besov 空间框架下的非线性估计, 即可推出 Cauchy 问题 (2.3.6) 的局部适定性, 见苗长兴和张波的专著 [141]. 借助于分数阶的链锁法则,

在 Sobolev 框架下, 给出定理 2.3.4 的一个简化的证明. 不失一般性, 我们仅在 t 的正半轴上进行.

记 $I=[0,T]$. 在时空 Banach 空间

$$X(T)=L^\infty(I;H^{s_c}(\mathbb{R}^d))\cap L^{\alpha+1}(I;W^{s_c,\frac{2d(\alpha+1)}{d(\alpha+1)-4}}(\mathbb{R}^d)) \tag{2.3.17}$$

的闭集

$$\begin{aligned}\mathcal{X}(T)=\Big\{&u(t)\in L^\infty(I;H^{s_c}(\mathbb{R}^d))\cap L^{\alpha+1}(I;W^{s_c,\frac{2d(\alpha+1)}{d(\alpha+1)-4}}(\mathbb{R}^d)),\\ &\big\||\nabla|^{s_c}u\big\|_{L^{\alpha+1}(I;L^{\frac{2d(\alpha+1)}{d(\alpha+1)-4}}(\mathbb{R}^d))}\leqslant 2\eta,\|u\|_{X(T)}\leqslant 2C(d)\|u_0\|_{H^{s_c}}\Big\}\end{aligned} \tag{2.3.18}$$

上, 考虑非线性映射 Φ 如下:

$$\Phi(u)\triangleq e^{it\Delta}u_0(x)-i\int_0^t e^{i(t-s)\Delta}F(u(s))ds. \tag{2.3.19}$$

显然, 在闭集 $\mathcal{X}(T)$ 上引入如下距离函数

$$d(u,v)=\big\|u-v\big\|_{L^{\alpha+1}(I;L^{\frac{2d(\alpha+1)}{d(\alpha+1)-4}}(\mathbb{R}^d))},\quad \forall\, u,v\in\mathcal{X}(T), \tag{2.3.20}$$

就可确保 $\mathcal{X}(T)$ 是一个完备的度量空间.

利用 Strichartz 估计及引理 2.1.12 中的分数阶链锁法则, 容易看出

$$\begin{aligned}\big\|\Phi(u)\big\|_{\mathcal{X}(T)}&\leqslant C(d)\|u_0\|_{H^{s_c}}+C(d)\big\|\langle\nabla\rangle^{s_c}F(u)\big\|_{L^{\frac{\alpha+1}{\alpha}}(I;L^{\frac{2d(\alpha+1)}{d(\alpha+1)+4}})}\\ &\leqslant C(d)\|u_0\|_{H^{s_c}}+C(d)\big\|\langle\nabla\rangle^{s_c}u\big\|_{L^{\alpha+1}(I;L^{\frac{2d(\alpha+1)}{d(\alpha+1)-4}})}\big\|u\big\|^{\alpha-1}_{L^{\alpha+1}(I;L^{\frac{d(\alpha+1)(\alpha-1)}{4}})}\\ &\leqslant C(d)\|u_0\|_{H^{s_c}}+2C(d)^2\|u_0\|_{H^{s_c}}\big\||\nabla|^{s_c}u\big\|^{\alpha-1}_{L^{\alpha+1}(I;L^{\frac{2d(\alpha+1)}{d(\alpha+1)-4}}(\mathbb{R}^d))}\\ &\leqslant C(d)\|u_0\|_{H^{s_c}}+2C(d)^2\|u_0\|_{H^{s_c}}(2\eta)^{\alpha-1}.\end{aligned} \tag{2.3.21}$$

利用 Strichartz 估计与定理 2.3.4 的条件 (2.3.13), 可见

$$\begin{aligned}\big\||\nabla|^{s_c}\Phi(u)\big\|_{L^{\alpha+1}(I;L^{\frac{2d(\alpha+1)}{d(\alpha+1)-4}})}&\leqslant \eta+C(d)\big\||\nabla|^{s_c}F(u)\big\|_{L^{\frac{\alpha+1}{\alpha}}(I;L^{\frac{2d(\alpha+1)}{d(\alpha+1)+4}})}\\ &\leqslant \eta+C(d)(2\eta)^\alpha.\end{aligned} \tag{2.3.22}$$

另一方面, 对于任意的 $u,v\in\mathcal{X}(T)$, 直接估计

$$d\left(\Phi(u),\Phi(v)\right)=\|\Phi(u)-\Phi(v)\|_{\mathcal{X}(T)}\leqslant C(d)\big\|F(u)-F(v)\big\|_{L^{\frac{\alpha+1}{\alpha}}(I;L^{\frac{2d(\alpha+1)}{d(\alpha+1)+4}})}$$

$$
\begin{aligned}
&\leqslant C(d)(2\eta)^{\alpha-1}\big\|u-v\big\|_{L^{\alpha+1}(I;L^{\frac{2d(\alpha+1)}{d(\alpha+1)-4}}(\mathbb{R}^d))}\\
&=C(d)(2\eta)^{\alpha-1}d(u,v).
\end{aligned}
\tag{2.3.23}
$$

由此可见, 选取 $\eta_0=\eta_0(d)>0$ 充分小, 对任意的 $0<\eta\leqslant\eta_0$, 映射 Φ 是 $\mathcal{X}(T)$ 到自身的压缩映射. 根据 Banach 压缩映射原理, 得到的唯一不动点 $u(t)$ 就是问题 (2.3.6) 的局部解. 与此同时, $u\in C_b(I;H^{s_c})$ 可从自由群的连续性及积分方程的表示式即得. 鉴于唯一性属于局部性质, 说明唯一性是压缩映射方法的直接结果. 最后, 定理中的估计 (2.3.14)—(2.3.16) 是 Strichartz 估计与非线性估计的直接结果. □

作为局部适定性理论的直接结果, 有如下推论:

推论 2.3.5 (H^{s_c}-局部适定性) 设 $d\geqslant 1$, $u_0(x)\in H^{s_c}$. 进而假设 $0\leqslant s_c\leqslant 1$. 则问题 (2.3.6) 存在极大生命区间解 $u:\ I\times\mathbb{R}^d\longmapsto\mathbb{C}$, 并且具有下面的性质:

(i) (局部存在性) I 是包含 0 点的开邻域.

(ii) (质量守恒与能量守恒) $\forall t\in I$, 质量守恒 $M(u(t))\triangleq\|u\|_2^2=M(u_0(x))$. 当 $s_c=1$ 时, 还成立能量守恒

$$
E(u(t))=\int_{\mathbb{R}^d}\left[\frac{1}{2}|\nabla u|^2+V(u)\right]dx=E(u_0(x)),\quad \frac{\partial V(z)}{\partial\bar{z}}=F(z),\ V(0)=0.
$$

(iii) (爆破准则) 如果 $\sup I<\infty$, 则 $u(t)$ 前向爆破. 即存在 $t\in I$, 满足

$$
\big\|u\big\|_{L^{\alpha+1}([t,\sup I);L^{\frac{d(\alpha+1)(\alpha-1)}{4}})}=\infty.
$$

类似地, 后向爆破机制同样成立.

(iv) (散射) 如果 $\sup I=+\infty$, 且 $u(t)$ 不是前向爆破的, 则 $u(t)$ 是前向散射的. 即存在 $u_+(x)\in H^{s_c}(\mathbb{R}^d)$ 满足

$$
\lim_{t\to+\infty}\|u(t)-e^{it\Delta}u_+\|_{H^{s_c}(\mathbb{R}^d)}=0. \tag{2.3.24}
$$

相反地, 给定 $u_+(x)\in H^{s_c}(\mathbb{R}^d)$, 存在问题 (2.3.6) 在 ∞ 邻域中的唯一解, 使得 (2.3.24) 成立.

(v) (小解整体存在与散射) 如果 $\||\nabla|^{s_c}u_0\|_2<\delta(d)$ 充分小, 则 $u(t)$ 既不是前向爆破的, 也不是后向爆破的. 即散射成立, 且

$$
\big\||\nabla|^{s_c}u\big\|_{S^0(\mathbb{R})}\lesssim\big\||\nabla|^{s_c}u_0\big\|_2.
$$

(vi) (无条件唯一性) 假设 $s_c=1$, $\tilde{u}\in C_t^0(J;\dot{H}^1(\mathbb{R}^d))$ 满足问题 (2.3.6), 则 $J\subseteq I$, 且对于 $\forall t\in J$, $u(t)=\tilde{u}(t)$.

众所周知, 解对初始函数的连续依赖性是局部适定性理论中的重要组成部分. 下面着重讨论解的稳定性问题, 它是比连续依赖更一般的问题. 以 Cauchy 问题 (2.3.6) 为例, 来阐述稳定性的理念.

定义 2.3.3 称 $\tilde{u}$ 是问题 (2.3.6) 的逼近解, 如果它满足

$$\begin{cases} i\tilde{u}_t + \Delta\tilde{u} = F(\tilde{u}) + e, \\ \tilde{u}(0) = \tilde{u}_0(x), \end{cases} \tag{2.3.25}$$

其中 $\|u_0 - \tilde{u}_0\|_{\dot{H}^{s_c}}$ 及 e 在适当的时空范数下充分小. 则一定存在问题 (2.3.6) 的真正解 u 使得 $u(t) - \tilde{u}(t)$ 在临界范数意义下充分接近. 显然, 当 $e = 0$ 时, 稳定性的定义就对应着解关于初值函数的连续依赖性问题.

2.3.2 质量临界 Schrödinger 方程解的稳定性问题

为了简单起见, 我们仅讨论质量临界与能量临界 Schrödinger 方程的稳定性问题. 至于一般的 $\dot{H}^{s_c}$-临界 Schrödinger 方程, 相应的稳定性结果同样成立.

引理 2.3.6(质量临界的短时间扰动) 设 $\alpha = 1 + \dfrac{4}{d}$, F 满足 (2.3.7), (2.3.10). I 是一个紧区间, $\tilde{u}$ 是质量临界问题 (2.3.6) 的逼近解, 满足

$$i\tilde{u}_t + \Delta\tilde{u} = F(\tilde{u}) + e, \tag{2.3.26}$$

其中 e 是适当的时空函数. 假设有界性条件

$$\|\tilde{u}\|_{L^\infty(I;L^2(\mathbb{R}^d))} \leqslant M, \tag{2.3.27}$$

$$\|u(t_0) - \tilde{u}(t_0)\|_{L^2} \leqslant M', \quad t_0 \in I, \tag{2.3.28}$$

这里 M, M' 均是正常数. 进一步假设小性条件如下:

$$\|\tilde{u}\|_{L^{\frac{2(d+2)}{d}}(I\times\mathbb{R}^d)} \leqslant \varepsilon_0, \tag{2.3.29}$$

$$\left\|e^{i(t-t_0)\Delta}\left(u(t_0) - \tilde{u}(t_0)\right)\right\|_{L^{\frac{2(d+2)}{d}}(I\times\mathbb{R}^d)} \leqslant \varepsilon, \tag{2.3.30}$$

$$\|e\|_{\mathcal{N}^0} \leqslant \varepsilon, \quad 0 < \varepsilon \leqslant \varepsilon_0, \tag{2.3.31}$$

这里 $\varepsilon_0 = \varepsilon(M, M') > 0$ 是一个小常数. 则方程 (2.3.6) 具初始条件 $u(t)\mid_{t=t_0} = u(t_0)$ 的 Cauchy 问题在 $I \times \mathbb{R}^d$ 存在一个解 $u(t)$ 满足如下估计:

$$\left\|u(t) - \tilde{u}(t)\right\|_{L_{t,x}^{\frac{2(d+2)}{d}}(I\times\mathbb{R}^d)} \lesssim \varepsilon, \tag{2.3.32}$$

$$\left\|u(t)-\tilde{u}(t)\right\|_{S^0(I)} \lesssim M', \tag{2.3.33}$$

$$\left\|u(t)\right\|_{S^0(I)} \lesssim M+M', \tag{2.3.34}$$

$$\left\|F(u)-F(\tilde{u})\right\|_{\mathcal{N}^0(I)} \lesssim \varepsilon, \tag{2.3.35}$$

其中

$$\|u\|_{S^0(I)} := \sup_{(q,r)\in\Lambda_S} \|u\|_{L_t^q L_x^r(I\times\mathbb{R}^d)}, \quad \mathcal{N}^0(I)=\left(S^0(I)\right)^*.$$

注记 2.3.2 根据 Strichartz 估计

$$\left\|e^{i(t-t_0)\Delta}\left(u(t_0)-\tilde{u}(t_0)\right)\right\|_{L^{\frac{2(d+2)}{d}}(I\times\mathbb{R}^d)} \lesssim \left\|u(t_0)-\tilde{u}(t_0)\right\|_{L_x^2},$$

如果 $M'=O(\varepsilon)$, 则条件假设 (2.3.30) 就是多余的.

引理 2.3.6 的证明 根据局部适定性理论及其相应的爆破准则, 定理的证明就归结为验证 (2.3.32)—(2.3.35) 就行了! 利用对称性, 无妨假设 $t_0=\inf I$. 令 $w \triangleq u-\tilde{u}$. 则 w 满足如下相差方程的 Cauchy 问题:

$$\begin{cases} iw_t+\Delta w=F(\tilde{u}+w)-F(\tilde{u})-e, \\ w(t_0)=u(t_0)-\tilde{u}(t_0). \end{cases} \tag{2.3.36}$$

对于 $t\in I$,

$$A(t) \triangleq \left\|F(\tilde{u}+w)-F(\tilde{u})\right\|_{\mathcal{N}^0([t_0,t])}.$$

根据 Hölder 不等式及 (2.3.29) 就得

$$\begin{aligned} A(t) &\lesssim \left\|F(\tilde{u}+w)-F(\tilde{u})\right\|_{L_{t,x}^{\frac{2(d+2)}{d+4}}([t_0,t]\times\mathbb{R}^d)} \\ &\lesssim \left\|w\right\|^{1+\frac{4}{d}}_{L^{\frac{2(d+2)}{d}}([t_0,t]\times\mathbb{R}^d)} + \left\|\tilde{u}\right\|^{\frac{4}{d}}_{L^{\frac{2(d+2)}{d}}([t_0,t]\times\mathbb{R}^d)} \left\|w\right\|_{L^{\frac{2(d+2)}{d}}([t_0,t]\times\mathbb{R}^d)} \\ &\lesssim \left\|w\right\|^{1+\frac{4}{d}}_{L^{\frac{2(d+2)}{d}}([t_0,t]\times\mathbb{R}^d)} + \varepsilon_0^{\frac{4}{d}} \left\|w\right\|_{L^{\frac{2(d+2)}{d}}([t_0,t]\times\mathbb{R}^d)}. \end{aligned} \tag{2.3.37}$$

另一方面, 利用 Strichartz 估计, (2.3.30) 及 (2.3.31) 就得

$$\begin{aligned} \left\|w\right\|_{L^{\frac{2(d+2)}{d}}([t_0,t]\times\mathbb{R}^d)} &\lesssim \left\|e^{i(t-t_0)\Delta}w(t_0)\right\|_{L^{\frac{2(d+2)}{d}}([t_0,t]\times\mathbb{R}^d)} + A(t) + \|e\|_{\mathcal{N}^0([t_0,t])} \\ &\lesssim A(t)+\varepsilon. \end{aligned} \tag{2.3.38}$$

结合 (2.3.37) 及 (2.3.38) 就得

$$A(t) \lesssim (A(t)+\varepsilon)^{1+\frac{4}{d}} + \varepsilon_0^{\frac{4}{d}}(A(t)+\varepsilon)+\varepsilon.$$

利用标准的连续性方法, 只要取 $\varepsilon_0 > 0$ 充分小, 就可以推出

$$A(t) \lesssim \varepsilon, \quad \forall\, t \in I. \tag{2.3.39}$$

这就意味着 (2.3.35) 成立. 再结合 (2.3.38) 就推出 (2.3.32).

利用 Strichartz 估计, (2.3.28), (2.3.31) 及 (2.3.39) 就得

$$\big\|w(t)\big\|_{S^0(I)} \lesssim \|w_0(x)\|_2 + \|F(u) - F(\tilde{u})\|_{\mathcal{N}^0(I)} + \|e\|_{\mathcal{N}^0(I)} \lesssim M' + \varepsilon. \tag{2.3.40}$$

因此, 只要取 $\varepsilon_0 > 0$ 充分小, 就可以推出 (2.3.33).

最后, 利用 Strichartz 估计, (2.3.27), (2.3.29), (2.3.31) 及 (2.3.40) 就得

$$\begin{aligned}
\big\|u(t)\big\|_{S^0(I)} &\leqslant \big\|w(t)\big\|_{S^0(I)} + \big\|\tilde{u}\big\|_{S^0(I)} \\
&\leqslant M' + \varepsilon + \|\tilde{u}\|_{L^\infty(I;L^2)} + \|F(\tilde{u})\|_{\mathcal{N}^0(I)} + \|e\|_{\mathcal{N}^0(I)} \\
&\lesssim M' + \varepsilon + M + \|\tilde{u}\|^{\frac{4}{d}+1}_{L^{\frac{2(d+2)}{d}}(I\times\mathbb{R}^d)} + \varepsilon \\
&\lesssim M' + 2\varepsilon + M + \varepsilon_0^{\frac{4}{d}+1}.
\end{aligned}$$

只要取 $\varepsilon_0 > 0$ 充分小, 就可以推出 (2.3.34). 综上即完成了引理的证明. 需要指出, 上面的论证过程, 本质上等价于在给定区间 I 上整体求解相差方程 (2.3.36) 的小解 w. 从而, 就获得了质量临界的 Schrödinger 方程 (2.3.6) 对应的 Cauchy 问题 $u(t)\,|_{t=t_0} = u(t_0)$ 在 $I \times \mathbb{R}^d$ 上解 $u(t)$ 适定性. □

作为短时间扰动引理的进一步结果, 有如下整体稳定性定理.

定理 2.3.7 (临界质量的稳定性) 设 $\alpha = 1 + \dfrac{4}{d}$, F 满足 (2.3.7), (2.3.10). I 是一个紧区间, $\tilde{u}$ 是质量临界问题 (2.3.6) 的逼近解满足 (2.3.26), 即

$$i\tilde{u}_t + \Delta\tilde{u} = F(\tilde{u}) + e,$$

其中 e 是适当的时空函数. 假设

$$\|\tilde{u}\|_{L^\infty(I;L^2(\mathbb{R}^d))} \leqslant M, \tag{2.3.41}$$

$$\|\tilde{u}\|_{L^{\frac{2(d+2)}{d}}(I\times\mathbb{R}^d)} \leqslant L, \tag{2.3.42}$$

$$\|u(t_0) - \tilde{u}(t_0)\|_{L^2} \leqslant M', \quad t_0 \in I, \tag{2.3.43}$$

这里 M, L, M' 均是正常数. 进一步假设存在 $\varepsilon_1 = \varepsilon(M, L, M') > 0$, 满足如下小性条件:

$$\big\|e^{i(t-t_0)\Delta}\left(u(t_0) - \tilde{u}(t_0)\right)\big\|_{L^{\frac{2(d+2)}{d}}(I\times\mathbb{R}^d)} \leqslant \varepsilon, \tag{2.3.44}$$

$$\|e\|_{\mathcal{N}^0} \leqslant \varepsilon, \quad 0 < \varepsilon \leqslant \varepsilon_1. \tag{2.3.45}$$

则方程 (2.3.6) 具初始条件 $u(t)\mid_{t=t_0}= u(t_0)$ 的 Cauchy 问题在 $I \times \mathbb{R}^d$ 存在一个解 $u(t)$ 满足如下估计:

$$\left\|u(t) - \tilde{u}(t)\right\|_{L_{t,x}^{\frac{2(d+2)}{d}}(I\times\mathbb{R}^d)} \lesssim \varepsilon C(M, L, M'), \tag{2.3.46}$$

$$\left\|u(t) - \tilde{u}(t)\right\|_{S^0(I)} \lesssim C(M, L, M')M', \tag{2.3.47}$$

$$\left\|u(t)\right\|_{S^0(I)} \lesssim C(M, L, M'). \tag{2.3.48}$$

证明 剖分区间 I

$$I = \bigcup_{j=0}^{J-1} I_j, \quad I_j = [t_j, t_{j+1}], \quad J \sim \left(1 + \frac{L}{\varepsilon_0}\right)^{\frac{2(d+2)}{d}},$$

使得

$$\|\tilde{u}\|_{L^{\frac{2(d+2)}{d}}(I_j\times\mathbb{R}^d)} \leqslant \varepsilon_0, \quad 0 \leqslant j < J. \tag{2.3.49}$$

其中 $\varepsilon_0 = \varepsilon(M, 2M')$ 是引理 2.3.6 所确定的小常数. 这里之所以用 $2M'$ 来代替 M' 是由于随着时间的增长, $\left\|u(t) - \tilde{u}(t)\right\|_{L^2}$ 会略有增加. 我们的目标是适当选取 $\varepsilon_1 = \varepsilon(J, M, M') > 0$ 充分小, 归纳验证条件 (2.3.43)—(2.3.44) 在 $t = t_j$ 处成立, 就可以确保在每一个区间 I_j 引理 2.3.6 的条件满足, 由此推出估计:

$$\begin{aligned}
&\left\|u(t) - \tilde{u}(t)\right\|_{L_{t,x}^{\frac{2(d+2)}{d}}(I_j\times\mathbb{R}^d)} \lesssim C(j)\varepsilon,\\
&\left\|u(t) - \tilde{u}(t)\right\|_{S^0(I_j)} \lesssim C(j)M',\\
&\left\|u(t)\right\|_{S^0(I_j)} \lesssim C(j)(M + M').\\
&\left\|F(u) - F(\tilde{u})\right\|_{\mathcal{N}^0(I_j)} \lesssim C(j)\varepsilon.
\end{aligned}$$

下面归纳验证条件 (2.3.43)—(2.3.44) 在 $t = t_j$, $j \geqslant 1$ 处成立. 事实上, 利用 Strichartz 估计, (2.3.43), (2.3.44) 及归纳假设就得

$$\begin{aligned}
\left\|u(t_j) - \tilde{u}(t_j)\right\|_{L^2} &\lesssim \|u(t_0) - \tilde{u}(t_0)\|_2 + \|F(u) - F(\tilde{u})\|_{\mathcal{N}^0([t_0,t_j])} + \|e\|_{\mathcal{N}^0([t_0,t_j])}\\
&\lesssim M' + \sum_{k=0}^{j-1} C(k)\varepsilon + \varepsilon.
\end{aligned} \tag{2.3.50}$$

类似地, 利用 Strichartz 估计, (2.3.44), (2.3.45) 及归纳假设就得

$$
\begin{aligned}
&\left\|e^{i(t-t_j)\Delta}\left(u(t_j)-\tilde{u}(t_j)\right)\right\|_{L^{\frac{2(d+2)}{d}}(I_j\times\mathbb{R}^d)} \qquad\qquad (\ I_j \triangleq [t_j,t_{j+1}]\ ) \\
\leqslant &\left\|e^{i(t-t_0)\Delta}\left(u(t_0)-\tilde{u}(t_0)\right)\right\|_{L^{\frac{2(d+2)}{d}}(I_j\times\mathbb{R}^d)} \\
&+\|F(u)-F(\tilde{u})\|_{\mathcal{N}^0([t_0,t_j])}+\|e\|_{\mathcal{N}^0([t_0,t_j])} \\
\lesssim &\ \varepsilon+\sum_{k=0}^{j-1}C(k)\varepsilon.
\end{aligned} \tag{2.3.51}
$$

选取 $\varepsilon_1=\varepsilon(J,M,M')\sim\varepsilon(L,M,M')>0$ 充分小, 就可保证引理 2.3.6 的所有条件在 $t=t_j$ 处均成立, 从而定理 2.3.7 得证. □

2.3.3 能量临界 Schrödinger 方程的稳定性问题

为了陈述定理方便, 对于能量临界的情形, 我们总是在非线性函数 $F(z)$ 满足假设条件 (2.3.7), (2.3.10), 其中 $\alpha=1+\dfrac{4}{d-2}$, $d\geqslant 3$.

在研究能量临界 Schrödinger 方程的稳定性问题中, 在高维空间使用拓扑 $\|\cdot\|_{S^1(\mathbb{R})}$ 必然导致一个基本的困难, 即 $F_z(z)$ 或 $F_{\bar{z}}(z)\sim O(|z|^{\frac{4}{d-2}})$ 仅仅是 Hölder 连续, 而非 Lipschitz 连续. 这样, 欲在高维 ($d>6$) 情形下获得能量临界 Schrödinger 方程的稳定性, 必须求助于非齐次部分对应的额外 Strichartz 估计及分数阶求导估计等工具. 为了清楚地说明困难之关键, 我们用能量小解的连续依赖性来说明. 众所周知, 存在充分小的 $\eta_0>0$, 对于满足

$$
\|u_0(x)\|_{\dot{H}^1}+\|\tilde{u}_0(x)\|_{\dot{H}^1}\leqslant\eta_0
$$

的任意初始函数 $u_0(x)$, $\tilde{u}_0(x)$, 能量临界 Schrödinger 方程 (2.3.6) 存在唯一的整体解 $u(t)$, $\tilde{u}(t)\in C^1(\mathbb{R};H^1)$ 满足

$$
\|\nabla u(t)\|_{S^0(\mathbb{R})}+\|\nabla\tilde{u}(t)\|_{S^0(\mathbb{R})}\lesssim\eta_0.
$$

对于上面的整体小能量解, 我们自然期望当

$$
\|u_0(x)-\tilde{u}_0(x)\|_{\dot{H}^1}\leqslant\varepsilon\ll\eta_0
$$

时, 有

$$
\|\nabla u(t)-\nabla\tilde{u}(t)\|_{S^0(\mathbb{R})}\lesssim\varepsilon\ll\eta_0. \tag{2.3.52}
$$

利用通常的 Strichartz 估计及非线性估计技术, 直接推出

$$
\|\nabla(u-\tilde{u})(t)\|_{S^0(\mathbb{R})}\lesssim\|\nabla(u_0-\tilde{u}_0)\|_2+\eta_0^{\frac{4}{d-2}}\|\nabla(u-\tilde{u})\|_{S^0(\mathbb{R})}+\eta_0\|\nabla(u-\tilde{u})\|_{S^0(\mathbb{R})}^{\frac{4}{d-2}}.
$$

当 $d>6$ 时, $4/(d-2)<1$. 说明无法使用连续性方法获得形如 (2.3.52) 连续依赖型估计.

为了克服上述困难, 需要引入一些记号与工具. 对任意区间 I, 定义 $\dot{H}^1$ 层次上的时空范数 (或其对偶范数) 如下:

$$\|u(t)\|_{X^0(I)} \triangleq \|u\|_{L_t^{\frac{d(d+2)}{2(d-2)}}(I;L^{\frac{2d^2(d+2)}{(d+4)(d-2)^2}})}, \quad \left(\frac{d(d+2)}{2(d-2)}, \frac{2d^2(d+2)}{(d+4)(d-2)^2}\right) \in \Lambda_1, \tag{2.3.53}$$

$$\|u(t)\|_{X(I)} \triangleq \||\nabla|^{\frac{4}{d+2}}u\|_{L_t^{\frac{d(d+2)}{2(d-2)}}(I;L^{\frac{2d^2(d+2)}{d^3-4d+16}})}, \quad \left(\frac{d(d+2)}{2(d-2)}, \frac{2d^2(d+2)}{d^3-4d+16}\right) \in \Lambda_{\frac{d-2}{d+2}}, \tag{2.3.54}$$

$$\|u(t)\|_{Y(I)} \triangleq \||\nabla|^{\frac{4}{d+2}}u\|_{L_t^{\frac{d}{2}}(I;L^{\frac{2d^2(d+2)}{d^3+4d^2+4d-16}})}, \quad \left(\frac{d}{2}, \frac{2d^2(d+2)}{d^3+4d^2+4d-16}\right) \in \Lambda'_{-\frac{d-2}{d+2}}, \tag{2.3.55}$$

其中对称时空空间 $L_{t,x}^{\frac{2(d+2)}{d-2}}(I\times\mathbb{R}^d)$ 被时空空间 $X^0(I)$ 与端点时空空间 $L^{2^*}(I;L^{\frac{2d^2}{(d-2)^2}}(\mathbb{R}^d))$ 插值的过程就获得了时空空间 $X^0(I)$ 的构造! 其余的诸如 $X(I)$, $Y(I)$ 等时空空间均可以通过 Sobolev 嵌入与额外 Strichartz 估计来构造. 事实上, 注意到

$$\frac{d^3-4d+16}{2d^2(d+2)} + \frac{d^3+4d^2+4d-16}{2d^2(d+2)} = 1,$$

以及非齐次项对应的额外 Strichartz 估计的容许关系

$$\frac{2}{q} = d\left(\frac{1}{2}-\frac{1}{r}\right) - \sigma, \quad \frac{2}{q_1} = d\left(\frac{1}{2}-\frac{1}{r}\right) + \sigma, \quad r = \frac{2d^2(d+2)}{d^3-4d+16}, \quad \sigma = \frac{d-2}{d+2}.$$

结合 Hölder 恰当关系式

$$q = q_1'\frac{d-2}{d+2} = \frac{q_1}{q_1-1}\frac{d-2}{d+2} \Longrightarrow q_1 = \frac{d}{d-2}, \ \ q_1' = \frac{d}{2}, \ \ q = \frac{d}{2}\frac{d+2}{d-2}.$$

引理 2.3.8($\Lambda_{\frac{d-2}{d+2}}$-层上的 Strichartz 估计) 设 I 是含 t_0 的一个紧区间, 则

$$\left\|\int_{t_0}^t e^{i(t-s)\Delta}F(s)ds\right\|_{X(I)} \lesssim \|F\|_{Y(I)}. \tag{2.3.56}$$

证明 注意到色散估计

$$\left\|e^{i(t-s)\Delta}|\nabla|^{\frac{4}{d+2}}F(s)\right\|_{L^{\frac{2d^2(d+2)}{d^3-4d+16}}} \lesssim |t-s|^{-\frac{d^2+2d-8}{d(d+2)}}\||\nabla|^{\frac{4}{d+2}}F\|_{L_x^{\frac{2d^2(d+2)}{d^3+4d^2+4d-16}}},$$

两边关于时间变量利用 Hardy-Littlewood-Sobolev 不等式, 就得

$$\left\| |\nabla|^{\frac{4}{d+2}} \int_{t_0}^{t} e^{i(t-s)\Delta} F(s) ds \right\|_{L_t^{\frac{d(d+2)}{2(d-2)}}\left(I; L^{\frac{2d^2(d+2)}{d^3-4d+16}}\right)} \lesssim \| |\nabla|^{\frac{4}{d+2}} F \|_{L_t^{\frac{d}{2}}\left(I; L^{\frac{2d^2(d+2)}{d^3+4d^2+4d-16}}\right)}.$$

□

引理 2.3.9(插值型时空范数)　对于任意的紧区间 I, 有

$$\|u(t)\|_{X^0(I)} \lesssim \|u(t)\|_{X(I)} \lesssim \|\nabla u(t)\|_{S^0(I)}, \tag{2.3.57}$$

$$\|u(t)\|_{X(I)} \lesssim \|u(t)\|_{L_{t,x}^{\frac{2(d+2)}{d-2}}(I\times\mathbb{R}^d)}^{\frac{1}{d+2}} \|\nabla u(t)\|_{S^0(I)}^{\frac{d+1}{d+2}}, \tag{2.3.58}$$

$$\|u(t)\|_{L_{t,x}^{\frac{2(d+2)}{d-2}}(I\times\mathbb{R}^d)} \lesssim \|u(t)\|_{X(I)}^{c} \|\nabla u(t)\|_{S^0(I)}^{1-c}, \quad 0 < c = c(d) \leqslant 1. \tag{2.3.59}$$

证明　(2.3.57) 是 Sobolev 嵌入定理的直接结果. 利用插值公式与 Sobolev 嵌入定理, 就得

$$\begin{aligned}\|u(t)\|_{X(I)} &\lesssim \|u(t)\|_{L_{t,x}^{\frac{2(d+2)}{d-2}}(I\times\mathbb{R}^d)}^{\frac{1}{d+2}} \left\| |\nabla|^{\frac{4}{d+1}} u \right\|_{L_t^{\frac{2d(d+1)(d+2)}{(d-2)(3d+8)}}\left(I; L^{\frac{2d^2(d+1)(d+2)}{d^4+d^3-2d^2+8d+32}}\right)}^{\frac{d+1}{d+2}} \\ &\lesssim \|u(t)\|_{L_{t,x}^{\frac{2(d+2)}{d-2}}(I\times\mathbb{R}^d)}^{\frac{1}{d+2}} \|\nabla u(t)\|_{S^0(I)}^{\frac{d+1}{d+2}}.\end{aligned}$$

这就证明了 (2.3.58). 最后, 证明 (2.3.59) 需要分情形讨论. 当 $d=3$ 时, 插值不等式就意味着

$$\|u(t)\|_{L_{t,x}^{\frac{2(d+2)}{d-2}}(I\times\mathbb{R}^d)} \lesssim \|u(t)\|_{X(I)}^{\frac{3}{4}} \|u(t)\|_{L^\infty(I;L^{2^*}(\mathbb{R}^d))}^{\frac{1}{4}}, \quad c = \frac{3}{4}.$$

利用 Sobolev 嵌入定理就得 (2.3.59). 当 $d>3$ 时, 采用不同形式的插值不等式可得

$$\|u(t)\|_{L_{t,x}^{\frac{2(d+2)}{d-2}}(I\times\mathbb{R}^d)} \lesssim \|u(t)\|_{X^0(I)}^{\frac{2}{d-2}} \|u(t)\|_{L^{2^*}\left(I;L^{\frac{2d^2}{(d-2)^2}}(\mathbb{R}^d)\right)}^{\frac{d-4}{d-2}}, \quad c = \frac{2}{d-2}.$$

再次利用 Sobolev 嵌入定理就得 (2.3.59).　□

引理 2.3.10(非线性估计)　对于任意的紧区间 I, 则

$$\|F(u)\|_{Y(I)} \lesssim \|u(t)\|_{X(I)}^{\frac{d+2}{d-2}}, \tag{2.3.60}$$

$$\begin{aligned}&\|F_z(u+v)w\|_{Y(I)} + \|F_{\bar z}(u+v)\bar w\|_{Y(I)} \\ \lesssim& \left(\|u(t)\|_{X(I)}^{\frac{8}{d^2-4}} \|\nabla u(t)\|_{S^0(I)}^{\frac{4d}{d^2-4}} + \|v(t)\|_{X(I)}^{\frac{8}{d^2-4}} \|\nabla v(t)\|_{S^0(I)}^{\frac{4d}{d^2-4}}\right) \|w\|_{X(I)}. \end{aligned} \tag{2.3.61}$$

证明 为了书写简单, 时空范数总是在 $I \times \mathbb{R}^d$. 直接利用引理 2.1.12, (2.3.7) 及 (2.3.57), 就得

$$\big\|F(u)\big\|_{Y(I)} \lesssim \big\|u(t)\big\|^{\frac{4}{d-2}}_{L_t^{\frac{d(d+2)}{2(d-2)}} L_x^{\frac{2d^2(d+2)}{(d-2)^2(d+4)}}} \big\||\nabla|^{\frac{4}{d+2}} u\big\|_{L_t^{\frac{d(d+2)}{2(d-2)}} L_x^{\frac{2d^2(d+2)}{d^3-4d+16}}} \lesssim \big\|u(t)\big\|^{\frac{d+2}{d-2}}_{X(I)},$$

这就证明了 (2.3.60).

下面证明 (2.3.61). 利用对称性, 仅需估计第一项就行了. 事实上, 借助于引理 2.1.11 中的乘积估计、(2.3.7) 及 (2.3.57), 就得

$$\begin{aligned}
&\big\|F_z(u+v)w\big\|_{Y(I)} \\
\lesssim& \big\|F_z(u+v)\big\|_{L_t^{\frac{d(d+2)}{8}} L_x^{\frac{d^2(d+2)}{2(d-2)(d+4)}}} \big\||\nabla|^{\frac{4}{d+2}} w\big\|_{L_t^{\frac{d(d+2)}{2(d-2)}} L_x^{\frac{2d^2(d+2)}{d^3-4d+16}}} \\
&+ \big\||\nabla|^{\frac{4}{d+2}} F_z(u+v)\big\|_{L_t^{\frac{d(d+2)}{8}} L_x^{\frac{d^2(d+2)}{2d^2+8d-16}}} \|w\|_{L_t^{\frac{d(d+2)}{2(d-2)}} L_x^{\frac{2d^2(d+2)}{d^3-12d+16}}} \\
\lesssim& \big\|u+v\big\|^{\frac{4}{d-2}}_{X^0(I)} \|w\|_{X(I)} + \big\||\nabla|^{\frac{4}{d+2}} F_z(u+v)\big\|_{L_t^{\frac{d(d+2)}{8}} L_x^{\frac{d^2(d+2)}{2d^2+8d-16}}} \|w\|_{X(I)}.
\end{aligned}$$

根据 (2.3.57), 估计 (2.3.61) 的证明就归结为证明:

$$\begin{aligned}
&\big\||\nabla|^{\frac{4}{d+2}} F_z(u+v)\big\|_{L_t^{\frac{d(d+2)}{8}} L_x^{\frac{d^2(d+2)}{2d^2+8d-16}}} \\
\lesssim& \big\|u(t)\big\|^{\frac{8}{d^2-4}}_{X(I)} \big\|\nabla u(t)\big\|^{\frac{4d}{d^2-4}}_{S^0(I)} + \big\|v(t)\big\|^{\frac{8}{d^2-4}}_{X(I)} \big\|\nabla v(t)\big\|^{\frac{4d}{d^2-4}}_{S^0(I)}.
\end{aligned} \tag{2.3.62}$$

当 $3 \leqslant d \leqslant 5$, 利用引理 2.1.12 及 (2.3.57), 就得

$$\big\||\nabla|^{\frac{4}{d+2}} F_z(u+v)\big\|_{L_t^{\frac{d(d+2)}{8}} L_x^{\frac{d^2(d+2)}{2d^2+8d-16}}} \lesssim \|u+v\|^{\frac{6-d}{d-2}}_{X^0(I)} \|u+v\|_{X(I)} \lesssim \|u+v\|^{\frac{4}{d-2}}_{X(I)}.$$

当 $d \geqslant 6$, 利用 Hölder 函数的分数阶求导法则对应的引理 2.1.13, 即

$$\alpha \triangleq \frac{4}{d-2}, \quad \sigma \triangleq \frac{d}{d+2}, \quad s \triangleq \frac{4}{d+2},$$

利用关于时间变量的 Hölder 不等式、Sobolev 嵌入定理及 (2.3.57), 就得

$$\begin{aligned}
&\big\||\nabla|^{\frac{4}{d+2}} F_z(u+v)\big\|_{L_t^{\frac{d(d+2)}{8}} L_x^{\frac{d^2(d+2)}{2d^2+8d-16}}} \\
\lesssim& \|u+v\|^{\frac{8}{d(d-2)}}_{L_t^{\frac{d(d+2)}{2(d-2)}} L_x^{\frac{2d^2(d+2)}{(d+4)(d-2)^2}}} \big\||\nabla|^{\frac{d}{d+2}}(u+v)\big\|^{\frac{4}{d}}_{L_t^{\frac{d(d+2)}{2(d-2)}} L_x^{\frac{2d^2(d+2)}{d^3+2d^2-12d+16}}}
\end{aligned}$$

$$\lesssim \left\| |\nabla|^{\frac{d}{d+2}}(u+v) \right\|^{\frac{4}{d-2}}_{L_t^{\frac{d(d+2)}{2(d-2)}} L_x^{\frac{2d^2(d+2)}{d^3+2d^2-12d+16}}}$$

$$\lesssim \|u(t)\|^{\frac{8}{d^2-4}}_{X(I)} \|\nabla u(t)\|^{\frac{4d}{d^2-4}}_{S^0(I)} + \|v(t)\|^{\frac{8}{d^2-4}}_{X(I)} \|\nabla v(t)\|^{\frac{4d}{d^2-4}}_{S^0(I)}.$$

此就证明了估计 (2.3.62), 因此就得到 (2.3.61). □

引理 2.3.11(能量临界的短时间扰动) 设 $\alpha = 1 + \dfrac{4}{d-2}$, $F(z)$ 满足 (2.3.7), (2.3.10). I 是一个紧区间, $\tilde{u}$ 是能量临界问题 (2.3.6) 在 $I \times \mathbb{R}^d$ 上的逼近解, 满足

$$i\tilde{u}_t + \Delta\tilde{u} = F(\tilde{u}) + e, \tag{2.3.63}$$

其中 e 是适当的时空函数. 假设有界性条件

$$\|\tilde{u}\|_{L^\infty(I;\dot{H}^1(\mathbb{R}^d))} \leqslant E, \tag{2.3.64}$$

$$\|u(t_0) - \tilde{u}(t_0)\|_{\dot{H}^1(\mathbb{R}^d)} \leqslant E', \quad t_0 \in I, \tag{2.3.65}$$

这里 E, E' 均是正常数. 进一步假设存在 $0 < \delta = \delta(E)$, $0 < \varepsilon < \varepsilon_0(E, E') > 0$ 满足如下小性条件:

$$\|\tilde{u}\|_{X(I)} \leqslant \delta, \tag{2.3.66}$$

$$\left\| e^{i(t-t_0)\Delta}\left(u(t_0) - \tilde{u}(t_0)\right) \right\|_{X(I)} \leqslant \varepsilon, \tag{2.3.67}$$

$$\|\nabla e\|_{\mathcal{N}^0} \leqslant \varepsilon. \tag{2.3.68}$$

则能量临界方程 (2.3.6) 具初始条件 $u(t)\mid_{t=t_0} = u(t_0)$ 的 Cauchy 问题在 $I \times \mathbb{R}^d$ 存在唯一的解 $u(t)$ 满足如下估计:

$$\left\| u(t) - \tilde{u}(t) \right\|_{X(I)} \lesssim \varepsilon, \tag{2.3.69}$$

$$\left\| \nabla(u - \tilde{u}) \right\|_{S^0(I)} \lesssim E', \tag{2.3.70}$$

$$\left\| \nabla u(t) \right\|_{S^0(I)} \lesssim E + E', \tag{2.3.71}$$

$$\left\| F(u) - F(\tilde{u}) \right\|_{Y(I)} \lesssim \varepsilon. \tag{2.3.72}$$

$$\left\| \nabla(F(u) - F(\tilde{u})) \right\|_{\mathcal{N}^0(I)} \lesssim E'. \tag{2.3.73}$$

证明 一般来讲, 对于能量临界方程 (2.3.6) 的 Cauchy 问题 $u(t)|_{t=t_0} = u(t_0) \in \dot{H}^1(\mathbb{R}^d)$ 在 $I \times \mathbb{R}^d$ 的局部适定性可以直接在齐次空间 $\dot{H}^1(\mathbb{R}^d)$ 所对应的框架下获得, 不需要条件 $\|u_0\|_{L_x^2} < \infty$, 详见苗长兴与张波的专著 [141].

为了证明扰动引理 2.3.11, 我们更乐于选择与此匹配的 $H^1(\mathbb{R}^d)$ 框架下的局部适定性定理 (定理 2.3.4) 来确保扰动引理 (引理 2.3.11) 中 $u(t)$ 的存在性, 这自然需要额外假设 $\|u\|_{L_x^2} < \infty$. 然而这不是本质的, 可以采用逼近技术去掉这一后验的假设.

事实上, 选取 $\{u_m(t_0) \in H^1(\mathbb{R}^d)\}$ 在 $\dot{H}^1(\mathbb{R}^d)$ 拓扑下逼近 $u(t_0)$. 对于 $\tilde{u} = u_m$, $u = u_n$, $e = 0$ 使用上面的扰动引理, 可以推出与初始函数 $\{u_n(t_0)\}$ 相对应的方程 (2.3.6) 的解 $\{u_n(t)\}$ 在 $\dot{H}^1$ 范数意义下是 Cauchy 序列, 并且收敛于以 $u(t_0)$ 为初始函数的解 $u(t)$, 并且满足 $\nabla u \in S^0(I)$. 根据局部适定性理论及其相应的爆破准则, 定理的证明就归结为证明或验证先验估计 (2.3.69)—(2.3.73).

步骤一 $\tilde{u}$ 与 u 的估计 利用 Strichartz 估计, 引理 2.3.9, (2.3.66) 及 (2.3.68), 容易得到

$$\begin{aligned}\big\|\nabla\tilde{u}(t)\big\|_{S^0(I)} &\lesssim \|\nabla\tilde{u}_0(x)\|_2 + \|\nabla F(\tilde{u})\|_{\mathcal{N}^0(I)} + \|\nabla e\|_{\mathcal{N}^0(I)} \\ &\lesssim E + \big\|\tilde{u}\big\|^{\frac{4}{d-2}}_{L^{\frac{2(d+2)}{d-2}}(I\times\mathbb{R}^d)}\|\nabla\tilde{u}\|_{S^0(I)} + \varepsilon \\ &\lesssim E + \delta^{\frac{4c}{d-2}}\|\nabla\tilde{u}\|^{1+\frac{4(1-c)}{d-2}}_{S^0(I)} + \varepsilon,\end{aligned}$$

这里 $c = c(d)$ 与引理 2.3.9 中出现相同. 因此, 只要取 $\delta = \delta(d,E) > 0$ 与 $\varepsilon_0 = \varepsilon_0(E) > 0$ 充分小, 就可以推出

$$\big\|\nabla\tilde{u}(t)\big\|_{S^0(I)} \lesssim E. \tag{2.3.74}$$

利用额外 Strichartz 估计 (引理 2.3.8)、非线性估计 (引理 2.3.10)、(2.3.66) 及 (2.3.68), 只要取 $\delta = \delta(d,E)$ 与 $\varepsilon_0 = \varepsilon_0(E)$ 充分小, 就得

$$\big\|e^{i(t-t_0)\Delta}\tilde{u}(t_0)\big\|_{X(I)} \leqslant \|\tilde{u}\|_{X(I)} + \|F(\tilde{u})\|_{Y(I)} + \|\nabla e\|_{\mathcal{N}^0(I)} \lesssim \delta + \delta^{\frac{d+2}{d-2}} + \varepsilon \lesssim \delta.$$

此与 (2.3.67) 结合, 由三角不等式就得

$$\big\|e^{i(t-t_0)\Delta}u(t_0)\big\|_{X(I)} \lesssim \delta.$$

重新利用额外 Strichartz 估计与非线性估计 (2.3.60)—(2.3.61), 就得

$$\|u\|_{X(I)} \lesssim \big\|e^{i(t-t_0)\Delta}u(t_0)\big\|_{X(I)} + \|F(u)\|_{Y(I)} \lesssim \delta + \|u\|^{\frac{d+2}{d-2}}_{X(I)}.$$

只要取 $\delta = \delta(d,E)$ 充分小, 利用连续性方法就得

$$\big\|u(t)\big\|_{X(I)} \lesssim \delta. \tag{2.3.75}$$

步骤二　$w \triangleq u - \tilde{u}$ 的估计　直接验证, w 满足如下相差方程的 Cauchy 问题 (2.3.36), 即

$$\begin{cases} iw_t + \Delta w = F(\tilde{u}+w) - F(\tilde{u}) - e, \\ w(t_0) = u(t_0) - \tilde{u}(t_0). \end{cases}$$

利用额外 Strichartz 估计与非线性估计 (2.3.60)—(2.3.61) 及 (2.3.67)—(2.3.68), 就得

$$\begin{aligned} \big\|w(t)\big\|_{X(I)} &\lesssim \big\|e^{i(t-t_0)\Delta}(u(t_0)-\tilde{u}(t_0))\big\|_{X(I)} + \|F(u)-F(\tilde{u})\|_{Y(I)} + \|\nabla e\|_{\mathcal{N}^0(I)} \\ &\lesssim \varepsilon + \|F(u)-F(\tilde{u})\|_{Y(I)}. \end{aligned}$$

利用引理 2.3.10, (2.3.66) 与 (2.3.74), 就得

$$\begin{aligned} \big\||F(u)-F(\tilde{u})\big\|_{Y(I)} &\lesssim \Big[\|\tilde{u}\|_{X(I)}^{\frac{8}{d^2-4}}\|\nabla\tilde{u}\|_{S^0(I)}^{\frac{4d}{d^2-4}} + \big\|w(t)\big\|_{X(I)}^{\frac{8}{d^2-4}}\big\|\nabla w(t)\big\|_{S^0(I)}^{\frac{4d}{d^2-4}}\Big]\big\|w\big\|_{X(I)} \\ &\lesssim \delta^{\frac{8}{d^2-4}}E^{\frac{4d}{d^2-4}}\big\|w\big\|_{X(I)} + \big\|\nabla w(t)\big\|_{S^0(I)}^{\frac{4d}{d^2-4}}\big\|w(t)\big\|_{X(I)}^{1+\frac{8}{d^2-4}}. \end{aligned} \tag{2.3.76}$$

只要取 $\delta = \delta(E) > 0$ 充分小, 就可以推出

$$\big\|w(t)\big\|_{X(I)} \lesssim \varepsilon + \big\|\nabla w(t)\big\|_{S^0(I)}^{\frac{4d}{d^2-4}}\big\|w(t)\big\|_{X(I)}^{1+\frac{8}{d^2-4}}. \tag{2.3.77}$$

另一方面, 利用 Strichartz 估计和假设条件

$$\begin{aligned} \big\|\nabla w(t)\big\|_{S^0(I)} &\lesssim \big\|u_0-\tilde{u}_0\big\|_{\dot{H}^1_x} + \big\|\nabla\left(F(u)-F(\tilde{u})\right)\big\|_{\mathcal{N}^0(I)} + \|\nabla e\|_{\mathcal{N}^0(I)} \\ &\lesssim E' + \varepsilon + \big\|\nabla\left(F(u)-F(\tilde{u})\right)\big\|_{\mathcal{N}^0(I)}. \end{aligned} \tag{2.3.78}$$

注意到

$$\Big|F_z(u)-F_z(v)\Big| \sim \Big|F_{\bar{z}}(u)-F_{\bar{z}}(v)\Big| \lesssim \begin{cases} O\left(|u-v|^{\frac{4}{d-2}}\right), & d \geqslant 6, \\ O\left(|u-v|(|u|^{\frac{6-d}{d-2}}+|v|^{\frac{6-d}{d-2}})\right), & 3 \leqslant d \leqslant 5. \end{cases}$$

从而推出

$$\begin{aligned} \Big|\nabla\left(F(u)-F(\tilde{u})\right)\Big| &= \Big|F_z(u)\nabla u + F_{\bar{z}}(u)\overline{\nabla u} - F_z(\tilde{u})\nabla\tilde{u} - F_{\bar{z}}(\tilde{u})\overline{\nabla\tilde{u}}\Big| \\ &\leqslant \big|\nabla\tilde{u}\big|\big|F_z(u)-F_z(\tilde{u})\big| + \big|F_z(u)\big|\big|\nabla w\big| \end{aligned}$$

$$
\begin{aligned}
&+ \left|\overline{\nabla \tilde{u}}\right|\left|F_{\bar{z}}(u) - F_{\bar{z}}(\tilde{u})\right| + \left|F_{\bar{z}}(u)\right|\left|\overline{\nabla w}\right| \\
&\lesssim \begin{cases} |\nabla \tilde{u}||w|^{\frac{4}{d-2}} + |u|^{\frac{4}{d-2}}|\nabla w|, & d \geqslant 6, \\ |\nabla \tilde{u}||w|(|u|^{\frac{6-d}{d-2}} + |\tilde{u}|^{\frac{6-d}{d-2}}) + |u|^{\frac{4}{d-2}}|\nabla w|, & 3 \leqslant d \leqslant 5. \end{cases}
\end{aligned}
\tag{2.3.79}
$$

当 $3 \leqslant d \leqslant 5$ 时, 利用引理 2.3.9, (2.3.66), (2.3.74), (2.3.75), (2.3.79) 及 Hölder 不等式, 就得

$$
\begin{aligned}
&\left\|\nabla\left(F(u) - F(\tilde{u})\right)\right\|_{\mathcal{N}^0(I)} \lesssim \left\|\nabla\left(F(u) - F(\tilde{u})\right)\right\|_{L_t^{\frac{2d(d+2)}{d^2+2d+4}}\left(I; L_x^{\frac{2d^2(d+2)}{d^3+4d^2+4d-8}}\right)} \\
&\lesssim \left\|\nabla \tilde{u}\right\|_{S^0(I)}\left(\|u\|_{X^0(I)}^{\frac{6-d}{d-2}} + \|\tilde{u}\|_{X^0(I)}^{\frac{6-d}{d-2}}\right)\|w\|_{X^0(I)} + \|u\|_{X^0(I)}^{\frac{4}{d-2}}\left\|\nabla w\right\|_{S^0(I)} \\
&\leqslant \left(E\delta^{\frac{6-d}{d-2}} + \delta^{\frac{4}{d-2}}\right)\left\|\nabla w\right\|_{S^0(I)},
\end{aligned}
\tag{2.3.80}
$$

将上式代入 (2.3.78), 只要取 $\delta = \delta(d, E) > 0$ 充分小, 就可以推出

$$
\left\|\nabla w\right\|_{S^0(I)} \lesssim E' + \varepsilon, \quad 3 \leqslant d \leqslant 5.
$$

当 $d \geqslant 6$ 时, 利用引理 2.3.9, (2.3.74), (2.3.75), (2.3.79) 及 Hölder 不等式, 就得

$$
\begin{aligned}
\left\|\nabla\left(F(u) - F(\tilde{u})\right)\right\|_{\mathcal{N}^0(I)} &\lesssim \left\|\nabla\left(F(u) - F(\tilde{u})\right)\right\|_{L_t^{\frac{2d(d+2)}{d^2+2d+4}}\left(I; L_x^{\frac{2d^2(d+2)}{d^3+4d^2+4d-8}}\right)} \\
&\lesssim \left\|\nabla \tilde{u}\right\|_{S^0(I)}\|w\|_{X^0(I)}^{\frac{4}{d-2}} + \|u\|_{X^0(I)}^{\frac{4}{d-2}}\left\|\nabla w\right\|_{S^0(I)} \\
&\lesssim E\|w\|_{X^0(I)}^{\frac{4}{d-2}} + \delta^{\frac{4}{d-2}}\left\|\nabla w\right\|_{S^0(I)}.
\end{aligned}
\tag{2.3.81}
$$

将上式代入 (2.3.78), 只要取 $\delta = \delta(d, E) > 0$ 充分小, 利用 Sobolev 嵌入关系就可以推出

$$
\left\|\nabla w\right\|_{S^0(I)} \lesssim E' + \varepsilon + E\|w\|_{X(I)}^{\frac{4}{d-2}}, \quad d \geqslant 6.
$$

综合高维与低维两种情形的估计 ($\varepsilon_0 = \varepsilon_0(E')$ 充分小), 就有

$$
\left\|\nabla w\right\|_{S^0(I)} \lesssim E' + \varepsilon + E\|w\|_{X(I)}^{\frac{4}{d-2}}, \quad d \geqslant 3.
\tag{2.3.82}
$$

步骤三 (2.3.69)—(2.3.73) 的证明 将 (2.3.82) 代入 (2.3.77),

$$
\left\|w(t)\right\|_{X(I)} \lesssim \varepsilon + E'^{\frac{4d}{d^2-4}}\left\|w(t)\right\|_{X(I)}^{\frac{d^2+4}{d^2-4}} + E^{\frac{4d}{d^2-4}}\left\|w(t)\right\|_{X(I)}^{\frac{d^2+4d+12}{d^2-4}}.
$$

利用标准的连续性方法, 只要取 $\varepsilon_0 = \varepsilon_0(E', E) > 0$ 充分小, 就可以直接得到 (2.3.69). 再代入 (2.3.82) 就得估计 (2.3.70). 进而, 利用 (2.3.74) 与三角不等式就得估计 (2.3.71).

最后, 将 (2.3.69)—(2.3.70) 分别代入 (2.3.76), (2.3.80)—(2.3.81) 就得估计 (2.3.72)—(2.3.73). 需要指出的是, 先验估计 (2.3.75) 表明在 I 求解相差方程的解 w 的过程中, 不仅用到局部适定性, 同时也使用了爆破准则, 这就确保了相差方程的解 w 在整个区间 I 上存在唯一性. □

作为能量临界问题短时间扰动引理的进一步结果, 有如下整体稳定性定理.

定理 2.3.12(能量临界方程的稳定性)　设 $\alpha = 1 + \dfrac{4}{d-2}$, $F(z)$ 满足 (2.3.7), (2.3.10). I 是一个紧区间, $\tilde{u}$ 是能量临界问题 (2.3.6) 的逼近解, 即满足方程 (2.3.63):

$$i\tilde{u}_t + \Delta\tilde{u} = F(\tilde{u}) + e,$$

其中 e 是适当的时空函数. 假设有界性条件

$$\|\tilde{u}\|_{L^\infty(I;\dot{H}^1(\mathbb{R}^d))} \leqslant E, \tag{2.3.83}$$

$$\|\tilde{u}\|_{L^{\frac{2(d+2)}{d-2}}(I\times\mathbb{R}^d)} \leqslant L, \tag{2.3.84}$$

$$\|u(t_0) - \tilde{u}(t_0)\|_{\dot{H}^1(\mathbb{R}^d)} \leqslant E', \quad t_0 \in I, \tag{2.3.85}$$

这里 E, L, E' 均是正常数. 进一步假设存在 $\varepsilon_1 = \varepsilon(E, L, E') > 0$ 满足如下小性条件:

$$\left\|e^{i(t-t_0)\Delta}\left(u(t_0) - \tilde{u}(t_0)\right)\right\|_{L^{\frac{2(d+2)}{d-2}}(I\times\mathbb{R}^d)} \leqslant \varepsilon, \tag{2.3.86}$$

$$\|\nabla e\|_{\mathcal{N}^0} \leqslant \varepsilon, \quad 0 < \varepsilon \leqslant \varepsilon_1. \tag{2.3.87}$$

则方程 (2.3.6) 具初始条件 $u(t)|_{t=t_0} = u(t_0)$ 的 Cauchy 问题在 $I \times \mathbb{R}^d$ 存在唯一的解 $u(t)$, 满足如下估计:

$$\left\|u(t) - \tilde{u}(t)\right\|_{L_{t,x}^{\frac{2(d+2)}{d-2}}(I\times\mathbb{R}^d)} \lesssim C(E, L, E')\varepsilon^c, \tag{2.3.88}$$

$$\left\|\nabla(u - \tilde{u})\right\|_{S^0(I)} \lesssim C(E, L, E')E', \tag{2.3.89}$$

$$\left\|\nabla u\right\|_{S^0(I)} \lesssim C(E, L, E'), \tag{2.3.90}$$

这里 $0 < c = c(d) < 1$.

正如引理 2.3.11 中的讨论, 从稳定性定理 (定理 2.3.12) 可直接获得能量临界 Schrödinger 方程在能量空间中的局部适定性. 精确地说, 就是去掉初始函数属

于 $L^2(\mathbb{R}^d)$ 的假设下, 在 $\dot{H}^1(\mathbb{R}^d)$ 中建立类似于局部存在性定理 (定理 2.3.4) 及推论 2.3.5 的相应结论. 事实上, 用 $H^1(\mathbb{R}^d)$ 中的函数序列在 $\dot{H}^1(\mathbb{R}^d)$ 拓扑意义下逼近 $\dot{H}^1(\mathbb{R}^d)$ 初值 $u_0(x)$, 然后通过稳定性定理直接推出在 $\dot{H}^1(\mathbb{R}^d)$ 框架下的局部适定性.

推论 2.3.13($\dot{H}^1$-局部适定性) 设 I 是一个紧区间, $t_0\in I$, $u_0(x)\in\dot{H}^1$. 假设

$$\left\|u_0\right\|_{\dot{H}^1}\leqslant E.$$

对于任意的 $\varepsilon>0$, 总存在 $\delta=\delta(E,\delta)>0$ 满足

$$\left\|e^{it\Delta}u_0\right\|_{L_{t,x}^{\frac{2(d+2)}{d-2}}(I\times\mathbb{R}^d)}\leqslant\delta,$$

则 Cauchy 问题 (2.3.6) 在 $I\times\mathbb{R}^d$ 存在唯一的解 $u(t)\in C(I;\dot{H}^1(\mathbb{R}^d))$, 并且满足如下估计:

$$\|u\|_{L_{t,x}^{\frac{2(d+2)}{d-2}}(I\times\mathbb{R}^d)}\leqslant\varepsilon,\quad \|\nabla u\|_{S^0(I)}\leqslant 2E.$$

定理 2.3.12 证明 步骤一 首先证明

$$\left\|\nabla\tilde{u}\right\|_{S^0(I)}\leqslant C(E,L),\quad d\geqslant 3. \tag{2.3.91}$$

事实上, 根据条件 (2.3.84), 将区间 I 剖分成 $J_0=J_0(L,\eta)$ 个小区间 $I_j=[t_j,t_{j+1}]$ $(0\leqslant j<J_0-1)$, 使得

$$\left\|\tilde{u}\right\|_{L_{t,x}^{\frac{2(d+2)}{d-2}}(I_j\times\mathbb{R}^d)}\leqslant\eta,\quad 0\leqslant j<J_0\sim\left(1+\frac{L}{\eta}\right)^{\frac{2(d+2)}{d-2}}, \tag{2.3.92}$$

其中 $\eta>0$ 是待定的小常数. 利用 Strichartz 估计、非线性估计及条件 (2.3.87), 容易推出:

$$\begin{aligned}\left\|\nabla\tilde{u}\right\|_{S^0(I_j)}&\lesssim\left\|\tilde{u}(t_j)\right\|_{\dot{H}_x^1}+\|\nabla e\|_{\mathcal{N}^0(I_j)}+\left\|\nabla F(\tilde{u})\right\|_{\mathcal{N}^0(I_j)}\\&\lesssim E+\varepsilon+\left\|\tilde{u}\right\|_{L_{t,x}^{\frac{2(d+2)}{d-2}}(I_j\times\mathbb{R}^d)}^{\frac{4}{d-2}}\left\|\nabla\tilde{u}\right\|_{S^0(I_j)}\\&\lesssim E+\varepsilon+\eta^{\frac{4}{d-2}}\left\|\nabla\tilde{u}\right\|_{S^0(I_j)}.\end{aligned}$$

因此, 仅需取 $\eta=\eta(d)>0$ 及 $\varepsilon_1=\varepsilon_0(E)>0$ 充分小, 就可以直接推出

$$\left\|\nabla\tilde{u}\|_{S^0(I_j)}\lesssim E,\quad 0\leqslant j<J_0.$$

最后, 就上式关于 j 求和, 就得估计 (2.3.91).

步骤二 利用引理 2.3.9, (2.3.86), (2.3.87), (2.3.91) 及 Sobolev 嵌入定理, 就得

$$\|\tilde{u}(t)\|_{X(I)} \lesssim C(E,L), \tag{2.3.93}$$

$$\left\|e^{i(t-t_0)\Delta}(u(t_0)-\tilde{u}(t_0))\right\|_{X(I)} \lesssim \varepsilon^{\frac{1}{d+2}}(E')^{\frac{d+1}{d+2}}. \tag{2.3.94}$$

步骤三 根据估计 (2.3.93), 将区间 I 剖分成 $J_1 = J_1(L,E)$ 个小区间 $I_j = [t_j, t_{j+1}]$ $(0 \leqslant j < J_1 - 1)$, 使得

$$\|\tilde{u}\|_{X(I_j)} \leqslant \delta, \quad 0 \leqslant j < J_1 \sim \left(1 + \frac{C(E,L)}{\delta}\right)^{\frac{d(d+2)}{2(d-2)}}, \tag{2.3.95}$$

其中 $\delta = \delta(E) > 0$ 是引理 2.3.11 中的小常数. 进而, 选取 $\varepsilon_1 = \varepsilon(E, E', L)$ 与满足

$$\varepsilon_1 = \varepsilon(E, E', L) \ll \varepsilon_0(E, C(J_1)E').$$

这样从 (2.3.94) 就可以推得引理 2.3.11 中的条件 (2.3.67) 的右边 ε 换成 $\varepsilon^c \ll \varepsilon_0$ 时成立, 其中 $c = \dfrac{1}{2(d+2)}$. 注意到随着迭代次数的增加, 两个初值之差的能量也在增加, 因此用 $C(J_1)E'$ 替代了 E'.

步骤四 在前面讨论的基础上, 即选取 $\varepsilon_1 = \varepsilon(E, E', L) > 0$ 充分小, 只要归纳验证如下先验估计

$$\left\|e^{i(t-t_j)\Delta}(u(t_j)-\tilde{u}(t_j))\right\|_{X(I_j)} \lesssim \varepsilon^c, \quad \|u(t_j)-\tilde{u}(t_j)\|_{\dot{H}^1(\mathbb{R}^d)} \lesssim E', \quad 0 \leqslant j < J_1, \tag{2.3.96}$$

就可以保证在每一个区间 I_j 上引理 2.3.11 的条件成立. 于是, 对于每一个 $0 \leqslant j < J_1$ 及 $0 < \varepsilon < \varepsilon_1$, 成立

$$\begin{cases} \|u(t)-\tilde{u}(t)\|_{X(I_j)} \lesssim C(j)\varepsilon^c, \\ \|u(t)-\tilde{u}(t)\|_{\dot{S}^1(I_j)} \lesssim C(j)E', \\ \|u(t)\|_{\dot{S}^1(I_j)} \lesssim C(j)(E+E'), \\ \|F(u)-F(\tilde{u})\|_{Y(I_j)} \lesssim C(j)\varepsilon^c, \\ \|\nabla(F(u)-F(\tilde{u}))\|_{\mathcal{N}^0(I_j)} \lesssim C(j)E', \end{cases} \tag{2.3.97}$$

下面验证条件 (2.3.96) 成立. 事实上, 利用引理 2.3.8 及归纳假设就得

$$
\begin{aligned}
&\left\|e^{i(t-t_j)\Delta}\left(u(t_j)-\tilde{u}(t_j)\right)\right\|_{X(I_j)}\\
\lesssim&\left\|e^{i(t-t_0)\Delta}\left(u(t_0)-\tilde{u}(t_0)\right)\right\|_{X(I_j)}+\|\nabla e\|_{\mathcal{N}^0(I)}+\left\|F(u)-F(\tilde{u})\right\|_{Y([t_0,t_j])}\\
\lesssim&\,\varepsilon^c+\varepsilon+\sum_{k=0}^{j-1}C(k)\varepsilon^c. \qquad (2.3.98)
\end{aligned}
$$

类似地, 从 Strichartz 估计与归纳假设还有

$$
\begin{aligned}
\left\|u(t_j)-\tilde{u}(t_j)\right\|_{\dot{H}^1}\lesssim&\|u(t_0)-\tilde{u}(t_0)\|_{\dot{H}^1}+\|\nabla e\|_{\mathcal{N}^0([t_0,t_j])}\\
&+\left\|\nabla\left(F(u)-F(\tilde{u})\right)\right\|_{\mathcal{N}^0([t_0,t_j])}\\
\lesssim&\,E'+\varepsilon+\sum_{k=0}^{j-1}C(k)E'. \qquad (2.3.99)
\end{aligned}
$$

选取 $\varepsilon_1=\varepsilon(J_1,E,E')$ 充分小, 就可以推知 (2.3.96) 成立. 关于 (2.3.97) 两边对 j 求和, 并且利用引理 2.3.8 就推出估计 (2.3.88)—(2.3.90). □

第 3 章　椭圆理论: 基态及其变分刻画

研究聚焦型方程的基态解是研究聚焦型色散方程散射理论的基础, 本章将利用变分法讨论基态解, 以及其派生的 (次) 临界能量门槛解的 (整体解、有限时刻爆破解) 不变集, 为第 6 章中研究聚焦型临界 Schrödinger 方程门槛能量下解的长时间动力学行为做预备工作.

3.1　变分原理、基态解

聚焦型色散方程的孤立子波解 (特别是基态解) 尽管整体存在, 然而不是散射解 (即无穷远时刻不趋于对应的线性色散方程的解, 或在任意有界区域上, 在无穷远时刻解并不衰减到零). 基于上述事实, 人们相信基态解的能量对应着聚焦型色散方程散射解的能量门槛. 在第 6 章中, 以聚焦型能量临界 Schrödinger 方程

$$iu_t + \Delta u = -|u|^{\frac{4}{d-2}}u \quad (d \geqslant 3) \tag{3.1.1}$$

为例讨论能量空间中解的整体适定与散射问题. 用 $W(x)$ 表示方程 (3.1.1) 的基态解, 即

$$W(x) = \left(1 + \frac{|x|^2}{d(d-2)}\right)^{-\frac{d-2}{2}}, \quad -\Delta W(x) = |W(x)|^{\frac{4}{d-2}}W(x). \tag{3.1.2}$$

第 6 章将证明　设 $u(t) : I \times \mathbb{R}^d \longrightarrow \mathbb{C}$ 是 (3.1.1) 的极大生命区间解且满足

$$\sup_{t\in I} \|\nabla u(t)\|_2 < \|\nabla W\|_2, \quad d \geqslant 3, \tag{3.1.3}$$

则 $u(t)$ 在 $\dot{H}^1(\mathbb{R}^d)$ 中整体存在, 并且双向散射. 另一方面, 具有有限动能的爆破解 (blow-up solution) 在爆破时刻附近一定产生质量聚积现象, 并且爆破解的动能不小于基态解的动能.

作为直接推论, 可以证明: 若存在 $t_0 \in I$ 满足

$$\begin{cases} \|\nabla u(t_0)\|_2 < \|\nabla W\|_2, \\ E(u(t)) = E(u(t_0)) < E(W), \end{cases} \tag{3.1.4}$$

则 $u(t)$ 在 $\dot{H}^1(\mathbb{R}^d)$ 中整体适定, 并且双向散射.

3.1.1 稳态解的构造与强制性

稳态解 $W(x)=\left(1+\dfrac{|x|^2}{d(d-2)}\right)^{\frac{2-d}{2}}$ 是椭圆方程 (3.1.2) 的解, 同时还是最佳 Sobolev 嵌入不等式取等号的极化元 (maximizer).

命题 3.1.1(最佳 Sobolev 不等式)

$$\|f\|_{L^{\frac{2d}{d-2}}(\mathbb{R}^d)}\leqslant C_d\|\nabla f\|_{L^2(\mathbb{R}^d)}, \tag{3.1.5}$$

使得等号成立的充要条件是

$$f(x)=c\lambda^{-\frac{d-2}{2}}W\left(\frac{x-x_0}{\lambda}\right), \tag{3.1.6}$$

这里 $c\in\mathbb{C}$, $x_0\in\mathbb{R}^d$, $\lambda>0$.

$W(x)$ 是达到最佳 Sobolev 不等式的极化元, 证明见 4.2 节轮廓分解理论——应用 I 或参考定理 3.1.15 的证明方法, 此处具体细节省略.

最佳 Sobolev 常数的计算 容易验证:

$$\begin{cases} W\in\dot{H}^1(\mathbb{R}^d), & d\geqslant 3,\\ W\notin L^2(\mathbb{R}^d), & d=3,4,\\ W\in L^2(\mathbb{R}^d), & d\geqslant 5.\end{cases}$$

用 $W(x)$ 乘以方程 (3.1.2) 两端, 并在 $\mathbb{R}^d$ 上积分可见

$$\|\nabla W\|_2^2=\|W\|_{\frac{2d}{d-2}}^{\frac{2d}{d-2}}. \tag{3.1.7}$$

将此与 (3.1.5) 作比较, 可见

$$\|\nabla W\|_2=\|W\|_{\frac{2d}{d-2}}^{\frac{d}{d-2}}=\|W\|_{\frac{2d}{d-2}}^{\frac{2}{d-2}}\|W\|_{\frac{2d}{d-2}}\Longrightarrow C_d=\|W\|_{\frac{2d}{d-2}}^{-\frac{2}{d-2}}.$$

用 W 的动能或能量形式表示, 自然亦有

$$\|\nabla W\|_2^2=\|W\|_{\frac{2d}{d-2}}^{\frac{2d}{d-2}}=C_d^{-d},\quad C_d=\|\nabla W\|_2^{-\frac{2}{d}}, \tag{3.1.8}$$

$$E(W)=\frac{1}{2}\|\nabla W\|_2^2-\frac{d-2}{2d}\|W\|_{\frac{2d}{d-2}}^{\frac{2d}{d-2}}=d^{-1}C_d^{-d}. \tag{3.1.9}$$

引理 3.1.2(Kenig-Merle-Weinstein 凸性引理 I)　设存在 $\delta_0>0$, 满足

$$E(u_0)\leqslant(1-\delta_0)E(W). \tag{3.1.10}$$

则存在两个正常数 $\delta_1=\delta_1(\delta_0)$, $\delta_2=\delta_2(\delta_0)$, 使得下面结论成立:

(a) 如果 $\|\nabla u_0\|_2<\|\nabla W\|_2$, 则

$$\begin{cases}\|\nabla u_0\|_2^2\leqslant(1-\delta_1)\|\nabla W\|_2^2,\\ \displaystyle\int_{\mathbb{R}^d}\left[|\nabla u_0(x)|^2-|u_0(x)|^{\frac{2d}{d-2}}\right]dx\geqslant\delta_1\|\nabla u_0\|_2^2,\\ E(u_0)\geqslant 0.\end{cases} \tag{3.1.11}$$

(b) 如果 $\|\nabla u_0\|_2>\|\nabla W\|_2$, 则

$$\begin{cases}\|\nabla u_0\|_2^2\geqslant(1+\delta_2)\|\nabla W\|_2^2,\\ \displaystyle\int_{\mathbb{R}^d}\left(|\nabla u_0(x)|^2-|u_0(x)|^{\frac{2d}{d-2}}\right)dx\leqslant-\frac{2\delta_2}{(d-2)C_d^d}.\end{cases}$$

证明　步骤一　先考虑 $\|\nabla u_0\|_2<\|\nabla W\|_2$ 的情形. 定义函数

$$f(y)=\frac{1}{2}y-\frac{d-2}{2d}C_d^{\frac{2d}{d-2}}y^{\frac{d}{d-2}},\quad y\in[0,\infty). \tag{3.1.12}$$

f 的值域为 $(-\infty,d^{-1}C_d^{-d}]$. 特别,

$$f(\|\nabla u_0\|_2^2)=\frac{1}{2}\|\nabla u_0\|_2^2-\frac{d-2}{2d}C_d^{\frac{2d}{d-2}}\|\nabla u_0\|_2^{\frac{2d}{d-2}}. \tag{3.1.13}$$

由最佳 Sobolev 不等式 (3.1.5),

$$\|u_0\|_{\frac{2d}{d-2}}\leqslant C_d\|\nabla u_0\|_2\Longleftrightarrow\|u_0\|_{\frac{2d}{d-2}}^{\frac{2d}{d-2}}\leqslant C_d^{\frac{2d}{d-2}}\|\nabla u_0\|_2^{\frac{2d}{d-2}}.$$

进而, 当且仅当 $u_0=W$ 时, 上面不等式就变成等号. 利用能量表示式

$$E(u_0)=\frac{1}{2}\|\nabla u_0\|_2^2-\frac{d-2}{2d}\|u_0\|_{\frac{2d}{d-2}}^{\frac{2d}{d-2}}, \tag{3.1.14}$$

容易推出如下**基本估计**:

$$f(\|\nabla u_0\|_2^2)\leqslant E(u_0),\quad f(\|\nabla W\|_2^2)=E(W)=\frac{1}{d}\|W\|_{\frac{2d}{d-2}}^{\frac{2d}{d-2}}=d^{-1}C_d^{-d}. \tag{3.1.15}$$

事实上,

$$f'(y)=\frac{1}{2}-\frac{1}{2}C_d^{\frac{2d}{d-2}}y^{\frac{2}{d-2}},\quad f''(y)=-\frac{1}{d-2}C_d^{\frac{2d}{d-2}}y^{\frac{4-d}{d-2}}<0.$$

从而 $f(y)$ 是凹函数, 并且在 $y=C_d^{-d}=\|\nabla W\|_2^2$ 点达到极大值, 即

$$f(C_d^{-d})=f(\|\nabla W\|_2^2)=\frac{1}{d}C_d^{-d}. \tag{3.1.16}$$

又因为

$$\begin{aligned}&f(y)\nearrow,\quad y\in[0,C_d^{-d}]=\left[0,\|\nabla W\|_2^2\right],\\&f(y)\searrow,\quad y\in[C_d^{-d},\infty)=\left[\|\nabla W\|_2^2,\infty\right),\end{aligned}$$

定义在 $[0,d^{-1}C_d^{-d}]$ 上的反函数, 记为 f^{-1}, 是单调上升的. 由此推出存在 $\delta_1=\delta_1(\delta_0)>0$ 使得

$$f^{-1}\left((1-\delta_0)E(W)\right)=(1-\delta_1)\|\nabla W\|_2^2. \tag{3.1.17}$$

由条件 (3.1.10) 及基本估计 (3.1.15) 可见

$$\|\nabla u_0\|_2^2\leqslant f^{-1}(E(u_0))\leqslant f^{-1}((1-\delta_0)E(W))=(1-\delta_1)\|\nabla W\|_2^2. \tag{3.1.18}$$

这便得到 (3.1.11) 的第一个不等式.

其次, 利用最佳 Sobolev 不等式, 容易推出

$$\begin{aligned}&\int_{\mathbb{R}^d}\left[|\nabla u_0(x)|^2-|u_0(x)|^{\frac{2d}{d-2}}\right]dx\\
\geqslant&\int_{\mathbb{R}^d}|\nabla u_0(x)|^2dx-C_d^{2^*}\left(\int_{\mathbb{R}^d}|\nabla u_0|^2dx\right)^{\frac{d}{d-2}},\quad 2^*=\frac{2d}{d-2}\\
=&\int_{\mathbb{R}^d}|\nabla u_0(x)|^2dx\left[1-C_d^{2^*}\left(\int_{\mathbb{R}^d}|\nabla u_0|^2dx\right)^{\frac{2}{d-2}}\right]\\
\geqslant&\int_{\mathbb{R}^d}|\nabla u_0(x)|^2dx\left[1-C_d^{2^*}(1-\delta_1)^{\frac{2}{d-2}}\left(\int_{\mathbb{R}^d}|\nabla W|^2dx\right)^{\frac{2}{d-2}}\right]\\
=&\int_{\mathbb{R}^d}|\nabla u_0(x)|^2dx\left[1-(1-\delta_1)^{\frac{2}{d-2}}\right],\end{aligned}$$

此即 (3.1.11) 中的第二个估计.

最后, 直接计算就得

$$E(u_0) = \frac{1}{2}\|\nabla u_0\|_2^2 - \frac{1}{2^*}\|u_0\|_{\frac{2d}{d-2}}^{\frac{2d}{d-2}} \geqslant \frac{1}{2}\left[\|\nabla u_0\|_2^2 - \|u_0\|_{\frac{2d}{d-2}}^{\frac{2d}{d-2}}\right] \geqslant 0.$$

步骤二　考虑 $\|\nabla u_0\|_2 > \|\nabla W\|_2$ 的情形.

注意到 f 在 $[C_d^{-d}, \infty)$ 上是单调下降函数, 容易验证相应的反函数 f^{-1} 在区间 $(-\infty, d^{-1}C_d^{-d}]$ 上是单调下降函数. 因此, 存在 $\delta_2 = \delta_2(\delta_0) > 0$, 使得

$$f^{-1}((1-\delta_0)E(W)) = (1+\delta_2)\|\nabla W\|_2^2. \tag{3.1.19}$$

由条件 (3.1.10) 和基本估计 (3.1.15) 可见

$$\|\nabla u_0\|_2^2 \geqslant f^{-1}(E(u_0)) \geqslant f^{-1}((1-\delta_0)E(W)) = (1+\delta_2)\|\nabla W\|_2^2.$$

最后, 利用假设条件与 (3.1.15) 和 (3.1.16) 可见

$$\begin{aligned}
\|\nabla u_0\|_2^2 - \|u_0\|_{\frac{2d}{d-2}}^{\frac{2d}{d-2}} &= \frac{2d}{d-2}E(u_0) - \frac{2}{d-2}\|\nabla u_0\|_2^2 \\
&\leqslant \frac{2d}{d-2}(1-\delta_0)E(W) - \frac{2}{d-2}(1+\delta_2)\|\nabla W\|_2^2 \\
&\leqslant \frac{2d}{d-2}(1-\delta_0)\frac{1}{d}C_d^{-d} - \frac{2}{d-2}(1+\delta_2)C_d^{-d} \\
&\leqslant -\frac{2(\delta_0+\delta_2)}{d-2}C_d^{-d} \leqslant -\frac{2\delta_2}{d-2}C_d^{-d},
\end{aligned}$$

这里用到 $0 < \delta_2 = \delta_2(\delta_0) < \delta_0$. □

推论 3.1.3 (Kenig-Merle-Weinstein 凸性引理 II)　设 $u : I \times \mathbb{R}^d \longrightarrow \mathbb{C}$ 是问题 (3.1.1) 具有初值条件

$$u(t_0) = u_0 \in \dot{H}^1(\mathbb{R}^d), \quad t_0 \in I$$

的解. 假设存在 $\delta > 0$ 使得 $E(u_0) \leqslant (1-\delta_0)E(W)$, 则存在两个正的常数 δ_1, δ_2 (依赖于 δ_0) 满足:

(a) 如果 $\|\nabla u_0\|_2 < \|\nabla W\|_2$, 则对 $\forall\, t \in I$ 成立

$$\begin{cases}
\|\nabla u(t)\|_2^2 \leqslant (1-\delta_1)\|\nabla W\|_2^2, \\
\displaystyle\int_{\mathbb{R}^d} \left[|\nabla u(t)|^2 - |u(t)|^{\frac{2d}{d-2}}\right]dx \geqslant \delta_1\|\nabla u(t)\|_2^2, \\
E(u(t)) = E(u_0) \geqslant 0.
\end{cases} \tag{3.1.20}$$

(b) 如果 $\|\nabla u_0\|_2 > \|\nabla W\|_2$, 则对 $\forall\, t \in I$ 成立

$$\|\nabla u(t)\|_2^2 \geqslant (1+\delta_2)\|\nabla W\|_2^2\,, \quad \forall\, t \in I; \tag{3.1.21}$$

$$\int_{\mathbb{R}^d} \left(|\nabla u(t,x)|^2 - |u(t,x)|^{\frac{2d}{d-2}}\right) dx \leqslant -\frac{2\delta_2}{d-2} C_d^d, \quad \forall\, t \in I. \tag{3.1.22}$$

证明 由凸性引理 I 可得: 存在 $\delta_1 > 0$, 满足

$$\|\nabla u_0\|_2^2 \leqslant (1-\delta_1)\|\nabla W\|_2^2.$$

由连续性可见, 存在区间 $[t_0, t_1]$, 使得

$$\|\nabla u(t)\|_2^2 < \|\nabla W\|_2^2\,, \forall\, t \in [t_0, t_1)$$

$$\xrightarrow{\text{能量守恒}} E(u(t)) \leqslant (1-\delta_0)E(W), \forall\, t \in [t_0, t_1].$$

根据凸性引理 I 与连续性 (用于端点 $t = t_1$ 的情形), 就得

$$\|\nabla u(t)\|_2^2 \leqslant (1-\delta_1)\|\nabla W\|_2^2\,, \quad \forall\, t \in [t_0, t_1].$$

重复上述步骤 (即连续性方法) 可见 (a) 成立, 同理可证 (b) 亦成立. □

引理 3.1.4(Kenig-Merle-Weinstein 凸性引理 III) 设 $u: I \times \mathbb{R}^d \longrightarrow \mathbb{C}$ 是问题 (3.1.1) 具有初值条件 $u(0,x) = u_0(x) \in \dot{H}^1$ 的解. 假设存在 $\delta > 0$ 使得

$$\sup_{t \in I} \|\nabla u(t)\|_2 \leqslant (1-\delta)\|\nabla W\|_2. \tag{3.1.23}$$

则有如下结果

$$E(u(t)) \sim \|\nabla u(t)\|_2^2 \sim \|\nabla u_0\|_2^2\,, \quad \forall\, t \in I, \tag{3.1.24}$$

$$\int_{\mathbb{R}^d} \left(|\nabla u(t,x)|^2 - |u(t,x)|^{\frac{2d}{d-2}}\right) \mathrm{d}x \gtrsim \|\nabla u_0\|_2^2\,, \quad \forall\, t \in I, \tag{3.1.25}$$

这里隐性常数仅依赖于 δ 和空间维数 d.

证明 由最佳 Sobolev 不等式 (3.1.5), (3.1.23) 及

$$\|\nabla W\|_2^2 = \|W\|_{\frac{2d}{d-2}}^{\frac{2d}{d-2}} = C_d^{-d} \Longrightarrow C_d^{2^*} = \|\nabla W\|_2^{-\frac{4}{d-2}},$$

容易推出, $\forall\, t \in I$,

$$\frac{1}{2}\|\nabla u(t)\|_2^2 \geqslant E(u(t)) \geqslant \frac{1}{2}\|\nabla u(t)\|_2^2 \left[1 - \frac{d-2}{d}\left(\frac{\|\nabla u(t)\|_2}{\|\nabla W\|_2}\right)^{\frac{4}{d-2}}\right]$$

$$\gtrsim \|\nabla u(t)\|_2^2.$$

这样就得等价关系 (3.1.24) 的第一式, 再次使用能量守恒就得第二个等价关系.

同理可见,

$$\begin{aligned}\int_{\mathbb{R}^d}\left(\left|\nabla u(t,x)\right|^2-\left|u(t,x)\right|^{\frac{2d}{d-2}}\right)dx &= \|\nabla u(t)\|_2^2-\|u(t)\|_{\frac{2d}{d-2}}^{\frac{2d}{d-2}}\\ &\geqslant \|\nabla u(t)\|_2^2\left[1-\left(\frac{\|\nabla u(t)\|_2}{\|\nabla W\|_2}\right)^{\frac{4}{d-2}}\right]\\ &\gtrsim \|\nabla u(t)\|_2^2\sim\|\nabla u_0\|_2^2,\end{aligned}$$

这里用到

$$\begin{aligned}&\|u(t)\|_{\frac{2d}{d-2}}\leqslant C_d\|\nabla u(t)\|_2=\|\nabla W\|_2^{-\frac{2}{d}}\|\nabla u(t)\|_2\\ &\qquad\Longrightarrow \|u(t)\|_{\frac{2d}{d-2}}^{\frac{2d}{d-2}}\leqslant\|\nabla u(t)\|_2^{\frac{2d}{d-2}}\|\nabla W\|_2^{-\frac{4}{d-2}}.\end{aligned}$$ □

3.1.2 变分方法与基态解

考虑聚焦型能量次临界 Schrödinger 方程

$$iu_t+\Delta u=f(u),\quad f(u)=-|u|^{\alpha-1}u, \tag{3.1.26}$$

这里

$$\begin{cases}1<\alpha<\dfrac{d+2}{d-2}, & d\geqslant 3\\ 1<\alpha<\infty, & d=1,2.\end{cases} \tag{3.1.27}$$

寻求形如

$$u(t,x)=e^{i\omega t}\varphi(x),\quad \omega\in\mathbb{R},\quad \varphi\in H^1(\mathbb{R}^d),\quad \varphi\neq 0$$

的驻波解就等价于在 $H^1(\mathbb{R}^d)$ 中解如下非线性椭圆问题

$$-\Delta\varphi+\omega\varphi=|\varphi|^{\alpha-1}\varphi,\quad \varphi\in H^1(\mathbb{R}^d),\quad \varphi\neq 0 \tag{3.1.28}$$

的稳态解.

众所周知, 当 $\omega\leqslant 0$ 时, 方程 (3.1.28) 在 $H^1(\mathbb{R}^d)$ 中不存在非平凡解. 因此, 我们总假设 $\omega>0$. 下面我们利用变分方法研究 (3.1.28) 在 $H^1(\mathbb{R}^d)$ 中稳态解的存在性. 为完备起见, 从正则性问题开始讨论.

定理 3.1.5 (正则性定理与 Pohozaev 恒等式) 设 α 满足 (3.1.27), $a>0$, $b\in\mathbb{R}$. 设 $u\in H^1(\mathbb{R}^d)$ 在 H^{-1} 意义下满足

$$-\Delta u+au=b|u|^{\alpha-1}u. \tag{3.1.29}$$

则下面的性质成立:

(i) $u\in W^{3,p}(\mathbb{R}^d)$, $2\leqslant p<\infty$. 特别,

$$u\in C^2(\mathbb{R}^d) \quad 及 \quad \lim_{|x|\to\infty}|D^\beta u(x)|=0,\quad \beta\in\mathbb{N}^d:|\beta|\leqslant 2. \tag{3.1.30}$$

(ii) 存在 $\varepsilon>0$, 使得

$$e^{\varepsilon|x|}\left(|u(x)|+|\nabla u(x)|\right)\in L^\infty(\mathbb{R}^d). \tag{3.1.31}$$

(iii) $\displaystyle\int_{\mathbb{R}^d}|\nabla u|^2\,dx+a\int_{\mathbb{R}^d}|u|^2\,dx=b\int_{\mathbb{R}^d}|u|^{\alpha+1}\,dx.$

(iv) Pohozaev 恒等式:

$$(d-2)\int_{\mathbb{R}^d}|\nabla u|^2\,dx+ad\int_{\mathbb{R}^d}|u|^2\,dx=\frac{2db}{\alpha+1}\int_{\mathbb{R}^d}|u|^{\alpha+1}\,dx.$$

证明 通过变换

$$\tilde{u}(x)=\left(\frac{|b|}{a}\right)^{\frac{1}{\alpha-1}}u\left(\frac{x}{\sqrt{a}}\right)$$

可以将椭圆方程 (3.1.29) 转化成研究形如

$$-\Delta u+u=b|u|^{\alpha-1}u,\quad b=\pm1,\quad 在\ H^{-1}\ 意义下 \tag{3.1.32}$$

的形式. 它在频率空间具有如下等价形式:

$$(1+|\xi|^2)\mathcal{F}u=b\mathcal{F}\left(|u|^{\alpha-1}u\right),\quad b=\pm1,\quad \mathcal{F}:\ S'(\mathbb{R}^d)\longmapsto S'(\mathbb{R}^d).$$

(i) 的证明: 如果 $u\in L^p(\mathbb{R}^d)$, $\alpha<p<\infty$, 则 $f(u)=\pm|u|^{\alpha-1}u\in L^{\frac{p}{\alpha}}(\mathbb{R}^d)$. 利用椭圆方程解的 L^p-正则性估计推出 $u\in H^{2,\frac{p}{\alpha}}(\mathbb{R}^d)=W^{2,\frac{p}{\alpha}}(\mathbb{R}^d)$. 利用 Sobolev 嵌入定理可见:

$$u\in L^q(\mathbb{R}^d),\quad q\geqslant\frac{p}{\alpha},\quad \frac{1}{q}\geqslant\frac{\alpha}{p}-\frac{2}{d}. \tag{3.1.33}$$

令 $q_0=p=\alpha+1$, 采用连续性方法, 迭代选取 q_j 如下:

$$\frac{1}{q_j}=\alpha^j\left(\frac{1}{\alpha+1}-\frac{2}{(\alpha-1)d}+\frac{2}{(\alpha-1)\alpha^j d}\right). \tag{3.1.34}$$

注意到

$$(d-2)(\alpha-1)<4 \Longrightarrow \frac{\alpha-1}{\alpha+1}-\frac{2}{d}=-\delta, \delta>0,$$

从而推出

$$\frac{1}{q_{j+1}}-\frac{1}{q_j}=-\alpha^j\delta \leqslant -\delta \Longrightarrow \frac{1}{q_j} \searrow \quad -\infty.$$

则一定存在 $k \geqslant 0$ 满足

$$\frac{1}{q_\ell}>0, \quad 0 \leqslant \ell \leqslant k; \quad \frac{1}{q_{k+1}}<0.$$

断言　$u \in L^{q_k}(\mathbb{R}^d)$.

事实上, $u \in H^1(\mathbb{R}^d) \Longrightarrow u \in L^{q_0}(\mathbb{R}^d)$. 假设通过迭代关系 (3.1.34) 与嵌入定理已经证明

$$u \in L^{q_\ell}(\mathbb{R}^d) \Longrightarrow f(u) \in L^{\frac{q_\ell}{\alpha}}(\mathbb{R}^d), \quad \ell \leqslant k-1.$$

根据椭圆方程解的 L^p-正则性估计与 Sobolev 嵌入定理, 总有

$$u \in W^{2,\frac{q_\ell}{\alpha}}(\mathbb{R}^d) \hookrightarrow L^q(\mathbb{R}^d), \quad q \geqslant \frac{q_\ell}{\alpha}, \quad \frac{1}{q} \geqslant \frac{\alpha}{q_\ell}-\frac{2}{d}=\frac{1}{q_{\ell+1}}.$$

特别, $u \in L^{q_{\ell+1}}(\mathbb{R}^d)$, 从而推得断言成立.

再次利用 (3.1.33), 推出

$$u \in L^q(\mathbb{R}^d), \quad q \geqslant \frac{q_k}{\alpha}, \quad \frac{1}{q} \geqslant \frac{\alpha}{q_k}-\frac{2}{d}=\frac{1}{q_{k+1}}.$$

特别, 选取 $q=\infty$, 这就获得

$$f(u)=|u|^{\alpha-1}u \in L^2 \cap L^\infty(\mathbb{R}^d) \xrightarrow{L^p\text{-估计}} u \in H^{2,p}(\mathbb{R}^d)=W^{2,p}(\mathbb{R}^d),\ 2 \leqslant p<\infty.$$

注意到

$$u \in W^{1,p}(\mathbb{R}^d), p \in [1,\infty] \xrightarrow{|\nabla|u|| \leqslant |\nabla u|} |u| \in W^{1,p}(\mathbb{R}^d),$$

容易推出

$$f(u)=|u|^{\alpha-1}u \in W^{1,p}(\mathbb{R}^d).$$

重新利用椭圆方程解的 L^p-正则性估计, 就得

$$u \in W^{3,p}(\mathbb{R}^d), \quad p \in [2,\infty) \xrightarrow{\text{Sobolev 嵌入}} u \in C^{2,\eta}(\mathbb{R}^d),\ \forall\, 0<\eta<1.$$

因此

$$\lim_{|x|\to\infty} |D^\beta u(x)| = 0, \quad |\beta| \leqslant 2.$$

(ii) 的证明: 令

$$\theta_\delta(x) = e^{\frac{|x|}{1+\delta|x|}}, \quad \delta > 0.$$

直接验证, θ_δ 是有界的 Lipschitz 连续的函数, 满足

$$|\nabla\theta_\delta(x)| \leqslant \theta_\delta(x), \quad 对 \quad \text{a.e. } x \in \mathbb{R}^d.$$

用 $\theta_\delta \bar{u}$ 与椭圆方程 (3.1.32) 两边作内积, 就得

$$\operatorname{Re}\int_{\mathbb{R}^d} \nabla u \cdot \nabla(\theta_\delta \bar{u})dx + \int_{\mathbb{R}^d} \theta_\delta |u|^2 dx \leqslant \int_{\mathbb{R}^d} \theta_\delta |u|^{\alpha+1} dx. \tag{3.1.35}$$

注意到 $\nabla(\theta_\delta u) = \bar{u}\nabla\theta_\delta + \theta_\delta\nabla\bar{u}$ 及 Cauchy-Schwarz 不等式, 易见

$$\operatorname{Re}(\nabla u \cdot \nabla(\theta_\delta\bar{u})) \geqslant \theta_\delta|\nabla u|^2 - \theta_\delta|u||\nabla u| \geqslant \theta_\delta|\nabla u|^2 - \left[\frac{1}{2}\theta_\delta|u|^2 + \frac{1}{2}\theta_\delta|\nabla u|^2\right].$$

利用 (3.1.35) 就得

$$\int_{\mathbb{R}^d} \theta_\delta|u|^2 dx \leqslant 2\int_{\mathbb{R}^d} \theta_\delta |u|^{\alpha+1} dx. \tag{3.1.36}$$

根据 (i) 推知, 一定存在 $R > 0$ 使得

$$|u(x)|^{\alpha-1} \leqslant \frac{1}{4}, \quad |x| \geqslant R.$$

利用这一事实及 $|\theta_\delta(x)| \leqslant e^{|x|}$ 就得

$$2\int_{\mathbb{R}^d} \theta_\delta|u|^{\alpha+1}dx \leqslant 2\int_{|x|\leqslant R} e^{|x|}|u|^{\alpha+1}dx + \frac{1}{2}\int_{\mathbb{R}^d}\theta_\delta|u|^2dx. \tag{3.1.37}$$

代入 (3.1.36) 就得

$$\int_{\mathbb{R}^d} \theta_\delta|u|^2dx \leqslant 4\int_{|x|\leqslant R} e^{|x|}|u|^{\alpha+1}dx \xrightarrow{\delta\to 0} \int_{\mathbb{R}^d} e^{|x|}|u|^2dx < \infty. \tag{3.1.38}$$

断言 (3.1.38) 及 (i) 就意味着: 存在 $\varepsilon > 0$, 使得 $e^{\varepsilon|x|}|u(x)| \in L^\infty(\mathbb{R}^d)$.

事实上, 由 (i) 推知 $\|u\|_\infty \leqslant A < \infty$ 且

$$\lim_{|x|\to\infty} |u(x)| = 0,$$

存在常数 $R>0$, 使得

$$|u(x)| \leqslant 1, \quad |x| \geqslant R.$$

因此

$$e^{|x|}|u(x)| \leqslant e^R\|u\|_\infty \leqslant e^R A < \infty, \quad |x| \leqslant R.$$

下面考虑 $|x|>R$ 时的情形. 由于 $u(x)$ 在 $\mathbb{R}^d$ 上一致 Lipschitz 连续函数, 因此存在 $L>0$, 满足

$$|u(x)-u(y)| \leqslant L|x-y| \Longrightarrow |u(x)| \leqslant |u(y)| + L|x-y|, \forall y \in \mathbb{R}^d.$$

自然也有

$$|u(x)|^2 \leqslant 2|u(y)|^2 + 2L^2|x-y|^2, \quad \forall y \in \mathbb{R}^d.$$

因此

$$|u(x)|^2 \leqslant 4|u(y)|^2, \quad \forall y \in B(x) = \Big\{y : |x-y| \leqslant \frac{1}{2L}|u(x)|\Big\}.$$

两边关于 $y \in B(x)$ 积分, 就得

$$\omega_d \left(\frac{1}{2L}|u(x)|\right)^d |u(x)|^2 \leqslant 4\int_{B(x)} |u(y)|^2 dy.$$

注意到 $|u(x)|<1$, 可见

$$|x-y| \leqslant \frac{1}{2L}|u(x)| \leqslant \frac{1}{2L} \Longrightarrow |y|-|x|+\frac{1}{2L} \geqslant 0, \quad y \in B(x),$$

从而推出

$$e^{|x|} \lesssim e^{|y|} \Longrightarrow e^{|y|-|x|} \gtrsim 1, y \in B(x).$$

因此

$$|u(x)|^{d+2}e^{|x|} \lesssim \int_{B(x)} e^{|y|}|u(y)|^2 dy \leqslant \int_{\mathbb{R}^d} e^{|y|}|u(y)|^2 dy < \infty, \quad |x| \geqslant R.$$

综上两种情形, 只要取 $\varepsilon=(d+2)^{-1}$ 就行了.

同理, 对方程 (3.1.32) 两边求偏导数 ∂_j, 然后两边同乘以 $\theta_\delta\partial_j\bar{u}$, $j=1,\cdots,d$. 完全相同的计算可以推出:

$$\int_{\mathbb{R}^d} e^{|x|}|\nabla u|^2 dx < \infty.$$

根据 (i) 知 ∇u 是整体 Lipschitz 连续的, 因此上式就意味着存在 $\varepsilon > 0$, 使得 $e^{\varepsilon|x|}|\nabla u(x)| \in L^\infty(\mathbb{R}^d)$.

(iii) 的证明: 方程 (3.1.29) 两边同乘以 $\bar{u}$, 取实部并在 $\mathbb{R}^d$ 上积分就得 (iii).

(iv) 的证明: 方程 (3.1.29) 两边同乘以 $x \cdot \nabla \bar{u}$, 取实部就得

$$\mathrm{Re}\,(-(x \cdot \nabla \bar{u})\Delta u) + a\mathrm{Re}\,((x \cdot \nabla \bar{u})u) = b\mathrm{Re}\left(-(x \cdot \nabla \bar{u})|u|^{\alpha-1}u\right).$$

注意到恒等式

$$\mathrm{Re}\,(-(x \cdot \nabla \bar{u})\Delta u) = -\frac{d-2}{2}|\nabla u|^2 + \nabla \cdot \left(-\mathrm{Re}\,((x \cdot \nabla \bar{u})\nabla u) + \frac{1}{2}x|\nabla u|^2\right).$$

$$\mathrm{Re}\,((x \cdot \nabla \bar{u})u) = -\frac{d}{2}|u|^2 + \frac{1}{2}\nabla \cdot (x|u|^2),$$

$$\mathrm{Re}\left((x \cdot \nabla \bar{u})|u|^{\alpha-1}u\right) = -\frac{d}{\alpha+1}|u|^{\alpha+1} + \frac{1}{\alpha+1}\nabla \cdot (x|u|^{\alpha+1}),$$

并且在 $\mathbb{R}^d$ 积分就得 Pohozaev 恒等式. □

在定理 3.1.5 的基础上, 研究椭圆方程 (3.1.28). 为此需要引入一些在变分理论中常出现的物理量或 H^1 上的泛函. 设 $\omega > 0$, 定义:

$$T(u) = \frac{1}{2}\int_{\mathbb{R}^d} |\nabla u|^2 dx, \quad \text{动能}, \tag{3.1.39}$$

$$V(u) = \frac{1}{\alpha+1}\int_{\mathbb{R}^d} |u|^{\alpha+1} dx - \frac{\omega}{2}\int_{\mathbb{R}^d} |u|^2 dx, \quad \text{势能}, \tag{3.1.40}$$

$$S(u) = T(u) - V(u), \quad \text{做功量}, \tag{3.1.41}$$

$$E(u) = \frac{1}{2}\int_{\mathbb{R}^d} |\nabla u|^2 dx - \frac{1}{\alpha+1}\int_{\mathbb{R}^d} |u|^{\alpha+1} dx = S(u) - \frac{\omega}{2}\int_{\mathbb{R}^d} |u|^2 dx, \quad \text{能量}. \tag{3.1.42}$$

直接验证这些泛函均属于 $C^1(H^1;\mathbb{R})$, 并且

$$T'(u) = -\Delta u, \quad V'(u) = |u|^{\alpha-1}u - \omega u.$$

引入两个重要的集合

$$\mathcal{A} = \left\{u \in H^1(\mathbb{R}^d):\ u \neq 0,\ \text{且}\ -\Delta u + \omega u = |u|^{\alpha-1}u\right\}, \tag{3.1.43}$$

$$\mathcal{G} = \left\{u \in \mathcal{A};\ S(u) \leqslant S(v),\ \forall v \in \mathcal{A}\right\}. \tag{3.1.44}$$

利用定理 3.1.5 中的 (iii) 与 (iv) 对应的恒等式

$$\int_{\mathbb{R}^d} |\nabla u|^2 dx + \omega \int_{\mathbb{R}^d} |u|^2 dx = \int_{\mathbb{R}^d} |u|^{\alpha+1} dx,$$

$$(d-2)\int_{\mathbb{R}^d} |\nabla u|^2 dx + \omega d \int_{\mathbb{R}^d} |u|^2 dx = \frac{2d}{\alpha+1}\int_{\mathbb{R}^d} |u|^{\alpha+1} dx,$$

就可以直接导出下面四个恒等式, 即

推论 3.1.6 (Pohozaev 恒等式的推论)　设 $\omega > 0$, $d \geqslant 1$, $u \in H^1(\mathbb{R}^d)$ 满足 (3.1.28), 则

$$S(u) = \frac{2}{d}T(u), \tag{3.1.45}$$

$$T(u) = \frac{d}{d-2}V(u) \quad \text{或} \quad (d-2)T(u) = dV(u), \tag{3.1.46}$$

$$E(u) = \frac{d(\alpha-1)-4}{d(\alpha-1)}T(u), \tag{3.1.47}$$

$$\frac{\omega}{2}\int_{\mathbb{R}^d} |u|^2 dx = \frac{4-(d-2)(\alpha-1)}{d(\alpha-1)}T(u). \tag{3.1.48}$$

我们的目标: 利用变分原理证明集合 $\mathcal{A}$ 与 $\mathcal{G}$ 非空, 并且给出集合 $\mathcal{G}$ 的具体刻画. 下面用三个定理, 分别就对 $d=1$, $d=2$ 及 $d \geqslant 3$ 刻画极小功原理.

定理 3.1.7(变分与极小功原理-I)　设 α 满足 (3.1.27), $\omega > 0$, $d \geqslant 3$. 则下面结论成立:

(i) 集合 $\mathcal{A}$ 与 $\mathcal{G}$ 非空.

(ii) $u \in \mathcal{G}$ 的充要条件是: u 是如下极小化问题的解

$$\begin{cases} V(u) = \Lambda^{\frac{d}{2}}, \\ S(u) = \min\{S(w): \ V(w) = \Lambda^{\frac{d}{2}}\}, \end{cases} \tag{3.1.49}$$

其中

$$\Lambda = \frac{d-2}{d} \inf\{T(v);\ V(v) = 1\}.$$

进而, 还有

$$\min\{S(w): \ V(w) = \Lambda^{\frac{d}{2}}\} = \frac{2}{d-2}\Lambda^{\frac{d}{2}}.$$

(iii) 存在一个实值的、正值径向对称的、单调递减函数 $\varphi \in \mathcal{G}$ 使得

$$\mathcal{G} = \bigcup \left\{e^{i\theta}\varphi(\cdot - y): \ \theta \in \mathbb{R},\ y \in \mathbb{R}^d\right\}.$$

定理 3.1.8 (变分与极小功原理-II) 设 α 满足 (3.1.27), $\omega > 0$, $d = 2$. 则下面结论成立:

(i) 集合 $\mathcal{A}$ 与 $\mathcal{G}$ 非空.

(ii) $u \in \mathcal{G}$ 的充要条件是: u 是如下极小化问题的解

$$\begin{cases} u \in \mathcal{N} \text{ 且 } \displaystyle\int_{\mathbb{R}^2} |u|^2 dx = \gamma, \\ S(u) = \min\{S(w): \ w \in \mathcal{N}\}, \end{cases} \tag{3.1.50}$$

这里

$$\mathcal{N} = \Big\{u \in H^1(\mathbb{R}^2); \ V(u) = 0, \ u \neq 0\Big\}.$$

进而, 还有

$$\gamma = \frac{4}{\omega(\alpha - 1)} \min_{w \in \mathcal{N}} S(w).$$

(iii) 存在一个实值的、正值径向对称的、递减函数 $\varphi(x) \in \mathcal{G}$ 使得

$$\mathcal{G} = \bigcup \Big\{e^{i\theta}\varphi(\cdot - y): \ \theta \in \mathbb{R}, \ y \in \mathbb{R}^d\Big\}.$$

定理 3.1.9 (变分与极小功原理-III) 设 α 满足 (3.1.27), $\omega > 0$, $d = 1$. 则下面结论成立:

(i) 集合 $\mathcal{A}$ 与 $\mathcal{G}$ 非空.

(ii) $\mathcal{A} = \mathcal{G}$.

(iii) 存在一个实值的、正值径向对称的、单调递减函数 $\varphi(x) \in \mathcal{G}$ 使得

$$\mathcal{G} = \bigcup \Big\{e^{i\theta}\varphi(\cdot - y): \ \theta \in \mathbb{R}, \ y \in \mathbb{R}\Big\}.$$

我们仅给出 $d \geqslant 3$ 情形下的证明, 对于 $d = 1, 2$ 的情形比较简单, 读者可作为练习. 作为预备, 我们先证明几个引理.

引理 3.1.10 (Berestycki-Lions 变分原理[4,5]) 设 α 满足 (3.1.27), $\omega > 0$, $d \geqslant 3$. 则极小化问题

$$\begin{cases} V(u) = 1, \\ T(u) = \min\{T(w): \ V(w) = 1\} \end{cases} \tag{3.1.51}$$

至少存在一个解 u. 进而, (3.1.51) 的任意解 u 都满足如下椭圆方程

$$-\Delta u + \Lambda\omega u = \Lambda|u|^{\alpha-1}u, \quad \text{其中} \quad \Lambda = \frac{d-2}{d} \inf\Big\{T(v); \ V(v) = 1\Big\}. \tag{3.1.52}$$

证明 首先回忆函数的 Schwartz 重整化的定义. 对于任意非负的 $L^1_{\rm loc}(\mathbb{R}^d)$ 函数 $u(x)$, 用 $u^*(x)$ 表示唯一的径向对称的、非负的非增函数, 满足

$$\left|\left\{x\in\mathbb{R}^d:\ u^*(x)>\lambda\right\}\right|=\left|\left\{x\in\mathbb{R}^d:\ u(x)>\lambda\right\}\right|,\quad \forall\lambda>0.$$

称 $u^*(x)$ 是 $u(x)$ 的重整化函数. 关于重整化函数的内容可参见 [4,5] 或 Lieb 和 Loss 的专著 [104]. 特别, 它具有如下两个性质:

$$\int_{\mathbb{R}^d}|u^*|^p dx=\int_{\mathbb{R}^d}|u|^p dx,\quad 1\leqslant p<\infty,\quad u\in L^p(\mathbb{R}^d),\tag{3.1.53}$$

$$\int_{\mathbb{R}^d}|\nabla u^*|^2 dx\leqslant\int_{\mathbb{R}^d}|\nabla u|^2 dx,\quad u\in H^1(\mathbb{R}^d).\tag{3.1.54}$$

步骤一 选取极小化序列 令 $u(x)\in H^1(\mathbb{R}^d)$. 注意到

$$V(\lambda u)=\frac{\lambda^{\alpha+1}}{\alpha+1}\int_{\mathbb{R}^d}|u|^{\alpha+1}dx-\frac{\omega\lambda^2}{2}\int_{\mathbb{R}^d}|u|^2dx,\quad \lambda>0,$$

则一定存在 $\lambda>0$, 使得 $V(\lambda u)=1$. 这说明集合 $\{u\in H^1(\mathbb{R}^d):\ V(u)=1\}$ 非空. 记 $\{v_m\}_{m\in\mathbb{N}}$ 是变分问题 (3.1.51) 的极小化序列. 令 $u_m=|v_m|^*$, 利用 (3.1.53) 及 (3.1.54) 推出

$$V(u_m)=1,\quad T(u_m)\leqslant T(v_m).$$

说明 $u_m=|v_m|^*$ 也是变分问题 (3.1.51) 的极小化序列.

步骤二 $\{u_m\}_{m\in\mathbb{N}}$ 的 L^2 估计 根据定义, $\|\nabla u_m\|_2$ 有界, 利用 Sobolev 不等式知 $\{u_m\}_{m\in\mathbb{N}}$ 在 L^{2^*} 中有界. 另一方面, $V(u_m)=1$ 意味着

$$\frac{\omega}{2}\int_{\mathbb{R}^d}|u_m|^2dx\leqslant\frac{1}{\alpha+1}\int_{\mathbb{R}^d}|u_m|^{\alpha+1}dx+1\leqslant\frac{1}{\alpha+1}\|u_m\|_{2^*}^{\frac{d(\alpha-1)}{2}}\|u_m\|_2^{\alpha+1-\frac{d(\alpha-1)}{2}}+1,$$

第二个不等式用到插值定理. 由于 $\alpha+1-\dfrac{d(\alpha-1)}{2}<2$, 上式就意味着 $\{u_m\}_{m\in\mathbb{N}}$ 在 L^2 中有界. 因此, 就得到了 $\{u_m\}_{m\in\mathbb{N}}$ 在 H^1 中的有界性.

步骤三 极限过程 注意到 $\{u_m\}_{m\in\mathbb{N}}$ 是 H^1 中非负的有界径向对称函数序列, 利用紧性定理, 存在子序列仍记为 $\{u_m\}_{m\in\mathbb{N}}$ 满足在 H^1 中弱收敛且在 $L^{\alpha+1}$ 中强收敛于函数 u. 利用 L^2 范数的弱下半连续性, 有

$$V(u)\geqslant 1,\quad T(u)\leqslant\liminf_{m\to\infty}T(u_m)=\frac{d}{d-2}\Lambda,\tag{3.1.55}$$

这里 Λ 的定义见 (3.1.52). 从 $V(u) \geqslant 1$ 易见 $u \neq 0$. **我们断言** $V(u)=1$. 事实上, 如果 $V(u)>1$, 则通过伸缩变换 $w(x)=u(\lambda x)$, 简单演算:

$$V(w)=V(u(\lambda x))=\lambda^{-d}\left[\frac{1}{\alpha+1}\int_{\mathbb{R}^d}|u|^{\alpha+1}dx-\frac{\omega}{2}\int_{\mathbb{R}^d}|u|^2dx\right],\quad \lambda>1.$$

容易看出: 存在 $\lambda>1$ 使得 $V(w)=1$. 此时,

$$T(w)=\lambda^{2-d}T(u)<T(u)\leqslant \frac{d}{d-2}\Lambda,$$

这与 Λ 的定义相矛盾! 从而 $V(u)=1$. 再由 Λ 的定义可得 $T(u)\geqslant \dfrac{d\Lambda}{d-2}$, 与 (3.1.55) 对比就得 $T(u)=\dfrac{d\Lambda}{d-2}$, 从而 u 满足变分问题 (3.1.51).

步骤四 设 u 是变分问题 (3.1.51) 的任意一个解, 则一定存在一个 Lagrange 乘子 λ 使得

$$-\Delta u=\lambda(|u|^{\alpha-1}u-\omega u). \tag{3.1.56}$$

事实上, 用 u 与方程 (3.1.56) 作内积, 容易推得

$$2T(u)=\lambda\left((\alpha+1)V(u)+\frac{(\alpha-1)\omega}{2}\int_{\mathbb{R}^d}|u|^2dx\right)\triangleq\lambda\mu,\quad \mu>0.$$

从而推知 $\lambda>0$. 利用 Pohozaev 恒等式或推论 3.1.6 中的 (3.1.46) 和 (3.1.48) 就可推出:

$$2T(u)=\frac{2d}{d-2}\lambda V(u)=\frac{2d}{d-2}\lambda.$$

注意到 $T(u)=\dfrac{\Lambda d}{d-2}$, 立即推出 $\lambda=\Lambda$. (3.1.52) 得证. □

推论 3.1.11 (变分约束条件的伸缩) 设 $d\geqslant 3$, $\omega>0$, α 满足 (3.1.27). 设 $\Lambda>0$ 由 (3.1.52) 给出. 则极小化问题

$$\begin{cases}V(u)=\Lambda^{\frac{d}{2}},\\ T(u)=\min\{T(w):\ V(w)=\Lambda^{\frac{d}{2}}\}\end{cases} \tag{3.1.57}$$

至少存在一个解 u. 与此同时, (3.1.57) 的任意解 u 都满足椭圆方程 (3.1.28), 即

$$-\Delta u+\omega u=|u|^{\alpha-1}u,\quad u\in H^1(\mathbb{R}^d),\quad u\neq 0,$$

进而,

$$\min\left\{T(w):\ V(w)=\Lambda^{\frac{d}{2}}\right\}=\frac{d}{d-2}\Lambda^{\frac{d}{2}}. \tag{3.1.58}$$

证明　给定 $u \in H^1(\mathbb{R}^d)$, 令 $\tilde{u}(x) = u(\Lambda^{-\frac{1}{2}}x)$. 直接验证: u 是极小化问题 (3.1.51) 解的充要条件是 $\tilde{u}$ 是极小化问题 (3.1.57) 的解. 因此, 利用引理 3.1.10 推出极小化问题 (3.1.57) 存在一个解. 换句话说, 给定极小化问题 (3.1.57) 的解 $u(x)$, 则 $v(x) = u(\Lambda^{\frac{1}{2}}x)$ 是极小化问题 (3.1.51) 的解, 并且从 (3.1.52) 可见

$$T(v) = \frac{\Lambda d}{d-2} \Longrightarrow T(u) = \Lambda^{\frac{d}{2}-1}T(v) = \frac{\Lambda^{\frac{d}{2}}d}{d-2}.$$

进而, 由于 v 满足

$$-\Delta v + \Lambda \omega v = \Lambda |v|^{\alpha-1}v,$$

则 u 满足方程 (3.1.28), 即

$$-\Delta u + \omega u = |u|^{\alpha-1}u, \quad u \in H^1(\mathbb{R}^d), \quad u \neq 0. \qquad \square$$

推论 3.1.12(极小功变分约束条件)　设 $d \geqslant 3$, $\omega > 0$, α 满足 (3.1.27). $\Lambda > 0$ 由表示式 (3.1.52) 给出. 则极小化问题

$$\begin{cases} V(u) = \Lambda^{\frac{d}{2}}, \\ S(u) = \min\{S(w): \ V(w) = \Lambda^{\frac{d}{2}}\} \end{cases} \tag{3.1.59}$$

存在一个解 u, 并且 (3.1.59) 的任意解 u 均满足椭圆方程 (3.1.28). 与此同时,

$$\min\left\{S(w): \ V(w) = \Lambda^{\frac{d}{2}}\right\} = \frac{2}{d-2}\Lambda^{\frac{d}{2}}. \tag{3.1.60}$$

最后, u 是极小化问题 (3.1.59) 解的充要条件是它是极小化问题 (3.1.57) 的解.

证明　给定 $u \in H^1(\mathbb{R}^d)$ 满足 $V(u) = \Lambda^{\frac{d}{2}}$. 直接验证:

$$S(u) = \frac{1}{2}T(u) - \Lambda^{\frac{d}{2}}.$$

因此 u 是极小化问题 (3.1.57) 解的充要条件是 u 是极小化问题 (3.1.59) 的解. 因此, 利用推论 3.1.11 推知极小化问题 (3.1.59) 存在一个解.

最后, 设 u 是极小化问题 (3.1.59) 的解, 则 u 是极小化问题 (3.1.57) 的解, 再次利用推论 3.1.11 推出 u 满足方程 (3.1.28). 而 (3.1.60) 是 (3.1.45) 与 (3.1.58) 的直接结果. $\square$

推论 3.1.13(基态的存在性)　设 $d \geqslant 3$, $\omega > 0$, α 满足 (3.1.27). 则 $\mathcal{G}$ 是非空的. 进而, $u \in \mathcal{G}$ 的充要条件是 u 满足极小化问题 (3.1.59).

证明 考虑极小化问题 (3.1.59) 的解 u. 利用推论 3.1.12 推知 u 满足极小化问题 (3.1.57) 或椭圆方程 (3.1.28). 特别, 从 (3.1.58) 与 (3.1.60) 推出

$$V(u) = \Lambda^{\frac{d}{2}}, \quad T(u) = \frac{d}{d-2}\Lambda^{\frac{d}{2}}, \quad S(u) = \frac{2}{d-2}\Lambda^{\frac{d}{2}}. \tag{3.1.61}$$

应用推论 3.1.12 知 $\mathcal{A}$ 是非空的.

考虑 $v \in \mathcal{A}$, 记 $V(v) = \gamma^{\frac{d}{2}}$, 利用 Pohozaev 恒等关系 (推论 3.1.6), 可以推出

$$T(v) = \frac{d}{d-2}\gamma^{\frac{d}{2}}, \quad S(v) = \frac{2}{d-2}\gamma^{\frac{d}{2}}. \tag{3.1.62}$$

令 $\sigma = \dfrac{\Lambda}{\gamma}$, $v(x) = w(\sigma^{\frac{1}{2}}x)$, 即 $w(x) = v(\sigma^{-\frac{1}{2}}x)$. 因此, $V(w) = \Lambda^{\frac{d}{2}}$. 利用 (3.1.58) 就得

$$T(w) \geqslant \frac{d}{d-2}\Lambda^{\frac{d}{2}}. \tag{3.1.63}$$

利用 (3.1.62) 就得

$$T(w) = \sigma^{\frac{d}{2}-1}T(v) = \frac{d}{d-2}\Lambda^{\frac{d}{2}}\frac{\gamma}{\Lambda}.$$

利用 (3.1.63) 就推出 $\gamma \geqslant \Lambda$. 再次使用 (3.1.61) 与 (3.1.62) 就得 $S(v) \geqslant S(u)$, 所以

$$u \in \mathcal{G}, \quad \text{故 } \mathcal{G} \text{ 非空}. \tag{3.1.64}$$

如果进一步假设 $v \in \mathcal{G}$, 由于 u 也是 (3.1.28) 的解, 则一定有 $S(v) \leqslant S(u)$. 这样, 由 (3.1.64) 就得

$$S(u) = S(v).$$

重新使用 (3.1.61)—(3.1.62), 就得

$$V(v) = \Lambda^{\frac{d}{2}}, \quad S(v) = \frac{2}{d-2}\Lambda^{\frac{d}{2}}.$$

利用推论 3.1.12, v 就满足 (3.1.59). □

在完成定理 3.1.7 的证明之前, 我们还需建立如下引理:

引理 3.1.14 (具有衰减位势的特征问题) 设 $a: \mathbb{R}^d \longmapsto \mathbb{R}$ 是连续函数且满足

$$\lim_{|x|\to\infty} a(x) = 0.$$

如果存在 $v(x)\in H^1(\mathbb{R}^d)$ 满足

$$\int_{\mathbb{R}^d}\left(|\nabla v|^2-a|v|^2\right)dx<0. \tag{3.1.65}$$

则存在一个 $\lambda>0$ 和一个正的 $u\in H^1(\mathbb{R}^d)\cap C(\mathbb{R}^d)$ 满足如下椭圆方程

$$-\Delta u+\lambda u=au. \tag{3.1.66}$$

进而, 如果 $w\in H^1(\mathbb{R}^d)$ 非负且 $w(x)\neq 0$, 且存在 $\mu\in\mathbb{R}$ 满足

$$-\Delta w+\mu w=aw,$$

则存在 $c>0$ 使得 $w=cu$. 特别地, $\mu=\lambda$.

证明　步骤一　断言　极小化问题

$$\begin{cases}\|u\|_2=1,\\ J(u)=\min\{J(v):\ \|v\|_2=1\},\end{cases}\quad \text{其中}\quad J(u)=\int_{\mathbb{R}^d}\left(|\nabla u|^2-a|u|^2\right)dx \tag{3.1.67}$$

存在一个非负解 u.

事实上, 令 $\{v_m\}_{m\in\mathbb{N}}$ 是问题 (3.1.67) 的一个极小化序列, $u_m=|v_m|$. 显然有 $|u_m|=|v_m|$, $|\nabla u_m|\leqslant|\nabla v_m|$. 因此, $\{u_m\}_{m\in\mathbb{N}}$ 也是问题 (3.1.67) 的一个极小化序列. 由 $a(x)\in L^\infty$, 可推出 $\{u_m\}_{m\in\mathbb{N}}$ 是 $H^1(\mathbb{R}^d)$ 的有界序列. 因此, 存在一个子序列, 仍记为 $\{u_m\}_{m\in\mathbb{N}}$, 在 $H^1(\mathbb{R}^d)$ 中弱收敛于 u. 注意到 $u\geqslant 0$. 下面来证明 u 满足极小化问题 (3.1.67). 对任意的 $r\geqslant 0$, 考虑

$$\begin{aligned}\int_{\mathbb{R}^d}|a||u_m^2-u^2|dx\leqslant&\int_{|x|\leqslant r}|a|(u_m+u)|u_m-u|dx\\&+\sup\{|a(x)|:\ |x|>r\}\int_{|x|\geqslant r}\left(u_m^2+u^2\right)dx,\end{aligned}$$

由此推出

$$\int_{\mathbb{R}^d}|a||u_m^2-u^2|dx\leqslant 2\|a\|_\infty\left(\int_{|x|\leqslant r}\left|u_m-u\right|^2dx\right)^{\frac{1}{2}}+2\sup\{|a(x)|:\ |x|>r\}.$$

对任意的 $\varepsilon>0$, 存在 $r>0$ 满足

$$2\sup\left\{|a(x)|:\ |x|>r\right\}\leqslant\frac{\varepsilon}{2}.$$

由于 $H^1(\mathbb{R}^d) \hookrightarrow\hookrightarrow L^2(B(0,r))$ 是紧嵌入, 因此对于充分大的 m, 可以确保

$$2\|a\|_\infty \left(\int_{|x|\leqslant r} \left|u_m - u\right|^2 dx \right)^{\frac{1}{2}} \leqslant \frac{\varepsilon}{2}.$$

综上所述, 就可以推出: 当 m 充分大时,

$$\int_{\mathbb{R}^d} |a|\left|u_m^2 - u^2\right| dx \leqslant \varepsilon.$$

从而

$$\lim_{m\to\infty} \int_{\mathbb{R}^d} |a| u_m^2 dx = \int_{\mathbb{R}^d} |a| u^2 dx.$$

利用 L^2 范数的弱下半连续性, 容易推出

$$J(u) \leqslant -\mu, \quad \|u\|_2 \leqslant 1, \quad \text{这里} \quad -\mu = \inf\left\{J(v):\ \|v\|_2 = 1\right\}.$$

注意到 (3.1.65), 可以构造 $\tilde{v} \in H^1(\mathbb{R}^d)$ 满足 $\|\tilde{v}\|_2 = 1$, 使得 $J(\tilde{v}) < 0$. 由此可见 $\mu > 0$, 这就意味着 $u \neq 0$. 进而推出 $\|u\|_2 = 1$. 否则, 一定存在 $k > 1$, 使得

$$w = ku, \|w\|_2 = 1 \Longrightarrow J(w) = k^2 J(u) < \mu.$$

这与 μ 的定义相矛盾. 因此, $\|u\|_2 = 1$. 再次利用 μ 的定义就可以推出 $J(u) = -\mu$. 这就证明了断言.

步骤二 由步骤一中的断言, 存在一个 Lagrange 乘子 λ 满足

$$-\Delta u + \lambda u = au. \tag{3.1.68}$$

方程两边与 u 作 L^2 内积, 就可以推出 $\lambda = \mu > 0$. 再利用定理 3.1.5 中椭圆方程解的正则性就得 $u \in H^2(\mathbb{R}^d) \cap C(\mathbb{R}^d)$. 利用 $u \geqslant 0$ 和强极值定理推出 $u > 0$. 这就完成了引理 3.1.14 第一部分结果的证明.

步骤三 设 $\mu \in \mathbb{R}$, $w \in H^1(\mathbb{R}^d)$ 是如下椭圆方程

$$-\Delta w + \mu w = aw \tag{3.1.69}$$

的一个非负解. 假设 $w \neq 0$, 用 w 乘以方程 (3.1.68), u 乘以方程 (3.1.69), 比较可得

$$(\lambda - \mu) \int_{\mathbb{R}^d} wu dx = 0.$$

由于 $uw \geqslant 0$ 且 $uw \neq 0$, 从而推出 $\mu = \lambda$.

断言 存在 $c>0$, 满足 $w=cu$.

如果不然, 存在 $c>0$, 使得 $z=w-cu$ 既可以取正值, 也可以取负值. 注意到

$$-\Delta z+\lambda z=az.$$

方程两边与 z 作 L^2 内积, 就可以推出

$$J(z)=-\lambda\|z\|_2^2,$$

因此, 定义

$$y=\frac{z}{\|z\|_2}.$$

容易验证, y 满足极小化问题 (3.1.67). 自然, $|y|$ 也是极小化问题 (3.1.67) 的解. 对于 $|y|$ 重复上面关于 u 的推导过程, 就可以知道 $|y|$ 也满足椭圆方程 (3.1.68), 且 $|y|>0$. 因此, z 就有固定符号, 这与前面的事实相矛盾. □

定理 3.1.7 的证明 由推论 3.1.13 可以直接得到 (i) 与 (ii) 的结果. 下面仅需要证明 (iii). 设 $u\in\mathcal{G}$, 则 u 满足推论 3.1.12 中的极小化问题 (3.1.59). 令

$$f=|\mathrm{Re}u|,\quad g=|\mathrm{Im}u|,\quad v=f+ig.$$

则

$$|v|=|u|,\quad |\nabla v|\leqslant|\nabla u|.$$

因此, v 也满足极小化问题 (3.1.59). 由推论 3.1.13 推出

$$-\Delta v+\omega v=|v|^{\alpha-1}v,$$

于是

$$\begin{cases}-\Delta f+\omega f=af,\\ -\Delta g+\omega g=ag,\end{cases}\quad a=|v|^{\alpha-1}.$$

应用椭圆方程正则性定理 (定理 3.1.5), 推知 a 满足引理 3.1.14 的假设条件及

$$J(v)=-\omega\|v\|_2^2<0.$$

利用引理 3.1.14, 存在一个正函数 z 与两个非负常数 μ,ν 使得

$$f=\mu z,\quad g=\nu z.$$

根据 Reu, Imu 不改变符号, 因此存在 $c, d \in \mathbb{R}$ 使得 $u = cz + idz$, 此等价于存在一个正函数 ψ 与 $\theta \in \mathbb{R}$, 使得 $u = e^{i\theta}\psi$. 由此推出 $\psi(x)$ 满足极小化问题 (3.1.59). 进而, 由推论 3.1.13 知 $\psi(x)$ 满足椭圆方程 (3.1.28), 即

$$-\Delta\psi + \omega\psi = |\psi|^{\alpha-1}\psi, \quad \psi \in H^1(\mathbb{R}^d), \quad \psi \neq 0,$$

再次利用椭圆方程的正则性定理 (定理 3.1.5) 就知

$$\psi(x) \in C^2(\mathbb{R}^d), \quad \lim_{|x|\to\infty} |\psi(x)| = 0.$$

直接利用 Gidas-Ni-Nirenberg 定理 (即移动平面法[51]), 椭圆方程 (3.1.28) 存在一个正值的径向对称解 $\varphi(x)$ 及 $y \in \mathbb{R}^d$ 满足 $\psi(\cdot) = \varphi(\cdot - y)$. 因此, $u(\cdot) = e^{i\theta}\varphi(\cdot - y)$. 注意到 $\varphi(x)$ 是径向对称的且满足如下常微分方程

$$\varphi'' + \frac{d-1}{r}\varphi' + \varphi^{\alpha} - \omega\varphi = 0.$$

利用 Kwong 的定理 (见 [101]), 即可推出该解 $\varphi(x)$ 是唯一的. □

注记 3.1.1 (i) 函数 $u \in \mathcal{A}$ 称是椭圆方程 (3.1.28) 的**有界态**, 函数 $u \in \mathcal{G}$ 称是椭圆方程 (3.1.28) 的**基态**. 从定义可以发现, **基态**是所有**有界态**中使得极小功泛函取得最小值的有界态.

(ii) 从定理 3.1.7 —定理 3.1.9 可以看出, 在模掉空间平移与相旋转乘子 $e^{i\theta}$ 之后, 椭圆方程 (3.1.28) 的**基态**是唯一的. 在一些文献中, 习惯上称椭圆方程 (3.1.28) 的任意正解是基态解, 从定理 3.1.7 —定理 3.1.9 可以看出, 这些定义在不计相旋转乘子 $e^{i\theta}$ 意义下是等价的.

当 $d = 1$ 时, $\mathcal{A} = \mathcal{G}$, 即任意的有界态解均是基态解. 当 $d \geqslant 2$ 时, 这个事实不再成立, 即 $\mathcal{G} \subsetneq \mathcal{A}$. 事实上, 利用 Berestycki 和 Lions([4,5]) 的结果就可以推出: 存在一个序列 $\{u_m\}_{m\in\mathbb{N}} \subseteq \mathcal{A}$ 满足

$$\lim_{m\to\infty} S(u_m) = +\infty.$$

此意味着当 m 充分大时, $u_m \notin \mathcal{G}$.

设 u 是椭圆方程 (3.1.28) 在 $\omega = 1$ 特殊情形下正的径向对称基态解, 则通过伸缩变换

$$u_\omega = \omega^{\frac{1}{\alpha-1}} u(\omega^{\frac{1}{2}} x)$$

就可推出 u_ω 恰好满足椭圆方程 (3.1.28) $(\omega > 0)$, 因此它就是椭圆方程 (3.1.28) 唯一的正值径向对称的基态解. 直接计算可见:

$$\|u_\omega\|_{H^1}^2 = \omega^{\frac{2}{\alpha-1} - \frac{d}{2}} \int_{\mathbb{R}^d} u^2 dx + \omega^{\frac{2}{\alpha-1} - \frac{d-2}{2}} \int_{\mathbb{R}^d} |\nabla u|^2 dx.$$

因此, 当 $\alpha \geqslant 1+\frac{4}{d}$ 时, 总存在 $\sigma>0$ 使得

$$\|u_\omega\|_{H^1} \geqslant \sigma, \quad \forall \omega>0.$$

另一方面, 当 $\alpha<1+\frac{4}{d}$ 时, 总有

$$\lim_{\omega \to 0}\|u_\omega\|_{H^1}=0.$$

特别, 当 ω 变化时, 椭圆方程 (3.1.28) 存在具有任意小的 H^1 范数的**基态解**. 这个事实意味着当 $\alpha<1+\frac{4}{d}$ 时, 聚焦非线性 Schrödinger 方程的 H^1 解是整体适定的, 然而散射性结果不再成立.

3.1.3 最佳 Gagliardo-Nirenberg 不等式

利用变分方法, 可证明与基态解密切相关的最佳 Gagliardo-Nirenberg 不等式, 其中 Weinstein[191] 率先得到最优控制常数, 并证明 Gagliardo-Nirenberg 不等式中的最佳常数在基态解处取到!

考虑 Weinstein 泛函

$$J^{(p,d)}(f)=\frac{\|\nabla f\|_2^{\frac{p-1}{2}d}\|f\|_2^{(p+1)-\frac{p-1}{2}d}}{\|f\|_{p+1}^{p+1}}, \quad 1<p<1+\frac{4}{d-2}. \tag{3.1.70}$$

定理 3.1.15　设 $1<p<1+\frac{4}{d-2}$, 令

$$\alpha \triangleq \inf_{f \in H^1(\mathbb{R}^d)} J^{(p,d)}(f). \tag{3.1.71}$$

则一定存在一个函数 $\psi(x)$ 使得 Weinstein 泛函 $J^{(p,d)}(f)$ 达到极值, 即 $\alpha=J^{(p,d)}(\psi)$. 进一步, 极小元 $\psi(x)$ 满足如下性质:

(i) $\psi(x)>0$, $\psi(x)=\psi(|x|)$ 是径向函数.

(ii) $\psi(x) \in H^1(\mathbb{R}^d) \cap C^\infty(\mathbb{R}^d)$.

(iii) $\psi(x)$ 满足椭圆方程

$$\frac{(p-1)d}{4}\Delta\psi-\left(1+\frac{(p-1)(2-d)}{4}\right)\psi+|\psi|^{p-1}\psi=0, \tag{3.1.72}$$

或等价的形式

$$-\Delta\psi+\frac{d+2-(d-2)p}{(p-1)d}\psi=\frac{4}{(p-1)d}|\psi|^{p-1}\psi. \tag{3.1.73}$$

并且

$$\alpha = \frac{2}{p+1}\|\psi\|_2^{p-1}. \tag{3.1.74}$$

推论 3.1.16(最优 Gagliardo-Nirenberg 不等式) 设 $f \in \dot{H}^1(\mathbb{R}^d)$, 则有

$$\|f\|_{p+1}^{p+1} \leqslant C(p,d)^{p+1}\|\nabla f\|_2^{\frac{(p-1)d}{2}}\|f\|_2^{p+1-\frac{(p-1)d}{2}}, \tag{3.1.75}$$

当 $f(x) = \psi(x)$ 时, 上面不等式变成等号, 其中 $\psi(x)$ 是椭圆方程 (3.1.72) 或 (3.1.73) 的解, 且

$$C(p,d) = \left(\frac{p+1}{2\|\psi\|_2^{p-1}}\right)^{\frac{1}{p+1}} = \left(\frac{1}{\alpha}\right)^{\frac{1}{p+1}}. \tag{3.1.76}$$

推论 3.1.17 设 $1 < p < 1 + \dfrac{4}{d-2}$, 则椭圆方程

$$-\Delta u + u = |u|^{p-1}u \tag{3.1.77}$$

在 $H^1(\mathbb{R}^d)$ 中存在一个正的径向对称解.

定理 3.1.15 及其推论的证明 分五步完成.

步骤一 令 $u^{\lambda,\mu}(x) = \mu u(\lambda x)$, 容易验证:

$$J^{p,d}(u^{\lambda,\mu}) = J^{p,d}(u), \tag{3.1.78}$$

$$\|u^{\lambda,\mu}\|_2^2 = \lambda^{-d}\mu^2\|u\|_2^2, \tag{3.1.79}$$

$$\|\nabla u^{\lambda,\mu}\|_2^2 = \lambda^{2-d}\mu^2\|\nabla u\|_2^2. \tag{3.1.80}$$

由于 $J^{p,d}(u) \geqslant 0$, 一定存在一个极小化序列 $\{u_\nu\} \in H^1(\mathbb{R}^d) \cap L^{p+1}(\mathbb{R}^d)$, 即

$$\alpha = \inf_{f \in H^1(\mathbb{R}^d)} J^{p,d}(f) = \lim_{\nu \nearrow \infty} J(u_\nu) < \infty. \tag{3.1.81}$$

无妨假设 $u_\nu \geqslant 0$, 利用上面的 Schwartz 对称化技术, 可选取 $u_\nu(x) = u_\nu(|x|)$ 是径向对称函数.

选取

$$\lambda_\nu = \frac{\|u_\nu\|_2}{\|\nabla u_\nu\|_2}, \quad \mu_\nu = \frac{\|u_\nu\|_2^{\frac{d}{2}-1}}{\|\nabla u_\nu\|_2^{\frac{d}{2}}} \quad (\text{注意到选取方法是解方程}),$$

定义 $\psi_\nu(x) = u^{\lambda_\nu,\mu_\nu}(x)$, 容易验证它满足如下性质:

(a) $\psi_\nu(x) \geqslant 0,\ \ \psi_\nu = \psi_\nu(|x|)$;

(b) $\psi_\nu \in H^1(\mathbb{R}^d)$;

(c) $\|\psi_\nu\|_2 = 1$, 且 $\|\nabla\psi_\nu\|_2 = 1$;

(d) $J^{p,d}(\psi_\nu) \searrow \alpha,\ \ \nu \longrightarrow \infty$.

由于 $\{\psi_\nu\}$ 在 $H^1(\mathbb{R}^d)$ 中有界, 则存在 H^1 中弱收敛于 $\psi^* \in H^1(\mathbb{R}^d)$ 的子序列, 仍用 $\{\psi_\nu\}$ 表示. 注意到 $\{\psi_\nu\}$ 是 $H^1(\mathbb{R}^d)$ 中径向函数序列, 利用紧性引理 (引理 4.1.10) $H^1_{\rm rad} \hookrightarrow\hookrightarrow L^{p+1}$ 就得

$$\lim_{\nu\to\infty} \|\psi_\nu - \psi^*\|_{p+1} = 0, \quad 1 < p < 1 + \frac{4}{d-2}. \tag{3.1.82}$$

利用弱收敛的性质, $\|\psi^*\|_2 \leqslant 1$, $\|\nabla\psi^*\|_2 \leqslant 1$, 就得

$$\alpha \leqslant J^{p,d}(\psi^*) \leqslant \frac{1}{\displaystyle\int_{\mathbb{R}^d} |\psi^*|^{p+1} dx} = \lim_{\nu\uparrow\infty} J^{p,d}(\psi_\nu) = \alpha, \tag{3.1.83}$$

其中第一个不等式用到了 α 的定义. 从而推出:

$$\|\nabla\psi^*\|_2^{\frac{p-1}{2}d} \|\psi^*\|_2^{(p+1)-\frac{p-1}{2}d} = 1 \Longrightarrow \|\psi^*\|_2 = \|\nabla\psi^*\|_2 = 1. \tag{3.1.84}$$

这就意味着 $\{\psi_\nu\}$ 在 $H^1(\mathbb{R}^d)$ 强收敛于 ψ^*. 这就证明了 (i).

步骤二 注意到极小元 (minimizer) $\psi^* \in H^1(\mathbb{R}^d)$ 满足如下的 Euler-Lagrange 方程

$$\frac{d}{d\varepsilon}\Big|_{\varepsilon=0} J^{p,d}(\psi^* + \varepsilon\eta) = 0, \quad \forall \eta(x) \in C_c^\infty(\mathbb{R}^d). \tag{3.1.85}$$

考虑到 $\|\psi^*\|_2 = \|\nabla\psi^*\|_2 = 1$, 容易看出 $\psi^*(x)$ 满足椭圆方程

$$\frac{(p-1)d}{4}\Delta\psi^* - \left(1 + \frac{(p-1)(2-d)}{4}\right)\psi^* + \alpha\frac{p+1}{2}|\psi^*|^{p-1}\psi^* = 0, \tag{3.1.86}$$

由 $\psi^* \geqslant 0$ 及椭圆方程的解的 C^α-正则性, 就推出 $\psi^* \in C^\infty(\mathbb{R}^d)$, 这就完成了 (ii) 的证明.

步骤三 令

$$\psi^* = \left(\frac{(p+1)\alpha}{2}\right)^{-\frac{1}{p-1}} \psi \Longleftrightarrow \psi = \left(\frac{(p+1)\alpha}{2}\right)^{\frac{1}{p-1}} \psi^*,$$

直接验算推出 ψ 满足 (3.1.72) 或 (3.1.73), 并且

$$\alpha = \frac{2}{p+1}\|\psi\|_2^{p-1}.$$

这就得到了 (iii).

步骤四 注意到 $\|\psi^*\|_2 = \|\nabla\psi^*\|_2 = 1$, 从

$$C(p,d) = \left(\frac{1}{J^{p,d}(\psi^*)}\right)^{\frac{1}{p+1}} = \left(\frac{1}{\alpha}\right)^{\frac{1}{p+1}} = \left(\frac{p+1}{2\|\psi^*\|_2^{p-1}}\right)^{\frac{1}{p+1}},$$

直接获得推论 3.1.16.

步骤五 通过变换

$$\tilde{u}(x) = \left(\frac{b}{a}\right)^{\frac{1}{p-1}} u\left(\frac{x}{\sqrt{a}}\right), \quad a = \frac{d+2-(d-2)p}{(p-1)d}, \quad b = \frac{4}{(p-1)d}$$

可以将椭圆方程 (3.1.72) 或 (3.1.73) 转化成 (3.1.77), 即

$$-\Delta\tilde{u} + \tilde{u} = |\tilde{u}|^{p-1}\tilde{u}. \tag{3.1.87}$$

□

注记 3.1.2 (i) 最优 Gagliardo-Nirenberg 不等式与椭圆方程 (3.1.87) 正的径向对称解的关系.

$$\|f\|_{p+1}^{p+1} \leqslant C(p,d)^{p+1}\|\nabla f\|_2^{\frac{(p-1)d}{2}}\|f\|_2^{p+1-\frac{(p-1)d}{2}} \tag{3.1.88}$$

在

$$f(x) = Q(x)$$

时变成等式, 其中 $Q(x)$ 是椭圆方程 (3.1.87) 唯一的、正的径向对称解, 且

$$C(p,d)^{p+1} = \frac{2(p+1)}{d+2-p(d-2)}\left(\frac{(p-1)d}{d+2-p(d-2)}\right)^{-\frac{(p-1)d}{4}}\|Q\|_2^{-(p-1)}. \tag{3.1.89}$$

事实上, 通过步骤四中的坐标变换与 (3.1.76), 即

$$Q(x) = \left(\frac{a}{b}\right)^{\frac{1}{p-1}}\psi(\sqrt{a}x) \iff \psi(x)$$
$$= \left(\frac{b}{a}\right)^{\frac{1}{p-1}} Q\left(\frac{x}{\sqrt{a}}\right) \quad \oplus \quad C(p,d)^{p+1} = \frac{p+1}{2\|\psi\|_2^{p-1}}.$$

直接计算就得 (3.1.89).

(ii) 函数的非升重排保持 $\dot{H}^1$ 范数单调非增的性质. 对于 $f = f^*$, $\|\nabla f\|_2 = \|\nabla f^*\|_2$. 然而, 使得上式成立的函数并不一定满足 $f = f^*$. 事实上, 取 $\phi \in C_c^\infty(\mathbb{R}^d)$ 满足

$$\text{supp}\phi \subseteq \{x : |x| \leqslant 2\} \quad 且 \quad \phi(x) = 1, \quad |x| < 1.$$

构造

$$f(x)=\phi(x)+\phi(4(x-x_0)), \quad |x_0|\leqslant \frac{1}{2}.$$

(iii) 容易看出, Weinstein 上面处理最优 Gagliardo-Nirenberg 不等式的方法不适用于命题 3.1.1 中的最佳 Sobolev 不等式. 事实上,

$$f_n(x)=n^{\frac{d-2}{2}}W(nx), \quad W(x)=\left(1+\frac{|x|^2}{d(d-2)}\right)^{\frac{2-d}{2}}$$

是 $\dot{H}^1$ 中的径向极化序列, 但是它在 $\dot{H}^1$ 中是不收敛的. 换句话说, 定理 3.1.15 对于 $p=2^*$ 是不成立的, 理由源于 $\dot{H}^1_{\rm rad}$ 不能紧嵌入到 L^{2^*}.

作为应用, Weinstein 的最佳 Gagliardo-Nirenberg 不等式可直接推出聚焦型质量临界 Schrödinger 方程

$$iu_t+\Delta u=-|u|^{\frac{4}{d}}u\,, \quad u(0)=\varphi(x) \tag{3.1.90}$$

的一些性质.

推论 3.1.18(动能塌陷) 设 $f\in H^1(\mathbb{R}^d)$, $\|f\|_2<\|Q\|_2$, 则

$$\|\nabla f\|_2^2\lesssim E(f),$$

这里 E 表示聚焦型质量临界 Schrödinger 方程对应的能量, 不等式中的隐形常数仅仅依赖于 $\|Q\|_2-\|f\|_2$, Q 是椭圆方程 (3.1.77) 在 $H^1(\mathbb{R}^d)$ 唯一的正的径向对称解.

事实上, 利用能量表示式与 (3.1.88)—(3.1.89) 就可直接推出推论 3.1.18. 另一方面, 利用标准的局部适定性、质量守恒及能量守恒就得如下整体适定性结果.

推论 3.1.19 (聚焦型质量临界 Schrödinger 方程 H^1 解的整体适定性) 设 $\varphi\in H^1(\mathbb{R}^d)$ 满足 $\|\varphi\|_2<\|Q\|_2$, 则聚焦型质量临界 Schrödinger 方程的 Cauchy 问题 (3.1.90) 的解是整体适定的.

3.2 变分导数与 Lagrange 泛函

考虑如下聚焦型临界与次临界非线性 Klein-Gordon 方程

$$\begin{cases} u_{tt}-\Delta u+u=|u|^{p-1}u, \quad (x,t)\in\mathbb{R}^d\times\mathbb{R}, \\ u(0,x)=u_0, \quad u_t(0,x)=u_1 \end{cases} \tag{3.2.1}$$

的散射问题, 其中

$$\begin{cases} 2_* - 1 < p \leqslant 2^* - 1, \quad 2^* = \dfrac{2d}{d-2}, \ 2_* = 2 + \dfrac{4}{d}, \quad d \geqslant 3, \\ 2_* - 1 < p < +\infty, \qquad 2_* = 2 + \dfrac{4}{d}, \qquad\qquad 1 \leqslant d \leqslant 2, \\ \ p = 2^* - 1: \text{能量临界指标;} \quad p = 2_* - 1: \text{质量临界指标}. \end{cases} \tag{3.2.2}$$

方程 (3.2.1) 的解满足能量守恒律

$$E(u, u_t) = \int_{\mathbb{R}^d} \left(\frac{1}{2} \left(|\nabla u(t)|^2 + |u(t)|^2 + |u_t(t)|^2 \right) - \frac{|u(t)|^{p+1}}{p+1} \right) dx = E(u_0, u_1). \tag{3.2.3}$$

为刻画聚焦非线性 Klein-Gordon 方程 (3.2.1) 的散射门槛, 先引入静态能量及其变分导数的定义.

定义 3.2.1 设 $\phi^\lambda(x) = e^{\lambda\alpha}\phi(e^{-\beta\lambda}x)$, 相应的尺度变换导数 $\mathcal{L}_{\alpha,\beta}$ 定义为

$$\mathcal{L}_{\alpha,\beta}\phi \triangleq \frac{d}{d\lambda}\Big|_{\lambda=0} \phi^\lambda(x) = (\alpha - \beta x \cdot \nabla)\,\phi. \tag{3.2.4}$$

定义**静态能量**:

$$J(\varphi) = \frac{1}{2} \int_{\mathbb{R}^d} \left(|\nabla\varphi|^2 + |\varphi|^2 \right) dx - \frac{1}{p+1} \int_{\mathbb{R}^d} |\varphi|^{p+1} dx,$$

$$J^{(0)}(\varphi) = \frac{1}{2} \int_{\mathbb{R}^d} |\nabla\varphi|^2 dx - \frac{1}{2^*} \int_{\mathbb{R}^d} |\varphi|^{2^*} dx,$$

对应的**变分导数**为

$$\begin{aligned} K_{\alpha,\beta}(\varphi) &= \frac{2\alpha + (d-2)\beta}{2} \int_{\mathbb{R}^d} |\nabla\phi|^2 dx + \frac{2\alpha + \beta d}{2} \int_{\mathbb{R}^d} |\phi|^2 dx \\ &\quad - \frac{(p+1)\alpha + d\beta}{p+1} \int_{\mathbb{R}^d} |\phi|^{p+1} dx \\ &= \int_{\mathbb{R}^d} (\alpha\varphi - \beta x \cdot \nabla\varphi) \left(-\Delta\varphi + \varphi - |\varphi|^{p-1}\varphi \right) dx, \end{aligned}$$

$$\begin{aligned} K^{(0)}_{\alpha,\beta}(\varphi) &\triangleq \mathcal{L}_{\alpha,\beta} J^{(0)}(\varphi) = \frac{d}{d\lambda}\Big|_{\lambda=0} J^{(0)}(\varphi^\lambda) \\ &= \frac{2\alpha + (d-2)\beta}{2} \int_{\mathbb{R}^d} \left(|\nabla\varphi|^2 - |\varphi|^{2^*} \right) dx \\ &= \int_{\mathbb{R}^d} (\alpha\varphi - \beta x \cdot \nabla\varphi) \left(-\Delta\varphi - |\varphi|^{\frac{4}{d-2}}\varphi \right) dx, \end{aligned}$$

其中参数 (α,β) 的定义域为

$$\Omega^*=\{(\alpha,\beta):\ \alpha\geqslant 0,\ \ 2\alpha+d\beta\geqslant 0,\ \ 2\alpha+(d-2)\beta\geqslant 0,\ \ (\alpha,\beta)\neq(0,0)\}. \tag{3.2.5}$$

门槛 (threshold) 定义

$$m_{\alpha,\beta}=\inf\big\{J(\varphi)\ \big|\ \varphi\in H^1(\mathbb{R}^d)\backslash\{0\},\ K_{\alpha,\beta}(\varphi)=0\big\}. \tag{3.2.6}$$

命题 3.2.1 $m_{\alpha,\beta}$ 不依赖于参数 (α,β), 记为 m, 且

(i) 对于能量次临界情形 $2_*-1<p<2^*-1$, 极小值 m 在基态 Q 处达到, 即

$$m=J(Q)=\inf\{J(\varphi)\ |\ \varphi\in H^1(\mathbb{R}^d)\backslash\{0\},\ -\Delta\varphi+\varphi=|\varphi|^{p-1}\varphi\}.$$

(ii) 对于能量临界情形 $p=2^*-1$, (3.2.6) 定义的泛函 $J(\varphi)$ 的约束极值存在但取不到. 而其极小值与泛函 $J^{(0)}(Q)$ 在约束条件 $\{\varphi\in\dot{H}^1(\mathbb{R}^d)\backslash\{0\},\ -\Delta\varphi=|\varphi|^{\frac{4}{d-2}}\varphi\}$ 下的极值相同, 后者在对应的基态解 Q 处取到, 即

$$m=J^{(0)}(Q)=\inf\Big\{J^{(0)}(\varphi)\ \big|\ \varphi\in\dot{H}^1(\mathbb{R}^d)\backslash\{0\},\ -\Delta\varphi=|\varphi|^{\frac{4}{d-2}}\varphi\Big\}.$$

我们将分别在引理 3.2.8 (次临界情形) 和引理 3.2.9 (临界情形) 中给出该命题的证明.

定义 3.2.2 基于极化元与变分导数而确定的散射与爆破区域的定义如下:

$$\mathcal{K}^+_{\alpha,\beta}=\{(u_0,u_1)\in H^1\times L^2\ \big|\ E(u_0,u_1)<m,\ K_{\alpha,\beta}(u_0)\geqslant 0\},$$

$$\mathcal{K}^-_{\alpha,\beta}=\{(u_0,u_1)\in H^1\times L^2\ \big|\ E(u_0,u_1)<m,\ K_{\alpha,\beta}(u_0)<0\}.$$

特别地, 对于能量临界情形 $p=2^*-1$, 刚性定理已经证明, 就定义如下:

$$\mathcal{K}^{(0)+}_{\alpha,\beta}=\{(u_0,u_1)\in H^1\times L^2\ \big|\ E(u_0,u_1)\leqslant m,\ K_{\alpha,\beta}(u_0)\geqslant 0\},$$

$$\mathcal{K}^{(0)-}_{\alpha,\beta}=\{(u_0,u_1)\in H^1\times L^2\ \big|\ E(u_0,u_1)\leqslant m,\ K_{\alpha,\beta}(u_0)<0\}.$$

命题 3.2.2 $\mathcal{K}^{\pm}_{\alpha,\beta}$ 不依赖参数 (α,β).

我们将在引理 3.2.10 中给出这个命题的证明.

3.2.1 Pohozaev 恒等式

直接验证, $\alpha=-\dfrac{d-2}{2}\beta$ 是保证 Hopf 变换 $\phi^\lambda(x)=e^{\lambda\alpha}\phi(e^{-\beta\lambda}x)$ 保持 $\dot{H}^1$ 范数不变的指标, $\alpha=-\dfrac{d}{2}\beta$ 是保证 Hopf 变换 $\phi^\lambda(x)=e^{\lambda\alpha}\phi(e^{-\beta\lambda}x)$ 保持 L^2 范数不变的指标, 而 $\alpha=-\dfrac{d}{p+1}\beta$ 则是保证 Hopf 变换 $\phi^\lambda(x)=e^{\lambda\alpha}\phi(e^{-\beta\lambda}x)$ 保持 L^{p+1} 范数不变的指标.

引理 3.2.3(Pohozaev 恒等式) 设 $\phi \in \mathcal{S}(\mathbb{R}^d)$, 则

$$\int_{\mathbb{R}^d} x \cdot \nabla\phi \Delta\phi dx = \frac{d-2}{2}\int_{\mathbb{R}^d} |\nabla\phi|^2 dx,$$

$$\int_{\mathbb{R}^d} x \cdot \nabla\phi \ \phi dx = -\frac{d}{2}\int_{\mathbb{R}^d} |\phi|^2 dx,$$

$$\int_{\mathbb{R}^d} x \cdot \nabla\phi \ |\phi|^{p-1}\phi dx = \frac{-d}{p+1}\int |\phi|^{p+1} dx.$$

引理 3.2.4 设 $2_* - 1 < p < 2^* - 1$, ϕ 是如下椭圆方程

$$-\Delta\phi + \phi = |\phi|^{p-1}\phi \tag{3.2.7}$$

的 $H^1(\mathbb{R}^d)$ 解, 则成立如下恒等式:

$$K_1(\phi) \triangleq \int_{\mathbb{R}^d} \left[|\nabla\phi|^2 + |\phi|^2\right] dx - \int_{\mathbb{R}^d} |\phi|^{p+1} dx = 0,$$

$$K_2(\phi) \triangleq \int_{\mathbb{R}^d} |\nabla\phi|^2 dx - \frac{d(p-1)}{2(p+1)}\int_{\mathbb{R}^d} |\phi|^{p+1} dx = 0.$$

注记 3.2.1 本质上, 从静态能量的变分导数可以推出无穷多个恒等式:

$$\begin{aligned} K_{\alpha,\beta}(\varphi) = &\frac{2\alpha + (d-2)\beta}{2}\int_{\mathbb{R}^d} |\nabla\phi|^2 dx + \frac{2\alpha + \beta d}{2}\int_{\mathbb{R}^d} |\phi|^2 dx \\ &- \frac{(p+1)\alpha + d\beta}{p+1}\int_{\mathbb{R}^d} |\phi|^{p+1} dx = 0. \end{aligned}$$

事实上, $K_1 = K_{1,0}$, $K_2 = K_{d,-2}$.

另一方面, 当 $p = 2^* - 1$ 时, 椭圆方程 $-\Delta\phi + \phi = |\phi|^{\frac{4}{d-2}}\phi$ 只有零解. 事实上, 注意到 $d(p-1) = 2(p+1)$, 就有

$$K_1(\phi) = 0 = K_2(\phi) \Longrightarrow \|\phi\|_2 = 0, \text{ 意味着 } \phi = 0.$$

本节的主要任务是证明命题 3.2.1 和命题 3.2.2. 首先考虑能量次临界情况: 欲使泛函 $J(\varphi)$ 在约束流形 $K_{\alpha,\beta}(\varphi) = 0$ 上达到极小值, 需要验证单调性 (强制性) 和凸型条件. 从泛函 $J(\varphi)$ 的表达式无法推出其正定性, 我们期望在约束流形 $K_{\alpha,\beta}(\varphi) = 0$ 上构造一个单调的正定泛函 $H_{\alpha,\beta}(\varphi)$, 进而可以把约束流形 $K_{\alpha,\beta}(\varphi) = 0$ 延拓到高维流形 $K_{\alpha,\beta}(\varphi) \leqslant 0$ 上, 保证极化序列非升重排之后的序列仍然属于这个高维约束流形, 即

$$m_{\alpha,\beta} = \inf\{J(\varphi) \mid \varphi \in H^1\backslash\{0\}, \ K_{\alpha,\beta}(\varphi) = 0\}$$

$$
\begin{aligned}
&= \inf\{H_{\alpha,\beta}(\varphi) \mid \varphi \in H^1\backslash\{0\},\ K_{\alpha,\beta}(\varphi) = 0\} \\
&= \inf\{H_{\alpha,\beta}(\varphi) \mid \varphi \in H^1\backslash\{0\},\ K_{\alpha,\beta}(\varphi) \leqslant 0\} \\
&= J(Q).
\end{aligned}
$$

3.2.2 预备引理与问题的转化

为陈述方便, 先引入一些基本记号, 并且给出一些必要的预备性引理. 记

$$
\begin{aligned}
&\bar{\mu} = \max\{2\alpha + (d-2)\beta, 2\alpha + d\beta\}, \quad \underline{\mu} = \min\{2\alpha + (d-2)\beta, 2\alpha + d\beta\}, \\
&K_{\alpha,\beta}(\varphi) = K_{\alpha,\beta}^{(Q)}(\varphi) + K_{\alpha,\beta}^{(N)}(\varphi), \quad \|\varphi\|_{H^1}^2 = \|\nabla\varphi\|_2^2 + \|\varphi\|_2^2, \\
&K_{\alpha,\beta}^{(Q)}(\varphi) = \frac{2\alpha + (d-2)\beta}{2}\|\nabla\varphi\|_2^2 + \frac{2\alpha + d\beta}{2}\|\varphi\|_2^2 = \frac{1}{2}\mathcal{L}_{\alpha,\beta}^{\lambda}\|\varphi\|_{H^1}^2, \\
&K_{\alpha,\beta}^{(N)}(\varphi) = -\left(\alpha + \frac{d\beta}{p+1}\right)\|\varphi\|_{p+1}^{p+1} = -\frac{1}{p+1}\mathcal{L}_{\alpha,\beta}^{\lambda}\|\varphi\|_{p+1}^{p+1}.
\end{aligned}
$$

注记 3.2.2 对于任意的 $(\alpha, \beta) \in \Omega^*$, 容易验证

$$
\bar{\mu} > 0, \quad \underline{\mu} \geqslant 0, \quad \underline{\mu} \leqslant 2\left(\alpha + \frac{d\beta}{p+1}\right) \leqslant \bar{\mu},
$$

进而还有

$$
\begin{aligned}
&\lim_{\lambda\to-\infty} K_{\alpha,\beta}^{(Q)}(\varphi_{\alpha,\beta}^{\lambda}) \qquad (3.2.8)\\
=& \lim_{\lambda\to-\infty}\left(\frac{2\alpha + (d-2)\beta}{2}e^{[2\alpha+(d-2)\beta]\lambda}\|\nabla\varphi\|_2^2 + \frac{2\alpha + d\beta}{2}e^{[2\alpha+d\beta]\lambda}\|\varphi\|_2^2\right) = 0.
\end{aligned}
$$

下面考察一个离散的情况:

引理 3.2.5 若参数 $(\alpha, \beta) \in \Omega^*$ 且 $(d, \alpha) \neq (2, 0)$, 则对任意有界序列 $\{\varphi_n\} \subset H^1\backslash\{0\}$, 满足

$$
\lim_{n\to+\infty} K_{\alpha,\beta}^{(Q)}(\varphi_n) = 0,
$$

那么对充分大的 n, 有 $K_{\alpha,\beta}(\varphi_n) > 0$.

注记 3.2.3 对 $(d, \alpha) = (2, 0)$, 上面的结论不成立. 事实上, 选取 φ 满足

$$
\|\varphi\|_2^2 - \frac{2}{p+1}\|\varphi\|_{p+1}^{p+1} < 0.
$$

虽然

$$
K_{\alpha,\beta}^{(Q)}(\varphi^{\lambda}) = \beta e^{2\beta\lambda}\|\varphi\|_2^2 \longrightarrow 0 \quad (\lambda \longrightarrow -\infty),
$$

但是

$$K_{\alpha,\beta}(\varphi^\lambda)=\beta e^{2\beta\lambda}\left(\|\varphi\|_2^2-\frac{2}{p+1}\|\varphi\|_{p+1}^{p+1}\right)<0.$$

引理 3.2.5 的证明概要 仅需证明 $K(\varphi_n)=K^{(Q)}(\varphi_n)+K^{(N)}(\varphi_n)$ 满足

$$K^{(Q)}(\varphi_n)>0,\quad \left|K^{(N)}(\varphi_n)\right|=o(K^{(Q)}(\varphi_n)),\quad n\longrightarrow\infty. \tag{3.2.9}$$

由 Gagliardo-Nirenberg 不等式, 得

$$\left|K^{(N)}(\varphi_n)\right|\sim\|\varphi_n\|_{p+1}^{p+1}\lesssim\|\nabla\varphi_n\|_2^{\frac{(p-1)d}{2}}\|\varphi_n\|_2^{(p+1)-\frac{(p-1)d}{2}}. \tag{3.2.10}$$

情形 1 $2\alpha+(d-2)\beta>0$. 注意到 $\dfrac{(p-1)d}{2}>2$, 因此, 从 (3.2.10) 就推出

$$\left|K^{(N)}(\varphi_n)\right|=o(K^{(Q)}(\varphi_n)).$$

情形 2 $2\alpha+(d-2)\beta=0$. 容易看出该情况仅当 $d=1$ 时才可能出现. 直接验算

$$(p+1)-\frac{p-1}{2}=\frac{p+3}{2}>2.$$

由此推出

$$\left|K^{(N)}(\varphi_n)\right|=o(K^{(Q)}(\varphi_n)).$$

□

引理 3.2.6(山路结构) 简记 $\mathcal{L}=\mathcal{L}_{\alpha,\beta}$, 令

$$\varepsilon=p-1-\frac{4}{d}=p-2_*+1>0,\quad F(\varphi)=\frac{1}{p+1}\|\varphi\|_{p+1}^{p+1}=\frac{1}{p+1}\int_{\mathbb{R}^d}|\varphi|^{p+1}dx.$$

则有如下估计:

$$(\bar{\mu}-\mathcal{L})\|\varphi\|_{H^1}^2\geqslant 2|\beta|\min\{\|\varphi\|_2^2,\|\nabla\varphi\|_2^2\}, \tag{3.2.11}$$

$$-\frac{1}{p+1}(\bar{\mu}-\mathcal{L})\|\varphi\|_{p+1}^{p+1}\geqslant\frac{\alpha\varepsilon}{p+1}\|\varphi\|_{p+1}^{p+1}, \tag{3.2.12}$$

$$(\bar{\mu}-\mathcal{L})J(\varphi)\geqslant|\beta|\min\{\|\varphi\|_2^2,\|\nabla\varphi\|_2^2\}+\frac{\alpha\varepsilon}{p+1}\|\varphi\|_{p+1}^{p+1} \tag{3.2.13}$$

及

$$(\mathcal{L}-\underline{\mu})(\bar{\mu}-\mathcal{L})J(\varphi)=(\mathcal{L}-\underline{\mu})(\mathcal{L}-\bar{\mu})F(\varphi)\geqslant\frac{2\alpha\varepsilon}{d+1}\mathcal{L}F(\varphi)\geqslant\frac{2\alpha\varepsilon\bar{\mu}}{d+1}F(\varphi). \tag{3.2.14}$$

证明　对于任意的 $(\alpha,\beta)\in\Omega^*$, 注意到

$$(\mathcal{L}_{\alpha,\beta}-2\alpha-(d-2)\beta)\|\nabla\varphi\|_2^2=0,\quad(\mathcal{L}_{\alpha,\beta}-2\alpha-d\beta)\|\varphi\|_2^2=0,\tag{3.2.15}$$

容易看出

$$\frac{1}{2}(\bar{\mu}-\mathcal{L})\|\varphi\|_{H^1}^2=\left\{\begin{array}{ll}-\beta\|\varphi\|_2^2, & \beta\leqslant 0,\\ \beta\|\nabla\varphi\|_2^2, & \beta>0,\end{array}\right\}\geqslant|\beta|\min\{\|\varphi\|_2^2,\|\nabla\varphi\|_2^2\}.$$

同理, 利用 Hopf 变分导数 (3.2.4) 就得

$$-\frac{1}{p+1}(\bar{\mu}-\mathcal{L})\|\varphi\|_{p+1}^{p+1}=\left\{\begin{array}{ll}\dfrac{\alpha(p-1)+2\beta}{p+1}\|\varphi\|_{p+1}^{p+1}, & \beta\leqslant 0,\\ \dfrac{\alpha(p-1)}{p+1}\|\varphi\|_{p+1}^{p+1}, & \beta>0,\end{array}\right\}\geqslant\frac{\alpha\varepsilon}{p+1}\|\varphi\|_{p+1}^{p+1}.$$

合并上面所得的两个估计, 自然推出估计 (3.2.13). 另外, 估计 (3.2.12) 还具有如下等价形式:

$$\mathcal{L}F(\varphi)\geqslant(\bar{\mu}+\alpha\varepsilon)F.\tag{3.2.16}$$

另一方面, 由于 $(\mathcal{L}-\underline{\mu})(\bar{\mu}-\mathcal{L})\|\varphi\|_{H^1}^2=0$, 因此

$$(\mathcal{L}-\underline{\mu})(\bar{\mu}-\mathcal{L})J(\varphi)=(\mathcal{L}-\underline{\mu})(\mathcal{L}-\bar{\mu})F(\varphi).\tag{3.2.17}$$

根据一般的 Hopf 变分导数 (3.2.4) 及约定记号 $Df(\varphi)=\varphi f'(\varphi)$, 容易看出

$$\mathcal{L}F(\varphi)=\int_{\mathbb{R}^d}[\alpha D+\beta d]f(\varphi)dx=\int_{\mathbb{R}^d}[\alpha(D-2)+2\alpha+\beta d]f(\varphi)dx\tag{3.2.18}$$

$$=\int_{\mathbb{R}^d}[(\alpha D-2\alpha+2\beta)+2\alpha+(d-2)\beta]f(\varphi)dx\tag{3.2.19}$$

$$=\int_{\mathbb{R}^d}\left[\alpha(D-2_*)+\frac{2}{d}(2\alpha+\beta d)+2\alpha+(d-2)\beta\right]f(\varphi)dx.\tag{3.2.20}$$

因此,

$$\begin{aligned}&(\mathcal{L}-\underline{\mu})(\mathcal{L}-\bar{\mu})F(\varphi)\\&=\alpha\int_{\mathbb{R}^d}(\alpha D-2\alpha+2\beta)(D-2)f(\varphi)dx\qquad(\text{用到 }(3.2.18),\ (3.2.19))\\&=\alpha\int_{\mathbb{R}^d}\left[\alpha(D-2_*)+\frac{2}{d}(2\alpha+\beta d)\right](D-2)f(\varphi)dx\quad(\text{用到 }(3.2.20))\end{aligned}$$

$$
\begin{aligned}
&\geqslant \alpha \int_{\mathbb{R}^d} \left[\alpha(D-2)+\frac{2}{d}(2\alpha+\beta d)\right](D-2_*)f(\varphi)dx \\
&\geqslant \alpha\varepsilon \int_{\mathbb{R}^d} \left[\alpha(D-2)+\frac{2}{d}(2\alpha+\beta d)\right] f(\varphi)dx \\
&\geqslant \frac{2\alpha\varepsilon}{d+1}\mathcal{L}F(\varphi) \qquad (\text{用到 } (3.2.18) \text{ 及 } \min(1,2/d)\geqslant 2/(d+1)) \\
&\geqslant \frac{2\alpha\varepsilon\bar{\mu}}{d+1}F(\varphi). \qquad (\text{用到 } (3.2.16))
\end{aligned} \tag{3.2.21}
$$

引理证毕. □

变分问题的转化——具有非负下界泛函的变分结构 根据引理 3.2.6, 可引入一个具有非负下界延拓泛函 (必有下确界) $H_{\alpha,\beta}(\varphi)$:

$$
H_{\alpha,\beta}(\varphi)=\frac{1}{\bar{\mu}}(\bar{\mu}-\mathcal{L})J(\varphi)>0, \quad \forall\varphi\in H^1\backslash\{0\}, \quad (\alpha,\beta)\in\Omega^*.
$$

与此同时, $H_{\alpha,\beta}(\varphi)$ 还具有单调性. 事实上,

$$
\begin{aligned}
\mathcal{L}H_{\alpha,\beta}(\varphi)=&-\frac{1}{\bar{\mu}}(\mathcal{L}-\underline{\mu})(\mathcal{L}-\bar{\mu})J(\varphi)+\frac{1}{\bar{\mu}}\underline{\mu}(\bar{\mu}-\mathcal{L})J(\varphi) \\
\geqslant& \frac{2\alpha\varepsilon}{d+1}F(\varphi)+\underline{\mu}H_{\alpha,\beta}(\varphi)\geqslant 0.
\end{aligned} \tag{3.2.22}
$$

这就回归到典型的变分问题. 与此同时, 还将泛函的约束流形从所谓的“山脊”上的极小问题转化成“山侧面”上的极小问题.

另一方面, 利用

$$
H_{\alpha,\beta}(\varphi)=\begin{cases}
\dfrac{-\beta\|\varphi\|_2^2}{2\alpha+(d-2)\beta}+\dfrac{\alpha(p-1)+2\beta}{(p+1)[2\alpha+(d-2)\beta]}\|\varphi\|_{p+1}^{p+1}, & \beta\leqslant 0, \\
\dfrac{\beta\|\nabla\varphi\|_2^2}{2\alpha+d\beta}+\dfrac{\alpha(p-1)}{(p+1)[2\alpha+d\beta]}\|\varphi\|_{p+1}^{p+1}, & \beta>0
\end{cases} \tag{3.2.23}
$$

及 $K_{\alpha,\beta}(\varphi)=0$ 对应的关系

$$
\frac{1}{p+1}\int_{\mathbb{R}^d}|\varphi|^{p+1}dx=\frac{2\alpha+(d-2)\beta}{2[\alpha(p+1)+d\beta]}\|\nabla\varphi\|_2^2+\frac{2\alpha+\beta d}{2[\alpha(p+1)+d\beta]}\|\varphi\|_2^2,
$$

将势能部分 $K^{(N)}_{\alpha,\beta}(\varphi)$ 转化为动能部分 $K^{(Q)}_{\alpha,\beta}(\varphi)$, 进而正定泛函 $H_{\alpha,\beta}(\varphi)$ 可以用

$$I_{\alpha,\beta}(\varphi) \triangleq \begin{cases} \dfrac{\alpha(p-1)+2\beta}{2[\alpha(p+1)+d\beta]}\|\nabla\varphi\|_2^2 \\ \quad + \dfrac{1}{2\alpha+(d-2)\beta}\left[\dfrac{[\alpha(p-1)+2\beta](2\alpha+\beta d)}{2[\alpha(p+1)+d\beta]}-\beta\right]\|\varphi\|_2^2, \\ \dfrac{1}{2\alpha+\beta d}\left[\dfrac{[\alpha(p-1)+2\beta](2\alpha+(d-2)\beta)}{2[\alpha(p+1)+d\beta]}+\beta\right] \\ \cdot\|\nabla\varphi\|_2^2+\dfrac{\alpha(p-1)}{2[\alpha(p+1)+d\beta]}\|\varphi\|_2^2 \end{cases} \tag{3.2.24}$$

来代替, 同样可以得到相同的结果.

引理 3.2.7 设 $(\alpha,\beta)\in\Omega^*$, 则

$$\begin{aligned} m_{\alpha,\beta} &= \inf\{J(\varphi) \mid \varphi\in H^1\backslash\{0\},\ K_{\alpha,\beta}(\varphi)=0\} \\ &= \inf\{H_{\alpha,\beta}(\varphi) \mid \varphi\in H^1\backslash\{0\},\ K_{\alpha,\beta}(\varphi)\leqslant 0\}. \end{aligned}$$

证明 令

$$m'_{\alpha,\beta} = \inf\{H_{\alpha,\beta}(\varphi) \mid \varphi\in H^1\backslash\{0\},\ K_{\alpha,\beta}(\varphi)\leqslant 0\}.$$

注意到

$$J(\varphi)=H_{\alpha,\beta}(\varphi), \quad 若\ K_{\alpha,\beta}(\varphi)=0,$$

因此 $m_{\alpha,\beta}\geqslant m'_{\alpha,\beta}$. 下面仅仅需要在 $K_{\alpha,\beta}(\varphi)<0$ 的约束条件下来证明相反的不等式. 分两种情形来证明.

情形 1 $(d,\alpha)\neq(2,0)$. 由注记 3.2.2 中的衰减估计 (3.2.8) 和引理 3.2.5 知: 存在 $\lambda<0$ 且 $|\lambda|$ 充分大使得

$$K_{\alpha,\beta}(\varphi^\lambda)\triangleq K_{\alpha,\beta}(e^{\lambda\alpha}\varphi(e^{-\lambda\beta}x))>0.$$

注意到 $K_{\alpha,\beta}(\varphi^\lambda)$ 关于 λ 连续, 且 $K_{\alpha,\beta}(\varphi)<0$, 利用连续函数的介值定理就推出

$$\exists\lambda_0<0,\ \text{s.t.}\ K_{\alpha,\beta}(\varphi^{\lambda_0})=0,\ m_{\alpha,\beta}\leqslant J(\varphi^{\lambda_0})=H_{\alpha,\beta}(\varphi^{\lambda_0})\leqslant H_{\alpha,\beta}(\varphi), \tag{3.2.25}$$

最后一个不等式用到泛函 $H_{\alpha,\beta}$ 的单调性. 因此 $m_{\alpha,\beta}\leqslant m'_{\alpha,\beta}$.

情形 2 $(d,\alpha)=(2,0)$. 此时从 $(0,\beta)\in\Omega^*$ 推出 $\beta>0$, 且

$$K_{0,\beta}(\varphi)=\beta\|\varphi\|_2^2-\frac{2\beta}{p+1}\|\varphi\|_{p+1}^{p+1}<0.$$

选取 λ_0 满足

$$e^{(p-1)\lambda_0}=\frac{(p+1)\|\varphi\|_2^2}{2\|\varphi\|_{p+1}^{p+1}}<1,$$

就得

$$K_{0,\beta}(e^{\lambda_0}\varphi)=\beta e^{2\lambda_0}\left(\|\varphi\|_2^2-\frac{2e^{(p-1)\lambda_0}}{p+1}\|\varphi\|_{p+1}^{p+1}\right)=0.$$

注意到 $\lambda_0<0$, 利用极值的定义及泛函 $H_{0,\beta}$ 的单调性, 可见

$$m_{0,\beta}\leqslant J(e^{\lambda_0}\varphi)=H_{0,\beta}(e^{\lambda_0}\varphi)\leqslant H_{0,\beta}(\varphi),\quad K_{0,\beta}(e^{\lambda_0}\varphi)=0. \tag{3.2.26}$$

故 $m_{0,\beta}\leqslant m'_{0,\beta}$. □

3.2.3 次临界情形: $2_*-1<p<2^*-1$

引理 3.2.8 设 $(\alpha,\beta)\in\Omega^*$, 则

$$\begin{aligned}m_{\alpha,\beta}=&\ \inf\{J(\varphi)\mid\varphi\in H^1\backslash\{0\},\ K_{\alpha,\beta}(\varphi)=0\}\\=&\ \inf\{H_{\alpha,\beta}(\varphi)\mid\varphi\in H^1\backslash\{0\},\ K_{\alpha,\beta}(\varphi)\leqslant 0\}\\=&\ J(Q)=\inf\{J(\varphi)\mid\varphi\in H^1\backslash\{0\},\ -\Delta\varphi+\varphi-|\varphi|^{p-1}\varphi=0\}\\=&\ m.\end{aligned}$$

证明 **情形 1** $(d,\alpha)\neq(2,0)$. 分两步来证明.

步骤 1 我们先证明泛函 $H_{\alpha,\beta}$ 在约束流形 $\{\varphi\in H^1\backslash\{0\},\ K_{\alpha,\beta}(\varphi)=0\}$ 上极小元的存在性.

由引理 3.2.7 知: $m_{\alpha,\beta}=\inf\{H_{\alpha,\beta}(\varphi)\mid\varphi\in H^1\backslash\{0\},\ K_{\alpha,\beta}(\varphi)\leqslant 0\}$, 从而存在 $\varphi_n\in H^1\backslash\{0\}$, 满足

$$K_{\alpha,\beta}(\varphi_n)\leqslant 0,\quad H_{\alpha,\beta}(\varphi_n)\searrow m_{\alpha,\beta},\quad n\longrightarrow\infty.$$

令 $\varphi_n^*(x)=\varphi_n^*(|x|)$ 为 φ_n 的非升重排, 由此推出

$$\|\nabla\varphi_n^*\|_2\leqslant\|\nabla\varphi_n\|_2,\quad \|\varphi_n^*\|_q=\|\varphi_n\|_q,\quad 1\leqslant q<\infty.$$

联合泛函 $H_{\alpha,\beta}$ 的表示公式 (3.2.23) 就得

$$\varphi_n^*\in H^1\backslash\{0\},\quad K_{\alpha,\beta}(\varphi_n^*)\leqslant 0,\quad H_{\alpha,\beta}(\varphi_n^*)\searrow m_{\alpha,\beta},\quad n\longrightarrow\infty.$$

利用 (3.2.25) 知: 对于每一个 φ_n^* 进行伸缩的过程 (仍然记为 φ_n^*), 使之满足

$$\varphi_n^*\in H^1\backslash\{0\},\quad K_{\alpha,\beta}(\varphi_n^*)=0,\quad H_{\alpha,\beta}(\varphi_n^*)\searrow m_{\alpha,\beta},\quad n\longrightarrow\infty.$$

断言 极化序列 $\{\varphi_n^*\}$ 是 $H^1(\mathbb{R}^d)$ 中的有界列.

先考虑 $\alpha>0$ 的情形 注意到

$$K_{\alpha,\beta}(\varphi_n^*)=0\Longrightarrow H_{\alpha,\beta}(\varphi_n^*)=J(\varphi_n^*)=\frac{1}{2}\|\varphi_n^*\|_{H^1}^2-F(\varphi_n^*),$$

就得

$$\frac{\alpha\varepsilon}{2}\|\varphi_n^*\|_{H^1}^2=\alpha\varepsilon J(\varphi_n^*)+\alpha\varepsilon F(\varphi_n^*).$$

将上面估计代入 (3.2.13) 及 $\mathcal{L}_{\alpha,\beta}J(\varphi_n^*)=K_{\alpha,\beta}(\varphi_n^*)=0$, 就得

$$\frac{\alpha\varepsilon}{2}\|\varphi_n^*\|_{H^1}^2\leqslant(\bar{\mu}+\alpha\varepsilon)J(\varphi_n^*)=(\bar{\mu}+\alpha\varepsilon)H_{\alpha,\beta}(\varphi_n^*).$$

因此, $\{\varphi_n^*\}$ 为 H^1 中的有界列.

再考虑 $\alpha=0$ 的情形 此时自然有 $d>2$ 及 $\beta>0$. 根据 (3.2.23) 知

$$H_{0,\beta}(\varphi_n^*)=\frac{1}{d}\|\nabla\varphi_n^*\|_2^2\Longrightarrow\|\nabla\varphi_n^*\|_2^2\leqslant d\cdot H_{\alpha,\beta}(\varphi_n^*)<\infty,$$

即 $\{\varphi_n^*\}$ 在 $\dot{H}^1$ 中有界. 下面证明 $\|\varphi_n^*\|_2^2$ 也是有界序列. 如果不然, 则存在子列, 仍记为 $\{\varphi_n^*\}$, 使得

$$\|\varphi_n^*\|_2^2\to+\infty,\quad n\longrightarrow\infty.$$

由 $K_{\alpha,\beta}^{(Q)}$ 的表示式及 Gagliardo-Nirenberg 不等式, 直接推出

$$d\beta\|\varphi_n^*\|_2^2\leqslant 2K_{\alpha,\beta}^{(Q)}(\varphi_n^*)=-2K_{\alpha,\beta}^{(N)}(\varphi_n^*)\lesssim\|\varphi_n^*\|_2^{(p+1)-\frac{p-1}{2}d}\|\nabla\varphi_n^*\|_2^{\frac{p-1}{2}d}.$$

注意到

$$(p+1)-\frac{p-1}{2}d<2,\quad d>2,$$

此意味着上面估计在 $n\longrightarrow\infty$ 是一个矛盾式! 因此, $\{\varphi_n^*\}$ 是 H^1 中的有界列.

综上所述, $\{\varphi_n^*\}$ 为 H^1 中的有界列, 从而存在子序列, 仍然记为 $\{\varphi_n^*\}$, 弱收敛, 即存在 $\varphi^*\in H^1$, 满足

$$\varphi_n^*\rightharpoonup\varphi^*,\quad n\longrightarrow\infty.$$

另一方面, 注意到

$$H_{\text{rad}}^1\hookrightarrow\hookrightarrow L^q,\quad 2<q<2^*=\frac{2d}{d-2},$$

得

$$\lim_{n\to\infty}\|\varphi_n^*-\varphi^*\|_{p+1}=0,\quad 进而推出\quad \lim_{n\to\infty}\varphi_n^*(x)\xlongequal{\text{a.e.}}\varphi^*(x).$$

由 Fatou 引理可见

$$K_{\alpha,\beta}(\varphi^*)\leqslant \varliminf_{n\to+\infty}K_{\alpha,\beta}(\varphi_n^*)=0,\quad H_{\alpha,\beta}(\varphi^*)\leqslant \varliminf_{n\to+\infty}H_{\alpha,\beta}(\varphi_n^*)=m_{\alpha,\beta}.$$

如果必要, 重新采用 (3.2.25) 的伸缩等步骤, 使 φ^* 满足

$$K_{\alpha,\beta}(\varphi^*)=0,\quad H_{\alpha,\beta}(\varphi^*)=m_{\alpha,\beta}.$$

下证 $\varphi^*\neq 0$. 事实上, 若 $\varphi^*=0$, 则根据泛函极小的定义, 存在极小化序列 $\{\varphi_n\}$ 满足

$$K_{\alpha,\beta}(\varphi_n)=0,\quad 则\quad K_{\alpha,\beta}^{(Q)}(\varphi_n)=-K_{\alpha,\beta}^{(N)}(\varphi_n)\longrightarrow -K_{\alpha,\beta}^{(N)}(\varphi^*)=0,$$

这与引理 3.2.5 中对于充分大的 n 所证明的事实 $K_{\alpha,\beta}(\varphi_n)>0$ 相矛盾! 因此, $\varphi^*\neq 0$.

步骤 2 $m_{\alpha,\beta}=J(\varphi^*)=J(Q)$. 注意到 Q 是椭圆方程 (3.2.7) 的基态解, 自然有

$$K_{\alpha,\beta}(Q)=0\Longrightarrow m_{\alpha,\beta}\leqslant J(Q).$$

下面证明相反的不等式. 注意到

$$J(\varphi^*)=m_{\alpha,\beta}=\inf\{J(\varphi)\mid \varphi\in H^1\backslash\{0\},\ K_{\alpha,\beta}(\varphi)=0\}.$$

利用 Lagrange 乘子方法, $\exists\eta\in\mathbb{R}$, 使得

$$J'(\varphi^*)=\eta K_{\alpha,\beta}'(\varphi^*),\quad J'(\varphi^*)(\phi)=\langle J'(\varphi^*),\phi\rangle=\frac{d}{d\epsilon}\Big|_{\epsilon=0}J(\varphi^*+\epsilon\phi).$$

为书写方便, 记 $K\triangleq K_{\alpha,\beta}, H\triangleq H_{\alpha,\beta}$. 注意到

$$K(\varphi^*)=\mathcal{L}J(\varphi^*)=\big\langle J'(\varphi^*),\mathcal{L}\varphi^*\big\rangle\Longrightarrow \mathcal{L}^2J(\varphi^*)=\mathcal{L}K(\varphi^*)=\big\langle K'(\varphi^*),\mathcal{L}\varphi^*\big\rangle.$$

我们推出

$$0=K(\varphi^*)=\mathcal{L}J(\varphi^*)=\big\langle J'(\varphi^*),\mathcal{L}\varphi^*\big\rangle=\eta\big\langle K'(\varphi^*),\mathcal{L}\varphi^*\big\rangle=\eta\mathcal{L}^2J(\varphi^*).\quad (3.2.27)$$

利用 $K(\varphi^*)=0$ 及估计 (3.2.14), 容易看出

$$\mathcal{L}^2J(\varphi^*)\leqslant -\bar{\mu}\underline{\mu}J(\varphi^*)-\frac{2\alpha\varepsilon\bar{\mu}}{d+1}F(\varphi^*)<0,\quad (\alpha,\beta)\in\Omega^*,\quad (3.2.28)$$

这里用到在 $(d,\alpha)\neq(2,0)$ 的前提下, $\underline{\mu}>0$ 或 $\alpha>0$. 结合 (3.2.27) 就得 $\eta=0$, 故 $J'(\varphi^*)\equiv 0$. 从

$$J'(\varphi^*)(\phi)=0=\int(-\Delta\varphi^*+\varphi^*-|\varphi^*|^{p-1}\varphi^*)\phi dx,\quad \forall\phi\in H^1(\mathbb{R}^d)$$

及椭圆方程解的正则性理论就推出 $\varphi^*(x)$ 是椭圆方程 (7.1.6) 的光滑解. 再利用 $Q(x)$ 是极小点就推出 $J(Q)\leqslant J(\varphi^*)$. 这就完成了 $(d,\alpha)\neq(2,0)$ 情形的证明.

情形 2 $(d,\alpha)=(2,0)$. 类似情形 1 的处理方法, 容易看出存在对称的极化序列满足

$$K_{0,\beta}(\varphi_n^*)=\beta\|\varphi_n^*\|_2^2-\frac{2\beta}{p+1}\|\varphi_n^*\|_{p+1}^{p+1}=0,$$

$$H_{0,\beta}(\varphi_n^*)=\frac{1}{2}\|\nabla\varphi_n^*\|_2^2\searrow m,\quad n\longrightarrow\infty.$$

然而, 无法用类似情形 1 的处理方法得到 $\{\varphi_n^*\}$ 的 H^1 有界性! 构造

$$\psi_n=\varphi_n^*(\lambda_n x)\neq 0,\quad \lambda_n=\|\varphi_n^*\|_2$$

来代替 φ_n^*, 其仍然满足

$$K(\psi_n)=0,\quad \|\psi_n\|_2=1,\quad J(\psi_n)=H(\psi_n)\searrow m,\quad n\longrightarrow\infty,$$

且是 H^1 中的有界序列! 从而存在弱收敛子序列, 仍然记为 $\{\psi_n\}$, 即存在 $0\neq\varphi^*\in H^1$, 满足

$$\psi_n\longrightarrow\varphi^*,\quad n\longrightarrow\infty.$$

另一方面, 利用紧嵌入 $H^1_{\text{rad}}\hookrightarrow\hookrightarrow L^q$, $2<q<\infty$ 就得

$$\lim_{n\to\infty}\|\psi_n-\varphi^*\|_{p+1}=0,\quad \text{进而推出}\quad \lim_{n\to\infty}\psi_n(x)\xlongequal{\text{a.e.}}\varphi^*(x).$$

由 Fatou 引理可见

$$K(\varphi^*)\leqslant\varliminf_{n\to+\infty}K_{0,\beta}(\psi_n)=0,\quad H(\varphi^*)\leqslant\varliminf_{n\to+\infty}H_{0,\beta}(\psi_n)=m_{0,\beta}.$$

如果必要, 重新采用 (3.2.26) 的伸缩等步骤 (伸缩后的函数仍然记为 φ^*) 使得

$$K_{0,\beta}(\varphi^*)=0,\quad H_{0,\beta}(\varphi^*)=m_{0,\beta}.$$

重复情形 1 中 Lagrange 乘子方法的讨论, 容易看出 $\exists\eta\in\mathbb{R}$, 使得

$$J'(\varphi^*)=\eta K'_{0,\beta}(\varphi^*),\quad J'(\varphi^*)(\phi)=\langle J'(\varphi^*),\phi\rangle=\frac{d}{d\epsilon}\Big|_{\epsilon=0}J(\varphi^*+\epsilon\phi).\tag{3.2.29}$$

利用 $K_{0,\beta}(\varphi^*)=0$, $(\alpha,d)=(0,2)$ 及

$$(\mathcal{L}-\underline{\mu})(\mathcal{L}-\bar{\mu})F(\varphi^*)=\alpha\int_{\mathbb{R}^d}(\alpha D-2\alpha+2\beta)(D-2)f(\varphi^*)dx=0,$$

容易看出 $\mathcal{L}_{0,\beta}^2 J(\varphi^*)=0$. 因此, 从

$$\begin{aligned}0=K_{0,\beta}(\varphi^*)&=\mathcal{L}_{0,\beta}J(\varphi^*)=\big\langle J'(\varphi^*),\mathcal{L}_{0,\beta}\varphi^*\big\rangle\\&=\eta\big\langle K_{0,\beta}'(\varphi^*),\mathcal{L}_{0,\beta}\varphi^*\big\rangle=\eta\mathcal{L}_{0,\beta}^2J(\varphi^*),\end{aligned}$$

无法获得 $\eta=0$! 然而, (3.2.29) 对应的椭圆方程为

$$-\Delta\varphi^*=(\eta d\beta-1)(\varphi^*-|\varphi^*|^{p-1}\varphi^*). \tag{3.2.30}$$

注意到 $\big\langle-\Delta\varphi^*,\varphi^*\big\rangle>0$ 及

$$\begin{aligned}\big\langle\varphi^*-|\varphi^*|^{p-1}\varphi^*,\varphi^*\big\rangle&=K_{0,\frac{2}{d}}(\varphi^*)-(D-2)F(\varphi^*)=-(D-2)F(\varphi^*)\\&=-(p-1)\int_{\mathbb{R}^d}|\varphi^*|^{p+1}dx<0,\end{aligned}$$

由此推出 $(\eta d\beta-1)<0$, 因此存在 $\lambda>0$, 使得

$$\varphi^\lambda=\varphi^*(e^{-\beta\lambda}x),\quad e^{-2\beta\lambda}=1-\eta d\beta$$

满足椭圆方程 (3.2.7). 与此同时, 注意到

$$H_{0,\beta}(\varphi^\lambda)=\frac{1}{2}\|\nabla\varphi^\lambda\|_2^2=\frac{1}{2}\|\nabla\varphi^*\|_2^2=H_{0,\beta}(\varphi^*),\quad K_{0,\beta}(\varphi^\lambda)=e^{d\beta\lambda}K_{0,\beta}(\varphi^*),$$

说明 φ^λ 与 φ^* 一样, 也是极小化子 (使得泛函 $H_{0,\beta}$ 取极小值). 从而推出 $J(\varphi^\lambda)=J(Q)$. □

3.2.4 临界情形: $p=2^*-1$

引理 3.2.9 设 $p=2^*-1$, $(\alpha,\beta)\in\Omega^*$, 则

$$\begin{aligned}m_{\alpha,\beta}=m&=\inf\{J(\varphi)\mid\varphi\in H^1\backslash\{0\},\ K_{\alpha,\beta}(\varphi)=0\}\\&=\inf\{H_{\alpha,\beta}(\varphi)\mid\varphi\in H^1\backslash\{0\},\ K_{\alpha,\beta}(\varphi)\leqslant 0\}\\&=\inf\{J^{(0)}(\varphi)\mid\varphi\in\dot{H}^1\backslash\{0\},\ -\Delta\varphi-|\varphi|^{\frac{4}{d-2}}\varphi=0\}\\&=J^{(0)}(Q).\end{aligned}$$

证明　先回忆前面引入的记号如下:

$$J(\varphi)=\frac{1}{2}\int_{\mathbb{R}^d}\left(|\nabla\varphi|^2+|\varphi|^2\right)dx-\frac{1}{2^*}\int_{\mathbb{R}^d}|\varphi|^{2^*}dx,\quad 2^*=\frac{2d}{d-2},$$

$$J^{(0)}(\varphi)=\frac{1}{2}\int_{\mathbb{R}^d}|\nabla\varphi|^2dx-\frac{d-2}{2d}\int_{\mathbb{R}^d}|\varphi|^{\frac{2d}{d-2}}dx,$$

$$K^{(0)}_{\alpha,\beta}(\varphi)=\frac{2\alpha+(d-2)\beta}{2}\left(\int_{\mathbb{R}^d}|\nabla\varphi|^2dx-\int_{\mathbb{R}^d}|\varphi|^{2^*}dx\right),$$

$$K_{\alpha,\beta}(\varphi)=K^{(0)}_{\alpha,\beta}(\varphi)+\frac{2\alpha+d\beta}{2}\|\varphi\|_2^2,$$

$$H^{(0)}_{\alpha,\beta}(\varphi)=\frac{1}{\bar{\mu}}(\bar{\mu}-\mathcal{L})J^{(0)}(\varphi)=\begin{cases}\dfrac{1}{d}\|\varphi\|_{2^*}^{2^*}, & \beta\leqslant 0,\\ \dfrac{\beta\|\nabla\varphi\|_2^2}{2\alpha+d\beta}+\dfrac{2\alpha}{d[2\alpha+d\beta]}\|\varphi\|_{2^*}^{2^*}, & \beta>0,\end{cases}$$

$$H_{\alpha,\beta}(\varphi)=\frac{1}{\bar{\mu}}(\bar{\mu}-\mathcal{L})J(\varphi)=\begin{cases}\dfrac{-\beta\|\varphi\|_2^2}{2\alpha+(d-2)\beta}+\dfrac{1}{d}\|\varphi\|_{2^*}^{2^*}, & \beta\leqslant 0,\\ \dfrac{\beta\|\nabla\varphi\|_2^2}{2\alpha+d\beta}+\dfrac{2\alpha}{d[2\alpha+d\beta]}\|\varphi\|_{2^*}^{2^*}, & \beta>0.\end{cases}$$

令

$$m^{(0)}=\inf\{H^{(0)}_{\alpha,\beta}(\varphi)\mid \varphi\in H^1\backslash\{0\},\ K^{(0)}_{\alpha,\beta}(\varphi)<0\}.$$

我们断言

$$\begin{aligned}m_{\alpha,\beta}&=\inf\{H_{\alpha,\beta}(\varphi)\mid \varphi\in H^1\backslash\{0\},\ K_{\alpha,\beta}(\varphi)\leqslant 0\}\\&=\inf\{H^{(0)}_{\alpha,\beta}(\varphi)\mid \varphi\in H^1\backslash\{0\},\ K^{(0)}_{\alpha,\beta}(\varphi)<0\}\\&=m^{(0)}.\end{aligned}$$

首先证明　$m^{(0)}\leqslant m_{\alpha,\beta}$. 如果 $2\alpha+d\beta>0$, 容易看出

$$\left\{\varphi\,\middle|\ \varphi\in H^1\backslash\{0\},\ K_{\alpha,\beta}(\varphi)\leqslant 0\right\}\subseteqq\left\{\varphi\,\middle|\ \varphi\in H^1\backslash\{0\},\ K^{(0)}_{\alpha,\beta}(\varphi)<0\right\},$$

且在此集合上 $H^{(0)}_{\alpha,\beta}(\varphi)<H_{\alpha,\beta}(\varphi)$, 故 $m^{(0)}\leqslant m_{\alpha,\beta}$.

如果 $2\alpha+d\beta=0$, 先证集合

$$\left\{\ \varphi\,\middle|\ \ \varphi\in H^1\backslash\{0\},\ K_{\alpha,\beta}(\varphi)<0\ \right\}\quad 稠于\quad\left\{\varphi\,\middle|\ \ \varphi\in H^1\backslash\{0\},\ K^{(0)}_{\alpha,\beta}(\varphi)\leqslant 0\ \right\}.$$

事实上, 若 $K_{\alpha,\beta}(\varphi)=0$, 则

$$K_{\alpha,\beta}(\varphi^\lambda)=-\beta e^{-2\beta\lambda}\left(\|\nabla\varphi\|_2^2-e^{\frac{-4\beta}{d-2}\lambda}\|\varphi\|_{2^*}^{2^*}\right)<0,\quad 若\ \lambda>0\ 充分大.$$

故

$$m_{\alpha,\beta} = \inf\{H_{\alpha,\beta}(\varphi) \mid \varphi \in H^1\backslash\{0\},\ K_{\alpha,\beta}(\varphi) < 0\}.$$

注意到 $K_{\alpha,\beta}(\varphi) = K^{(0)}_{\alpha,\beta}(\varphi)$, 且在相同的约束流形上

$$H_{\alpha,\beta}(\varphi) > H^{(0)}_{\alpha,\beta}(\varphi), \quad \varphi \in \left\{ \varphi \middle| \ \varphi \in H^1\backslash\{0\},\ K_{\alpha,\beta}(\varphi) < 0 \right\}.$$

因此推出 $m^{(0)} \leqslant m_{\alpha,\beta}$.

其次证明 $m^{(0)} \geqslant m_{\alpha,\beta}$. 若 $K^{(0)}_{\alpha,\beta}(\varphi) < 0$, 通过伸缩变换, 寻找使得 $K_{\alpha,\beta}(\varphi^\lambda) < 0$ 成立的

$$\varphi^\lambda(x) \triangleq \varphi^\lambda_{\alpha_1,\beta_1}(x) = e^{\alpha_1\lambda}\varphi(e^{-\beta_1\lambda}x).$$

(α_1, β_1) 的选择方式就是保持 $\|\nabla\varphi\|_2$ 范数不变. 注意到

$$\begin{aligned} K_{\alpha,\beta}(\varphi^\lambda_{\alpha_1,\beta_1}) = {} & \frac{2\alpha + (d-2)\beta}{2} e^{[2\alpha_1+(d-2)\beta_1]\lambda}\left[\|\nabla\varphi\|_2^2 - e^{\frac{2}{d-2}[2\alpha_1+(d-2)\beta_1]\lambda}\|\varphi\|_{2^*}^{2^*}\right] \\ & + \frac{2\alpha + d\beta}{2} e^{[2\alpha_1+d\beta_1]\lambda}\|\varphi\|_2^2, \end{aligned}$$

故只需选取 $2\alpha_1 + (d-2)\beta_1 = 0$, 特别地选取: $(\alpha_1, \beta_1) = (d-2, -2)$, 则

$$K_{\alpha,\beta}(\varphi^\lambda_{d-2,-2}) = K^{(0)}_{\alpha,\beta}(\varphi) + \frac{2\alpha + d\beta}{2} e^{-4\lambda}\|\varphi\|_2^2 \to K^{(0)}_{\alpha,\beta}(\varphi), \quad \lambda \longrightarrow +\infty,$$

$$H_{\alpha,\beta}(\varphi^\lambda_{d-2,-2}) \longrightarrow H^{(0)}_{\alpha,\beta}(\varphi), \quad \lambda \longrightarrow +\infty.$$

因此, 若 $K^{(0)}_{\alpha,\beta}(\varphi) < 0$, 则对充分大 λ, 有

$$K_{\alpha,\beta}(\varphi^\lambda) < 0, \quad H_{\alpha,\beta}(\varphi^\lambda) \leqslant H^{(0)}_{\alpha,\beta}(\varphi).$$

说明 $m_{\alpha,\beta} \leqslant m^{(0)}$, 因此推出 $m_{\alpha,\beta} = m^{(0)}$.

下面来计算极小值 m. 注意到

$$\begin{aligned} m^{(0)} &= \inf\{H^{(0)}_{\alpha,\beta}(\varphi) \mid \varphi \in H^1\backslash\{0\},\ K^{(0)}_{\alpha,\beta}(\varphi) < 0\} \\ &= \inf\{H^{(0)}_{\alpha,\beta}(\varphi) \mid \varphi \in H^1\backslash\{0\},\ K^{(0)}_{\alpha,\beta}(\varphi) \leqslant 0\} \\ &= \inf\{H^{(0)}_{\alpha,\beta}(\varphi) \mid \varphi \in H^1\backslash\{0\},\ K^{(0)}_{\alpha,\beta}(\varphi) = 0\}, \end{aligned}$$

$K^{(0)}_{\alpha,\beta}(\varphi)$ 关于任意的 (α, β) 相差一个常数, 通过 $K^{(0)}_{\alpha,\beta}(\varphi) = 0$ 可见 $H^{(0)}_{\alpha,\beta}(\varphi)$ 的表示式不依赖于 (α, β)! 对于任意的 $K^{(0)}_{\alpha,\beta}(\varphi) < 0$, 存在伸缩变换: $\varphi \longmapsto \nu\varphi$ 使得

$K_{\alpha,\beta}^{(0)}(\nu\varphi)=0$ 的 ν 满足

$$\nu=\left(\frac{\|\nabla\varphi\|_2^2}{\|\varphi\|_{2^*}^{2^*}}\right)^{\frac{d-2}{4}}.$$

因此,

$$\begin{aligned}m^{(0)}&=\inf\left\{\frac{1}{d}\|\nabla\varphi\|_2^2\ \middle|\ \varphi\in H^1:\ \|\nabla\varphi\|_2^2<\|\varphi\|_{2^*}^{2^*}\right\}\\&=\inf\left\{\frac{1}{d}\|\nabla\varphi\|_2^2\left(\frac{\|\nabla\varphi\|_2^2}{\|\varphi\|_{2^*}^{2^*}}\right)^{\frac{d-2}{2}}\ \middle|\ \varphi\in H^1\setminus\{0\}\right\}\\&=\inf\left\{\frac{1}{d}\left(\frac{\|\nabla\varphi\|_2^2}{\|\varphi\|_{2^*}^{2^*}}\right)^{d}\ \middle|\ \varphi\in H^1\setminus\{0\}\right\}\\&=\inf\left\{\frac{1}{d}\left(\frac{\|\nabla\varphi\|_2^2}{\|\varphi\|_{2^*}^{2^*}}\right)^{d}\ \middle|\ \varphi\in \dot{H}^1\setminus\{0\}\right\}\quad(\text{稠密性})\\&=\frac{C_d^{-d}}{d},\end{aligned}$$

其中 C_d 为 Sobolev 嵌入 $\|\varphi\|_{2^*}\leqslant C_d\|\nabla\varphi\|_2$ 的最佳常数, 且等号在椭圆方程

$$-\Delta\varphi=|\varphi|^{\frac{4}{d-2}}\varphi$$

的解 (对应临界波动方程的基态解) $\varphi=Q(x)$ 处达到, 即

$$C_d=\frac{\|Q\|_{2^*}}{\|\nabla Q\|_2}=\|\nabla Q\|_2^{-\frac{2}{d}}.$$

故

$$m=m^{(0)}=\frac{C_d^{-d}}{d}=\frac{1}{d}\|\nabla Q\|_2^2=J(Q).$$

最后, 根据经典的变分理论, $K_{\alpha,\beta}(\varphi)=0$ 在相差平移及相旋转变换意义下就对应 $\varphi=Q$, $m=J(Q)$. □

3.2.5 区域分解的不变性

回忆基于极化元与变分导数而确定的散射区域与爆破区域的定义 3.2.2: 对于任意的 $(\alpha,\beta)\in\Omega^*$,

$$\mathcal{K}_{\alpha,\beta}^{+}=\{(\varphi,\psi)\in H^1\times L^2\mid E(\varphi,\psi)<m,\ K_{\alpha,\beta}(\varphi)\geqslant 0\},$$

$$\mathcal{K}_{\alpha,\beta}^{-}=\{(\varphi,\psi)\in H^1\times L^2\mid E(\varphi,\psi)<m,\ K_{\alpha,\beta}(\varphi)<0\},$$

其中 $m=\inf\{J(\varphi)\mid\varphi\in H^1\backslash\{0\},\ K_{\alpha,\beta}(\varphi)=0\}$,

$$K_{\alpha,\beta}(\varphi)=\frac{2\alpha+(d-2)\beta}{2}\|\nabla\varphi\|_2^2+\frac{2\alpha+d\beta}{2}\|\varphi\|_2^2-\frac{\alpha(p+1)+d\beta}{p+1}\|\varphi\|_{p+1}^{p+1}.$$

本小节的目标是证明: 对于任意的 $(\alpha,\beta),(\alpha_1,\beta_1)\in\Omega^*$, 成立 $\mathcal{K}_{\alpha,\beta}^{\pm}=\mathcal{K}_{\alpha_1,\beta_1}^{\pm}$.

引理 3.2.10 $\mathcal{K}_{\alpha,\beta}^{\pm}=\mathcal{K}^{\pm}$ 关于参数 $(\alpha,\beta)\in\Omega^*$ 是不变的区域.

证明 注意到对于任意的 $(\alpha,\beta)\in\Omega^*$, 根据 (以次临界情形为例说明)

$$\begin{aligned}m_{\alpha,\beta}&=\inf\{J(\varphi)\mid\varphi\in H^1\backslash\{0\},\ K_{\alpha,\beta}(\varphi)=0\}\\&=\inf\{H_{\alpha,\beta}(\varphi)\mid\varphi\in H^1\backslash\{0\},\ K_{\alpha,\beta}(\varphi)\leqslant 0\}\\&=\inf\{J(\varphi)\mid\varphi\in H^1\backslash\{0\},\ -\Delta\varphi+\varphi-|\varphi|^{p-1}\varphi=0\}\\&=m.\end{aligned}$$

问题的证明就转化为在能量门槛 $E(u_0,u_1)<m$ 的条件下, $K_{\alpha,\beta}(u_0)$ 保持相同的符号! 为此需要采用初始函数的第一个分量来刻画. 引入记号

$$\begin{cases}\mathcal{K}_{\alpha,\beta}^{+\delta}=\big\{\varphi\in H^1\mid J(\varphi)<m-\delta,\ K_{\alpha,\beta}(\varphi)\geqslant 0\big\},\\\mathcal{K}_{\alpha,\beta}^{-\delta}=\big\{\varphi\in H^1\mid J(\varphi)<m-\delta,\ K_{\alpha,\beta}(\varphi)<0\big\}.\end{cases}$$

特别, 对于 $\delta_0=\dfrac{1}{2}\|u_1\|_2^2$, 容易看出

$$(u_0,u_1)\in\mathcal{K}_{\alpha,\beta}^{+}\Longleftrightarrow u_0\in\mathcal{K}_{\alpha,\beta}^{+\delta_0}.$$

特别, 无交并集 $\mathcal{K}_{\alpha,\beta}^{+\delta_0}\cup\mathcal{K}_{\alpha,\beta}^{-\delta_0}$ 不依赖于 (α,β).

另一方面, 若 $K_{\alpha,\beta}(\varphi)\geqslant 0$, 就有

$$J(\varphi)\geqslant\frac{1}{2\big[\alpha(p+1)+\beta d\big]}\Big\{\big[\alpha(p-1)+2\beta\big]\|\nabla\varphi\|_2^2+\alpha(p-1)\|\varphi\|_2^2\Big\}\geqslant 0.$$

因此, 当 $\delta\geqslant m$, $\mathcal{K}_{\alpha,\beta}^{+\delta}=\varnothing$. 于是

$$\mathcal{K}_{\alpha,\beta}^{+}=\bigcup_{0\leqslant\delta\leqslant m}\left(\mathcal{K}_{\alpha,\beta}^{+\delta}\times\left\{\psi;\ \frac{1}{2}\|\psi\|_2^2=\delta\right\}\right).$$

因此, 仅需证明 $\mathcal{K}_{\alpha,\beta}^{+\delta}$ 与 (α,β) 无关即可. 仍分两种情形来讨论.

情形 1 $2\alpha+d\beta>0$, 且 $2\alpha+(d-2)\beta>0$.

断言　对于任意的 $(\alpha,\beta)\in(\Omega^*)^\circ$, $\mathcal{K}^{-\delta}_{\alpha,\beta}$ 为开集, $\mathcal{K}^{+\delta}_{\alpha,\beta}$ 是一个包含原点的连通开集.

假设断言成立. 注意到无交并 $\mathcal{K}^{-\delta}_{\alpha,\beta}\cup\mathcal{K}^{+\delta}_{\alpha,\beta}$ 不依赖于 (α,β), 则

$$\mathcal{K}^{+\delta}_{\alpha,\beta}=\mathcal{K}^{+\delta}_{\alpha,\beta}\cap\left(\mathcal{K}^{+\delta}_{\alpha',\beta'}\cup\mathcal{K}^{-\delta}_{\alpha',\beta'}\right)=\left(\mathcal{K}^{+\delta}_{\alpha,\beta}\cap\mathcal{K}^{+\delta}_{\alpha',\beta'}\right)\cup\left(\mathcal{K}^{+\delta}_{\alpha,\beta}\cap\mathcal{K}^{-\delta}_{\alpha',\beta'}\right).$$

利用 $\mathcal{K}^{+\delta}_{\alpha,\beta}$ 的连通性及**断言**推知 $\mathcal{K}^{+\delta}_{\alpha,\beta}$ 不可能被 $\mathcal{K}^{-\delta}_{\alpha',\beta'}$ 与 $\mathcal{K}^{+\delta}_{\alpha',\beta'}$ 所分离, 这里 $(\alpha',\beta')\neq(\alpha,\beta)$ 是属于 $(\Omega^*)^\circ$ 任意点. 因此 $\mathcal{K}^{+\delta}_{\alpha,\beta}$ 与参数 $\alpha,\beta\in(\Omega^*)^\circ$ 无关, 并且

$$0\in\bigcap_{(\alpha,\beta)\in(\Omega^*)^\circ}\mathcal{K}^{+\delta}_{\alpha,\beta}\neq\varnothing.$$

断言的证明　分两步来证明. 首先证明 $\mathcal{K}^{+\delta}_{\alpha,\beta}$ 的连通性. 它等价于证明 $\mathcal{K}^{+\delta}_{\alpha,\beta}$ 在伸缩变换

$$\varphi\longmapsto\varphi^\lambda=e^{\alpha\lambda}\varphi(e^{-\beta\lambda}x),\quad 0\geqslant\lambda\longrightarrow-\infty$$

下收缩到 $\{0\}$. 事实上, 容易看出

(i) 如果 $J(\varphi^\lambda)<m$, 根据 m 的定义就推知 $K(\varphi^\lambda)>0$.

(ii) 如果 $\mathcal{L}J(\varphi^\lambda)=K(\varphi^\lambda)>0$, 则当 $\lambda\searrow-\infty$ 时, $J(\varphi^\lambda)\searrow$ 单调下降.

(iii) $2\alpha+d\beta>0$, $2\alpha+(d-2)\beta>0$ 就意味着 $0\in\mathcal{K}^{+\delta}_{\alpha,\beta}$, 且

$$\lim_{\lambda\to-\infty}\|\varphi^\lambda\|_{H^1}=0.$$

此就意味着 $\mathcal{K}^{+\delta}_{\alpha,\beta}$ 在伸缩变换小收缩到 $\{0\}$.

其次, 证明 $\mathcal{K}^{\pm\delta}_{\alpha,\beta}$ 是 H^1 中的开集. 易见 $\mathcal{K}^{-\delta}_{\alpha,\beta}$ 是开集. 注意到

$$\begin{aligned}\mathcal{K}^{+\delta}_{\alpha,\beta}=&\left\{\varphi\in H^1\;\middle|\;J(\varphi)<m-\delta,\ K_{\alpha,\beta}(\varphi)>0\right\}\\&\cup\left\{\varphi\in H^1\;\middle|\;J(\varphi)<m-\delta,\ K_{\alpha,\beta}(\varphi)=0\right\},\end{aligned}$$

仅需要证明 $\left\{\varphi\in H^1\;\middle|\;J(\varphi)<m-\delta,\ K_{\alpha,\beta}(\varphi)=0\right\}$ 是包含于开集

$$\left\{\varphi\in H^1\;\middle|\;J(\varphi)<m-\delta,\ K_{\alpha,\beta}(\varphi)>0\right\}$$

的内部即可.

事实上, 若 $\varphi\neq0$, $K_{\alpha,\beta}(\varphi)=0$, 则由 m 的定义知 $J(\varphi)\geqslant m$. 因此

$$\left\{\varphi\in H^1\;\middle|\;J(\varphi)<m-\delta,\ K_{\alpha,\beta}(\varphi)=0\right\}=\{0\}.$$

于是, 只需验证 0 的小邻域属于 $\mathcal{K}^{+\delta}_{\alpha,\beta}$ 即可. 换言之, 对于充分小的 $\varepsilon>0$, 验证

$$U_\varepsilon(0)\triangleq\{\varphi\in H^1\mid\|\varphi\|_{H^1}<\varepsilon\}\subset\mathcal{K}^{+\delta}_{\alpha,\beta}.$$

事实上, 对于任意的 $\varphi \in U_\varepsilon(0)$, 由 Gagliardo-Nirenberg 不等式得

$$\|\varphi\|_{p+1}^{p+1} \leqslant C\|\nabla\varphi\|_2^{\frac{d(p-1)}{2}}\|\varphi\|_2^{p+1-\frac{d(p-1)}{2}} \leqslant C\varepsilon^{p-1}\|\nabla\varphi\|_2^2,$$

从而

$$K_{\alpha,\beta}(\varphi) \geqslant \left(\frac{2\alpha+(d-2)\beta}{2} - C\varepsilon^{p-1}\right)\|\nabla\varphi\|_2^2 + \frac{2\alpha+d\beta}{2}\|\varphi\|_2^2 > 0,$$

$$J(\varphi) = \frac{1}{2}\int\left(|\nabla\varphi|^2+|\varphi|^2\right)dx - \frac{1}{p+1}\int|\varphi|^{p+1}dx < \frac{1}{2}\|\varphi\|_{H^1}^2 < \frac{1}{2}\varepsilon^2 < m-\delta.$$

从而选取 $\varepsilon > 0$ 充分小就能满足上面两个估计. 故 $\mathcal{K}_{\alpha,\beta}^{+\delta}$ 是开集, 断言得证.

情形 2 $2\alpha + d\beta = 0$ 或 $2\alpha + (d-2)\beta = 0$.

对于任意的 $(\alpha, \beta) \in \partial\Omega^*$, 可以通过选取序列 $\{(\alpha_n, \beta_n)\} \in (\Omega^*)^\circ$ 满足

$$\lim_{n\to+\infty}(\alpha_n,\beta_n) = (\alpha,\beta) \Longrightarrow \lim_{n\to+\infty}K_{\alpha_n,\beta_n}(\varphi) = K_{\alpha,\beta}(\varphi).$$

因此

$$\mathcal{K}_{\alpha,\beta}^{\pm\delta} \subset \bigcup_n \mathcal{K}_{\alpha_n,\beta_n}^{\pm\delta} = \bigcap_n \mathcal{K}_{\alpha_n,\beta_n}^{\pm\delta} \subset \mathcal{K}_{\alpha,\beta}^{\pm\delta}.$$

由此推出 $\mathcal{K}_{\alpha,\beta}^{\pm\delta}$ 不依赖于 $(\alpha, \beta) \in \partial\Omega^*$. 这就证明了引理 3.2.10. □

第 4 章　集中紧致原理与轮廓分解

偏微分方程的集中紧致方法始于变分问题、椭圆方程的研究, 见 [13,106,107]. Gérard[49] 发展了集中紧致方法的微局部分析刻画, Bégout-Vargas, Bahouri-Gérard, Keraani 等发展了色散框架下的集中紧的轮廓 (profile) 分解刻画[1,3,81,82,115]. Kenig-Merle 率先发展了集中紧致原理与刚性方法, 解决了能量临界波动方程与 Schrödinger 方程散射性[77,78], Tao-Visan-Zhang, Dodson 等将集中紧致原理与刚性方法应用到质量临界 Schrödinger 方程的研究, 获得了巨大的成功, 可参见 [29, 90, 91, 94, 183]. 关于质量与能量临界 Hartree 方程的研究可见苗长兴及研究团队的系列工作 [102, 121—125, 128, 129, 135, 136].

4.1　集中紧致原理的初等分析

众所周知, 紧性是分析学中最重要的拓扑概念之一, 刻画紧性概念也是丰富多彩的. 例如: 如果对于 E 中的任意序列, 均有收敛于 E 元素的子序列, 则称集合 E 是拓扑空间 X 中的自列紧集. 利用自列紧的性质, 可以证明 E 上的连续函数达到极大或极小. 事实上, 我们有如下断言:

断言　极值点的存在性　设集合 E 是拓扑空间 X 中非空的自列紧集, F 是 $E \to \mathbb{R}$ 连续函数, 则至少存在点 $x^* \in E$ 及 $x_* \in E$, 使得

$$F(x^*) = \sup_{x \in E} F(x), \quad F(x_*) = \inf_{x \in E} F(x).$$

当连续函数 F 减弱成上半连续函数 (或下半连续函数), 即

$$F(x) \geqslant \varlimsup_{x_n \to x} F(x_n) \quad \left(或\ F(x) \leqslant \varliminf_{x_n \to x} F(x_n) \right)$$

时, 则至少存在一点 $x^* \in E$ (或 $x_* \in E$), 使得

$$F(x^*) = \sup_{x \in E} F(x) \quad \left(或\ F(x_*) = \inf_{x \in E} F(x) \right).$$

上面断言的证明是初等的, 读者可作为练习来证明. 与此同时, 从上面断言可以看出 "序列紧" 对证明极值点的存在性是非常有用的. 对于有限维空间, Heine-

Borel 定理确保了有界闭集就是紧集. 然而, 一般来讲, 对于无限维的空间, Heine-Borel 定理不再成立, 即: 无穷维拓扑向量空间中的有界闭集 E 在 "强拓扑" 意义下不再是紧集, 这使得证明连续泛函: $F: E \longrightarrow \mathbb{R}$ 达到极值点就变得十分困难.

半个多世纪以来, 数学家发现了克服或绕过这个困难的几种方式. 其一就是充分利用 Banach-Alaoglu 定理, 寻求一种较弱的拓扑, 确保 E 在这种弱拓扑下的紧性. 当然, 为证明泛函 F 在 E 上达到极值点, 需要某种意义下的平衡. 事实上, 尽管 "减弱拓扑" 很容易恢复有界闭集 E (原来拓扑意义下的闭集) 的紧性, 然而很难保证泛函 F 在弱拓扑下还是连续的. 尽管如此, 如果泛函 F 具有某种结构条件 ("光滑性" 或 "消失性"), 我们就有希望获得泛函 F 在弱拓扑下仍是连续的! 进而证明泛函 F 在 E 上达到极值点. 这就是 " 补偿紧致方法".

第二种方式是放弃 "所有序列均有收敛的子列" 的企图, 调整为极小化序列具有收敛子列. 容易看出, 这同样能实现连续泛函 F 达到极值的目的! 沿着该思路就导致了所谓的 "Palais-Smale 条件", 它是处理变分问题临界点理论的重要方法, 也是紧性概念的一个重要替代方式.

需要指出, 在大多数情形下, 我们不能将拓扑放宽到既能保证 E 是紧集, 同时也能使泛函 F 在该拓扑下连续. 换言之, 我们至少能找到一个中间拓扑, 使得 F 在此拓扑下连续, 但是 E 在此拓扑下是非紧的, 并且距 E 是紧集相差甚远 (可以用覆盖闭集 E 的闭球 B_ε 数量尺度来刻画)! 因此, 存在序列 $\{x^{(n)}\} \subseteq E$, 即使在这一中间拓扑意义下也没有收敛于 E 中元素的子序列. 我们将会看到, 紧性失败的主要原因在于 E 上存在不变的非紧群, 例如: E 是 $L^p(\mathbb{R}^d)$ 上的单位球面, 平移变换群等是 E 上不变的非紧群. 这些非紧群的群作用导致了补偿紧致方法与 "Palais-Smale" 条件的失败! 正是由于这种紧性的失败, 才会导致 E 上的连续泛函 F 无法达到极值.

第三种方式就是集中紧致方法. 从耗散方程与色散方程的长时间行为的比较获得如下启示: 尽管序列 $\{x^{(n)}\}$ 不存在收敛于固定元素 $x \in X$ 的子序列, 但是, 序列 $\{x^{(n)}\}$ 可以收敛于具有特殊结构的逼近序列 $\{y^{(n)}\}$, 即: 在中间拓扑诱导的度量 $d(\cdot,\cdot)$ 意义下, 满足

$$\lim_{n\to\infty} d(x^{(n)}, y^{(n)}) = 0.$$

其中特殊结构是指在一点的 "聚集", 趋向于无穷远处的 "行波" 或一些 "集中" 与 "行波" 的叠加 $y^{(n)} = \sum\limits_j y_j^{(n)}$. 这些类型的轮廓的叠加完全刻画了所有的紧性亏损 (defects). 但是, 它仍然可视为在弱意义下的紧性! 也就是著名的 "集中紧致方法"(concentration compactness). 同时, 序列 $x^{(n)}$ 的渐近分解

$$x^{(n)} \approx \sum_j y_j^{(n)}$$

就是著名的轮廓分解. 许多应用表明,“集中紧”及其相应的轮廓分解是“紧性概念”一个很好的替代品! 通过对泛函增加某些适当条件来弥补这种替代紧性的复杂特性, 就可以证明诸如泛函 F 达到极值的性质. 事实上, P. L. Lions [106,107] 在 20 个世纪 80 年代系统地研究了“集中紧现象”, 并将这一理论成功地应用到变分理论及非线性椭圆型方程的研究.

随着 Bourgain, I-团队关于临界非线性色散波方程的整体适定性与散射理论研究, 以及对于不具 Morawetz 估计的聚焦型临界非线性色散波方程研究的深入, Kenig-Merle 发展的“集中紧致方法”已经成为确立与寻求极小能量或极小质量爆破解至关重要强力工具. 具体可见 Kenig-Merle, Tao-Visan-Zhang, Dodson, Killip-Visan 等研究团队的工作. 另一方面, 在一些典型的应用中, 在 Sobolev 空间、Strichartz 空间等常用框架下,“集中紧现象”被系统地研究与开发, 经典意义下的紧性亏损源于形如平移变换、伸缩变换等非紧群的非平凡作用. 因此, 对于初学者来讲,“集中紧致方法”的表现形式是极其复杂与技术的. 建议读者参考 Tao[170] 关于 ℓ^1 空间紧性亏损的刻画.

4.1.1 $\ell^p(\mathbb{N})$ 空间中的轮廓分解

考虑单向可和的 ℓ^p 空间

$$X=\ell^p(\mathbb{N})\triangleq\left\{(x_m)_{m\in\mathbb{N}}:\ \left(\sum_{m\in\mathbb{N}}|x_m|^p\right)^{\frac{1}{p}}<\infty\right\}.$$

显然, 它是由基向量族

$$e_n:=(\delta_{n,m})_{m\in\mathbb{N}},\quad n\in\mathbb{N}$$

生成的赋范线性空间, 其中 δ 表示 Kronecker 符号. 对 X 赋予如下不同的拓扑:

定义 4.1.1 设 $x^{(n)}=(x_m^{(n)})_{m\in\mathbb{N}}$ 是 X 中的序列, $x=(x_m)_{m\in\mathbb{N}}\in X$.

- 强拓扑 (strong topology) 称 $x^{(n)}$ 在**强拓扑**意义下收敛于 $x\in\ell^p$, 如果

$$\|x^{(n)}-x\|_{\ell^p(\mathbb{N})}:=\left(\sum_{m\in\mathbb{N}}|x_m^{(n)}-x_m|^p\right)^{\frac{1}{p}}\longrightarrow 0,\quad n\longrightarrow\infty.$$

- 中间拓扑 (intermediate topology) 称 $x^{(n)}$ 在**中间拓扑**意义下收敛于 $x\in\ell^p$, 如果

$$\|x^{(n)}-x\|_{\ell^\infty(\mathbb{N})}:=\sup_{m\in\mathbb{N}}|x_m^{(n)}-x_m|\longrightarrow 0,\quad n\longrightarrow\infty.$$

- 弱拓扑 (weak topology) 称 $x^{(n)}$ 在**弱拓扑 (逐点拓扑)** 意义下收敛于 $x\in\ell^p$, 如果

$$\lim_{n\to\infty}x_m^{(n)}-x_m=0,\quad\forall m\in\mathbb{N}.$$

严格地讲, 这里定义的弱拓扑是对有界序列来讲的. 事实上这里考虑的序列均是有界序列.

注记 4.1.1 (i) 序列 $e_n, n = 1, 2, \cdots$ 在**弱拓扑**意义下收敛于 0, 但在**强拓扑**与**中间拓扑**意义下均不收敛于 0.

(ii) 序列

$$y_n = \frac{1}{n^{\frac{1}{p}}} \sum_{k=1}^{n} e_k$$

在**弱拓扑**与**中间拓扑**意义下均收敛于 0, 然而, 在**强拓扑**意义下不收敛于 0.

(iii)

$$\textbf{强拓扑} \Longrightarrow \textbf{中间拓扑} \Longrightarrow \textbf{弱拓扑},$$

反之不成立. 上面的例子就很好地说明这一事实. 对于有界序列而言, 中间拓扑的选取不是唯一的, 例如: 可取 $\ell^q(\mathbb{N})$ 范数诱导的拓扑! 这里 $q > p$. 当然, 只需利用 Hölder 不等式就说明这一事实.

为了简单起见, 首先证明集中紧致现象的一个温和版本. 在多数情形下, 问题的关键点是将有界序列分解成

• 结构部分 (structured component), 对应着波包 (bubble) 或轮廓, 轮廓对应着弱拓扑下的极限点.

• 随机部分 (random component), 对应着余项 (remainders)! 随机部分在较 $\ell^p(\mathbb{N})$ 更弱的范数意义下也是小量. 而轮廓对应着弱拓扑下的极限点.

我们知道如下事实:

$$S \subset \mathbb{R}^d \text{ 紧} \iff S \text{ 是有界闭集}.$$

但是, 对于无限维空间, 这种等价关系不再成立. 例如: $\ell^p(\mathbb{N})$ 中的有界闭集 $\{e_n = (0, \cdots, 0, 1, 0, \cdots)\}$ 不是紧集. 如何刻画 $\ell^p(\mathbb{N})$ 中的紧集?

命题 4.1.1(ℓ^p 中紧集的刻画) 设 $1 < p < \infty$, $S \subset \ell^p(\mathbb{N})$ 紧的充要条件为

(i) S 是有界闭集.

(ii) S 是质量聚积 (或称可局部化的), 即: 对于任意的 $\varepsilon > 0$, 存在 $N > 0$(不依赖于 S 中的元素), 使得

$$\left(\sum_{n \geqslant N} |x_n|^p \right)^{\frac{1}{p}} < \varepsilon, \quad \forall x \in S.$$

证明 "$\Longrightarrow$" 既然 S 紧, 自然 $S \subset \ell^p(\mathbb{N})$ 是闭的有界集合. 下仅需证明质量聚积现象. S 紧意味着全有界集, 即: 对于任意的 $\varepsilon > 0$, 存在有限的

$x^{(1)}, \cdots, x^{(N')} \in \ell^p(\mathbb{N})$ 满足

$$S \subset \bigcup_{j=1}^{N'} B_{\ell^p}\left(x^{(j)}, \varepsilon/2\right).$$

因此, 存在一个公共的 $N>0$, 使得

$$\left(\sum_{n \geqslant N} |x_n^{(j)}|^p\right)^{\frac{1}{p}} < \frac{\varepsilon}{2}, \quad j=1,2,\cdots,N'.$$

对于任意的 $y \in S$, 总存在 $1 \leqslant j_0 \leqslant N'$ 使得

$$\|x^{(j_0)} - y\|_{\ell^p} < \frac{\varepsilon}{2}.$$

故

$$\left(\sum_{n \geqslant N} |y_n|^p\right)^{\frac{1}{p}} \leqslant \left(\sum_{n \geqslant N} |x_n^{(j_0)} - y_n|^p\right)^{\frac{1}{p}} + \left(\sum_{n \geqslant N} |x_n^{(j_0)}|^p\right)^{\frac{1}{p}} < \varepsilon, \quad \forall y \in S.$$

"$\Longleftarrow$" 仅需证明有界序列 $\{x^{(k)}\} \subset S$ 存在收敛子列. 事实上, 根据有界序列 $\{x^{(k)}\} \subset S$ 满足聚积条件, 存在 N 使得

$$\sum_{n \geqslant N} x_n^{(k)} \leqslant \varepsilon, \quad \forall k=1,2,\cdots.$$

对于固定的 n, 总有

$$\left|x_n^{(k)}\right| \leqslant \|x^{(k)}\|_{\ell^p} \lesssim 1.$$

因此, $\{x_n^{(k)}\}$ 关于指标 k 是 $\mathbb{R}$ 中的有界数列, 自然存在收敛的子序列 $\{x_n^{(k(n))}\}$ 满足

$$x_n^{(k(n))} \longrightarrow x_n^{(\infty)}, \quad k(n) \longrightarrow \infty.$$

于是, $x^{(\infty)} \triangleq \{x_n^{(\infty)}\} \in \ell^p$ 满足

$$\begin{aligned}
\|x^{(\infty)}\|_{\ell^p} = \left(\sum_{n \in \mathbb{N}} |x_n^{(\infty)}|^p\right)^{\frac{1}{p}} &\leqslant \inf \lim_{k(n)\to\infty} \left(\sum_{n \in \mathbb{N}} |x_n^{(k(n))}|^p\right)^{\frac{1}{p}} \\
&\leqslant \inf \lim_{k(n)\to\infty} \left(\sum_{n \leqslant N} |x_n^{(k(n))}|^p\right)^{\frac{1}{p}} + \varepsilon \\
&\leqslant \left(\sum_{n \leqslant N} |x_n^{(\infty)}|^p\right)^{\frac{1}{p}} + \varepsilon.
\end{aligned}$$

□

寻求失紧的原因 在多数情形下, 存在两种模式破坏紧性. 下面以 $\ell^p=\ell^p(\mathbb{N};\mathbb{C})$ 为例, 研究有界闭集失紧的原因. 为此先陈述 ℓ^p 空间的相关事实. 当 $p=\infty$ 时, 用 $\ell^\infty=\ell^\infty(\mathbb{N},\mathbb{C})$ 表示有界序列的集合. 在通常范数意义下, 从嵌入关系

$$\ell^p \hookrightarrow \ell^q \hookrightarrow \ell^\infty, \quad p<q<\infty,$$

说明 ℓ^p 形成一个阶梯型空间链.

引理 4.1.2 设 $1 \leqslant p<q \leqslant \infty$. 则 $\ell^p(\mathbb{N}) \hookrightarrow \ell^q(\mathbb{N})$, 并且该包含是严格的. 事实上,

$$\|x\|_{\ell^q} \lesssim \|x\|_{\ell^p}^\theta \|x\|_{\ell^\infty}^{1-\theta} \leqslant \|x\|_{\ell^p}, \quad \frac{1}{q}=\frac{\theta}{p}+\frac{1-\theta}{\infty}. \tag{4.1.1}$$

特别,

$$\|x\|_{\ell^2} \lesssim \|x\|_{\ell^1}^{\frac{1}{2}} \|x\|_{\ell^\infty}^{\frac{1}{2}} \leqslant \|x\|_{\ell^1}. \tag{4.1.2}$$

证明 注意到

$$\|x\|_{\ell^\infty}^p=\sup_k |x_k|^p \leqslant \sum_{k\in\mathbb{N}} |x_k|^p=\|x\|_{\ell^p}^p,$$

因此 $\ell^p \subset \ell^\infty$. 除此之外, 我们还有

$$\|x\|_{\ell^q}^q=\sum_{k\in\mathbb{N}} |x_k|^q \leqslant \left(\sup_k |x_k|^{q(1-\theta)}\right) \sum_{k\in\mathbb{N}} |x_k|^{q\theta}.$$

两边开 q-次方根, 就得上述断言的证明. □

聚积现象 (concentration phenomenon) 第一类失紧现象源于质量聚积的缺失 (可以在弱拓扑下恢复紧性), 它是由平移变换导致的! 在 ℓ^p 框架下, 形象地可以理解为同一物体可任意放置在所有适合它的不同位置.

定义 4.1.2 (转移) 设 $m\in\mathbb{Z}$. 对 $x=(x_k)_{k\geqslant 1}\in\ell^p(\mathbb{N})$, 定义 $\tau_m x\in\ell^p(\mathbb{N})$ 如下:

$$\tau_m x=(y_k)_k; \quad y_k=\begin{cases} x_{k-m}, & k>m, \\ 0, & \text{其他}. \end{cases}$$

特别地, 当 $m\geqslant 0$ 时, 有

$$\|\tau_m x\|_{\ell^p}=\|x\|_{\ell^p}, \quad \forall\, 1\leqslant p\leqslant\infty.$$

命题 4.1.3 设 $0\neq x\in\ell^p(\mathbb{N})$, $1\leqslant p<\infty$ 并且定义

$$S=\{\tau_n x: n\in\mathbb{N}\}\subset\ell^p(\mathbb{N}).$$

则 S 是 $\ell^p(\mathbb{N})$ 一个闭的有界集, 但不是 $\ell^p(\mathbb{N})$ 中的紧集.

证明 这个命题给出了失紧的第一种方式. 注意到 $\|\tau_n x\|_{\ell^p} = \|x\|_{\ell^p}$, 因此 S 是一个有界集. 利用 $\{\tau_n x\}$ 是离散的就表明 S 是闭集. 事实上, 如果用 k_0 表示 $x=(x_k)_k$ 中满足 $x_{k_0}\neq 0$ 的第一个元素. 则对于任意的 $a<b$, 考察 $a+k_0$ 处对应的元素, 我们就有

$$\|\tau_a x - \tau_b x\|_{\ell^p} \geqslant |x_{k_0}| > 0.$$

这就意味着 S 是非紧集. 事实上, 容易看出

$$S \subset \bigcup_{n\in\mathbb{N}} B_{\ell^p}\left(\tau_n x, \frac{1}{2}|x_{k_0}|\right)$$

是 S 的开覆盖, 但不存在有限子覆盖 (上面开覆盖之集合互不相交). □

特例与基本事实 (i) 选取 $e=(1,0,0,\cdots)$, 容易看出 ℓ^p 中有界集合

$$S=\{\tau_n e\}_{n\in\mathbb{N}}=\{e_1,\cdots,e_j,\cdots\},\quad e_j=(0,\cdots,0,1,0,\cdots)$$

是非紧集. 但是, 在不计平移变换的意义下是 ℓ^p 中紧集.

(ii) 设 $p<+\infty$, 对任意的 $x\in\ell^p$, 集合

$$S=\{\tau_{-n}x, n\in\mathbb{N}\}$$

是一个收敛于 0 的序列, 并且是一个列紧集.

质量重分 (equi-repartition of mass) 或**质量色散** (dispersive of mass) 第二类失紧方式是质量重分或质量的色散所导致, 这种失紧方式是不能恢复的!

命题 4.1.4 令

$$x_k^{(n)}=\frac{1}{n^{1/p}}\delta_{k\leqslant n} \Longrightarrow S=\left\{x^{(n)}; n\in\mathbb{N}\right\} \text{ 满足 } \|x^{(n)}\|_{\ell^p}=1.$$

则有如下结论:

(i) S 是 $\ell^p(\mathbb{N})$ 中的有界闭集, 但并非紧集.

(ii) 对 $\forall q>p$, S 是 $\ell^q(\mathbb{N})$ 中的列紧集.

说明通过减弱拓扑可恢复紧性!

证明 显然 S 有界. 它的闭性直接从 S 的离散性推出. 事实上, 若 $a<b$, 注意到

$$\|x^{(a)}-x^{(b)}\|_{\ell^p} \geqslant \frac{1}{a^{1/p}}-\frac{1}{b^{1/p}} > \frac{1}{2}\left[\frac{1}{a^{1/p}}-\frac{1}{(a+1)^{1/p}}\right] =: R_a.$$

因而, $S\subset\bigcup B_{\ell^p}(x^{(a)},R_a)$ 构成了集合 S 的一个良定覆盖, 但是不可能获得有限覆盖. 说明 S 不是紧集. 最后, 对任意的 $q>p$, 总有

$$\|x^{(a)}-0\|_{\ell^q}=\left(\frac{a}{a^{q/p}}\right)^{\frac{1}{q}}=a^{\frac{1}{q}-\frac{1}{p}}\longrightarrow 0,\quad a\longrightarrow+\infty.$$

因此, S 是 $\ell^q(\mathbb{N})$ 中的收敛序列. 即 S 是 $\ell^q(\mathbb{N})$ 中的紧集. □

注记 4.1.2 通过上面分析可以看出: $\ell^p \hookrightarrow \ell^q (p<q)$ 失紧源于平移变换. 进而, 集中紧性原理开发了如下事实:

■ 其一是有界序列保持质量聚积, 借助于平移变换来刻画紧性的亏损.

■ 其二是质量的重分或色散, 但是在比 ℓ^p 弱的拓扑 (如: ℓ^∞, ℓ^q, $p<q$) 下收敛于 0. 这强烈意味着惩罚了聚积现象 (penalize concentration).

定理 4.1.5 (ℓ^p 中初等轮廓分解, Jaffard[72], Tao[170]) 设 $1 \leqslant p < \infty$, $\{x^{(n)}\}_{n\in\mathbb{N}}$ 是 $\ell^p(\mathbb{N})$ 中的一致有界序列, 无妨假设

$$\varlimsup_{n\to\infty} \|x^{(n)}\|_{\ell^p} \leqslant 1, \tag{4.1.3}$$

则存在一个序列簇 $\{y^{(\alpha)}\}_\alpha \subset \ell^p(\mathbb{N})$ 及一个平移变换序列簇 $\{m_\alpha^{(n)}\}_\alpha$, 在不计子序列的意义下, 对于任意的 $A \geqslant 1$, 有

$$x^{(n)} = \sum_{1\leqslant\alpha\leqslant A} \tau_{m_\alpha^{(n)}} y^{(\alpha)} + r^{A,(n)}, \tag{4.1.4}$$

对于任意的 $k \geqslant 1$, 我们有表示形式

$$x_k^{(n)} = \sum_{1\leqslant\alpha\leqslant A} y^{(\alpha)}_{k-m_\alpha^{(n)}} + r_k^{A,(n)}. \tag{4.1.5}$$

除此之外, 还有如下正交性估计:

$$\begin{cases} \|x^{(n)}\|_{\ell^p}^p = \displaystyle\sum_{1\leqslant\alpha\leqslant A} \|y^{(\alpha)}\|_{\ell^p}^p + \|r^{A,(n)}\|_{\ell^p}^p + o_n(1), \\ \displaystyle\varlimsup_{A\to+\infty} \varlimsup_{n\to+\infty} \|r^{A,(n)}\|_{\ell^q} = 0, \quad \forall q > p. \end{cases} \tag{4.1.6}$$

注记 4.1.3 • 在轮廓分解 (4.1.4) 中, $\sum\limits_{1\leqslant\alpha\leqslant A} \tau_{m_\alpha^{(n)}} y^{(\alpha)}$ 对应着聚积部分, 均是通过典型的狄拉克测度刻画; 而 $r^{A,(n)}$ 对应着质量重分或色散部分.

• 集中紧致原理的核心理念是: 对 ℓ^p 中的有界序列 $\{x^{(n)}\}$, 在不计子序列的前提下 (仍然用 $\{x^{(n)}\}$ 表示), 在较弱的拓扑下, 渐近收敛于一系列几乎正交行波的叠加.

• 仅需考察 $\ell^p \hookrightarrow \ell^\infty$ 的紧性! 事实上, 若 $\|r^{A,(n)}\|_{\ell^\infty} \to 0$, 则

$$\|r^{A,(n)}\|_{\ell^q} \leqslant \|r^{A,(n)}\|_{\ell^p}^\theta \|r^{A,(n)}\|_{\ell^\infty}^{1-\theta} \to 0, \quad \theta = \frac{p}{q}.$$

定理 4.1.5 的证明 轮廓分解的证明是标准的, 关键是如何抽取轮廓. 这可以通过 "sup"-的定义来实现, 这里 ℓ^∞ 范数为平移变换与 "sup"-的选取提供了优美平衡. 证明过程与实质改进严重地依赖于子序列的选取, 借助于 Cantor 对角化方法, 总能进行可数次. 为了方便起见, 从现在起总使用 $\limsup \triangleq \overline{\lim}$, 自然也可通过一个子序列将其转化成一个极限.

由注记 4.1.3 中的第二条, 仅需考虑在最弱拓扑 ℓ^∞ 中的紧性! 对于 ℓ^p 中的有界序列 $z^{(n)}$, 定义

$$\begin{cases} \delta(\{z^{(n)}\}) = \overline{\lim\limits_{n\to\infty}} \|z^{(n)}\|_{\ell^\infty} = \overline{\lim\limits_{n\to\infty}} \sup\limits_{k\in\mathbb{N}} \left|z_k^{(n)}\right|, \\ m_1^{(n)} = \min\left\{k\in\mathbb{N},\ |z_k^{(n)}| \geqslant \dfrac{\delta}{2}\right\}, \quad m^{(n)} \text{ 位置指标}. \end{cases} \tag{4.1.7}$$

从上确界的定义, 在相差一个子序列的意义下, 就得

$$\|z^{(n)}\|_{\ell^\infty} \geqslant \frac{3}{4}\delta, \quad \exists k, \ \text{s.t.}\ |z_k^{(n)}| \geqslant \frac{\delta}{2}. \tag{4.1.8}$$

令 $z^{(n),0} = x^{(n)}$. 对于 $J \geqslant 0$, 假设 $z^{(n),J}$ 满足 (4.1.3), 记 $\delta_J = \delta(\{z^{(n),J}\}) > 0$, 则存在子序列 σ 满足

$$\lim_{n\to+\infty} \sup_{k\in\mathbb{N}} |z_k^{\sigma(n),J}| \geqslant 3\delta_J/4.$$

不计选取子序列, 无妨假设 $\sigma = \mathrm{Id}$. 定义

$$m_J^{(n)} = \min\left\{k\in\mathbb{N}, |z_k^{(n),J}| \geqslant \frac{\delta_J}{2}\right\}.$$

根据 (4.1.3) 推知 $\{z_{m_J^{(n)}}^{(n),J}\}$ 是一个有界数列. 因此, 通过抽取新的子序列 (仍用该记号) 收敛于 β_J, 满足

$$|\beta_J| \geqslant \frac{\delta_J}{2}.$$

显然,

$$\frac{\delta_J}{2} \leqslant |\beta_J| \leqslant \limsup_{n\to+\infty} \|z^{(n),J}\|_{\ell^\infty} \leqslant \delta_J. \tag{4.1.9}$$

选取

$$y^{(J)} = (\beta_J \delta_{k0})_k = (\beta_J, 0, 0, \cdots).$$

则

$$\|z^{(n),J} - \tau_{m_J^{(n)}} y^{(J)}\|_{\ell^p}^p = \sum_{k\neq m_J^{(n)}} |z_k^{(n),J}|^p + |z_{m_J^{(n)}}^{(n),J} - \beta_J|^p$$

$$= \|z^{(n),J}\|_{\ell^p}^p - |z_{m_J^n}^{(n),J}|^p + |z_{m_J^{(n)}}^{(n),J} - \beta_J|^p$$

$$= \|z^{(n),J}\|_{\ell^p}^p - \|y^{(J)}\|_{\ell^p}^p + o_{n\to+\infty}(1). \tag{4.1.10}$$

最后, 令

$$z^{(n),J+1} = z^{(n),J} - \tau_{m_J^{(n)}} y^{(J)},$$

对于 $z^{(n),J+1}$ 重复上面的讨论与论证.

若存在 J 使得 $\delta_J = 0$, 在此情形下, 上面讨论仅持续有限步 $A = J$, 使得

$$y^{(J)} = (0, 0, \cdots).$$

此时, $\delta_J = 0$ 就精确验证了 (4.1.6) 的第二个结论.

若对任意的 J, 均有 $\delta_J > 0$, 于是对应着存在无穷多轮廓 $y^{(J)}$. 另一方面, 通过迭代 (4.1.10), 对于任意的 J, 就推出

$$\|x^{(n)}\|_{\ell^p}^p = \sum_{1\leqslant\alpha\leqslant J} \|y^{(\alpha)}\|_{\ell^p}^p + \|z^{(n),J+1}\|_{\ell^p}^p + o_{n\to+\infty}(1)$$

$$= \sum_{1\leqslant\alpha\leqslant J} |\beta_\alpha|^p + \|z^{(n),J+1}\|_{\ell^p}^p + o_{n\to+\infty}(1).$$

这就证明了 (4.1.6) 的第一个结论. 进而推知序列 β_α 是可和的, 说明收敛于 0. 再回头求助于 (4.1.9), 即可验证 (4.1.6) 的第二个结论. □

上面给出了轮廓分解的一个基本模式. 在实践中需要更强形式的正交关系. 只要选择一个正确的 "坐标", 获得具有更强正交性的轮廓分解并非难事. 优点在于所选取的轮廓不仅仅是 Dirac 测度, 同时也是通过平移变换生成的在极限点 "几何" 上满足可求和性质的任意函数.

具体地说, 在定理 4.1.5 的条件下, 增加如下平移序列的正交性, 即

$$m_\alpha \perp m_\beta \Longleftrightarrow \lim_{n\to+\infty} |m_\alpha^{(n)} - m_\beta^{(n)}| = +\infty, \quad \alpha \neq \beta. \tag{4.1.11}$$

这就使得几乎所有的平移 (最多一个平移例外) 均收敛于 $+\infty$. 在此情形下, 不同的极限点 y^α 位于不同的位置. 总之, 我们有如下轮廓分解.

定理 4.1.6 (ℓ^p 中强型轮廓分解, Jaffard[72], Tao[170]) 对于 $1 \leqslant p < \infty$, 设 $\{x^{(n)}\}_n \subset \ell^p(\mathbb{N})$ 满足 (4.1.3). 则存在一个弱极限 $y^{(0)} \in \ell^p(\mathbb{N})$, 一个序列簇 $(y^{(\alpha)}) \in \ell^p(\mathbb{Z})$ 及一簇相互正交的平移序列 (m_α) (在 (4.1.11) 意义下的正交), 在不计子序列的意义下, 对于任意的 $A \geqslant 1$, 有

$$x^{(n)} = y^{(0)} + \sum_{1\leqslant\alpha\leqslant A} \tau_{m_\alpha^{(n)}} y^{(\alpha)} + r^{A,(n)},$$

对于任意的 $k \geqslant 0$, 有如下分量分解

$$x_k^{(n)} = y_k^{(0)} + \sum_{1 \leqslant \alpha \leqslant A} y_{k-m_\alpha^{(n)}}^{(\alpha)} + r_k^{A,(n)}.$$

除此之外, 对任意的 $q > p$, 满足求和项的控制估计

$$\begin{cases} \|x^{(n)}\|_{\ell^p(\mathbb{N})}^p = \|y^{(0)}\|_{\ell^p(\mathbb{N})}^p + \sum\limits_{1 \leqslant \alpha \leqslant A} \|y^{(\alpha)}\|_{\ell^p(\mathbb{Z})}^p + \|r^{A,(n)}\|_{\ell^p(\mathbb{N})}^p + o_{n \to +\infty}(1), \\ \limsup\limits_{A \to +\infty} \limsup\limits_{n \to +\infty} \|r^{A,(n)}\|_{\ell^q(\mathbb{N})} = 0. \end{cases} \tag{4.1.12}$$

证明 沿用定理 4.1.5 证明中的记号, 例如

$$(z^{(n),J})_n, \quad \delta(\{z^{(n),J}\}), \quad m_J^{(n)}.$$

然而, 一旦选定了 $m_J^{(n)}$, 就可考虑序列

$$q^{(n),J} = (q_k^{(n),J})_k; \quad q_k^{(n),J} = \begin{cases} z_{m_J^{(n)}+k}^{(n),J}, & k \geqslant -m_J^{(n)}, \\ 0, & k < -m_J^{(n)}. \end{cases}$$

于是, 此序列是 $\ell^p(\mathbb{Z})$ 中的有界列. 在不计子序列的前提下, 它弱收敛于 $y^{(J)}$. 除此之外, 我们还知道

$$\|y^{(J)}\|_{\ell^p(\mathbb{Z})} \geqslant |y_0^{(J)}| = \lim_{n \to +\infty} |z_{m_J^{(n)}}^{(n),J}| \sim \delta_J > 0.$$

因此, 令

$$z^{(n),J+1} = z^{(n),J} - \tau_{m_J^{(n)}} y^{(J)}.$$

容易推出如下关键性的收敛性

$$\tau_{-m_J^{(n)}} z^{(n),J+1} \longrightarrow 0. \tag{4.1.13}$$

并且对于任意与 $m_J^{(n)}$ 正交的序列 $r^{(n)}$(在 (4.1.11) 意义下正交), 有

$$\tau_{-r^{(n)}} \left[\tau_{m_J^{(n)}} y^J \right] \longrightarrow 0, \quad 在\ \ell^p(\mathbb{Z}).$$

除此之外, 根据弱收敛的定义, 我们还有

$$\|z^{(n),J+1}\|_{\ell^p}^p = \|z^{(n),J} - \tau_{m_J^{(n)}} y^{(J)}\|_{\ell^p}^p = \|\tau_{-m_J^{(n)}} z^{(n),J} - y^{(J)}\|_{\ell^p}^p$$

$$= \|q^{(n),J}\|_{\ell^p}^p - \|y^{(J)}\|_{\ell^p}^p + o_{n\to+\infty}(1)$$
$$= \|z^{(n),J}\|_{\ell^p}^p - \|\tau_{m_J^{(n)}} y^{(J)}\|_{\ell^p}^p + o_{n\to+\infty}(1).$$

从而推出

$$\|z^{(n),J}\|_{\ell^p}^p = \|\tau_{m_J^{(n)}} y^{(J)}\|_{\ell^p}^p + \|z^{(n),J+1}\|_{\ell^p}^p + o_{n\to+\infty}(1).$$

通过上述步骤, 可以逐次归纳证明. 需要注意的是 (4.1.13) 确保所选取的平移序列满足 $m_j^{(n)} \perp m_J^{(n)}$, 这里 $j \leqslant J-1$. □

注记 4.1.4(定理 4.1.6 的详细证明) **步骤一** 由于 $\{x^{(n)}\}$ 在 $\ell^p(\mathbb{N})$ 有界, 则在不计子序列的意义下 (我们仍记为 $\{x^{(n)}\}$) 满足

$$x^{(n)} \rightharpoonup y^{(0)}, \quad 在\ \ell^p(\mathbb{N}).$$

令 $z^{(n),1} = x^{(n)} - y^{(0)}$, 则由改进 Fatou 引理 (引理 4.1.11), 我们断言:

$$\|z^{(n),1}\|_{\ell^p}^p = \|x^{(n)}\|_{\ell^p}^p - \|y^{(0)}\|_{\ell^p}^p + o_n(1), \quad 1 \leqslant p < \infty. \tag{4.1.14}$$

步骤二 定义

$$\delta_1 = \varlimsup_{n\to\infty} \|z^{(n),1}\|_{\ell^\infty}, \quad m_1^{(n)} = \inf\left\{k \in \mathbb{N} : |z_k^{(n),1}| \geqslant \frac{\delta_1}{2}\right\} \tag{4.1.15}$$

及

$$q^{(n),1} = \tau_{-m_1^{(n)}} z^{(n),1}, \quad q_k^{(n),1} = \begin{cases} z_{k+m_1^{(n)}}^{(n),1}, & k \geqslant -m_1^{(n)}, \\ 0, & k < -m_1^{(n)}. \end{cases} \tag{4.1.16}$$

如果 $\delta_1 = 0$, 则

$$J = 1, \quad 且\ x^{(n)} \rightharpoonup y^{(0)}, \quad 在\ \ell^p(\mathbb{N}).$$

否则, 根据 $q^{(n),1}$ 在 $\ell^p(\mathbb{Z})$ 有界, 在不计子序列的意义下,

$$q^{(n),1} \rightharpoonup y^{(1)}, \quad 在\ \ell^p(\mathbb{Z}), \tag{4.1.17}$$

并且

$$\|y^{(1)}\|_{\ell^p(\mathbb{Z})} \geqslant |y_0^{(1)}| = \lim_{n\to\infty} |z_{m_1^{(n)}}^{(n),1}| \geqslant \frac{\delta_1}{2}. \tag{4.1.18}$$

令 $z^{(n),2}=z^{(n),1}-\tau_{m_1^{(n)}}y^{(1)}$, 则

$$\begin{cases}\|z^{(n),2}\|_{\ell^p(\mathbb{Z})}^p=\|z^{(n),1}\|_{\ell^p(\mathbb{Z})}^p-\|y^{(1)}\|_{\ell^p(\mathbb{Z})}^p+o_n(1),\\ \tau_{-m_1^{(n)}}z^{(n),1}\longrightarrow y^{(1)},\quad \text{在}\quad \ell^p(\mathbb{Z}),\\ \tau_{-m_1^{(n)}}z^{(n),2}\longrightarrow 0,\quad \text{在}\quad \ell^p(\mathbb{Z}).\end{cases}\tag{4.1.19}$$

步骤三 定义

$$\delta_2=\overline{\lim_{n\to\infty}}\|z^{(n),2}\|_{\ell^\infty},\quad m_2^{(n)}=\inf\left\{k\in\mathbb{N}:|z_k^{(n),2}|\geqslant\frac{\delta_2}{2}\right\}$$

及

$$q^{(n),2}=\tau_{-m_2^{(n)}}z^{(n),2},\quad q_k^{(n),2}=\begin{cases}z_{k+m_2^{(n)}}^{(n),2}, & k\geqslant -m_2^{(n)},\\ 0, & k<-m_2^{(n)}.\end{cases}$$

如果 $\delta_2=0$, 则 $J=2$ 就完成了定理的证明. 否则, 对于序列 $\{z^{(n),2}\}$ 进行与步骤二相同的讨论, 根据 $q^{(n),2}$ 在 $\ell^p(\mathbb{Z})$ 有界, 在不计子序列的意义下,

$$q^{(n),2}\longrightarrow y^{(2)},\quad \text{在}\ \ \ell^p(\mathbb{Z}),\quad \|y^{(2)}\|_{\ell^p(\mathbb{Z})}\geqslant|y_0^{(2)}|=\lim_{n\to\infty}|z_{m_2^{(n)}}^{(n),2}|\geqslant\frac{\delta_2}{2}.$$

令

$$z^{(n),3}=z^{(n),2}-\tau_{m_2^{(n)}}y^{(2)},$$

就得

$$\begin{cases}\|z^{(n),3}\|_{\ell^p(\mathbb{Z})}^p=\|z^{(n),2}\|_{\ell^p(\mathbb{Z})}^p-\|y^{(2)}\|_{\ell^p(\mathbb{Z})}^p+o_n(1),\\ \tau_{-m_2^{(n)}}z^{(n),2}\longrightarrow y^{(2)},\quad \text{在}\quad \ell^p(\mathbb{Z}),\\ \tau_{-m_2^{(n)}}z^{(n),3}\longrightarrow 0,\quad \text{在}\quad \ell^p(\mathbb{Z}).\end{cases}\tag{4.1.20}$$

......

步骤四 正交关系的证明 首先证明断言:

$$|m_1^{(n)}-m_2^{(n)}|\longrightarrow+\infty,\quad n\longrightarrow\infty.\tag{4.1.21}$$

采用反证法. 如果不然,

$$|m_1^{(n)}-m_2^{(n)}|\not\longrightarrow+\infty.$$

从 $m_{(\alpha)}^{(n)} \in \mathbb{N}$ 对应的离散性质, 在相差一个子序列的意义下, 我们获得

$$m_1^{(n)} - m_2^{(n)} = \text{常数}.$$

利用 (4.1.19) 就得

$$\tau_{-m_2^{(n)}} z^{(n),2} = \tau_{-m_1^{(n)} + (m_1^{(n)} - m_2^{(n)})} z^{(n),2} \longrightarrow 0, \quad \text{在} \quad \ell^p(\mathbb{Z}).$$

这与 (4.1.20) 的第二个式子相矛盾.

下面来证明

$$\tau_{-m_1^{(n)}} z^{(n),3} \longrightarrow 0, \quad \text{在} \ \ell^p(\mathbb{Z}). \tag{4.1.22}$$

根据 (4.1.20) 中的第三个极限关系, 我们仅需证明

$$\tau_{-m_1^{(n)}} (\tau_{m_2^{(n)}} y^{(2)}) \longrightarrow 0, \quad \text{在} \ \ell^p(\mathbb{Z}). \tag{4.1.23}$$

事实上, 对于任意的 $\varphi \in \ell^{p'}$, $\forall \varepsilon > 0$, $\exists N$, 使得

$$\left(\sum_{|k| \geqslant N} |\varphi_k|^{p'} \right)^{\frac{1}{p'}} < \varepsilon.$$

因此,

$$\begin{aligned} \langle \varphi, \tau_{m_2^{(n)} - m_1^{(n)}} y^{(2)} \rangle &= \sum_{|k| < N} \varphi_k \tau_{m_2^{(n)} - m_1^{(n)}} y_k^{(2)} + \sum_{|k| \geqslant N} \varphi_k \tau_{m_2^{(n)} - m_1^{(n)}} y_k^{(2)} \\ &\leqslant \frac{\varepsilon}{2} + \left(\sum_{|k| \geqslant N} |\varphi_k|^{p'} \right)^{\frac{1}{p'}} \|y^{(2)}\|_{\ell^p} < \varepsilon. \end{aligned}$$

故得 (4.1.23), 从而有正交关系 (4.1.22).

最后, 类似于 (4.1.21) 的证明, 利用 (4.1.22) 及 $\tau_{-m_3^{(n)}} z^{(n),3} \longrightarrow y^{(3)}$ 就推出

$$|m_1^{(n)} - m_3^{(n)}| \longrightarrow \infty, \quad n \longrightarrow \infty.$$

同理可证明更多的正交关系!

步骤五 若 $J = \infty$, 根据

$$\|x^{(n)}\|_{\ell^p}^p = \|y^{(0)}\|_{\ell^p}^p + \sum_{\alpha=1}^{A} \|y^{(\alpha)}\|_{\ell^p}^p + \|r^{A,(n)}\|_{\ell^p}^p + o_n(1),$$

推出

$$\overline{\lim_{n\to\infty}} \|z^{(n),\alpha}\|_{\ell^\infty} = \delta_\alpha \sim \|y^{(\alpha)}\|_{\ell^p} \longrightarrow 0, \quad \alpha \longrightarrow \infty.$$

步骤六　利用引理 4.1.11 证明正交性:

$$\|z^{(n),1}\|_{\ell^p}^p = \|x^{(n)}\|_{\ell^p}^p - \|y^{(0)}\|_{\ell^p}^p + o_n(1).$$

事实上, 令

$$f^j(x) = x_k^{(j)}, \quad x \in [k, k+1); \quad f(x) = y_k^{(0)}, \quad x \in [k, k+1),$$

则

$$\|x^{(j)}\|_{\ell^p}^p = \int_0^\infty |f^j| dx, \quad 且\ f^j(x) - f(x) = z_k^{(j),1},\ x \in [k, k+1).$$

利用下面改进 Fatou 引理中的估计 (4.1.39), 就得

$$\lim_{n\to\infty} \left| \|x^{(n)}\|_{\ell^p}^p - \|y^{(0)}\|_{\ell^p}^p - \|z^{(n),1}\|_{\ell^p}^p \right| = 0.$$

4.1.2　$L^p(\mathbb{R}^d)$-紧性刻画与 Fatou 定理

众所周知, 集合 $\mathcal{F} \subseteq C(K)$ ($K \subseteq \mathbb{R}^d$ 紧) 是列紧集的充要条件是一致有界与等度连续, 这就是著名的 Arzelá-Ascoli 定理. 然而, 集合 $\mathcal{F} \subseteq C(\mathbb{R}^d)$ 紧的充要条件:

(i) $\mathcal{F}$ 一致有界与等度连续;

(ii) $\mathcal{F}$ 具有致密性, 即对任意的 $\varepsilon > 0$, 总存在 $R > 0$, 满足

$$\sup_{|x|\geqslant R} |f(x)| < \varepsilon, \quad \forall f(x) \in \mathcal{F}.$$

它在 L^p 空间上的自然延伸就是著名的 Riesz 定理.

定理 4.1.7 (L^p-紧性定理)　设 $1 \leqslant p < \infty$. 集合 $\mathcal{F} \subseteq L^p(\mathbb{R}^d)$ 在 L^p-拓扑下紧致, 当且仅当如下条件成立:

(i) 存在 $A > 0$, 使得 $\|f\|_p \leqslant A$, $\forall f \in \mathcal{F}$.

(ii) 对任意的 $\varepsilon > 0$, 总存在 $\delta > 0$, 当 $|y| < \delta$ 时, 成立:

$$\int_{\mathbb{R}^d} |f(x+y) - f(x)|^p dx < \varepsilon^p, \quad \forall f \in \mathcal{F}. \tag{4.1.24}$$

(iii) 对任意的 $\varepsilon > 0$, 总存在 $R > 0$, 满足

$$\int_{|x|\geqslant R} |f(x)|^p dx < \varepsilon^p, \quad \forall f \in \mathcal{F}. \tag{4.1.25}$$

注记 4.1.5 类似于经典的 Arzelá-Ascoli 定理, 将 L^p-紧性定理中的三个条件分别称为一致有界、等度连续及致密性 (广义质量集中现象).

定理 4.1.7 的证明 先证**必要性**. 设 $\mathcal{F} \subseteq L^p(\mathbb{R}^d)$ 紧致, 则对于任意的 $\varepsilon > 0$, 一定存在一个有限的 $2^{-1}\varepsilon$ 网 $\{f_j\}$, $j = 1, \cdots, N_0$. 显然, 对于任意的 $1 \leqslant j \leqslant N_0$, 定理 4.1.7 中 (i)—(iii) 成立. 因此, 利用有限的 $\varepsilon/2$ 网的性质, 推知 $\mathcal{F}$ 上函数均满足 (i)—(iii).

再来证明**充分性**. 对任意的 $\varepsilon > 0$, 仅需证明 $\mathcal{F}$ 存在有限的 ε 网. 令 $\phi \in C_c^\infty(\mathbb{R}^d)$ 满足 $\phi \geqslant 0$ 及

$$\mathrm{supp}\phi \subseteq \big\{x : |x| \leqslant 1\big\}, \quad \int_{\mathbb{R}^d} \phi(x)dx = 1.$$

对于给定的 $R > 0$, 定义 $f \in \mathcal{F}$——物理与频率空间局部化逼近如下:

$$f_R(x) = \phi\left(\frac{x}{R}\right) \int_{\mathbb{R}^d} R^d \phi(R(x-y))f(y)dy, \quad \mathcal{F}_R = \big\{f_R : f(x) \in \mathcal{F}\big\}. \tag{4.1.26}$$

从条件 (i)—(iii) 容易看出, 只要选取 R 充分大, 就可以保证

$$\|f(x) - f_R(x)\|_p < \frac{1}{2}\varepsilon, \quad \forall f(x) \in \mathcal{F}. \tag{4.1.27}$$

利用 Young 不等式容易推出 $\mathcal{F}_R$ 是 $C(B_R(0))$ 中一致有界且等度连续. 利用经典 Arzelá-Ascoli 定理, $\mathcal{F}_R$ 在 $C(B_R(0))$ 上紧致. 因此, 存在有限的 $\dfrac{1}{2(\omega_d R^d)^{\frac{1}{p}}}\varepsilon$ 网, 即 $\{f_j\} \subseteq C(B_R(0))$, $j = 1, \cdots, N_0$. 从而推出 $\{f_j\}$ 在 L^p-拓扑下构成了 $\mathcal{F}_R$ 的有限 $\varepsilon/2$ 网. 最后, 根据三角不等式可见, $\{f_j\}$ 在 L^p-拓扑下就构成了集合 $\mathcal{F}$ 的有限 ε 网. □

推论 4.1.8(L^2-紧性定理) 集合 $\mathcal{F} \subseteq L^2(\mathbb{R}^d)$ 在 $L^2(\mathbb{R}^d)$-拓扑下是紧致的, 当且仅当如下条件成立:

(i) 存在 $A > 0$, 使得 $\|f\|_2 \leqslant A$, $\forall f(x) \in \mathcal{F}$.

(ii) 对任意的 $\varepsilon > 0$, 总存在 $R > 0$, 满足

$$\int_{|x|\geqslant R} |f(x)|^2 dx + \int_{|\xi|\geqslant R} |\hat{f}(\xi)|^2 d\xi < \varepsilon^2, \quad \forall f(x) \in \mathcal{F}. \tag{4.1.28}$$

证明 注意到 Fourier 变换是 $L^2(\mathbb{R}^d)$ 中自身的到自身的连续映射, 自然将紧集映射成紧集, 从而必要性是显然的 (见定理 4.1.7 的证明). 至于充分性, 仅需利用

$$\int_{\mathbb{R}^d} |f(x+y) - f(x)|^2 dx \sim \int_{\mathbb{R}^d} |e^{iy\xi} - 1|^2 |\hat{f}(\xi)|^2 d\xi, \quad \forall f(x) \in \mathcal{F}, \tag{4.1.29}$$

将右边的积分分解成充分大的球内与球外的积分:

$$\int_{\mathbb{R}^d} |e^{iy\xi}-1|^2|\hat{f}(\xi)|^2 d\xi \leqslant \int_{|\xi|\leqslant R} |e^{iy\xi}-1|^2|\hat{f}(\xi)|^2 d\xi + 4\int_{|\xi|\geqslant R} |\hat{f}(\xi)|^2 d\xi.$$

取 $R>0$ 充分大, 使得上式右端第二项充分小. 然后, 对第一项应用控制收敛定理, 直接推出定理 4.1.7 中的 (ii). 因此, 推论 4.1.8 得证. □

引理 4.1.9(加权型的径向 Sobolev 嵌入不等式) 设 $f \in H^1(\mathbb{R}^d)$ 径向对称, ω: $[0,\infty) \longmapsto [0,1]$ 满足

$$0 \leqslant \omega(r) \leqslant C\omega(\rho), \quad r<\rho \quad (\text{拟单调增函数}).$$

则

$$\left||x|^{\frac{d-1}{2}}\omega(|x|)f(x)\right|^2 \lesssim_d C^2\|f\|_{L^2(\mathbb{R}^d)}\|\omega^2\nabla f\|_{L^2(\mathbb{R}^d)}, \quad \forall x \in \mathbb{R}^d. \tag{4.1.30}$$

特别, 有

$$\left||x|^{\frac{d-1}{2}}f(x)\right|^2 \lesssim_d C^2\|f\|_{L^2(\mathbb{R}^d)}\|\nabla f\|_{L^2(\mathbb{R}^d)}, \quad \forall x \in \mathbb{R}^d. \tag{4.1.31}$$

引理 4.1.9 的证明 利用稠密性定理, 仅需对于具有径向对称的 Schwartz 函数 f 来证明估计 (4.1.30) 即可. 对于任意的 $r>0$, 利用微积分基本定理与 Cauchy-Schwarz 不等式, 容易推出:

$$\begin{aligned} r^{d-1}\omega(r)^2|f(r)|^2 &= -2r^{d-1}\omega(r)^2\mathrm{Re}\int_r^\infty \bar{f}(\rho)f'(\rho)d\rho \\ &\leqslant 2C^2\int_r^\infty \rho^{d-1}\omega(\rho)^2|f(\rho)||f'(\rho)|d\rho \\ &\leqslant 2C^2\left(\int_r^\infty \rho^{d-1}|f(\rho)|^2d\rho\right)^{\frac12}\left(\int_r^\infty \rho^{d-1}\omega(\rho)^4|f'(\rho)|^2d\rho\right)^{\frac12} \\ &\leqslant 2C^2\|f\|_{L^2(\rho^{d-1}d\rho)}\|\omega^2 f'\|_{L^2(\rho^{d-1}d\rho)}. \end{aligned} \tag{4.1.32}$$

从而推出估计(4.1.30). □

引理 4.1.10(径向 Sobolev 空间的紧性嵌入) 设 $d \geqslant 2$, 则

$$H^1_{\mathrm{rad}}(\mathbb{R}^d) \hookrightarrow\hookrightarrow L^p(\mathbb{R}^d), \quad 2<p<\frac{2d}{d-2}. \tag{4.1.33}$$

证明 令 $\mathcal{F} \subseteq H^1_{\mathrm{rad}}(\mathbb{R}^d)$ 是有界集, 对于任意的 $R > 0$, 显然

$$H^1_{\mathrm{rad}}(B_{R+1}(0)) \hookrightarrow\hookrightarrow L^p(B_{R+1}(0)), \quad 2 \leqslant p < 2^* = \frac{2d}{d-2} \tag{4.1.34}$$

是紧嵌入. 因此, 利用紧致集与有限 ε 网的等价性, 仅需证明, 当 R 充分大时, 成立

$$\|u\|^p_{L^p(B^c_R(0))} \leqslant \varepsilon, \quad u \in \mathcal{F}. \tag{4.1.35}$$

事实上, 注意到加权型的径向 Sobolev 嵌入不等式

$$|u| \leqslant \frac{C}{|x|^{\frac{d-1}{2}}} \|u\|_{H^1(\mathbb{R}^d)}, \quad u(x) \in \mathcal{F} \subseteq H^1_{\mathrm{rad}}(\mathbb{R}^d) \tag{4.1.36}$$

及插值公式

$$\|u\|^p_{L^p(B^c_R(0))} \lesssim \|u\|^{p-\frac{p-2}{2}d}_{L^2(B^c_R(0))} \|u\|^{\frac{p-2}{2}d}_{L^{2^*}(B^c_R(0))} \lesssim \|u\|^p_{H^1(\mathbb{R}^d)} \left(\int_R^\infty r^{-\frac{d-1}{2}2^*+d-1} dr\right)^{\frac{1}{2^*}\frac{p-2}{2}d},$$

推出当 R 充分大时, 有

$$\|u\|_{L^p(B^c_R(0))} \leqslant C\|u\|_{H^1(\mathbb{R}^d)} \left(\int_R^\infty r^{-\frac{d-1}{2}2^*+d-1} dr\right)^{\frac{1}{2^*}\frac{p-2}{2p}d} < \varepsilon. \qquad \square$$

改进 Fatou 引理及其作用 虽然 Fatou 引理与紧性定理没有直接关系, 然而如同在部分压缩映射框架下, 较弱拓扑诱导的度量下的 Cauchy 序列的收敛元仍具强拓扑意义下的正则性, Fatou 引理起着本质的作用. 事实上, 在多数情形下, 主要依赖弱拓扑意义下的紧性. 众所周知, 极限在弱拓扑意义下, 范数可以产生跳跃现象 (因为范数仅是弱下半连续). 一个基本问题是如何刻画跳跃的大小? 对于 Hilbert 空间 H(具有内积结构), 有如下满意的刻画, 即

$$g_n \rightharpoonup g \Longrightarrow \|g_n\|^2_H - \|g - g_n\|^2_H \to \|g\|^2_H, \ \{g_n\}_n, \ g \in H. \tag{4.1.37}$$

那么, 对于一般的 L^p 空间, 就没有形如(4.1.37)的连续性刻画.

如果将弱收敛提升到几乎处处收敛, 也可以给出类似与(4.1.37)的连续性刻画. 事实上, 在几乎处处收敛的意义下, 范数的下半连续性本质上对应着 Fatou 引理, 即:

引理 4.1.11(改进 Fatou 引理) 设 $p>1$, $\{f_n\} \subseteq L^p(\mathbb{R}^d)$ 满足 $\limsup \|f_n\|_p < \infty$. 如果 f_n 几乎处处收敛于 f, 则

$$\int_{\mathbb{R}^d} \Big||f_n|^p - |f_n - f|^p - |f|^p\Big| dx \longrightarrow 0. \tag{4.1.38}$$

特别有

$$\|f_n\|_p^p - \|f_n - f\|_p^p \longrightarrow \|f\|_p^p, \quad n \longrightarrow \infty. \tag{4.1.39}$$

注记 4.1.6 (i) 利用经典 Fatou 引理, 容易推出

$$\int_{\mathbb{R}^d} |f|^p dx \leqslant \limsup \|f_n\|_p^p \leqslant C < \infty.$$

(ii) 利用三角不等式, (4.1.38) 就等价于

$$\int_{\mathbb{R}^d} |f_n|^p dx = \int_{\mathbb{R}^d} |f|^p dx + \int_{\mathbb{R}^d} |f_n - f|^p dx + o_n(1), \quad \lim_{n\to\infty} o_n(1) = 0. \tag{4.1.40}$$

称 $\int_{\mathbb{R}^d} |f_n - f|^p dx$ 是序列 $\{f_n\}$ 的泄漏量. 当

$$\lim_{n\to\infty} \int_{\mathbb{R}^d} |f_n - f|^p dx = 0 \tag{4.1.41}$$

时, 有

$$\lim_{n\to\infty} \int_{\mathbb{R}^d} |f_n|^p dx = \int_{\mathbb{R}^d} |f|^p dx. \tag{4.1.42}$$

另一方面, (4.1.40) 的另一个直接结果是: 若

$$\lim_{n\to\infty} \int_{\mathbb{R}^d} |f_n|^p dx = \int_{\mathbb{R}^d} |f|^p dx, \quad f_n \xrightarrow{\text{a.e.}} f \tag{4.1.43}$$

成立, 就可以推出

$$\lim_{n\to\infty} \int_{\mathbb{R}^d} |f_n - f|^p dx = 0. \tag{4.1.44}$$

引理 4.1.11 的证明 **断言** 对于任意的 $\varepsilon > 0$, 存在 C_ε 使得

$$\Big||a+b|^p - |b|^p\Big| \leqslant \varepsilon |b|^p + C_\varepsilon |a|^p, \quad a, b \in \mathbb{C}. \tag{4.1.45}$$

事实上, 注意到 $p > 1$, 函数 $t \longmapsto |t|^p$ 是凸函数, 因此

$$\begin{aligned} |a+b|^p =& \left|(1-\lambda)\frac{a}{1-\lambda} + \lambda\frac{b}{\lambda}\right|^p \leqslant (1-\lambda)\left|\frac{a}{1-\lambda}\right|^p + \lambda\left|\frac{b}{\lambda}\right|^p \\ \leqslant& (1-\lambda)^{1-p}|a|^p + \lambda^{1-p}|b|^p, \quad 0 < \lambda < 1. \end{aligned} \tag{4.1.46}$$

选取

$$\lambda = (1+\varepsilon)^{-\frac{1}{p-1}},$$

并代入 (4.1.46) 就得断言成立.

其次, 令

$$f_n = f + g_n \Longrightarrow g_n \xrightarrow{\text{a.e.}} 0.$$

则

$$G_n^\varepsilon = (|f+g_n|^p - |g_n|^p - |f|^p - \varepsilon|g_n|^p)_+ \Longrightarrow \lim_{n\to\infty}\int_{\mathbb{R}^d} G_n^\varepsilon dx = 0. \tag{4.1.47}$$

事实上, 注意到

$$\big||f+g_n|^p - |g_n|^p - |f|^p\big| \leqslant \big||f+g_n|^p - |g_n|^p\big| + |f|^p \leqslant \varepsilon|g_n|^p + (1+C_\varepsilon)|f|^p,$$

立即推出

$$G_n^\varepsilon \leqslant (1+C_\varepsilon)|f|^p \quad 和 \quad G_n^\varepsilon \xrightarrow{\text{a.e.}} 0. \tag{4.1.48}$$

因此, 利用控制收敛定理就得断言 (4.1.47) 成立.

另一方面, 根据引理 4.1.11 条件可见

$$\int_{\mathbb{R}^d} |g_n|^p dx \leqslant \int_{\mathbb{R}^d} |f-f_n|^p dx \leqslant 2^p \int_{\mathbb{R}^d} (|f|^p + |f_n|^p)\, dx \leqslant 2^{p+1}C. \tag{4.1.49}$$

因此, 利用

$$\int_{\mathbb{R}^d} \big||f+g_n|^p - |g_n|^p - |f|^p\big| dx \leqslant \varepsilon\int_{\mathbb{R}^d} |g_n|^p dx + (1+C_\varepsilon)\int_{\mathbb{R}^d} G_n^\varepsilon dx \tag{4.1.50}$$

及控制收敛定理就得极限 (4.1.38). □

改进 Sobolev 嵌入不等式及同度插值定理

在讨论集中紧性方法与轮廓分解之前, 先给出两个改进 Sobolev 嵌入不等式与同度插值定理, 它们在 Sobolev 嵌入的波包分解刻画时起着重要的作用.

命题 4.1.12 (改进 Sobolev 不等式或同度插值) 设 $d \geqslant 3$, $f \in \mathcal{S}(\mathbb{R}^d)$, 则

$$\|f\|_{\frac{2d}{d-2}} \lesssim \|\nabla f\|_2^{\frac{d-2}{d}} \sup_{N\in 2^{\mathbb{Z}}} \|f_N\|_{\frac{2d}{d-2}}^{\frac{2}{d}} \lesssim \|\nabla f\|_2^{\frac{d-2}{d}} \|\nabla f\|_{\dot{B}^0_{2,\infty}}^{\frac{2}{d}}, \tag{4.1.51}$$

这里 $f_N = P_N f$, P_N 表示齐次 Littlewood-Paley 投影算子.

证明 先考虑 $d \geqslant 4$ 的情形. 由 Bernstein 估计与平方可积函数估计可见

$$\|f\|_{\frac{2d}{d-2}}^{\frac{2d}{d-2}} \lesssim \int_{\mathbb{R}^d} \left(\sum_M |f_M|^2\right)^{\frac{d}{2(d-2)}} \left(\sum_N |f_N|^2\right)^{\frac{d}{2(d-2)}} dx$$

$$\begin{aligned}
&\lesssim \sum_{M\leqslant N}\int_{\mathbb{R}^d}|f_M|^{\frac{d}{d-2}}|f_N|^{\frac{d}{d-2}}dx \quad \left(\frac{4}{d-2}\frac{d-2}{2d}+\frac{d-4}{2d}+\frac{1}{2}=1\right)\\
&\lesssim \left(\sup_{K\in 2^{\mathbb{Z}}}\|f_K\|_{\frac{2d}{d-2}}\right)^{\frac{4}{d-2}}\sum_{M\leqslant N}\|f_M\|_{L_x^{\frac{2d}{d-4}}}\|f_N\|_2\\
&\lesssim \left(\sup_{K\in 2^{\mathbb{Z}}}\|f_K\|_{\frac{2d}{d-2}}\right)^{\frac{4}{d-2}}\sum_{M\leqslant N}MN^{-1}\|\nabla f_M\|_2\|\nabla f_N\|_2\\
&\lesssim \left(\sup_{K\in 2^{\mathbb{Z}}}\|f_K\|_{\frac{2d}{d-2}}\right)^{\frac{4}{d-2}}\sum_{K\in 2^{\mathbb{Z}}}\|\nabla f_K\|_2^2,
\end{aligned}\tag{4.1.52}$$

这里用到 $d\leqslant 2(d-2)\iff d\geqslant 4$ 及离散的 Young 不等式:

$$\begin{aligned}
\sum_{M\leqslant N}MN^{-1}\|\nabla f_M\|_2\|\nabla f_N\|_2 &\leqslant \left(\sum_{M\in 2^{\mathbb{N}}}\left[\sum_{M\leqslant N}\frac{M}{N}\|\nabla f_N\|_2\right]^2\right)^{\frac{1}{2}}\left(\sum_{M\in 2^{\mathbb{N}}}\|\nabla f_M\|_2^2\right)^{\frac{1}{2}}\\
&\leqslant \sum_{K\in 2^{\mathbb{Z}}}\|\nabla f_K\|_2^2.
\end{aligned}$$

当 $d=3$ 时, 适当修改上述证明, 容易看出

$$\begin{aligned}
\|f\|_{L_x^6}^6 &\lesssim \int_{\mathbb{R}^3}\left(\sum_K|f_K|^2\right)\left(\sum_M|f_M|^2\right)\left(\sum_N|f_N|^2\right)dx\\
&\lesssim \sum_{K\leqslant M\leqslant N}\|f_K\|_6\|f_K\|_{L_x^\infty}\|f_M\|_6^2\|f_N\|_6\|f_N\|_3\\
&\lesssim \left(\sup_{L\in 2^{\mathbb{Z}}}\|f_L\|_6^4\right)\sum_{K\leqslant M\leqslant N}K^{\frac{3}{2}}N^{\frac{1}{2}}\|f_K\|_2\|f_N\|_2\\
&\lesssim \left(\sup_{L\in 2^{\mathbb{Z}}}\|f_L\|_6^4\right)\sum_{K\leqslant M\leqslant N}K^{\frac{1}{2}}N^{-\frac{1}{2}}\|\nabla f_K\|_2\|\nabla f_N\|_2.
\end{aligned}\tag{4.1.53}$$

利用 Schur 测试引理就得改进 Sobolev 嵌入不等式 (4.1.51). □

在 Besov 空间框架下, 陈述一个自然的改进 Sobolev 嵌入定理.

命题 4.1.13(Besov 嵌入不等式)　设 $d\geqslant 3$, $f\in\mathcal{S}(\mathbb{R}^d)$ 则

$$\|f\|_{\frac{2d}{d-2}}^{\frac{2d}{d-2}}\lesssim \sum_{N\in 2^{\mathbb{Z}}}\|Nf_N\|_2^{\frac{2d}{d-2}}\sim\sum_{N\in 2^{\mathbb{Z}}}\|\nabla f_N\|_2^{\frac{2d}{d-2}},\tag{4.1.54}$$

即

$$\dot{B}^1_{2,\frac{2d}{d-2}}\hookrightarrow L^{\frac{2d}{d-2}}.\tag{4.1.55}$$

证明 模仿命题 4.1.12 证明, 利用 Bernstein 估计就得 (4.1.54). 另外, 利用 Minkowski 不等式, 可见(4.1.55) 意味着

$$\dot{B}^1_{2,q} \hookrightarrow L^{\frac{2d}{d-2}}, \quad q \leqslant \tfrac{2d}{d-2}. \tag{4.1.56}$$

然而, 当 $q > \dfrac{2d}{d-2}$ 时, 上面嵌入关系就不成立. 例如, 选取 f 是诸多空间位置或伸缩尺度意义下分离的波包之线性组合. 从这个意义上来讲, 嵌入关系(4.1.55) 是最佳的. 下面给出命题 4.1.13 的一个变形, 它是定理 4.2.2 证明的基础.

推论 4.1.14(插值型的 Besov 嵌入定理) 设 $d \geqslant 3$, $f \in \mathcal{S}(\mathbb{R}^d)$ 则

$$\|f\|_{\frac{2d}{d-2}} \lesssim \|f\|_{\dot{H}^1}^{1-\frac{2}{d}} \sup_{N\in 2^{\mathbb{Z}}} \|\nabla f_N\|_2^{\frac{2}{d}} \sim \|f\|_{\dot{B}^1_{2,2}}^{1-\frac{2}{d}} \|f\|_{\dot{B}^1_{2,\infty}}^{\frac{2}{d}}. \tag{4.1.57}$$

注记 4.1.7 (i) 命题 4.1.13 意味着(4.1.57). 与此同时, 亦可从命题 4.1.12 直接推出 (4.1.57).

(ii) 它与命题 4.1.12 的唯一区别在于 sup 中含 $\dot{H}^1$ 而不是 $L^{\frac{2d}{d-2}}$ 范数. 正是这一改变, 才使命题 4.2.3 中包含了估计 (4.2.29), 这就大大地简化定理 4.2.2 的证明.

4.2 Sobolev 紧性亏损的轮廓分解刻画

Sobolev 紧性亏损与轮廓分解刻画各式各样, 不同刻画形式依赖于不变非紧群及不同框架的函数空间. 先讨论两种简单 Sobolev 紧性亏损. 第一种对应着 Gagliardo-Nirenberg 不等式的轮廓分解刻画, 同时也说明 Sobolev 嵌入关系

$$H^1(\mathbb{R}^d) \hookrightarrow L^q_x(\mathbb{R}^d), \quad 2 < q < \frac{2d}{d-2}$$

是非紧嵌入. 这种 Sobolev 紧性亏损源于平移变换群的作用. 事实上, 对任意非零函数 $f(x) \in H^1(\mathbb{R}^d)$, 定义平移变换下的序列

$$f_n(x) = f(x - x_n)\,, \quad x_n \in \mathbb{R}^d\,, \quad |x_n| \to \infty.$$

注意到 $\{f_n(x)\}$ 在 $H^1_x(\mathbb{R}^d)$ 一致有界, 且

$$f_n(x) \xrightarrow{w} 0, \quad 在\ H^1(\mathbb{R}^d).$$

如果 $H^1 \hookrightarrow\hookrightarrow L^q$, 自然应该有

$$\lim_{n\to\infty} \|f_n(x)\|_q = 0.$$

这与平移不变性 $\|f_n(x)\|_q = \|f(x)\|_q \neq 0$ 相矛盾.

第二种对应着齐次 Sobolev 不等式的轮廓分解刻画. 从轮廓分解刻画可以说明 Sobolev 嵌入

$$\dot{H}^1(\mathbb{R}^d) \hookrightarrow L_x^{2^*}(\mathbb{R}^d), \quad 2^* = \frac{2d}{d-2}$$

是非紧嵌入, 相应的 Sobolev 紧性亏损源于相应的拓扑在平移变换群与伸缩变换群两个非紧群作用下保持不变.

定理 4.2.1 (刻画 Gagliardo-Nirenberg 不等式的轮廓分解) 设 $d \geqslant 2$, $2 < q < 2^*$, $\{f_n(x)\}$ 是 $H^1(\mathbb{R}^d)$ 中的有界列, 则存在 $J^* \in \{0,1,2,\cdots\} \cup \{\infty\}$, $\{\phi^j\}_{j=1}^{J^*} \subseteq H^1(\mathbb{R}^d)$ 和 $\{x_n^j\}_{j=1}^{J^*} \subseteq \mathbb{R}^d$ 使得存在子序列 (仍用 $\{n\}$ 表示) 具有如下分解:

$$f_n(x) = \sum_{j=1}^{J} \phi^j(x - x_n^j) + r_n^J(x), \quad 1 \leqslant J \leqslant J^*, \tag{4.2.1}$$

这里

$$\limsup_{J\to+\infty} \limsup_{n\to\infty} \|r_n^J(x)\|_q = 0, \tag{4.2.2}$$

$$\sup_J \limsup_{n\to\infty} \left| \|f_n(x)\|_{H_x^1}^2 - \left(\sum_{j=1}^{J} \|\phi^j\|_{H_x^1}^2 + \|r_n^J\|_{H_x^1}^2 \right) \right| = 0, \tag{4.2.3}$$

$$\limsup_{J\to+\infty} \limsup_{n\to\infty} \left| \|f_n(x)\|_{L_x^q}^q - \sum_{j=1}^{J} \|\phi^j\|_{L_x^q}^q \right| = 0, \tag{4.2.4}$$

$$\lim_{n\to\infty} \left| x_n^j - x_n^{j'} \right| = \infty, \quad j \neq j', \tag{4.2.5}$$

$$r_n^J(x + x_n^j) \xrightarrow{H^1} 0, \quad n \longrightarrow \infty, \quad \forall j \leqslant J. \tag{4.2.6}$$

当 J^* 有限时, 对任意 $a: \{1,2,\cdots,J^*\} \longmapsto \mathbb{R}$, 约定

$$\limsup_{J\to\infty} a(J) \triangleq a(J^*). \tag{4.2.7}$$

注意到 ϕ^j 是子序列分解中的波包, J^* 表示分解的个数. 可以认为它们依范数 $H^1(\mathbb{R}^d)$ 的大小进行排列 (从大到小的原则). $r_n^J(x)$ 表示余项, 它在 L_x^q 范数下趋向于 0, 但在 $H^1(\mathbb{R}^d)$ 范数下未必趋向于零. 这就是为什么 r_n^j 出现在 (4.2.3) 而未出现在极限式 (4.2.4) 的原因. 事实上, **这就是集中紧性的本质**, 即: 对于 $H^1(\mathbb{R}^d)$ 中的有界列 $\{f_n(x)\}$, 至少存在一个子序列 (仍记为 $\{f_n(x)\}$), 在较弱的拓扑意义下, 渐近收敛于一系列几乎正交行波的叠加. 在 (4.2.3) 中, 几乎正交条

件 $|x_n^j - x_n^{j'}| \longrightarrow \infty (n \to \infty)$ 表示不同的波包是相互分离的. 特别, 它们与余项 $r_n^J(x)$ 的分离性质就由 (4.2.6) 给出, 这一细致的刻画可以从 ϕ^j 的选取方式中看出, 亦可以从定理的结果来验证这个后验估计.

定理 4.2.1的证明梗概-I 证明思路: "向下搜寻" f_n 中具 L^q 大值的部分, 因为它们是阻止序列在 "中间拓扑"-L^q 意义下收敛的唯一障碍! 按这种方式捕获 f_n 的波包将逐步减少序列的总 "质量", 确保最终耗尽这些携带大部分质量的波包后, 获得满足(4.2.2)—(4.2.6) 的轮廓分解(4.2.1). 这里仅仅需要如下简单的插值公式

$$\|f\|_{L^q} \leqslant \|f\|_{L^2}^{\frac{2}{q}} \|f\|_{L^\infty}^{1-\frac{2}{q}}, \quad 2 < q < \infty. \tag{4.2.8}$$

下面分如下几步来证明.

步骤一 设有界序列 $f_n(x)$ 满足 $\|f_n\|_{H^1} \leqslant A$. 假设序列 $f_n(x)$ 本身在 "中间拓扑"- L^q 范数意义下收敛于 0, 则选取 $r_n = f_n$, 就得轮廓分解(4.2.1). 否则, 存在一个 $\varepsilon_1 > 0$, 可以选取子序列仍记为 f_n, 使得

$$\|f_n(x)\|_{L^q} > 2\varepsilon_1, \quad \forall n \in \mathbb{N}.$$

选取 $\chi_R(x) \in \mathcal{S}(\mathbb{R}^d)$ 满足 $0 \leqslant \hat{\chi}_R(\xi) \leqslant 1$ 及

$$\hat{\chi}_R(\xi) = \begin{cases} 1, & |\xi| \leqslant R, \\ 0, & |\xi| \geqslant 2R. \end{cases}$$

注意到

$$f_n = \chi_R * f_n + (\delta - \chi_R) * f_n \tag{4.2.9}$$

及

$$\|(\delta - \chi_R) * f_n\|_{L^q} \leqslant \|(\delta - \chi_R) * f_n\|_{\dot{H}^{d(\frac{1}{2}-\frac{1}{q})}} \leqslant R^{d(\frac{1}{2}-\frac{1}{q})-1} \|f_n\|_{H^1} \xrightarrow[\text{关于序列}\{f_n\}]{1} 0,$$

因此, 对于充分大的 R 及插值公式 (4.2.8) 就得

$$\varepsilon_1 < \|\chi_R * f_n\|_{L^q} \leqslant \|\chi_R * f_n\|_{L^2}^{\frac{2}{q}} \|\chi_R * f_n\|_{L^\infty}^{1-\frac{2}{q}} \leqslant A^{\frac{2}{q}} \|\chi_R * f_n\|_{L^\infty}^{1-\frac{2}{q}}, \quad 2 < q < \infty.$$

从而推出存在 x_n^1, 使得

$$|f_n(x_n^1)| \geqslant |\chi_R * f_n(x_n^1)| \geqslant A^{-\frac{2}{q-2}} \varepsilon_1^{\frac{q}{q-2}}.$$

注意到 $\|f_n(x+x_n^1)\|_{H^1}\leqslant A$, 则一定存在非零函数 $\phi^1(x)\in H^1$ 及子序列 (仍记序列本身), 使得

$$f_n(x+x_n^1)\longrightarrow\phi^1(x),\quad H^1\ \text{弱拓扑意义下收敛且}\ \|\phi^1\|_{H^1}\geqslant C_0\varepsilon_1.$$

令

$$\tau_{-x_n^1}r_n^1\triangleq r_n^1(x+x_n^1)=f_n(x+x_n^1)-\phi^1(x),$$

就得渐近正交分解公式

$$f_n(x)=\phi^1(x-x_n^1)+r_n^1(x),\tag{4.2.10}$$

其中

$$\left\langle\phi^1(x-x_n^1),r_n^1(x)\right\rangle=\left\langle\phi^1(x),r_n^1(x+x_n^1)\right\rangle\longrightarrow0,\quad n\longrightarrow\infty.$$

因此, 如果

$$\limsup_{n\to\infty}\|r_n^1(x)\|_q=0,\quad 2<q<\infty$$

成立, 利用改进的 Fatou 定理, 就得满足 (4.2.2)—(4.2.6) 的轮廓分解 (4.2.1), 其中 $J=1$.

步骤二 如果

$$\limsup_{n\to\infty}\|r_n^1(x)\|_q=0,\quad 2<q<\infty$$

不成立, 类似于步骤一的讨论, 存在 $\varepsilon_2>0$, 可以选取其子序列仍记为 r_n^1, 使得

$$\|r_n^1(x)\|_{L^q}>2\varepsilon_2,\quad\forall n\in\mathbb{N}.$$

进而, 对于充分大的 $R>0$, 利用插值公式 (4.2.8) 就推出存在 x_n^2, 使得

$$|r_n^1(x_n^2)|\geqslant|\chi_R*r_n^1(x_n^2)|\geqslant(A-\varepsilon_1)^{-\frac{2}{q-2}}\varepsilon_2^{\frac{q}{q-2}}.$$

注意到 $\|r_n^1(x+x_n^2)\|_{H^1}\leqslant A-C_0\varepsilon_1$, 则一定存在非零函数 $\phi^2(x)\in H^1$ 及子序列 (仍记序列本身), 使得

$$r_n^1(x+x_n^2)\longrightarrow\phi^2(x),\quad H^1\ \text{弱拓扑意义下},\quad\|\phi^2\|_{H^1}\geqslant C_0\varepsilon_2.$$

令

$$\tau_{-x_n^2}r_n^2\triangleq r_n^2(x+x_n^2)=r_n^1(x+x_n^2)-\phi^2(x),$$

就得渐近正交分解公式

$$r_n^1(x)=\phi^2(x-x_n^2)+r_n^2(x),$$

其中

$$\left\langle \phi^2(x-x_n^2), r_n^2(x) \right\rangle = \left\langle \phi^2(x), r_n^2(x+x_n^2) \right\rangle \longrightarrow 0, \quad n \longrightarrow \infty.$$

因此, 如果

$$\limsup_{n\to\infty} \|r_n^2(x)\|_q = 0, \quad 2 < q < \infty$$

成立, 将 $r_n^1(x)$ 的正交分解式代入步骤一 f_n 的正交分解式, 就得满足 (4.2.2)—(4.2.6) 的轮廓分解(4.2.1), 即

$$f_n(x) = \phi^1(x-x_n^1) + \phi^2(x-x_n^2) + r_n^2(x), \quad J = 2. \tag{4.2.11}$$

事实上, 由于 $\tau_{-x_n^1} r_n^1$ 在 "H^1 弱拓扑" 意义下收敛于 0, $\tau_{-x_n^2} r_n^2$ 在 "H^1 弱拓扑" 意义下也收敛于 0. 用 $\tau_{-x_n^1}$ 作用于 r_n^1 的渐近正交分解, 就得

$$\tau_{-x_n^1} r_n^1 = \tau_{-x_n^1}\tau_{x_n^2}\phi^2 + \tau_{-x_n^1} r_n^2.$$

因此,

$$\tau_{-x_n^1}\tau_{x_n^2}\phi^2 \xrightarrow{\text{弱}^*} 0, \quad \tau_{-x_n^1} r_n^2 \xrightarrow{\text{弱}^*} 0, \quad 在\ H^1, \quad n \longrightarrow \infty.$$

由于 $\phi^2 \neq 0$, 因此 $\tau_{-x_n^1}\tau_{x_n^2}$ 就满足渐近正交性条件 (4.2.5), 从而推知上面分解是几乎正交分解且满足 (4.2.6). 作为几乎正交分解的直接结论, 就有 (4.2.3).

如果

$$\limsup_{n\to\infty} \|r_n^2(x)\|_q = 0, \quad 2 < q < \infty$$

成立, 利用改进 Fatou 定理及几乎正交性, 就得相应的轮廓分解也满足(4.2.4).

步骤三 依照上面步骤, 在不计子序列的前提下, 可以抽去越来越多的渐近正交的行波 $\phi^j(x-x_n^j)$, 使得余项 r_n^j 的 H^1 范数越来越小. 不相邻的波包的正交性, 归纳法就可以证明. 例如

$$f_n(x) = \phi^1(x-x_n^1) + \phi^2(x-x_n^2) + \phi^3(x-x_n^3) + r_n^3(x), \quad J = 3,$$

我们断言

$$\lim_{n\to\infty} |x_n^1 - x_n^3| = \infty.$$

事实上, 由于 $\tau_{-x_n^j} r_n^j$ 在 "H^1 弱拓扑" 意义下收敛于 0, $1 \leqslant j \leqslant 3$. 用 $\tau_{-x_n^1}$ 作用于 r_n^1 的渐近正交分解, 就得

$$\tau_{-x_n^1} r_n^1 = \tau_{-x_n^1}\tau_{x_n^2}\phi^2 + \tau_{-x_n^1}\tau_{x_n^3}\phi^3 + \tau_{-x_n^1} r_n^3.$$

因此, $\tau_{-x_n^1}\tau_{x_n^2}\phi^2$ 在 "H^1 弱拓扑" 意义下收敛于 0. 由于 $\phi^3 \neq 0$, 因此 $\tau_{-x_n^1}\tau_{x_n^3}$ 就满足渐近正交性条件 (4.2.5).

另一方面, 尽管子序列的指标 $n(j)$ 选取依赖于轮廓分解中波包指标 j, 但是采用 Cantor-Ascoli 对角化方法, 我们容易取到不依赖 j 的单一子序列 $\{n\}$. 注意到每次抽去的轮廓的质量 ϕ^j 总和不能超过 A, 即

$$\sum_j C_0\varepsilon_j \leqslant A, \quad 进而 \quad \sum_{j=1}^J \|\phi^j\|_{H^1}^2 + \limsup_{n\to\infty} \|r_{(n)}^J\|_{H^1}^2 \leqslant A^2, \quad J \in \mathbb{N}.$$

利用正项收敛级数的性质, 就有

$$\lim_{j\to\infty} \varepsilon_j = 0.$$

如果选取 ε_j 按照某种 "贪婪" 的方式 (例如: $\|\phi^j\|_{H^1} \geqslant C_0\varepsilon_j \gtrsim \|r_n^j\|_{L^q}$),

$$f_n(x) = \sum_{j=1}^J \phi^j(x - x_n^j) + r_n^J(x),$$

就可以推出 r_n^J 满足

$$\lim_{J\to\infty} \limsup_{n\to\infty} \|r_n^J\|_{L^q} = 0. \tag{4.2.12}$$

通过认真重排 ε_j, 就得满足 (4.2.2)—(4.2.6) 的轮廓分解(4.2.1). □

定理 4.2.1的证明梗概-II　采用 Gérard 原始的思路来证明. 设 $f = \{f_n\}_{n=1}^\infty$ 是 $\dot{H}^1$ 的有界序列. 令

$$\mathcal{V}(f) = \left\{\phi(x) \middle| \{f_n(\cdot + x_n)\} \text{ 在 } H^1\text{弱拓扑下聚点的集合, 其中 } \{x_n\}_{n=1}^\infty \subseteq \mathbb{R}^d\right\}. \tag{4.2.13}$$

进而记

$$\eta(f) = \sup\left\{\|\phi\|_{H^1}, \phi \in \mathcal{V}(f)\right\}. \tag{4.2.14}$$

显然,

$$\eta(f) \leqslant \limsup_{n\to\infty} \|f_n\|_{H^1}. \tag{4.2.15}$$

目标就是证明: 存在一个序列 $\{\phi^j\} \in \mathcal{V}(f)$ 及 $\mathbb{R}^d$ 中的序列集 $\{x^j\}_{j=1}^\infty$, 在不计子序列的意义下, $\{f_n\}_{n=1}^\infty$ 有满足 (4.2.2)—(4.2.6) 的轮廓分解 (4.2.1).

步骤一　如果 $\eta(f) = 0$, 则可以选取 $\phi^j = 0$, $r_n = f_n$, 就得轮廓分解 (4.2.1). 否则, 存在一个 $\phi^1(x)$, 满足

$$\|\phi^1(x)\|_{H^1} > \frac{1}{2}\eta(f). \tag{4.2.16}$$

利用上确界的定义, 存在一个序列 $\{x_n^1\}_{n=1}^\infty$, 在不计子序列的意义下, 成立

$$f_n(x+x_n^1) \longrightarrow \phi^1(x), \quad H^1 \text{ 弱拓扑意义下收敛}.$$

令

$$\tau_{-x_n^1} r_n^1 \triangleq r_n^1(x+x_n^1) = f_n(x+x_n^1) - \phi^1(x),$$

就得渐近正交分解公式 (4.2.10), 即

$$f_n(x) = \phi^1(x-x_n^1) + r_n^1(x),$$

其中几乎正交性

$$\big\langle \phi^1(x-x_n^1), r_n^1(x) \big\rangle = \big\langle \phi^1(x), r_n^1(x+x_n^1) \big\rangle \longrightarrow 0, \quad n \longrightarrow \infty$$

就确保

$$\|f_n(x)\|_{H_x^1}^2 = \|\phi^1\|_{H_x^1}^2 + \|r_n^1\|_{H_x^1}^2 + o_n(1), \quad n \longrightarrow \infty.$$

现用 $r^1 = \{r_n^1\}$ 代替 $f = \{f_n\}_{n=1}^\infty$, 如果 $\eta(r^1) = 0$, 则通过高频-低频分解 (4.2.9) (详见步骤三的证明过程) 可以证明: 对于充分大的 R, 成立

$$\begin{aligned} \|r_n^1(x)\|_q &\leqslant R^{d(\frac{1}{2}-\frac{1}{q})-1} \|r_n^1\|_{H^1} + C(R) \|r_n^1\|_{L^2}^{\frac{2}{q}} \eta(r^1)^{1-\frac{2}{q}} \\ &= R^{d(\frac{1}{2}-\frac{1}{q})-1} \|r_n^1\|_{H^1}, \quad 2 < q < \infty. \end{aligned} \tag{4.2.17}$$

因此推出

$$\limsup_{n\to\infty} \|r_n^1(x)\|_q = 0, \quad 2 < q < \infty.$$

利用改进 Fatou 定理, 即得满足 (4.2.2)—(4.2.6) 的轮廓分解(4.2.1), 其中 $J = 1$.

步骤二 如果 $\eta(r^1) > 0$, 由步骤一就推出存在 $\phi^2 \neq 0$, 子序列 $\{x_n^2\}_{n=1}^\infty$ 及 $r_n^2(x)$ 满足

$$r_n^1(x+x_n^2) \longrightarrow \phi^2(x), \quad \text{在 } H^1 \text{ 弱拓扑意义下}.$$

令

$$\tau_{-x_n^2} r_n^2 \triangleq r_n^2(x+x_n^2) = r_n^1(x+x_n^2) - \phi^2(x),$$

就得渐近正交分解公式

$$r_n^1(x) = \phi^2(x-x_n^2) + r_n^2(x),$$

其中

$$\left\langle \phi^2(x-x_n^2), r_n^2(x)\right\rangle = \left\langle \phi^2(x), r_n^2(x+x_n^2)\right\rangle \longrightarrow 0, \quad n\longrightarrow\infty.$$

因此, 将 $r_n^1(x)$ 的正交分解式代入步骤一 f_n 分解式, 就得满足 (4.2.2)—(4.2.6) 的轮廓分解 (4.2.1), 即

$$f_n(x) = \phi^1(x-x_n^1) + \phi^2(x-x_n^2) + r_n^2(x), \quad J=2. \tag{4.2.18}$$

事实上, 由于 $\tau_{-x_n^j} r_n^j$ 在 "H^1 弱拓扑" 意义下收敛于 0, $j=1,2$. 用 $\tau_{-x_n^1}$ 作用于 r_n^1 的渐近正交分解, 就得

$$\tau_{-x_n^1} r_n^1 = \tau_{-x_n^1}\tau_{x_n^2}\phi^2 + \tau_{-x_n^1} r_n^2.$$

因此,

$$\tau_{-x_n^1}\tau_{x_n^2}\phi^2 \xrightarrow{\text{弱}^*} 0, \quad \tau_{-x_n^1} r_n^2 \xrightarrow{\text{弱}^*} 0, \quad \text{在 } H^1, \quad n\longrightarrow\infty.$$

由于 $\phi^2\neq 0$, 因此 $\tau_{-x_n^1}\tau_{x_n^2}$ 就满足渐近正交性条件 (4.2.5). 事实上, 如若不然, 在不计子序列的意义下成立

$$x_n^1 - x_n^2 \longrightarrow x_0, \quad n\longrightarrow\infty, \quad x_0\in\mathbb{R}^d.$$

由于

$$\begin{cases} r_n^1(\cdot+x_n^2) = r_n^1(\cdot+(x_n^2-x_n^1)+x_n^1) \quad \oplus \quad r_n^1(\cdot+x_n^1) \xrightarrow[H^1]{\text{弱}} 0, \\ r_n^1(x+x_n^2) \longrightarrow \phi^2(x), \quad \text{在 } H^1\text{弱拓扑意义下}. \end{cases}$$

因此, $\phi^2(x)=0$, 即 $\eta(r^1)=0$, 矛盾!

综上就推出几乎正交分解 (4.2.18) 及估计 (4.2.6). 作为几乎正交分解的直接结论, 就有 (4.2.3). 如果 $\eta(r^2)=0$, 利用估计 (4.2.17), 对于任意的 $2<q<2^*$, 推知

$$\limsup_{n\to\infty}\|r_n^2(x)\|_q = 0 \Longrightarrow r_n^2(x) \xrightarrow{\text{a.e.}} 0,$$

利用改进 Fatou 定理, 即得满足 (4.2.2)—(4.2.6) 的轮廓分解 (4.2.1), 其中 $J=2$.

步骤三 依照上面步骤, 在不计子序列的前提下, 可以抽去轮廓序列 $\{\phi^j(x)\}_{j=1}^\infty$ 及聚积位置序列 $\{x^j\}_{j=1}^\infty$, 就得满足 (4.2.3), (4.2.5) 及 (4.2.6) 的轮廓分解 (4.2.1). 注意到每次抽去的质量 ϕ^j 的总和不能超过 A, 即

$$\sum_{j=1}^\infty \|\phi^j\|_{H^1}^2 < \infty, \quad \text{进而} \quad \sum_{j=1}^J \|\phi^j\|_{H^1}^2 + \limsup_{n\to\infty}\|r_n^J\|_{H^1}^2 \leqslant A^2, \quad J\in\mathbb{N}.$$

特别, 利用正项收敛级数的性质, 就有

$$\lim_{j\to\infty}\|\phi^j\|_{H^1}^2=0.$$

利用 ϕ^j 的选取方式, 就有

$$\eta(r^j)\leqslant\|\phi^{j-1}\|_{H^1}^2\Longrightarrow\lim_{j\to\infty}\eta(r^j)=0. \tag{4.2.19}$$

如果证明断言:

$$\lim_{J\to\infty}\limsup_{n\to\infty}\|r_n^J\|_{L^q}=0.$$

则根据改进 Fatou 定理, 就推知轮廓分解 (4.2.1) 满足 (4.2.2), (4.2.4). 事实上, 对于任意的 $2<q<2^*$, $J\in\mathbb{N}$, 利用高频-低频分解 (4.2.9) 及 Bernstein 估计, 容易看出

$$\|r_n^J(x)\|_q\leqslant R^{d(\frac{1}{2}-\frac{1}{q})-1}\|r_n^J\|_{H^1}+\|r_n^J\|_{L^2}^{\frac{2}{q}}\|\chi_R*r_n^J\|_{L^\infty}^{1-\frac{2}{q}},\quad d\left(\frac{1}{2}-\frac{1}{q}\right)<1.$$

注意到

$$\limsup_{n\to\infty}\|\chi_R*r_n^J\|_{L^\infty}=\sup_{\{x_n\}}\limsup_{n\to\infty}|\chi_R*r_n^J(x_n)|,$$

根据 $\mathcal{V}(r^J)$ 的定义, 就得

$$\limsup_{n\to\infty}\|\chi_R*r_n^J\|_{L^\infty}\leqslant\sup\left\{\left|\int_{\mathbb{R}^d}\chi_R(-x)\phi(x)dx\right|,\quad\phi\in\mathcal{V}(r^J)\right\}.$$

因此, 利用 Hölder 不等式, 就有

$$\limsup_{n\to\infty}\|\chi_R*r_n^J\|_{L^\infty}\leqslant C(R)\sup\left\{\|\phi(x)\|_{L^2},\ \phi\in\mathcal{V}(r^J)\right\}\leqslant C(R)\eta(r^J),\quad\forall J\geqslant 1.$$

这里 $C(R)=\|\chi_R\|_2$. 将上述估计代入前面的估计就得

$$\|r_n^J(x)\|_q\leqslant R^{d(\frac{1}{2}-\frac{1}{q})-1}\|r_n^J\|_{H^1}+C(R)\|r_n^J\|_{L^2}^{\frac{2}{q}}\eta(r^J)^{1-\frac{2}{q}}.$$

这样, 注意到 $\|r_n^J\|_{\dot{H}^1}\leqslant A$, 在上式中取 $J\longrightarrow\infty$, 就得

$$\lim_{J\to\infty}\limsup_{n\to\infty}\|r_n^J(x)\|_q\leqslant R^{d(\frac{1}{2}-\frac{1}{q})-1}A,$$

然后再取 $R\longrightarrow\infty$ 就获得断言成立. □

定理 4.2.2 (刻画 Sobolev 不等式的轮廓分解) 设 $d \geqslant 3, f_n(x)$是 $\dot{H}^1(\mathbb{R}^d)$ 中的有界列, 则存在 $J^* \in \{0,1,2,\cdots\} \cup \{\infty\}$, $\{\phi^j\}_{j=1}^J \subseteq \dot{H}^1(\mathbb{R}^d)$, $\{x_n^j\}_{j=1}^{J^*} \subseteq \mathbb{R}^d$ 和 $\{\lambda_n^j\}_{j=1}^{J^*} \subseteq (0,\infty)$ 使得: 存在 $\{n\}$ 的子序列, 有如下结构分解

$$f_n(x) = \sum_{j=1}^J (\lambda_n^j)^{\frac{2-d}{2}} \phi^j\left(\frac{x - x_n^j}{\lambda_n^j}\right) + r_n^J(x), \quad 1 \leqslant J \leqslant J^*, \tag{4.2.20}$$

具有如下性质

$$\limsup_{J\to\infty} \limsup_{n\to\infty} \left\|r_n^J\right\|_{L_x^{\frac{2d}{d-2}}} = 0, \tag{4.2.21}$$

$$\sup_J \limsup_{n\to\infty} \left| \|f_n(x)\|_{\dot{H}_x^1}^2 - \left(\sum_{j=1}^J \|\phi^j\|_{\dot{H}_x^1}^2 + \|r_n^J\|_{\dot{H}_x^1}^2\right) \right| = 0, \tag{4.2.22}$$

$$\limsup_{J\to+\infty} \limsup_{n\to\infty} \left| \|f_n(x)\|_{L_x^{\frac{2d}{d-2}}}^{\frac{2d}{d-2}} - \sum_{j=1}^J \|\phi^j\|_{L_x^{\frac{2d}{d-2}}}^{\frac{2d}{d-2}} \right| = 0, \tag{4.2.23}$$

$$\liminf_{n\to\infty} \left[\frac{|x_n^j - x_n^{j'}|^2}{\lambda_n^j \lambda_n^{j'}} + \frac{\lambda_n^j}{\lambda_n^{j'}} + \frac{\lambda_n^{j'}}{\lambda_n^j}\right] = \infty, \quad \forall\, j \neq j'. \tag{4.2.24}$$

$$(\lambda_n^j)^{\frac{d-2}{2}} r_n^J(\lambda_n^j x + x_n^j) \xrightarrow{\dot{H}_x^1} 0, \quad j \leqslant J. \tag{4.2.25}$$

注记 4.2.1 (i) 渐近正交条件 (4.2.24) 表明不同波包或轮廓是空间分离的或具非常不同的伸缩尺度 (或两个均成立), 即不同的轮廓是渐近正交的! 与此同时, (4.2.25) 刻画了这些轮廓与余项 r_n^J 的渐近正交性或分离现象.

(ii) 如何寻求 $\{x_n^j\}$, 需要改进插值或改进 Sobolev 不等式所派生的技术. 为了处理伸缩对称群, Littlewood-Paley 理论是一个自然的选择, 它的作用就是将不同的尺度进行分离. 事实上, 利用小波可以更好地刻画分解, 进而探测轮廓分布与性质, 参见 Jaffard 的文章 [72].

(iii) 本质上, 刻画 Sobolov 紧嵌入亏损的定理 4.2.1 等价于刻画单位算子的紧性亏损问题. 一般来讲, 轮廓分解用来刻画有界算子的紧性亏损, 例如: Strichartz 估计的紧性亏损问题.

(iv) 算子紧性的经典刻画形式. 设 X 是自反 Banach 空间, $A: X \longrightarrow Y$ 是紧映射的充要条件是: 对于 X 中的任意有界序列 $\{f_n\} \subseteq X$, 总存在 $\phi \in X$ 及 $\{f_n\}$ 的子序列 (仍记为 $\{f_n\}$) 使得

$$f_n = \phi + r_n\,, \quad Ar_n \xrightarrow{Y} 0.$$

为证明定理 4.2.2, 先证明一个逆向 Hölder 不等式, 本质上刻画了**广义质量聚积现象**. 具体地说, **如果一个在强拓扑 (例如: $\dot{H}^1(\mathbb{R}^d)$ 范数) 意义下的有界序列, 在弱拓扑 (例如:$L^{\frac{2d}{d-2}}$) 意义下不收敛于 0, 则这个序列起码包含一个具有波包聚积的子序列**. 如果不然, 利用正交性就可以推出该序列在 $L^{\frac{2d}{d-2}}$ 范数意义下收敛于 0.

命题 4.2.3(逆向 Sobolev 不等式) 设 $d \geqslant 3, \{f_n\} \subseteq \dot{H}^1(\mathbb{R}^d)$. 如果

$$\lim_{n\to\infty} \|f_n\|_{\dot{H}^1(\mathbb{R}^d)} = A, \quad \liminf_{n\to\infty} \|f_n\|_{L^{\frac{2d}{d-2}}} = \varepsilon. \tag{4.2.26}$$

则存在子序列 (仍记为 $\{f_n\}$), $\phi \in \dot{H}^1(\mathbb{R}^d)$, $\{\lambda_n\} \subseteq (0,\infty)$和$\{x_n\} \subseteq \mathbb{R}^d$ 满足

$$\lambda_n^{\frac{d-2}{2}} f_n(\lambda_n x + x_n) \xrightarrow{\dot{H}^1(\mathbb{R}^d)} \phi(x), \quad n \longrightarrow \infty, \tag{4.2.27}$$

$$\lim_{n\to\infty} \left[\|f_n(x)\|_{\dot{H}^1_x}^2 - \left\|f_n(x) - \lambda_n^{\frac{2-d}{2}} \phi(\lambda_n^{-1}(x-x_n))\right\|_{\dot{H}^1_x}^2 \right] = \|\phi\|_{\dot{H}^1_x}^2 \geqslant A^2 \left(\frac{\varepsilon}{A}\right)^{\frac{d^2}{2}}, \tag{4.2.28}$$

$$\limsup_{n\to\infty} \left\|f_n(x) - \lambda_n^{\frac{2-d}{2}} \phi(\lambda_n^{-1}(x-x_n))\right\|_{\frac{2d}{d-2}}^{\frac{2d}{d-2}} \leqslant \varepsilon^{\frac{2d}{d-2}} \left[1 - c\left(\frac{\varepsilon}{A}\right)^{\frac{d(d+2)}{2}}\right], \tag{4.2.29}$$

这里 $c = c(d)$ 是仅依赖于维数的常数.

证明 无妨设 (通过选取子序列来实现)

$$\lim_{n\to\infty} \|f_n\|_{\frac{2d}{d-2}} = \varepsilon. \tag{4.2.30}$$

由改进 Sobolev 嵌入不等式 (4.1.51), 即

$$\|f\|_{\frac{2d}{d-2}} \lesssim \|\nabla f\|_2^{\frac{d-2}{d}} \sup_{N\in 2^{\mathbb{Z}}} \|P_N f\|_{\frac{2d}{d-2}}^{\frac{2}{d}},$$

存在 $\{N_n\} \subseteq 2^{\mathbb{Z}}$ 使得

$$\|P_{N_n} f_n\|_{L^{\frac{2d}{d-2}}(\mathbb{R}^d)} \geqslant \varepsilon^{\frac{d}{2}} A^{-\frac{d-2}{2}}.$$

自然也有

$$\liminf_{n\to\infty} \|P_{N_n} f_n\|_{L^{\frac{2d}{d-2}}(\mathbb{R}^d)} \geqslant \varepsilon^{\frac{d}{2}} A^{-\frac{d-2}{2}}. \tag{4.2.31}$$

选取 $\lambda_n = N_n^{-1}$. 寻求 x_n 的方法就是借助于最佳型插值不等式, 即

$$\varepsilon^{\frac{d}{2}} A^{-\frac{d-2}{2}} \lesssim \liminf_{n\to\infty} \|P_{N_n} f_n\|_{L^{\frac{2d}{d-2}}(\mathbb{R}^d)}$$

$$\lesssim \liminf_{n\to\infty} \|P_{N_n} f_n\|_{L_x^2(\mathbb{R}^d)}^{\frac{d-2}{d}} \|P_{N_n} f_n\|_{L_x^\infty(\mathbb{R}^d)}^{\frac{2}{d}}$$

$$\lesssim \liminf_{n\to\infty} \left(AN_n^{-1}\right)^{\frac{d-2}{d}} \|P_{N_n} f_n\|_{L_x^\infty(\mathbb{R}^d)}^{\frac{2}{d}}. \tag{4.2.32}$$

因此, 存在 $x_n \in \mathbb{R}^d$, 使得

$$\liminf_{n\to\infty} N_n^{\frac{2-d}{2}} \left|P_{N_n} f_n(x_n)\right| \gtrsim \varepsilon^{\frac{d^2}{4}} A^{1-\frac{d^2}{4}}. \tag{4.2.33}$$

对于上面选取的参数 λ_n 和 x_n, 构造 $\dot{H}^1(\mathbb{R}^d)$ 中有界的函数列

$$\left\{\lambda_n^{\frac{d-2}{2}} f_n(\lambda_n x + x_n)\right\} \quad \left(\left[P_{N_n} f_n\right](x_n) = \int_{\mathbb{R}^d} \sigma(y) f(x_n + N_n^{-1} y) dy\right),$$

应用 Banach-Alaoglu 定理 (线性赋范空间的对偶空间的闭球在弱 * 拓扑下是紧的), 可见存在子序列和 $\phi \in \dot{H}^1(\mathbb{R}^d)$, 确保 (4.2.27) 成立.

下面证明 ϕ 非零. 记 $\sigma(x) = P_1\delta_0(x)$. 利用 (4.2.33) 可见

$$\begin{aligned}
\left|\langle\sigma, \phi\rangle\right| &= \lim_{n\to\infty} \left| \int_{\mathbb{R}^d} \bar{\sigma} N_n^{-\frac{d-2}{2}} f_n(x_n + N_n^{-1} x) dx \right| \\
&= \lim_{n\to\infty} N_n^{\frac{2-d}{2}} \left| \int_{\mathbb{R}^d} N_n^d \bar{\sigma}(N_n(y - x_n)) f_n(y) dy \right| \\
&= \lim_{n\to\infty} N_n^{\frac{2-d}{2}} \left| [P_{N_n} f_n](x_n) \right| \\
&\gtrsim \varepsilon^{\frac{d^2}{4}} A^{1-\frac{d^2}{4}},
\end{aligned} \tag{4.2.34}$$

利用 Cauchy-Schwarz 不等式

$$\left|\langle\sigma, \phi\rangle\right| \leqslant \|\phi\|_{\frac{2d}{d-2}} \|\sigma\|_{\frac{2d}{d+2}}$$

及 Hölder 不等式, 容易推出:

$$\|\nabla\phi\|_2 \gtrsim \|\phi\|_{\frac{2d}{d-2}} \gtrsim \varepsilon^{\frac{d^2}{4}} A^{1-\frac{d^2}{4}}. \tag{4.2.35}$$

分离性的证明: 利用 Hilbert 空间中的平行四边形定理

$$g_n \rightharpoonup g \Longrightarrow \|g_n\|_X^2 - \|g - g_n\|_X^2 \longrightarrow \|g\|_X^2, \tag{4.2.36}$$

取

$$g_n = \lambda_n^{\frac{d-2}{2}} f_n(\lambda_n x + x_n), \quad g(x) = \phi(x), \quad X = \dot{H}^1(\mathbb{R}^d),$$

即得

$$\lim_{n\to\infty}\left[\|f_n(x)\|_{\dot H_x^1}^2-\left\|f_n(x)-\lambda_n^{\frac{2-d}{2}}\phi(\lambda_n^{-1}(x-x_n))\right\|_{\dot H_x^1}^2\right]=\|\phi\|_{\dot H_x^1}^2.$$

最后证明 (4.2.29). 注意到序列 $g_n=\lambda_n^{\frac{d-2}{2}}f_n(\lambda_n x+x_n)$ 在 $\dot H^1(\mathbb{R}^d)$ 有界, 则在任何一个紧集 K 上, 可以抽取子序列 $\{g_n\}$ 使得

$$\|g_n-\phi\|_{L_x^2(K)}\longrightarrow 0\ ,\quad n\to\infty,$$

进而, 再次选取子序列 $\{g_n\}$ 使得

$$g_n\xrightarrow{\text{a.e.}}\phi,\quad 在\ \mathbb{R}^d. \tag{4.2.37}$$

利用 (4.2.30) 及改进的 Fatou 引理 (引理 4.1.11), 直接推出

$$\begin{aligned}\limsup_{n\to\infty}\|g_n-\phi\|_{\frac{2d}{d-2}}^{\frac{2d}{d-2}}&=\limsup_{n\to\infty}\left\|\lambda_n^{\frac{d-2}{2}}f_n(\lambda_n x+x_n)-\phi\right\|_{\frac{2d}{d-2}}^{\frac{2d}{d-2}}\\&=\limsup_{n\to\infty}\|f_n\|_{\frac{2d}{d-2}}^{\frac{2d}{d-2}}-\|\phi\|_{\frac{2d}{d-2}}^{\frac{2d}{d-2}}\\&=\varepsilon^{\frac{2d}{d-2}}-\|\phi\|_{\frac{2d}{d-2}}^{\frac{2d}{d-2}}.\end{aligned}$$

利用 L^{2^*} 范数在群变换下的不变性就得估计 (4.2.29). □

下面利用逆 Sobolev 嵌入不等式 (命题 4.2.3) 来证明波包分解定理 4.2.2.

定理 4.2.2 的证明 由于 $\|\nabla f_n\|_2$ 是有界序列, 可以通过抽子序列, 仍记为 $\{f_n\}$, 使得

$$\lim_{n\to\infty}\|f_n\|_{\dot H^1(\mathbb{R}^d)}=A>0,\quad \liminf_{n\to\infty}\|f_n\|_{L^{\frac{2d}{d-2}}}=\varepsilon.$$

重复利用命题 4.2.3 可见

$$\begin{aligned}f_n^1&\triangleq f_n(x)-(\lambda_n^1)^{\frac{2-d}{2}}\phi^1\left(\frac{x-x_n^1}{\lambda_n^1}\right),\\f_n^2&\triangleq f_n^1(x)-(\lambda_n^2)^{\frac{2-d}{2}}\phi^2\left(\frac{x-x_n^2}{\lambda_n^2}\right),\\&\cdots\cdots\\f_n^{j+1}&\triangleq f_n^j(x)-(\lambda_n^{j+1})^{\frac{2-d}{2}}\phi^{j+1}\left(\frac{x-x_n^{j+1}}{\lambda_n^{j+1}}\right),\end{aligned}$$

这里每一步 $\{n\}$ 均是上一步序列 $\{n\}$ 的无限子列. 如果

$$\lim_{n\to\infty}\inf\|f_n^{j_0}\|_{\frac{2d}{d-2}}=0, \tag{4.2.38}$$

就在 $J^*=j_0$ 处结束上面步骤. 在这种情形下选取 $\{n\}$ 就是第 J^* 步所对应的子序列. 如果 $J^*=\infty$, 可以简单地选取 $\{n\}$ 是对角线上对应的序标. 记

$$\begin{aligned}&r_n^0\triangleq f_n,\\&r_n^J\triangleq f_n^J,\quad 1\leqslant J\leqslant J^*.\end{aligned}$$

直接验证轮廓分解公式 (4.2.20) 成立, 即

$$f_n(x)=\sum_{j=1}^J(\lambda_n^j)^{\frac{2-d}{2}}\phi^j\left(\frac{x-x_n^j}{\lambda_n^j}\right)+r_n^J(x),\quad 0\leqslant J\leqslant J^*.$$

下面逐条验证定理 4.2.2 的结论.

(i) 根据波包选取的原则,

$$\lim_{n\to\infty}\inf\|r_n^{J^*}\|_{\frac{2d}{d-2}}=0,\quad J^*<\infty\quad 或\quad \lim_{J\to\infty}\lim_{n\to\infty}\inf\|r_n^J\|_{\frac{2d}{d-2}}=0,\quad J^*=\infty$$

与命题 4.2.3 就得估计 (4.2.29), 进而意味着 (4.2.21).

(ii) 记

$$G_{\lambda^j,\mathbf{x}^j}\phi^j=(\lambda_n^j)^{\frac{2-d}{2}}\phi^j\left(\frac{x-x_n^j}{\lambda_n^j}\right),\quad 0\leqslant j\leqslant J^*.$$

注意到

$$(\lambda_n^{j+1})^{\frac{d-2}{2}}r_n^j(\lambda_n^{j+1}x+x_n^{j+1})\xrightarrow{\dot H^1(\mathbb{R}^d)}\phi^{j+1}(x),\quad n\longrightarrow\infty,$$

归纳可见

$$\left\langle G_{\lambda^j,\mathbf{x}^j}\phi^j,r_n^{j'}\right\rangle=\left\langle {\lambda_n^j}^{\frac{2-d}{2}}\phi^j\left(\frac{x-x_n^j}{\lambda_n^j}\right),r_n^{j'}\right\rangle\longrightarrow 0,\quad j'\geqslant j,\quad n\longrightarrow\infty,$$

注意到 $\phi^j(0\leqslant j\leqslant J^*)$ 非零, 完全类同于定理 4.2.1 的证明方法, 就可导出正交性条件 (4.2.24).

(iii) 断言 (4.2.25) 是正交性条件 (4.2.24) 与估计 (4.2.29) 的直接结果.

(iv) 由于 ϕ^j 可用 C_c^∞ 函数逼近, 因此, 无妨假设 $\phi^j\in C_c^\infty$. 进而, 根据 (4.2.21) 与正交条件 (4.2.24), 就直接推出 (4.2.23). 事实上, 由初等不等式

$$\big||a+b|^p-|a|^p-|b|^p\big|\lesssim_p |a|^{p-1}|b|+|b|^{p-1}|a|,\quad \forall\, p>1$$

和数学归纳法可得

$$\Big|\Big|\sum_{j=1}^{J} a_j\Big|^p - \sum_{j=1}^{J}|a_j|^p\Big| \lesssim_{p,J} \sum_{j\neq k}|a_j|^{p-1}|a_k|$$

由此可见

$$\begin{aligned}
&\Big|\|f_n\|_{L^p}^p - \sum_{j=1}^{J}\|\phi^j\|_{L^p}^p\Big| \\
\leqslant &\Big|\Big\|\sum_{j=1}^{J}\phi_n^j + r_n^J\Big\|_{L^p}^p - \Big\|\sum_{j=1}^{J}\phi_n^j\Big\|_{L^p}^p\Big| + \Big|\Big\|\sum_{j=1}^{J}\phi_n^j\Big\|_{L^p}^p - \sum_{j=1}^{J}\|\phi^j\|_{L^p}^p\Big| \\
\lesssim &\int_{\mathbb{R}^d}\left(\Big|\sum_{j=1}^{J}\phi_n^j\Big|^{p-1}|r_n^J| + |r_n^J|^p\right)dx + \sum_{j\neq k}\int_{\mathbb{R}^d}|\phi_n^j(x)|^{p-1}|\phi_n^k(x)|\,dx \\
\to &0, \quad n\to+\infty,
\end{aligned}$$

其中 $p=\dfrac{2d}{d-2}$, $\phi_n^j(x)=(\lambda_n^j)^{\frac{2-d}{2}}\phi^j\left(\dfrac{x-x_n^j}{\lambda_n^j}\right)$.

(v) 利用正交条件 (4.2.24)、弱收敛(4.2.25) 与平行四边形原理 (4.2.36), 就得 Hilbert 空间 $\dot{H}^1$ 渐近正交公式(4.2.22). □

轮廓分解的应用——最佳型嵌入定理

定理 4.2.4(最佳型嵌入定理)

$$\|f\|_{L^{\frac{2d}{d-2}}} \leqslant C_d\|\nabla f\|_2\,, \quad d\geqslant 3, \quad f\in\dot{H}^1(\mathbb{R}^d). \tag{4.2.39}$$

上面不等式变成等式的充要条件是

$$f=\alpha W(\lambda(x-x_0))\,, \quad \alpha\in\mathbb{C},\ \lambda\in(0,\infty),\ x_0\in\mathbb{R}^d, \tag{4.2.40}$$

这里

$$W(x)=\left(1+\frac{|x|^2}{d(d-2)}\right)^{\frac{2-d}{2}} \tag{4.2.41}$$

是

$$\Delta W + W^{\frac{2+d}{d-2}} = 0$$

的唯一的径向非负 $\dot{H}^1(\mathbb{R}^d)$ 解 (在模去伸缩变换意义下), $C_d=\|W\|_{\frac{2d}{d-2}}^{-\frac{2}{d-2}}$.

证明　关键是证明极化子的存在性, 一旦证明了极化子的存在性, 余下部分就可按照证明定理 3.1.15 的过程来实现. 设 f_n 是

$$\Phi(f)=\|f\|_{L^{\frac{2d}{d-2}}}^{\frac{2d}{d-2}}\Big/\|\nabla f\|_2^{\frac{2d}{d-2}} \tag{4.2.42}$$

的满足 $\|\nabla f_n\|_2=1$ 的极化序列, 即

$$\lim_{n\to\infty}\Phi(f_n)=\|f_n\|_{L^{\frac{2d}{d-2}}}^{\frac{2d}{d-2}}=\sup_{f\in\dot{H}^1}\|f\|_{L^{\frac{2d}{d-2}}}^{\frac{2d}{d-2}}\Big/\|\nabla f\|_2^{\frac{2d}{d-2}}\triangleq\alpha.$$

利用轮廓分解定理 (定理 4.2.2), 存在子序列 $\{f_n\}$ 满足 (4.2.21)—(4.2.25) 的轮廓分解

$$f_n(x)=\sum_{j=1}^{J}(\lambda_n^j)^{\frac{2-d}{2}}\phi^j\left(\frac{x-x_n^j}{\lambda_n^j}\right)+r_n^J(x),\quad 1\leqslant J\leqslant J^*\leqslant\infty.$$

特别 (4.2.23) 可以保证

$$\sup_{f\in\dot{H}^1}\Phi(f)=\lim_{n\to\infty}\Phi(f_n)=\sum_{j=1}^{\infty}\|\phi^j\|_{\frac{2d}{d-2}}^{\frac{2d}{d-2}}\leqslant\sup_{f\in\dot{H}^1}\Phi(f)\sum_{j=1}^{\infty}\|\nabla\phi^j\|_2^{\frac{2d}{d-2}}. \tag{4.2.43}$$

最后一步用到 $\Phi(f)$ 的定义 (4.2.42), 即

$$\|\phi^j\|_{L^{\frac{2d}{d-2}}}^{\frac{2d}{d-2}}\Big/\|\nabla\phi^j\|_2^{\frac{2d}{d-2}}\leqslant\Phi(f).$$

与此同时, 由 r_n^J 的性质 (4.2.22) 可见

$$\sum_{j=1}^{\infty}\|\nabla\phi^j\|_2^2\leqslant 1. \tag{4.2.44}$$

由 (4.2.43), (4.2.44) 及 $\dfrac{2d}{d-2}>2$ 可见, 只有一个 ϕ^{j_0} 具有非零范数, 否则就出现矛盾. 不仅如此, ϕ^{j_0} 还满足

$$\|\nabla\phi^{j_0}\|_2=1. \tag{4.2.45}$$

从 (4.2.20)—(4.2.21) 可见

$$\lim_{n\to\infty}\|f_n-\phi^{j_0}\|_{\frac{2d}{d-2}}=0,\quad \phi^{j_0}\in\dot{H}^1.$$

再根据 $\|\nabla f_n\|_2 = \|\nabla \phi^{j_0}\|_2 = 1$ 与 Hilbert 空间中的平行四边形公式, 就有

$$\lim_{n\to\infty} \|f_n - \phi^{j_0}\|_{\dot{H}^1} = 0.$$

这就确保了极化子的存在性. 注意到每一个函数 f_n 均可用其重整化序列来代替, 重复定理 3.1.15 的证明过程就行了. □

4.3 Schrödinger 方程轮廓分解及 Strichartz 紧性亏损

众所周知, 自由 Schrödinger 方程解的局部光滑估计

$$\int_{-\infty}^{\infty}\int_{|x|\leqslant M} \left|(I-\Delta)^{\frac{1}{4}} e^{it\Delta}\varphi\right|^2 dxdt \leqslant C(M)\|\varphi\|_2^2, \tag{4.3.1}$$

意味着解算子 $\mathcal{T} = e^{it\Delta}$ 是 $L^2(\mathbb{R}^d)$ 到 $L^2_{\mathrm{loc}}(\mathbb{R}^{d+1})$ 上的紧算子. 另一方面, 自由 Schrödinger 方程解满足 Strichartz 估计

$$\|e^{it\Delta}\varphi\|_{L^q(\mathbb{R};L^r(\mathbb{R}^d))} \leqslant C(r)\|\varphi\|_{L^2(\mathbb{R}^d)}, \quad (q,r)\in\Lambda,$$

它表明解算子:

$$\mathcal{T}: \quad \varphi \longmapsto e^{it\Delta}\varphi \tag{4.3.2}$$

是 $L^2(\mathbb{R}^d)$ 到 $L^q(\mathbb{R};L^r(\mathbb{R}^d))$ 的有界算子, 而不是紧算子. 事实上, 直接验证非紧变换群

$$\tau_{x_0}\varphi(x) = \varphi(x-x_0), \qquad (\text{平移变换}) \tag{4.3.3}$$

$$S_h\varphi(x) = h^{\frac{2-d}{2}}\varphi\left(\frac{x}{h}\right), \qquad (\text{伸缩}) \tag{4.3.4}$$

$$R_{t_0}\varphi(x) = e^{it_0\Delta}\varphi(x) \quad (\text{相旋转}) \tag{4.3.5}$$

保持自由 Schrödinger 方程解的 $\dot{H}^1$ 范数. 记 $\{x_n\}_{n=0}^\infty$ 是 $\mathbb{R}^d$ 中趋向于 ∞ 的序列, 记 $\{t_n\}_{n=0}^\infty$ 是 $\mathbb{R}$ 中趋向于 ∞ 的序列, $\{h_n\}_{n=0}^\infty$ 是 $\mathbb{R}_+$ 中趋向于 0 的序列, 则对任意非零的 $\varphi(x)\in\dot{H}^1(\mathbb{R}^d)$, 构造 $\dot{H}^1$ 中弱收敛于零的序列

$$\{\tau_{x_n}\varphi\}_{n=0}^\infty, \{S_{h_n}\varphi\}_{n=0}^\infty, \{R_{t_n}\varphi\}_{n=0}^\infty \xrightarrow{\dot{H}^1\text{弱拓扑}} 0, \quad n\longrightarrow\infty. \tag{4.3.6}$$

然而, 对任意的 $(q,r)\in\Lambda$, 我们总有

$$\begin{cases} \|\nabla e^{it\Delta}\tau_{x_n}\varphi\|_{L^q(\mathbb{R};L^r(\mathbb{R}^d))} = \|e^{it\Delta}\nabla\varphi\|_{L^q(\mathbb{R};L^r(\mathbb{R}^d))}, \\ \|\nabla e^{it\Delta}S_{h_n}\varphi\|_{L^q(\mathbb{R};L^r(\mathbb{R}^d))} = \|e^{it\Delta}\nabla\varphi\|_{L^q(\mathbb{R};L^r(\mathbb{R}^d))}, \\ \|\nabla e^{it\Delta}R_{t_n}\varphi\|_{L^q(\mathbb{R};L^r(\mathbb{R}^d))} = \|e^{it\Delta}\nabla\varphi\|_{L^q(\mathbb{R};L^r(\mathbb{R}^d))} \end{cases} \tag{4.3.7}$$

不依赖于 n. 这就说明 (4.3.6) 中定义的序列在 $L^q(\mathbb{R};L^r(\mathbb{R}^d))$ 不是紧致的, 即 Schrödinger 解算子: $\mathcal{T}$ 不是 $L^2(\mathbb{R}^d)$ 到 $L^q(\mathbb{R};L^r(\mathbb{R}^d))$ 紧算子. 如何刻画 Strichartz 不等式对应的紧性亏损? 事实上, 自由 Schrödinger 方程解的 $\dot{H}^1$ 范数在上面三类非紧群变换下的不变性是导致的紧性亏损的主要原因.

定义 4.3.1(对称群) 对任意 $\theta\in\mathbb{R}/2\pi\mathbb{Z}$ 和伸缩参数 $\lambda\in\mathbb{R}^+$, 定义 $\dot{H}^1$ 上的酉变换群如下:

$$\begin{cases} g_{\theta,x_0,\lambda}:\dot{H}^1(\mathbb{R}^d)\longrightarrow\dot{H}^1(\mathbb{R}^d),\\ \left[g_{\theta,x_0,\lambda}f\right](x)\triangleq\lambda^{-\frac{d-2}{2}}e^{i\theta}f\left(\dfrac{x-x_0}{\lambda}\right). \end{cases} \tag{4.3.8}$$

用 $\mathcal{G}$ 表示全体 $\{g_{\theta,x_0,\lambda}\}$ 所构成的集合, 满足如下复合律

$$g_{\theta,x_0,\lambda}\circ g_{\theta',x_0',\lambda'}=g_{\theta+\theta',x_0+\lambda x_0',\lambda\lambda'}. \tag{4.3.9}$$

记 $\mathcal{G}$ 上的单位元素是 $g_{0,0,1}$, 则 $\{g_{\theta,x_0,\lambda}\}$ 的逆元是

$$g^{-1}_{\theta,x_0,\lambda}=g_{-\theta,-x_0/\lambda,\lambda^{-1}}. \tag{4.3.10}$$

另外, $\mathcal{G}$ 满足如下分解律

$$g_{\theta,x_0,\lambda}=g_{\theta,0,1}\circ g_{0,x_0,1}\circ g_{0,0,\lambda}. \tag{4.3.11}$$

因此, $\mathcal{G}$ 是由相旋转变换群、平移变换群及伸缩变换群生成. 用 $\dot{H}^1/\mathcal{G}$ 表示所有轨道 $\mathcal{G}f$ 赋予商拓扑后所生成的模空间, 即

$$\dot{H}^1/\mathcal{G}=\left\{\tilde{f},\tilde{f}=gf,\ g\in\mathcal{G}\right\}.$$

对任意函数 $u:I\times\mathbb{R}^d\longrightarrow\mathbb{C}$, 定义 $T_{g_{\theta,x_0,\lambda}}u:\lambda^2I\times\mathbb{R}^d\longrightarrow\mathbb{C}$ 如下

$$\left[Tg_{\theta,x_0,\lambda}\,u\right](t,x):=\lambda^{-\frac{d-2}{2}}e^{i\theta}u(\lambda^{-2}t,\lambda^{-1}(x-x_0)) \tag{4.3.12}$$

或

$$\left[Tg_{\theta,x_0,\lambda}\,u\right](t):=g_{\theta,x_0,\lambda}\left(u(\lambda^{-2}t)\right). \tag{4.3.13}$$

注记 4.3.1 (i) 利用解的唯一性, 直接验证: 若 u 是能量临界方程 (1.2.2) 的解, 则 T_gu 就是方程 (1.2.2) 以初值 gu_0 的解.

(ii) 容易证明, $\mathcal{G}$ 是一个群, 映射 $g\longrightarrow T_g$ 是一个同胚,

$$T_{g_{\theta_1,x_1,\lambda_1}}\cdot T_{g_{\theta_2,x_2,\lambda_2}}=T_{g_{\theta_1+\theta_2,x_1+\lambda_1x_2,\lambda_1\lambda_2}}.$$

映射 $u \longrightarrow T_g u$: 将 (1.2.2) 的解映射到与 u 具有相同能量和散射尺度的另一个解, 即

$$E(T_g u) = E(u), \quad S(T_g u) = S(u).$$

进而, u 是极大生命区间解 $\Longleftrightarrow$ $T_g u$ 亦是极大生命区间解.

(iii) 以自由 Schrödinger 方程为例来说明. 直接计算可见

$$\begin{cases} i\partial_t \tilde{u} + \Delta \tilde{u} = 0, \\ \tilde{u}(0) = g u_0(x) \end{cases} \quad \longleftrightarrow \quad \begin{cases} i\partial_t u + \Delta u = 0, \\ u(0) = u_0(x). \end{cases}$$

这就诱导了扩展群的定义, 即

$$\tilde{u}(t,x) = e^{it\Delta}(g u_0)(x) \triangleq T_g u, \quad u(t,x) = e^{it\Delta} u_0(x).$$

直接计算可见

$$e^{it\Delta}(g u_0)(x) = e^{it\Delta}\left[\lambda^{-\frac{d-2}{2}} e^{i\theta} u_0\left(\frac{x-x_0}{\lambda}\right)\right] = \lambda^{-\frac{d-2}{2}} e^{i\theta}\left[e^{i\frac{t}{\lambda^2}\Delta} u_0\right]\left(\frac{x-x_0}{\lambda}\right), \tag{4.3.14}$$

具体地说, 就有

$$T_g u = g_{\theta,x_0,\lambda}\left[u\left(\frac{t}{\lambda^2}\right)\right].$$

受注记 4.3.1 中的启发, 引入扩展对称群的概念, 尽管在应用中常常回归到原来的对称群.

定义 4.3.2 (扩展的对称群) 对任意 $\theta \in \mathbb{R}/2\pi\mathbb{Z}$, 伸缩参数 $\lambda \in \mathbb{R}^+$, 位置 $x_0 \in \mathbb{R}^d$ 及时间参数 $t_0 \in \mathbb{R}$. 定义 $\dot{H}^1$ 上的酉变换群如下:

$$g_{\theta,x_0,\lambda,t_0} \triangleq g_{\theta,x_0,\lambda} e^{it_0\Delta}: \quad \dot{H}^1(\mathbb{R}^d) \longrightarrow \dot{H}^1(\mathbb{R}^d), \tag{4.3.15}$$

或

$$\left[g_{\theta,x_0,\lambda,t_0} f\right](x) \triangleq \lambda^{-\frac{d-2}{2}} e^{i\theta}\left[e^{it_0\Delta} f\right]\left(\frac{x-x_0}{\lambda}\right). \tag{4.3.16}$$

用 $\tilde{\mathcal{G}}$ 表示全体 $\{g_{\theta,x_0,\lambda,t_0}\}$ 所构成的集合. 将 $\tilde{\mathcal{G}}$ 作用到整体时空函数:$u : \mathbb{R} \times \mathbb{R}^d$ 上, 其定义如下:

$$T_{g_{\theta,x_0,\lambda,t_0}} u(t,x) \triangleq \lambda^{-\frac{d-2}{2}} e^{i\theta}\left[e^{it_0\Delta} u\right]\left(\frac{t}{\lambda^2}, \frac{x-x_0}{\lambda}\right) \tag{4.3.17}$$

或等价的形式

$$\left(T_{g_{\theta,x_0,\lambda,t_0}}u\right)(t) \triangleq g_{\theta,x_0,\lambda,t_0}\left(u(t/\lambda^2)\right). \tag{4.3.18}$$

容易验证, $\tilde{\mathcal{G}}$ 是由相旋转变换群、平移变换群、伸缩变换群及自由 Schrödinger 方程群所生成. $\tilde{\mathcal{G}}$ 保持自由 Schrödinger 方程、解的 $\dot{H}^1$ 范数及其散射尺寸 $S(u)$! 但是, 它并不保持能量临界 Schrödinger 方程解的散射尺寸 $S(u)$. 当然, 要想获得能量临界 Schrödinger 方程解的散射尺寸 $S(u)$ 的控制, 就需要将自由解算子 $e^{it_0\Delta}$ 换成非线性解算子, 给出相应非线性部分的散射尺寸估计.

4.3.1　$\dot{H}^1$ 集中紧性及其对应的轮廓分解刻画

现在讨论 Schrödinger 方程中 $\dot{H}^1(\mathbb{R}^d)$ 有界解列对应的线性轮廓分解, 它本质上源于刻画了 Strichartz 不等式的紧性亏损, 其构造依赖于额外 Strichartz 估计等. 重要性在于它可以给出几乎周期解的归结.

定理 4.3.1 (Schrödigner 算子对应的 $\dot{H}^1$-线性轮廓分解)　设 $d \geqslant 3$, 函数序列 $\{f_n\}_{n\geqslant 1}$ 是 $\dot{H}^1(\mathbb{R}^d)$ 中的有界序列. 则在不计子序列的意义下, 存在 $J^* \in \{0,1,\cdots\}\cup\{\infty\}$, $\{\phi^j\}_{j=1}^{J^*} \subset \dot{H}^1(\mathbb{R}^d)$, $\{\lambda_n^j\} \subset (0,\infty)$ 和 $\{t_n^j, x_n^j\} \subset \mathbb{R}\times\mathbb{R}^d$ 满足如下分解 $(0 \leqslant J \leqslant J^*)$

$$f_n = \sum_{j=1}^{J}(\lambda_n^j)^{-\frac{d-2}{2}}\left[e^{it_n^j\Delta}\phi^j\right]\left(\frac{x-x_n^j}{\lambda_n^j}\right) + w_n^J, \tag{4.3.19}$$

这里 $w_n^J \in \dot{H}^1(\mathbb{R}^d)$ 满足

$$\lim_{J\to J^*}\limsup_{n\to\infty}\|e^{it\Delta}w_n^J\|_{L_{t,x}^{\frac{2(d+2)}{d-2}}(\mathbb{R}\times\mathbb{R}^d)} = 0, \tag{4.3.20}$$

$$\lim_{n\to\infty}\left[\|f_n\|_{\dot{H}_x^1}^2 - \sum_{j-1}^{J}\|\phi^j\|_{\dot{H}_x^1}^2 - \|w_n^J\|_{\dot{H}_x^1}^2\right] = 0, \tag{4.3.21}$$

$$\lim_{n\to\infty}\left[\|f_n\|_{L_x^{\frac{2d}{d-2}}}^{\frac{2d}{d-2}} - \sum_{j=1}^{J}\|e^{it_n^j\Delta}\phi^j\|_{L_x^{\frac{2d}{d-2}}}^{\frac{2d}{d-2}} - \|w_n^J\|_{L_x^{\frac{2d}{d-2}}}^{\frac{2d}{d-2}}\right] = 0, \tag{4.3.22}$$

$$e^{-it_n^J\Delta}\left[(\lambda_n^J)^{\frac{d-2}{2}}w_n^J(\lambda_n^J x + x_n^J)\right] \xrightarrow{\dot{H}^1\ \text{弱拓扑}} 0. \tag{4.3.23}$$

进而, 对任意 $j \neq k$, 有如下渐近正交条件

$$\frac{\lambda_n^j}{\lambda_n^k} + \frac{\lambda_n^k}{\lambda_n^j} + \frac{|x_n^j - x_n^k|^2}{\lambda_n^j\lambda_n^k} + \frac{|t_n^j(\lambda_n^j)^2 - t_n^k(\lambda_n^k)^2|}{\lambda_n^j\lambda_n^k} \to \infty, \quad n\to\infty. \tag{4.3.24}$$

最后, 可以额外假设对任意 j, $t_n^j \equiv 0$ 或 $t_n^j \to \pm\infty$.

注记 4.3.2 (i) (4.3.23)可进一步改进为

$$e^{-it_n^j\Delta}\left[(\lambda_n^j)^{\frac{d-2}{2}} w_n^J(\lambda_n^j x + x_n^j)\right] \xrightarrow{\dot{H}^1 \text{ 弱拓扑}} 0, \quad \forall 1 \leqslant j \leqslant J. \tag{4.3.25}$$

(ii) 上述线性轮廓分解源于 Keraani[81], 证明基于 Gérard, Meyer 和 Oru[50] 改进的 Sobolev 不等式. 下面的证明采用 Visan 讲义 [189] 中一种简化证明, 关键工具是逆 Strichartz 不等式.

(iii) 由额外 Strichartz 估计 (引理 4.3.2) 和 (4.3.34) 可得

$$\left\|e^{it\Delta}f\right\|_{L_{t,x}^{\frac{2(d+2)}{d-2}}(\mathbb{R}\times\mathbb{R}^d)} \lesssim \|f\|_{\dot{H}^1(\mathbb{R}^d)}^{\frac{(d-2)(d+4)}{d(d+2)}} \left\|e^{it\Delta}f\right\|_{L_t^\infty \dot{B}^{1-\frac{d}{2}}_{\infty,\infty}(\mathbb{R}\times\mathbb{R}^d)}^{\frac{8}{d(d+2)}}. \tag{4.3.26}$$

因此, 中间拓扑 $L_{t,x}^{\frac{2(d+2)}{d-2}}(\mathbb{R}\times\mathbb{R}^d)$ 可以替换为负指数齐次 Besov 空间 $L_t^\infty \dot{B}^{1-\frac{d}{2}}_{\infty,\infty}(\mathbb{R}\times\mathbb{R}^d)$, 那么也可以利用引理 7.4.1 的方法给出另外一种简化证明.

逆向 Strichartz 不等式 利用 Strichartz 不等式和 Sobolev 嵌入定理, 容易看出

$$\left\|e^{it\Delta}f\right\|_{L_{t,x}^{\frac{2(d+2)}{d-2}}(\mathbb{R}\times\mathbb{R}^d)} \lesssim \left\|e^{it\Delta}\nabla f\right\|_{L_t^{\frac{2(d+2)}{d-2}} L_x^{\frac{2d(d+2)}{d^2+4}}(\mathbb{R}\times\mathbb{R}^d)} \lesssim \|f\|_{\dot{H}^1}, \quad d \geqslant 3. \tag{4.3.27}$$

引理 4.3.2(额外 Strichartz 估计) 若 $d \geqslant 3$, 且 $f \in \dot{H}^1(\mathbb{R}^d)$, 则

$$\left\|e^{it\Delta}f\right\|_{L_{t,x}^{\frac{2(d+2)}{d-2}}(\mathbb{R}\times\mathbb{R}^d)} \lesssim \|f\|_{\dot{H}^1}^{\frac{d-2}{d+2}} \sup_{N\in 2^{\mathbb{Z}}} \left\|e^{it\Delta}f_N\right\|_{L_{t,x}^{\frac{2(d+2)}{d-2}}(\mathbb{R}\times\mathbb{R}^d)}^{\frac{4}{d+2}}. \tag{4.3.28}$$

证明 首先, 证明 $d \geqslant 6$ 的情况. 由平方函数估计、$\ell^{\frac{d+2}{d-2}} \hookrightarrow \ell^2$、Bernstein 以及 Strichartz 不等式可见

$$\begin{aligned}
&\left\|e^{it\Delta}f\right\|_{L_{t,x}^{\frac{2(d+2)}{d-2}}(\mathbb{R}\times\mathbb{R}^d)}^{\frac{2(d+2)}{d-2}} \\
\simeq & \left\|\left(\sum_M |e^{it\Delta}f_M|^2\right)^{\frac{d+2}{2(d-2)}} \left(\sum_N |e^{it\Delta}f_N|^2\right)^{\frac{d+2}{2(d-2)}}\right\|_{L_{t,x}^1} \\
\lesssim & \left\|\left(\sum_M |e^{it\Delta}f_M|^{\frac{d+2}{d-2}}\right)\left(\sum_N |e^{it\Delta}f_N|^{\frac{d+2}{d-2}}\right)\right\|_{L_{t,x}^1} \\
\lesssim & \sum_{M\leqslant N} \iint_{\mathbb{R}\times\mathbb{R}^d} \left|e^{it\Delta}f_M\right|^{\frac{d+2}{d-2}} \left|e^{it\Delta}f_N\right|^{\frac{d+2}{d-2}}\, dx\, dt
\end{aligned}$$

$$
\begin{aligned}
&\lesssim \sum_{M\leqslant N} \left\|e^{it\Delta} f_M\right\|_{L_{t,x}^{\frac{2(d+2)}{d-4}}} \left\|e^{it\Delta} f_M\right\|_{L_{t,x}^{\frac{2(d+2)}{d-2}}}^{\frac{4}{d-2}} \left\|e^{it\Delta} f_N\right\|_{L_{t,x}^{\frac{2(d+2)}{d-2}}}^{\frac{4}{d-2}} \left\|e^{it\Delta} f_N\right\|_{L_{t,x}^{\frac{2(d+2)}{d}}} \\
&\lesssim \sup_{N\in 2^{\mathbb{Z}}} \left\|e^{it\Delta} f_N\right\|_{L_{t,x}^{\frac{2(d+2)}{d-2}}}^{\frac{8}{d-2}} \sum_{M\leqslant N} M^2 \left\|e^{it\Delta} f_M\right\|_{L_t^{\frac{2(d+2)}{d-4}} L_x^{\frac{2d(d+2)}{d^2+8}}} \|f_N\|_{L_x^2} \\
&\lesssim \sup_{N\in 2^{\mathbb{Z}}} \left\|e^{it\Delta} f_N\right\|_{L_{t,x}^{\frac{2(d+2)}{d-2}}}^{\frac{8}{d-2}} \sum_{M\leqslant N} \frac{M}{N} \|\nabla f_M\|_{L_x^2} \|\nabla f_N\|_{L_x^2} \\
&\lesssim \sup_{N\in 2^{\mathbb{Z}}} \left\|e^{it\Delta} f_N\right\|_{L_{t,x}^{\frac{2(d+2)}{d-2}}}^{\frac{8}{d-2}} \|f\|_{\dot{H}^1}^2.
\end{aligned}
$$

其次, 考虑 $4 \leqslant d \leqslant 5$ 的情形. 注意到 $2 < \dfrac{d+2}{d-2} \leqslant 3$, 利用平方函数估计、$\ell^{\frac{2(d+2)}{3(d-2)}} \hookrightarrow \ell^2$、Minkowski、Strichartz 和 Bernstein 不等式可得

$$
\left\|e^{it\Delta} f\right\|_{L_{t,x}^{\frac{2(d+2)}{d-2}}(\mathbb{R}\times\mathbb{R}^d)}^{\frac{2(d+2)}{d-2}} \sim \left\| \prod_{j=1}^{3} \left(\sum_{N_j\in 2^{\mathbb{Z}}} |e^{it\Delta} f_{N_j}|^2 \right)^{\frac{1}{2}\cdot\frac{2(d+2)}{3(d-2)}} \right\|_{L_{t,x}^1(\mathbb{R}\times\mathbb{R}^d)}
$$

$$
\begin{aligned}
&\lesssim \left\| \prod_{j=1}^{3} \left(\sum_{N_j\in 2^{\mathbb{Z}}} |e^{it\Delta} f_{N_j}|^{\frac{2(d+2)}{3(d-2)}} \right) \right\|_{L_{t,x}^1(\mathbb{R}\times\mathbb{R}^d)} \\
&\lesssim \sum_{N_1\leqslant N_2\leqslant N_3} \left\| e^{it\Delta} f_{N_1} e^{it\Delta} f_{N_2} e^{it\Delta} f_{N_3} \right\|_{L_{t,x}^{\frac{2(d+2)}{3(d-2)}}}^{\frac{2(d+2)}{3(d-2)}} \\
&\lesssim \sum_{N_1\leqslant N_2\leqslant N_3} \left\|e^{it\Delta} f_{N_1}\right\|_{L_{t,x}^{\frac{2(d+2)}{d-4}}} \left\|e^{it\Delta} f_{N_1}\right\|_{L_{t,x}^{\frac{2(d+2)}{d-2}}}^{\frac{10-d}{3(d-2)}} \left\|e^{it\Delta} f_{N_2}\right\|_{L_{t,x}^{\frac{2(d+2)}{d-2}}}^{\frac{2(d+2)}{3(d-2)}} \\
&\quad \times \left\|e^{it\Delta} f_{N_3}\right\|_{L_{t,x}^{\frac{2(d+2)}{d-2}}}^{\frac{10-d}{3(d-2)}} \left\|e^{it\Delta} f_{N_3}\right\|_{L_{t,x}^{\frac{2(d+2)}{d}}} \\
&\lesssim \sup_{N\in 2^{\mathbb{Z}}} \left\|e^{it\Delta} f_N\right\|_{L_{t,x}^{\frac{2(d+2)}{d-2}}}^{\frac{8}{d-2}} \sum_{N_1\leqslant N_2\leqslant N_3} N_1^2 \left\|e^{it\Delta} f_{N_1}\right\|_{L_t^{\frac{2(d+2)}{d-4}} L_x^{\frac{2d(d+2)}{d^2+8}}} \left\|e^{it\Delta} f_{N_3}\right\|_{L_{t,x}^{\frac{2(d+2)}{d}}} \\
&\lesssim \sup_{N\in 2^{\mathbb{Z}}} \left\|e^{it\Delta} f_N\right\|_{L_{t,x}^{\frac{2(d+2)}{d-2}}}^{\frac{8}{d-2}} \sum_{N_1\leqslant N_3} \left[1+\log\left(\frac{N_3}{N_1}\right)\right] N_1^2 \|f_{N_1}\|_{L_x^2} \|f_{N_3}\|_{L_x^2} \\
&\lesssim \sup_{N\in 2^{\mathbb{Z}}} \left\|e^{it\Delta} f_N\right\|_{L_{t,x}^{\frac{2(d+2)}{d-2}}}^{\frac{8}{d-2}} \sum_{N_1\leqslant N_3} \left[1+\log\left(\frac{N_3}{N_1}\right)\right] \frac{N_1}{N_3} \|\nabla f_{N_1}\|_{L_x^2} \|\nabla f_{N_3}\|_{L_x^2} \\
&\lesssim \sup_{N\in 2^{\mathbb{Z}}} \left\|e^{it\Delta} f_N\right\|_{L_{t,x}^{\frac{2(d+2)}{d-2}}}^{\frac{8}{d-2}} \|f\|_{\dot{H}_x^1}^2.
\end{aligned}
$$

最后, 考虑 $d=3$ 的情形. 利用平方函数估计, Strichartz 和 Bernstein 不等式可得

$$\|e^{it\Delta}f\|_{L_{t,x}^{10}}^{10} \lesssim \iint_{\mathbb{R}\times\mathbb{R}^3}\Big(\sum_{N\in 2^{\mathbb{Z}}}|e^{it\Delta}f_N|^2\Big)^5 dx\,dt$$

$$\lesssim \sum_{N_1\leqslant\cdots\leqslant N_5}\iint_{\mathbb{R}\times\mathbb{R}^3}|e^{it\Delta}f_{N_1}|^2\cdots|e^{it\Delta}f_{N_5}|^2\,dx\,dt$$

$$\lesssim \sum_{N_1\leqslant\cdots\leqslant N_5}\|e^{it\Delta}f_{N_1}\|_{L_{t,x}^{\infty}}\|e^{it\Delta}f_{N_1}\|_{L_{t,x}^{10}}\prod_{j=2}^{4}\|e^{it\Delta}f_{N_j}\|_{L_{t,x}^{10}}^2\|e^{it\Delta}f_{N_5}\|_{L_{t,x}^{10}}\|e^{it\Delta}f_{N_5}\|_{L_{t,x}^{5}}$$

$$\lesssim \sup_{N\in 2^{\mathbb{Z}}}\|e^{it\Delta}f_N\|_{L_{t,x}^{10}}^8\sum_{N_1\leqslant N_5}\left[1+\log\left(\frac{N_5}{N_1}\right)\right]^3 N_1^{\frac{3}{2}}\|e^{it\Delta}f_{N_1}\|_{L_t^\infty L_x^2}N_5^{\frac{1}{2}}\|e^{it\Delta}f_{N_5}\|_{L_t^5L_x^{\frac{30}{11}}}$$

$$\lesssim \sup_{N\in 2^{\mathbb{Z}}}\|e^{it\Delta}f_N\|_{L_{t,x}^{10}}^8\sum_{N_1\leqslant N_5}\left[1+\log\left(\frac{N_5}{N_1}\right)\right]^3\left(\frac{N_1}{N_5}\right)^{\frac{1}{2}}\|f_{N_1}\|_{\dot H_x^1}\|f_{N_5}\|_{\dot H_x^1}$$

$$\lesssim \sup_{N\in 2^{\mathbb{Z}}}\|e^{it\Delta}f_N\|_{L_{t,x}^{10}}^8\|f\|_{\dot H_x^1}^2.$$ □

额外 Strichartz 不等式表明: 具非平凡时空范数的线性解的时空范数至少集中在一个频段 (频率空间的环形区域) 上. 下一个命题将进一步说明线性解在某个时空点周围包含一个集中 "波包"(bubble).

命题 4.3.3(逆向 Strichartz 不等式) 假设 $d\geqslant 3$, 序列 $\{f_n\}\subset\dot H^1(\mathbb{R}^d)$ 满足

$$\lim_{n\to\infty}\|f_n\|_{\dot H^1}=A<\infty,\quad \lim_{n\to\infty}\|e^{it\Delta}f_n\|_{L_{t,x}^{\frac{2(d+2)}{d-2}}(\mathbb{R}\times\mathbb{R}^d)}=\epsilon>0.$$

则存在 $\{n\}$ 子序列 (仍用 $\{n\}$ 表示), $\phi\in\dot H^1$, $\{\lambda_n\}\subset(0,\infty)$ 和 $\{(t_n,x_n)\}\subset\mathbb{R}\times\mathbb{R}^d$, 使得

$$\lambda_n^{\frac{d-2}{2}}\left[e^{it_n\Delta}f_n\right](\lambda_nx+x_n)\xrightarrow{\dot H_x^1\text{ 弱拓扑}}\phi(x), \tag{4.3.29}$$

$$\liminf_{n\to\infty}\left\{\|f_n\|_{\dot H_x^1}^2-\|f_n-\phi_n\|_{\dot H_x^1}^2\right\}=\|\phi\|_{\dot H_x^1}^2\gtrsim A^2\left(\frac{\epsilon}{A}\right)^{\frac{d(d+2)}{4}}, \tag{4.3.30}$$

$$\liminf_{n\to\infty}\left\{\|f_n\|_{L_x^{\frac{2d}{d-2}}}^{\frac{2d}{d-2}}-\|f_n-\phi_n\|_{L_x^{\frac{2d}{d-2}}}^{\frac{2d}{d-2}}-\|\phi_n\|_{L_x^{\frac{2d}{d-2}}}^{\frac{2d}{d-2}}\right\}=0, \tag{4.3.31}$$

$$\liminf_{n\to\infty}\left\{\|e^{it\Delta}f_n\|_{L_{t,x}^{\frac{2(d+2)}{d-2}}}^{\frac{2(d+2)}{d-2}}-\|e^{it\Delta}(f_n-\phi_n)\|_{L_{t,x}^{\frac{2(d+2)}{d-2}}}^{\frac{2(d+2)}{d-2}}\right\}\gtrsim\epsilon^{\frac{2(d+2)}{d-2}}\left(\frac{\epsilon}{A}\right)^{\frac{(d+2)(d+4)}{4}}, \tag{4.3.32}$$

这里

$$\phi_n(x) := \lambda_n^{-\frac{d-2}{2}} \left[e^{-i\lambda_n^{-2} t_n \Delta}\phi\right]\left(\frac{x-x_n}{\lambda_n}\right). \tag{4.3.33}$$

证明 在不计子序列的意义下, 不妨假设

$$\lim_{n\to\infty} \|f_n\|_{\dot{H}^1} \leqslant 2A, \quad \lim_{n\to\infty} \|e^{it\Delta} f_n\|_{L_{t,x}^{\frac{2(d+2)}{d-2}}(\mathbb{R}\times\mathbb{R}^d)} \geqslant \frac{\epsilon}{2}.$$

利用引理 4.3.2, 对任意 n, 存在 $N_n \in 2^{\mathbb{Z}}$ 使得

$$\left\|e^{it\Delta} P_{N_n} f_n\right\|_{L_{t,x}^{\frac{2(d+2)}{d-2}}} \gtrsim \epsilon^{\frac{d+2}{4}} A^{-\frac{d-2}{4}}.$$

另一方面, 由 Strichartz 和 Bernstein 不等式可见

$$\left\|e^{it\Delta} P_{N_n} f_n\right\|_{L_{t,x}^{\frac{2(d+2)}{d}}} \lesssim \|P_{N_n} f_n\|_{L_x^2} \lesssim N_n^{-1} \|P_{N_n} f_n\|_{\dot{H}^1} \lesssim N_n^{-1} A.$$

进而, 上式结合 Hölder 不等式就意味着

$$\begin{aligned}
\epsilon^{\frac{d+2}{4}} A^{-\frac{d-2}{4}} &\lesssim \left\|e^{it\Delta} P_{N_n} f_n\right\|_{L_{t,x}^{\frac{2(d+2)}{d-2}}} \\
&\lesssim \left\|e^{it\Delta} P_{N_n} f_n\right\|_{L_{t,x}^{\frac{2(d+2)}{d}}}^{\frac{d-2}{d}} \left\|e^{it\Delta} P_{N_n} f_n\right\|_{L_{t,x}^{\infty}}^{\frac{2}{d}} \\
&\lesssim N_n^{-\frac{d-2}{d}} A^{\frac{d-2}{d}} \left\|e^{it\Delta} P_{N_n} f_n\right\|_{L_{t,x}^{\infty}}^{\frac{2}{d}},
\end{aligned} \tag{4.3.34}$$

即

$$N_n^{-\frac{d-2}{2}} \left\|e^{it\Delta} P_{N_n} f_n\right\|_{L_{t,x}^{\infty}} \gtrsim A\left(\frac{\epsilon}{A}\right)^{\frac{d(d+2)}{8}}.$$

因此, 存在 $(t_n, x_n) \in \mathbb{R}\times\mathbb{R}^d$ 使得

$$N_n^{-\frac{d-2}{2}} \left|[e^{it_n\Delta} P_{N_n} f_n](x_n)\right| \gtrsim A\left(\frac{\epsilon}{A}\right)^{\frac{d(d+2)}{8}}. \tag{4.3.35}$$

记 $\lambda_n := N_n^{-1}$ 就获所需参数序列. 下面只需寻找适当的函数 ϕ, 验证它满足 (4.3.29)—(4.3.32). 为此, 定义函数序列 $\{g_n\}$ 如下

$$g_n(x) := \lambda_n^{\frac{d-2}{2}} [e^{it_n\Delta} f_n](\lambda_n x + x_n).$$

容易验证

$$\|g_n\|_{\dot{H}_x^1} = \|f_n\|_{\dot{H}_x^1} \lesssim A.$$

因此, 利用 Alaoglu 定理, 选取子序列 g_n 使之在 $\dot{H}^1$ 弱收敛于 ϕ. 由此推出 (4.3.29).

下面验证 (4.3.30). 第一个等式是正交性的直接结果. 事实上, 利用变量替换和弱收敛性可见

$$\|f_n\|_{\dot{H}_x^1}^2 - \|f_n - \phi_n\|_{\dot{H}_x^1}^2 - \|\phi_n\|_{\dot{H}_x^1}^2 = 2\mathrm{Re}\langle g_n, -\Delta\phi\rangle_{L^2} - 2\langle \phi, -\Delta\phi\rangle_{L^2} \to 0.$$

因此, 仅需验证其下界估计. 记 $\check{\psi} := P_1\delta_0$ 为算子 P_1 对应的核函数. 利用变量替换和 (4.3.35) 可得

$$\begin{aligned}\left|\langle \phi, \check{\psi}\rangle_{L_x^2}\right| &= \left|\lim_{n\to\infty}\langle g_n, \check{\psi}\rangle_{L_x^2}\right| = \left|\lim_{n\to\infty}\left\langle e^{it_n\Delta}f_n, \lambda_n^{-\frac{d+2}{2}}\check{\psi}\left(\frac{x-x_n}{\lambda_n}\right)\right\rangle_{L_x^2}\right| \\ &= N_n^{-\frac{d-2}{2}}\left|[e^{it_n\Delta}P_{N_n}f_n](x_n)\right| \gtrsim A\left(\frac{\epsilon}{A}\right)^{\frac{d(d+2)}{8}}. \end{aligned} \tag{4.3.36}$$

另一方面, 由 Hölder 不等式和 Sobolev 嵌入可得如下上界估计

$$\left|\langle \phi, \check{\psi}\rangle_{L_x^2}\right| \lesssim \|\phi\|_{L_x^{\frac{2d}{d-2}}}\|\check{\psi}\|_{L_x^{\frac{2d}{d+2}}} \lesssim \|\phi\|_{\dot{H}^1}.$$

结合 (4.3.36) 即得 (4.3.30).

其次, 证明势能对应的渐近正交性 (4.3.31). 事实上, 在不计子序列的意义下, 不妨假设 $\lambda_n^{-2}t_n \to t_0 \in [-\infty, \infty]$. 若 $t_0 = \pm\infty$, 利用稠密性和色散估计可得

$$\|\phi_n\|_{L_x^{\frac{2d}{d-2}}} = \|e^{-i\lambda_n^{-2}t_n\Delta}\phi\|_{L_x^{\frac{2d}{d-2}}} \to 0.$$

这就意味着 (4.3.31). 若 $t_0 \in (-\infty, \infty)$, 由 Rellich-Kondrashov 可知: $g_n \to \phi$ a.e., 结合改进的 Fatou 引理可得

$$\|g_n\|_{L_x^{\frac{2d}{d-2}}}^{\frac{2d}{d-2}} - \|g_n - \phi\|_{L_x^{\frac{2d}{d-2}}}^{\frac{2d}{d-2}} - \|\phi\|_{L_x^{\frac{2d}{d-2}}}^{\frac{2d}{d-2}} \to 0, \quad n \to \infty.$$

利用变量替换可得 (4.3.31).

最后验证 (4.3.32). 首先, 利用

$$(i\partial_t)^{\frac{1}{2}}e^{it\Delta} = (-\Delta)^{\frac{1}{2}}e^{it\Delta}$$

及 Hölder 不等式可知: 对任意 $\mathbb{R}\times\mathbb{R}^d$ 上的紧集 K, 均有

$$\|e^{it\Delta}g_n\|_{H_{t,x}^{\frac{1}{2}}(K)} \lesssim \left\|\langle\nabla\rangle e^{it\Delta}g_n\right\|_{L_{t,x}^2(K)} \lesssim_K A.$$

注意到在 $\dot{H}^1$ 中 $g_n \rightharpoonup \phi$ 意味着 $e^{it\Delta}g_n$ 在分布意义下收敛于 $e^{it\Delta}\phi$. 由 Rellich-Kondrashov 定理推出: 在不计子序列的意义下,

$$e^{it\Delta}g_n \to e^{it\Delta}\phi, \quad 在 \quad L_{t,x}^2(K).$$

从而推出 $e^{it\Delta}g_n$ 在 K 上几乎处处收敛于 $e^{it\Delta}\phi$. 选取递增紧集合序列 $\{K_n\}$ 满足 $\bigcup K_n=\mathbb{R}^d$, 利用对角性选择原理, 在不计子序列意义下, 就得

$$e^{it\Delta}g_n\to e^{it\Delta}\phi \quad \text{a.e.}, \quad 在 \quad \mathbb{R}\times\mathbb{R}^d.$$

利用改进的 Fatou 引理和变量替换, 容易推出

$$\liminf_{n\to\infty}\left\{\|e^{it\Delta}f_n\|_{L_{t,x}^{\frac{2(d+2)}{d-2}}}^{\frac{2(d+2)}{d-2}}-\|e^{it\Delta}(f_n-\phi_n)\|_{L_{t,x}^{\frac{2(d+2)}{d-2}}}^{\frac{2(d+2)}{d-2}}\right\}=\|e^{it\Delta}\phi\|_{L_{t,x}^{\frac{2(d+2)}{d-2}}}^{\frac{2(d+2)}{d-2}}.$$

利用 (4.3.36) 和 Mikhlin 乘子定理推出

$$\begin{aligned}A\left(\frac{\epsilon}{A}\right)^{\frac{d(d+2)}{8}}\lesssim\left|\langle\phi,\check{\psi}\rangle_{L_x^2}\right|=\left|\langle e^{it\Delta}\phi,e^{it\Delta}\check{\psi}\rangle_{L_x^2}\right|&\lesssim\|e^{it\Delta}\phi\|_{L_x^{\frac{2(d+2)}{d-2}}}\|e^{it\Delta}\check{\psi}\|_{L_x^{\frac{2(d+2)}{d+6}}}\\&\lesssim\|e^{it\Delta}\phi\|_{L_x^{\frac{2(d+2)}{d-2}}},\end{aligned}$$

关于 $|t|\leqslant 1$ 一致成立. 上式关于时间积分可得

$$\|e^{it\Delta}\phi\|_{L_{t,x}^{\frac{2(d+2)}{d-2}}}^{\frac{2(d+2)}{d-2}}\gtrsim\epsilon^{\frac{2(d+2)}{d-2}}\left(\frac{\epsilon}{A}\right)^{\frac{(d+2)(d+4)}{4}}. \tag{4.3.37}$$

□

为证明定理 4.3.1, 我们需要两个基本引理.

引理 4.3.4　假设 $f_n\in\dot{H}^1(\mathbb{R}^d)$ 满足

$$f_n\xrightarrow{\dot{H}^1\ 弱拓扑}0 \tag{4.3.38}$$

且 $t_n\to t_\infty\in\mathbb{R}$. 那么

$$e^{it_n\Delta}f_n\xrightarrow{\dot{H}^1\ 弱拓扑}0,\quad n\to\infty. \tag{4.3.39}$$

证明　对任意 $\psi\in\dot{H}^1(\mathbb{R}^d)$, 由 Hölder 不等式可得

$$\left|\langle[e^{it_n\Delta}-e^{it_\infty\Delta}]f_n,\psi\rangle_{\dot{H}_x^1}\right|\lesssim\|f_n\|_{\dot{H}^1}\left\|[e^{-it_n\Delta}-e^{-it_\infty\Delta}]\psi\right\|_{\dot{H}_x^1}\to 0,\quad n\to\infty.$$

因此, (4.3.39) 可归结为证明:

$$e^{it_\infty\Delta}f_n\xrightarrow{\dot{H}^1\ 弱拓扑}0. \tag{4.3.40}$$

对任意的 $\psi \in C_c^\infty(\mathbb{R}^d)$, $e^{it_\infty\Delta}\Delta\psi \in \dot{H}^{-1}(\mathbb{R}^d)$. 利用

$$\langle e^{it_\infty\Delta}f_n, \psi\rangle_{\dot{H}_x^1} = \left\langle f_n, e^{-it_\infty\Delta}(-\Delta\psi)\right\rangle_{L_x^2}$$

和假设条件 (4.3.38) 就推出 (4.3.40). 从而获得引理 4.3.4. □

引理 4.3.5 设 $f \in C_c^\infty(\mathbb{R}^d)$, $\{(t_n, x_n)\}_{n\geqslant 1} \subset \mathbb{R}\times\mathbb{R}^d$ 满足: $|t_n| \to \infty$ 或 $|x_n| \to \infty$, 则

$$e^{it_n\Delta}f(x+x_n) \xrightarrow{\dot{H}^1 \text{ 弱拓扑}} 0, \quad n\to\infty. \tag{4.3.41}$$

证明 先考虑 $t_n \to \infty$ 的情况. 由对称性可证 $t_n \to -\infty$ 的情况. 注意到: 对任意的 $\psi \in C_c^\infty(\mathbb{R}^d)$,

$$|\langle e^{it_n\Delta}f(x+x_n), \psi\rangle| \leqslant \|e^{it_n\Delta}f\|_{L_x^\infty}\|\psi\|_{L_x^1} \lesssim t_n^{-\frac{d}{2}}\|f\|_{L_x^1}\|\psi\|_{L_x^1} \to 0.$$

结合稠密性可得 (4.3.41).

下面考虑 $\{t_n\}_{n\geqslant 1}$ 有界的情形. 注意到 $|x_n| \to \infty$. 不失一般性, 可以假设 $t_n \to t_\infty \in \mathbb{R}$. 由于

$$\left[e^{it_n\Delta}f\right](x+x_n) = \left[e^{it_n\Delta}f(\cdot+x_n)\right](x),$$

利用引理 4.3.4 可得 (4.3.41). □

定理 4.3.1 的证明 重点说明如何从逆向 Strichartz 不等式来建立 Schrödinger 算子对应的线性轮廓分解. 为方便起见, 引入记号

$$(g_n^j f)(x) := (\lambda_n^j)^{-\frac{d-2}{2}} f\left(\frac{x-x_n^j}{\lambda_n^j}\right), \quad \left[(g_n^j)^{-1}f\right](x) := (\lambda_n^j)^{\frac{d-2}{2}} f\left(\lambda_n^j x + x_n^j\right).$$

简单计算可见

$$\|g_n^j f\|_{\dot{H}_x^1} = \|f\|_{\dot{H}_x^1} = \left\|(g_n^j)^{-1}f\right\|_{\dot{H}^1}$$
$$\langle g_n^j f_1, f_2\rangle_{\dot{H}_x^1} = \langle f_1, (g_n^j)^{-1}f_2\rangle_{\dot{H}_x^1}, \quad \forall f_1, f_2 \in \dot{H}_x^1.$$

记

$$\phi_n^j(x) := (\lambda_n^j)^{-\frac{d-2}{2}}\left[e^{it_n^j\Delta}\phi^j\right]\left(\frac{x-x_n^j}{\lambda_n^j}\right) = \left[g_n^j e^{it_n^j\Delta}\phi^j\right](x).$$

采用归纳方式逐次抽取波包. 作为起步, 令 $w_n^0 := f_n$. 假设直到对整数 $J \geqslant 0$ 有分解 (4.3.19) 且满足 (4.3.21)—(4.3.23). 最后验证条件 (4.3.20) 和 (4.3.24). 在不计子序列意义下, 相应的极限记为

$$A_J := \lim_{n\to\infty}\|w_n^J\|_{\dot{H}^1} \quad \text{和} \quad \epsilon_J := \lim_{n\to\infty}\|e^{it\Delta}w_n^J\|_{L_{t,x}^{\frac{2(d+2)}{d-2}}}.$$

若 $\epsilon_J = 0$, 停止迭代, 令 $J^* = J$ 就完成迭代过程. 如若不然, 继续对 w_n^J 使用命题 4.3.3, 在不计子序列意义下, 推出存在 $\phi^{J+1} \in \dot{H}_x^1$, $\{\lambda_n^{J+1}\} \subset (0,\infty)$ 和 $\{(t_n^{J+1}, x_n^{J+1})\} \subset \mathbb{R}\times\mathbb{R}^d$ 满足

$$\phi^{J+1} = \operatorname*{w-lim}_{n\to\infty}(g_n^{J+1})^{-1}\big[e^{-it_n^{J+1}(\lambda_n^{J+1})^2\Delta}w_n^J\big] = \operatorname*{w-lim}_{n\to\infty} e^{-it_n^{J+1}\Delta}\big[(g_n^{J+1})^{-1}w_n^J\big],$$

这里 w-lim 代表弱收敛点, 命题 4.3.3 中的时间参数重新命名为 $t_n^{J+1} = -\lambda_n^{-2}t_n$.

记 $\phi_n^{J+1} := g_n^{J+1}e^{it_n^{J+1}\Delta}\phi^{J+1}$, 定义 $w_n^{J+1} := w_n^J - \phi_n^{J+1}$. 由 ϕ^{J+1} 的定义可得

$$e^{-it_n^{J+1}\Delta}(g_n^{J+1})^{-1}w_n^{J+1} \xrightarrow{\dot{H}^1\ \text{弱拓扑}} 0.$$

由此推出 (4.3.23) 对 $J+1$ 成立. 与此同时, 命题 4.3.3 还意味着动能正交性

$$\lim_{n\to\infty}\big\{\|w_n^J\|_{\dot{H}_x^1}^2 - \|w_n^{J+1}\|_{\dot{H}^1}^2 - \|\phi^{J+1}\|_{\dot{H}_x^1}^2\big\} = 0$$

及势能的正交性

$$\lim_{n\to\infty}\left\{\|w_n^J\|_{L_x^{\frac{2d}{d-2}}}^{\frac{2d}{d-2}} - \|w_n^{J+1}\|_{L_x^{\frac{2d}{d-2}}}^{\frac{2d}{d-2}} - \|e^{it_n^{J+1}\Delta}\phi^{J+1}\|_{L_x^{\frac{2d}{d-2}}}^{\frac{2d}{d-2}}\right\} = 0.$$

利用归纳假设推出 (4.3.21), (4.3.22) 对 $J+1$ 成立.

下面考察 $\{w_n^{J+1}\}$, 由命题 4.3.3, 在不计子序列的意义下, 可以推出

$$A_{J+1}^2 = \lim_{n\to\infty}\|w_n^{J+1}\|_{\dot{H}_x^1}^2 \leqslant A_J^2\left[1 - C\left(\frac{\epsilon_J}{A_J}\right)^{\frac{d(d+2)}{4}}\right] \leqslant A_J^2, \tag{4.3.42}$$

$$\epsilon_{J+1}^{\frac{2(d+2)}{d-2}} = \lim_{n\to\infty}\|e^{it\Delta}w_n^{J+1}\|_{L_{t,x}^{\frac{2(d+2)}{d-2}}}^{\frac{2(d+2)}{d-2}} \leqslant \epsilon_J^{\frac{2(d+2)}{d-2}}\left[1 - C\left(\frac{\epsilon_J}{A_J}\right)^{\frac{(d+2)(d+4)}{4}}\right]. \tag{4.3.43}$$

若 $\epsilon_{J+1} = 0$, 停止迭代, 令 $J^* = J+1$ 就完成迭代过程, 且 (4.3.20) 自然成立. 若 $\epsilon_{J+1} > 0$, 则需继续上述迭代过程. 如果上述迭代无法在有限多步终止, 则令 $J^* = \infty$, 此时从 (4.3.43) 推出 (4.3.20).

下面用反证法验证渐近正交条件 (4.3.24). 不失一般性, 假设 (j,k) 是 (4.3.24) 不成立的第一个数对, 即 $j<k$ 且 (4.3.24) 对 $(j,\ \ell)$: $j<\ell<k$ 均成立. 通过选取子序列, 无妨假设

$$\frac{\lambda_n^j}{\lambda_n^k} \to \lambda_0 \in (0,\infty), \quad \frac{x_n^j - x_n^k}{\sqrt{\lambda_n^j\lambda_n^k}} \to x_0, \quad 且 \quad \frac{t_n^j(\lambda_n^j)^2 - t_n^k(\lambda_n^k)^2}{\lambda_n^j\lambda_n^k} \to t_0. \tag{4.3.44}$$

由上面迭代关系

$$w_n^{k-1} = w_n^j - \sum_{\ell-j+1}^{k-1} \phi_n^l$$

及 ϕ^k 的定义可以推出

$$\begin{aligned}\phi^k &= \text{w-}\lim_{n\to\infty} e^{-it_n^k\Delta}\big[(g_n^k)^{-1}w_n^{k-1}\big]\\&= \text{w-}\lim_{n\to\infty} e^{-it_n^k\Delta}\big[(g_n^k)^{-1}w_n^j\big] - \sum_{l=j+1}^{k-1} \text{w-}\lim_{n\to\infty} e^{-it_n^k\Delta}\big[(g_n^k)^{-1}\phi_n^l\big].\end{aligned} \tag{4.3.45}$$

下面证明上述弱极限收敛为零, 从而与 ϕ^k 的非平凡性相矛盾. 事实上, 简单计算可得

$$\begin{aligned}e^{-it_n^k\Delta}\big[(g_n^k)^{-1}w_n^j\big] &= e^{-it_n^k\Delta}(g_n^k)^{-1}g_n^j e^{it_n^j\Delta}\big[e^{-it_n^j\Delta}(g_n^j)^{-1}w_n^j\big]\\&= (g_n^k)^{-1}g_n^j e^{i(t_n^j - t_n^k\frac{(\lambda_n^k)^2}{(\lambda_n^j)^2})\Delta}\big[e^{-it_n^j\Delta}(g_n^j)^{-1}w_n^j\big].\end{aligned}$$

利用 (4.3.44), 容易推知

$$t_n^j - t_n^k\frac{(\lambda_n^k)^2}{(\lambda_n^j)^2} = \frac{t_n^j(\lambda_n^j)^2 - t_n^k(\lambda_n^k)^2}{\lambda_n^j\lambda_n^k}\cdot\frac{\lambda_n^k}{\lambda_n^j} \to \frac{t_0}{\lambda_0},$$

结合 (4.3.23)、引理 4.3.4 和酉算子 $(g_n^k)^{-1}g_n^j$ 共轭的强收敛性, 我们推出

$$\text{w-}\lim_{n\to\infty} e^{-it_n^k\Delta}\big[(g_n^k)^{-1}w_n^j\big] = 0. \tag{4.3.46}$$

下面仅需验证 (4.3.45) 右边第二项等于零即可. 对任意 $j < \ell < k$,

$$e^{-it_n^k\Delta}(g_n^k)^{-1}\phi_n^\ell = (g_n^k)^{-1}g_n^j e^{i(t_n^j - t_n^k\frac{(\lambda_n^k)^2}{(\lambda_n^j)^2})\Delta}\big[e^{-it_n^j\Delta}(g_n^j)^{-1}\phi_n^\ell\big].$$

类似于 (4.3.45) 右边第一项证明, 问题可归结为证明

$$e^{-it_n^j\Delta}(g_n^j)^{-1}\phi_n^\ell = e^{-it_n^j\Delta}(g_n^j)^{-1}g_n^\ell e^{it_n^\ell\Delta}\phi^\ell \xrightarrow{\dot H^1\text{ 弱拓扑}} 0.$$

利用稠密性, 上述极限进一步归结为证明: 对任意 $\phi \in C_c^\infty(\mathbb{R}^d)$,

$$\begin{aligned}I_n &:= e^{-it_n^j\Delta}(g_n^j)^{-1}g_n^\ell e^{it_n^\ell\Delta}\phi\\&= \left(\frac{\lambda_n^j}{\lambda_n^\ell}\right)^{\frac{d-2}{2}}\left[e^{i(t_n^\ell - t_n^j(\frac{\lambda_n^j}{\lambda_n^\ell})^2)\Delta}\phi\right]\left(\frac{\lambda_n^j x + x_n^j - x_n^\ell}{\lambda_n^\ell}\right) \xrightarrow{\dot H^1\text{ 弱拓扑}} 0.\end{aligned} \tag{4.3.47}$$

根据反证的过程可知 (4.3.24) 对 (j,ℓ) 成立. 若

$$\lim_{n\to\infty}\left(\frac{\lambda_n^j}{\lambda_n^\ell}+\frac{\lambda_n^\ell}{\lambda_n^j}\right)=+\infty. \tag{4.3.48}$$

利用 Cauchy-Schwarz 不等式可得: 对任意 $\psi\in C_c^\infty(\mathbb{R}^d)$,

$$\begin{aligned}\left|\langle I_n,\psi\rangle_{\dot H^1}\right| &\lesssim \min\left\{\|\Delta I_n\|_{L_x^2}\|\psi\|_{L_x^2},\|I_n\|_{L_x^2}\|\Delta\psi\|_{L_x^2}\right\}\\ &\lesssim \min\left\{\frac{\lambda_n^j}{\lambda_n^\ell}\|\Delta\phi\|_{L_x^2},\frac{\lambda_n^\ell}{\lambda_n^j}\|\phi\|_{L_x^2}\|\Delta\psi\|_{L_x^2}\right\}\\ &\to 0,\quad n\to\infty.\end{aligned}$$

由此推出 (4.3.47). 如果 (4.3.48) 不成立, 在不计子序列的意义下, 不妨假设

$$\lim_{n\to\infty}\frac{\lambda_n^j}{\lambda_n^\ell}=\lambda_1\in(0,\infty). \tag{4.3.49}$$

如果时间参数序列是发散的, 即

$$\lim_{n\to\infty}\frac{|t_n^j(\lambda_n^j)^2-t_n^\ell(\lambda_n^\ell)|^2}{\lambda_n^j\lambda_n^\ell}=\infty, \tag{4.3.50}$$

则

$$\left|t_n^\ell-t_n^j\left(\frac{\lambda_n^j}{\lambda_n^\ell}\right)^2\right|=\frac{|t_n^j(\lambda_n^j)^2-t_n^\ell(\lambda_n^\ell)^2}{\lambda_n^j\lambda_n^\ell}\cdot\frac{\lambda_n^j}{\lambda_n^\ell}\to\infty,\quad n\to\infty.$$

根据引理 4.3.5 可知

$$\lambda_1^{\frac{d-2}{2}}\left[e^{i(t_n^\ell-t_n^j(\frac{\lambda_n^j}{\lambda_n^\ell})^2)\Delta}\phi\right]\left(\lambda_1 x+\frac{x_n^j-x_n^\ell}{\lambda_n^\ell}\right)\xrightarrow{\dot H^1\text{ 弱拓扑}}0.$$

由此可得 (4.3.47) 成立.

根据上面的讨论, 剩余情形为

$$\frac{\lambda_n^j}{\lambda_n^\ell}\to\lambda_1\in(0,\infty),\quad \frac{t_n^\ell(\lambda_n^\ell)^2-t_n^j(\lambda_n^j)^2}{\lambda_n^j\lambda_n^\ell}\to t_1,\quad \text{但}\ \frac{|x_n^j-x_n^\ell|^2}{\lambda_n^j\lambda_n^\ell}\to\infty. \tag{4.3.51}$$

由上式容易推出

$$t_n^\ell-t_n^j\left(\frac{\lambda_n^j}{\lambda_n^\ell}\right)^2\to\lambda_1 t_1.$$

注意到

$$y_n := \frac{x_n^j - x_n^\ell}{\lambda_n^\ell} = \frac{x_n^j - x_n^\ell}{\sqrt{\lambda_n^\ell \lambda_n^j}} \sqrt{\frac{\lambda_n^j}{\lambda_n^\ell}} \to \infty, \quad n \to \infty,$$

由引理 4.3.5 可知

$$\lambda_1^{\frac{d-2}{2}} e^{it_1\lambda_1\Delta}\phi(\lambda_1 x + y_n) \xrightarrow{\dot{H}^1 \text{ 弱拓扑}} 0, \tag{4.3.52}$$

由此可得 (4.3.47) 成立.

最后, 我们来考察 $\{t_n^j\}$ 的渐近行为. 利用标准的对角化技术, 在不计子序列的意义下, 不妨假设对每个 j, 均有 $t_n^j \to t^j \in [-\infty, \infty]$. 对固定的 $j \geqslant 1$, 若 $t^j = \pm\infty$, 结论自然成立. 若 $t^j \in (-\infty, \infty)$, 我们断言: 若将原来的轮廓 ϕ^j 替换为 $e^{it^j\Delta}\phi^j$, 就推出 $t_n^j \equiv 0$. 事实上, 仅需将上述替换产生的余项放在 w_n^J 中, 即

$$\lim_{n\to\infty} \left\| g_n^j e^{it_n^j\Delta}\phi^j - g_n^j e^{it^j\Delta}\phi^j \right\|_{\dot{H}^1} = 0.$$

而上述极限是线性算子的强收敛性的直接结果. 综上就完成定理 4.3.1的证明.

□

4.3.2 L^2 集中紧性及其对应的轮廓分解刻画

为了研究质量临界的线性轮廓分解, 关键是建立如下逆 Strichartz 不等式.

命题 4.3.6(逆向 Strichartz 不等式) 设 $d \geqslant 1$, $\{f_n\} \subseteq L_x^2(\mathbb{R}^d)$. 假设

$$\lim_{n\to\infty} \|f_n\|_{L_x^2(\mathbb{R}^d)} = A, \quad \lim_{n\to\infty} \|e^{it\Delta} f_n\|_{L_{t,x}^{\frac{2(d+2)}{d}}(\mathbb{R}^{1+d})} = \varepsilon.$$

则存在关于序列 $\{n\}$ 的一个子序列, $\phi \in L^2(\mathbb{R}^d)$, $\{h_n\} \subseteq (0, \infty)$, $\{\xi_n\}$ 及 $\{(t_n, x_n)\} \subseteq \mathbb{R}^{1+d}$, 使得沿着这一子序列满足如下结论:

$$h_n^{\frac{d}{2}} e^{-i\xi_n\cdot(h_n x + x_n)} \left[e^{it_n\Delta} f_n\right](h_n x + x_n) \xrightarrow[n\to\infty]{L_x^2(\mathbb{R}^d) \text{ 弱拓扑}} \phi(x), \tag{4.3.53}$$

$$\lim_{n\to\infty} \|f_n\|_{L^2(\mathbb{R}^d)}^2 - \|(f_n - \phi_n)\|_{L^2(\mathbb{R}^d)}^2 = \|\phi\|_{L^2(\mathbb{R}^d)}^2 \geqslant A^2 \left(\frac{\varepsilon}{A}\right)^{\frac{2(d+1)}{d+2}}, \quad \forall t \in \mathbb{R}, \tag{4.3.54}$$

$$\limsup_{n\to\infty} \|e^{it\Delta}(f_n - \phi_n)\|_{L_{t,x}^{\frac{2(d+2)}{d}}(\mathbb{R}^{1+d})}^{\frac{2(d+2)}{d}} \leqslant \varepsilon^{\frac{2(d+2)}{d}} \left[1 - c\left(\frac{\varepsilon}{A}\right)^\beta\right], \tag{4.3.55}$$

这里 c 与 β 表示仅依赖于维数的常数, 而

$$\phi_n(x) = h_n^{-\frac{d}{2}} e^{-it_n\Delta} \left[e^{i\cdot\xi_n}\phi\left(\frac{\cdot - x_n}{h_n}\right)\right](x). \tag{4.3.56}$$

证明 利用命题 2.2.14 中的 X_p^q-Strichartz 估计-II, 存在 $\{Q_n\}\subseteq\mathcal{D}$ 满足

$$\varepsilon^{d+2}A^{-(d+1)}\lesssim\liminf_{n\to\infty}|Q_n|^{\frac{d+2}{dq}-\frac{1}{2}}\left\|e^{it\Delta}(f_n)_{Q_n}\right\|_{L_{t,x}^q(\mathbb{R}^{d+1})},\quad q=\frac{2(d^2+3d+1)}{d^2}. \tag{4.3.57}$$

选取 $h_n^{-1}=Q_n$ 的边长, 即 $|Q_n|=h_n^{-d}$. 令 $\xi_n=c(Q_n)$ 表示方体 Q_n 的中心.

下面来寻找 x_n 及 t_n. 利用 Hölder 不等式, 容易看出

$$\begin{aligned}&\liminf_{n\to\infty}|Q_n|^{\frac{d+2}{dq}-\frac{1}{2}}\left\|e^{it\Delta}(f_n)_{Q_n}\right\|_{L_{t,x}^q(\mathbb{R}^{d+1})}\\ \leqslant&\liminf_{n\to\infty}|Q_n|^{\frac{d+2}{dq}-\frac{1}{2}}\left\|e^{it\Delta}(f_n)_{Q_n}\right\|_{L_{t,x}^{\frac{2(d+2)}{d}}(\mathbb{R}^{d+1})}^{\frac{d(d+2)}{d^2+3d+1}}\left\|e^{it\Delta}(f_n)_{Q_n}\right\|_{L_{t,x}^{\infty}(\mathbb{R}^{d+1})}^{\frac{d+1}{d^2+3d+1}}\\ \leqslant&\liminf_{n\to\infty}h_n^{\frac{d}{2}-\frac{d+2}{q}}\varepsilon^{\frac{d(d+2)}{d^2+3d+1}}\left\|e^{it\Delta}(f_n)_{Q_n}\right\|_{L_{t,x}^{\infty}(\mathbb{R}^{d+1})}^{\frac{d+1}{d^2+3d+1}},\end{aligned}$$

因此, 根据(4.3.57), 存在 $\{(t_n,x_n)\}\subseteq\mathbb{R}^{1+d}$ 使得

$$\liminf_{n\to\infty}h_n^{\frac{d}{2}}\left|\left[e^{it_n\Delta}(f_n)_{Q_n}\right](x_n)\right|\gtrsim\varepsilon^{(d+1)(d+2)}A^{-(d^2+3d+1)}. \tag{4.3.58}$$

对于选定的参数序列, $L^2(\mathbb{R}^d)$ 上有界闭集的弱紧性 Alaoglu 定理就可以确保: 在不计子序列的前提下, 存在 $\phi(x)\in L^2(\mathbb{R}^d)$ 满足(4.3.53). 下面证明 ϕ 具有非平凡的质量! 事实上, 选取 $\hat{\psi}$ 在方体 $\left[-1/2,1/2\right]^d$ 上特征函数, 这样从(4.3.58)就推出

$$\begin{aligned}\left|\langle\psi,\phi\rangle\right|&=\lim_{n\to\infty}\left|\int_{\mathbb{R}^d}\bar{\psi}(x)h_n^{\frac{d}{2}}e^{-i\xi_n\cdot(h_nx+x_n)}\left[e^{it_n\Delta}(f_n)\right](h_nx+x_n)dx\right|\\&=\lim_{n\to\infty}h_n^{\frac{d}{2}}\left|\left[e^{it_n\Delta}(f_n)_{Q_n}\right](x_n)\right|\\&\gtrsim\varepsilon^{(d+1)(d+2)}A^{-(d^2+3d+1)}.\end{aligned} \tag{4.3.59}$$

利用平行四边形法则, 即得(4.3.54).

利用局部光滑估计 (引理 1.3.4) 及 Rellich-Kondrashov 紧嵌入定理, 在不计子序列的意义下,

$$h_n^{\frac{d}{2}}e^{-i\xi_n\cdot(h_nx+x_n)}\left[e^{it_n\Delta}(f_n)\right](h_nx+x_n)\xrightarrow[n\to\infty]{\text{a.e. }(t,x)\in\mathbb{R}^{1+d}}\phi(x).$$

因此, 利用改进 Fatou 引理, 通过转化对称性就得

$$\|e^{it\Delta}f_n\|_{L_{t,x}^{\frac{2(d+2)}{d}}(\mathbb{R}^{1+d})}^{\frac{2(d+2)}{d}}-\|e^{it\Delta}(f_n-\phi_n)\|_{L_{t,x}^{\frac{2(d+2)}{d}}(\mathbb{R}^{1+d})}^{\frac{2(d+2)}{d}}\xrightarrow[n\to\infty]{}\|e^{it\Delta}\phi\|_{L_{t,x}^{\frac{2(d+2)}{d}}(\mathbb{R}^{1+d})}^{\frac{2(d+2)}{d}}.$$

估计 (4.3.55) 中的下界可以从 (4.3.59) 获得.

注记 4.3.3 设 $\{f_n\}$ 是 $L^2(\mathbb{R}^d)$ 上有界序列, 注意到

$$f_n \xrightarrow[n\to\infty]{L^2(\mathbb{R}^d)\text{ 弱拓扑}} f \Longleftrightarrow e^{it\Delta}f_n \xrightarrow[n\to\infty]{L_{t,x}^{\frac{2(d+2)}{d}}(\mathbb{R}^{1+d})\text{ 弱拓扑}} e^{it\Delta}f$$

因此, (4.3.53) 可以改写成

$$h_n^{\frac{d}{2}} e^{it\Delta} e^{-i\xi_n(h_nx+x_n)}\big[e^{it_n\Delta}f_n\big](h_nx+x_n) \xrightarrow[n\to\infty]{L_{t,x}^{\frac{2(d+2)}{d}}(\mathbb{R}^{1+d})\text{ 弱拓扑}} e^{it\Delta}\phi(x). \tag{4.3.60}$$

定义 4.3.3(L^2-对称群) 对任意 $\theta\in\mathbb{R}/2\pi\mathbb{Z}$ 和伸缩参数 $\lambda\in\mathbb{R}^+$, 用 $x_0\in\mathbb{R}^d$ 表示位置参量, ξ_0 表示频率参量. 定义 L^2 上的酉变换群如下:

$$\begin{cases} g_{\theta,\xi_0,x_0,\lambda}: L^2(\mathbb{R}^d)\longrightarrow L^2(\mathbb{R}^d), \\ \big[g_{\theta,\xi_0,x_0,\lambda}f\big](x) \triangleq \lambda^{-\frac{d}{2}}e^{i\theta}e^{ix\xi_0}f\left(\dfrac{x-x_0}{\lambda}\right). \end{cases} \tag{4.3.61}$$

用 G 表示全体 $\{g_{\theta,\xi_0,x_0,\lambda}\}$ 所构成的集合, 满足如下复合律

$$g_{\theta,\xi_0,x_0,\lambda}\circ g_{\theta',\xi_0',x_0',\lambda'} = g_{\theta+\theta'-x_0\cdot\xi_0'/\lambda,\xi_0+\xi_0'/\lambda,x_0+\lambda x_0',\lambda\lambda'}. \tag{4.3.62}$$

记 G 上的单位元素是 $g_{0,0,0,1}$, 则 $\{g_{\theta,\xi_0,x_0,\lambda}\}$ 的逆元是

$$g_{\theta,\xi_0,x_0,\lambda}^{-1} = g_{-\theta-x_0\xi_0,-\lambda\xi_0,-x_0/\lambda,\lambda^{-1}}. \tag{4.3.63}$$

另外, G 满足如下分解律

$$g_{\theta,\xi_0,x_0,\lambda} = g_{\theta,0,0,1}\circ g_{0,\xi_0,0,0,1}\circ g_{0,0,x_0,1}\circ g_{0,0,0,\lambda}. \tag{4.3.64}$$

因此, G 是由相旋转变换群、频率调节群、平移变换群及伸缩变换群生成. 用 L^2/G 表示所有轨道 Gf 赋予商拓扑后所生成的模空间, 即

$$L^2/G = \left\{\tilde f, \tilde f = gf,\ g\in G\right\}.$$

对于任何函数 $u: I\times\mathbb{R}^d\longrightarrow\mathbb{C}$, 定义 $T_{g_{\theta,\xi_0,x_0,\lambda}}u: \lambda^2 I\times\mathbb{R}^d\longrightarrow\mathbb{C}$ 如下

$$\big[Tg_{\theta,\xi_0,x_0,\lambda}\,u\big](t,x) = \lambda^{-\frac{d}{2}}e^{i\theta}e^{-it|\xi_0|^2}e^{ix\xi_0}u(\lambda^{-2}t,\lambda^{-1}(x-x_0-2\xi_0t)) \tag{4.3.65}$$

或

$$\big[Tg_{\theta,\xi_0,x_0,\lambda}\,u\big](t) = g_{\theta-t|\xi_0|^2,\xi_0,x_0+2\xi_0t,\lambda}\left(u(\lambda^{-2}t)\right). \tag{4.3.66}$$

注记 4.3.4 (i) 利用解的唯一性, 直接验证: 若 u 是质量临界方程 (6.0.1) 的解, 则 $T_g u$ 就是方程 (6.0.1) 以初值 gu_0 的解.

(ii) 记 $g \triangleq g_{\theta,\xi_0,x_0,\lambda}$, 对于质量临界方程 (6.0.1), 有

$$\begin{cases} M(gu_0) = M(u_0), \quad P(gu_0) = 2\xi_0 M(u) + \lambda^{-1}P(u_0), \\ E(gu_0) = \lambda^{-2}E(u_0) + \dfrac{1}{2}\lambda^{-1}\xi_0 P(u_0) + \dfrac{1}{2}|\xi_0|^2 M(u_0), \\ P(u) \triangleq 2\displaystyle\int_{\mathbb{R}^d} \mathrm{Im}(\bar{u}\nabla u)dx. \end{cases}$$

(iii) 记 $g \triangleq g_{\theta,x_0,\lambda}$, 对于能量临界方程而言, 有

$$\begin{cases} M(gu_0) = \lambda^2 M(u_0), \quad P(v_0) = 2\lambda^2\xi_0 M(u) + \lambda P(u_0), \\ E(v_0) = E(u_0) + \dfrac{1}{2}\lambda\xi_0 P(u_0) + \dfrac{1}{2}\lambda^2|\xi_0|^2 M(u_0), \\ v_0 \triangleq e^{ix\cdot\xi_0}[gu_0](x), \quad P(u) \triangleq 2\displaystyle\int_{\mathbb{R}^d} \mathrm{Im}(\bar{u}\nabla u)dx. \end{cases}$$

完全类似于定理 4.2.2, 我们就可以得到如下的质量临界的线性轮廓分解定理.

定理 4.3.7(L^2-轮廓分解, Bégout-Vargas[3]) 设 $\{\varphi_n\}_{n=1}^{\infty}$ 是 $L^2(\mathbb{R}^d)$ 中有界序列. 则在不计子序列的意义下, 存在 $J^* \in \{0,1,\cdots\}\cup\{\infty\}$, 序列 $\{\phi^j(x)\}_{j=1}^{J^*} \subseteq L^2(\mathbb{R}^d)$, 群元素 $\{g_n^j\}_{j=1}^{J^*} \in G$ 和 $\{t_n^j\}_{j=1}^{J^*} \subseteq \mathbb{R}$ 满足如下分解

$$\varphi_n = \sum_{j=1}^{J} g_n^j e^{it_n^j\Delta}\phi^j + r_n^J, \quad \forall\, J \geqslant 1, \tag{4.3.67}$$

这里 $r_n^J \in L^2(\mathbb{R}^d)$ 满足

$$\lim_{J\to+\infty}\limsup_{n\to\infty}\left\|e^{it\Delta}r_n^J\right\|_{L_{t,x}^{\frac{2(d+2)}{d}}(\mathbb{R}\times\mathbb{R}^d)} = 0, \tag{4.3.68}$$

$$e^{-it_n^j\Delta}\left[\left(g_n^j\right)^{-1}r_n^J\right] \xrightarrow{L^2(\mathbb{R}^d)\text{ 弱拓扑}} 0, \quad \forall j \leqslant J,\ n \longrightarrow \infty. \tag{4.3.69}$$

进而, 对任意 $j \neq j'$, 有如下正交条件

$$\frac{\lambda_n^j}{\lambda_n^{j'}} + \frac{\lambda_n^{j'}}{\lambda_n^j} + \lambda_n^j\lambda_n^{j'}|\xi_n^j - \xi_n^{j'}|^2 + \frac{|x_n^j - x_n^{j'}|^2}{\lambda_n^j\lambda_n^{j'}} + \frac{|t_n^j(\lambda_n^j)^2 - t_n^{j'}(\lambda_n^{j'})^2|}{\lambda_n^j\lambda_n^{j'}} \longrightarrow +\infty, \quad n\to\infty. \tag{4.3.70}$$

更进一步, 对 $\forall\ J \geqslant 1$, 我们有如下质量分离性质

$$\sup_{J} \lim_{n \to +\infty} \left[\|\varphi_n\|_2^2 - \sum_{j=1}^{J} \|\phi^j\|_2^2 - \|r_n^J\|_2^2 \right] - 0. \tag{4.3.71}$$

这里 λ_n^j, ξ_n^j, x_n^j 是变换群 g_n^j 的参数, $\theta = 0$.

注记 4.3.5 与能量临界的线性轮廓分解类似, 还可以获得所谓“中间拓扑”意义下的正交性, 即

$$\limsup_{J \to \infty} \lim_{n \to +\infty} \left| \left\| e^{it\Delta} \varphi_n \right\|_{L_{t,x}^{\frac{2(d+2)}{d}}(\mathbb{R}^{1+d})}^{\frac{2(d+2)}{d}} - \sum_{j=1}^{J} \left\| e^{it\Delta} \phi^j \right\|_{L_{t,x}^{\frac{2(d+2)}{d}}(\mathbb{R}^{1=d})}^{\frac{2(d+2)}{d}} \right| = 0. \tag{4.3.72}$$

第 5 章　非聚焦型能量临界 Schrödinger 方程的整体适定性与散射理论

众所周知, Bourgain 创立的能量归纳方法为研究临界色散方程的整体适定性与散射理论开辟了道路. 鉴于非聚焦能量临界的 Schrödinger 方程的径向对称解只能在原点附近产生聚积现象, Bourgain 证明了一个局部化 Morawetz 估计[7], 排除了在原点附近能量聚积的可能性, 解决了非聚焦能量临界的 Schrödinger 方程径向对称解的整体适定性与散射理论. 显然, 仅依靠 Morawetz 估计在物理空间的局部化, 不足以排除远离原点的能量聚积现象! 对一般初值函数, 如何建立非聚焦能量临界 Schrödinger 方程解的整体适定性与散射理论是一个引人注目的公开问题. I-团队建立相互作用的 Morawetz 估计及其在相空间中局部化, 通过在物理空间与频率空间同时实施归纳分析与几乎守恒方法控制 L^2 质量在频率空间的运动, 最终解决了散射猜想. 本章以 I-团队的文章[28] 为基础, 详细讲解非聚焦能量临界 Schrödinger 方程的整体适定性与散射理论, 以便使读者尽快进入该研究领域.

5.1　主要结果与证明策略

考虑 $\mathbb{R}^{1+3}$ 上能量临界非聚焦 Schrödinger 方程的 Cauchy 问题

$$\begin{cases} iu_t + \Delta u = |u|^4 u, \\ u(0,x) = u_0(x), \end{cases} \tag{5.1.1}$$

这里 $u(t,x)$ 是时空空间 $\mathbb{R}_t \times \mathbb{R}^3_x$ 上的函数. 方程 (5.1.1) 具有如下的 Hamilton 量:

$$E(u(t)) \triangleq \int_{\mathbb{R}^3} \left(\frac{1}{2}|\nabla u(t,x)|^2 + \frac{1}{6}|u(t,x)|^6 \right) dx. \tag{5.1.2}$$

鉴于非线性 Schrödinger 方程所决定的流保持 Hamilton 量 (5.1.2) 不变, 我们通常称之为非线性 Schrödinger 方程 (5.1.1) 解对应的能量, 记为 $E(u)$ 或 $E(u(t))$.

半线性 Schrödinger 方程可以刻画许许多多不同的物理现象, 例如: Bose-Einstein 凝聚[62,154]、在弱非线性介质中一般色散波的包络动力学刻画 (详见 [168], 第一章) 等. 本章主要介绍非聚焦五次 Schrödinger 方程 (5.1.1) 的整体适定性与散射理论, 容易发现五次非线性增长对应着能量临界的情形. 具体地讲, 伸缩变换 (scaling transformation) $u \longmapsto u^\lambda$:

$$u^\lambda(t,x) \triangleq \frac{1}{\lambda^{1/2}} u\left(\frac{t}{\lambda^2}, \frac{x}{\lambda}\right), \tag{5.1.3}$$

保持 (5.1.1) 与能量不变.

近三十年来, 很多数学家对于 Cauchy 问题 (5.1.1) 进行了广泛的研究, 例如: [7, 8, 19, 56, 59, 74]. Cazenave 和 Weissler 的经典研究[19,20] 表明: 如果 $u_0(x)$ 具有限能量, 则 Cauchy 问题 (5.1.1) 是局部适定的, 即存在唯一局部解 $u(t) \in C_t^0(I; \dot{H}_x^1) \cap L_{t,x}^{10}(I \times \mathbb{R}^3)$, 进而解映射:

$$u_0(x) \in \dot{H}^1 \longmapsto u(t) \in C_t^0(I; \dot{H}_x^1) \cap L_{t,x}^{10}(I \times \mathbb{R}^3)$$

是局部 Lipschitz 连续的. 对于小能量情形, Cauchy 问题 (5.1.1) 的解是整体存在的, 并且散射到相应的自由方程

$$(i\partial_t + \Delta)u_\pm = 0$$

的一个解 $u_\pm(t)$, 即

$$\|u(t) - u_\pm(t)\|_{\dot{H}^1(\mathbb{R}^3)} \to 0, \quad t \to \pm\infty.$$

对于具大初值的 Cauchy 问题 (5.1.1), 仅仅通过能量守恒(5.1.2), 不能将局部解[19,20] 延拓到整体解. 究其原因是临界问题 (5.1.1) 的局部存在区间不仅仅依赖能量, 而且还依赖于初始函数的行为或轮廓 (profile). 这与次临界问题形成鲜明的对照, 同时也体现了临界问题的困难. 事实上, 对 $\mathbb{R}^d$ 上的非聚焦次临界 Schrödinger 方程的 Cauchy 问题而言, 借助于能量守恒就可以将局部适定性展拓到整体适定性. 当然, 相应的散射理论还需要 Morawetz 估计、单调公式及非线性增长下界条件 $p \geqslant 1 + 4/d$.

对于具有限能量的径向对称初值, Bourgain 证明了能量临界问题 (5.1.1) 在 $\dot{H}^1(\mathbb{R}^3)$ 中的整体适定性与散射理论[7]. 随后, Grillakis 给出了一种不同的方法[59], 得到了 [7] 中的部分结果. 具体地讲, 对于具有限能量的径向对称光滑初值, 证明了能量临界问题 (5.1.1) 在 $\dot{H}^1(\mathbb{R}^3)$ 中的整体适定性. I-团队通过建立相互作用的 Morawetz 估计等, 解决了能量临界问题 (5.1.1) 的整体适定性与散射性这一个长期的公开问题.

5.1.1 主要定理与证明分析

定理 5.1.1 设 $E(u_0) < \infty$, 则能量临界问题 (5.1.1) 存在唯一的整体解[①] $u \in C_t^0(\dot{H}_x^1) \cap L_{t,x}^{10}$ 满足

$$\int_{-\infty}^{\infty} \int_{\mathbb{R}^3} |u(t,x)|^{10} \, dxdt \leqslant C(E(u_0)), \tag{5.1.4}$$

这里常数 $C(E(u_0))$ 仅依赖于能量.

与次临界情形类似, 从 $L_{t,x}^{10}$ 整体时空估计直接推出散射理论与正则性.

推论 5.1.2 设 $E(u_0) < \infty$. 则存在自由 Schrödinger 方程 $(i\partial_t + \Delta)u = 0$ 的有限能量解 $u_\pm(t,x)$ 满足

$$\lim_{t \to \pm\infty} \|u_\pm(t) - u(t)\|_{\dot{H}^1} \to 0,$$

这里 $u(t)$ 是定理 5.1.1 确定的整体解. 进而, 波映射 $u_0 \mapsto u_\pm(0)$ 是 $\dot{H}^1(\mathbb{R}^3)$ 到自身的同胚映射. 另外, 如果 $u_0 \in H^s$, $s > 1$, 则 $u(t) \in C(\mathbb{R}; H^s)$, 并且满足一致估计

$$\sup_{t \in \mathbb{R}} \|u(t)\|_{H^s} \leqslant C(E(u_0), s)\|u_0\|_{H^s}.$$

标准 Strichartz 估计与非线性估计表明: 从 $L_{t,x}^{10}$ 整体时空估计 (5.1.4) 可以推出 u 在所有 Strichartz 范数的一致估计 (包括混合时空 Strichartz 范数), u 与自由 Schrödinger 方程的解具相同的正则性, 详见引理 5.2.6.

定理 5.1.1 与推论 5.1.2 的结论与非聚焦能量临界的非线性波动方程的结论完全类似. 对于非聚焦能量临界的非线性波动方程的 Cauchy 问题, 主要研究进展如下:

(1) Rauch 解决了能量小解整体适定性与散射理论, 见 [156].

(2) Struwe 解决了径向光滑解的整体适定性, 见 [167].

(3) Grillakis 解决了一般光滑初值情形下解的整体适定性, 见 [60] 和 [61].

(4) Kapitanski, Shatah 和 Struwe 等解决了有限能量解的整体适定性, 见 [73] 与 [161].

(5) Bahouri 和 Shatah, Bahouri 和 Gérard 等解决了有限能量解的散射理论, 见 [2] 和 [1].

(6) Ginibre, Soffer, Velo 等解决了径向条件下, 非聚焦能量临界的 Klein-Gordon 方程有限能量的整体适定性与散射性理论, 见 [52].

(7) Nakanishi 等解决了非聚焦能量临界 Klein-Gordon 方程有限能量解的整体适定性与散射性理论, 见 [145].

---

① 事实上, 解在 $C_t^0(\dot{H}_x^1)$ 中是无条件唯一性 (即去掉约束条件 $u \in L_{t,x}^{10}$). 证明详见 [47, 48, 75].

注记 5.1.1 能量临界波动方程解的整体存在性的证明途径是排除能量在某个时空点的聚积. 证明能量非聚积的基石是 Morawetz 不等式, 它是一个先验估计, 可以控制与能量具有相同伸缩尺度的量. 利用 Morawetz 不等式在物理空间与频率空间上的分析, 即可以推出能量的控制估计. 对于非聚焦能量临界的 Schrödinger 方程而言, 除了缺乏有限传播速度之外, 与能量临界波动方程的主要区别是时间的伸缩尺度是 λ^2! 这就导致了经典 Morawetz 估计的尺度对于能量而言是超临界的.

在 5.3 节给出证明定理 5.1.1 的一个完整线路图, 现在粗略展示其中的证明思想, 即如何通过修正 Morawetz 不等式、频率局部化的 L^2 几乎守恒律, 最终排除能量聚积现象.

受 Morawetz[142] 的启发, 通过计算

$$\int_{\mathbb{R}^3} \operatorname{Im}\left(\bar{u}\nabla u \cdot \frac{x}{|x|}\right) dx \tag{5.1.5}$$

关于时间的导数, Lin 和 Strauss[105] 建立了非线性 Schrödinger 方程 (5.1.1) 对应的经典 Morawetz 估计

$$\int_I \int_{\mathbb{R}^3} \frac{|u(t,x)|^6}{|x|}\, dxdt \lesssim \sup_{t\in I} \|u(t)\|_{\dot{H}^{1/2}}^2, \tag{5.1.6}$$

这里 I 是任意时间区间. 如果 $\|u\|_{H^1}$ 有界, 则 (5.1.6) 的右边不会随区间 I 的变化而增长. 因此, 在解的任意存在区间 I 上, 就给出了 (5.1.6) 左边的一致上界估计. 然而, 对于能量临界问题 (5.1.1), 这个估计有两点不足:

• 对于次临界问题, 鉴于工作空间是 H^1, 右边可以被能量控制! 然而, 对于能量临界情形, 右边是 $\|u\|_{\dot{H}^{1/2}}$, 而不是 $\|u\|_{\dot{H}^1}$, 这就产生一个麻烦! 究其原因在于任意比 $\dot{H}^1$ 更粗糙的范数关于伸缩变换 (5.1.3) 都是超临界的. 特别, 在伸缩变换 (5.1.3) 下, 初始能量保持不变, 但是无法保证 (5.1.6) 的右边是有界的.

• 第二个麻烦在于 (5.1.6) 的左边表明解在空间原点 $x=0$ 附近的局部化. 因此, 当空间变量远离原点时, 不能传递关于 u 的足够多的信息.

Bourgain[7] 与 Grillakis[59] 引入了局部化的 Morawetz 估计:

$$\int_I \int_{|x|\lesssim |I|^{1/2}} \frac{|u(t,x)|^6}{|x|}\, dxdt \lesssim E(u)|I|^{1/2}. \tag{5.1.7}$$

它可用来排除能量在原点附近能量聚积, 这就解决了第一个麻烦.

局部化 Morawetz 估计 (5.1.7) 的意义与作用

(1) 排除 Cauchy 问题 (5.1.1) 有限能量拟孤立子解 (pseudo-soliton) 的存在性. 拟孤立子解是指满足

$$|u(t,x)| \sim 1, \quad \forall t \in \mathbb{R}, \quad |x| \lesssim 1$$

的解, 它包含了孤立子解 (soliton) 与呼吸子解 (breather type solutions). 事实上, 将**拟孤立子解**代入 (5.1.7), 容易看出左端的增长起码是 $|I|$, 而右边的增长是 $O(|I|^{\frac{1}{2}})$! 因此, 当区间 $|I|$ 充分大时, 就导出矛盾.

(2) 排除能量 (势能) 在空间原点的快速聚积. 例如: (5.1.7) 可以排除自相似型的爆破解, 这里势能密度 $|u|^6$ 在球

$$\big\{x:\ |x| < A|t-t_0|, \quad t \nearrow t_0,\ A>0\ \text{是一个固定常数}\big\}$$

上聚积. 事实上,

$$\int_{|x|\leqslant A|I|} |u(t,x)|^6\, dx \geqslant C_1 \Longrightarrow \frac{1}{|I|}\int_I\int_{|x|\leqslant A|I|} |u(t,x)|^6\, dxdt \geqslant C_1.$$

因此, 当 $|I| \ll 1$ 时, 容易看出

$$\frac{C_1}{A} \leqslant \int_I\int_{|x|\leqslant A|I|} \frac{|u(t,x)|^6}{|x|}\, dxdt \leqslant \int_I\int_{|x|\leqslant A|I|^{\frac{1}{2}}} \frac{|u(t,x)|^6}{|x|}\, dxdt \lesssim E(u)|I|^{\frac{1}{2}}.$$

这是一个矛盾.

需要指出, 上面给出的例子并非唯一的自相似爆破情形 (self-similar blow-up). 其他类型包括能量在球上

$$\big\{x:\ |x| \leqslant A|t-t_0|^{1/2}, \quad t \nearrow t_0,\ A\ \text{是固定常数}\big\}$$

聚积的情形. 这种爆破情形与伸缩变换 (5.1.3) 一致, 不能直接用局部 Morawetz 估计 (5.1.7) 排除. 然而, 它可以通过局部化的质量守恒来排除, 参见 [7] 和 [59].

(3) 如果非聚焦能量临界 Schrödinger 方程不是整体适定的, 则解 u 一定会发生聚积现象. 称 $u(t)$ 关于时空范数 (例如: $L^{10}_{x,t}$) 是聚积的, 如果存在中心为 x_0, 尺度为 $\delta\times\delta\times\delta\times\delta^2$ 时空盒 Q_δ, 满足

$$\inf_{\delta>0} \|u\|_{L^{10}_{x,t}(Q_\delta)} > 0.$$

Bourgain 文章[7] **的基本思想就是借助于局部化的 Morawetz 估计 (5.1.7) 来排除原点附近聚积现象!** 换句话说, 对于固定的时间区间 I, 至少存在 $t_0\in I$, 使得势能以尺度 $|I|^{1/2}$ 或 $|I|$ 的更高次方色散, 即

$$\int_{|x|\leqslant \eta|I|^{\frac{1}{2}}} |u(t_0,x)|^6 dx \longrightarrow 0, \quad \eta \longrightarrow 0.$$

换言之, 对任意的 $t \in I$, 势能不可能在球 $|x| \ll |I|^{1/2}$ 上聚积. 事实上, 如果不然, 就有

$$\int_{|x|\leqslant \eta|I|^{\frac{1}{2}}} |u(t,x)|^6 dx \gtrsim C, \quad \eta \ll 1, \quad \forall t \subset I.$$

从而推出

$$C(E)\eta|I| \gtrsim \int_I \int_{|x|\leqslant \eta|I|^{\frac{1}{2}}} \frac{|u(t,x)|^6}{|x|} dxdt \geqslant C|I|.$$

对于 $\eta \ll 1$ 而言, 这是一个矛盾!

(4) 局部化 Morawetz 估计 (5.1.7) 非常适合于阻止 u 在空间原点附近聚积. 因此, 它是处理径向对称解的有力武器. 事实上, 利用径向函数满足的 Sobolev 不等式, 就有

$$\||x|^{\frac{d}{2}-1}u\|_\infty \lesssim \|u\|_{\dot{H}^1} \Longrightarrow \|u\|_{L^\infty(|x|>A)} \leqslant CA^{1-\frac{d}{2}}\|u\|_{\dot{H}^1}, d \geqslant 3,$$

利用能量守恒推知 u 具有上述衰减性质. 通过反证法说明能量只能在原点附近聚积. 这样, 利用局部化 Morawetz 估计就可以克服第二个困难! 然而, 局部化 Morawetz 估计无法处理远离原点的聚积现象. 例如: 考虑以速度 v 运动的拟孤立子解 (行波解), 即满足

$$|u(t,x)| \sim 1, \quad |x - vt| \lesssim 1,$$

则 (5.1.7) 左边的增长相当于 $\log|I|$, 因此, 无法推出矛盾.

注记 5.1.2 粗略地看, 整体 Morawetz 估计 (5.1.6) 的右边不随 I 的增加而增加, 它似乎可以用于排除拟孤立子解. 事实上, 对能量次临界非聚焦 Schrödinger 方程的确如此! 利用 Morawetz 估计

$$\iint_{\mathbb{R}\times\mathbb{R}^d} \frac{|u(t,x)|^{\alpha+1}}{|x|} dtdx \lesssim \left(\sup_{t\in I}\|u(t)\|_{\dot{H}^{1/2}}\right)^2 \lesssim M(u_0)^{\frac{1}{2}}E(u_0)^{\frac{1}{2}} \quad (\text{能量次临界情形})$$

与几乎有限传播速度

$$\int_{|x|\geqslant a} |u(t,x)|^2\, dx \leqslant \int \min\left(\frac{|x|}{a}, 1\right)|u(t_0)|^2\, dx + \frac{C(\|u_0\|_{L^2}, E(u_0))}{a}\cdot|t-t_0|,$$

就可以证明势能的衰减

$$\lim_{t\to\pm\infty}\|u\|_{\alpha+1} = 0 \quad (\text{插值还可推得}) \quad \lim_{t\to\pm\infty}\|u\|_p = 0, \quad 2 < p < 2^* = \frac{2d}{d-2},$$

对于 $\mathbb{R}^3$ 上的次临界的 Schrödinger 方程, 利用 Strichartz 估计可见:

$$\begin{aligned}\|u(t)\|_{L^2(I;W^{1,2^*}(\mathbb{R}^3))} &\lesssim \|u(T)\|_{H^1} + \||u|^{\alpha-1}u(t)\|_{L^2(I;W^{1,(2^*)'}(\mathbb{R}^3))}\\ &\lesssim \|u(T)\|_{H^1} + \|u(t)\|_{L^2(I;W^{1,2^*}(\mathbb{R}^3))} \sup_{t\in[T,\infty)} \|u\|^{\alpha-1}_{L^{\ell}_x(\mathbb{R}^3)},\end{aligned}$$

这里

$$\ell = \frac{3(\alpha-1)}{2} \in (2, 2^*), \quad I = [T, \infty).$$

由此推出整体时空估计, 从而建立了散射性理论, 详见 [54, 139]. 然而, 对能量临界情形, 无法控制 u 的 $\dot{H}^{1/2}$ 范数! 事实上, 如果在孤立子解 u 上增加一些极低频部分, 其 $H^{1/2}$ 范数就无法控制. 也许读者会认为低频的 L^2 无界并不说明 $\dot{H}^{1/2}$ 范数无界, 然而通过伸缩变换就会看出, 只要 L^2 范数任意大, 就能推出 $\dot{H}^{1/2}$ 范数也就任意大.

相互作用 Morawetz 估计的动因与作用

如果能将 Morawetz 估计 (5.1.6), 局部 Morawetz 估计 (5.1.7) 中的因子 $\frac{1}{|x|}$ 去掉, 就可排除任意时空点处的聚积. 考虑 y 处的 Morawetz 作用量

$$M^y(t) = 2\mathrm{Im}\int_{\mathbb{R}^3} \left(\frac{x-y}{|x-y|}\cdot\nabla u\right)\bar{u}dx,$$

定义相互作用的 Morawetz 位势为 Morawetz 作用量在质量密度 $|u(y)|^2\, dy$ 下的平均:

$$M^{\mathrm{interact}}(t) = \int_{\mathbb{R}^3} |u(t,y)|^2 M^y(t)dy,$$

I-团队证明了相互作用的 Morawetz 恒等式. 作为推论有①

$$\int_I\int_{\mathbb{R}^3} |u(t,x)|^4\, dxdt \lesssim \|u(0)\|^2_{L^2}\left(\sup_{t\in I}\|u(t)\|_{\dot{H}^{1/2}}\right)^2. \tag{5.1.8}$$

注记 5.1.3 相互作用 Morawetz 位势思想, 最早出现在研究一维双曲方程组所引入的相互作用泛函, 见 [58, 158]. 作为 $L^4_{t,x}$ 整体时空估计直接结果, 直接推出次临界非聚焦 Schrödinger 方程的能量散射性! 事实上, 对于 $\mathbb{R}^3$ 上的能量次临界的 Schrödinger 方程而言, 若 $13/5 \leqslant p < 5$, 利用 Strichartz 估计及插值定理得

$$\|u(t)\|_{L^{10}_{x,t}(\mathbb{R}^3\times\mathbb{R})} + \|\nabla u(t)\|_{L^{\frac{10}{3}}_{x,t}(\mathbb{R}^3\times\mathbb{R})} + \|u(t)\|_{L^{\frac{10}{3}}_{x,t}(\mathbb{R}^3\times\mathbb{R})}$$

① 严格地讲, I-团队对非聚焦三次非线性 Schrödinger 方程率先建立相互作用的 Morawetz 估计[26], 可以看出对于多项式型增长的非聚焦 Schrödinger 方程仍然正确! 进而对满足标准单调条件的互斥型非线性 Schrödinger 方程而言, 相互作用的 Morawetz 估计同样成立, 见 [27] 及 5.5节.

$$\begin{aligned}
&\lesssim \|\varphi\|_{H^1} + \||u|^{p-1}\nabla u(t)\|_{L^{\frac{10}{7}}_{x,t}(\mathbb{R}^3\times\mathbb{R})} + \||u|^{p-1}u(t)\|_{L^{\frac{10}{7}}_{x,t}(\mathbb{R}^3\times\mathbb{R})}\\
&\lesssim \|\varphi\|_{H^1} + \|u\|^{p-1}_{L^{\frac{5(p-1)}{2}}_{x,t}(\mathbb{R}^3\times\mathbb{R})}\left[\|u(t)\|_{L^{\frac{10}{3}}_{x,t}(\mathbb{R}^3\times\mathbb{R})} + \|\nabla u(t)\|_{L^{\frac{10}{3}}_{x,t}(\mathbb{R}^3\times\mathbb{R})}\right]\\
&\lesssim \|\varphi\|_{H^1} + \|u\|^{\frac{2(5-p)}{3}}_{L^4_{x,t}(\mathbb{R}^3\times\mathbb{R})}\|u\|^{\frac{5p-13}{3}}_{L^{10}_{x,t}(\mathbb{R}^3\times\mathbb{R})}\left[\|u(t)\|_{L^{\frac{10}{3}}_{x,t}(\mathbb{R}^3\times\mathbb{R})} + \|\nabla u(t)\|_{L^{\frac{10}{3}}_{x,t}(\mathbb{R}^3\times\mathbb{R})}\right]\\
&\lesssim \|\varphi\|_{H^1} + \|u\|^{\frac{2(5-p)}{3}}_{L^4_{x,t}(\mathbb{R}^3\times\mathbb{R})}\left[\|u\|_{L^{10}_{x,t}(\mathbb{R}^3\times\mathbb{R})} + \|\nabla u(t)\|_{L^{\frac{10}{3}}_{x,t}(\mathbb{R}^3\times\mathbb{R})} + \|u(t)\|_{L^{\frac{10}{3}}_{x,t}(\mathbb{R}^3\times\mathbb{R})}\right]^{\frac{5p-10}{3}}.
\end{aligned}\tag{5.1.9}$$

若 $7/3 < p < 13/5$, 利用 Strichartz 估计及插值定理得

$$\begin{aligned}
&\|u(t)\|_{L^{10}_{x,t}(\mathbb{R}^3\times\mathbb{R})} + \|\nabla u(t)\|_{L^{\frac{10}{3}}_{x,t}(\mathbb{R}^3\times\mathbb{R})} + \|u(t)\|_{L^{\frac{10}{3}}_{x,t}(\mathbb{R}^3\times\mathbb{R})}\\
\lesssim{}& \|\varphi\|_{H^1} + \|u\|^{p-1}_{L^{\frac{5(p-1)}{2}}_{x,t}(\mathbb{R}^3\times\mathbb{R})}\left[\|u(t)\|_{L^{\frac{10}{3}}_{x,t}(\mathbb{R}^3\times\mathbb{R})} + \|\nabla u(t)\|_{L^{\frac{10}{3}}_{x,t}(\mathbb{R}^3\times\mathbb{R})}\right]\\
\lesssim{}& \|\varphi\|_{H^1} + \|u\|^{6p-14}_{L^4_{x,t}(\mathbb{R}^3\times\mathbb{R})}\|u\|^{13-5p}_{L^{\frac{10}{3}}_{x,t}(\mathbb{R}^3\times\mathbb{R})}\left[\|u(t)\|_{L^{\frac{10}{3}}_{x,t}(\mathbb{R}^3\times\mathbb{R})} + \|\nabla u(t)\|_{L^{\frac{10}{3}}_{x,t}(\mathbb{R}^3\times\mathbb{R})}\right]\\
\lesssim{}& \|\varphi\|_{H^1} + \|u\|^{6p-14}_{L^4_{x,t}(\mathbb{R}^3\times\mathbb{R})}\left[\|u(t)\|_{L^{\frac{10}{3}}_{x,t}(\mathbb{R}^3\times\mathbb{R})} + \|\nabla u(t)\|_{L^{\frac{10}{3}}_{x,t}(\mathbb{R}^3\times\mathbb{R})}\right]^{14-5p}.
\end{aligned}\tag{5.1.10}$$

通过将时间区间 $\mathbb{R}$ 分解等标准方法, 就得 H^1 层次的整体 Strichartz 估计, 从而证明能量次临界非线性 Schrödinger 方程的散射理论! 细节可参见苗长兴的专著 [139]. 然而, 对于能量临界情形, 无法直接通过相互作用的 Morawetz 估计 (5.1.8) 建立散射理论!

注记 5.1.4 对于高维 ($d \geqslant 4$) 情形, 是否可以通过相互作用的 Morawetz 估计获得 $L^2 - \dot{H}^1$ 层次上的整体时空估计? 回答是肯定的. 事实上, 相互作用的 Morawetz 不等式意味着: 对任意的紧区间 $I \subset \mathbb{R}$,

$$\int_I\int_{\mathbb{R}^d}\int_{\mathbb{R}^d}\frac{|u(x)|^2|u(y)|^2}{|x-y|^3}dxdydt \lesssim \|u(t)\|^3_{L^\infty L^2_x(\mathbb{R}^d)}\|\nabla u(t)\|_{L^\infty L^2_x(\mathbb{R}^d)} \lesssim_u 1,\tag{5.1.11}$$

注意到

$$\begin{aligned}
\int_I\int_{\mathbb{R}^d}\int_{\mathbb{R}^d}\frac{|u(x)|^2|u(y)|^2}{|x-y|^3}dxdydt &\cong \int_I\int_{\mathbb{R}^d}\left[|\nabla|^{3-d}|u|^2\right](x)|u(x)|^2dxdt\\
&\cong \left\||\nabla|^{\frac{3-d}{2}}(|u|^2)\right\|_{L^2_{t,x}(I\times\mathbb{R}^d)},
\end{aligned}$$

就得

$$\left\| |\nabla|^{\frac{3-d}{2}}(|u|^2) \right\|_{L^2_{t,x}(I\times\mathbb{R}^d)} \lesssim_u 1.$$

利用 Visan 在博士学位论文 [188] 中的引理, 上式就意味着

$$\left\| |\nabla|^{\frac{3-d}{4}} u \right\|_{L^4_{t,x}(I\times\mathbb{R}^d)} \lesssim_u 1. \tag{5.1.12}$$

上式与 $u \in L^\infty(I; \dot{H}^1)$ 插值, 对任意紧区间 $I \subset \mathbb{R}$, 有

$$\|u\|_{L^{d+1}(I;L^{\frac{2(d+1)}{d-1}}(\mathbb{R}^d))} \lesssim_u 1 \implies \|u\|_{L^{d+1}(\mathbb{R};L^{\frac{2(d+1)}{d-1}}(\mathbb{R}^d))} \lesssim_u 1. \tag{5.1.13}$$

直接计算就推出如下非线性估计

$$\left\| \langle\nabla\rangle(|u|^{p-1}u) \right\|_{L^2_t L^{\frac{2d}{d+2}}} \lesssim \|\langle\nabla\rangle u\|_{L^{2+\ell}_t L^r_x} \|u\|^{\chi}_{L^{d+1}_t L_x^{\frac{2(d+1)}{d-1}}} \|u\|^{p-1-\chi}_{L^\infty_t L^{p+1}_x}, \tag{5.1.14}$$

其中

$$\ell = \frac{8[(d+2)-(d-2)p]}{4(p+1)+d(d-1)(p+1)-2d(d+1)-4[(d+2)-(d-2)p]},$$
$$\chi = \frac{2(d+1)[(d+2)-(d-2)p]}{4(p+1)+d(d-1)(p+1)-2d(d+1)}, \quad \frac{1}{r} = \frac{1}{2} - \frac{2}{(\ell+2)d}.$$

利用 Strichartz 估计就得

$$\begin{aligned}
\|u\|_{S^1(\mathbb{R})} &\lesssim \|u_0\|_{H^1_x} + \left\| \langle\nabla\rangle(|u|^{p-1}u) \right\|_{L^2_t(\mathbb{R};L^{\frac{2d}{d+2}}(\mathbb{R}^d))} \\
&\lesssim \|u_0\|_{H^1_x} + \|\langle\nabla\rangle u\|_{L^{2+\ell}_t L^r_x} \|u\|^{\chi}_{L^{d+1}_t L_x^{\frac{2(d+1)}{d-1}}} \|u\|^{p-1-\chi}_{L^\infty_t L^{p+1}_x} \\
&\lesssim \|u_0\|_{H^1_x} + \|u\|_{S^1(\mathbb{R})} \|u\|^{\chi}_{L^{d+1}_t L_x^{\frac{2(d+1)}{d-1}}} \|u\|^{p-1-\chi}_{L^\infty_t H^1},
\end{aligned} \tag{5.1.15}$$

其中

$$\|u\|_{S^1(\mathbb{R})} := \sup_{(q,r)\in\Lambda_S} \left\| \langle u\rangle \right\|_{L^q_t L^r_x(\mathbb{R}\times\mathbb{R}^d)},$$

$\Lambda_S := \left\{ (q,r) \in [2,\infty)^2 : \ \dfrac{2}{q} = d\left(\dfrac{1}{2} - \dfrac{1}{r}\right) \right\}$. 类同于注记 5.1.3, 就给出了能量次临界非线性 Schrödinger 方程的散射理论的简化证明!

注记 5.1.5 对于能量临界情形, 从 (5.1.9) 与 (5.1.10) 也可以看出无法直接将 $L^4_{t,x}$ 型整体时空估计提升到通过 $L^{10}_{t,x}$ 型整体时空估计! 类似于 (5.1.7) 的

思路, 人们或许会求助于相互作用的 Morawetz 估计 (5.1.8) 的局部化版本. 通过 Sobolev 嵌入定理与 Hölder 不等式, 就得如下伸缩不变的局部化估计

$$\int_I\int_{|x|\lesssim|I|^{1/2}}|u(t,x)|^4\,dxdt\lesssim E(u)^2|I|^{3/2}. \tag{5.1.16}$$

事实上,

$$\int_I\int_{|x|\lesssim|I|^{1/2}}|u(t,x)|^4\,dxdt\leqslant|I|^{\frac{1}{2}}\int_I\left(\int_{|x|\lesssim|I|^{1/2}}|u(t,x)|^6\,dx\right)^{\frac{2}{3}}dt\lesssim|I|^{\frac{3}{2}}.$$

对于孤立子解而言左边的增长是 $|I|$, 右边的增长是 $|I|^{\frac{3}{2}}$, 显然它不能用来排除孤立子解! 进而, 对于任意的有限能量解, (5.1.16) 是一个先验估计, 它不能排除任何形式的能量聚积现象.

克服这些困难的主要框架还是 Bourgain 的能量归纳技术: 假设主要定理 5.1.1 失败, 通过 $L^{10}_{x,t}$ 范数与 "相变" 的理念引入所谓的极小能量爆破解 (这里用 $\|u\|_{L^{10}_{x,t}}$ 大于某个门槛定义, 略显粗糙). 首先, 证明在任意时刻极小能量爆破解在物理空间与频率空间一定可以局部化 (证明过程不依赖 Morawetz 不等式). 其次, 我们证明极小能量爆破解满足命题 5.3.8, 它是 (5.1.8) 在频率空间的局部化形式. 粗糙地讲, 命题 5.3.8 中频率局部化的 Morawetz 不等式表明: 扔掉某个小能量, 即极小能量爆破解的低频部分 $u_{\rm lo}$, 剩余的高频部分 $u_{\rm hi}$ 仍然满足很好的 $L^4_{t,x}$ 时空估计. 从机制上来讲, 仅需用 $u_{\rm hi}$ 代替 u, 重复 (5.1.8) 的证明, 然后对于误差项进行估计. 然而, 误差项的处理相当困难, 并且频率局部化的 Morawetz 不等式的证明也是具有相当技术的. 需要指出, 与 Morawetz 估计 (5.1.6)、局部化 Morawetz 估计 (5.1.7) 及相互作用的 Morawetz 估计 (5.1.8) 不同, 频率局部化 Morawetz 不等式 (5.3.23) 并非是一个先验估计 (即: 对于 (5.1.1) 所有解均成立的估计), 它仅仅对于极小能量爆破解才成立, 详见 5.3 节.

解决问题的策略与战术

解决问题的策略就是通过 Sobolev 嵌入定理将 $L^4_{t,x}$ 提升到 $L^{10}_{t,x}$ 整体时空估计, 这个与极小能量爆破解的存在性相矛盾! 然而, 存在一个 "敌人 (解)", 在能量从低频转移到高频的过程中, $L^4_{t,x}$ 范数保持有界, 然而 $L^{10}_{t,x}$ 范数发生爆破现象, 无法实现从 $L^4_{t,x}$ 整体控制估计提升到 $L^{10}_{t,x}$ 整体时空控制估计! 请读者比较注记 5.1.3 中次临界情形的提升!

为了排除 "敌人", 需要着力考察频率抽空 (frequency evacuation) 对于极小能量爆破解的频率局部化的质量的影响如何. 特别, I-团队证明了频率局部化的 L^2 质量估计在长时间区间提供的信息似乎比物理空间局部化的 L^2 质量估计提供

的信息更合适! 事实上, 在处理径向问题时, 我们仅需要物理空间的局部化, 见 [7, 59]. **综合利用频率局部化的 L^2 质量估计、$L^4_{t,x}$ 时空估计及各种类型 Strichartz 估计, 可以控制能量与质量从一个频段到另一个频段的移动, 进而阻止低频-高频 cascade 的发生**. 这个想法源于 I-团队有关几乎守恒律与低正则性问题的研究, 见 [27].

基本的记号与约定 若 X, Y 是两个非负的量, 用 $X \lesssim Y$ 或 $X = O(Y)$ 分别表示存在常数 C 使得 $X \leqslant CY$ (在本章中总假设 C 依赖于临界能量 E_{crit}, 但不依赖其他的常数, 如 η, 详细参见 5.3 节), 用 $X \sim Y$ 表示 $X \lesssim Y \lesssim X$. 另外, 用 $X \ll Y$ 表示存在某个小常数 c, 使得 $X \leqslant cY$, 这里小常数 c 可以依赖于临界能量 E_{crit}. 习惯上, 用 $\mathcal{O}(X)$ 表示与 X 具有相类似形式量的有限线性组合, 容许其中的因子可能被其复共轭替代. 例如: $3u^2\overline{v}^2|v|^2 + 9|u|^2|v|^4 + 3\overline{u}^2v^2|v|^2$ 可以简单地记为 $\mathcal{O}(u^2v^4)$. 类似地, 我们有如下表示形式:

$$|u+v|^6 = |u|^6 + |v|^6 + \sum_{j=1}^{5} \mathcal{O}(u^j v^{6-j}) \tag{5.1.17}$$

及

$$|u+v|^4(u+v) = |u|^4u + |v|^4v + \sum_{j=1}^{4} \mathcal{O}(u^j v^{5-j}). \tag{5.1.18}$$

5.1.2 局部守恒律

考虑时空区段 (time-space slab) $I_0 \times \mathbb{R}^d$ 上一般非线性 Schrödinger 方程

$$i\partial_t \phi + \Delta\phi = \mathcal{N} \tag{5.1.19}$$

的解满足的质量密度守恒、动量密度及能量密度守恒形式, 这里 I_0 表示 $\mathbb{R}$ 上的紧区间. 为区别起见, 用 ϕ 表示一般的非线性 Schrödinger 方程的 Cauchy 问题 (5.1.19) 的解, 而用 u 表示五次非聚焦的 Schrödinger 方程的 Cauchy 问题 (5.1.1) 的解. 尽管我们的主要兴趣是五次非聚焦 Schrödinger 方程, 即 $\mathcal{N} = |\phi|^4\phi$, 但是许多讨论适合更广泛的 $U(1)$-规范不变的 Hamilton 方程, 即 $\mathcal{N} = F'(|\phi|^2)\phi$ 的情形, 其中 F 是实值函数, $U(d)$-表示在 Hermite 内积意义下酉变换群, 特别 $U(1) = \{e^{i\theta}\}$.

当然, 我们还会考虑五次非聚焦 Schrödinger 方程 Cauchy 问题 (5.1.1) 的各种截断形式, 这就对应着**非 Hamilton 型外力项**. 读者将会看到局部守恒形式不仅意味着整体质量守恒与能量守恒律, 同时还导致质量、动量、能量的局部化部分的几乎守恒形式, 其中局部化既包含了物理空间的局部化, 也包含了频率空间的局部化. 局部化动量不等式与 Virial 恒等式密切相关, 可以用来推导相互作用的 Morawetz 不等式, 这在 I-团队的方法中起着关键的作用.

为了避免技术上的繁琐, 总假设物场函数 ϕ 及非线性外力场函数 $\mathcal{N}$ 是光滑的, 并且 ϕ 关于空间变量是速降函数. 一般情形总可以通过极限过程来实现. 为方便起见, 先引入刻画 (5.1.19) 的质量、动量守恒性质的一些有用记号.

定义 5.1.1 对 (5.1.19) 的任意一个 Schwartz 解 ϕ, 定义质量密度

$$T_{00}(t,x) \triangleq |\phi(t,x)|^2$$

与动量密度 (也称质量流函数)

$$T_{0j}(t,x) \triangleq T_{j0}(t,x) \triangleq 2\mathrm{Im}(\overline{\phi}\phi_j),$$

以及动量流函数 (自由方程对应的流函数, 称为线性部分)

$$L_{jk}(t,x) = L_{kj}(t,x) \triangleq -\partial_j\partial_k|\phi(t,x)|^2 + 4\mathrm{Re}(\overline{\phi_j}\phi_k).$$

定义 5.1.2 给定两个任意 Schwartz 函数 $f,g:\mathbb{R}^d \to \mathbb{C}$, 定义质量括号

$$\{f,g\}_m \triangleq \mathrm{Im}(f\overline{g}) \tag{5.1.20}$$

与动量括号

$$\{f,g\}_p \triangleq \mathrm{Re}(f\nabla\overline{g} - g\nabla\overline{f}). \tag{5.1.21}$$

显然, $\{f,g\}_m$ 是一个数量值函数, 而 $\{f,g\}_p$ 定义了一个 $\mathbb{R}^d$ 上的向量值函数. 习惯上用 $\{f,g\}_p^j$ 表示 $\{f,g\}_p$ 的第 j 个分量.

简单计算就推出方程 (5.1.19) 的解满足质量与动量守恒的局部形式.

引理 5.1.3 (质量与动量的局部守恒形式) 如果 ϕ 是 (5.1.19) 的一个 Schwartz 解, 则有如下局部质量守恒等式

$$\partial_t T_{00} + \partial_j T_{0j} = 2\{\mathcal{N},\phi\}_m \tag{5.1.22}$$

及局部动量守恒等式

$$\partial_t T_{0j} + \partial_k L_{kj} = 2\{\mathcal{N},\phi\}_p^j. \tag{5.1.23}$$

这里使用了欧氏框架下重复指标的求和约定. 事实上, 鉴于选择的度量是欧氏度量, 这里就不再强调上下指标求和的区别.

观察到质量流函数就是动量密度 (5.1.23), 而动量流函数 (5.1.23) 具有某种 "正定性" 的趋势 (注意到 $\Delta = \partial_k\partial_k$ 是一个负定算子, 而 ∂_j 最终将会被分部积分处理, 代价就是改变符号). 这两个事实奠定了证明相互作用 Morawetz 估计的基础, 详见 5.5 节.

对于规范不变的 Hamilton 情形 $\mathcal{N} = F'(|\phi|^2)\phi$, 注意到

$$\left\{F'(|\phi|^2)\phi,\ \phi\right\}_m = 0 \tag{5.1.24}$$

及

$$\left\{F'(|\phi|^2)\phi,\ \phi\right\}_p = -\nabla G(|\phi|^2), \tag{5.1.25}$$

这里 $G(z) \triangleq zF'(z) - F(z)$. 特别, 对五次非聚焦 Schrödinger 方程的 Cauchy 问题, 有

$$\left\{F'(|\phi|^2)\phi, \phi\right\}_p \triangleq \left\{|\phi|^4\phi, \phi\right\}_p = -\frac{2}{3}\nabla|\phi|^6, \quad F(|\phi|^2) = \frac{1}{3}|\phi|^6. \tag{5.1.26}$$

因此, 在规范不变的 Hamilton 条件下, 重新将 (5.1.23) 表示为

$$\partial_t T_{0j} + \partial_k T_{jk} = 0, \tag{5.1.27}$$

这里

$$T_{jk} \triangleq L_{jk} + 2\delta_{jk}G(|\phi|^2) \tag{5.1.28}$$

是非线性动量流函数. 局部质量守恒公式 (5.1.22) 与动量守恒公式 (5.1.27) 关于时空变量积分, 就可以推出质量守恒

$$\int_{\mathbb{R}^d} T_{00}\ dx = \int_{\mathbb{R}^d} |\phi(t,x)|^2\ dx = \int_{\mathbb{R}^d} |\phi_0(x)|^2\ dx$$

和动量守恒律

$$\int_{\mathbb{R}^d} T_{0j}\ dx = 2\int_{\mathbb{R}^d} \mathrm{Im}(\overline{\phi(t,x)}\partial_j\phi(t,x))\ dx = 2\int_{\mathbb{R}^d} \mathrm{Im}(\overline{\phi_0(x)}\partial_j\phi_0(x))\ dx.$$

在 Hamilton 框架下, 从局部能量守恒律

$$\partial_t\left[\frac{1}{2}|\nabla\phi|^2 + \frac{1}{2}F(|\phi|^2)\right] + \partial_j\left[\mathrm{Im}(\overline{\phi}_k\phi_{kj}) - F'(|\phi|^2)\mathrm{Im}(\phi\overline{\phi}_j)\right] = 0, \tag{5.1.29}$$

直接推出能量守恒律

$$E(\phi) = \int_{\mathbb{R}^d} \frac{1}{2}|\nabla\phi|^2 + \frac{1}{2}F(|\phi|^2)\ dx = E(\phi_0).$$

注意到 (5.1.28) 保持着局部能量 (5.1.23) 右边 “**正定性**” 趋势, 这也说明方程属于非聚焦情形. 然而, 为了实现目标, 将着力研究非线性 Schrödinger 方程的频率局部化形式, 它已经不再具备理想的质量守恒与能量守恒, 这势必导致一系列繁琐与复杂的误差估计.

5.2 局部适定性及稳定性分析

为应用之便, 先回忆 $I\times\mathbb{R}^3$ 上 Schrödinger 方程对应 Strichartz 估计. 定义 $(q,r)\in\Lambda$ 是 Schrödinger 算子在 $\mathbb{R}^{1+3}$ 上对应的容许对, 如果它满足

$$\frac{2}{q}=3\left(\frac{1}{2}-\frac{1}{r}\right),\quad 2\leqslant q,r\leqslant\infty.$$

特别, $(q,r)=(\infty,2)$, $(10,30/13)$, $(5,30/11)$, $(4,3)$, $(10/3,10/3)$ 及 $(2,6)$ 均是容许对.

为了获得 $\dot H^1$ 层次上的端点 Strichartz 估计, 即 $L_t^4L_x^\infty$ 时空范数估计, 需要引入时空 Lebesgue 空间对应的混合时空空间 $\mathcal{L}_t^q(I;L_x^r(\mathbb{R}^3))$, 它广泛出现在流体动力学方程的研究中. 作为 Minkowski 不等式的推论, 不难看出它较经典的时空范数要强一点. 定义 L^2 层次上的混合时空 Strichartz 范数 $\dot S^0(I\times\mathbb{R}^3)$ 如下:

$$\|u\|_{\dot S^0(I\times\mathbb{R}^3)}\triangleq\sup_{(q,r)\in\Lambda}\|u\|_{\mathcal{L}_t^qL_x^r(I\times\mathbb{R}^3)}\triangleq\sup_{(q,r)\in\Lambda}\left(\sum_N\|P_Nu\|^2_{L_t^qL_x^r(I\times\mathbb{R}^3)}\right)^{1/2}. \tag{5.2.1}$$

类似地, 对于 $k=1,2$ 定义 $\dot H^k$ 层次的 Strichartz 范数 $\dot S^k(I\times\mathbb{R}^3)$ 如下:

$$\|u\|_{\dot S^k(I\times\mathbb{R}^3)}\triangleq\|\nabla^ku\|_{\dot S^0(I\times\mathbb{R}^3)}.$$

一般来讲, 在 $\dot H^1$ 层次的 Strichartz 范数框架下研究能量临界 Schrödinger 方程. 但是, 有时需要用 L^2 层次的 Strichartz 范数控制 u 的高频, 而用 $\dot H^2$ 层次的 Strichartz 范数来控制 u 的低频.

对任意 $2\leqslant q,r\leqslant\infty$ 及任意的函数 f_N, 从 Minkowski 不等式容易推出

$$\left\|\left(\sum_N|f_N|^2\right)^{1/2}\right\|_{L_t^qL_x^r(I\times\mathbb{R}^3)}\leqslant\left(\sum_N\|f_N\|^2_{L_t^qL_x^r(I\times\mathbb{R}^3)}\right)^{1/2}. \tag{5.2.2}$$

当然, 通过验证端点情形, 即 $(q,r)=(2,2),(2,\infty),(\infty,2),(\infty,\infty)$, 然后借助于插值定理就可以获得一般情形的证明. 特别, 对任意的容许对 $(q,r)\in\Lambda$, (5.2.2) 总成立. 因此, 利用 Littlewood-Paley 不等式 (见 [162]) 就得

$$\|u\|_{L_t^qL_x^r(I\times\mathbb{R}^3)}\lesssim\left\|\left(\sum_N|P_Nu|^2\right)^{1/2}\right\|_{L_t^qL_x^r(I\times\mathbb{R}^3)}$$

$$\begin{aligned}
&\lesssim \left(\sum_N \|P_N u\|^2_{L_t^q L_x^r(I\times\mathbb{R}^3)} \right)^{1/2} \\
&\cong \big\|f\big\|_{\mathcal{L}_t^q L_x^r(I\times\mathbb{R}^3)} \\
&\lesssim \|u\|_{\dot{S}^0(I\times\mathbb{R}^3)}.
\end{aligned}$$

自然有

$$\|\nabla u\|_{L_t^q L_x^r(I\times\mathbb{R}^3)} \lesssim \|u\|_{\dot{S}^1(I\times\mathbb{R}^3)}. \tag{5.2.3}$$

事实上, $\dot{S}^1$ 范数可以控制如下具体时空范数:

引理 5.2.1 对于 $I\times\mathbb{R}^3$ 上的任意 Schwartz 函数, 我们有

$$\begin{aligned}
&\|\nabla u\|_{L_t^\infty L_x^2} + \|\nabla u\|_{L_t^{10} L_x^{30/13}} + \|\nabla u\|_{L_t^5 L_x^{30/11}} + \|\nabla u\|_{L_t^4 L_x^3} + \|\nabla u\|_{L_{t,x}^{10/3}} \\
&\quad + \|\nabla u\|_{L_t^2 L_x^6} + \|u\|_{L_t^4 L_x^\infty} + \|u\|_{L_t^6 L_x^{18}} + \|u\|_{L_{t,x}^{10}} + \|u\|_{L_t^\infty L_x^6} \\
&\lesssim \|u\|_{\dot{S}^1}.
\end{aligned} \tag{5.2.4}$$

这里积分区域是时空区段 $I\times\mathbb{R}^3$.

证明 除了 $L_t^4 L_x^\infty$ 范数之外, 利用 (5.2.3) 与 Sobolev 嵌入定理, (5.2.4) 左边的每一项被右边控制. 注意到端点 Sobolev 嵌入定理失效, $L_t^4 L_x^\infty$ 范数的控制通常需要借助于 Lorentz 空间. Tao 用高频-低频分解的技术给出了如下简单的证明.

记

$$c_N \triangleq \|P_N \nabla u\|_{L_t^2 L_x^6} + \|P_N \nabla u\|_{L_t^\infty L_x^2},$$

则根据 $\dot{S}^1$ 的定义, 就有

$$\left(\sum_N c_N^2 \right)^{1/2} \lesssim \|u\|_{\dot{S}^1}.$$

另一方面, 对于任意的二进制频率 N, 利用 Bernstein 不等式, 容易看出

$$N^{\frac{1}{2}} \|P_N u\|_{L_t^2 L_x^\infty} \lesssim c_N \quad 和 \quad N^{-\frac{1}{2}} \|P_N u\|_{L_t^\infty L_x^\infty} \lesssim c_N. \tag{5.2.5}$$

因此, 如果记 $a_N(t) \triangleq \|P_N u(t)\|_{L_x^\infty}$, 上式等价于:

$$\left(\int_I a_N(t)^2\, dt \right)^{1/2} \lesssim N^{-\frac{1}{2}} c_N, \quad \sup_{t\in I} a_N(t) \lesssim N^{\frac{1}{2}} c_N. \tag{5.2.6}$$

直接计算可见

$$\|u\|^4_{L_t^4 L_x^\infty} \lesssim \int_I \left(\sum_N a_N(t) \right)^4 dt.$$

利用对称性, 上式就可归结为

$$\|u\|_{L_t^4 L_x^\infty}^4 \lesssim \sum_{N_1 \geqslant N_2 \geqslant N_3 \geqslant N_4} \int_I a_{N_1}(t) a_{N_2}(t) a_{N_3}(t) a_{N_4}(t)\ dt.$$

利用 (5.2.6) 的第一不等式来估计两个高频项, 用 (5.2.6) 的第二个不等式来估计两个低频项, 则上式进一步归结为证明:

$$\|u\|_{L_t^4 L_x^\infty}^4 \lesssim \sum_{N_1 \geqslant N_2 \geqslant N_3 \geqslant N_4} \frac{N_3^{\frac{1}{2}} N_4^{\frac{1}{2}}}{N_1^{\frac{1}{2}} N_2^{\frac{1}{2}}} c_{N_1} c_{N_2} c_{N_3} c_{N_4}.$$

令

$$\tilde{c}_N \triangleq \sum_{N'} \min\left(\frac{N}{N'}, \frac{N'}{N}\right)^{1/10} c_{N'}.$$

显然, $\tilde{c}_N \geqslant c_N$, 从

$$\min\left(\frac{N_j}{N'}, \frac{N'}{N_j}\right) = \min\left(\frac{N_1}{N'}\frac{N_j}{N_1}, \frac{N'}{N_1}\frac{N_1}{N_j}\right) \leqslant \frac{N_1}{N_j} \min\left(\frac{N_1}{N'}, \frac{N'}{N_1}\right), \quad j = 2, 3, 4,$$

直接获得如下估计:

$$\tilde{c}_{N_j} \lesssim (N_1/N_j)^{1/10} \tilde{c}_{N_1}, \quad j = 2, 3, 4.$$

因此

$$\begin{aligned} \|u\|_{L_t^4 L_x^\infty}^4 &\lesssim \sum_{N_1 \geqslant N_2 \geqslant N_3 \geqslant N_4} \frac{N_3^{\frac{1}{2}} N_4^{\frac{1}{2}}}{N_1^{\frac{1}{2}} N_2^{\frac{1}{2}}} \tilde{c}_{N_1} \tilde{c}_{N_2} \tilde{c}_{N_3} \tilde{c}_{N_4} \\ &\lesssim \sum_{N_1 \geqslant N_2 \geqslant N_3 \geqslant N_4} \frac{N_3^{\frac{1}{2}} N_4^{\frac{1}{2}}}{N_1^{\frac{1}{2}} N_2^{\frac{1}{2}}} \tilde{c}_{N_1}^4 \left(\frac{N_1}{N_2}\right)^{1/10} \left(\frac{N_1}{N_3}\right)^{1/10} \left(\frac{N_1}{N_4}\right)^{1/10}. \end{aligned}$$

上式的右边依次对 N_4, N_3 及 N_2 求和, 并且利用 Young 不等式就得

$$\|u\|_{L_t^4 L_x^\infty}^4 \lesssim \sum_{N_1} \tilde{c}_{N_1}^4 \lesssim \left(\sum_N \tilde{c}_N^2\right)^2 \lesssim \left(\sum_N c_N^2\right)^2 \lesssim \|u\|_{\dot{S}^1}^4.$$

此就证明了断言. □

注记 5.2.1

$$\|u\|_{L_t^4 L_x^\infty}^4 \lesssim \|u\|_{\dot{S}^1}^4.$$

还可以用一个更佳的不等式来替代, 即

$$\|u\|_{L_t^4 L_x^\infty}^4 \lesssim \|\nabla u\|_{L^\infty(I;L^2)}^2 \sum_N \|P_N \nabla u\|_{L_t^2 L_x^6}^2.$$

它在 Killp 和 Visan[93] 给出 I-团队著名文章的简化证明过程中起着重要作用. 事实上, 类似于 Dodson[29] 在研究质量临界 Schrödinger 方程所建立的长时间 Strichartz 估计, Visan[190] 在研究 $\mathbb{R}^4$ 上的能量临界 Schrödinger 方程中, 建立了形如

$$\|\nabla u_{\leqslant N}\|_{L^2(J;L^{2^*}(\mathbb{R}^4))} \leqslant 1 + N^{2s_c - \frac{1}{2}} K^{\frac{1}{2}}, \quad K = \int_J N(t)^{3-4s_c} dt = \int_J N(t)^{-1} dt$$

的长时间 Strichartz 估计. 然而, 对于三维能量临界的 Schrödinger 方程而言, 端点时空范数无法使得非线性估计实现回归, 这就需要启用混合型时空范数, 即如下更精确的长时间 Strichartz 估计

$$\|\nabla u_{\leqslant N}\|_{\mathcal{L}^2(J;L^{2^*}(\mathbb{R}^3))} \leqslant 1 + N^{2s_c - \frac{1}{2}} K^{\frac{1}{2}}, \quad K = \int_J N(t)^{-1} dt.$$

引理 5.2.2(标准的 Strichartz 估计) 假设 I 是一个紧区间, $u : I \times \mathbb{R}^3 \to \mathbb{C}$ 是具 Schwartz 外力的 Schrödinger 方程

$$iu_t + \Delta u = \sum_{m=1}^M F_m$$

的一个 Schwartz 解. 对于任意一组容许对 $(q_1, r_1), \cdots, (q_m, r_m) \in \Lambda$, 成立如下标准的 Strichartz 估计:

$$\|u\|_{\dot{S}^k(I\times\mathbb{R}^3)} \lesssim \|u(t_0)\|_{\dot{H}^k(\mathbb{R}^3)} + \sum_{m=1}^M \|\nabla^k F_m\|_{L_t^{q_m'} L_x^{r_m'}(I\times\mathbb{R}^3)}, \quad k \geqslant 0, \ t_0 \in I, \tag{5.2.7}$$

这里 p' 表示 p 的共轭指标, 即 $1/p' + 1/p = 1$.

证明 注意到叠加原理与三角不等式, 仅需考虑 $M = 1$ 的情形. 与此同时, 利用 ∇^k 与 Schrödinger 算子 $(i\partial_t + \Delta)$ 的可交换性, Strichartz 估计 (5.2.7) 的证明转化成 $k = 0$ 情形下(5.2.7) 的证明.

另一方面, Littlewood-Paley 型投影算子 P_N 也与 Schrödinger 算子 $(i\partial_t+\Delta)$ 可以交换. 因此, 对于任意的 N, 就有

$$(i\partial_t+\Delta)P_Nu=P_NF_1.$$

根据经典的 Strichartz 估计[76], 对于任意的容许对 $(q,r),(q_1,r_1)\in\Lambda$, 就得

$$\|P_Nu\|_{L_t^qL_x^r(I\times\mathbb{R}^3)}\lesssim\|P_Nu(t_0)\|_{L^2(\mathbb{R}^3)}+\|P_NF_1\|_{L_t^{q_1'}L_x^{r_1'}(I\times\mathbb{R}^3)}.$$

最后, 两边平方, 然后关于 N 求和, 利用 Minkowski 不等式或 (5.2.2) 的对偶形式就得标准的 Strichartz 估计 (5.2.7). □

注记 5.2.2 在应用中, 常常选取 $k=0,1,2$, $M=1,2$ 以及端点容许对 $(q_m,r_m)=(\infty,2)$ 或 $(q_m,r_m)=(2,6)$. 换句话说, 需要建立部分非齐次项在 $L_t^1\dot{H}_x^k$ 范数下的估计及剩余部分在 $L_t^2\dot{W}_x^{k,6/5}$ 范数下的估计.

5.2.1 五线性 Strichartz 估计

先给出如下有用的不等式:

引理 5.2.3 设 $k=0,1,2$. 对于任意的时空区段 $I\times\mathbb{R}^3$ 及其上面的光滑函数 $v_1,\cdots,v_5$, 有

$$\begin{aligned}&\|\nabla^k\mathcal{O}(v_1v_2v_3v_4v_5)\|_{L_t^1L_x^2}\\ \lesssim&\sum_{\{a,b,c,d,e\}=\{1,2,3,4,5\}}\|v_a\|_{\dot{S}^1}\|v_b\|_{\dot{S}^1}\|v_c\|_{L_{x,t}^{10}}\|v_d\|_{L_{x,t}^{10}}\|v_e\|_{\dot{S}^k},\end{aligned}\tag{5.2.8}$$

这里积分区域是时空区段 $I\times\mathbb{R}^3$. 类似的方法, 我们也有

$$\|\nabla\mathcal{O}(v_1v_2v_3v_4v_5)\|_{L_t^2L_x^{6/5}}\lesssim\prod_{j=1}^5\|\nabla v_j\|_{L_t^{10}L_x^{30/13}}\leqslant\prod_{j=1}^5\|v_j\|_{\dot{S}^1}.\tag{5.2.9}$$

证明 先证明当 $k=0,1$ 时, (5.2.8) 成立. 利用 Leibniz 法则, 仅需证明形如

$$\|\mathcal{O}(v_1v_2v_3v_4v_5)\|_{L_t^1L_x^2}\lesssim\|v_1\|_{L_{t,x}^{\frac{10}{3}}}\|v_2\|_{L_t^4L_x^\infty}\|v_3\|_{L_t^4L_x^\infty}\|v_4\|_{L_{t,x}^{10}}\|v_5\|_{L_{t,x}^{10}},\quad k=0,$$

$$\|\mathcal{O}((\nabla v_1)v_2v_3v_4v_5)\|_{L_t^1L_x^2}\lesssim\|\nabla v_1\|_{L_{t,x}^{\frac{10}{3}}}\|v_2\|_{L_t^4L_x^\infty}\|v_3\|_{L_t^4L_x^\infty}\|v_4\|_{L_{t,x}^{10}}\|v_5\|_{L_{t,x}^{10}},\quad k=1$$

的估计. 利用估计 (5.2.4) 直接推出上述估计. 当 $k=2$ 时, 估计 (5.2.8) 可以归结为证明:

$$\|\mathcal{O}((\nabla^2v_1)v_2v_3v_4v_5)\|_{L_t^1L_x^2}\lesssim\|\nabla^2v_1\|_{L_{t,x}^{\frac{10}{3}}}\|v_2\|_{L_t^4L_x^\infty}\|v_3\|_{L_t^4L_x^\infty}\|v_4\|_{L_{t,x}^{10}}\|v_5\|_{L_{t,x}^{10}}$$

及

$$\|\mathcal{O}((\nabla v_1)(\nabla v_2)v_3v_4v_5)\|_{L_t^1L_x^2} \lesssim \|\nabla v_1\|_{L_{t,x}^{\frac{10}{3}}}\|\nabla v_2\|_{L_t^4L_x^\infty}\|v_3\|_{L_t^4L_x^\infty}\|v_4\|_{L_{t,x}^{10}}\|v_5\|_{L_{t,x}^{10}}.$$

这仍然是估计 (5.2.4) 的直接结果.

最后, 根据 Sobolev 嵌入关系 $\|u\|_{L_{t,x}^{10}} \lesssim \|\nabla u\|_{L_t^{10}L_x^{30/13}}$, (5.2.4) 及 Hölder 不等式,

$$\|\mathcal{O}(\nabla v_1v_2v_3v_4v_5)\|_{L_t^2L_x^{6/5}} \lesssim \|\nabla v_1\|_{L_t^{10}L_x^{30/13}}\|v_2\|_{L_{t,x}^{10}}\|v_3\|_{L_{t,x}^{10}}\|v_4\|_{L_{t,x}^{10}}\|v_5\|_{L_{t,x}^{10}},$$

直接推出估计 (5.2.9). □

为了处理高频与低频的相互作用 (既有高频因子, 也有低频因子), 需要建立上面引理的一个变形, 进而有效地开发推论 2.2.6 中的双线性 Strichartz 估计, 在高频与低频的相互作用中获得最佳的衰减等利润.

引理 5.2.4 假设 $v_{\rm hi}, v_{\rm lo}$ 是时空区段 $I\times\mathbb{R}^3$ 上的函数, 满足

$$\|v_{\rm hi}\|_{\dot{S}^0} + \|(i\partial_t+\Delta)v_{\rm hi}\|_{L_t^1L_x^2(I\times\mathbb{R}^3)} \lesssim \varepsilon K,$$

$$\|v_{\rm hi}\|_{\dot{S}^1} + \|\nabla(i\partial_t+\Delta)v_{\rm hi}\|_{L_t^1L_x^2(I\times\mathbb{R}^3)} \lesssim K,$$

$$\|v_{\rm lo}\|_{\dot{S}^1} + \|\nabla(i\partial_t+\Delta)v_{\rm lo}\|_{L_t^1L_x^2(I\times\mathbb{R}^3)} \lesssim K,$$

$$\|v_{\rm lo}\|_{\dot{S}^2} + \|\nabla^2(i\partial_t+\Delta)v_{\rm lo}\|_{L_t^1L_x^2(I\times\mathbb{R}^3)} \lesssim \varepsilon K,$$

这里 $K>0$, $0<\varepsilon\ll 1$. 则对于任意的 $j=1,2,3,4$, 有

$$\|\nabla\mathcal{O}(v_{\rm hi}^jv_{\rm lo}^{5-j})\|_{L_t^2L_x^{6/5}(I\times\mathbb{R}^3)} \lesssim \varepsilon^{\frac{9}{10}}K^5.$$

注记 5.2.3 利用引理 5.2.3 的证明方法似乎不能直接获得形如 $\varepsilon^{9/10}$ 的衰减或利润. 事实上, 引理 5.2.4 的证明过程表明, 可以用任意小于 1 的正数来替代指数 9/10, 然而应用中仅仅需要 ε 的指数大于零就足够了. 在低频与高频的 $\dot{S}^1$ 范数有界的前提下, $\dot{S}^0$ 范数可以有效地控制高频 (将 $v_{\rm hi}$ 限制在高频), $\dot{S}^2$ 可以有效地控制低频 $v_{\rm lo}$. 换句话来讲, 获得最佳估计的原则是高频部分 $v_{\rm hi}$ 用 $\dot{S}^0$ 范数控制 (充分开发消失性), 低频或中频部分用 $\dot{S}^2$ 范数控制 (充分利用正则性). 因此, 引理 5.2.4 说明 (5.1.1) 的非线性项中的低频与高频的相互作用是相当弱的, 这个现象是命题 5.3.2 所阐述的频率局部化结论的基础. 事实上, 如何有效地控制低频与高频相互作用也形成了 I-团队研究解决能量临界 Schrödinger 方程整体适定性的主要方法, 见命题 5.3.8 和命题 5.3.12.

引理 5.2.4 的证明 不失一般性, 无妨假设 $K \triangleq 1$. 利用 Leibniz 法则就得

$$\|\nabla\mathcal{O}(v_{\text{hi}}^j v_{\text{lo}}^{5-j})\|_{L_t^2 L_x^{6/5}} \lesssim \|\mathcal{O}(v_{\text{hi}}^j v_{\text{lo}}^{4-j}\nabla v_{\text{lo}})\|_{L_t^2 L_x^{6/5}} + \|\mathcal{O}(v_{\text{hi}}^{j-1} v_{\text{lo}}^{5-j}\nabla v_{\text{hi}})\|_{L_t^2 L_x^{6/5}}.$$

对于含 ∇v_{lo} 的项, 利用 Hölder 不等式及 (5.2.4), 直接计算可见

$$\begin{aligned}\|\mathcal{O}(v_{\text{hi}}^j v_{\text{lo}}^{4-j}\nabla v_{\text{lo}})\|_{L_t^2 L_x^{6/5}} &\lesssim \|\nabla v_{\text{lo}}\|_{L_t^\infty L_x^6}\|v_{\text{hi}}\|_{L_t^\infty L_x^2}\|v_{\text{lo}}\|_{L_t^6 L_x^{18}}^{4-j}\|v_{\text{hi}}\|_{L_t^6 L_x^{18}}^{j-1}\\ &\lesssim \|v_{\text{lo}}\|_{\dot{S}^2}\|v_{\text{hi}}\|_{\dot{S}^0}\|v_{\text{lo}}\|_{\dot{S}^1}^{4-j}\|v_{\text{hi}}\|_{\dot{S}^1}^{j-1} \lesssim \varepsilon^2.\end{aligned}$$

对于含 ∇v_{hi} 的项, 估计就比较困难. 先考虑 $j = 2, 3, 4$ 的情形. 利用 Hölder 不等式, 就得

$$\begin{aligned}&\|\mathcal{O}(v_{\text{hi}}^{j-1} v_{\text{lo}}^{5-j}\nabla v_{\text{hi}})\|_{L_t^2 L_x^{6/5}}\\ \lesssim\ &\|\nabla v_{\text{hi}}\|_{L_t^2 L_x^6}\|v_{\text{lo}}\|_{L_t^\infty L_x^{\infty-}}\|v_{\text{hi}}\|_{L_t^\infty L_x^{2+}}^{1/2}\|v_{\text{lo}}\|_{L_t^\infty L_x^6}^{4-j}\|v_{\text{hi}}\|_{L_t^\infty L_x^6}^{j-3/2}.\end{aligned}$$

利用 Bernstein 估计及二进制分解, 容易推出

$$\|v_{\text{lo}}\|_{L_t^\infty L_x^{\infty-}} \lesssim \|v_{\text{lo}}\|_{L_t^\infty L_x^6}^{\frac{1}{2}+}\|\nabla v_{\text{lo}}\|_{L_t^\infty L_x^6}^{\frac{1}{2}-}, \quad \|v_{\text{hi}}\|_{L_t^\infty L_x^{2+}} \leqslant \|v_{\text{hi}}\|_{L_t^\infty L_x^2}^{1-}\|\nabla v_{\text{hi}}\|_{L_t^\infty L_x^6}^{0+}.$$

因此, 根据 (5.2.4) 就推出

$$\|\mathcal{O}(v_{\text{hi}}^{j-1} v_{\text{lo}}^{5-j}\nabla v_{\text{hi}})\|_{L_t^2 L_x^{6/5}} \lesssim \|v_{\text{hi}}\|_{\dot{S}^1}^{j-\frac{1}{2}+}\|v_{\text{hi}}\|_{\dot{S}^0}^{\frac{1}{2}-}\|v_{\text{lo}}\|_{\dot{S}^2}^{\frac{1}{2}-}\|v_{\text{lo}}\|_{\dot{S}^1}^{\frac{9}{2}-j+} \lesssim \varepsilon^{1-}.$$

最后, 考虑 $j = 1$ 对应的情形. 求助于二进制分解, 就得

$$\|\mathcal{O}(v_{\text{lo}}^4\nabla v_{\text{hi}})\|_{L_t^2 L_x^{6/5}} \lesssim \sum_{N_1,N_2,N_3,N_4}\|\mathcal{O}((P_{N_1}v_{\text{lo}})(P_{N_2}v_{\text{lo}})(P_{N_3}v_{\text{lo}})(P_{N_4}v_{\text{lo}})\nabla v_{\text{hi}})\|_{L_t^2 L_x^{6/5}}.$$

利用对称性, 无妨假设 $N_1 \geqslant N_2 \geqslant N_3 \geqslant N_4$. 利用 Hölder 不等式, 直接估计就得

$$\sum_{N_1\geqslant N_2\geqslant N_3\geqslant N_4}\|\mathcal{O}(P_{N_1}v_{\text{lo}}\nabla v_{\text{hi}})\|_{L_t^2 L_x^2}\|P_{N_2}v_{\text{lo}}\|_{L_t^\infty L_x^6}\|P_{N_3}v_{\text{lo}}\|_{L_t^\infty L_x^6}\|P_{N_4}v_{\text{lo}}\|_{L_t^\infty L_x^\infty}.$$

显然,

$$\|P_{N_2}v_{\text{lo}}\|_{L_t^\infty L_x^6}, \quad \|P_{N_3}v_{\text{lo}}\|_{L_t^\infty L_x^6} \lesssim \|v_{\text{lo}}\|_{\dot{S}^1} = O(1).$$

利用 Bernstein 不等式, 最后一个因子的估计如下:

$$\|P_{N_4}v_{\text{lo}}\|_{L_t^\infty L_x^\infty} \lesssim N_4^{1/2}\|P_{N_4}v_{\text{lo}}\|_{L_t^\infty L_x^6} \lesssim N_4^{1/2}\|v_{\text{lo}}\|_{\dot{S}^1} \lesssim N_4^{1/2},$$

或

$$\|P_{N_4}v_{\text{lo}}\|_{L_t^\infty L_x^\infty} \lesssim N_4^{-1/2}\|\nabla P_{N_4}v_{\text{lo}}\|_{L_t^\infty L_x^6} \lesssim N_4^{-1/2}\|v_{\text{lo}}\|_{\dot{S}^2} \lesssim \varepsilon N_4^{-1/2}.$$

同时, 利用双线性估计 (2.2.22), 第一个因子估计如下:

$$\|\mathcal{O}(P_{N_1}v_{\text{lo}}\nabla v_{\text{hi}})\|_{L_t^2L_x^2} \lesssim (\|\nabla v_{\text{hi}}(t_0)\|_{\dot{H}^{-1/2+\delta}} + \|(i\partial_t+\Delta)\nabla v_{\text{hi}}\|_{L_t^1\dot{H}_x^{-1/2+\delta}})$$
$$\times (\|P_{N_1}v_{\text{lo}}(t_0)\|_{\dot{H}^{1-\delta}} + \|(i\partial_t+\Delta)P_{N_1}v_{\text{lo}}\|_{L_t^1\dot{H}_x^{1-\delta}}),$$

这里 $t_0\in I$ 表示任意时刻, δ 表示满足 $0<\delta<1/2$ 的任意指标. 根据高频 v_{hi} 的假设及插值定理, 容易看出

$$\|\nabla v_{\text{hi}}(t_0)\|_{\dot{H}^{-1/2+\delta}} + \|(i\partial_t+\Delta)\nabla v_{\text{hi}}\|_{L_t^1\dot{H}_x^{-1/2+\delta}} \lesssim \varepsilon^{1/2-\delta}.$$

另一方面, 根据低频 v_{lo} 的假设及 Bernstein 估计, 也有

$$\|P_{N_1}v_{\text{lo}}(t_0)\|_{\dot{H}^{1-\delta}} + \|(i\partial_t+\Delta)P_{N_1}v_{\text{lo}}\|_{L_t^1\dot{H}_x^{1-\delta}} \lesssim N_1^{-\delta}.$$

综合上面各种情形, 就得

$$\|\mathcal{O}(v_{\text{lo}}^4\nabla v_{\text{hi}})\|_{L_t^2L_x^{6/5}} \lesssim \sum_{N_1\geqslant N_2\geqslant N_3\geqslant N_4} \varepsilon^{1/2-\delta}N_1^{-\delta}\min(N_4^{1/2},\varepsilon N_4^{-1/2}).$$

上式对于 N_1, N_2, N_3 及 N_4 逐次求和, 注意到 δ 的任意小性, 就得

$$\|\mathcal{O}(v_{\text{lo}}^4\nabla v_{\text{hi}})\|_{L_t^2L_x^{6/5}} \lesssim O(\varepsilon^{9/10}).$$ □

5.2.2 局部适定性与扰动理论

众所周知, 非线性 Schrödinger 方程 (5.1.1) 在 $\dot{H}^1(\mathbb{R}^3)$ 中是局部适定的. 事实上, 利用引理 5.2.3 与 Strichartz 估计(5.2.7), 存在 $T^*=T(u(t_0))>0$,

$$u(t)\in C^0([t_0,T^*);\dot{H}^1(\mathbb{R}^d))\cap L_{\text{loc}}^{10}([t_0,T^*);L^{10}(\mathbb{R}^d)),$$

满足非线性 Schrödinger 方程 (5.1.1). 利用 Picard 的逐次求解方法, 无妨假设 $T^*>0$ 是能量临界的 Schrödinger 方程 (5.1.1) 极大存在区间的端点, 若

$$\|u\|_{L^{10}([t_0,T^*);L^{10}(\mathbb{R}^d))}<\infty,$$

就推出 Cauchy 问题 (5.1.1) 在 $\dot{H}^1(\mathbb{R}^3)$ 中是前向整体适定与散射的. 这就说明对于能量临界 Schrödinger 方程 (5.1.1) 而言, 没有点态的爆破准则, 只有积分型爆破准则, 即

$$\lim_{t\nearrow T^*}\|u\|_{L^{10}([t_0,t);L^{10}(\mathbb{R}^d))}=\infty.$$

本节给出局部适定性理论的几个变体形式, 它们刻画了当逼近问题解的 $L_{t,x}^{10}$ 范数可控, 且扰动项的对偶 Strichartz 时空范数 $\|e\|_{L^2(I;L^{\frac{6}{5}})}$ 充分小时, Cauchy 问题 (5.1.1) 在能量范数下的稳定性, 即长时间 (long-time) 扰动引理, 证明可见 2.3 节.

引理 5.2.5(长时间扰动引理) I 表示一个紧区间, 对于固定的 $M, E > 0$, 时空区段 $I \times \mathbb{R}^3$ 上的函数 $\tilde{u}$ 满足

$$\|\tilde{u}\|_{L^{10}_{t,x}(I\times\mathbb{R}^3)} \leqslant M \tag{5.2.10}$$

及

$$\|\tilde{u}\|_{L^\infty_t \dot{H}^1_x(I\times\mathbb{R}^3)} \leqslant E. \tag{5.2.11}$$

假设 $\tilde{u}$ 是问题 (5.1.1) 的一个逼近 (near) 解, 即对于时空函数 e, $\tilde{u}$ 满足

$$i\tilde{u}_t + \Delta\tilde{u} = |\tilde{u}|^{\frac{4}{d-2}}\tilde{u} + e,$$

记 $t_0 \in I$, $E' > 0$, 假设

$$\|u(t_0) - \tilde{u}(t_0)\|_{\dot{H}^1_x} \leqslant E' \tag{5.2.12}$$

及下面的小性条件

$$\|\nabla e^{i(t-t_0)\Delta}(u(t_0) - \tilde{u}(t_0))\|_{L^{10}_t L^{30/13}_x(I\times\mathbb{R}^3)} \leqslant \varepsilon, \tag{5.2.13}$$

$$\|\nabla e\|_{L^2_t L^{6/5}_x(I\times\mathbb{R}^3)} \leqslant \varepsilon, \tag{5.2.14}$$

其中 $0 < \varepsilon < \varepsilon_1$, $\varepsilon_1 = \varepsilon_1(E, E', M) > 0$. 则具有初始状态 $u(t_0)$ 的能量临界 Schrödinger 方程 Cauchy 问题 (5.1.1) 在时间区段 $I \times \mathbb{R}^3$ 存在一个解 $u(t) \in C(I; \dot{H}^1) \cap L^{10}_{t,x}(I \times \mathbb{R}^3)$ 满足

$$\begin{gathered}
\|u - \tilde{u}\|_{\dot{S}^1(I\times\mathbb{R}^3)} \leqslant C(M, E, E'), \\
\|u\|_{\dot{S}^1(I\times\mathbb{R}^3)} \leqslant C(M, E, E'), \\
\|u - \tilde{u}\|_{L^{10}_{t,x}(I\times\mathbb{R}^3)} \leqslant \|\nabla(u - \tilde{u})\|_{L^{10}_t L^{30/13}_x(I\times\mathbb{R}^3)} \leqslant C(M, E, E')\varepsilon.
\end{gathered}$$

注记 5.2.4 若选取 $E' = O(\varepsilon)$, 与短时间扰动引理类似, Strichartz 估计意味着假设条件 (5.2.13) 是多余的. 然而, 长时间扰动引理的优点是它可以容许逼近解在 $\dot{H}^1$ 层次的时空范数充分大, 仅要求自由演化部分的时空范数具有小性.

(i) 对于 $e = 0$ 的特殊情形, 扰动引理表明只要 $L^{10}_{t,x}$ 时空范数有界, 直接推出在能量空间中局部适定性, 进而还可以推出解映射关于初值函数是局部 Lipschitz 连续性. 类似的扰动结果, 可以参考 [7,8].

(ii) 引理 5.2.5 中出现的 ε_1 与 M 有形如 $\varepsilon_1 \approx \exp(-M^C)$ 的依赖关系, 当然, 如果考虑它与其他参数, 有如下具体的依赖关系

$$\varepsilon_1(E, E', M) \approx \exp(-M^C \langle E\rangle^C \langle E'\rangle^C).$$

长时间扰动引理在 I-团队的方法中经常使用, 并导致主要定理 (定理 5.1.1) 中整体时空范数依赖 E 的方式, 虽然以指数形式极快速的增长, 但对于任意有限的 $E>0$, 仍然保持有界.

与扰动引理相关联的结果涉及 L^2 或 $\dot{H}^2$ 正则性的保持.

引理 5.2.6(正则性的保持) 令 $k=0,1,2$, I 是一个紧区间, u 是问题 (5.1.1) 在时空 slab $I\times\mathbb{R}^3$ 上的有限能量解, 满足

$$\|u\|_{L^{10}_{t,x}(I\times\mathbb{R}^3)}\leqslant M.$$

则对于 $t_0\in I$ 及 $u(t_0)\in\dot{H}^k$, 有如下正则性估计

$$\|u\|_{\dot{S}^k(I\times\mathbb{R}^3)}\leqslant C(M,E(u))\|u(t_0)\|_{\dot{H}^k}. \tag{5.2.15}$$

注记 5.2.5 容易看出, 一旦证明了 $\|u\|_{L^{10}_{t,x}(I)}<\infty$, 即可获得 u 在所有 Strichartz 范数意义下的估计

$$\|u\|_{\dot{S}^1(I)}<\infty.$$

如果假设初值 $u(t_0)\in H^2(\mathbb{R}^3)$, 自然可以获得 $\|u\|_{\dot{S}^2(I)}<\infty$. 利用标准的迭代技术, 只要 Schwartz 解对应的 $\|u\|_{L^{10}_{t,x}(I\times\mathbb{R}^3)}$ 有限, Schwartz 解关于时间就可以一直延续出去. 换句话讲, 对于任意有限时刻 $T<\infty$, 如果有限能量解 u 满足 $\|u\|_{L^{10}_{t,x}(0,T)}<\infty$, 就可以推出有限能量解整体存在. 再结合正则性结果就说明 Schwartz 解关于时间的延拓结论.

引理 5.2.6 的证明 根据局部适定性理论, 仅需证明先验估计 (5.2.15) 就可以了. 令

$$\tilde{u}\triangleq u,\quad e\triangleq 0,\quad E'\triangleq 0,$$

利用扰动引理 (引理 5.2.5), 直接推出

$$\|u\|_{\dot{S}^1(I\times\mathbb{R}^3)}\lesssim C(M,E). \tag{5.2.16}$$

根据非线性估计(5.2.8), 有

$$\|\nabla^k\mathcal{O}(u^5)\|_{L^1_tL^2_x}\lesssim\|u\|_{L^{10}_{x,t}}\|u\|_{\dot{S}^k}\|u\|^3_{\dot{S}^1}, \tag{5.2.17}$$

上式右边出现因子 $\|u\|_{L^{10}_{x,t}}$ 是至关重要的.

正如扰动引理 (引理 5.2.5) 的证明, 将时间区间 I 剖分成

$$N\approx\left(1+\frac{M}{\delta}\right)^{10}$$

个子区间 $I_j \triangleq [T_j, T_j+1]$, 并且在每一个子区间上满足

$$\|u\|_{L^{10}_{x,t}(I_j\times\mathbb{R}^3)} \leqslant \delta, \tag{5.2.18}$$

这里 $\delta>0$ 是待定小常数. 在每一个子区间 I_j 上使用 Strichartz 估计 (引理 5.2.2) 及非线性估计

$$\begin{aligned}\|u\|_{\dot{S}^k(I_j\times\mathbb{R}^3)} &\leqslant C\left(\|u(T_j)\|_{\dot{H}^k(\mathbb{R}^3)} + \|\nabla^k(|u|^4u)\|_{L^1_tL^2_x(I_j\times\mathbb{R}^3)}\right)\\ &\leqslant C\left(\|u(T_j)\|_{\dot{H}^k(\mathbb{R}^3)} + \|u\|_{L^{10}_{x,t}(I_j\times\mathbb{R}^3)}\cdot\|u\|_{\dot{S}^k(I\times\mathbb{R}^3)}\cdot\|u\|^3_{\dot{S}^1(I_j\times\mathbb{R}^3)}\right).\end{aligned}$$

选取 $\delta\leqslant(2CC(M,E))^{-3}$, 上式就意味着

$$\|u\|_{\dot{S}^k(I_j\times\mathbb{R}^3)} \leqslant 2C\|u(T_j)\|_{\dot{H}^k(\mathbb{R}^3)}. \tag{5.2.19}$$

叠加每一个子区间上的估计 (5.2.19), 就得估计 (5.2.15). □

5.3 整体时空估计的证明框架

本节给出主要定理 (定理 5.1.1) 的证明框架与基本轮廓, 它可分解成下面一系列小命题.

5.3.1 能量归纳——起步阶段

Cauchy 问题 (5.1.1) 在时空区段 $I\times\mathbb{R}^3$ 的解 u 称是 Schwartz 解, 如果对于任意的 $t\in I$, $u(t)$ 是一个 Schwartz 函数. 求助于方程本身, 就知道 Schwartz 解关于时间变量也是光滑的!

一个有用的观察就是仅需 Schwartz 解来证明该主要定理. 事实上, 对于所有紧区间 I 与所有 Schwartz 解, 一旦获得了 $L^{10}_{t,x}(I\times\mathbb{R}^3)$ 的一致性估计, 就可通过 Schwartz 初值函数逼近有限能量解对应的初值函数, 借助于扰动引理 (引理 5.2.5) 推知: Cauchy 问题 (5.1.1) 相应的 Schwartz 解序列在 $\dot{S}^1(I\times\mathbb{R}^3)$ 拓扑意义下收敛于 Cauchy 问题 (5.1.1) 的有限能量解.

对于每一个 $E\geqslant 0$, 定义 $0\leqslant M(E)\leqslant+\infty$ 如下:

$$M(E)\triangleq\sup\left\{\ \|u\|_{L^{10}_{t,x}(I_*\times\mathbb{R}^3)}\ \right\},$$

这里取上确界的对象与范围如下:

- **对于所有的紧区间 $I_*\subset\mathbb{R}$;**
- **Cauchy 问题 (5.1.1) 在时空区段的 $I_*\times\mathbb{R}^3$ 满足 $E(u)\leqslant E$ 的所有 Schwartz 解.**

特别, 当 $E < 0$ 时. 我们约定 $M(E) = 0$. 根据上面讨论, 仅需证明对于任意的 $E > 0$, $M(E) < \infty$.

对于径向对称的情形, Bourgain[7,8] 采用能量归纳的技术, 建立了如下精确的能量递推型估计

$$M(E) \leqslant C(E, \eta, M(E - \eta^4)), \quad 0 < \eta = \eta(E) \ll 1.$$

利用 "相变的观点" 就推出极小能量爆破解是不存在的! 换言之

$$M(E) < \infty, \quad \forall\, E < \infty.$$

特别注意: 对于任意有限的 E, $\eta(E) \neq 0$.

I-团队仍然采用能量归纳的策略, 不同之处在于对能量归纳更具针对性. 假设 $M(E) = \infty$, 从扰动定理知 $\{E : M(E) = \infty\}$ 是一个闭集, 从而引入极小能量爆破解的概念, 即存在极小能量 $E_{\text{crit}} < \infty$(极小能量爆破解对应的能量), 满足

$$M(E_{\text{crit}}) = \infty.$$

通过研究极小能量爆破解的独特性质, 与**归纳假设**产生矛盾性的结论! 形式上, I-团队采用的能量归纳法的特点是引入与使用多个不同小参数 η, 方便实施反证策略.

现在回到归纳细节. 如果主要定理不成立, 说明 $M(E)$ 并非总是有限数. 根据扰动引理 (引理 5.2.5), 推知集合 $\{E : M(E) < \infty\}$ 是一个包含 0 的连通开集. 利用反证假设, 一定存在一个**临界能量** $0 < E_{\text{crit}} < \infty$ 使得

$$M(E_{\text{crit}}) = \infty, \quad \text{但是} \ M(E) < \infty, \quad E < E_{\text{crit}}. \tag{5.3.1}$$

我们认为 E_{crit} 是产生一个爆破解所需的极小能量, 写成数学形式, 可用如下引理表示:

引理 5.3.1(能量假设的归纳) 设 $t_0 \in \mathbb{R}$, $v(t_0)$ 是一个 Schwartz 函数, 满足

$$E(v(t_0)) \leqslant E_{\text{crit}} - \eta, \quad \eta > 0.$$

则具有初值 $v(t_0)$ 的能量临界 Schrödinger 方程 (5.1.1) 的 Cauchy 问题存在一个 Schwartz 整体解 $v : \mathbb{R}_t \times \mathbb{R}_x^3 \to \mathbb{C}$ 满足

$$\|v\|_{L_{t,x}^{10}(\mathbb{R}\times\mathbb{R}^3)} \leqslant M(E_{\text{crit}} - \eta) = C(\eta).$$

进而还有 $\|v\|_{\dot{S}^1(\mathbb{R}\times\mathbb{R}^3)} \leqslant C(\eta)$.

事实上, 从 $E_{\rm crit}$ 的定义、$L^{10}_{t,x}$ 框架下的局部适定性及正则性保持性引理 (引理 5.2.6) 直接推出归纳假设引理 (引理 5.3.1).

类似于 Bourgain 能量归纳方法中依赖于 $E_{\rm crit}$ 的小参数 $0<\eta=\eta(E_{\rm crit})\ll 1$ 的功能[7], I-团队引入七个连续快速递减的小参数

$$1\gg\eta_0\gg\eta_1\gg\eta_2\gg\eta_3\gg\eta_4\gg\eta_5\gg\eta_6>0.$$

参数选取的具体方式与特点如下: $0<\eta_0=\eta_0(E_{\rm crit})\ll 1$ 表示 η_0 是依赖临界能量 $E_{\rm crit}$ 的充分小常数. 进而, $0<\eta_1=\eta_1(\eta_0,E_{\rm crit})\ll 1$ 表示 η_1 是依赖临界能量 $E_{\rm crit}$ 与 η_0 的充分小常数, 特别, 选取 η_1 是满足

$$\eta_1\leqslant M(E_{\rm crit}-\eta_0^{100})^{-1}$$

的小常数. 按照上述方式, 选取 $0<\eta_j\ll 1$ 是依赖于前面确定的所有小参数 $\eta_0,\cdots,\eta_{j-1}$ 及临界能量 $E_{\rm crit}$ 的极小参数. 最后确定的小参数 η_6 是依赖 $E_{\rm crit},\eta_0,\cdots,\eta_5$ 的极小参数. 另一方面, 通常给出常数依赖参数明确表示, 例如: 约定 $C(\eta)$ 表示依赖于参数 η 的大常数, 而 $c(\eta)$ 是依赖于参数 η 的小常数. 当 $\eta_1\gg\eta_2$, 约定 $c(\eta_1)\gg c(\eta_2)$ 及 $C(\eta_1)\ll C(\eta_2)$.

由于 $1/\eta_6<M(E_{\rm crit})=\infty$, 根据 M 定义, 存在一个紧区间 $I_*\subset\mathbb{R}$ 和问题 (5.1.1) 的一个光滑解 $u:I_*\times\mathbb{R}^3\to\mathbb{C}$ 满足 $E_{\rm crit}/2\leqslant E(u)\leqslant E_{\rm crit}$, 使得

$$\|u\|_{L^{10}_{t,x}(I_*\times\mathbb{R}^3)}>1/\eta_6. \tag{5.3.2}$$

我们证明上式将会导致出一个矛盾①. 尽管 u 并非真正的爆破 (因为我们假设它在所有紧区间 I_* 上光滑), 取而代之定义满足 (5.3.2) 的解是几乎爆破解.② 综上讨论, 我们有如下定量性定义:

定义 5.3.1 称 I_* 上问题 (5.1.1) 的 Schwartz 解是极小能量爆破解③, 如果它满足

$$\frac{1}{2}E_{\rm crit}\leqslant E(u)(t)=\int_{\mathbb{R}^3}\left[\frac{1}{2}|\nabla u(t,x)|^2+\frac{1}{6}|u(t,x)|^6\right]dx\leqslant E_{\rm crit} \tag{5.3.3}$$

及 (5.3.2), 即

$$\|u\|_{L^{10}_{t,x}(I_*\times\mathbb{R}^3)}>1/\eta_6.$$

---

① $\eta_0,\cdots,\eta_6$ 的选取格调是依赖 $E_{\rm crit}$ 与前面确定的参数的极小常数, 它不依赖于紧区间 I_* 或解 u.

② 例如: u 也许在某个时刻 $T_*>0$ 真正爆破解, 但此时 I_* 可取 $[0,T_*-\varepsilon]$, $0<\varepsilon\ll 1$ 是固定小常数. 因此, u 在时空区段 $I_*\times\mathbb{R}^3$ 上仍然是 Schwartz 函数.

③ 可以适当修改 I-团队的方法, 容许 $E(u)=E_{\rm crit}$. 例如, 命题 5.3.2 的证明方法表明函数 $\tilde{M}(s)\triangleq\sup_{E(u)=s}\{\|u\|_{L^{10}_{x,t}}\}$ 是 s 的非减函数. 读者可以认为定义 5.3.1 中 $E(u)=E_{\rm crit}$.

直接验证, 条件 (5.3.2) 及 (5.3.3) 在伸缩变换 (5.1.3)

$$u \longmapsto u^\lambda : \ u^\lambda(t,x) \triangleq \frac{1}{\lambda^{1/2}} u\left(\frac{t}{\lambda^2}, \frac{x}{\lambda}\right)$$

下保持不变, 只是区间时间 I_* 变成了 $\lambda^2 I_*$. 容易看出, 伸缩变换 (5.1.3) 将任意一个极小能量爆破解变成另外一个极小能量爆破解. 下面一系列子命题的证明均可归结于在特殊频率 $|\xi| \sim N$ 附近进行. 利用这个伸缩不变性, 在证明的过程中可以将其法化成 $N=1$. 读者会发现证明过程的不同阶段或不同部分涉及不同的关键频率, 鉴于我们仅仅在某个时刻法化一个频率, 不会导致麻烦与不便等问题.

鉴于下面出现的常数均依赖于 E_{crit}, 我们约定不再明确提及依赖常数 E_{crit}. 但是, 我们会对相关常数如何依赖于小参数 $\eta_0, \cdots, \eta_6$ 予以认真地考察, 从中导出与估计 (5.3.2) 的矛盾结论. 粗略地讲, 从最大的参数 $\eta = \eta_0$ 出发, 随着论证的进程, 缓慢的逐步 "再处理" 参数 η 的增速变小 (一旦归纳假设引理 (引理 5.3.1) 涉及其中, 这种 "再处理" 通常是需要的). 然而, 这种 "再处理" 最多到参数 η_5, 不会涉及参数 η_6. 进而, 证明

$$\|u\|_{L^{10}_{t,x}(I^* \times \mathbb{R}^3)} \leqslant C(\eta_0, \cdots, \eta_5).$$

这与 (5.3.2) 产生矛盾.

在上面的假设下, 考察定义 5.3.1 中的极小能量爆破解 u, 利用 Sobolev 嵌入定理, 容易获得动能的控制

$$\|u\|_{L^\infty_t \dot{H}^1_x(I_* \times \mathbb{R}^3)} \sim 1 \tag{5.3.4}$$

及势能的上界

$$\|u\|_{L^\infty_t L^6_x(I_* \times \mathbb{R}^3)} \lesssim 1. \tag{5.3.5}$$

这里隐性常数可以依赖临界能量 E_{crit}. 特别这里没有给出势能的下界.

除了上面给出的动能上下有界与势能的上界, 我们讨论质量 $\displaystyle\int_{\mathbb{R}^3} |u(t,x)|^2\,dx$. 鉴于先验地假设解 u 是 Schwartz 函数, 质量自然是一个有限量. 然而, 仅仅使用能量守恒不足以给出质量的一致控制估计, 原因在于 u 的极低频虽然具有很小的能量, 但是可以携带很大的质量. 进而, 过渡地依赖质量守恒对于能量临界问题是极其有害的, 因为质量在伸缩变换 (5.1.3) 下并不保持 (事实上, 质量关于这个伸缩变换是一个超临界量). 另一方面, 从动能估计 (5.3.4) 及 Bernstein 估计, 容易推出 u 的高频满足如下的小质量估计:

$$\|P_{>M} u\|_{L^2(\mathbb{R}^3)} \lesssim \frac{1}{M}, \quad \forall M \in 2^{\mathbb{Z}}. \tag{5.3.6}$$

因此, 在讨论与估计 u 的高频情形下, 我们就可以使用质量守恒律.

5.3.2 解的局部化控制

主旨是证明定义 5.3.1中的极小能量爆破解是不存在的. 直观上来讲, 任意一个极小能量爆破解均是不可约 (irreducible) 的. 具体地讲, 就是它不可能分解成两个或多个能量严格小于临界能量且不产生相互作用 (本质上) 部分之和. 即: 在模去小的误差的意义下, 它们满足方程 (5.1.1). 鉴于分解式中至少有一项仍然产生爆破, 这与极小能量归纳假设相矛盾. 特别, 我们期望在任意时刻极小能量爆破解在物理空间与频率空间均可局部化.

在证明定理 5.1.1 之前, 将极小能量爆破解 $u(t)$ 启发性的刻画严格化. 概略地讲, 我们断定在任意时刻 t, 借助于不确定原理, 确定 $u(t)$ 在物理空间与频率空间局部化的最大容许范围. 例如: 如果频率局部化的尺度是 $N(t)$, 则 $u(t)$ 在物理空间中局部化的尺度就是 $1/N(t)$.

需要指出的是这种局部化思想由来已久, Bourgain 率先引入极小能量归纳方法, 并将其应用到非聚焦能量临界 Schrödinger 方程的径向解的研究[7,8]. 形式上①, 我们期望极小能量爆破解可局部化的理由如下: 如果不然, 存在时刻 t_0, 使得 $u(t_0)$ 可以分解成

$$u(t_0) = v(t_0) + w(t_0),$$

其中 $v(t_0)$ 与 $w(t_0)$ 在物理空间或在频率空间是广泛分离的 (在不计小误差的意义下, 满足叠加原理) 且均携带一个非平凡的能量 $O(\eta^C)$, 这里 $\eta_5 \leqslant \eta \leqslant \eta_0$. 根据正交性, 推知每一部分的能量均严格小于 $u(t)$ 的能量, 即

$$E(v(t_0)),\ \ E(w(t_0)) \leqslant E_{\text{crit}} - O(\eta^C).$$

因此, 根据归纳假设引理 (引理 5.3.1), 通过非线性 Schrödinger 方程 (5.1.1) 分别演化初始函数 $v(t_0)$ 与 $w(t_0)$, 相应的解 $v(t)$, $w(t)$ 可以扩展到整个时空区段 $I_* \times \mathbb{R}^3$ 上, 并且具有估计:

$$\|v\|_{L^{10}_{t,x}(I_*\times\mathbb{R}^3)}, \quad \|w\|_{L^{10}_{t,x}(I_*\times\mathbb{R}^3)} \leqslant M(E_{\text{crit}} - O(\eta^C)) \leqslant C(\eta).$$

由于 v 与 w 分别是非线性 Schrödinger 方程 (5.1.1) 的解, 且 v 与 w 具有相当的分离性, 可以证明 $v + w$ 就**近似地**满足非线性 Schrödinger 方程 (5.1.1). 这样, 利用 5.2.2 节中的扰动引理就得如下估计:

$$\|u\|_{L^{10}_{t,x}(I_*\times\mathbb{R}^3)} \leqslant C(\eta),$$

① 极小能量爆破解应在物理与频率空间具有强局部化的特点, 实际上早就出现变分问题、椭圆与抛物型偏微分方程等问题的研究. 然而, 与变分或紧性方法不同, 这个启迪性的天才想法源于 Bourgain 的能量归纳方法与扰动理论.

由于 η_6 可以任意小, 上式与 (5.3.2) 就是矛盾!

能量归纳策略的典型例子可见 Bourgain 的工作[8]. Bourgain 方法的本质就是致力于构造或确定一个泡 ("bubble"), 即: 一个携带能量的局部波包 (packet), 它在物理空间与解的其余部分是充分分离的. 首先, 将波包拿掉, 用非线性 Schrödinger 方程 (5.1.1) 去演化其余部分, 然后, 借助于扰动理论, 利用逼近解与波包分离的性质, 将这个波包重新拉回来. I-团队仍然沿用上述类似的策略, 不同之处在于需要首先证明: 如果非线性 Schrödinger 方程 (5.1.1) 的解的聚积在频率空间是充分的分离 (sufficiently delocalized) 的, 则此解一定是整体时空有界的. 更精确地, 我们有如下结果:

命题 5.3.2(频率非局部化 $\Longrightarrow$ 时空有界) 设 $\eta > 0$, 假设存在一个二进频段 $N_{\rm lo} > 0$ 及某个时刻 $t_0 \in I_*$, 满足能量分离条件

$$\|P_{\leqslant N_{\rm lo}} u(t_0)\|_{\dot H^1(\mathbb{R}^3)} \geqslant \eta \tag{5.3.7}$$

及

$$\|P_{\geqslant K(\eta) N_{\rm lo}} u(t_0)\|_{\dot H^1(\mathbb{R}^3)} \geqslant \eta. \tag{5.3.8}$$

如果 $K(\eta)$ 充分大, 即

$$K(\eta) \geqslant C(\eta),$$

则

$$\|u\|_{L^{10}_{t,x}(I_* \times \mathbb{R}^3)} \leqslant C(\eta). \tag{5.3.9}$$

我们将在 5.4.1节证明上面命题. 基本理念如同上面讨论, 主要技术是采用 5.2.1节中 Strichartz 不等式的多线性形式, 控制两个不同部分的相互作用, 从而重新构造原来问题的解 u.

显然, 命题 5.3.2 的结论与假设 (5.3.2) 相矛盾. 因此, 我们期望对于任意的时刻 t, 解在频率空间均可以局部化的, 具体有如下推论.

推论 5.3.3(任意时刻能量的频率局部化) 方程 (5.1.1) 的一个极小能量爆破解 (见定义 5.3.1) 满足: 对于任意的 $t \in I_*$, 存在一个二进频率 $N(t) \in 2^{\mathbb{Z}}$ 满足对于任意的 $\eta_5 \leqslant \eta \leqslant \eta_0$, 成立

$$\|P_{\leqslant c(\eta) N(t)} u(t)\|_{\dot H^1} \leqslant \eta \quad (\text{相当于} |\xi| \ll N(t)), \tag{5.3.10}$$

$$\|P_{\geqslant C(\eta) N(t)} u(t)\|_{\dot H^1} \leqslant \eta \quad (\text{相当于} |\xi| \gg N(t)), \tag{5.3.11}$$

$$\|P_{c(\eta) N(t) < \cdot < C(\eta) N(t)} u(t)\|_{\dot H^1} \sim 1 \qquad (\text{相当于} |\xi| \sim N(t)), \tag{5.3.12}$$

这里 $0 < c(\eta) \ll 1 \ll C(\eta) < \infty$ 是仅依赖于 η 的量.

注记 5.3.1 形式上, 这个推论断定在任意给定时刻 t, 解 $u(t)$ 本质上在频率 $N(t)$ 处聚积. 然而, 没有给出 $N(t)$ 如何随时间演化的任何信息, 建立 $N(t)$ 的长时间控制在后面的证明中起着关键的作用.

推论 5.3.3 的证明 对于每个时刻 $t \in I_*$, 定义频率尺度函数 $N(t)$ 如下:

$$N(t) \triangleq \sup\left\{N \in 2^{\mathbb{Z}} : \|P_{\leqslant N} u(t)\|_{\dot{H}^1} \leqslant \eta_0\right\}.$$

由于 $u(t)$ 是 Schwartz 函数, 利用 $N(t)$ 的定义推知 $N(t) > 0$; 根据 $\|u(t)\|_{\dot{H}^1} \sim 1$, 就推出 $N(t) < \infty$. 再次利用 $N(t)$ 的定义, 容易看出

$$\|P_{\leqslant 2N(t)} u(t)\|_{\dot{H}^1} > \eta_0.$$

今假设 $\eta_5 \leqslant \eta \leqslant \eta_0$. 如果取 $C(\eta)$ 充分大, 直接推出 (5.3.11), 即

$$\|P_{\geqslant C(\eta)N(t)} u(t)\|_{\dot{H}^1} \leqslant \eta.$$

否则,

$$\|P_{\geqslant C(\eta)N(t)} u(t)\|_{\dot{H}^1} \geqslant \eta.$$

根据命题 5.3.2, 就意味着

$$\|u\|_{L^{10}_{t,x}(I_* \times \mathbb{R}^3)} \leqslant C(\eta),$$

这与 (5.3.2) 相矛盾 (取 η_6 充分小). 特别, 我们有

$$\|P_{\geqslant C(\eta_0)N(t)} u(t)\|_{\dot{H}^1} \leqslant \eta_0 \quad (\text{相当于}|\xi| \gg N(t)),$$

根据 $N(t)$ 的构造,

$$\|P_{\leqslant c(\eta_0)N(t)} u(t)\|_{\dot{H}^1} \leqslant \|P_{\leqslant N(t)} u(t)\|_{\dot{H}^1} \leqslant \eta_0.$$

因此, 从估计 (5.3.4) 就推出估计 (5.3.12) 对于 $\eta = \eta_0$ 亦成立. 再次利用 (5.3.4) 就得

$$\|P_{c(\eta_0)N(t) < \cdot < C(\eta_0)N(t)} u(t)\|_{\dot{H}^1} \sim 1.$$

进而有

$$\|P_{c(\eta)N(t) < \cdot < C(\eta)N(t)} u(t)\|_{\dot{H}^1} \sim 1, \quad \eta_5 \leqslant \eta \leqslant \eta_0.$$

最后, 只要取 $c(\eta)$ 充分小, 就能保证 (5.3.10) 对于所有的 $\eta_5 \leqslant \eta \leqslant \eta_0$ 均成立! 事实上, 如果不然 (即(5.3.10) 失败), 则存在 $t_0 \in I_*$ 使得

$$\|P_{\leqslant c(\eta)N(t_0)} u(t_0)\|_{\dot{H}^1} \geqslant \eta.$$

结合 (5.3.12) 及 $N(t)$ 的定义, 可见

$$\|P_{\geqslant N(t_0)}u(t_0)\|_{\dot{H}^1} \geqslant \|u(t_0)\|_{\dot{H}^1} - \|P_{\leqslant N(t_0)}u(t_0)\|_{\dot{H}^1} \approx 1-\eta_0 > \eta.$$

因此, 利用命题 5.3.2, 就得

$$\|u\|_{L^{10}_{t,x}(I_*\times\mathbb{R}^3)} \leqslant C(\eta),$$

此与估计 (5.3.2) 相矛盾. □

业已证明: 极小能量爆破解 $u(t)$ 在任意时刻一定在频率空间上局部化! 下面证明 $u(t)$ 在物理空间也是局部化的. 尽管证明策略雷同, 但是涉及的技术是繁琐与复杂的. 先借用 Bourgain[7] 一个有用的技术. 既然 $u(t)$ 是 Schwartz 解, 就可以将区间 I_* 分解成如下的连续的三部分

$$I_* \triangleq I_- \cup I_0 \cup I_+,$$

使得在每一个区间上具有相同的时空 $L^{10}_{t,x}$ 范数, 即

$$\int_I\int_{\mathbb{R}^3}|u(t,x)|^{10}\,dxdt = \frac{1}{3}\int_{I_*}\int_{\mathbb{R}^3}|u(t,x)|^{10}\,dxdt, \quad 其中\ I = I_-, I_0, I_+.$$

特别, 根据估计 (5.3.2), 我们有

$$\|u\|_{L^{10}_{t,x}(I\times\mathbb{R}^3)} \gtrsim 1/\eta_6, \quad 其中\ I = I_-, I_0, I_+. \tag{5.3.13}$$

因此, 导出与 (5.3.2) 的矛盾式就归结于在任意子区间 I_-, I_0, I_+ 上, 获得时空 $L^{10}_{t,x}$ 范数的有效控制 (控制常数仅依赖于 $\eta_1,\cdots,\eta_5$, 而不依赖于 η_6).

正是在中间区间 I_0 上, 我们获得了物理空间的局部化. 证明上述事实需要如下几步工作. 第一步就是确保**势能** $\displaystyle\int_{\mathbb{R}^3}|u(t,x)|^6\,dx$ 是下方有界的.

命题 5.3.4(势能下方有界) 对于问题 (5.1.1) 的任意极小能量爆破解 u(详见定义 5.3.1), 我们有

$$\|u(t)\|_{L^6_x} \geqslant \eta_1, \quad \forall t\in I_0. \tag{5.3.14}$$

这个命题将在 5.4.2 节中证明, 证明的灵感源于 Bourgain[7] 工作的启发与刺激. 利用势能的下方有界估计 (5.3.14) 及简单 Fourier 分析, 就可建立如下聚积性定理:

命题 5.3.5(任意时刻能量在物理空间的集中现象) 设 $u(t)$ 是问题 (5.1.1) 的任意极小能量爆破解, 对于任意的 $t\in I_0$, 存在 $x(t)\in\mathbb{R}^3$ 满足

$$\int_{|x-x(t)|\leqslant C(\eta_1)/N(t)}|\nabla u(t,x)|^2\,dx \gtrsim c(\eta_1) \tag{5.3.15}$$

及

$$\int_{|x-x(t)|\leqslant C(\eta_1)/N(t)} |u(t,x)|^p\,dx \gtrsim c(\eta_1)N(t)^{\frac{p}{2}-3}, \quad \forall\, 1<p<\infty, \tag{5.3.16}$$

这里隐性常数可以依赖于 p. 特别地, 有

$$\int_{|x-x(t)|\leqslant C(\eta_1)/N(t)} |u(t,x)|^6\,dx \gtrsim c(\eta_1). \tag{5.3.17}$$

物理空间的聚积现象将在 5.4.3 节中证明. 径向对称情形对应的局部化结果已经被 Bourgain[7], Grillakis[59] 等证明, 也可以参考 [6]. 形式上, 上面估计断定 $u(t,x)$ 在 $|x-x(t)|\lesssim 1/N(t)$ 上, 尺度相当于 $N(t)^{1/2}$. 这与不确定原理及 (5.3.3)、推论 5.3.3 展示的在 $|\xi|\sim N(t)$ 处集中是吻合的.

对于任意时刻 t, 上面命题还不足以知道能量在 $x(t)$ 处产生能量聚积, 还需要证明当 $|x-x(t)|\gg 1/N(t)$ 时, 能量在 x 处充分小! 刻画这一现象就需要借助于小参数 η_2.

命题 5.3.6 (任意时刻能量在物理空间的局部化)　设 $u(t)$ 是问题 (5.1.1) 的任意极小能量爆破解, 对于任意的 $t\in I_0$,

$$\int_{|x-x(t)|>1/(\eta_2 N(t))} |\nabla u(t,x)|^2\,dx \lesssim \eta_1. \tag{5.3.18}$$

5.4.4 节将给出上述命题的证明. 证明所采用的策略类似于命题 5.3.2 的证明. 主要区别在于: 所考虑的是 u 在物理空间中的分解 (而非频率空间中的分解), 使用了几乎有限传播速度及拟共形恒等式来证明在物理空间的分离性 (代替多线性 Strichartz 估计所刻画频率空间中的分离性)!

总之, 在每一时刻 t, 存在局部化位置 $x(t)$, 在其附近具有大的动能与势能, 在远离聚积点 $x(t)$ 的区域, 具有很小的动能与势能 (尽管在证明中不需要势能的小性). 借此及简单的 Fourier 分析, 就可以得到下面重要的结论:

命题 5.3.7 (逆向 Sobolev 不等式)　设 $u(t)$ 是问题 (5.1.1) 的任意极小能量爆破解, (这就意味着(5.3.3), (5.3.10)—(5.3.18) 成立), 则对于任意的 $t_0\in I_0$, 任意的 $x_0\in\mathbb{R}^3$ 及任意的 $R\geqslant 0$, 有

$$\int_{B(x_0,R)} |\nabla u(t_0,x)|^2\,dx \lesssim \eta_1 + C(\eta_1,\eta_2)\int_{B(x_0,C(\eta_1,\eta_2)R)} |u(t_0,x)|^6\,dx. \tag{5.3.19}$$

注记 5.3.2　在不计 η_1 误差的前提下, 在局部框架下, 势能控制动能①. 我们

① 这是极小能量爆破解的特殊性质, 反映了极小能量爆破解在物理空间中具有非常强的局部化性质; 然而这不是一般解的先验估计! 事实上, 即使对自由 Schrödinger 方程的解也未必成立. 同理, 命题 5.3.4 也不是一般性先验估计, 例如: 对于自由 Schrödinger 方程的解, 它的 L_x^6 范数在 $t\to\pm\infty$ 时总趋向于 0.

将会在 5.4.5 节中证明上述命题. 在 I-团队的方法中, 逆向 Sobolev 不等式在研究相互作用的 Morawetz 估计中起着关键作用. 具体地讲, 一旦误差项中涉及动能, 正的控制项中涉及势能, 借助于逆向 Sobolev 不等式, 用势能来控制动能.

总之, 问题 (5.1.1) 的任意极小能量爆破解在任意时刻一定在物理空间与频率空间均可局部化的[①]. 尚需完成的任务是: 我们既没有能够排除有限时刻爆破 (当 $t \to T_*$ 时, 只要 $N(t) \to \infty$ 就会在有限时刻 T_* 产生爆破), 也没有消除孤立子解或孤立子型的解 (粗糙地讲, 对于所有的 t, 此对应着 $N(t) \sim$ 常数), 实现这一目标需要获得 u 的整体时空估计. 主要工具就是相互作用的 Morawetz 估计 (5.1.8) 的频率局部化形式, 这是下一阶段的主要任务.

5.3.3 局部化的 Morawetz 估计

为了实现相互作用的 Morawetz 不等式的局部化, 在 $u(t)$ 可能达到的**最小频率**处工作是方便的.

根据 (5.3.12) 与 Bernstein 不等式, 容易看出

$$1 \sim \|P_{c(\eta_0)N(t)<\cdot<C(\eta_0)N(t)}u(t)\|_{\dot{H}^1} \leqslant C(\eta_0)N(t)\|u\|_{L_t^\infty L_x^2}. \tag{5.3.20}$$

对于 $t \in I_0$, 即可获得下界估计

$$N(t) \geqslant c(\eta_0)\|u\|_{L_t^\infty L_x^2}^{-1}. \tag{5.3.21}$$

既然 u 是 Schwartz 函数, 右边自然是非零的, 因此,

$$N_{\min} \triangleq \inf_{t\in I_0} N(t) > 0. \tag{5.3.22}$$

从 (5.3.10) 可看出解的低频部分 $|\xi| \leqslant c(\eta_0)N_{\min}$ 具有小能量, 可以期望通过 Strichartz 估计, 获得低频部分一些时空范数控制. 然而, 对于高频部分 $|\xi| \geqslant c(\eta_0)N_{\min}$, 除了能量有界估计 (5.3.4) 及 (5.3.5) 之外, 我们还没有得到更多时空控制性估计.

高频部分的时空估计基于如下相互作用 Morawetz 估计.

命题 5.3.8 (频率局部化的相互作用 Morawetz 估计)　假设 u 是能量临界 Schrödinger 方程 (5.1.1) 的极小能量爆破解 (自然 (5.3.3), (5.3.10)—(5.3.19) 均成立), 对于所有的 $N_* < c(\eta_3)N_{\min}$, 我们有

$$\int_{I_0}\int |P_{\geqslant N_*}u(t,x)|^4\, dxdt \lesssim \eta_1 N_*^{-3}. \tag{5.3.23}$$

---

① 局部化性质并非五次非聚焦 Schrödinger 方程 (5.1.1) 所特有, 对其他方程的“极小爆破解”同样具类似的结果! 在证明极小爆破解具有局部化的过程中, 非聚焦性质仅用于证明命题 5.3.6, 即求助于拟共形恒等式 (5.4.34) 证明衰减估计 (5.4.29), (5.4.30). 这里我们不深入讨论这个问题.

注记 5.3.3 • 根据相互作用 Morawetz 估计在物理空间的局部化估计

$$\int_I \int_{|x| \lesssim |I|^{1/2}} |u(t,x)|^4 \, dxdt \lesssim E(u)^2 |I|^{3/2}$$

与 Heisenberg 的不确定原理, 可以猜想相互作用 Morawetz 估计在频率空间的局部化形式为 (5.3.23), 此时 $|I| \sim N_*^{-2}$. 然而, 相互作用 Morawetz 估计在物理空间的局部化估计是一个先验估计, 而在频率空间的局部化估计不是先验估计, 它仅仅对能量临界 Schrödinger 方程 (5.1.1) 的极小能量爆破解才成立!

• (5.3.23) 右边因子 N_*^{-3} 是由伸缩变换 (5.1.3) 的不变性所确定的. 事实上, 从表示公式

$$\begin{aligned} P_{\geqslant 1} u_\lambda &\cong \int_{\mathbb{R}^3} e^{ix\cdot\xi}(1-\varphi(\xi))\lambda^{-\frac{1}{2}}\lambda^3 \hat{u}(\lambda\xi, \lambda^{-2}t) d\xi \\ &= \int_{\mathbb{R}^3} e^{i\lambda^{-1}x\cdot\xi}\left(1-\varphi\left(\frac{\xi}{\lambda}\right)\right)\lambda^{-\frac{1}{2}}\hat{u}(\xi, \lambda^{-2}t) d\xi \\ &= \lambda^{-\frac{1}{2}} P_{\geqslant\lambda} u(\cdot, \lambda^{-2}t)\left(\frac{x}{\lambda}\right) \end{aligned}$$

可得

$$P_{\geqslant\lambda} u(t,x) = \lambda^{\frac{1}{2}} \left[P_{\geqslant 1} u_\lambda\right](\lambda^2 t, \lambda x).$$

若

$$\int_{\lambda^2 I_0} \int_{\mathbb{R}^3} \left|P_{\geqslant 1} u_\lambda\right|^4 dxdt \lesssim \eta_1,$$

则

$$\int_{I_0} \int_{\mathbb{R}^3} \left|P_{\geqslant\lambda} u\right|^4 dxdt = \lambda^{-3} \int_{\lambda^2 I_0} \int_{\mathbb{R}^3} \left|P_{\geqslant 1} u_\lambda\right|^4 dxdt \leqslant \lambda^{-3}\eta_1.$$

选取 $\lambda = N_*$ 就可看出 N_*^{-3} 是由伸缩变换 (5.1.3) 的不变性所确定的.

• (5.3.23) 右边的因子 η_1 反映了 N_* 的小性假设: 如果视 N_* 充分小, 对 $u(t)$ 进行伸缩变换, 将充分小的 N_* 转换成 $N_* = 1$! 这个过程就等价于将能量推向充分大的高频. 因此, 从理念上讲, 期望左边的超临界时空 $L^4_{x,t}$ 范数充分小是合理的.

• **N_* 的尺寸** 记 $\tilde{c}(\eta_3)$ 是推论 5.3.3 中对应于 $\eta = \eta_3$ 时出现的常数. $c(\eta_3)$ 是命题 5.3.8 中的选取的满足

$$c(\eta_3) \lesssim \tilde{c}(\eta_3) \cdot \eta_3,$$

因此, 在任意时刻, 在频率小于 $\dfrac{N_*}{\eta_3}$ 时, 相应的能量均非常小 (忽略 N_* 的因子, 它可以通过伸缩转化成 1). 注意到

$$
\begin{aligned}
\big\|P_{\geqslant N_*}u\big\|_2 &\leqslant \big\|P_{N_*\leqslant|\xi|\leqslant N_*/\eta_3}u\big\|_2+\big\|P_{\geqslant N_*/\eta_3}u\big\|_2\\
&\leqslant \frac{1}{N_*}\big\|P_{N_*\leqslant|\xi|\leqslant N_*/\eta_3}\nabla u\big\|_2+\frac{\eta_3}{N_*}\big\|P_{\geqslant N_*/\eta_3}\nabla u\big\|_2\\
&\lesssim \frac{\eta_3}{N_*}.
\end{aligned}
$$

说明 u 在大于频率 N_* 的部分, 有充分小的 L^2 质量.

• 小常数因子 η_1 主要用于完成连续性方法的证明, 例如: 在引理 5.7.1 证明过程中, 需要建立能量从高频向低频运动的控制性估计.

注记 5.3.4 • 利用 Sobolev 嵌入定理, 易见

$$
\||\nabla|^{3/4}u\|_{L_t^4L_x^4}\leqslant\|\nabla u\|_{L_t^4L_x^3}\lesssim\|u\|_{S^1}.
$$

在定理 5.1.1 成立的前提下, 从正则性的保持引理 (引理 5.2.6) 与 Bernstein 估计直接推出上面命题, 不同之处就是 η_1 用 $C(E_{\rm crit})$ 来替代. 当然, 由于这产生了逻辑循环, 不能这样来证明命题 5.3.8.

• 证明命题 5.3.8 的替代工具就是 [26] 及 [27] 中建立的相互作用的 Morawetz 不等式. 高频估计 (5.3.23) 的关键是右边常数不依赖于 I_0, 这对于排除孤立子解及拟孤立子解至关重要! 起码对于频率接近 $N_{\min}$ 的孤立子解及拟孤立子解是适用的. 当然, 当频率远远大于 $N_{\min}$ 仍然会引起一些困难, 我们将在后面的讨论中处理.

• 粗略地来讲, 命题 5.3.8 就对应着 Bourgain[7,8] 与 Grillakis[59] 在研究径向情形时所建立的局部化 Morawetz 不等式 (5.1.7). (5.3.23) 的主要优点在于与标准的 Morawetz 不等式 (5.1.6) 与局部化 Morawetz 不等式 (5.1.7) 不同, 它并非在空间原点的局部化.

尽管命题 5.3.8 基于 I-团队发展的相互作用 Morawetz 不等式, 但是如何在高频层次上截断相互作用 Morawetz 不等式仍然存在诸多令人瞩目的技术困难. 命题 5.3.8 的证明过程及派生的结果将在 5.5 节和 5.6 节中讨论. 需要提醒读者的是, 上述命题不能作为**一个先验估计**来证明, 其证明严重依赖于 u 是一个极小能量爆破解的假设 (见 (5.3.2)), 特别是需要验证反向 Sobolev 不等式 (5.3.19). 关于证明的进一步的注释参见 5.5 节.

结合命题 5.3.8 与命题 5.3.5, 就给出了 $N(t)^{-1}$ 在 I_0 上的积分的上界.

推论 5.3.9 对于 (5.1.1) 的任意极小能量爆破解, 有

$$\int_{I_0} N(t)^{-1}\, dt \lesssim C(\eta_1,\eta_3) N_{\min}^{-3}. \tag{5.3.24}$$

证明 对于某个充分小的 $c(\eta_3)$, 令 $N_* \triangleq c(\eta_3)N_{\min}$. 根据命题 5.3.8, 就有

$$\int_{I_0}\int_{\mathbb{R}^3} |P_{\geqslant N_*}u(t,x)|^4\, dxdt \lesssim \eta_1 N_*^{-3} \lesssim C(\eta_1,\eta_3)N_{\min}^{-3}.$$

另一方面, 利用 Bernstein 估计及势能的上界估计 (5.3.5), 对于任意的 $t \in I_0$, 均有

$$\int_{|x-x(t)|\leqslant \frac{C(\eta_1)}{N(t)}} |P_{<N_*}u(t,x)|^4\, dx \lesssim N(t)^{-3}\|P_{<N_*}u(t)\|_{L_x^\infty}^4 \lesssim C(\eta_1)N(t)^{-3}N_*^2,$$

因此, 根据物理空间中的集中现象 (5.3.16) 及三角不等式 (注意到 $N_* \leqslant c(\eta_3)N(t)$), 就得

$$\begin{aligned}\int_{\mathbb{R}^3} |P_{\geqslant N_*}u(t,x)|^4\, dx \geqslant& \int_{|x-x(t)|\leqslant \frac{C(\eta_1)}{N(t)}} |P_{\geqslant N_*}u(t,x)|^4\, dx\\ \gtrsim& \int_{|x-x(t)|\leqslant \frac{C(\eta_1)}{N(t)}} |u(t,x)|^4\, dx - \int_{|x-x(t)|\leqslant \frac{C(\eta_1)}{N(t)}} |P_{<N_*}u(t,x)|^4 dx\\ \gtrsim& c(\eta_1)N(t)^{-1}.\end{aligned}$$

结合上一个估计就得 (5.3.24), 结论得证. □

注记 5.3.5 • 注意到

$$N(t) = \sup\left\{N \in 2^{\mathbb{Z}}, \|P_{\leqslant N}u(t)\|_{\dot{H}^1} \leqslant \eta_0\right\},$$

直接演算

$$u(t,x) \longmapsto N(t), \quad u_\lambda(t,x) = \lambda^{-\frac{1}{2}}u(\lambda^{-2}t,\lambda^{-1}x) \longmapsto \lambda^{-1}N(\lambda^{-2}t) \triangleq N_\lambda(t).$$

由此推出

$$\int_{I_0} N(t)^{-1}\, dt \lesssim C(\eta_1,\eta_3)N_{\min}^{-3} \Longleftrightarrow \int_{\lambda^2 I_0} N_\lambda(t)^{-1}\, dt \lesssim C(\eta_1,\eta_3)\lambda^3 N_{\min}^{-3}.$$

换句话说, 估计 (5.3.24) 在自然的伸缩变换 (5.1.3) 下也是尺度不变的.

• 在径向框架下, Bourgain[7] 获得类似的估计. 按 I-团队使用语言, 上面所获得的频率尺度函数的积分估计在径向情形下就意味着:

$$\int_I N(t)\ dt \lesssim |I|^{1/2}, \quad \forall\, I \subseteq I_0. \tag{5.3.25}$$

事实上, 对于径向情形 $(x(t)=0)$, 上述估计容易从能量在物理空间的集中现象 (命题 5.3.5) 及 Morawetz 估计的局部化 (5.1.7), 即

$$\int_I \int_{|x|\lesssim |I|^{1/2}} \frac{|u(t,x)|^6}{|x|}\ dxdt \lesssim E(u)|I|^{1/2}$$

得到. 事实上, 当 $|I| \geqslant N_{\min}^{-2}$ 时, 结论是显然的. 否则, 通过伸缩变换可以归结为上述情形.

• 在 $N(t)$ 与 $N_{\min}$ 可比较 $(N(t)\sim N_{\min})$ 的时间尺度上, 不等式 (5.3.24) 与 (5.3.25) 关于时间的控制均具有很好的功能, 但是在 $N(t) \gg N_{\min}$ 的时间区间时, 推论 5.3.9 明显弱于估计 (5.3.25). 事实上, 如果我们能够将 (5.3.25) 扩充到非径向情形, 我们就可以给出定理 5.1.1 的一个简化证明! 然而, 我们无法直接证明这一估计. 读者在后面将会发现它可以通过推论 5.3.9 与命题 5.3.12 来证明.

• 比较 (5.3.23) 与 (5.1.7), 读者还会发现解聚积的频繁程度的控制比 Bourgain 与 Grillakis 处理径向情形的控制要弱! 具有启发性的形象化的说明是: (5.3.23) 容许一个载有频率 $N \gg 1$ 的 N^3 个波包的时间列车, 这些波包尺度为 $\sim N^{\frac{1}{2}}$, 空间范围为 N^{-1}, 每个持续时间 $\sim N^{-2}$, 显然整个列车的整个生命区间相当于 $\sim N$. 另一方面, 局部 Morawetz 估计 (5.1.7) 将这些波包限制在时间维数小于 $\dfrac{1}{2}$ 的集合上. I-团队在证明定理 5.1.1 的过程中恰好弥补了这一弱点, 特别是引理 5.3.11 所给出的相当强的频率局部化 L^2 几乎守恒估计.

当 $N(t)$ 有上界时, 上述推论就给出了极小能量爆破解的时空 $L_{t,x}^{10}$ 范数的上界估计.

推论 5.3.10(非聚积意味着时空有界性) 设 $I \subseteq I_0$ 及存在 $N_{\max} > 0$ 使得对于所有的 $t \in I$, 满足 $N(t) \leqslant N_{\max}$. 则 (5.1.1) 的任意极小化能量爆破解, 满足

$$\|u\|_{L_{t,x}^{10}(I\times\mathbb{R}^3)} \lesssim C(\eta_1, \eta_3, N_{\max}/N_{\min}).$$

进而有

$$\|u\|_{\dot{S}^1(I\times\mathbb{R}^3)} \lesssim C(\eta_1, \eta_3, N_{\max}/N_{\min}).$$

证明 采用伸缩不变性 (5.1.3) 使得 $N_{\min}=1$. 根据推论 5.3.9, 我们就获得有用的估计

$$|I| \lesssim C(\eta_1, \eta_3) N_{\max} \triangleq C(\eta_1, \eta_3, N_{\max}).$$

设 $\delta = \delta(\eta_0, N_{\max}) > 0$ 是待定的小常数. 将区间 I 分解成 $O(|I|/\delta)$ 个长度小于 δ 的区间 $I_1, \cdots, I_J$ 的并. 设 I_j 是其中的任一区间, t_j 表示区间 I_j 上的任一时刻. 从推论 5.3.3 及假设 $N(t_j) \leqslant N_{\max}$ 可以推出:

$$\|P_{\geqslant C(\eta_0)N_{\max}} u(t_j)\|_{\dot{H}^1} \leqslant \eta_0.$$

构造逼近解如下:

$$\tilde{u}(t) \triangleq e^{i(t-t_j)\Delta} P_{<C(\eta_0)N_{\max}} u(t_j),$$

它实际上就是 $u(t_j)$ 的低频与中频的自由演化, 则上面估计意味着

$$\|u(t_j) - \tilde{u}(t_j)\|_{\dot{H}^1} \leqslant \eta_0.$$

另一方面, 从 Bernstein 估计及 (5.3.4), 我们有

$$\|\nabla \tilde{u}(t)\|_{L_x^{30/13}} \lesssim C(\eta_0, N_{\max}) \|\tilde{u}(t_j)\|_{\dot{H}^1} \lesssim C(\eta_0, N_{\max}), \quad \forall\, t \in I_j,$$

由此积分就得

$$\|\nabla \tilde{u}\|_{L_t^{10} L_x^{30/13}(I_j \times \mathbb{R}^3)} \lesssim C(\eta_0, N_{\max}) \delta^{1/10}.$$

类似地, 我们有

$$\|\nabla(|\tilde{u}(t)|^4 \tilde{u}(t))\|_{L_x^{6/5}} \lesssim \|\nabla \tilde{u}(t)\|_{L_x^6} \|\tilde{u}(t)\|_{L_x^6}^4 \lesssim C(\eta_0, N_{\max}) \|\tilde{u}(t_j)\|_{\dot{H}^1}^5 \lesssim C(\eta_0, N_{\max}).$$

因此

$$\|\nabla(|\tilde{u}(t)|^4 \tilde{u}(t))\|_{L_t^2 L_x^{6/5}(I_j \times \mathbb{R}^3)} \lesssim C(\eta_0, N_{\max}) \delta^{1/2}.$$

利用上面两个估计、能量的有界性 (5.3.4), 对于 $\tilde{u}$ 满足的逼近方程

$$(i\partial_t + \Delta)\tilde{u} = |\tilde{u}|^4 \tilde{u} - |\tilde{u}|^4 \tilde{u} \triangleq |\tilde{u}|^4 \tilde{u} - |\tilde{u}|^4 \tilde{u}.$$

使用扰动引理 (引理 2.3.11), 只要选取 $\delta > 0$ 充分小时, 我们就有

$$\|u\|_{L_{t,x}^{10}(I_j \times \mathbb{R}^3)} \lesssim 1.$$

然后, 对于 $O(|I|/\delta)$ 个子区间 I_j 上的时空范数求和, 就得所需要的时空 $L_{t,x}^{10}$ 范数估计. 最后, $\dot{S}^1$ 范数的有界性直接从正则性引理 5.2.6 可得. □

注记 5.3.6 • 利用现在 I-团队对于频率尺度函数性质的研究, 从 $N(t)$ 在区间 I 上的连续性与有界性就直接获得时空可积性. 事实上

$$\|u\|_{L_{t,x}^{10}(I \times \mathbb{R}^d)}^{10} \lesssim 1 + \int_I N(t)^2 dt \lesssim 1 + N_{\max}^3 \int_I N(t)^{-1} dt \lesssim 1 + C \frac{N_{\max}^3}{N_{\min}^3}.$$

• 当 $N_{\max}/N_{\min}$ 有界或等价地 $N(t)$ 保持在一个有界的范围内时, 上述推论所给出的时空估计就与 (5.3.13) 相矛盾. 现在剩余的唯一困难就是排除当 t 趋向某个有限时刻时, $N(t) \to \infty$ 情形下能量的聚积现象. 从现在开始讨论如何排除能量聚积的可能性.

5.3.4 能量的非聚积现象

我们确信能量临界问题 (5.1.1) 的整体适定性终将排除在有限时刻 t^* 处, $N(t)$ 趋向于 ∞ 的爆破情形 (自相似或其他情形). 事实上, 根据推论 5.3.10 推知这也是极小能量爆破解仅有可能存在的情形. 推论 5.3.3 第三条 (紧性条件)

$$\|P_{c(\eta)N(t)<\cdot<C(\eta)N(t)}u(t)\|_{\dot{H}^1}\sim 1,\quad \lim_{t\to t^*}N(t)=\infty,$$

意味着对于这类极小能量爆破解, 当 t 从 $t_{\min}$ 向 t^* 的运动中, 能量一定从接近频率 $N_{\min}$ 处几乎抽空, 在远离或远大于 $N_{\min}$ 的频率处聚积! 这种情形虽然与能量守恒不会产生矛盾, 然而与质量的时间与频率分布是不一致的!

具体地说, 存在 $t_{\min}\in I_0$ 满足对于任意的 $t\in I_0$, $N(t)\geqslant N(t_{\min})\triangleq N_{\min}>0$. 根据推论 5.3.3, 在时刻 $t_{\min}$ 处, 解 $u(t)$ 在频率 $N_{\min}$ 的附近存在**大量能量**. 因此, 在时刻 $t_{\min}$ 处解的中频具有下方有界的质量

$$\|P_{c(\eta_0)N_{\min}\leqslant\cdot\leqslant C(\eta_0)N_{\min}}u(t_{\min})\|_{L^2}\gtrsim c(\eta_0)N_{\min}^{-1}.\tag{5.3.26}$$

这个思想可用于证明极小能量爆破解的高频部分是几乎质量守恒! 事实上, 由于低频部分可能承载无限的质量, 必须通过高频截断来开发几乎质量守恒. 这个事实表明一些质量会向低频转移, 但并非所有质量向低频移动. 下面引理就表明这个事实.

引理 5.3.11(远离低频时某些质量的冻结) 设 u 是问题 (5.1.1) 的一个极小能量爆破解, 并令 $[t_{\min},t_{\text{evac}}]\subset I_0$ 满足 $N(t_{\min})=N_{\min}$ 及 $N(t_{\text{evac}})/N_{\min}\geqslant C(\eta_5)$. 则

$$\|P_{\geqslant\eta_4^{100}N_{\min}}u(t)\|_{L^2}\gtrsim\eta_1N_{\min}^{-1},\quad\forall\, t\in[t_{\min},t_{\text{evac}}].\tag{5.3.27}$$

从上面的讨论及研究经验表明, 我们必须**开发**能量守恒、质量守恒及动量守恒 (通过 Morawetz 不等式) 去阻止方程 (5.1.1) 解的爆破. 虽然与 I-团队的方法细节有很大的差别, 但方法的核心早已出现在 Bourgain 等处理径向对称解的工作中, 例如: 局部化的 Morawez 估计等, 详见 [7,59].

引理 5.3.11 立即证明抽空情形——**"解的能量完全聚积在充分大的高频"**——不可能发生. 取而代之的是解总会在中频附近保留非平凡的质量与能量. 解的这种频率遍布现象将 (通过推论 5.3.3) 保持 $N(t)$ 远离无穷 (有界), 具体地有如下结论:

命题 5.3.12(能量不能从低频抽空) 设 u 是问题 (5.1.1) 的一个极小能量爆破解, 对于所有的 $t\in I_0$, 我们有

$$N(t)\lesssim C(\eta_5)N_{\min}.\tag{5.3.28}$$

引理 5.3.11 与命题 5.3.12 的具体证明在 5.7 节中给出. 结合命题 5.3.12 及推论 5.3.10, 就推出与 (5.3.13) 矛盾的事实, 这就证明了定理 5.1.1.

5.4 物理与频率的非局部化与时空范数的控制估计

本节证明 5.3 节提出的诸个断言. 在进入证明细节之前, 先总结一下小参数 $\eta_i, i=0,\cdots,5$ 在证明过程中的功能. η_1 表示某个极小能量爆破解在任意时刻出现的势能下界 (命题 5.3.4); 它还表示任意时刻极小能量爆破解在物理空间一定发生能量聚积的程度 (尺度为 $1/N(t)$, 命题 5.3.5). 对于命题 5.3.6 中所引入的 η_2, $1/\eta_2$ 表示某个极小能量爆破解的动能局部化程度 (尺度是 $1/N(t)$). 以 $N_{\min}$ 为标准, η_3 用于测量所谓的 "**高频**", 确保命题 5.3.8 中所刻画的相互作用 Morawetz 估计在高频可局部化. η_4 用于测量随着时间演化而不能移动 L^2 质量的最大频率 (仍然以 $N_{\min}$ 的尺度来度量). 最后, 在推论 5.3.3 及全文不同地方出现的 η_0 就表示一般的小参数.

5.4.1 某个时刻的频率非局部化 $\Longrightarrow$ 时空有界

本节给出命题 5.3.2 的具体证明. 记 $0<\varepsilon=\varepsilon(\eta)\ll 1$ 是一个待定小参数. 如果 $K(\eta)$ 表示依赖于 η 的充分大数, 则起码可找到 ε^{-2} 个不相交的区间满足

$$[\varepsilon^2 N_j, N_j/\varepsilon^2]\subset[N_{\mathrm{lo}}, K(\eta)N_{\mathrm{lo}}],\quad j=1,\cdots,\varepsilon^{-2}.$$

根据 $\|u\|_{\dot H^1}\sim 1$ 和**鸽笼原理**, 一定存在一个 N_j 使得 $u(t_0)$ 在区间 $[\varepsilon^2 N_j, N_j/\varepsilon^2]$ 上的能量几乎自由, 即

$$\|P_{\varepsilon^2 N_j\leqslant\cdot\leqslant N_j/\varepsilon^2}u(t_0)\|_{\dot H^1}\lesssim\varepsilon. \tag{5.4.1}$$

注意到命题 5.3.2 的条件与结论在伸缩变换 (5.1.3) 下保持不变. 无妨令 $N_j\triangleq 1$. 定义

$$u_{\mathrm{lo}}(t_0)\triangleq P_{\leqslant\varepsilon}u(t_0);\quad u_{\mathrm{hi}}(t_0)\triangleq P_{\geqslant 1/\varepsilon}u(t_0).$$

下面命题表明, 低频截断函数 $u_{\mathrm{lo}}(t_0)$ 及高频截断函数 $u_{\mathrm{hi}}(t_0)$ 所携带的能量严格小于 u 所携带的能量:

引理 5.4.1 设 ε 是依赖于 η 的一个充分小常数, 则有

$$E(u_{\mathrm{lo}}(t_0)),\ \ E(u_{\mathrm{hi}}(t_0))\leqslant E_{\mathrm{crit}}-c\eta^C.$$

证明 仅需证明 $E(u_{\mathrm{lo}}(t_0))$ 对应的估计, $E(u_{\mathrm{hi}}(t_0))$ 对应的估计的证明是类似的. 定义 $u_{\mathrm{hi}'}(t_0)\triangleq P_{>\varepsilon}u(t_0)$, 因此 $u(t_0)=u_{\mathrm{lo}}(t_0)+u_{\mathrm{hi}'}(t_0)$. 考虑

$$|E(u(t_0))-E(u_{\mathrm{lo}}(t_0))-E(u_{\mathrm{hi}'}(t_0))|. \tag{5.4.2}$$

利用能量公式 (5.1.2), 我们

$$(5.4.2) \lesssim |\langle \nabla u_{\mathrm{lo}}(t_0), \nabla u_{\mathrm{hi}'}(t_0)\rangle| + \left| \int |u(t_0)|^6 - |u_{\mathrm{lo}}(t_0)|^6 - |u_{\mathrm{hi}'}(t_0)|^6 \, dx \right|. \quad (5.4.3)$$

注意到 u_{lo} 与 $u_{\mathrm{hi}'}$ 几乎正交, 它们的内积趋向于 0. 事实上, 由 Parseval 恒等式及 (5.4.1), 就得

$$|\langle \nabla u_{\mathrm{lo}}(t_0), \nabla u_{\mathrm{hi}'}(t_0)\rangle| \lesssim \varepsilon^2 \quad \left(\mathrm{supp}\hat{u}_{\mathrm{lo}} \cap \mathrm{supp}\hat{u}_{\mathrm{hi}'} \subset \left[\varepsilon^2, \frac{1}{\varepsilon^2}\right]\right).$$

现在来考虑势能部分的估计. 从逐点估计 (5.1.17), 可见

$$\left| |u(t_0)|^6 - |u_{\mathrm{lo}}(t_0)|^6 - |u_{\mathrm{hi}'}(t_0)|^6 \right| \lesssim |u_{\mathrm{lo}}||u_{\mathrm{hi}'}|(|u_{\mathrm{lo}}| + |u_{\mathrm{hi}'}|)^4,$$

利用 Hölder 不等式, (5.4.3) 右边的第二个积分可以被

$$\left| \int |u(t_0)|^6 - |u_{\mathrm{lo}}(t_0)|^6 - |u_{\mathrm{hi}'}(t_0)|^6 \, dx \right| \lesssim \|u_{\mathrm{lo}}\|_\infty \|u_{\mathrm{hi}'}\|_3 (\|u_{\mathrm{lo}}\|_6 + \|u_{\mathrm{hi}'}\|_6)^4$$

控制. 根据能量估计、Bernstein 不等式及 (5.4.1), 容易推出

$$\begin{aligned}
\|u_{\mathrm{lo}}\|_\infty &\lesssim \sum_{N \leqslant \varepsilon} \|P_N u\|_\infty \lesssim \sum_{N \leqslant \varepsilon} N^{1/2} \|P_N u\|_{\dot{H}^1} \\
&\lesssim \sum_{N \leqslant \varepsilon^2} N^{1/2} + \sum_{\varepsilon^2 < N \leqslant \varepsilon} N^{1/2} \varepsilon \\
&\lesssim \varepsilon
\end{aligned}$$

及

$$\begin{aligned}
\|u_{\mathrm{hi}'}\|_3 &\lesssim \sum_{N \geqslant \varepsilon} \|P_N u\|_3 \lesssim \sum_{N \geqslant \varepsilon} N^{-1/2} \|P_N u\|_{\dot{H}^1} \\
&\lesssim \sum_{N \geqslant 1/\varepsilon} N^{-1/2} + \sum_{\varepsilon \leqslant N \leqslant \frac{1}{\varepsilon}} N^{-1/2} \varepsilon \\
&\lesssim \varepsilon^{1/2}.
\end{aligned}$$

因此, 结合前面交叉项的估计、势能的有界性估计 (5.3.5), 直接推出

$$|E(u) - E(u_{\mathrm{lo}}(t_0)) - E(u_{\mathrm{hi}'}(t_0))| \lesssim \varepsilon^{3/2}.$$

另一方面, 由假设条件 $E(u) \leqslant E_{\text{crit}}$, 可见

$$
\begin{aligned}
E(u_{\text{lo}}(t_0)) &\leqslant E(u) - E(u_{\text{hi}'}(t_0)) + O(\varepsilon^{3/2}) \\
&\leqslant E_{\text{crit}} - E(u_{\text{hi}'}(t_0)) + O(\varepsilon^{3/2}).
\end{aligned}
$$

利用能量守恒与 (5.3.8), 容易看出

$$
\begin{aligned}
E(u_{\text{hi}'}(t_0)) &= \int_{\mathbb{R}^3} \left[\frac{1}{2}|\nabla u_{\text{hi}'}(t_0)|^2 + \frac{1}{6}|u_{\text{hi}'}(t_0)|^6\right] dx \\
&\geqslant \frac{1}{2}\|P_{\geqslant \frac{1}{\varepsilon}} u(t_0)\|_{\dot{H}}^2 \geqslant \frac{1}{2}\|P_{\geqslant K(\eta)N_{\ell_0}} u(t_0)\|_{\dot{H}}^2 \\
&\gtrsim \eta^2.
\end{aligned}
$$

如果取 $\varepsilon > 0$ 充分小, 将此式代入上式就得断言. □

根据上述引理与极小能量解的归纳引理 (引理 5.3.1), 在时空区段 $I_* \times \mathbb{R}^3$ 上, 分别存在以 $u_{\text{lo}}(t_0)$, $u_{\text{hi}}(t_0)$ 为初值的 Schwartz 解 u_{lo}, u_{hi} 满足

$$
\|u_{\text{lo}}(t)\|_{\dot{S}^1(I_* \times \mathbb{R}^3)}, \quad \|u_{\text{hi}}(t)\|_{\dot{S}^1(I_* \times \mathbb{R}^3)} \lesssim C(\eta). \tag{5.4.4}
$$

令 $\tilde{u} \triangleq u_{\text{lo}} + u_{\text{hi}}$. 我们断言 $\tilde{u}$ 是问题 (5.1.1) 的一个逼近解:

引理 5.4.2 $\tilde{u}$ 满足

$$
i\tilde{u}_t + \Delta\tilde{u} = |\tilde{u}|^4\tilde{u} - e, \quad e \triangleq |\tilde{u}|^4\tilde{u} - |u_{\text{lo}}|^4 u_{\text{lo}} - |u_{\text{hi}}|^4 u_{\text{hi}},
$$

这里误差 e 满足如下控制

$$
\|\nabla e\|_{L_t^2 L_x^{6/5}(I_* \times \mathbb{R}^3)} \lesssim C(\eta)\varepsilon^{1/2}. \tag{5.4.5}
$$

命题 5.3.2 的证明 在估计 (5.4.4) 的基础上, 建立低频 u_{lo} 与高频 u_{hi} 的进一步估计. 对于高频部分 u_{hi}, 通过 (5.3.6)(增加导数的理念) 就推知

$$
\|u_{\text{hi}}(t_0)\|_2 = \|u_{\geqslant 1/\varepsilon}(t_0)\|_2 \leqslant \varepsilon\|u_{\geqslant 1/\varepsilon}(t_0)\|_{\dot{H}^1} \lesssim \varepsilon.
$$

利用正则性保持的估计 (引理 5.2.6) 就得

$$
\|u_{\text{hi}}\|_{\dot{S}^0(I_* \times \mathbb{R}^3)} \leqslant C\left(\|u_{\text{hi}}\|_{\dot{S}^1(I_* \times \mathbb{R}^3)}, E(u_{\text{hi}})\right)\|u_{\text{hi}}(t_0)\|_2 \lesssim C(\eta)\varepsilon. \tag{5.4.6}
$$

类似地, 利用 (5.3.4) 与 Bernstein 估计, 直接推出

$$
\|u_{\text{lo}}(t_0)\|_{\dot{H}^2} = \|u_{\leqslant \varepsilon}(t_0)\|_{\dot{H}^2} \leqslant \varepsilon\|u_{\leqslant \varepsilon}(t_0)\|_{\dot{H}^1}\varepsilon \lesssim C\varepsilon.
$$

再次使用正则性保持的估计 (引理 5.2.6), 容易看出

$$\|u_{\mathrm{lo}}(t)\|_{\dot{S}^2(I_*\times\mathbb{R}^3)} \leqslant C\left(\|u_{\mathrm{lo}}\|_{\dot{S}^1(I_*\times\mathbb{R}^3)}, E(u_{\mathrm{lo}})\right)\|u_{\mathrm{lo}}(t_0)\|_{\dot{H}^2} \lesssim C(\eta)\varepsilon. \tag{5.4.7}$$

利用 Leibniz 求导估计 (引理 5.2.4), 容易看出

$$\begin{aligned}
&\||u_{\mathrm{hi}}|^4 u_{\mathrm{hi}}\|_{L_t^1 L_x^2(I_*\times\mathbb{R}^3)} \lesssim C(\eta)\varepsilon,\\
&\|\nabla(|u_{\mathrm{hi}}|^4 u_{\mathrm{hi}})\|_{L_t^1 L_x^2(I_*\times\mathbb{R}^3)} \lesssim C(\eta),\\
&\|\nabla(|u_{\mathrm{lo}}|^4 u_{\mathrm{lo}})\|_{L_t^1 L_x^2(I_*\times\mathbb{R}^3)} \lesssim C(\eta),\\
&\|\nabla^2(|u_{\mathrm{lo}}|^4 u_{\mathrm{lo}})\|_{L_t^1 L_x^2(I_*\times\mathbb{R}^3)} \lesssim C(\eta)\varepsilon.
\end{aligned}$$

再次利用引理 5.2.4 与插值定理, 就推知

$$\|\nabla\mathcal{O}(u_{\mathrm{hi}}^j u_{\mathrm{lo}}^{5-j})\|_{L_t^2 L_x^{6/5}(I_*\times\mathbb{R}^3)} \lesssim C(\eta)\varepsilon^{1/2}, \quad j=1,2,3,4.$$

从 (5.1.18) 中的表达公式 $e=\sum\limits_{j=1}^{4}\mathcal{O}(u_{\mathrm{hi}}^j u_{\mathrm{lo}}^{5-j})$, 就推出估计 (5.4.5).

借助于扰动理论, 从 $\tilde{u}$ 的估计来证明 u 的估计. 利用 (5.4.1), 容易看出初始扰动范数控制

$$\|u(t_0)-\tilde{u}(t_0)\|_{\dot{H}^1} \lesssim \varepsilon.$$

而 (5.4.4) 意味着

$$\|\tilde{u}(t)\|_{L_{t,x}^{10}(I_*\times\mathbb{R}^3)} \lesssim C(\eta).$$

因此, 如果 ε 是一个依赖 η 的充分小常数, 利用长时间扰动引理 (引理 5.2.5) 就得

$$\|u\|_{L_{t,x}^{10}(I_*\times\mathbb{R}^3)} \leqslant C(\eta).$$

因此, 命题 5.3.2 获证. □

注记 5.4.1 上述证明方法给出的命题 5.3.2 中控制常数非常差. 特别, 分离常数 $K(\eta)$ 是满足

$$K(\eta) \geqslant C\exp(C\eta^{-C}M(E_{\mathrm{crit}}-\eta^C)^C)$$

的大常数 (以便使用鸽笼原理), 并且最终所获得的时空范数 $L_{t,x}^{10}$ 具有类似的上界. 这就说明推论 5.3.3 中的依赖常数 $C(\eta_j)$, $c(\eta_j)$ 满足如下类似的控制:

$$\begin{aligned}
&C(\eta_j) \geqslant C\exp(C\eta_j^{-C}M(E_{\mathrm{crit}}-\eta_j^C)^C).\\
&c(\eta_j) \leqslant (C(\eta_j))^{-1}.
\end{aligned}$$

这使得每一步选择的 η_{j+1} 是依赖于前一个 η_j 的充分小常数. 事实上, 在某些情形下, 所用的归纳假设不止一次, 这就会导致了 η_{j+1} 甚至比上面建议的常数还要小. 如果直接使用能量归纳方法 (而不是这里所采用反证的方式), 就将导致 $M(E)$ 关于 E 是迅速增长 (仍然有限), 可通过塔型指数增长的方式. 精确地讲, 如果用 $X\uparrow Y$ 表示指数关系 X^Y, 用

$$X \uparrow\uparrow Y \triangleq X \uparrow (X \uparrow \cdots \uparrow X)$$

表示 Y 次 X 塔型指数增长. 进而, 用

$$X \uparrow\uparrow\uparrow Y \triangleq X \uparrow\uparrow (X \uparrow\uparrow \cdots \uparrow\uparrow X)$$

表示二阶 Y 次 X 塔型指数增长, 依次可以定义三阶、四阶的 Y 次 X 塔型指数增长. 那么, 对于大能量 E, 最终获得的 $M(E)$ 估计是

$$M(E) \leqslant C \uparrow\uparrow\uparrow\uparrow\uparrow\uparrow\uparrow\uparrow\uparrow (CE^C).$$

这个相当繁杂的上界源于使用归纳假设引理 (引理 5.3.1) 的次数. 也许它并非最优的, 例如: 对径向情形, $M(E) \leqslant C \uparrow\uparrow (CE^C)$, 这里归纳假设仅使用一次, 详细可见 [7]. 后来, Tao 在 [172] 改进了径向情形的上界估计, 即 $M(E) \leqslant C \uparrow (CE^C)$. 对于次临界的三次次增长的非线性 Schrödinger 方程, $M(E)$ 具有多项式增长估计 $M(E) \leqslant CE^C$, 详见 [27].

5.4.2 在某一时刻势能 (L_x^6 范数) 的小性 $\Longrightarrow$ 时空有界

命题 5.3.4 的证明方法类似于 [7] 中的能量归纳技术. 关键的是解的线性演化一定在某个时空点 (t_1, x_1) 聚积 (否则, 就可以归结为小解理论)! 如果解的 L^6 范数在 $t = t_0$ 时刻不聚积, 则 t_1 一定远离 t_0. 这个思想可以用于排除在 (t_1, x_1) 点处的能量聚积, 实施能量归纳.

现转入证明细节, 采用反证法. 如果不然, 存在 $t_0 \in I_0$, 使得 (5.3.14) 在 t_0 处失败, 即

$$\|u(t_0)\|_{L_x^6} \leqslant \eta_1. \tag{5.4.8}$$

对上述 t_0, 注意到

$$N(t_0) = \sup\left\{N \in 2^{\mathbb{N}},\ \|P_{\leqslant N} u(t_0)\|_{\dot{H}^1} \leqslant \eta_0\right\},$$

通过伸缩变换 (5.1.3) 将频率尺度法化为 $N(t_0) = 1$. 若线性解 $e^{i(t-t_0)\Delta}u(t_0)$ 的 $L_{t,x}^{10}$ 时空范数充分小, 根据标准的小解理论 (基于 Strichartz 估计、(5.2.8) 或 (5.2.9)), 推出非线性解 u 具有有限 L^{10} 时空范数. 因此, 可以假设

$$\|e^{i(t-t_0)\Delta}u(t_0)\|_{L_{t,x}^{10}(\mathbb{R}\times\mathbb{R}^3)} \gtrsim 1. \tag{5.4.9}$$

另一方面, 根据推论 5.3.3, 我们有

$$\|P_{\mathrm{lo}}u(t_0)\|_{\dot{H}_x^1}+\|P_{\mathrm{hi}}u(t_0)\|_{\dot{H}_x^1}\lesssim\eta_0,\quad P_{\mathrm{lo}}\triangleq P_{<c(\eta_0)},\quad P_{\mathrm{hi}}\triangleq P_{>C(\eta_0)}.$$

因此, 利用 Strichartz 估计 (引理 5.2.2) 就得

$$\|e^{i(t-t_0)\Delta}P_{\mathrm{lo}}u(t_0)\|_{L_{t,x}^{10}(\mathbb{R}\times\mathbb{R}^3)}+\|e^{i(t-t_0)\Delta}P_{\mathrm{hi}}u(t_0)\|_{L_{t,x}^{10}(\mathbb{R}\times\mathbb{R}^3)}\lesssim\eta_0.$$

若定义 $P_{\mathrm{med}}\triangleq 1-P_{\mathrm{lo}}-P_{\mathrm{hi}}$, 则从 (5.4.9) 立即推出

$$\|e^{i(t-t_0)\Delta}P_{\mathrm{med}}u(t_0)\|_{L_{t,x}^{10}(\mathbb{R}\times\mathbb{R}^3)}\sim 1. \tag{5.4.10}$$

进而从 (5.3.4) 推知

$$\|P_{\mathrm{med}}u(t_0)\|_{\dot{H}^1}\lesssim 1,\quad \mathrm{supp}\mathcal{F}\left(P_{\mathrm{med}}u(t_0)\right)\in\left\{\xi:c(\eta_0)\lesssim|\xi|\lesssim C(\eta_0)\right\}.$$

因此, 根据 Strichartz 估计 (5.2.7), 容易推出

$$\left\|e^{i(t-t_0)\Delta}P_{\mathrm{med}}u(t_0)\right\|_{L_{t,x}^{10/3}(\mathbb{R}\times\mathbb{R}^3)}\lesssim\frac{1}{c(\eta_0)}\|\nabla P_{\mathrm{med}}u(t_0)\|_2\lesssim C(\eta_0) \tag{5.4.11}$$

及其他层次上的时空估计. 从估计 (5.4.10), (5.4.11) 及 Hölder 不等式, 进而推出 $L_{t,x}^\infty$ 范数的下界估计:

$$\|e^{i(t-t_0)\Delta}P_{\mathrm{med}}u(t_0)\|_{L_{t,x}^\infty(\mathbb{R}\times\mathbb{R}^3)}\gtrsim c(\eta_0).$$

特别, 存在时刻 $t_1\in\mathbb{R}$ 及点 x_1 满足如下聚积 (根据连续性而得知)

$$|e^{i(t_1-t_0)\Delta}(P_{\mathrm{med}}u(t_0))(x_1)|\gtrsim c(\eta_0). \tag{5.4.12}$$

通过小尺度扰动 t_1, 无妨假设 $t_1\neq t_0$, 再根据时间的反向对称性, 可选取 $t_1<t_0$.

用 δ_{x_1} 表示在 x_1 处的 Dirac 质量, 定义

$$f(t_1)\triangleq f_{t_1}(x)\triangleq P_{\mathrm{med}}\delta_{x_1},\quad f(t)\triangleq e^{i(t-t_1)\Delta}f(t_1).$$

即通过自由演化将空间变量的函数 $f(t_1)$ 扩张成 $\mathbb{R}\times\mathbb{R}^3$ 上的时空函数 $f(t)$. 借助于 f 显式表示, 可以给出 f 的 L^p 估计:

引理 5.4.3 对于任意的 $t\in\mathbb{R}$ 及任意的 $1\leqslant p\leqslant\infty$, 有如下估计

$$\|f(t)\|_{L_x^p}\lesssim C(\eta_0)(1+|t-t_1|)^{3/p-3/2}. \tag{5.4.13}$$

证明 利用色散估计及 Bernstein 估计, 就可获得 $2 \leqslant p \leqslant \infty$ 情形的证明. 事实上,

$$\|f(t)\|_{L_x^p} \lesssim C(\eta_0)|t-t_1|^{3/p-3/2}, \quad \|f(t)\|_{L_x^p} \leqslant C(\eta_0)\|f(t)\|_2 \lesssim C(\eta_0).$$

就得 (5.4.13).

下面考虑 $p \geqslant 1$ 的情形. 根据平移不变性, 无妨假设 $t_1 = x_1 = 0$. 注意到 $e^{it\Delta}$ 是酉算子群, 从 Bernstein 估计就推知

$$\|f(t)\|_{L_x^\infty(\mathbb{R}^3)} \lesssim C(\eta_0)\|f(t)\|_{L_x^2(\mathbb{R}^3)} = C(\eta_0)\|P_{\rm med}\delta_{x_1}\|_{L_x^2(\mathbb{R}^3)} \lesssim C(\eta_0),$$

与此同时, 根据色散不等式, 我们推知

$$\|f(t)\|_{L_x^\infty(\mathbb{R}^3)} \lesssim |t|^{-3/2}\|P_{\rm med}\delta_{x_1}\|_{L_x^1(\mathbb{R}^3)} \lesssim |t|^{-3/2}.$$

结合上面的两个估计就得引理 5.4.3 在 $p=\infty$ 情形的结论.

为了证明一般情形, 从分解

$$\|f\|_p \leqslant \left(\int_{|x|\lesssim C(\eta_0)(1+|t|)} |f|^p dx\right)^{\frac{1}{p}} + \left(\int_{|x|\gg C(\eta_0)(1+|t|)} |f|^p dx\right)^{\frac{1}{p}},$$

需要充分利用 $f(t,x)$ 在大尺度区域 $|x| \gg C(\eta_0)(1+|t|)$ 上的衰减性质. 为此, 利用 Fourier 表示公式

$$f(t,x) = \int_{\mathbb{R}^3} e^{2\pi i(x\cdot\xi - 2\pi t|\xi|^2)}\varphi_{\rm med}(\xi)\, d\xi, \quad \widehat{P_{\rm med}f} = \varphi_{\rm med}(\xi)\hat{f}(\xi).$$

当 $|x| \gg 1+|t|$ 时, 相函数关于 ξ 的梯度没有临界点 (总有正的下界). 利用不变导数, 反复使用分部积分就可以获得关于 $|x|$ 的任意阶衰减, 例如

$$|f(t,x)| \lesssim |x|^{-100}, \quad |x| \gg 1+|t|.$$

于是

$$\begin{aligned}
\|f\|_p^p \leqslant & \int_{|x|\lesssim C(\eta_0)(1+|t|)} |f|^p dx + \int_{|x|\gg C(\eta_0)(1+|t|)} |f|^p dx \\
\lesssim & (1+|t|)^{3-\frac{3}{2}p} + (1+|t|)^{-100p+3} \\
\lesssim & (1+|t|)^{3-\frac{3}{2}p}.
\end{aligned}$$

由此就推出引理 5.4.3 在一般情形下的估计. □

利用(5.4.8)、引理 5.4.3 及 Hölder 不等式, 总有

$$|\langle u(t_0), f(t_0)\rangle| \lesssim \eta_1 \|f(t_0)\|_{L_x^{6/5}(\mathbb{R}^3)} \lesssim C(\eta_0)\eta_1(1+|t_0-t_1|). \tag{5.4.14}$$

另一方面, 根据 (t_1, x_1) 处的聚积刻画 (5.4.12), 知

$$|\langle u(t_0), f(t_0)\rangle| = |\langle e^{i(t_1-t_0)\Delta} P_{\mathrm{med}} u(t_0), \delta_{x_1}\rangle| \gtrsim c(\eta_0), \tag{5.4.15}$$

注意到 $\eta_1 \ll \eta_0$, 联合 (5.4.14) 与 (5.4.15) 推知聚积时刻 t_1 一定远离 t_0, 即

$$|t_1 - t_0| \gtrsim c(\eta_0)\eta_1^{-1}.$$

特别, η_1 的小性迫使聚积时刻 t_1 远离小势能达到的时刻 t_0(即 $\|u(t_0)\|_{L_x^6} \leqslant \eta_1$). 既然 $t_0 > t_1$(根据假设), 从引理 5.4.3 给出的 $\|f\|_{L^p}$ 估计与 f 的频率局部化性质, 直接推知

$$\begin{aligned}
\|\nabla f\|_{L_t^{10} L_x^{30/13}([t_0,+\infty)\times\mathbb{R}^3)} &\lesssim C(\eta_0)\|f\|_{L_t^{10} L^{30/13}([t_0,+\infty)\times\mathbb{R}^3)} \\
&\lesssim C(\eta_0)\|(1+|t-t_1|)^{-2/10}\|_{L_t^{10}([t_0,+\infty))} \\
&\lesssim C(\eta_0)|t_0-t_1|^{-1/10} \\
&\lesssim C(\eta_0)\eta_1^{1/10}.
\end{aligned} \tag{5.4.16}$$

采用类似于 [7] 中的集中波的构造与能量归纳方法, 分解

$$u(t_0) \triangleq v(t_0) + w(t_0), \quad w(t_0) \triangleq \delta e^{i\theta}\Delta^{-1} f(t_0),$$

其中 $\delta = \delta(\eta_0) > 0$ 是待定小常数, θ 是待定相位. 我们断言: 适当选取 δ 与 θ, 就能保证 $v(t_0)$ 携带的能量小于 u 的能量.

事实上, 根据 f 的定义与分部积分, 容易看出

$$\begin{aligned}
&\frac{1}{2}\int_{\mathbb{R}^3} |\nabla v(t_0)|^2 dx = \frac{1}{2}\int_{\mathbb{R}^3} |\nabla u(t_0) - \nabla w(t_0)|^2 dx \\
&= \frac{1}{2}\int_{\mathbb{R}^3} |\nabla u(t_0)|^2 dx - \delta \mathrm{Re}\int_{\mathbb{R}^3} e^{-i\theta}\overline{\nabla\Delta^{-1} f(t_0)} \cdot \nabla u(t_0) dx + O(\delta^2 \|\Delta^{-1} f(t_0)\|_{\dot{H}^1}^2) \\
&\leqslant E_{\mathrm{crit}} + \delta \mathrm{Re} e^{-i\theta}\langle u(t_0), f(t_0)\rangle + O(\delta^2 C(\eta_0)).
\end{aligned}$$

注意到 $|\langle u(t_0), f(t_0)\rangle| \geqslant c(\eta_0)$, 选取 $\delta = \delta(\eta_0)$ 及适当选取 θ 就可以确保

$$\frac{1}{2}\int_{\mathbb{R}^3} |\nabla v(t_0)|^2 dx \leqslant E_{\mathrm{crit}} - c(\eta_0).$$

与此同时, 作为 Bernstein 估计与引理 5.4.3 的直接推论, 容易看出

$$\|w(t_0)\|_{L_x^6} \lesssim C(\eta_0)\|f(t_0)\|_{L_x^6} \lesssim C(\eta_0)\langle t_0 - t_1\rangle^{-1} \lesssim C(\eta_0)\eta_1.$$

因此, 注意到 (5.4.8) 并利用三角不等式就可以推出

$$\int_{\mathbb{R}^3} |v(t_0)|^6 dx \lesssim \|u(t_0)\|_{L^6}^6 + \|f(t_0)\|_{L_x^6}^6 \lesssim C(\eta_0)\eta_1^6.$$

若 η_1 是依赖于 η_0 的充分小的常数, 我们有

$$E(v(t_0)) \leqslant E_{\text{crit}} - c(\eta_0).$$

再次使用归纳假设引理 (引理 5.3.1), 求解以 $v(t_0)$ 初值的 Cauchy 问题, 就将 $v(t_0)$ 扩张成非线性 Schrödinger 方程 (5.1.1) 在区间 $[t_0, +\infty)$ 上的解, 且满足

$$\|v\|_{L_{t,x}^{10}([t_0,+\infty)\times\mathbb{R}^3)} \lesssim M(E_{\text{crit}} - c(\eta_0)) = C(\eta_0). \tag{5.4.17}$$

另一方面, 利用 (5.4.16) 与 Bernstein 估计 (在频率局部化的特点), 容易推出

$$\|\nabla e^{i(t-t_0)\Delta} w(t_0)\|_{L_t^{10} L_x^{30/13}([t_0,+\infty)\times\mathbb{R}^3)} \lesssim C(\eta_0)\eta_1^{1/10}.$$

因此, 如果 η_1 是依赖于 η_0 的充分小参数, 注意到 $\tilde{u} \triangleq v$ 满足逼近方程

$$\begin{cases} i\tilde{u}_t + \Delta\tilde{u} = |\tilde{u}|^4\tilde{u} - e, \quad e \triangleq 0, \\ \tilde{u}(t)\big|_{t=t_0} = v(t_0), \end{cases}$$

利用扰动引理 (引理 5.2.5) 就推知 u 可以扩展到整个区间 $[t_0, +\infty)$, 且满足

$$\|u\|_{L_{t,x}^{10}([t_0,+\infty)\times\mathbb{R}^3)} \lesssim C(\eta_0, \eta_1).$$

注意到时间区间 $[t_0, +\infty)$ 包含了 I_+, 这就与 (5.3.13) 相矛盾.

若考虑 $t_0 < t_1$ 的情形, 就会获得涉及区间 I_- 对应的类似矛盾. 命题 5.3.4 证毕. □

5.4.3 任意时刻能量在物理空间中聚积

本节主要任务是证明命题 5.3.5. 固定 t, 利用伸缩变换 (5.1.3), 无妨假设 $N(t) = 1$. 因此, 推论 5.3.3 就意味着

$$\|P_{>C(\eta_1)}u(t)\|_{\dot{H}^1} + \|P_{<c(\eta_1)}u(t)\|_{\dot{H}^1} \lesssim \eta_1^{100} \quad (\eta_5 \leqslant \eta_1^{100} \leqslant \eta_0, \text{选择不唯一}). \tag{5.4.18}$$

特别, 利用 Sobolev 嵌入定理, 我们有

$$\|P_{>C(\eta_1)}u(t)\|_{L_x^6} + \|P_{<c(\eta_1)}u(t)\|_{L_x^6} \lesssim \eta_1^{100},$$

因此, 利用 (5.3.14) 就知

$$\|u(t)\|_{L_x^6} \gtrsim \eta_1 \Longrightarrow \|P_{\mathrm{med}}u(t)\|_{L_x^6} \gtrsim \eta_1, \ \forall\, t \in I_0,$$

其中 $P_{\mathrm{med}} \triangleq P_{c(\eta_1)<\cdot<C(\eta_1)}$. 另一方面, (5.3.4) 意味着

$$\|P_{\mathrm{med}}u(t)\|_{L_x^2} \leqslant \frac{1}{c(\eta_1)}\|\nabla P_{\mathrm{med}}u(t)\|_{L_x^2} \lesssim C(\eta_1),$$

结合 Hölder 不等式就推出

$$\|P_{\mathrm{med}}u(t)\|_{L_x^\infty} \gtrsim c(\eta_1).$$

因此, 利用 $P_{\mathrm{med}}u(t,x)$ 关于 x 的连续性, 推知存在 $x(t) \in \mathbb{R}^3$ 满足

$$c(\eta_1) \lesssim |P_{\mathrm{med}}u(t,x(t))|. \tag{5.4.19}$$

用 K_{med} 表示与算子 $P_{\mathrm{med}}\nabla\Delta^{-1}$ 对应的核函数, 令 $R > 0$ 是待定的半径. 则 (5.4.19) 可进一步写成

$$\begin{aligned}
c(\eta_1) &\lesssim |K_{\mathrm{med}} * \nabla u(t,x(t))| \\
&\lesssim \int |K_{\mathrm{med}}(x(t)-x)||\nabla u(t,x)|dx \\
&\sim \int_{|x-x(t)|<R} |K_{\mathrm{med}}(x(t)-x)||\nabla u(t,x)|dx \\
&\quad + \int_{|x-x(t)|\geqslant R} |K_{\mathrm{med}}(x(t)-x)||\nabla u(t,x)|dx \\
&\lesssim C(\eta_1)\left(\int_{|x-x(t)|<R} |\nabla u(t,x)|^2 dx\right)^{\frac{1}{2}} + C(\eta_1)\left(\int_{|x-x(t)|\geqslant R} \frac{|\nabla u(t,x)|}{|x-x(t)|^{100}} dx\right).
\end{aligned}$$

这里用到 Cauchy-Schwarz 不等式及 K_{med} 是一个 Schwartz 函数的性质. 注意到 $\|\nabla u\|_2$ 一致有界, 容易推知

$$c(\eta_1) \lesssim C(\eta_1)\left(\int_{|x-x(t)|<R} |\nabla u(t,x)|^2 dx\right)^{\frac{1}{2}} + C(\eta_1)R^{-10},$$

通过选取 $R \triangleq C(\eta_1)$ 充分大, 就得估计 (5.3.15), 即

$$\int_{|x-x(t)|\leqslant C(\eta_1)} |\nabla u(t,x)|^2 \, dx \gtrsim c(\eta_1), \quad N(t)=1.$$

类似地, 用 $\tilde{K}_{\mathrm{med}}$ 表示与算子 P_{med} 对应的核函数, 对于所有的 $1<p<\infty$, 成立

$$\begin{aligned}
c(\eta_1) \lesssim & \int_{|x-x(t)|<R} |\tilde{K}_{\mathrm{med}}(x(t)-x)||u(t,x)|dx \\
& + \int_{|x-x(t)|\geqslant R} |\tilde{K}_{\mathrm{med}}(x(t)-x)||u(t,x)|dx \\
\lesssim & C(\eta_1)\Big(\int_{|x-x(t)|\leqslant R} |u(t,x)|^p dx\Big)^{\frac{1}{p}} + \int_{|x-x(t)|\geqslant R} \frac{|u(t,x)|}{|x-x(t)|^{100}} dx \\
\lesssim & C(\eta_1)\Big(\int_{|x-x(t)|\leqslant R} |u(t,x)|^p dx\Big)^{\frac{1}{p}} \\
& + \Big(\int_{|x-x(t)|>R} \frac{1}{|x-x(t)|^{100\times\frac{6}{5}}} dx\Big)^{\frac{5}{6}} \|u(t)\|_{L_x^6} \\
\lesssim & C(\eta_1)\Big(\int_{|x-x(t)|\leqslant R} |u(t,x)|^p dx\Big)^{\frac{1}{p}} + C(\eta_1)R^{-10},
\end{aligned}$$

这里用到估计 $\|u\|_{L_t^\infty L_x^6(I_*\times\mathbb{R}^3)} \lesssim 1$. 选取 $R=C(\eta_1)$ 充分大, 在相差一个伸缩变换的意义下, 就得估计 (5.3.16) 在 $N(t)=1$ 时刻的形式. 命题 5.3.5 得证. □

5.4.4 某个时刻在物理空间的非局部化 $\Longrightarrow$ 时空有界

本节证明命题 5.3.6, 即刻画频率分离意味着时空整体估计 (命题 5.3.2) 在物理空间的对应形式. 在证明命题 5.3.6 的过程中, 双线性 Strichartz 估计通过几乎有限传播速度与拟共形恒等式发挥重要作用. 在物理空间中实施类似于证明命题 5.3.2 的证明策略. 具体地说, 假设存在大量的能量远离聚积点, 采用几乎有限传播速度将解分离成两个几乎不相互作用的部分, 且每一部分具有的能量严格小于 E_{crit}. 最后, 借助于能量归纳假设引理及扰动定理, 完成命题 5.3.6 的证明.

在证明过程中需要若干不同大量来描述. 首先需要一个充分大的待定整数 $J=J(\eta_1)\gg 1$, 其次需要一个充分大的待定频率[①] $N_0=N_0(\eta_1,J)\gg 1$, 然后待定一个充分大的半径 $R_0=R_0(\eta_1,N_0,J)\gg 1$.

---

① 精确地讲, 这是两个频率的比值, 由于我们通过法化过程使得 $N(0)=1$, 这样频率与频率之间的比值的区别变得无关紧要. 类似地, 下面给出的待定半径具有相似的含义.

采用反证法. 如若不然, 存在时刻 $t_0 \in I_0$ 满足

$$\int_{|x-x(t_0)|>1/(\eta_2 N(t_0))} |\nabla u(t_0,x)|^2 \, dx \gtrsim \eta_1.$$

这里 $x(t)$ 是由命题 5.3.5 所决定的聚积的位置函数 (详见 (5.4.19)). 通过平移变换, 无妨设 $t_0 = 0$, $x(t_0) = 0$, 再利用伸缩变换法化频率尺度函数, 使之满足 $N(0) = 1$, 这样上式就转化成

$$\int_{|x|>1/\eta_2} |\nabla u(0,x)|^2 \, dx \gtrsim \eta_1. \tag{5.4.20}$$

另一方面, 如果选取 $R_0 = R_0(\eta_1)$ 充分大, 利用极小能量爆破解在物理空间中的集中现象 (命题 5.3.5) 就推出

$$\int_{|x|<R_0} |\nabla u(0,x)|^2 \, dx \gtrsim c(\eta_1), \quad R_0 > C(\eta_1) \tag{5.4.21}$$

及

$$\int_{|x|<R_0} |u(0,x)|^6 \, dx \gtrsim c(\eta_1), \quad R_0 > C(\eta_1). \tag{5.4.22}$$

循环定义半径 $R_0 \ll R_1 \ll \cdots \ll R_J$, 其中 $R_{j+1} \triangleq 100R_j^{100}$, 进而实施二进制环形分解:

$$\{x:\ R_0 < |x| < R_J\} = \bigcup_{j=1}^{J-1} \{x:\ R_j < |x| < R_{j+1}\}.$$

利用能量估计 (5.3.4),(5.3.5) 及鸽笼原理, 推出存在 $0 \leqslant j < J$ 满足

$$\int_{R_j<|x|<R_{j+1}} \left[|\nabla u(0,x)|^2 + |u(0,x)|^6\right] dx \lesssim \frac{1}{J}. \tag{5.4.23}$$

对上面固定的 j, 引入截断函数 χ_{in}, χ_{out}, 其中 χ_{in} 是支撑在球 $B(0,2R_j)$ 上, 且在 $B(0,R_j)$ 上恒等于 1, 而 χ_{out} 是一个支撑在 $B(0,R_{j+1})$ 的 bump 函数, 在 $B(0,R_{j+1}/2)$ 取值为 1. 我们定义 $v(0)$ 与 $w(0)$ 如下:

$$v(0,x) \triangleq P_{1/N_0\leqslant\cdot\leqslant N_0}(\chi_{\text{in}} u(0)); \quad w(0) \triangleq P_{1/N_0\leqslant\cdot\leqslant N_0}((1-\chi_{\text{out}})u(0)). \tag{5.4.24}$$

利用 (5.4.23), 容易看出

$$\|P_{1/N_0\leqslant\cdot\leqslant N_0} u(0) - v(0) - w(0)\|_{\dot H^1} \lesssim \|(\chi_{\text{out}} - \chi_{\text{in}})u(0)\|_{\dot H^1} \lesssim \frac{1}{J^{1/2}}.$$

利用规范化假设 $N(0)=1$ 与任意时刻能量的频率局部化

$$\|P_{\leqslant c(\eta)}u(0)\|_{\dot{H}^1}+\|P_{\geqslant C(\eta)}u(0)\|_{\dot{H}^1}<\eta,\quad \forall\eta>0,$$

我们推知, 只要选取 $N_0=N_0(J)$ 充分大, 就得

$$\|u(0)-P_{1/N_0\leqslant\cdot\leqslant N_0}u(0)\|_{\dot{H}^1}\lesssim\frac{1}{J^{1/2}}.$$

进而利用三角不等式, 可见

$$\|u(0)-v(0)-w(0)\|_{\dot{H}^1}\lesssim\frac{1}{J^{1/2}}.\tag{5.4.25}$$

另外, 我们还知道 v, w 具有的能量严格小于 u 所携带的能量.

引理 5.4.4 对于 (5.4.24) 中定义的函数 v,w, 成立

$$E(v(0)),\ \ E(w(0))\leqslant E_{\text{crit}}-c(\eta_1).$$

证明 采用引理 5.4.1 的证明方法, 区别是在物理空间中工作. 直观上, v 几乎支撑在区域 $|x|<3R_j$ 上, w 几乎支撑在区域 $|x|>R_{j+1}/2$, 下面严格证明这一事实.

考虑能量增量

$$\begin{aligned}&|E(v(0)+w(0))-E(v(0))-E(w(0))|\\ \lesssim&\int_{\mathbb{R}^3}\left[|\nabla v(0,x)||\nabla w(0,x)|+|v(0,x)||w(0,x)|^5+|v(0,x)|^5|w(0,x)|\right]\,dx.\end{aligned}$$

将 $\mathbb{R}^3$ 分解成 $|x|\leqslant R_{j+1}/2$ 与 $|x|>R_{j+1}/2$ 确定的区域. 注意到 v 与 w 对应的动能与势能 ($\dot{H}^1$ 与 L^6 范数) 有界, 利用 Hölder 不等式就得

$$\begin{aligned}&|E(v(0)+w(0))-E(v(0))-E(w(0))|\\ \lesssim&\|\nabla v\|_{L^2(|x|>R_{j+1}/2)}+\|v\|_{L^6(|x|>R_{j+1}/2)}+\|\nabla w\|_{L^2(|x|\leqslant R_{j+1}/2)}+\|w\|_{L^6(|x|\leqslant R_{j+1}/2)}.\end{aligned}$$

考虑 $\|\nabla v\|_{L^2(|x|>R_{j+1}/2)}$ 的估计. 令 K 是算子 $P_{1/N_0\leqslant\cdot\leqslant N_0}$ 对应的卷积核, 那么

$$\nabla v=(\nabla(\chi_{\text{in}}u(0)))*K.$$

由于 χ_{in} 支撑在区域 $|x|\leqslant 2R_j\leqslant R_{j+1}/4$ 上, 可以限制 K 在区域 $|x|>R_{j+1}/4$, 否则卷积之后 ∇v 的支集就是 $|x|<R_{j+1}/2$.

在区域 $|x| > R_{j+1}/4$ 上, 速降函数 K 起码满足如下估计

$$\|K\|_{L^1(|x|>R_{j+1}/4)} \leqslant \frac{C(N_0)}{R_{j+1}^{100}} \leqslant \frac{C(N_0)}{R_0^{100}}.$$

由于 $\nabla(\chi_{\rm in}u(0))$ 在 L^2 有界, 我们就有

$$\|\nabla v\|_{L^2(|x|>R_{j+1}/2)} \leqslant \|K\|_{L^1(|x|>R_{j+1}/4)}\|\nabla(\chi_{\rm in}u(0))\|_{L^2} \leqslant \frac{C(N_0)}{R_0^{100}}.$$

同理其他三项满足类似的估计, 因此

$$|E(v(0)+w(0)) - E(v(0)) - E(w(0))| \leqslant \frac{C(N_0)}{R_0^{100}}.$$

注意到 $u(0), v(0), w(0)$ 在 $\dot{H}^1$ 与 L^6 中的有界性, 根据 (5.4.25) 与 Hölder 不等式, 直接推出

$$|E(u(0)) - E(v(0)+w(0))| \lesssim J^{-1/2}.$$

进而推知

$$|E(u(0)) - E(v(0)) - E(w(0))| \lesssim J^{-1/2} + C(N_0)/R_0^{100}. \tag{5.4.26}$$

另一方面, 选取 $\eta_2 \leqslant 1/R_J$, 容易看出

$$\begin{cases} \displaystyle\int_{|x|>R_{j+1}} |\nabla u(0,x)|^2\, dx \geqslant \int_{|x|>1/\eta_2} |\nabla u(0,x)|^2\, dx \gtrsim \eta_1 \implies E(w)(0) \gtrsim c(\eta_1), \\ \displaystyle\int_{|x|<R_j} |\nabla u(0,x)|^2\, dx \geqslant \int_{|x|<R_0} |\nabla u(0,x)|^2\, dx \gtrsim c(\eta_1) \implies E(v)(0) \gtrsim c(\eta_1). \end{cases}$$

将此与 (5.4.26) 结合, 依次选取 $J = J(\eta_1)$ 与 $R_0 = R_0(\eta_1, N_0, J)$ 充分大, 就得引理 5.4.4 的结论. □

利用引理 5.4.4 与归纳假设引理 (引理 5.3.1), 通过求解非线性 Schrödinger 方程 (5.1.1) 来扩张 v 与 w 到 $\mathbb{R} \times \mathbb{R}^3$, 直接获得估计

$$\|v\|_{L^{10}_{t,x}} + \|w\|_{L^{10}_{t,x}} \lesssim M(E_{\rm crit} - c(\eta_1)) = C(\eta_1). \tag{5.4.27}$$

注意到频率局部化初值 $v(0), w(0)$ 的结构, 正则性保持 (引理 5.2.6), 容易推出 Strichartz 范数控制估计

$$\|v\|_{\dot{S}^k} + \|w\|_{\dot{S}^k} \lesssim C(\eta_1, N_0), \quad k = 0, 1, 2. \tag{5.4.28}$$

我们断言: $\tilde{u} = v + w$ 逼近 u. 为此需要验证 v 与 w 几乎没有相互作用. 这正是下面两个引理处理的问题.

引理 5.4.5 设 $v(t,x), w(t,x)$ 分别是非线性 Schrödinger 方程 (5.1.1) 具有初始条件 (5.4.24) 的解. 则有如下"有限传播速度"估计

$$\int_{|x|\gtrsim R_j^{50}} |v(t,x)|^2\, dx \lesssim C(\eta_1, N_0) R_j^{-20}, \quad |t| \leqslant R_j^{10} \tag{5.4.29}$$

及衰减估计 (未必是最优的)

$$\int_{\mathbb{R}^3} |v(t,x)|^6\, dx \lesssim R_j^{-10}, \quad |t| \geqslant R_j^{10}. \tag{5.4.30}$$

与此同时, w 的质量密度服从有限的传播速度估计

$$\int_{|x|\lesssim R_j^{50}} |w(t,x)|^2\, dx \lesssim C(\eta_1, N_0) R_j^{-20}, \quad |t| \leqslant R_j^{10}. \tag{5.4.31}$$

类似地, w 对应的能量密度服从有限传播速度估计

$$\int_{|x|\lesssim R_j^{50}} \left[\frac{1}{2}|\nabla w(t,x)|^2 + \frac{1}{6}|w(t,x)|^6\right] dx \lesssim R_j^{-20} C(\eta_1, N_0), \quad |t| \leqslant R_j^{10}. \tag{5.4.32}$$

进而还有估计

$$\int_{|x|\gtrsim R_j^{50}} \left[\frac{1}{2}|\nabla v(t,x)|^2 + \frac{1}{6}|v(t,x)|^6\right] dx \lesssim R_j^{-20} C(\eta_1, N_0), \quad |t| \leqslant R_j^{10}. \tag{5.4.33}$$

上面引理表明在短时间 $t = O(R_j^{10})$ 范围内, v 与 w 是空间分离的, 而在长时间 v 具有衰减性 (w 的 Strichartz 范数保持有界).

证明 采用 Bourgain[8] 的方法, 使用拟共形守恒律来证明估计 (5.4.29) 与 (5.4.30). 对于 (5.1.1) 具衰减的光滑解而言, 它满足如下拟共形守恒律:

$$\|(x + 2it\nabla)u(t)\|_{L_x^2}^2 + \frac{4}{3}t^2\|u(t)\|_{L_x^6}^6 = \||x|u_0\|_{L_x^2}^2 - \frac{16}{3}\int_0^t s\|u(s)\|_{L_x^6}^6 ds. \tag{5.4.34}$$

因此, 注意到 v 是 (5.1.1) 的解, 利用带参数的 Hölder 不等式, 容易验证

$$\int_{|x|\gtrsim R_j^{50}} |x|^2|v(t,x)|^2 dx \lesssim t^2\|\nabla v(t)\|_{L_x^2}^2 + t^2\|v(t)\|_{L_x^6}^6 + \||x|v_0\|_{L_x^2}^2 + \int_0^t s\|u(s)\|_{L_x^6}^6 ds.$$

限制 $|t| \leqslant R_j^{10}$, 就得

$$R_j^{100}\int_{|x|\gtrsim R_j^{50}} |v(t,x)|^2 dx \lesssim R_j^{20}\|\nabla v(t)\|_{L^\infty_{|t|\leqslant R_j^{10}} L_x^2}^2$$

$$+ R_j^{20}\|v(t)\|^6_{L^\infty_{|t|\leqslant R_j^{10}}L^6_x} + R_j^2\|v_0\|_{L^2_x}^{\ 2}$$

$$\lesssim R_j^{20}\left(\|\nabla v(t)\|^2_{L^\infty_{|t|\leqslant R_j^{10}}L^2_x} + \|v(t)\|^6_{L^\infty_{|t|\leqslant R_j^{10}}L^6_x}\right) + R_j^2N_0^2\|\nabla v_0\|^2_{L^2_x} \lesssim C(N_0)R_j^{20}E(u_0),$$

这就意味着 (5.4.29).

从 (5.4.34) 可以看出

$$\|v(t)\|^6_{L^6_x} \lesssim \frac{R_j^2N_0^2E(u_0)}{t^2},$$

注意到 R_j 的选取, 当 $|t| > R_j^{10}$, 就得估计 (5.4.30).

下面通过 Virial 恒等式估计 w 在球 $|x| < 1000R_j^{50}$ 的质量. 用 ζ 表示一个光滑 bump 函数, 支撑在 $B(0, 2000R_j^{50})$ 上, 在 $B(0, 1000R_j^{50})$ 恒等于 1. 注意到选取的 ζ 使得 $\nabla\zeta$ 的支集既不与 $\chi_{\text{in}}(0)$ 的支集相交, 也不与 $(1-\chi_{\text{out}})(0)$ 的支集相交. 利用 (5.1.22), (5.1.24) 与分部积分, 就有如下恒等式:

$$\partial_t \int \zeta(x)|w(t,x)|^2dx = -2\int \zeta_j(x)\text{Im}(w\overline{w}_j)(t,x)dx, \quad \zeta_j \triangleq \partial_j\zeta.$$

注意到 $|\nabla\zeta| \lesssim R_j^{-50}$, 就得

$$\left|\partial_t \int \zeta(x)|w(t,x)|^2dx\right| \lesssim R_j^{-50}\|\nabla w(t)\|_{L^2_x}\|w(t)\|_{L^2_x}.$$

利用 Newton-Leibniz 公式、几乎正交性质及 $\|u\|_{L_t^\infty \dot{H}_x^1(I_*\times\mathbb{R}^3)} \sim 1$, 容易看出

$$\sup_{|t|<R_j^{10}} \int \zeta(x)|w(t,x)|^2dx \lesssim \int \zeta(x)|w(0,x)|^2dx + R_j^{-40}\sup_{|t|<R_j^{10}}\|\nabla w(t)\|_{L^2_x}\|w(t)\|_{L^2_x}$$

$$\lesssim 0 + R_j^{-40}(E(u_0))^2N_0,$$

这就获得了估计 (5.4.31).

通过类似的方法, 在 $|x| < R_j^{50}$ 上估计 w 的能量密度.

$$e(w)(t,x) \triangleq \frac{1}{2}|\nabla w(t,x)|^2 + \frac{1}{6}|w(t,x)|^6. \tag{5.4.35}$$

根据 (5.1.29) 与分部积分, 直接计算推知

$$\frac{d}{dt}\int \zeta e(w)dx = \int \zeta_j[\text{Im}(\overline{w}_k w_{kj}) - \delta_{jk}|w|^4\text{Im}(w\overline{w}_k)]dx, \quad \zeta_j \triangleq \partial_j\zeta.$$

据此及 Newton-Leibniz 公式, 就有

$$\int \zeta e(w)(T)dx \lesssim \int \zeta e(w)(0)dx + \int_0^T \int |\nabla\zeta||\nabla w||\nabla\nabla w|dxdt$$
$$+ \int_0^T \int |\nabla\zeta||w|^5|\nabla w|dxdt.$$

为了估计 (5.4.32), 需要逐次估计上式右端的三项. 利用 ζ 与 $1-\chi_{\text{out}}$ 支集的正交性, 第一项就是 0. 利用动能有界 (5.3.4)、bump 函数的梯度估计及 $T \leqslant R_j^{10}$, 容易看出如下粗估:

$$\left|\int_0^T \int |\nabla\zeta||\nabla w||\nabla\nabla w|dxdt\right| \lesssim R_j^{-50}R_j^{10}\|\nabla^2 w\|_{L^\infty_{|t|<R_j^{10}}L^2_x}.$$

根据归纳假设 (5.4.28), 有

$$\|\nabla^2 w\|_{L_t^\infty L_x^2} \lesssim C(\eta_1, N_0).$$

代入上式就得

$$\left|\int_0^T \int |\nabla\zeta||\nabla w||\nabla\nabla w|dxdt\right| \lesssim C(\eta_1, N_0)R_j^{-40}.$$

利用 Hölder 不等式, 容易看出

$$\left|\int_0^T \int |\nabla\zeta||w|^5|\nabla w|dxdt\right| \lesssim R_j^{-50}\|w\|^2_{L^{10}_{t,x}}\|w\|^3_{L^6_{t,x}}\|\nabla w\|_{L^{10/3}_{t,x}}.$$

利用 $L^{10}_{t,x}$ 的有界性、正则性引理 (引理 5.2.6) 的直接结果 (5.4.28) 及插值定理就得上式右边三项的估计, 这就证明了(5.4.32).

用 ζ 代替 $1-\zeta$, 相应地用 v 代替 w, 完全一样的讨论就得(5.4.33). □

推论 5.4.6 设 v, w 如同引理 5.4.5. 则我们有

$$\left\|\nabla(|v+w|^4(v+w)-|v|^4v-|w|^4w)\right\|_{L_t^2L_x^{6/5}(\mathbb{R}\times\mathbb{R}^3)} \lesssim C(\eta_1, N_0)R_j^{-5/6} \lesssim C(\eta_1, N_0)R_0^{-5/6}.$$

证明 根据表示式 (5.1.18), 主要任务是建立形如

$$\|\mathcal{O}(v^j w^{4-j}\nabla w)\|_{L_t^2L_x^{6/5}}, \quad \|\mathcal{O}(w^j v^{4-j}\nabla v)\|_{L_t^2L_x^{6/5}}, \quad j=1,2,3,4$$

的估计. 根据引理 5.4.5, 将时空空间分解成三个区域来估计.

- 短时间-小尺度: $|t| < R_j^{10}$, $|x| < 2000R_j^{50}$;
- 短时间-大尺度: $|t| < R_j^{10}$, $|x| \geqslant 2000R_j^{50}$;
- 长时间: $|t| \geqslant R_j^{10}$.

对于上述分类, 除了 $\mathcal{O}(w^4\nabla v)$ 在长时间 $|t| \geqslant R_j^{10}$ 的估计之外, 其他均可视为 (5.2.9) 变形, 即

$$\|\nabla u_1 u_2 u_3 u_4 u_5\|_{L_t^2 L_x^{6/5}} \lesssim \|\nabla u_1\|_{L_t^\infty L_x^2} \|u_2\|_{L_t^4 L_x^\infty} \|u_3\|_{L_t^4 L_x^\infty} \|u_4\|_{L_t^\infty L_x^6} \|u_5\|_{L_t^\infty L_x^6},$$

结合 (5.4.28) 与引理 5.4.5 的衰减性质, 就可建立所需的控制 v 与 w 相互作用的估计.

对于 $\mathcal{O}(w^4\nabla v)$ 在长时间 $|t| \geqslant R_j^{10}$ 这一例外情形, 困难在于不能直接使用长时间估计 (5.4.30). 这就需要启用不同方法来处理. 利用 Hölder 不等式与插值不等式, 有

$$\begin{aligned}
\|\mathcal{O}(w^4\nabla v)\|_{L_t^2 L_x^{6/5}} &\lesssim \|\nabla v\|_{L_t^\infty L_x^3} \|\mathcal{O}(w^4)\|_{L_t^2 L_x^2} \\
&\lesssim \|v\|_{L_t^\infty L_x^6}^{1/2} \|\nabla^2 v\|_{L_t^\infty L_x^2}^{1/2} \|\mathcal{O}(w^4)\|_{L_t^2 L_x^2} \\
&\lesssim \|v\|_{L_t^\infty L_x^6}^{1/2} \|v\|_{\dot{S}^2}^{1/2} \|\mathcal{O}(w^4)\|_{L_t^2 L_x^2} \\
&\lesssim C(\eta_1, N_0) \|\mathcal{O}(w^4)\|_{L_t^2 L_x^2} R_j^{-5/6},
\end{aligned}$$

这里用到正则性估计 (5.4.28) 与长时间势能估计 (5.4.30). 因此, 仅需估计

$$\begin{aligned}
\|\mathcal{O}(w^4)\|_{L_t^2 L_x^2} &\lesssim \|\mathcal{O}(w^3)\|_{L_t^2 L_x^6} \|w\|_{L_t^\infty L_x^3} \\
&\lesssim \|w\|_{L_t^6 L_x^{18}}^3 \|w\|_{L_t^\infty L_x^2}^{1/2} \|w\|_{L_t^\infty L_x^6}^{1/2} \\
&\lesssim \|w\|_{\dot{S}^1}^3 \|w(0)\|_{L_x^2}^{1/2} E^{1/4} \\
&\lesssim C(\eta_1, N_0) N_0^{1/2} \\
&\lesssim C(\eta_1, N_0).
\end{aligned}$$

将此估计代入上式, 就完成了推论 5.4.6 的证明. □

注意到 u, v, w 均具有界能量, 根据推论 5.4.6, (5.4.25), (5.4.27), 对于

$$\tilde{u} \triangleq v + w, \quad e \triangleq |v+w|^4(v+w) - |v|^4 v - |w|^4 w,$$

使用扰动引理 (引理 5.2.5), 仅需选取 $J = J(\eta_1)$ 充分大, 然后再选取 $R_0 = R_0(\eta_1, J, N_0)$ 充分大, 就能确保

$$\|u\|_{L_{t,x}^{10}(I_* \times \mathbb{R}^3)} \lesssim C(\eta_1).$$

这与 (5.3.2) 相矛盾. 命题 5.3.6 得证. □

5.4.5 逆向 Sobolev 不等式

本节证明命题 5.3.7. 固定 t_0, x_0, R. 通过平移与伸缩变换, 无妨假设 $x(t_0) = 0$ 及 $N(t_0) = 1$. 根据命题 5.3.6, 我们有

$$\int_{|x|>1/\eta_2} |\nabla u(t_0, x)|^2 \, dx \lesssim \eta_1. \tag{5.4.36}$$

采用反证法 如果不然, 存在某个大常数 $K(\eta_1, \eta_2)$, 满足

$$\int_{B(x_0,R)} |\nabla u(t_0, x)|^2 \, dx \gg \eta_1 + K(\eta_1, \eta_2) \int_{B(x_0, K(\eta_1, \eta_2) R)} |u(t_0, x)|^6 \, dx. \tag{5.4.37}$$

从 (5.4.36) 及 (5.4.37) 可以看出, $B(x_0, R)$ 不可能完全包含在区域 $|x| > 1/\eta_2$ 中. 因此, 存在 $y \in B(x_0, R)$ 且 $|y| \leqslant 1/\eta_2$, 从而推知

$$|x_0| \leqslant |x_0 - y| + |y| \lesssim R + \frac{1}{\eta_2}. \tag{5.4.38}$$

其次来寻求 R 的下界. 注意到法化假设 $N(t_0) = 1$, 推论 5.3.3 就意味着

$$\|P_{>C(\eta_1)} u(t_0)\|_{\dot{H}^1} \lesssim \eta_1.$$

另一方面, 从 (5.4.37) 就推知

$$\int_{B(x_0,R)} |\nabla u(t_0, x)|^2 \, dx \gg \eta_1.$$

利用三角不等式, 容易看出

$$\int_{B(x_0,R)} |\nabla P_{\leqslant C(\eta_1)} u(t_0, x)|^2 \, dx \gg \eta_1.$$

但是, 利用 Hölder 不等式、Bernstein 估计及能量估计 (5.3.4), 上式左边满足

$$\begin{aligned}
\int_{B(x_0,R)} |\nabla P_{\leqslant C(\eta_1)} u(t_0, x)|^2 \, dx &\lesssim R^3 \|\nabla P_{\leqslant C(\eta_1)} u(t_0)\|_{L_x^\infty}^2 \\
&\lesssim R^3 C(\eta_1)^{\frac{3}{2}} \|\nabla P_{\leqslant C(\eta_1)} u(t_0)\|_{L_x^2}^2 \\
&\lesssim C(\eta_1) R^3,
\end{aligned}$$

由此推出

$$C(\eta_1) R^3 \gg \eta_1 \implies R \gtrsim c(\eta_1).$$

结合 (5.4.38), 只要选取 $K(\eta_1, \eta_2)$ 充分大, 就可以确保 $B(x_0, K(\eta_1, \eta_2)R)$ 包含 $B(0, 1/\eta_2)$ (自然也包含形如 $B(x_0, R)$ 的球). 特别, 从命题 5.3.5, 直接推出

$$\int_{B(x_0, K(\eta_1,\eta_2)R)} |u(t_0,x)|^6\, dx \geqslant \int_{|x|\leqslant \frac{1}{\eta_2}} |u(t_0,x)|^6\, dx \gtrsim c(\eta_1),$$

将上式代入 (5.4.37), 对充分大的 $K(\eta_1, \eta_2)$, 就与 (5.4.37) 左边的有界性 (势能) 相矛盾! 这就证明了命题 5.3.7. □

5.5 Virial 恒等式与相互作用的 Morawetz 位势

首先给出相互作用 Morawetz 不等式 (5.1.8) 的一个变形——局部化版本的证明策略. 鉴于低频的存在, (5.3.23) 的右边可以非常大! 因此, 相互作用 Morawetz 不等式 (5.1.8) 不能直接应用到命题 5.3.8 的证明. 根据低频承载质量, 高频承载能量的理念, 高频的质量可以通过动能控制 (5.3.6)! 这就启发我们对 u 的高频 $u_{\geqslant 1}$ 建立相互作用 Morawetz 不等式. 然而这远非如此简单, 主要麻烦在于 $u_{\geqslant 1}$ 所满足的非齐次 Schrödinger 方程已经不是 Lagrange 形式, 不再保持通常的 L^2 守恒. 因此, 对于 $u_{\geqslant 1}$ 所满足的方程应用 [27] 中建立 (5.1.8) 的技术, 可以获得一些源于 (5.1.22) 右边含质量括号的非平凡项. 对于这些新出现的项无法获得适当的上界. 解决这一问题的方法就是在物理空间中对相互作用 Morawetz 估计实施局部化, 局部化权函数的具体形式可见 (5.5.5). 从而派生相互作用 Morawetz 估计 (5.1.8) 的一个更复杂的版本, 见定理 5.6.1.

总之, 在物理空间与频率空间同时实施局部化, 势必导致局部化 Morawetz 估计 (5.6.6) 右边复杂性增加. 我们将会证明频率局部化所派生误差项都是有界的. 为实现这一目标, (5.6.6) 左边的第二项非常重要. 与此类似的项也出现在相互作用 Morawetz 估计的左边 (但是, 关于 x 的积分是在整个 $\mathbb{R}^3$ 上进行, 见 [26, 27]), 只是觉得这一项没有什么作用而忽略. 然而, 通过反向 Sobolev 不等式及平均方法, 证明 (5.6.1) 左边的第二项可以吸收 (5.6.6) 右边出现的涉及动能的最困难项. 这里的讨论给出了 5.3 节正则性框架, 我们感到棘手的是证明任意极小能量爆破解在物理空间一定局部化, 以便对极小能量爆破解使用反向 Sobolev 不等式. 反向 Sobolev 不等式在证明频率局部化的 $L^4_{x,t}$ 时空有界性时是非常必要的. 这些理念将在 5.6 节中重点讨论.

本节着手一些准备工作, 诸如: 解的高频部分 $u_{\geqslant 1}$ 所满足的非 Lagrange 型方程、一般 NLS (5.1.1) 的解所满足的相互作用 Morawetz 不等式. 特别, 还将考虑方程 (5.1.19) 更一般形式的解, 其中 $\mathcal{N}$ 表示一般非线性项.

5.5.1 Virial 恒等式

通过权函数 $a(x)$(在一般框架下用 $a(t,x)$), 引入质量加权平均 (Virial 位势) 与动量加权平均 (Morawetz 作用) 这两个物理量.

定义 5.5.1 设 $a(x)$ 是定义在时空区段 $I_0\times\mathbb{R}^3$ 上的函数. 定义相应的 Virial 位势

$$V_a(t)=\int_{\mathbb{R}^3}a(x)|\phi(t,x)|^2dx \tag{5.5.1}$$

及相应的 Morawetz 作用

$$M_a(t)=\int_{\mathbb{R}^3}a_j2\mathrm{Im}(\overline{\phi}\phi_j)dx. \tag{5.5.2}$$

假设 $\phi(t,x)$ 是 Cauchy 问题 $i\partial_t\phi+\Delta\phi=\mathcal{N}$ 的解, 则利用局部质量守恒等式

$$\partial_tT_{00}+\partial_jT_{0j}=2\{\mathcal{N},\phi\}_m,\quad T_{00}\triangleq|\phi(t,x)|^2,\quad T_{0j}\triangleq 2\mathrm{Im}(\overline{\phi}\phi_j),$$

其中质量括号 $\{f,g\}_m:=\{f\bar{g}\}$. 简单的计算就可推出

$$\partial_tV_a=M_a+2\int_{\mathbb{R}^3}a\{\mathcal{N},\phi\}_mdx. \tag{5.5.3}$$

特别

$$\mathcal{N}=F'(|\phi|^2)\phi\implies\partial_tV_a=M_a.$$

利用局部动量守恒等式

$$\partial_tT_{0j}+\partial_kL_{kj}=2\{\mathcal{N},\phi\}_p^j,\quad L_{kj}\triangleq-\partial_j\partial_k|\phi(t,x)|^2+4\mathrm{Re}(\overline{\phi_j}\phi_k),$$

其中动量括号 $\{f,g\}_p:=\mathrm{Re}\{f\nabla\bar{g}-g\nabla\bar{f}\}$. 上式两边同乘以 a_j, 积分就可建立如下 Virial 恒等式.

引理 5.5.1 (Virial 恒等式) 假设 ϕ 是方程 (5.1.19) 的一个 Schwartz 解, 则

$$\partial_tM_a=\int_{\mathbb{R}^3}\left((-\Delta\Delta a)|\phi|^2+4a_{jk}\mathrm{Re}(\overline{\phi_j}\phi_k)+2a_j\{\mathcal{N},\phi\}_p^j\right)dx. \tag{5.5.4}$$

选取权函数 $a(x)$ 具有如下形式

$$a(x)=|x|\chi(|x|), \tag{5.5.5}$$

其中 $\chi(r)$ 是定义在 $r\geqslant 0$ 上的非负光滑 bump 函数, 支撑在 $0\leqslant r\leqslant 2$ 且满足 $\chi(r)=1, 0\leqslant r\leqslant 1$. 对于这样的特殊权函数, 直接计算, 可见

$$a_j(x)=\frac{x^j}{|x|}\tilde{\chi}(|x|),\quad 这里\quad\tilde{\chi}(r)=\chi(r)+r\chi'(r),$$

$$
\begin{aligned}
a_{jk}(x) &= \frac{1}{|x|}\left(\delta_{jk} - \frac{x^j}{|x|}\frac{x^k}{|x|}\right)\tilde{\chi}(|x|) + \frac{x^j}{|x|}\frac{x^k}{|x|}\tilde{\chi}'(|x|),\\
\Delta a(x) &= \frac{2}{|x|}\tilde{\chi}(|x|) + \tilde{\chi}'(|x|),\\
\Delta\Delta a(x) &= 2\Delta\left(\frac{1}{|x|}\right)\tilde{\chi}(|x|) + \psi(|x|),
\end{aligned}
$$

其中 $\psi(|x|)$ 是一个光滑函数, 且具有紧支集 $\{x:\ 1 \leqslant |x| \leqslant 2\}$. 定义 $M^0 \triangleq M_a$, 这里 $a(x)$ 如同 (5.5.5) 所示. (如果在 $y \in \mathbb{R}^3$ 附近进行局部化时, 记对应的 Morawetz 作用为 M^y. 为简单起见, 在 Morawetz 作用中, 省掉 a 的标号.) 根据定义 (5.5.2), 即有

$$
M^0(t) = 2\mathrm{Im}\int_{\mathbb{R}^3} \frac{x^j}{|x|}\tilde{\chi}(|x|)\phi_j(t,x)\overline{\phi}(t,x)dx. \tag{5.5.6}
$$

注意到[①]

$$
|M^0(t)| \leqslant 2\|\phi(t)\|_{L_x^2}\|\phi(t)\|_{\dot{H}^1}. \tag{5.5.7}
$$

将 a 的导数公式 (见 (5.5.5) 下面的一组计算公式) 代入 (5.5.4), 注意到

$$
\partial_{r(0)} = \partial_{r(0)} \equiv \frac{x}{|x|}\cdot\nabla
$$

表示以圆点 $0 \in \mathbb{R}^3$ 为心梯度的径向部分, 直接计算就推知

$$
\begin{aligned}
\partial_t M^0 = &-2\int_{\mathbb{R}^3}\Delta\left(\frac{1}{|x|}\right)|\phi(x)|^2\tilde{\chi}(|x|)dx\\
&+4\int_{\mathbb{R}^3}\left[|\nabla\phi(x)|^2 - |\partial_{r(0)}\phi(x)|^2\right]\frac{1}{|x|}\tilde{\chi}(|x|)dx\\
&+2\int_{\mathbb{R}^3}\frac{x}{|x|}\cdot\{\mathcal{N},\phi\}_p\tilde{\chi}(|x|)dx\\
&-\int_{\mathbb{R}^3}|\phi(x)|^2\psi(|x|)dx + 4\int_{\mathbb{R}^3}|\partial_{r(0)}\phi|^2\tilde{\chi}'(|x|)dx.
\end{aligned}
$$

对于固定 $y \in \mathbb{R}^3$, 选取

$$
a(x) = |x-y|\chi(|x-y|) \tag{5.5.8}
$$

来替代 (5.5.5), 相应的 Morawetz 作用 (5.5.2) 记为 M^y. 适当调整前面的记号, 就获得在物理空间中局部化 Virial 恒等式

$$
\partial_t M^y = \tag{5.5.9}
$$

① 可以证明 $|M^0(t)| \lesssim \|\phi(t)\|_{\dot{H}^{1/2}}^2$, 详见文 [27] 中的引理 2.1.

$$-2\int_{\mathbb{R}^3}\Delta\left(\frac{1}{|x-y|}\right)|\phi(x)|^2\tilde{\chi}(|x-y|)dx \tag{5.5.10}$$

$$+4\int_{\mathbb{R}^3}|\nabla\!\!\!/_y\phi(x)|^2\frac{1}{|x-y|}\tilde{\chi}(|x-y|)dx \tag{5.5.11}$$

$$+2\int_{\mathbb{R}^3}\frac{(x-y)}{|x-y|}\cdot\{\mathcal{N},\phi\}_p\tilde{\chi}(|x-y|)dx \tag{5.5.12}$$

$$+O\left(\int_{\mathbb{R}^3}(|\phi(x)|^2+|\partial_{r(y)}\phi(x)|^2)|\psi(x-y)|dx\right). \tag{5.5.13}$$

这里 $\tilde{\chi}$ 表示与 χ 性质相同的 bump 函数, $\partial_{r(y)}$ 表示以原点 $y\in\mathbb{R}^3$ 为心梯度的径向部分, $\nabla\!\!\!/_y$ 则表示梯度算子的剩余部分 (习惯上称为切向导数或圆向部分), 具体地说, 就是

$$\partial_{r(y)}\triangleq\frac{x-y}{|x-y|}\cdot\nabla,\quad \nabla\!\!\!/_y\triangleq\nabla-\frac{x-y}{|x-y|}\left(\frac{x-y}{|x-y|}\cdot\nabla\right).$$

我们使用了 $\tilde{\chi}'$ 与 ψ 具有相同的支集性质, 而不去追究 (5.5.13) 的具体表示形式.

5.5.2 相互作用 Virial 恒等式与广义相互作用 Morawetz 估计

选取 $a(x)=|x|\chi(x)$, 相应的 Virial 位势是

$$V_a(t)=\int_{\mathbb{R}^3}|\phi(x,t)|^2|x|\chi(x)dx,$$

因此,

$$M^0(t)\triangleq\frac{d}{dt}V_a(t)$$

就视为刻画 ϕ 的质量 (起码在原点附近的质量) 随着时间 t 的变化离开原点的程度. 类似地, 对于固定的 $y\in\mathbb{R}^3$, $M^y(t)$ 就给出了随着时间的变化, 质量离开 y 点程度的刻画.

鉴于终极目标是 ϕ 的整体衰减与散射性质, 刻画质量如何转移及相互作用是需要的. 对于所有离开 $y\in\mathbb{R}^3$ 处的质量累加 $M^y(t)$ 乘以在 y 处的质量密度 $|\phi(y,t)|^2dy$, 就定义了**局部化 Morawetz 相互作用位势**.

$$\begin{aligned}M^{\text{interact}}(t)&=\int_{\mathbb{R}^3_y}|\phi(t,y)|^2M^y(t)dy\\&=2\text{Im}\int_{\mathbb{R}^3_y}\int_{\mathbb{R}^3_x}|\phi(t,y)|^2\tilde{\chi}(|x-y|)\frac{(x-y)}{|x-y|}\cdot[\nabla\phi(t,x)]\overline{\phi}(t,x)dxdy.\end{aligned} \tag{5.5.14}$$

注意到 (5.5.7), 容易看出

$$|M^{\text{interact}}(t)| \lesssim \|\phi(t)\|_{L_x^2}^3 \|\phi(t)\|_{\dot{H}_x^1}. \tag{5.5.15}$$

利用 (5.1.22), 直接计算就得

$$\begin{aligned}\partial_t M^{\text{interact}} =& \int_{\mathbb{R}_y^3} |\phi(y)|^2 \partial_t M^y dy \\ &+ \int_{\mathbb{R}_y^3} [2\partial_{y^k} \text{Im}(\phi\overline{\phi}_k)(y) + 2\{\mathcal{N}, \phi\}_m] M^y(t) dy.\end{aligned} \tag{5.5.16}$$

在 (5.5.16) 中对 ∂_{y^k} 实施分部积分, 将 (5.5.9)—(5.5.13) 代入 (5.5.16), 利用

$$\Delta \frac{1}{|x|} = -4\pi\delta(x), \quad x \in \mathbb{R}^3,$$

就推出局部化的相互作用 Virial 恒等式

$$\partial_t M^{\text{interact}} \tag{5.5.17}$$

$$= 8\pi \int_{\mathbb{R}^3} |\phi(t,y)|^4 dy \tag{5.5.18}$$

$$+ 4 \int_{\mathbb{R}_y^3} \int_{\mathbb{R}_x^3} |\phi(t,y)|^2 \left[\frac{1}{|x-y|} \tilde{\chi}(|x-y|)\right] |\nabla\!\!\!/_y \phi(t,x)|^2 dx dy \tag{5.5.19}$$

$$+ 2 \int_{\mathbb{R}_y^3} \int_{\mathbb{R}_x^3} |\phi(t,y)|^2 \left[\tilde{\chi}(|x-y|) \frac{(x-y)}{|x-y|}\right] \cdot \{\mathcal{N}, \phi\}_p(t,x) dx dy \tag{5.5.20}$$

$$- 4 \int_{\mathbb{R}_y^3} \int_{\mathbb{R}_x^3} \text{Im}(\phi\overline{\phi}_k)(t,y) \partial_{y^k} \left[\frac{(x-y)^j}{|x-y|} \tilde{\chi}(|x-y|)\right] \text{Im}(\phi_j \overline{\phi}(t,x)) dx dy \tag{5.5.21}$$

$$+ O\left(\int_{\mathbb{R}_y^3} \int_{\mathbb{R}_x^3} |\phi(t,y)|^2 |\psi(|x-y|)| [|\phi(t,x)|^2 + |\partial_{r(y)} \phi(t,x)|^2] dx dy\right) \tag{5.5.22}$$

$$+ 4 \int_{\mathbb{R}_y^3} \int_{\mathbb{R}_x^3} \{\mathcal{N}, \phi\}_m(t,y) \left[\tilde{\chi}(|x-y|) \frac{(x-y)}{|x-y|}\right] \cdot \text{Im}(\overline{\phi} \nabla \phi)(t,x) dx dy. \tag{5.5.23}$$

(5.5.21) 中求导 ∂_{y^k} 派生两项. 当 ∂_{y^k} 作用到 $\tilde{\chi}(|x-y|)$ 上可被 (5.5.22) 所控制. 事实上, 派生项可被

$$\int_{\mathbb{R}_y^3} \int_{\mathbb{R}_x^3} |\phi(x)||\partial_{r(y)} \phi(x)||\phi(y)||\partial_{r(x)} \phi(y)| \tilde{\chi}'(|x-y|) dx dy$$

所控制. 将被积函数分拆成

$$[|\phi(x)||\partial_{r(x)}\phi(y)|\,][\,|\phi(y)||\partial_{r(y)}\phi(x)|\,],\quad \partial_{r(y)}\triangleq\frac{x-y}{|x-y|}\cdot\nabla_x,$$

利用 $|ab|\lesssim|a|^2+|b|^2$, 容易看出这正是 (5.5.22) 中第二个因子的表示形式!

当导算子作用到单位向量上时, 可以证明它具有形如 (5.5.19) 的下界. 事实上, 求导之后具有如下形式 (为简单起见, 省略依赖 t 的记号)

$$\begin{aligned}
&-4\int_{\mathbb{R}^3_y}\int_{\mathbb{R}^3_x}\mathrm{Im}(\phi\overline{\phi}_k)(y)\left[-\delta_{jk}+\frac{(x-y)^j(x-y)^k}{|x-y|^2}\right]\\
&\times\mathrm{Im}(\phi_j\overline{\phi})(x)\left[\frac{1}{|x-y|}\tilde{\chi}(|x-y|)\right]dxdy\\
\geqslant&-4\int_{\mathbb{R}^3_x}\int_{\mathbb{R}^3_y}\left|\mathrm{Im}(\phi\nabla_x\overline{\phi})(y)\cdot\mathrm{Im}(\overline{\phi}\nabla_y\phi)(x)\right|\left[\frac{1}{|x-y|}\tilde{\chi}(|x-y|)\right]dxdy\\
\geqslant&-4\int_{\mathbb{R}^3_x}\int_{\mathbb{R}^3_y}|\phi(y)||\nabla_x\phi(y)||\phi(x)||\nabla_y\phi(x)|\left[\frac{1}{|x-y|}\tilde{\chi}(|x-y|)\right]dxdy\\
\geqslant&-2\int_{\mathbb{R}^3_y}\int_{\mathbb{R}^3_x}\left(|\phi(y)|^2|\nabla_y\phi(x)|^2+|\phi(x)|^2|\nabla_x\phi(y)|^2\right)\left[\frac{1}{|x-y|}\tilde{\chi}(|x-y|)\right]dxdy\\
\geqslant&-(5.5.19).
\end{aligned}$$

因此, 除了被 (5.5.22) 中的第二项吸收之外, 我们发现 (5.5.21) 与 $-(5.5.19)$ 一起贡献一个非负项.

将上面计算限制在时间区间 I_0 上, 就可推出如下有用估计.

命题 5.5.2(空间局部化相互作用的 Morawetz 估计) 设 I_0 是一个紧区间, ϕ 是方程 (5.1.19) 在时空区段 $I_0\times\mathbb{R}^3$ 上的 Schwartz 解. 那么,

$$\begin{aligned}
&8\pi\int_{I_0}\int_{\mathbb{R}^3_y}|\phi(t,y)|^4dydt\\
&+2\int_{I_0}\int_{R^3_y}\int_{R^3_x}|\phi(t,y)|^2\left[\tilde{\chi}(|x-y|)\frac{(x-y)}{|x-y|}\right]\cdot\{\mathcal{N},\phi\}_p(t,x)dxdydt\\
\leqslant&\,2\|\phi\|^3_{L^\infty_tL^2_x(I_0\times\mathbb{R}^3)}\|\phi\|_{L^\infty_t\dot{H}^1_x(I_0\times\mathbb{R}^3)}\\
&+4\int_{I_0}\int_{\mathbb{R}^3_y}\int_{\mathbb{R}^3_x}|\{N,\phi\}_m(t,y)||\tilde{\chi}(|x-y|)||\phi(t,x)||\nabla\phi(t,x)|dxdydt\\
&+O\left(\int_{I_0}\int_{\mathbb{R}^3_y}\int_{\mathbb{R}^3_x}|\phi(t,y)|^2|\psi(|x-y|)|[|\phi(t,x)|^2+|\partial_{r(y)}\phi(t,x)|^2]dxdydt\right).
\end{aligned}$$

利用 (5.5.15), 直接在紧区间 I_0 上积分 (5.5.17) 就得上述估计.

注记 5.5.1 若用

$$a(x) = |x-y|\chi\left(\frac{|x-y|}{R}\right) \tag{5.5.24}$$

来替代 (5.5.8), 仅需适当调整命题 5.5.2 中所得不等式, 相应的结果仍然成立, 自然 $\tilde{\chi}(\cdot)$ 应换成 $\tilde{\chi}(\cdot/R)$. 最后一项中出现的支撑在环上的截断函数 ψ 恰是 χ 或 $\tilde{\chi}$ 的一些导数. 通过计算导数表明: 对于形如 (5.5.24) 的权函数, 最后一项就变成

$$O\left(\int_{I_0}\int_{\mathbb{R}^3_y}\int_{\mathbb{R}^3_x}|\phi(t,y)|^2\left|\psi\left(\frac{|x-y|}{R}\right)\right|\left[\frac{1}{R^3}|\phi(t,x)|^2+\frac{1}{R}|\partial_{r(y)}\phi(t,x)|^2\right]dxdydt\right). \tag{5.5.25}$$

令 $R\to\infty$, 对于 (5.1.1) 的解, 利用 (5.1.24) 及 (5.1.26) 就获得如下的控制

$$\begin{aligned}&\int_{I_0}\int_{\mathbb{R}^3_y}|\phi(t,y)|^4dydt+\int_{I_0}\int_{\mathbb{R}^3_y}\int_{\mathbb{R}^3_x}\frac{|\phi(t,y)|^2|\phi(t,x)|^6}{|x-y|}dxdydt\\&\lesssim\|\phi\|^3_{L^\infty_t L^2_x(I_0\times\mathbb{R}^3)}\|\phi\|_{L^\infty_t\dot{H}^1_x(I_0\times\mathbb{R}^3)},\end{aligned}$$

这正好对应着 (5.1.8). 然而, 为了证明命题 5.3.8, 令 $R\to\infty$ 似乎是不可行, 原因是含质量括号 $\{\mathcal{N},\phi\}_m$ 的误差项是难以估计, 例如: 形如 $u^5_{\mathrm{hi}}u_{\mathrm{lo}}$ 的非线性项很难估计.

5.6 相互作用的 Morawetz 估计及其派生的技术

5.5 节讨论了一般形式非线性 Schrödinger 方程对应的相互作用 Virial 恒等式、相互作用 Morawetz 位势及空间局部化的相互作用 Morawetz 不等式等预备工作, 从本节开始证明命题 5.3.8.

5.6.1 相互作用的 Morawetz 框架与平均方法

注意到命题 5.3.8 在伸缩变换 (5.1.3) 下保持不变, 通过实施伸缩变换使得 $N_*=1$. 根据假设 $1=N_*<c(\eta_3)N_{\min}$, 自然就有

$$1<c(\eta_3)N(t),\quad \forall\, t\in I_0.$$

记 $\tilde{c}(\eta_3)$ 是推论 5.3.3 中出现之参数, 选取 $c(\eta_3)\leqslant\tilde{c}(\eta_3)\eta_3$ 充分小, 即

$$\frac{1}{\eta_3}<\tilde{c}(\eta_3)N(t),\quad \forall\, t\in I_0.$$

利用极小能量爆破解的集中紧性刻画及 Sobolev 嵌入定理, 就有如下低频估计:

$$\|u_{<1/\eta_3}\|_{L_t^\infty \dot{H}_x^1(I_0\times\mathbb{R}^3)} + \|u_{<1/\eta_3}\|_{L_t^\infty L_x^6(I_0\times\mathbb{R}^3)} \lesssim \eta_3. \tag{5.6.1}$$

再次利用极小能量爆破解的集中紧致刻画

$$\|P_{\leqslant C(\eta_0)N(t)}u(t)\|_{\dot{H}^1} \sim 1, \quad t\in I_0,$$

可以看出

$$C(\eta_0)N(t)\geqslant 1/\eta_3,\ \ \forall t\in I_0 \implies N_{\min}\geqslant c(\eta_0)\eta_3^{-1}.$$

定义

$$P_{\rm hi}\triangleq P_{\geqslant 1},\quad P_{\rm lo}\triangleq P_{<1} \implies u_{\rm hi}\triangleq P_{\rm hi}u,\ u_{\rm lo}\triangleq P_{\rm lo}u.$$

从 (5.6.1) 推出低频 $u_{\rm lo}$ 具有较小的能量:

$$\|u_{\rm lo}\|_{L_t^\infty \dot{H}_x^1(I_0\times\mathbb{R}^3)} + \|u_{\rm lo}\|_{L_t^\infty L_x^6(I_0\times\mathbb{R}^3)} \lesssim \eta_3. \tag{5.6.2}$$

利用 Bernstein 估计与估计 (5.6.1), 推知高频 $u_{\rm hi}$ 具有较小质量:

$$\|u_{\rm hi}\|_{L_t^\infty L_x^2(I_0\times\mathbb{R}^3)} \leqslant \|\nabla u_{1\leqslant|\xi|\leqslant 1/\eta_3}\|_2 + \eta_3\|\nabla u_{|\xi|\geqslant 1/\eta_3}\|_2 \lesssim \eta_3. \tag{5.6.3}$$

欲证明 (5.3.23), 仅需证明

$$\|u_{\rm hi}\|_{L_t^4 L_x^4(I_0\times\mathbb{R}^3)} \lesssim \eta_1^{1/4}. \tag{5.6.4}$$

按照标准的连续性方法①, 只要在连续性假设

$$\|u_{\rm hi}\|_{L_t^4 L_x^4(I_0\times\mathbb{R}^3)} \leqslant (C_0\eta_1)^{1/4} \tag{5.6.5}$$

下证明 (5.6.4) 就行了, 这里 $C_0\gg 1$ 是一个仅依赖于能量的大常数 (不依赖于任意小参数 η). 实践中通过出现的 η_3 或 η_1 的正次幂来补偿 C_0 引起的损失.

利用命题 5.5.2 来建立 $\phi\triangleq u_{\rm hi}$ 对应的 Morawetz 估计.

定理 5.6.1 (空间与频率局部化的相互作用 Morawetz 不等式) 对于任意的 $R\geqslant 1$, 有

$$\int_{I_0}\int_{\mathbb{R}^3}|u_{\rm hi}|^4\,dxdt + \int_{I_0}\iint_{|x-y|\leqslant 2R}\frac{|u_{\rm hi}(t,y)|^2|u_{\rm hi}(t,x)|^6}{|x-y|}\,dxdydt \lesssim X_R, \tag{5.6.6}$$

这里 X_R 可具体表示为

$$X_R\triangleq \eta_3^3 \tag{5.6.7}$$

① 严格地讲, 为了正确地使用连续性方法, 需要证明: 当 I_0 被其任意子区间代替时, (5.6.5) 意味着 (5.6.4). 然而, 从下面的讨论可以看出, 连续性方法不仅对 I_0 成立, 而且对于 I_0 所有子区间均成立.

$$+\int_{I_0}\iint_{|x-y|\leqslant 2R}\frac{|u_{\rm hi}(t,y)|^2|u_{\rm lo}(t,x)|^5|u_{\rm hi}(t,x)|}{|x-y|}\,dxdydt \tag{5.6.8}$$

$$+\sum_{j=0}^{4}\int_{I_0}\iint_{|x-y|\leqslant 2R}|u_{\rm hi}(t,y)||P_{\rm hi}\mathcal{O}(u_{\rm hi}^j u_{\rm lo}^{5-j})(t,y)||u_{\rm hi}(t,x)||\nabla u_{\rm hi}(t,x)|dxdydt \tag{5.6.9}$$

$$+\int_{I_0}\iint_{|x-y|\leqslant 2R}|u_{\rm hi}(t,y)||P_{\rm lo}\mathcal{O}(u_{\rm hi}^5)(t,y)||u_{\rm hi}(t,x)||\nabla u_{\rm hi}(t,x)|\,dxdydt \tag{5.6.10}$$

$$+\eta_3^{1/10}\frac{1}{R}\int_{I_0}\left(\sup_{x\in\mathbb{R}^3}\int_{B(x,2R)}|u_{\rm hi}(t,y)|^2\,dy\right)dt \tag{5.6.11}$$

$$+\frac{1}{R}\int_{I_0}\iint_{|x-y|\leqslant 2R}|u_{\rm hi}(t,y)|^2(|\nabla u_{\rm hi}(t,x)|^2+|u_{\rm hi}(t,x)|^6)\,dxdydt. \tag{5.6.12}$$

注记 5.6.1 该定理对应着相互作用 Morawetz 估计 (5.1.8) 的局部化版本, 我们可以予以比较之. (5.6.8)—(5.6.12) 看上去似乎很复杂, 然而这些项多数是可以处理的, 主要原因是空间局部化在球 $|x-y|\leqslant 2R$ 上, 并且作用在高频 $u_{\rm hi}$ 的导数不多. 仅有的困难项是最后两项 (5.6.11) 与 (5.6.12). 注意到动能 (~ 1) 与势能估计 ($\lesssim 1$), 如果去掉因子 $\eta_3^{1/10}$, 就可以用 (5.6.11) 来估计 (5.6.12)!

然而, 不幸的是在使用连续性方法的过程中, 这类因子的出现非常重要, 因此我们必须单独处理 (5.6.12). 证明理念基于逆向 Sobolev 不等式 (命题 5.3.7). (5.6.12) 可以通过 (5.6.6) 左边的第二项与一个形如 (5.6.11) 的余项之和来控制. 这就需要在应用定理 5.6.1时, 不仅使用 $R=1$ 之情形, 而且需要对某个范围的 R 及其平均使用定理 5.6.1, 详见定理证明之后的讨论.

定理 5.6.1 的证明 用 $P_{\rm hi}$ 作用到 (5.1.1) 的两边, 就得

$$(i\partial_t+\Delta)u_{\rm hi}=P_{\rm hi}(|u|^4u),$$

进而对于 $\phi\triangleq u_{\rm hi}$, $F\triangleq P_{\rm hi}(|u|^4u)$ 使用命题 5.5.2 及其注记 5.5.1, 容易看出

$$\begin{aligned}
&c_1\int_{I_0}\int_{\mathbb{R}^3}|u_{\rm hi}(t,x)|^4\,dxdt\\
&+c_2\int_{I_0}\int_{\mathbb{R}^3}\int_{\mathbb{R}^3}|u_{\rm hi}(t,y)|^2\tilde{\chi}\left(\frac{x-y}{R}\right)\frac{x-y}{|x-y|}\cdot\{P_{\rm hi}(|u|^4u),u_{\rm hi}\}_p(t,x)\,dxdydt\\
\lesssim&\|u_{\rm hi}\|^3_{L_t^\infty L_x^2(I_0\times\mathbb{R}^3)}\|u_{\rm hi}\|_{L_t^\infty \dot H_x^1(I_0\times\mathbb{R}^3)}
\end{aligned}$$

$$+\int_{I_0}\iint_{|x-y|\leqslant 2R}\left|\{P_{\mathrm{hi}}(|u|^4u),u_{\mathrm{hi}}\}_m(t,y)\right||u_{\mathrm{hi}}(t,x)||\nabla u_{\mathrm{hi}}(t,x)|\ dxdydt$$
$$+\frac{1}{R}\int_{I_0}\iint_{|x-y|\leqslant 2R}|u_{\mathrm{hi}}(t,y)|^2\left(\frac{1}{R^2}|u_{\mathrm{hi}}(t,x)|^2+|\nabla u_{\mathrm{hi}}(t,x)|^2\right)\ dxdydt.$$

下面逐项估计右边的 X_R. 根据动能估计 (5.3.4) 及高频质量的小性估计 (5.6.3) 推知

$$\|u_{\mathrm{hi}}\|^3_{L_t^\infty L_x^2(I_0\times\mathbb{R}^3)}\|u_{\mathrm{hi}}\|_{L_t^\infty \dot{H}_x^1(I_0\times\mathbb{R}^3)}\lesssim \eta_3^3=(5.6.7)\leqslant X_R.$$

再次利用 (5.6.3), 容易看出

$$\int_{\mathbb{R}^3}\frac{1}{R^2}|u_{\mathrm{hi}}(t,x)|^2\ dx\lesssim \eta_3^2/R^2\leqslant \eta_3.$$

因此

$$\frac{1}{R}\int_{I_0}\iint_{|x-y|\leqslant 2R}|u_{\mathrm{hi}}(t,y)|^2\frac{1}{R^2}|u_{\mathrm{hi}}(t,x)|^2\ dxdydt\lesssim (5.6.11)\leqslant X_R.$$

类似地, 有

$$\frac{1}{R}\int_{I_0}\iint_{|x-y|\leqslant 2R}|u_{\mathrm{hi}}(t,y)|^2|\nabla u_{\mathrm{hi}}(t,x)|^2\ dxdydt\lesssim (5.6.12)\leqslant X_R.$$

下面处理含质量括号的项. 利用消失性 (5.1.24), 质量括号可改写为

$$\left\{P_{\mathrm{hi}}(|u|^4u),u_{\mathrm{hi}}\right\}_m=\left\{P_{\mathrm{hi}}(|u|^4u)-|u_{\mathrm{hi}}|^4u_{\mathrm{hi}},u_{\mathrm{hi}}\right\}_m.$$

采用 (5.1.18) 中的表示方式, 插项就得

$$\begin{aligned}P_{\mathrm{hi}}(|u|^4u)-|u_{\mathrm{hi}}|^4u_{\mathrm{hi}}&=P_{\mathrm{hi}}(|u|^4u-|u_{\mathrm{hi}}|^4u_{\mathrm{hi}})-P_{\mathrm{lo}}(|u_{\mathrm{hi}}|^4u_{\mathrm{hi}})\\&=\sum_{j=0}^4 P_{\mathrm{hi}}\mathcal{O}(u_{\mathrm{hi}}^j u_{\mathrm{lo}}^{5-j})+P_{\mathrm{lo}}\mathcal{O}(u_{\mathrm{hi}}^5).\end{aligned}$$

因此, 含质量括号的项可以被

$$O((5.6.9)+(5.6.10))\lesssim O(X_R)$$

所控制, 这里所取绝对值是点态的. 综上讨论, 我们业已证明

$$c_1\int_{I_0}\int_{\mathbb{R}^3}|u_{\mathrm{hi}}(t,x)|^4\ dxdt$$

$$+ c_2 \int_{I_0} \int_{\mathbb{R}^3} \int_{\mathbb{R}^3} |u_{\rm hi}(t,y)|^2 \tilde{\chi}\left(\frac{x-y}{R}\right) \frac{x-y}{|x-y|} \cdot \{P_{\rm hi}(|u|^4 u), u_{\rm hi}\}_p(t,x)\, dxdydt \lesssim X_R.$$

现在处理含动量括号的项. 我们需要多次分部积分, 并充分开发其中所蕴含的正性结构. 为了开发消失性 (5.1.26), 将动量括号分解成三部分, 即

$$\begin{aligned}
&\{P_{\rm hi}(|u|^4 u), u_{\rm hi}\}_p \\
&= \{|u|^4 u, u_{\rm hi}\}_p - \{P_{\rm lo}(|u|^4 u), u_{\rm hi}\}_p \\
&= \{|u|^4 u, u\}_p - \{|u|^4 u, u_{\rm lo}\}_p - \{P_{\rm lo}(|u|^4 u), u_{\rm hi}\}_p \\
&= \{|u|^4 u, u\}_p - \{|u_{\rm lo}|^4 u_{\rm lo}, u_{\rm lo}\}_p - \{|u|^4 u - |u_{\rm lo}|^4 u_{\rm lo}, u_{\rm lo}\}_p - \{P_{\rm lo}(|u|^4 u), u_{\rm hi}\}_p \\
&= -\frac{2}{3}\nabla(|u|^6 - |u_{\rm lo}|^6) - \{|u|^4 u - |u_{\rm lo}|^4 u_{\rm lo}, u_{\rm lo}\}_p - \{P_{\rm lo}(|u|^4 u), u_{\rm hi}\}_p.
\end{aligned}$$

先处理包含 $\{P_{\rm lo}(|u|^4 u), u_{\rm hi}\}_p$ 的项. 通过取绝对值, 这一项的贡献可以粗糙地表现为

$$O\left(\int_{I_0} \iint_{|x-y|\leqslant 2R} |u_{\rm hi}(t,y)|^2 |\{u_{\rm hi}, P_{\rm lo}(|u|^4 u)\}_p(t,x)|\, dxdydt\right).$$

我们期望这一项被 $O((5.6.11)) \leqslant O(X_R)$ 所控制. 注意到 η_3 的任意正次幂足以补偿 R 在次幂上的损失, 即:

引理 5.6.2 我们有估计

$$\int_{\mathbb{R}^3} |\{u_{\rm hi}, P_{\rm lo}(|u|^4 u)\}_p|\, dx \lesssim \eta_3^{1/2}.$$

证明 根据动能估计(5.3.4), Hölder 不等式及 Bernstein 估计, 有

$$\begin{aligned}
\int_{\mathbb{R}^3} |\{u_{\rm hi}, P_{\rm lo}(|u|^4 u)\}_p|\, dx &\lesssim \int_{\mathbb{R}^3} |\nabla u_{\rm hi}||P_{\rm lo}(|u|^4 u)|\, dx + \int_{\mathbb{R}^3} |u_{\rm hi}||\nabla P_{\rm lo}(|u|^4 u)|\, dx \\
&\lesssim \|\nabla u_{\rm hi}\|_{L_x^2} \|P_{\rm lo}(|u|^4 u)\|_{L_x^2} + \|u_{\rm hi}\|_{L_x^2} \|\nabla P_{\rm lo}(|u|^4 u)\|_{L_x^2} \\
&\lesssim \|P_{\rm lo}(|u|^4 u)\|_{L_x^2}.
\end{aligned}$$

分解 $u = u_{\rm hi} + u_{\rm lo}$ 并采用 (5.1.18) 的表示方式, 就有如下分解

$$P_{\rm lo}(|u|^4 u) = \sum_{j=0}^{5} P_{\rm lo}\mathcal{O}(u_{\rm hi}^j u_{\rm lo}^{5-j}).$$

利用 Hölder 不等式及能量估计, 上述求和项中 $j=0,1,2,3,4$ 五项估计如下:

$$\sum_{j=0}^{4}\|P_{\rm lo}\mathcal{O}(u_{\rm hi}^{j}u_{\rm lo}^{5-j})\|_{L_x^2}\lesssim\sum_{j=0}^{4}\|\mathcal{O}(u_{\rm hi}^{j}u_{\rm lo}^{5-j})\|_{L_x^{6/5}}\lesssim\sum_{j=0}^{4}\|u_{\rm hi}\|_{L_x^6}^{j}\|u_{\rm lo}\|_{L_x^6}^{5-j}\lesssim\eta_3,$$

这里起码有一个低频势能估计 (5.6.1) 因子. 对于 $j=5$ 对应的项, 利用 Bernstein 估计及高频的 L^2 估计 (5.6.3), 类似地推理就得

$$\|P_{\rm lo}\mathcal{O}(u_{\rm hi}^{5})\|_{L_x^2}\lesssim\|\mathcal{O}(u_{\rm hi}^{5})\|_{L_x^1}\lesssim\|u_{\rm hi}\|_{L_x^6}^{9/2}\|u_{\rm hi}\|_{L_x^2}^{1/2}\lesssim\eta_3^{1/2}.\qquad\square$$

现在处理含动量括号 $\{|u|^4u-|u_{\rm lo}|^4u_{\rm lo},u_{\rm lo}\}_p$ 的第二项, 将 (5.1.21) 中导数移动到合适的位置, 利用恒等关系

$$\{f,g\}_p=\nabla\mathcal{O}(fg)+\mathcal{O}(f\nabla g)$$

及 (5.1.18) 中的恒等关系

$$|u|^4u-|u_{\rm lo}|^4u_{\rm lo}=\sum_{j=1}^{5}\mathcal{O}(u_{\rm hi}^{j}u_{\rm lo}^{5-j})$$

就得

$$\left\{|u|^4u-|u_{\rm lo}|^4u_{\rm lo},u_{\rm lo}\right\}_p=\sum_{j=1}^{5}\left[\nabla\mathcal{O}(u_{\rm hi}^{j}u_{\rm lo}^{6-j})+\mathcal{O}(u_{\rm hi}^{j}u_{\rm lo}^{5-j}\nabla u_{\rm lo})\right].$$

简单的粗估, 第二项中第二部分的绝对值被

$$O\left(\int_{I_0}\sum_{j=1}^{5}\iint_{|x-y|\leqslant 2R}|u_{\rm hi}(t,y)|^2|u_{\rm hi}(t,x)|^j|u_{\rm lo}(t,x)|^{5-j}|\nabla u_{\rm lo}(t,x)|\,dxdydt\right)\tag{5.6.13}$$

所控制. 然而, 根据 (5.3.5), (5.6.1) 中低频 $u_{\rm lo}$ 势能的小性估计, 容易推出:

$$\int_{\mathbb{R}^3}|u_{\rm hi}|^j|u_{\rm lo}|^{5-j}|\nabla u_{\rm lo}|\,dx\lesssim\|u_{\rm hi}\|_{L_x^6}^{j}\|u_{\rm lo}\|_{L_x^6}^{5-j}\|\nabla u_{\rm lo}\|_{L_x^6}\lesssim\|u_{\rm hi}\|_{L_x^6}^{j}\|u_{\rm lo}\|_{L_x^6}^{6-j}\lesssim\eta_3,$$

因此, 就得第二部分的控制估计

$$O((5.6.11))\leqslant O(X_R).$$

下面考虑第一部分的估计. 分部积分后, 取绝对值就知它可以被

$$\sum_{j=1}^{5} O\left(\int_{I_0}\iint_{|x-y|\leqslant 2R} \frac{|u_{\rm hi}(t,y)|^2|u_{\rm hi}(t,x)|^j|u_{\rm lo}(t,x)|^{6-j}}{|x-y|}\,dxdydt\right) \tag{5.6.14}$$

所控制. 事实上, 在分部积分过程中, 若导数作用到截断上, 出现了形如 $\dfrac{1}{|x-y|}$ 因子, 因此在区域 $|x-y|\sim R$ 上可被 $O\left(\dfrac{1}{R}\right)$ 所控制. 若导数作用到单位向量上, 第一部分可以被 (5.6.14) 所控制 (或被 (5.6.13) 的一个变形所控制, 即在低频 $u_{\rm lo}$ 中去掉 ∇). 我们暂缓估计第一部分, 转向考虑动量括号中含有 $-\dfrac{2}{3}\nabla(|u|^6-|u_{\rm lo}|^6)$ 的第一项. 分部积分, 注意到

$$\nabla_x\cdot\left(\tilde{\chi}\left(\frac{x-y}{R}\right)\frac{x-y}{|x-y|}\right)=\frac{2}{|x-y|}+O\left(\frac{1}{R}\right),\quad |x-y|\leqslant 2R,$$

该项可以写成

$$\begin{aligned}
&c_3\int_{I_0}\iint_{|x-y|\leqslant 2R}\frac{|u_{\rm hi}(t,y)|^2(|u(t,x)|^6-|u_{\rm lo}(t,x)|^6)}{|x-y|}\,dxdydt\\
&+O\left(\frac{1}{R}\int_{I_0}\iint_{|x-y|\leqslant 2R}|u_{\rm hi}(t,y)|^2\big||u(t,x)|^6-|u_{\rm lo}(t,x)|^6\big|\,dxdydt\right),
\end{aligned}$$

这里 $c_3>0$ 是一个精确正常数; 注意到去掉截断函数 $\tilde{\chi}\left(\dfrac{x-y}{R}\right)$ 所引起的误差 (支撑在 $|x-y|\leqslant 2R$ 中) 可被 (5.6.12) 控制, 这也是预料之中. 为了估计误差项, 利用 (5.1.17) 分解

$$|u(t,x)|^6-|u_{\rm lo}(t,x)|^6=|u_{\rm hi}(t,x)|^6+\sum_{j=1}^{5}\mathcal{O}(u_{\rm hi}^j(t,x)u_{\rm lo}^{6-j}(t,x)), \tag{5.6.15}$$

显然包含 $|u_{\rm hi}|^6$ 的项可以被

$$O((5.6.12))=O(X_R)$$

所控制. 利用 (5.3.5), (5.6.1) 及 Hölder 不等式, 余项满足估计

$$\left\|\sum_{j=1}^{5}\mathcal{O}(u_{\rm hi}^j(t,x)u_{\rm lo}^{6-j}(t,x))\right\|_{L^1}\leqslant O(\eta_3).$$

因此, 余项可以被

$$O((5.6.11)) = O(X_R)$$

所控制. 对于主项而言, 采用 (5.6.15), 并注意到误差项可以被 (5.6.14) 所控制, 将这些估计结合起来, 就得如下估计

$$c_1 \int_{I_0} \int_{\mathbb{R}^3} |u_{\rm hi}(t,x)|^4 \, dxdt + c_3 \int_{I_0} \iint_{|x-y|\leqslant 2R} \frac{|u_{\rm hi}(t,y)|^2 |u_{\rm hi}(t,x)|^6}{|x-y|} \, dxdydt$$

$$\lesssim X_R + \sum_{j=1}^{5} O\left(\int_{I_0} \iint_{|x-y|\leqslant 2R} \frac{|u_{\rm hi}(t,y)|^2 |u_{\rm hi}(t,x)|^j |u_{\rm lo}(t,x)|^{6-j}}{|x-y|} \, dxdydt \right).$$

利用带 ε 的 Hölder 不等式

$$|u_{\rm hi}(t,x)|^j |u_{\rm lo}(t,x)|^{6-j} \leqslant \varepsilon |u_{\rm hi}(t,x)|^6 + C(\varepsilon) |u_{\rm hi}(t,x)| |u_{\rm lo}(t,x)|^5, \quad \varepsilon \ll 1.$$

可用 $j=1$ 对应的项来控制 $j=2,3,4,5$ 对应的项, 所产生误差为 $j=6$ 对应项的小常数倍! 与此同时, 此误差项可以通过选取 ε 充分小, 用 c_3 将其吸收到左边第二项中, 这样就完成了定理 5.6.1 的证明.

下面利用定理 5.6.1 证明 (5.6.4). 如果没有形如 (5.6.8)—(5.6.12) 的误差项, 放弃 (5.6.6) 中左边的第二项 (非负), 就可以直接从定理 5.6.1 获得估计 (5.6.4). 我们期望通过连续性假设 (5.6.5) 及一些已知估计 (如: (5.3.4), (5.3.5), (5.6.1), (5.6.3)) 来证明 (5.6.8)—(5.6.12) 等误差项均可以被 $O(\eta_1)$ 控制. 业已证实这一策略 (取 $R=1$) 对于前四个误差项 (5.6.8)—(5.6.11) 是有效的. 然而, 对于第五个误差项 (5.6.12) 无效. 这就需要求助于反向 Sobolev 不等式, 确保密度 $|u_{\rm hi}|^6$ 有效地控制了密度 $|\nabla u_{\rm hi}|^2$, 从而推知 (5.6.12) 可被 (5.6.6) 左边的第二个正项有效控制. 实现该目的仅仅使用定理 5.6.1 中单一 R 值是不可能的, 需要对 R 属于某个区域的平均来实现.

现在转向证明的细节. 令 $J = J(\eta_1, \eta_2) \gg 1$ 是一个充分大的整数①, 分别对二进制半径 $R = 1, 2, \cdots, 2^J$ 使用定理 5.6.1. 关于 R 取平均就得

$$\int_{I_0} \int_{\mathbb{R}^3} |u_{\rm hi}|^4 \, dxdt + Y \lesssim X, \tag{5.6.16}$$

这里正量 Y 具有如下表示

$$Y \triangleq \frac{1}{J} \sum_{1\leqslant R\leqslant 2^J} \int_{I_0} \iint_{|x-y|\leqslant 2R} \frac{|u_{\rm hi}(t,y)|^2 |u_{\rm hi}(t,x)|^6}{|x-y|} \, dxdydt$$

① 但是, J 不能特别大, 具体地讲, 形如 η_3 的因子就可以抵消由于依赖 J 所导致的损失.

(R 求和总表示二进数求和), X 具有如下表示:

$$X \triangleq \eta_3^3 \tag{5.6.17}$$

$$+ \sup_{1\leqslant R\leqslant 2^J} \int_{I_0} \iint_{|x-y|\leqslant 2R} \frac{|u_{\rm hi}(t,y)|^2 |u_{\rm lo}(t,x)|^5 |u_{\rm hi}(t,x)|}{|x-y|}\, dxdydt \tag{5.6.18}$$

$$+ \sup_{1\leqslant R\leqslant 2^J} \sum_{j=0}^{4} \int_{I_0} \iint_{|x-y|\leqslant 2R} |u_{\rm hi}(t,y)||P_{\rm hi}\mathcal{O}(u_{\rm hi}^j u_{\rm lo}^{5-j})(t,y)|$$

$$\times |u_{\rm hi}(t,x)||\nabla u_{\rm hi}(t,x)|\, dxdydt \tag{5.6.19}$$

$$+ \sup_{1\leqslant R\leqslant 2^J} \int_{I_0} \iint_{|x-y|\leqslant 2R} |u_{\rm hi}(t,y)||P_{\rm lo}\mathcal{O}(u_{\rm hi}^5)(t,y)||u_{\rm hi}(t,x)||\nabla u_{\rm hi}(t,x)|\, dxdydt \tag{5.6.20}$$

$$+ \eta_3^{1/10} \sup_{1\leqslant R\leqslant 2^J} \frac{1}{R} \int_{I_0} \left(\sup_{x\in\mathbb{R}^3} \int_{B(x,2R)} |u_{\rm hi}(t,y)|^2\, dy \right) dt \tag{5.6.21}$$

$$+ \frac{1}{J} \sum_{1\leqslant R\leqslant 2^J} \frac{1}{R} \int_{I_0} \iint_{|x-y|\leqslant 2R} |u_{\rm hi}(t,y)|^2 (|\nabla u_{\rm hi}(t,x)|^2 + |u_{\rm hi}(t,x)|^6)\, dxdydt, \tag{5.6.22}$$

对 (5.6.18)—(5.6.21) 取上确界, 直接控制了相应的平均

$$\frac{1}{J} \sum_{1\leqslant R\leqslant 2^J} \cdot\ ,$$

对于这些项而言, 平均并不重要①.

粗略地讲, (5.6.17)—(5.6.22) 是依照其估计的难易程度排序 (从易到难). 然而, 我们更乐意利用命题 5.3.7 中得到的反向 Sobolev 不等式处理最困难项 (5.6.22), 证明它可以被更简单的项来控制.

引理 5.6.3 我们有估计

$$(5.6.21) + (5.6.22) \lesssim \eta_1^{1/100}(Y+W),$$

这里

$$W \triangleq \sup_{1\leqslant R\leqslant C(\eta_1,\eta_2)2^J} \frac{1}{R} \int_{I_0} \left(\sum_{x\in \frac{R}{100}\mathbb{Z}^3} \left(\int_{B(x,3R)} |u_{\rm hi}(t,y)|^2\, dy \right)^{100} \right)^{1/100} dt, \tag{5.6.23}$$

① 事实上, 在这些项中, 拿出 η_3 的正次幂, 直接吸收 $R=O(2^J)$ 所导致的损失, 理由是 J 仅仅依赖于 η_1 和 η_2.

并且 $\frac{R}{100}\mathbb{Z}^3$ 表示整数格点 $\mathbb{Z}^3$ 通过 $R/100$-伸缩而得到的格点.

证明 先处理 (5.6.21). 对于任意的 $x \in \mathbb{R}^3$, 存在 $x' \in \frac{R}{100}\mathbb{Z}^3$ 使得

$$B(x, 2R) \subset B(x', 3R).$$

注意到 $\ell^{100} \hookrightarrow \ell^\infty$, 易见

$$\frac{1}{R}\sup_{x\in\mathbb{R}^3}\int_{B(x,2R)} |u_{\rm hi}(t,y)|^2\, dy \lesssim \frac{1}{R}\left(\sum_{x'\in\frac{R}{100}\mathbb{Z}^3}\left(\int_{B(x',3R)}|u_{\rm hi}(t,y)|^2\, dy\right)^{100}\right)^{1/100},$$

注意到 $\eta_3^{1/10} \ll \eta_1^{1/100}$, 就得相应的控制估计.

现在考虑 (5.6.22) 对应的估计. 将其改写成

$$\frac{1}{J}\sum_{1\leqslant R\leqslant 2^J}\frac{1}{R}\int_{I_0}\int_{\mathbb{R}^3}|u_{\rm hi}(t,y)|^2 e_{\rm hi}(t,y,2R)\, dydt, \tag{5.6.24}$$

这里局部能量 $e_{\rm hi}(t,y,2R)$ 表示为

$$e_{\rm hi}(t,y,2R) \triangleq \int_{B(y,2R)}\left[|\nabla u_{\rm hi}(t,x)|^2 + |u_{\rm hi}(t,x)|^6\right] dx. \tag{5.6.25}$$

用 $e(t,y,2R)$ 表示 u 对应的局部能量 (用 u 来替代 $u_{\rm hi}$). 按照局部能量的尺寸, 将积分分解成区域 $e_{\rm hi}(t,y,2R) \lesssim \eta_1$ 与 $e_{\rm hi}(t,y,2R) \gg \eta_1$ 上的积分.

大能量正域分析

先考虑大能量区域 $e_{\rm hi}(t,y,2R) \gg \eta_1$. 根据 (5.6.2), 对于 $e(t,y,2R)$ 具有相同的下界. 对于此区域中的任意点 (t,y), 利用命题 5.3.7 就得

$$\begin{aligned}\int_{B(y,2R)}|\nabla u(t,x)|^2 dx &\lesssim \eta_1 + C(\eta_1,\eta_2)\int_{B(y,C(\eta_1,\eta_2)R)}|u(t,x)|^6 dx\\ &\leqslant \frac{1}{2}e(t,y,2R) + C(\eta_1,\eta_2)\int_{B(y,C(\eta_1,\eta_2)R)}|u(t,x)|^6 dx,\end{aligned}$$

这就意味着

$$\int_{B(y,2R)}|\nabla u(t,x)|^2 dx \lesssim C(\eta_1,\eta_2)\int_{B(y,C(\eta_1,\eta_2)R)}|u(t,x)|^6 dx.$$

根据 (5.6.2), 容易推出

$$
\begin{aligned}
\eta_1 &\ll \int_{B(y,2R)} |\nabla u_{\mathrm{hi}}(t,x)|^2 dx \lesssim \int_{B(y,2R)} |\nabla u(t,x)|^2 dx + \int_{B(y,2R)} |\nabla u_{\mathrm{lo}}(t,x)|^2 dx \\
&\lesssim C(\eta_1,\eta_2) \int_{B(y,C(\eta_1,\eta_2)R)} |u(t,x)|^6 dx + \int_{B(y,2R)} |\nabla u_{\mathrm{lo}}(t,x)|^2 dx \\
&\lesssim C(\eta_1,\eta_2) \int_{B(y,C(\eta_1,\eta_2)R)} |u_{\mathrm{hi}}(t,x)|^6 dx + C(\eta_1,\eta_2) \int_{\mathbb{R}^3} |u_{\mathrm{lo}}(t,x)|^6 dx \\
&\quad + \int_{\mathbb{R}^3} |\nabla u_{\mathrm{lo}}(t,x)|^2 dx \\
&\lesssim C(\eta_1,\eta_2) \int_{B(y,C(\eta_1,\eta_2)R)} |u_{\mathrm{hi}}(t,x)|^6 dx + C(\eta_1,\eta_2)\eta_3 + \eta_3.
\end{aligned}
$$

于是

$$
\int_{B(y,2R)} |\nabla u_{\mathrm{hi}}(t,x)|^2 dx \lesssim C(\eta_1,\eta_2) \int_{B(y,C(\eta_1,\eta_2)R)} |u_{\mathrm{hi}}(t,x)|^6 dx.
$$

因此, (5.6.22) 在大能量区域上的控制估计如下:

$$
\begin{aligned}
(5.6.22) &\lesssim C(\eta_1,\eta_2) \frac{1}{J} \sum_{1\leqslant R\leqslant 2^J} \frac{1}{R} \int_{I_0} \iint_{|x-y|\lesssim C(\eta_1,\eta_2)R} |u_{\mathrm{hi}}(t,y)|^2 |u_{\mathrm{hi}}(t,x)|^6 \, dxdydt \\
&\lesssim (C(\eta_1,\eta_2))^2 \frac{1}{J} \sum_{1\leqslant R\leqslant C(\eta_1,\eta_2)2^J} A_R \quad (R \longmapsto C(\eta_1,\eta_2)R),
\end{aligned} \tag{5.6.26}
$$

这里

$$
A_R \triangleq \frac{1}{R} \int_{I_0} \iint_{|x-y|\leqslant R} |u_{\mathrm{hi}}(t,y)|^2 |u_{\mathrm{hi}}(t,x)|^6 \, dxdydt.
$$

为了获得形如 $\eta_1^{1/100}(Y+W)$ 而不仅仅是形如 $O(Y)$ 的控制, 需要开发关于 R 的平均 [①]的功能. 对于任意的 R', 总有

$$
\begin{aligned}
\sum_{1\leqslant R\leqslant R'} A_R &= \sum_{1\leqslant R\leqslant R'} \frac{1}{R} \int_{I_0} \iint_{|x-y|\leqslant R} |u_{\mathrm{hi}}(t,y)|^2 |u_{\mathrm{hi}}(t,x)|^6 \, dxdydt \\
&= \sum_{1\leqslant R\leqslant R'} \sum_{j=-\infty}^{0} \frac{1}{R} \int_{I_0} \iint_{2^{j-1}R\leqslant|x-y|\leqslant 2^j R} |u_{\mathrm{hi}}(t,y)|^2 |u_{\mathrm{hi}}(t,x)|^6 \, dxdydt
\end{aligned}
$$

① 关键在于只要 A_R 含有因子 $1/R$, Y 中的量就具有一个更大的因子 $1/|x-y|$. 对 R 平均的功能是: 平均之后, $1/|x-y|$ 就可控制前面的因子 $1/R$.

$$\leqslant \sum_{1\leqslant R\leqslant R'} \sum_{j=-\infty}^{0} 2^j \int_{I_0} \iint_{2^{j-1}R\leqslant|x-y|\leqslant 2^jR} \frac{|u_{\rm hi}(t,y)|^2|u_{\rm hi}(t,x)|^6}{|x-y|}\,dxdydt$$

$$= \sum_{j=-\infty}^{0} 2^j \sum_{1\leqslant R\leqslant R'} \int_{I_0} \iint_{2^{j-1}R\leqslant|x-y|\leqslant 2^jR} \frac{|u_{\rm hi}(t,y)|^2|u_{\rm hi}(t,x)|^6}{|x-y|}\,dxdydt$$

$$= \sum_{j=-\infty}^{0} 2^j \int_{I_0} \iint_{2^{j-1}\leqslant|x-y|\leqslant 2^jR'} \frac{|u_{\rm hi}(t,y)|^2|u_{\rm hi}(t,x)|^6}{|x-y|}\,dxdydt$$

$$= \sum_{j=-\infty}^{0} 2^j \int_{I_0} \iint_{|x-y|\leqslant R'} \frac{|u_{\rm hi}(t,y)|^2|u_{\rm hi}(t,x)|^6}{|x-y|}\,dxdydt$$

$$\lesssim \int_{I_0} \iint_{|x-y|\leqslant R'} \frac{|u_{\rm hi}(t,y)|^2|u_{\rm hi}(t,x)|^6}{|x-y|}dxdydt.$$

两边关于 $1\leqslant R'\leqslant 2^J$ 取平均, 容易看出

$$\begin{aligned}\frac{1}{J}\sum_{1\leqslant R'\leqslant 2^J}\sum_{1\leqslant R\leqslant R'} A_R \lesssim & \frac{1}{J}\sum_{1\leqslant R'\leqslant 2^J}\int_{I_0}\iint_{|x-y|\leqslant R'} \frac{|u_{\rm hi}(t,y)|^2|u_{\rm hi}(t,x)|^6}{|x-y|}dxdydt\\ \leqslant & \frac{1}{J}\sum_{1\leqslant R'\leqslant 2^J}\int_{I_0}\iint_{|x-y|\leqslant 2R'} \frac{|u_{\rm hi}(t,y)|^2|u_{\rm hi}(t,x)|^6}{|x-y|}dxdydt = Y.\end{aligned}$$

令 $1<J_0<J$ 是依赖 η_1,η_2 的待定参数. 对于任意的 $1\leqslant R\leqslant 2^{J-J_0}$, 至少存在 J_0 个 R' 参与其中, 即相应的外层平均和起码包含 $2^{J-J_0}\leqslant R'\leqslant 2^J$ 个! 由此推出

$$\frac{J_0}{J}\sum_{1\leqslant R\leqslant 2^{J-J_0}} A_R \lesssim Y.$$

这样, (5.6.26) 中 $R\leqslant 2^{J-J_0}$ 的部分贡献可以被

$$\frac{(C(\eta_1,\eta_2))^2}{J}\sum_{1\leqslant R\leqslant 2^{J-J_0}} A_R \leqslant O\left(\frac{(C(\eta_1,\eta_2))^2}{J_0}Y\right)$$

控制, 这仅需选取 $J_0=J_0(\eta_1,\eta_2)$ 充分大就能保证.

下面仅需估计 (5.6.26) 的剩余部分. 利用位能估计 (5.3.5), 选取 $J=J(\eta_1,\eta_2)$ 充分大, 即可推出

$$\frac{(C(\eta_1,\eta_2))^2}{J}\sum_{2^{J-J_0}\leqslant R\leqslant C(\eta_1,\eta_2)2^J} \frac{1}{R}\int_{I_0}\iint_{|x-y|\leqslant R} |u_{\rm hi}(t,y)|^2|u_{\rm hi}(t,x)|^6dxdydt$$

$$\leqslant \frac{C(\eta_1,\eta_2,J_0)}{J} \sup_{1\leqslant R\leqslant C(\eta_1,\eta_2)2^J} \frac{1}{R}\int_{I_0}\int \sup_{x\in\mathbb{R}^3}\left(\int_{B(x,R)}|u_{\mathrm{hi}}(t,y)|^2dy\right)|u_{\mathrm{hi}}(t,x)|^6dxdt$$

$$\lesssim \frac{C(\eta_1,\eta_2,J_0)}{J} \sup_{1\leqslant R\leqslant C(\eta_1,\eta_2)2^J} \frac{1}{R}\left(\int_{I_0}\sup_{x\in\mathbb{R}^3}\left(\int_{B(x,R)}|u_{\mathrm{hi}}(t,y)|^2dy\right)dt\right)$$

$$\lesssim \frac{1}{J}C(\eta_1,\eta_2,J_0)W$$

$$\lesssim \eta_1^{1/100}W.$$

小能量区域分析

最后考虑(5.6.24)在低能量区域的贡献:

$$\frac{1}{J}\sum_{1\leqslant R\leqslant 2^J}\frac{1}{R}\int_{I_0}\int_{\{y\in\mathbb{R}^3;\ e_{\mathrm{hi}}(t,y,2R)\lesssim\eta_1\}}|u_{\mathrm{hi}}(t,y)|^2e_{\mathrm{hi}}(t,y,2R)\ dydt.$$

注意到 y 满足 $e_{\mathrm{hi}}(t,y,2R)\lesssim\eta_1$, 总存在 $y'\in\dfrac{R}{100}\mathbb{Z}^3$ 使得

$$y\in B(y',R)\subseteq B(y,2R)\subset B(y',3R)\Longrightarrow e_{\mathrm{hi}}(t,y,2R)\lesssim\min(\eta_1,e_{\mathrm{hi}}(t,y',3R)).$$

因此,

$$\frac{1}{J}\sum_{1\leqslant R\leqslant 2^J}\frac{1}{R}\int_{I_0}\int_{\{y\in\mathbb{R}^3;\ e_{\mathrm{hi}}(t,y,2R)\lesssim\eta_1\}}|u_{\mathrm{hi}}(t,y)|^2e_{\mathrm{hi}}(t,y,2R)\ dydt$$

$$\lesssim\frac{1}{J}\sum_{1\leqslant R\leqslant 2^J}\frac{1}{R}\int_{I_0}\sum_{y'\in\frac{R}{100}\mathbb{Z}^3}\min(\eta_1,e_{\mathrm{hi}}(t,y',3R))\int_{B(y',3R)}|u_{\mathrm{hi}}(t,y)|^2\ dydt.$$

注意到

$$\min(\eta_1,e_{\mathrm{hi}}(\cdot))^{100/99}\leqslant\eta_1^{1/99}e_{\mathrm{hi}}(\cdot),$$

利用 (5.3.4), 我们有

$$\left(\sum_{y'\in\frac{R}{100}\mathbb{Z}^3}\min(\eta_1,e_{\mathrm{hi}}(t,y',3R))^{100/99}\right)^{99/100}\lesssim\eta_1^{1/100}\left(\sum_{y'\in\frac{R}{100}\mathbb{Z}^3}e_{\mathrm{hi}}(t,y',3R)\right)^{99/100}$$

$$\lesssim\eta_1^{1/100}.$$

利用离散型 Hölder 不等式, 就得

$$\frac{1}{J}\sum_{1\leqslant R\leqslant 2^J}\frac{1}{R}\int_{I_0}\int_{\{y\in\mathbb{R}^3;\ e_{\mathrm{hi}}(t,y,2R)\lesssim\eta_1\}}|u_{\mathrm{hi}}(t,y)|^2e_{\mathrm{hi}}(t,y,2R)\ dydt\lesssim O(\eta_1^{1/100}W).$$

□

根据上面建立的所有估计, Y 可以吸收右边出现的 $\eta_1^{1/100}Y$, 整理即得

$$\int_{I_0}\int_{\mathbb{R}^3}|u_{\rm hi}|^4\,dxdt\lesssim\eta_3^3+(5.6.18)+(5.6.19)+(5.6.20)+\eta_1^{1/100}W. \tag{5.6.27}$$

这样, 问题就归结为证明 (5.6.18)—(5.6.20) 均可被 $O(\eta_1)$ 控制, 而因子 $\eta_1^{1/100}$ 的存在可以确保 W 被较弱上界 $O(C_0\eta_1)$ 控制. (这是反向 Sobolev 不等式的主要功能, 常数 C_0 是连续性假设 (5.6.5) 中出现的常数.)

正如上面的讨论, 估计(5.6.18)—(5.6.20) 从易到难, 并且 W 仍然是最困难的. 为了给出它们的估计, 自然需要 $u_{\rm hi}$ 与 $u_{\rm lo}$ 具有更好的时空估计. 尽管我们已经获得了这些项的估计, 例如: (5.6.5), (5.3.4), (5.3.5), (5.6.2), (5.6.3), 但是, 这些估计不能直接用来估计 (5.6.18)—(5.6.20) 及 W. 因此, 必须利用方程 (5.1.1) 与 Strichartz 估计和连续性(5.6.5) 来建立进一步的时空可积性, 这正是 5.6.2 节的主要目的.

5.6.2 相互作用 Morawetz 估计-Strichartz 控制性估计

现在着手估计 (5.6.18)—(5.6.20) 与 W. 理想情形是借助于 (5.6.5) 与 Strichartz 估计, 证明 u 与自由 Schrödinger 方程的解享有同样的时空估计. 然而, (5.6.5) 关于能量而言是超临界的 (粗略地讲, 它具有 $\dot{H}^{1/4}$-伸缩不变性, 而非 $\dot{H}^1$-伸缩不变性). 因此, 使用高频同时也必须接受高频 $u_{\rm hi}$ 所导致的导数损失. 满足 (5.6.5) 的模型 u 就是拟孤立子 (pseudo-soliton) 解, 这里 u 在时空区域 $|x|=O(N^{-1})$, $t=O(N)$ 上具有尺度 $|u(t,x)|\sim N^{1/2}$, $\hat{u}$ 的支集属于 $|\xi|\sim N$, 这里 $N\gg 1$. 然而, 可以证明在不计高频外力的前提下, u 的行为类似于自由 Schrödinger 方程的解, 其中模去的高频外力项是 $L_t^2L_x^1$ 可控的, 但在对偶 Strichartz 空间中是不可控制的!

下面出现的常数 C_0 均源于 (5.6.5), 即连续性假设中高频 $\|u_{\rm hi}\|_{L^4}$ 的控制常数. 从 Strichartz 估计的观点, 解的低频 $u_{\rm lo}$ 的行为接近于自由方程的解, 我们先给出低频 $u_{\rm lo}$ 的估计.

命题 5.6.4(低频部分的估计) 令 $u_{\rm hi},u_{\rm lo}$ 如同 5.6.1 节中的定义, 有

$$\|\nabla u_{\rm lo}\|_{L_t^2L_x^6(I_0\times\mathbb{R}^3)}\lesssim C_0^{1/2}\eta_1^{1/2} \tag{5.6.28}$$

及

$$\|u_{\rm lo}\|_{L_t^4L_x^\infty(I_0\times\mathbb{R}^3)}\lesssim\eta_3^{1/2}. \tag{5.6.29}$$

事实上, 我们还有稍微一般的结论, 即: 对于所有 $u_{\leqslant N}$, $N\sim 1$, 估计 (5.6.28), (5.6.29) 仍然成立.

注意到 $L_t^4L_x^\infty$ 估计中包含 η_3 一个正次方幂, 这在克服含 R 的损失估计中起着重要的吸收功能.

证明 无妨假设 $N \geqslant 1$, 对于 $N < 1$ 结论自然成立. 令

$$Z \triangleq \|u_{\leqslant N}\|_{\dot{S}^1} \implies \|\nabla u_{\leqslant N}\|_{L_t^2 L_x^6(I_0 \times \mathbb{R}^3)} + \|u_{\leqslant N}\|_{L_t^4 L_x^\infty(I_0 \times \mathbb{R}^3)} \leqslant Z. \tag{5.6.30}$$

根据 Strichartz 估计(5.2.7), (5.2.4) 及 (5.6.1), 易见

$$\begin{aligned} Z &\lesssim \|u_{\leqslant N}(t_0)\|_{\dot{H}_x^1} + \|\nabla P_{\leqslant N}(|u|^4 u)\|_{L_t^2 L_x^{6/5}(I_0 \times \mathbb{R}^3)} \\ &\leqslant \eta_3 + \|\nabla P_{\leqslant N}(|u|^4 u)\|_{L_t^2 L_x^{6/5}(I_0 \times \mathbb{R}^3)}. \end{aligned}$$

现在考虑非线性估计. 分解 $u = u_{\leqslant N} + u_{>N}$, 采用 (5.1.18) 把非线性部分写成:

$$\nabla P_{\leqslant N}(|u|^4 u) = \sum_{j=0}^{5} \nabla P_{\leqslant N} \mathcal{O}(u_{>N}^j u_{\leqslant N}^{5-j}).$$

先考虑 $j = 0$ 对应的估计. 去掉 $P_{\leqslant N}$, 利用 Leibniz 法则与 Hölder 不等式, 就得

$$\begin{aligned} \|\nabla P_{\leqslant N} \mathcal{O}(u_{\leqslant N}^5)\|_{L_t^2 L_x^{6/5}(I_0 \times \mathbb{R}^3)} &\lesssim \|\mathcal{O}(u_{\leqslant N}^4 \nabla u_{\leqslant N})\|_{L_t^2 L_x^{6/5}(I_0 \times \mathbb{R}^3)} \\ &\lesssim \|u_{\leqslant N}\|_{L_t^\infty L_x^6(I_0 \times \mathbb{R}^3)}^4 \|\nabla u_{\leqslant N}\|_{L_t^2 L_x^6(I_0 \times \mathbb{R}^3)} \\ &\lesssim O(\eta_3^4 Z), \end{aligned}$$

这里用到了 (5.6.1) 与 (5.6.30).

其次, 考虑 $j = 1$ 对应的估计. 利用势能的有界性、低频的小能量估计 (5.6.1) 及 Z 的定义, 类似地, 有

$$\begin{aligned} &\|\nabla P_{\leqslant N} \mathcal{O}(u_{\leqslant N}^4 u_{>N})\|_{L_t^2 L_x^{6/5}(I_0 \times \mathbb{R}^3)} \\ \lesssim\ &\|\mathcal{O}(u_{\leqslant N}^4 \nabla u_{>N})\|_{L_t^2 L_x^{6/5}(I_0 \times \mathbb{R}^3)} + \|\mathcal{O}(u_{\leqslant N}^3 u_{>N} \nabla u_{\leqslant N})\|_{L_t^2 L_x^{6/5}(I_0 \times \mathbb{R}^3)} \\ \lesssim\ &\|u_{\leqslant N}\|_{L_t^4 L_x^\infty(I_0 \times \mathbb{R}^3)}^2 \|u_{\leqslant N}\|_{L_t^\infty L_x^6(I_0 \times \mathbb{R}^3)}^2 \|\nabla u_{>N}\|_{L_t^\infty L_x^2(I_0 \times \mathbb{R}^3)} \\ &+ \|u_{\leqslant N}\|_{L_t^\infty L_x^6(I_0 \times \mathbb{R}^3)}^3 \|u_{>N}\|_{L_t^\infty L_x^6(I_0 \times \mathbb{R}^3)} \|\nabla u_{\leqslant N}\|_{L_t^2 L_x^6(I_0 \times \mathbb{R}^3)} \\ \lesssim\ &O(\eta_3^2 Z^2 + \eta_3^3 Z). \end{aligned}$$

下面考虑 $j = 2, 3, 4, 5$ 对应的逐项估计. 注意到(5.6.5), (5.3.5), 利用 Bernstein 不等式 $(N \sim 1)$ 及 Hölder 不等式, 直接推出

$$\begin{aligned} &\|\nabla P_{\leqslant N} \mathcal{O}(u_{\leqslant N}^{5-j} u_{>N}^j)\|_{L_t^2 L_x^{6/5}(I_0 \times \mathbb{R}^3)} \\ \lesssim\ &\|\mathcal{O}(u_{\leqslant N}^{5-j} u_{>N}^j)\|_{L_t^2 L_x^1(I_0 \times \mathbb{R}^3)} \end{aligned}$$

$$\lesssim \|u_{>N}\|^2_{L^4_tL^4_x(I_0\times\mathbb{R}^3)}\|u_{>N}\|^{j-2}_{L^\infty_tL^6_x(I_0\times\mathbb{R}^3)}\|u_{\leqslant N}\|^{5-j}_{L^\infty_tL^6_x(I_0\times\mathbb{R}^3)}$$
$$\lesssim O(C_0^{1/2}\eta_1^{1/2})$$

(虽然对 $j=2,3,4$ 可以给出更好的估计, 但是这里无意开发它). 结合这些估计, 容易推出

$$Z\lesssim \eta_3+\eta_3^4Z+\eta_3^2Z^2+\eta_3^3Z+C_0^{1/2}\eta_1^{1/2},$$

利用标准的连续性方法, 上式意味着

$$Z\lesssim C_0^{1/2}\eta_1^{1/2}.$$

这就证明了(5.6.28). 下面尚需估计 (5.6.29) 中包含 η_3 的正数次幂!

为了获得估计 (5.6.29), 利用插值定理就得

$$\begin{aligned}\|u_{\leqslant N}\|_{L^4_tL^\infty_x}&\lesssim \|\nabla u_{\leqslant N}\|^{\frac12}_{L^\infty(I;L^2)}\left(\sum_N\|P_N\nabla u_{\leqslant N}\|^2_{L^2_t(I_0)L^6_x}\right)^{\frac14}\\&\lesssim \|\nabla u_{\leqslant N}\|^{\frac12}_{L^\infty(I;L^2)}\|u_{\leqslant N}\|^{\frac12}_{\dot S^1}\leqslant \|\nabla u_{\leqslant N}\|^{\frac12}_{L^\infty(I;L^2)}Z^{\frac12}\\&\lesssim \eta_3^{\frac12}\end{aligned}$$

因此, 就完成了命题的证明. □

高频部分的估计. 显然, 不可能通过一个单一的 Strichartz 范数来控制非线性项对应的高频部分. 取而代之的是将其分解成两个部分, 分别用不同的时空 Lebesgue 范数来估计, 详见引理 5.2.2.

命题 5.6.5 *存在分解式*

$$P_{\rm hi}(|u|^4u)=F+G,\quad {\rm supp}\hat F,\ {\rm supp}\hat G\subset\{\xi:\ |\xi|\gtrsim 1\}$$

满足

$$\|\nabla F\|_{L^2_tL^{6/5}_x(I_0\times\mathbb{R}^3)}\lesssim \eta_3^{1/2}$$

及

$$\|G\|_{L^2_tL^1_x(I_0\times\mathbb{R}^3)}\lesssim C_0^{1/2}\eta_1^{1/2}.$$

在分解式中, F 是远好于 G. 事实上, 假如 G 不出现, 利用 Strichartz 估计 (5.2.7) 就直接得到 $\|u_{\rm hi}\|_{L^{10}_{t,x}}$ 估计. 因此, 若视 F 为第一次逼近, 事实上可以忽略 F 的存在. 非线性估计 $\|P_{\rm hi}(|u|^4u)\|_{L^2_tL^1_x}$ 是主要的. 然而, $L^2_tL^1_x$ 并非 $\dot S^1$ 层次上的某个对偶空间. 需要指出, $\eta_1^{\frac12}$ 估计最终决定了 5.6.4 节中估计 (5.3.23) 右边出现的 η_1.

证明 分解 $u = u_{\mathrm{lo}} + u_{\mathrm{hi}}$, 利用 (5.1.18) 就得如下分解:

$$P_{\mathrm{hi}}(|u|^4 u) = \sum_{j=0}^{5} P_{\mathrm{hi}}\mathcal{O}(u_{\mathrm{hi}}^j u_{\mathrm{lo}}^{5-j}).$$

先考虑 $j=0$ 对应的估计. 利用命题 5.6.4 及能量估计, 直接估计就得

$$\begin{aligned}
\|\nabla P_{\mathrm{hi}}\mathcal{O}(u_{\mathrm{lo}}^5)\|_{L_t^2 L_x^{6/5}(I_0\times\mathbb{R}^3)} &\lesssim \|\mathcal{O}(u_{\mathrm{lo}}^4 \nabla u_{\mathrm{lo}})\|_{L_t^2 L_x^{6/5}(I_0\times\mathbb{R}^3)} \\
&\lesssim \|u_{\mathrm{lo}}\|_{L_t^4 L_x^\infty(I_0\times\mathbb{R}^3)}^2 \|u_{\mathrm{lo}}\|_{L_t^\infty L_x^6(I_0\times\mathbb{R}^3)}^2 \|\nabla u_{\mathrm{lo}}\|_{L_t^\infty L_x^2(I_0\times\mathbb{R}^3)} \\
&\lesssim O(\eta_3^{\frac{7}{2}}).
\end{aligned}$$

因此, 此项可以视为 F 的一部分, 或将其放在 F 之中.

其次, 考虑 $j=1$ 对应的估计. 利用命题 5.6.4、能量估计及 (5.6.1), 直接估计就得

$$\begin{aligned}
&\|\nabla P_{\mathrm{hi}}\mathcal{O}(u_{\mathrm{lo}}^4 u_{\mathrm{hi}})\|_{L_t^2 L_x^{6/5}(I_0\times\mathbb{R}^3)} \\
\lesssim\ & \|\mathcal{O}(u_{\mathrm{lo}}^4 \nabla u_{\mathrm{hi}})\|_{L_t^2 L_x^{6/5}(I_0\times\mathbb{R}^3)} \\
&+ \|\mathcal{O}(u_{\mathrm{lo}}^3 u_{\mathrm{hi}} \nabla u_{\mathrm{lo}})\|_{L_t^2 L_x^{6/5}(I_0\times\mathbb{R}^3)} \\
\lesssim\ & \|u_{\mathrm{lo}}\|_{L_t^4 L_x^\infty(I_0\times\mathbb{R}^3)}^2 \|u_{\mathrm{lo}}\|_{L_t^\infty L_x^6(I_0\times\mathbb{R}^3)}^2 \|\nabla u_{\mathrm{hi}}\|_{L_t^\infty L_x^2(I_0\times\mathbb{R}^3)} \\
&+ \|u_{\mathrm{lo}}\|_{L_t^\infty L_x^6(I_0\times\mathbb{R}^3)}^3 \|u_{\mathrm{hi}}\|_{L_t^\infty L_x^6(I_0\times\mathbb{R}^3)} \|\nabla u_{\mathrm{lo}}\|_{L_t^2 L_x^6(I_0\times\mathbb{R}^3)} \\
\lesssim\ & O(\eta_3^3).
\end{aligned}$$

因此, 此项亦可以视为 F 的一部分, 或将其放在 F 之中.

最后, 来考虑 $j=2,3,4,5$ 对应的估计. 利用 (5.6.5) 及能量, 容易推得

$$\begin{aligned}
\|P_{\mathrm{hi}}\mathcal{O}(u_{\mathrm{hi}}^j u_{\mathrm{lo}}^{5-j})\|_{L_t^2 L_x^1(I_0\times\mathbb{R}^3)} &\lesssim \|u_{\mathrm{hi}}\|_{L_t^4 L_x^4(I_0\times\mathbb{R}^3)}^2 \|u_{\mathrm{hi}}\|_{L_t^\infty L_x^6(I_0\times\mathbb{R}^3)}^{j-2} \|u_{\mathrm{lo}}\|_{L_t^\infty L_x^6(I_0\times\mathbb{R}^3)}^{5-j} \\
&\lesssim O(C_0^{1/2}\eta_1^{1/2}).
\end{aligned}$$

因此, 此项可以视为 G 的一部分, 或将其放在 G 之中. □

推论 5.6.6 对于任意的 $N \geqslant 1$, 有

$$\|u_N\|_{L_t^2 L_x^6(I_0\times\mathbb{R}^3)} \lesssim C_0^{1/2} N^{1/2} \eta_1^{1/2}. \tag{5.6.31}$$

证明 利用 Strichartz 估计与命题 5.6.5, 就得

$$\|u_N\|_{L_t^2 L_x^6(I_0\times\mathbb{R}^3)} \lesssim \|u_N(t_0)\|_{L_x^2(\mathbb{R}^3)} + \|P_N F\|_{L_t^2 L_x^{6/5}(I_0\times\mathbb{R}^3)} + \|P_N G\|_{L_t^2 L_x^{6/5}(I_0\times\mathbb{R}^3)}.$$

显然, 第一项可以被 (5.6.3) 所控制. 根据命题 5.6.5, 第二项可以被 $O(\eta_3^{1/2}N^{-1})$ 控制. 根据 Bernstein 估计及命题 5.6.5, 第三项可以被 $O(C_0^{1/2}N^{1/2}\eta_1^{1/2})$ 所控制. 因此, 就得推论的证明. □

5.6.3 相互作用的 Morawetz: 余项的估计

接下来证明相对简单的余项 (5.6.18), (5.6.19), (5.6.20) 对应的估计, 它们可以被 $O(\eta_1)$ 控制, 自然被 (5.6.4) 的右边所控制. 然而, 误差项 W 的估计相当困难, 将在 5.6.4 节中专门处理.

- (5.6.18) **的估计.**

需要证明

$$\int_{I_0}\iint_{|x-y|\leqslant 2R}\frac{|u_{\mathrm{hi}}(t,y)|^2|u_{\mathrm{lo}}(t,x)|^5|u_{\mathrm{hi}}(t,x)|}{|x-y|}\,dxdydt\lesssim\eta_1,\quad\forall\,1\leqslant R\leqslant 2^J.$$

由于该项局部化在球 $|x-y|\leqslant 2R$ 内, 处理相当简单. 事实上, 在 $B(0,2R)$ 上, 核函数 $\dfrac{1}{|x|}$ 的 L_x^1 范数相当于 $O(R^2)\leqslant O(2^{2J})$. 因此, 利用 Young 不等式与 Cauchy-Schwarz 不等式, 容易推知

$$\iint_{|x-y|\leqslant 2R}\frac{F(x)G(y)}{|x-y|}\,dxdy\lesssim R^2\|F\|_{L_x^2}\|G\|_{L_x^2},\quad\forall F,G.$$

特别,

$$\begin{aligned}&\int_{I_0}\iint_{|x-y|\leqslant 2R}\frac{|u_{\mathrm{hi}}(t,y)|^2|u_{\mathrm{lo}}(t,x)|^5|u_{\mathrm{hi}}(t,x)|}{|x-y|}\,dxdydt\\&\lesssim 2^{2J}\int_{I_0}\|u_{\mathrm{hi}}(t)\|_{L_x^4}^2\big\||u_{\mathrm{lo}}|^5|u_{\mathrm{hi}}|(t)\big\|_{L_x^2}\,dt.\end{aligned}$$

利用 Hölder 不等式及 (5.6.3), 就得

$$\big\||u_{\mathrm{lo}}|^5|u_{\mathrm{hi}}|(t)\big\|_{L_x^2}\lesssim\|u_{\mathrm{lo}}(t)\|_{L_x^\infty}^5\|u_{\mathrm{hi}}(t)\|_{L_x^2}\lesssim\eta_3\|u_{\mathrm{lo}}(t)\|_{L_x^\infty}^5.$$

从 $\|u_{\mathrm{lo}}(t)\|_{L_x^\infty}^5$ 中分离出 3 个, 利用能量估计与 Bernstein 不等式, 就得

$$\|u_{\mathrm{lo}}(t)\|_{L_x^\infty}^3\lesssim\eta_3^3\lesssim 1.$$

结合上述估计, 注意到关于时间的 Hölder 不等式, 即得

$$\int_{I_0}\iint_{|x-y|\leqslant 2R}\frac{|u_{\mathrm{hi}}(t,y)|^2|u_{\mathrm{lo}}(t,x)|^5|u_{\mathrm{hi}}(t,x)|}{|x-y|}\,dxdydt$$

$$\lesssim 2^{2J}\eta_3^4\|u_{\text{hi}}\|^2_{L_t^4L_x^4(I_0\times\mathbb{R}^3)}\|u_{\text{lo}}\|^2_{L_t^4L_x^\infty(I_0\times\mathbb{R}^3)}.$$

进而利用 (5.6.5) 及命题 5.6.4, 我们推知

$$\begin{aligned}&\int_{I_0}\iint_{|x-y|\leqslant 2R}\frac{|u_{\text{hi}}(t,y)|^2|u_{\text{lo}}(t,x)|^5|u_{\text{hi}}(t,x)|}{|x-y|}\,dxdydt\\&\lesssim 2^{2J}\eta_3(C_0\eta_1)^{\frac12}\eta_3\lesssim (C_0\eta_1)^{\frac12}\eta_3,\end{aligned}$$

这里用到 η_3 可以吸收 2^{2J}(用到 $J=J(\eta_1,\eta_2)$). 这就给出了 (5.6.18) 处理.

- (5.6.19) **的估计.**

现在着手处理 (5.6.19). 对于任意的 $j=0,1,2,3,4$ 及 $1\leqslant R\leqslant 2^J$, 必须证明:

$$\int_{I_0}\iint_{|x-y|\leqslant 2R}|u_{\text{hi}}(t,y)||P_{\text{hi}}\mathcal{O}(u_{\text{hi}}^ju_{\text{lo}}^{5-j})(t,y)||u_{\text{hi}}(t,x)||\nabla u_{\text{hi}}(t,x)|\,dxdydt\lesssim\eta_1.$$

先考虑 $j=1,2,3,4$ 的情形. 利用能量估计与 Hölder 不等式, 容易看出

$$\int_{B(y,2R)}|u_{\text{hi}}(t,x)||\nabla u_{\text{hi}}(t,x)|\,dx\lesssim R^{3/4}\|u_{\text{hi}}(t)\|_{L_x^4}\|\nabla u_{\text{hi}}(t)\|_{L_x^2}\lesssim R^{3/4}\|u_{\text{hi}}(t)\|_{L_x^4}.$$

因此, 问题就归结于证明断言

$$R^{\frac34}\int_{I_0}\|u_{\text{hi}}(t)\|_{L_x^4}\int_{\mathbb{R}^3}|u_{\text{hi}}(t,y)||P_{\text{hi}}\mathcal{O}(u_{\text{hi}}^ju_{\text{lo}}^{5-j})(t,y)|\,dydt\lesssim\eta_1.$$

事实上,

$$\begin{aligned}\text{上式左边}&\lesssim R^{\frac34}\|u_{\text{hi}}\|^3_{L_t^4L_x^4(I_0\times\mathbb{R}^3)}\|u_{\text{lo}}\|_{L_t^4L_x^\infty(I_0\times\mathbb{R}^3)}\|u_{\text{hi}}\|^{j-1}_{L_t^\infty L_x^6(I_0\times\mathbb{R}^3)}\|u_{\text{lo}}\|^{4-j}_{L_t^\infty L_x^6(I_0\times\mathbb{R}^3)}\\&\lesssim R^{\frac34}\|u_{\text{hi}}\|^3_{L_t^4L_x^4(I_0\times\mathbb{R}^3)}\|u_{\text{lo}}\|_{L_t^4L_x^\infty(I_0\times\mathbb{R}^3)}.\end{aligned}$$

利用 (5.6.5) 与命题 5.6.4, 再次使用 η_3 可以吸收 R 的性质, 就得

$$\text{上式左边}\lesssim R^{\frac34}\|u_{\text{hi}}\|^3_{L_t^4L_x^4(I_0\times\mathbb{R}^3)}\|u_{\text{lo}}\|_{L_t^4L_x^\infty(I_0\times\mathbb{R}^3)}\leqslant R^{\frac34}(C_0\eta_1)^{\frac34}\eta_3\lesssim\eta_1.$$

最后, 对于 $j=0$ 与任意的 $1\leqslant R\leqslant 2^J$, 需要证明

$$\int_{I_0}\iint_{|x-y|\leqslant 2R}|u_{\text{hi}}(t,y)||P_{\text{hi}}\mathcal{O}(u_{\text{lo}}^5)(t,y)||u_{\text{hi}}(t,x)||\nabla u_{\text{hi}}(t,x)|\,dxdydt\lesssim\eta_1.$$

利用 Cauchy-Schwarz 不等式与 (5.6.3) 获得如下粗估计

$$\int_{\mathbb{R}^3}|u_{\text{hi}}(t,x)||\nabla u_{\text{hi}}(t,x)|\,dx\leqslant\|u_{\text{hi}}\|_{L_x^2(\mathbb{R}^3)}\|\nabla u_{\text{hi}}\|_{L_x^2(\mathbb{R}^3)}\lesssim\eta_3.$$

这样, 利用 (5.6.3)、Hölder 不等式及 Bernstein 估计就得

$$
\begin{aligned}
&\int_{I_0}\iint_{|x-y|\leqslant 2R}|u_{\text{hi}}(t,y)||P_{\text{hi}}\mathcal{O}(u_{\text{lo}}^5)(t,y)||u_{\text{hi}}(t,x)||\nabla u_{\text{hi}}(t,x)|\ dxdydt\\
\leqslant&\ \eta_3\|u_{\text{hi}}\|_{L_t^\infty L_x^2(I_0\times\mathbb{R}^3)}\|P_{\text{hi}}\mathcal{O}(u_{\text{lo}}^5)\|_{L_t^1L_x^2(I_0\times\mathbb{R}^3)}\lesssim\eta_3^2\|\nabla\mathcal{O}(u_{\text{lo}}^5)\|_{L_t^1L_x^2(I_0\times\mathbb{R}^3)}\\
\lesssim&\ \eta_3^2\|\mathcal{O}(u_{\text{lo}}^4\nabla u_{\text{lo}})\|_{L_t^1L_x^2(I_0\times\mathbb{R}^3)}\lesssim\eta_3^2\|\nabla u_{\text{lo}}\|_{L_t^\infty L_x^2(I_0\times\mathbb{R}^3)}\|u_{\text{lo}}\|^4_{L_t^4L_x^\infty(I_0\times\mathbb{R}^3)}\\
\lesssim&\ \eta_3^7,
\end{aligned}
$$

这里用到了(5.3.4) 与命题 5.6.4.

- (5.6.20) **的估计.**

现在处理 (5.6.20). 对于任意的 $1\leqslant R\leqslant 2^J$, 需要证明

$$
\int_{I_0}\iint_{|x-y|\leqslant 2R}|u_{\text{hi}}(t,y)||P_{\text{lo}}\mathcal{O}(u_{\text{hi}}^5)(t,y)||u_{\text{hi}}(t,x)||\nabla u_{\text{hi}}(t,x)|\ dxdydt\ll\eta_1. \tag{5.6.32}
$$

注意到 Hölder 不等式, 有

$$
\int_{B(y,2R)}|u_{\text{hi}}(t,x)||\nabla u_{\text{hi}}(t,x)|\ dx\lesssim R^{1/2}\|u_{\text{hi}}(t)\|_{L_x^3}\|\nabla u_{\text{hi}}(t)\|_{L_x^2},
$$

利用能量估计、(5.6.5)、Hölder 不等式与 Bernstein 估计, 容易推出

$$
\begin{aligned}
(5.6.32)\ \text{的左边}\lesssim&\ R^{\frac12}\int_{I_0}\|u_{\text{hi}}(t)\|_{L_x^3}\int|u_{\text{hi}}(t,y)||P_{\text{lo}}\mathcal{O}(u_{\text{hi}}^5)(t,y)|\ dydt\\
\leqslant&\ R^{\frac12}\int_{I_0}\|u_{\text{hi}}(t)\|_{L_x^3}\|u_{\text{hi}}(t)\|_{L_x^3}\|P_{\text{lo}}\mathcal{O}(u_{\text{hi}}(t)^5)\|_{L_x^{3/2}}dt\\
\lesssim&\ R^{\frac12}\int_{I_0}\|u_{\text{hi}}(t)\|^2_{L_x^3}\|\mathcal{O}(u_{\text{hi}}(t)^5)\|_{L_x^1}dt\\
\lesssim&\ R^{\frac12}\int_{I_0}\|u_{\text{hi}}(t)\|^2_{L_x^3}\|u_{\text{hi}}(t)\|^2_{L_x^4}\|u_{\text{hi}}(t)\|^3_{L_x^6}dt\\
\lesssim&\ R^{\frac12}\|u_{\text{hi}}\|^2_{L_t^4L_x^3(I_0\times\mathbb{R}^3)}\|u_{\text{hi}}\|^2_{L_t^4L_x^4(I_0\times\mathbb{R}^3)}\|u_{\text{hi}}(t)\|^3_{L_t^\infty L_x^6}\\
\lesssim&\ R^{1/2}C_0^{1/2}\eta_1^{1/2}\|u_{\text{hi}}\|^2_{L_t^4L_x^3(I_0\times\mathbb{R}^3)}.
\end{aligned}\tag{5.6.33}
$$

这里用到 $\|u_{\text{hi}}(t)\|^3_{L_x^6}\lesssim 1$. 根据三角不等式与 Hölder 不等式, 有

$$
\|u_{\text{hi}}\|_{L_t^4L_x^3(I_0\times\mathbb{R}^3)}\lesssim\sum_{N\geqslant1}\|u_N\|_{L_t^4L_x^3(I_0\times\mathbb{R}^3)}\lesssim\sum_{N\geqslant1}\|u_N\|^{1/2}_{L_t^\infty L_x^2(I_0\times\mathbb{R}^3)}\|u_N\|^{1/2}_{L_t^2L_x^6(I_0\times\mathbb{R}^3)}.
$$

利用高频的 L^2 估计(5.6.3), Bernstein 估计及能量估计, 直接推出

$$\|u_N\|_{L_t^\infty L_x^2(I_0\times\mathbb{R}^3)} \lesssim \min(\eta_3, N^{-1}).$$

因此, 利用 (5.6.31) 就得

$$\|u_{\mathrm{hi}}\|_{L_t^4 L_x^3(I_0\times\mathbb{R}^3)} \lesssim \sum_{N\geqslant 1} \min(\eta_3, N^{-1})^{1/2} C_0^{1/4} N^{1/4} \eta_1^{1/4} \lesssim \eta_3^{1/2} C_0^{1/4} \eta_1^{1/4}.$$

将上式代入 (5.6.33), 就得

$$(5.6.20) \lesssim R^{1/2} C_0 \eta_1 \eta_3.$$

注意到 η_3 可以吸收来自于常数 C_0 及 $R^{1/2}$ 所导致的损失, 于是就推出形如 (5.6.20) 所需估计.

注意到 (5.6.27) 右边的前四项均已证明可以被 η_3 的正数次幂控制, 因此即就得被 η_1 控制的最终估计.

5.6.4 相互作用 Morawetz: 双 Duhamel 技术

为了完成命题 5.3.8 的证明, 需要证明 $W \lesssim C_0\eta_1$. 换言之, 就是证明

$$\frac{1}{R}\int_{I_0}\left(\sum_{x\in\frac{R}{100}\mathbb{Z}^3}\left(\int_{B(x,3R)}|u_{\mathrm{hi}}(t,y)|^2\,dy\right)^{100}\right)^{1/100} dt \lesssim C_0\eta_1, \quad \forall\, 1\leqslant R\leqslant C(\eta_1,\eta_2)2^J.$$

根据对偶方法, 有

$$\left(\sum_{x\in\frac{R}{100}\mathbb{Z}^3}\left(\int_{B(x,3R)}|u_{\mathrm{hi}}(t,y)|^2\,dy\right)^{100}\right)^{1/100} = \sum_{x\in\frac{R}{100}\mathbb{Z}^3} c(t,x)\int_{B(x,3R)}|u_{\mathrm{hi}}(t,y)|^2\,dy,$$

这里 $\left\{c(t,x)>0 : x\in\frac{R}{100}\mathbb{Z}^3\right\}$ 表示对于所有 t, 在下面意义下几乎可和

$$\sum_{x\in\frac{R}{100}\mathbb{Z}^3} c(t,x)^{100/99} = 1 \tag{5.6.34}$$

的数集. 因此, 问题就归结于证明

$$\frac{1}{R}\int_{I_0}\sum_{x\in\frac{R}{100}\mathbb{Z}^3} c(t,x)\int_{B(x,3R)}|u_{\mathrm{hi}}(t,y)|^2\,dydt \lesssim C_0\eta_1. \tag{5.6.35}$$

设 ψ 是支撑在球 $B(0,5)$ 上经典 bump 函数, 在球 $B(0,3)$ 上恒等于 1. 由于

$$\int_{B(x,3R)} |u_{\rm hi}(t,y)|^2\,dy \lesssim \int_{\mathbb{R}^3} |u_{\rm hi}(t,y)|^2 \psi\left(\frac{y-x}{R}\right)\,dy,$$

(5.6.35) 就归结于证明

$$\frac{1}{R}\int_{I_0} \sum_{x\in\frac{R}{100}\mathbb{Z}^3} c(t,x) \int_{\mathbb{R}^3} |u_{\rm hi}(t,y)|^2 \psi\left(\frac{y-x}{R}\right)\,dydt \lesssim C_0\eta_1. \tag{5.6.36}$$

在证明引理 5.6.3 的过程中, 利用前向 Duhamel 公式

$$u(t) = e^{i(t-t_0)\Delta}u(t_0) - i\int_{t_0}^{t} e^{i(t-s)\Delta}(iu_t + \Delta u)(s)\,ds \tag{5.6.37}$$

与 Strichartz 估计, 我们得到了高频 $u_{\rm hi}$ 的时空控制, 这似乎不足以证明 (5.6.36) (即使最好方法似乎也要损失导数的对数增长). 作为替代方案, 借助于双向的 Duhamel 公式 (5.6.37) 及基本解 (5.6.40) 来进行讨论. 这样仅仅损失一个常数因子 (见 (5.6.5)), 鉴于在引理 5.6.3 中已经获得了形如 $\eta_1^{1/100}$ 的利润, 足以吸收先前的损失! 这是我们可以接受的方案.

令

$$I_0 = [t_-, t_+], \quad -\infty < t_- < t_+ < \infty.$$

利用命题 5.6.5 中的分解 $P_{\rm hi}(|u|^4u) = F + G$. 定义 $u_{\rm hi}^{\pm}$ 满足如下 Cauchy 问题

$$(i\partial_t + \Delta)u_{\rm hi}^{\pm} = F, \quad u_{\rm hi}^{\pm}(t_\pm) = u_{\rm hi}(t_\pm).$$

容易看出与 $u_{\rm hi}$ 满足的方程仅仅相差一个非齐次项 G. 根据 (5.6.37) 与线性问题的迭加原理, 就得前向 Duhamel 公式

$$u_{\rm hi}(t) = u_{\rm hi}^{-}(t) - i\int_{t_-<s_-<t} e^{i(t-s_-)\Delta}G(s_-)\,ds_-$$

及后向 Duhamel 公式

$$u_{\rm hi}(t) = u_{\rm hi}^{+}(t) + i\int_{t<s_+<t_+} e^{i(t-s_+)\Delta}G(s_+)\,ds_+.$$

考察用 $u_{\rm hi}^{\pm}$ 取代 $u_{\rm hi}$ 之后, 如何证明 (5.6.36). 根据 Strichartz 估计 (5.2.7), (5.6.3) 及命题 5.6.5 (放弃一阶导数) 的估计方法, 容易推知

$$\|F\|_{L_t^2L_x^{6/5}(I_0\times\mathbb{R}^3)} \lesssim \eta_3^{1/2} \implies \|u_{\rm hi}^{\pm}\|_{L_t^2L_x^6(I_0\times\mathbb{R}^3)} \lesssim \eta_3^{1/2}.$$

利用带权的 Hölder 不等式, 有

$$
\begin{aligned}
&\frac{1}{R}\sum_{x\in\frac{R}{100}\mathbb{Z}^3} c(t,x)\int_{\mathbb{R}^3}|u_{\text{hi}}^{\pm}(t,y)|^2\psi\left(\frac{y-x}{R}\right)\,dy\\
\lesssim&\frac{1}{R}\sum_{x\in\frac{R}{100}\mathbb{Z}^3} c(t,x)R^2\left(\int_{\mathbb{R}^3}|u_{\text{hi}}^{\pm}(t,y)|^6\psi\left(\frac{y-x}{R}\right)\,dy\right)^{1/3}\\
\lesssim&R\left(\sum_{x\in\frac{R}{100}\mathbb{Z}^3} c(t,x)^{3/2}\right)^{2/3}\left(\sum_{x\in\frac{R}{100}\mathbb{Z}^3}\int_{\mathbb{R}^3}|u_{\text{hi}}^{\pm}(t,y)|^6\psi\left(\frac{y-x}{R}\right)\,dy\right)^{1/3}\\
\lesssim&R\left(\sum_{x\in\frac{R}{100}\mathbb{Z}^3} c(t,x)^{100/99}\right)^{99/100}\|u_{\text{hi}}^{\pm}\|_{L_x^6}^2\\
=&R\|u_{\text{hi}}^{\pm}\|_{L_x^6}^2,
\end{aligned}
$$

因此, 两边关于时间积分就得

$$
\frac{1}{R}\int_{I_0}\sum_{x\in\frac{R}{100}\mathbb{Z}^3} c(t,x)\int_{\mathbb{R}^3}|u_{\text{hi}}^{\pm}(t,y)|^2\psi\left(\frac{y-x}{R}\right)\,dydt\lesssim R\eta_3.
$$

注意到

$$
R\leqslant C(\eta_1,\eta_2)2^J,\quad J=J(\eta_1,\eta_2),
$$

只要取 η_3 充分小就是可以接受的! 因此, 只要用 $u_{\text{hi}}^{\pm}$ 替代 u_{hi}, 容易推出 (5.6.36).

人们自然地会想到采用前向或后向 Duhamel 公式来证明 (5.6.36). 然而, 这是一件相当困难的事情. 如果同时使用双向的 Duhamel 公式, 证明 (5.6.36) 将会变得相当简单. 更确切地说, 重新改写上面的 Duhamel 公式的表示方式, 即

$$
-i\int_{t_-<s_-<t} e^{i(t-s_-)\Delta}G(s_-)\,ds_-=u_{\text{hi}}(t)-u_{\text{hi}}^{-}(t)
$$

及

$$
i\int_{t<s_+<t_+} e^{i(t-s_+)\Delta}G(s_+)\,ds_+=u_{\text{hi}}(t)-u_{\text{hi}}^{+}(t).
$$

用第一个公式乘以第二个公式的共轭, 就得

$$
-\iint_{t_-<s_-<t<s_+<t_+}(e^{i(t-s_-)\Delta}G(s_-))(\overline{e^{i(t-s_+)\Delta}G(s_+))}\,ds_+\,ds_-
$$

$$= |u_{\rm hi}(t)|^2 - u_{\rm hi}^-(t)\overline{u_{\rm hi}(t)} - u_{\rm hi}(t)\overline{u_{\rm hi}^+(t)} + u_{\rm hi}^-(t)\overline{u_{\rm hi}^+(t)}.$$

利用基本的逐点估计

$$\begin{aligned}
|u_{\rm hi}^-(t)\overline{u_{\rm hi}(t)}| &\leqslant \frac{1}{4}|u_{\rm hi}(t)|^2 + O(|u_{\rm hi}^-(t)|^2),\\
|u_{\rm hi}(t)\overline{u_{\rm hi}^+(t)}| &\leqslant \frac{1}{4}|u_{\rm hi}(t)|^2 + O(|u_{\rm hi}^+(t)|^2),\\
|u_{\rm hi}^-(t)\overline{u_{\rm hi}^+(t)}| &\leqslant O(|u_{\rm hi}^-(t)|^2) + O(|u_{\rm hi}^+(t)|^2),
\end{aligned}$$

直接推出如下逐点不等式

$$\begin{aligned}
|u_{\rm hi}(t)|^2 \lesssim& \Big|\iint_{t_-<s_-<t<s_+<t_+} e^{i(t-s_-)\Delta}G(s_-)\overline{e^{i(t-s_+)\Delta}G(s_+)}\, ds_-ds_+\Big|\\
&+ |u_{\rm hi}^-(t)|^2 + |u_{\rm hi}^+(t)|^2.
\end{aligned} \tag{5.6.38}$$

然而, 如果仅仅使用单向 Duhamel 公式 (5.6.37), 所得逐点不等式是

$$|u_{\rm hi}(t)|^2 \lesssim \Big|\iint_{t_-<s,s'<t} e^{i(t-s)\Delta}G(s)\overline{e^{i(t-s')\Delta}G(s')}\, dsds'\Big| + |u_{\rm hi}^-(t)|^2.$$

业已证明这是一个低劣形式, 主要理由类似于如下积分

$$\int_{t_-<s,s'<t} \frac{dsds'}{|s-s'|} = \int_{t_-}^{t}\int_{t_-}^{t} \frac{dsds'}{|s-s'|} = \infty$$

是对数发散的! 然而, 积分

$$\int_{t_-<s_-<t<s_+<t_+} \frac{ds_-ds_+}{|s_- - s_+|} = \int_{t_-}^{t}\int_{t}^{t_+} \frac{dsds'}{|s-s'|} < \infty$$

却是收敛的.

现在转向 (5.6.36) 的估计. 将 (5.6.38) 插入 (5.6.36) 的左边, 派生的后两项的估计满足要求. 因此, 仅需证明如下估计

$$\begin{aligned}
&\frac{1}{R}\Big|\iiint_{t_-<s_-<t<s_+<t_+} \sum_{x\in\frac{R}{100}\mathbb{Z}^3} c(t,x)\int_{\mathbb{R}^3} e^{i(t-s_-)\Delta}G(s_-)(y)\overline{e^{i(t-s_+)\Delta}G(s_+)}(y)\\
&\times \psi\left(\frac{y-x}{R}\right)\, dydtds_-ds_+\Big| \lesssim C_0\eta_1.
\end{aligned} \tag{5.6.39}$$

为了计算关于 y 的积分, 需要如下的驻相估计.

引理 5.6.7 对于任意 $t_- < s_- < t < s_+ < t_+$ 及任意的 Schwartz 函数 $f_-(x), f_+(x)$, 我们有

$$\left|\sum_{x\in\frac{R}{100}\mathbb{Z}^3} c(t,x)\int_{\mathbb{R}^3} e^{i(t-s_-)\Delta}f_-(y)\overline{e^{i(t-s_+)\Delta}f_+(y)}\psi\left(\frac{y-x}{R}\right)dy\right|$$

$$\lesssim |s_+-s_-|^{-\frac{3}{2}}\min(\theta^{-\frac{3}{2}+\frac{3}{100}},1)\|f_-\|_{L_x^1}\|f_+\|_{L_x^1},\quad \theta\triangleq\frac{|t-s_+||t-s_-|}{R^2|s_+-s_-|}.$$

证明 对于固定的 t, 利用基本解的精确表达公式

$$e^{it\Delta}f(x)=\frac{1}{(4\pi it)^{3/2}}\int_{\mathbb{R}^3}e^{i|x-y|^2/4t}f(y)\,dy,\quad t\neq 0 \tag{5.6.40}$$

来估计上式的左边:

$$\begin{aligned}\text{左边}\lesssim&\frac{1}{|t-s_+|^{\frac{3}{2}}|t-s_-|^{\frac{3}{2}}}\sum_{x\in\frac{R}{100}\mathbb{Z}^3}c(t,x)\\&\times\iint_{\mathbb{R}^3\times\mathbb{R}^3}\int_{\mathbb{R}^3}e^{i\left(\frac{|y-x_-|^2}{t-s_-}-\frac{|y-x_+|^2}{t-s_+}\right)}\psi\left(\frac{y-x}{R}\right)dy\\&\times f_+(x_+)\overline{f_-(x_-)}\,dx_+dx_-,\end{aligned}$$

因此, 仅需证明

$$\begin{aligned}&\left|\sum_{x\in\frac{R}{100}\mathbb{Z}^3}c(t,x)\int_{\mathbb{R}^3}e^{i\left(\frac{|y-x_-|^2}{t-s_-}-\frac{|y-x_+|^2}{t-s_+}\right)}\psi\left(\frac{y-x}{R}\right)dy\right|\\\lesssim&\frac{|t-s_+|^{\frac{3}{2}}|t-s_-|^{\frac{3}{2}}}{|s_+-s_-|^{\frac{3}{2}}}\min(\theta^{-\frac{3}{2}+\frac{3}{100}},1)\\=&R^3\min(\theta^{\frac{3}{100}},\theta^{\frac{3}{2}}),\quad\forall x_-,x_+\in\mathbb{R}^n.\end{aligned}$$

作变量替换, 就转化成证明

$$\left|\sum_{x\in\frac{R}{100}\mathbb{Z}^3}c(t,x)I(x)\right|\lesssim\min(\theta^{\frac{3}{100}},\theta^{\frac{3}{2}}),\quad I(x)\triangleq\int_{\mathbb{R}^3}e^{i\Phi_x(z)}\psi(z)dz,$$

这里相函数 $\Phi_x=\Phi_{x,R,x_-,x_+,s_-,s_+,t}$ 有如下具体表示

$$\Phi_x(z)\triangleq\frac{|x-x_-+Rz|^2}{(t-s_-)}-\frac{|x-x_++Rz|^2}{(t-s_+)}.$$

通过对 $c(t,x)$ 的法化 (单位化), 仅需证明

$$\left(\sum_{x\in\frac{R}{100}\mathbb{Z}^3} I(x)^{100}\right)^{1/100} \lesssim \min\left(\theta^{\frac{3}{100}}, \theta^{\frac{3}{2}}\right). \tag{5.6.41}$$

下面根据 θ 的尺寸大小分情况讨论. 首先假设 $\theta \gg 1$. 注意到相函数 Φ_x 关于变量 z 的梯度为

$$\begin{aligned}\nabla_z\Phi_x(z) &= \frac{2R(x-x_-+Rz)}{(t-s_-)} - \frac{2R(x-x_++Rz)}{(t-s_+)} \\ &= 2R(x+Rz-x_*)\frac{s_--s_+}{(t-s_-)(t-s_+)},\end{aligned}$$

这里

$$x_* = x_- + \frac{(x_+-x_-)(t-s_-)}{s_+-s_-} = x_+ + \frac{(x_+-x_-)(t-s_+)}{s_+-s_-}$$

不依赖于 x 或 z. 在区域

$$|x-x_*| \gg \frac{|t-s_-||t-s_+|}{R|s_+-s_-|} = R\theta \gg R$$

上, 振荡积分对应着非驻相点①, 采用不变导数

$$D^*e^{i\Phi_x(z)} = e^{i\Phi_x(z)}, \quad D^* = \frac{-i\nabla\Phi_x(z)\cdot\nabla}{|\nabla\Phi_x(z)|^2},$$

反复分部积分即得

$$|I(x)| \lesssim \sup_z \frac{1}{|\nabla\Phi_x(z)|^{100}} \sim \left(\frac{|x+Rz-x_*|}{R\theta}\right)^{-100} \lesssim \left(\frac{|x-x_*|}{R\theta}\right)^{-100}. \tag{5.6.42}$$

这里用到 $|z|\lesssim 1$ 的事实. 对于剩余情形

$$|x-x_*| \lesssim R\theta$$

相应的格点个数 $\sim O(\theta^3)$. 利用如下粗估计

$$|I(x)| \lesssim 1,$$

① 另一种方法就是直接选用 Gaussian 型截断函数 $e^{-\pi|x|^2}$ 来替代 ψ, 然后通过围道积分进行显式计算来证明, 或等价地使用自由 Schrödinger 方程对应的 Gauss-beam 进行计算.

即可推出所需估计

$$\left(\sum_{x\in\frac{R}{100}\mathbb{Z}^3} I(x)^{100}\right)^{1/100} \lesssim \theta^{3/100} + \left(\int_{|x-x_*|\geqslant R\theta} \left(\frac{|x-x_*|}{R\theta}\right)^{-10^4} \frac{dx}{R^3}\right)^{1/100} \lesssim \theta^{3/100}.$$

考虑情形 $\theta \lesssim 1$. 在区域

$$|x-x_*| \gg R$$

上仍然对应着非驻相点, 采用不变导数等技术就得上界估计 (5.6.42). 因此, 仅仅存在

$$\frac{|B_{\lesssim R}(0)|}{(R/100)^3} \sim O(1)$$

个剩余点 x. 对于每一个 x, 注意到二阶导数形成的矩阵 $\nabla_z^2\Phi_x$ 是非退化的! 事实上,

$$\nabla_z^2\Phi_x = \frac{2R^2(s_- - s_+)}{(t-s_-)(t-s_+)}E = \frac{2}{\theta}E \quad (E \text{ 表示单位矩阵}).$$

因此, 根据驻相原理 (参见 [163]), 总有

$$|I(x)| \lesssim \det\left(\frac{2}{\theta}E\right)^{-\frac{1}{2}} \leqslant \theta^{3/2}.$$

通过求和, 就推出上面断言之估计

$$\left(\sum_{x\in\frac{R}{100}\mathbb{Z}^3} I(x)^{100}\right)^{1/100} \lesssim \theta^{3/2}. \qquad \square$$

利用引理 5.6.7, 我们估计 (5.6.39) 的左边如下:

(5.6.39) 的左边

$$\lesssim \iiint_{t_-<s_-<t<s_+<t_+} \frac{1}{R}|s_+-s_-|^{-\frac{3}{2}} \min\left(\left(\frac{|t-s_+||t-s_-|}{R^2|s_+-s_-|}\right)^{-\frac{3}{2}+\frac{3}{100}}, 1\right)$$

$$\times \|G(s_-)\|_{L_x^1}\|G(s_+)\|_{L_x^1} dtds_-ds_+. \tag{5.6.43}$$

充分利用关键的时序关系 $s_- < t < s_+$, 当 $s_+ - s_- < R^2$ 时,

$$\frac{1}{R}\int_{s_-}^{s_+} |s_+-s_-|^{-\frac{3}{2}} \min\left(\left(\frac{|t-s_+||t-s_-|}{R^2|s_+-s_-|}\right)^{-\frac{3}{2}+\frac{3}{100}}, 1\right) dt$$

$$
\begin{aligned}
&\lesssim \frac{1}{R}\int_{s_-}^{s_+} |s_+ - s_-|^{-\frac{3}{2}} dt = R^{-1}|s_+ - s_-|^{-1/2} \\
&\lesssim \min(R|s_+ - s_-|^{-\frac{3}{2}}, R^{-1}|s_+ - s_-|^{-\frac{1}{2}}).
\end{aligned}
$$

当 $s_+ - s_- \geqslant R^2$ 时, 寻求

$$
\frac{|t-s_+||t-s_-|}{R^2|s_+-s_-|} \geqslant 1
$$

所对应的区域

$$
\{t: \ s_- + R^2 \leqslant t \leqslant s_+ - R^2\}.
$$

因此, 将积分区间分解就得

$$
\begin{aligned}
&\frac{1}{R}\int_{s_-}^{s_+} |s_+ - s_-|^{-\frac{3}{2}} \min\left(\left(\frac{|t-s_+||t-s_-|}{R^2|s_+-s_-|}\right)^{-\frac{3}{2}+\frac{3}{100}}, 1\right) dt \\
=&\frac{1}{R}\int_{[s_-,s_+]\cap[s_-+R^2,s_+-R^2]} |s_+ - s_-|^{-\frac{3}{2}} \min\left(\left(\frac{|t-s_+||t-s_-|}{R^2|s_+-s_-|}\right)^{-\frac{3}{2}+\frac{3}{100}}, 1\right) dt \\
&+ \frac{1}{R}\int_{[s_-,s_+]\setminus[s_-+R^2,s_+-R^2]} |s_+ - s_-|^{-\frac{3}{2}} \min\left(\left(\frac{|t-s_+||t-s_-|}{R^2|s_+-s_-|}\right)^{-\frac{3}{2}+\frac{3}{100}}, 1\right) dt \\
=&\frac{1}{R}\int_{[s_-,(s_-+s_+)/2]\cap[s_-+R^2,s_+-R^2]} |s_+ - s_-|^{-\frac{3}{100}} |t-s_+|^{-\frac{3}{2}+\frac{3}{100}} \ dt \\
&+ \frac{1}{R}\int_{[s_-,(s_-+s_+)/2]\cap[s_-+R^2,s_+-R^2]} |s_+ - s_-|^{-\frac{3}{100}} |t-s_-|^{-\frac{3}{2}+\frac{3}{100}} \ dt \\
&+ \frac{1}{R}\int_{[s_-,s_+]\setminus[s_-+R^2,s_+-R^2]} |s_+ - s_-|^{-\frac{3}{2}} \ dt \\
\leqslant& R^{-1}|s_+ - s_-|^{-\frac{1}{2}} + R^{-1}|s_+ - s_-|^{-\frac{1}{2}} + R|s_+ - s_-|^{-3/2} \\
\lesssim& \min(R|s_+ - s_-|^{-\frac{3}{2}}, R^{-1}|s_+ - s_-|^{-\frac{1}{2}}).
\end{aligned}
$$

综合上述两种情形即得

$$
\begin{aligned}
&\frac{1}{R}\int_{s_-}^{s_+} |s_+ - s_-|^{-\frac{3}{2}} \min\left(\left(\frac{|t-s_+||t-s_-|}{R^2|s_+-s_-|}\right)^{-\frac{3}{2}+\frac{3}{100}}, 1\right) dt \\
&\lesssim \min(R|s_+ - s_-|^{-3/2}, R^{-1}|s_+ - s_-|^{-1/2}).
\end{aligned}
$$

注意到 ①

$$\left\| \min(R|s|^{-3/2}, R^{-1}|s|^{-1/2}) \right\|_{L_s^1} \lesssim O(1).$$

利用关于时间变量的广义 Young 不等式, 就得

$$\begin{aligned}
&(5.6.39)\text{ 的左边} \\
\lesssim &\iint_{t_-<s_-<s_+<t_+} \min(R|s_+-s_-|^{-3/2}, R^{-1}|s_+-s_-|^{-1/2}) \\
&\times \|G(s_-)\|_{L_x^1}\|G(s_+)\|_{L_x^1} ds_- ds_+ \\
\lesssim &\|G\|^2_{L_t^2 L_x^1(I_0\times\mathbb{R}^3)} \lesssim O(C_0\eta_1).
\end{aligned} \tag{5.6.44}$$

这里用到了命题 5.6.5. 综上即得命题 5.3.8 的证明. □

5.7 阻止能量抽空现象

本节着力证明命题 5.3.12. 根据伸缩变换(5.1.3), 总可以选择 $N_{\min}=1$. 我们的策略是从 $t_{\min}$ 到 t_{evac} 使用频率局部化相互作用 Morawetz 估计 (FLIM), 实施反证法.

5.7.1 研究框架与反证法

由于 $N(t)$ 的值域是离散集合 (二进数), 则存在一个时刻 $t_{\min}\in I_0$ 满足

$$N(t_{\min}) = N_{\min} = 1.$$

在低频时刻 $t=t_{\min}$ 的附近, 极小能量爆破解具有非平凡的质量. 事实上, 从极小能量爆破解的集中现象刻画与 Bernstein 估计推知, 在中频部分具有相当的质量②(和能量):

$$\|P_{c(\eta_0)\leqslant\cdot\leqslant C(\eta_0)}u(t_{\min})\|_{L^2(\mathbb{R}^3)} \geqslant \frac{1}{C(\eta_0)}\|P_{c(\eta_0)\leqslant\cdot\leqslant C(\eta_0)}\nabla u(t_{\min})\|_{L^2(\mathbb{R}^3)} \geqslant c(\eta_0). \tag{5.7.1}$$

① 注意到 R 具有消失或抵消是至关重要的, 这可视为量纲分析的直接结论. 当然, 频率局部化 $|\xi|\gtrsim 1$ 的出现使得维数或量纲分析无法给出严格的证明.

② 注意到这里没有使用 u 是 Schwartz 函数的假设 (这个假设保证具有有限 L^2 范数) 获得这些估计, 这些控制估计不依赖于 u 的 L^2 范数. 即使对于固定的能量 E, 极小低频可以同时承载小能量与大质量, 因此相应的整体 L^2 范数会非常大. 另一方面, 注意到 L^2 范数在伸缩变换下并不保持, 先前的伸缩变换已经将频率尺度函数法化, 使之满足 $N_{\min}=1$.

自然,

$$\|P_{>C(\eta_0)}u\|_{L^2(\mathbb{R}^3)} \lesssim \frac{1}{C(\eta_0)}$$

表明 u 在高频 $|\xi| \geqslant C(\eta_0)$ 部分不可能具有过多的质量.

目标是证明 (5.3.28). 如果不然, 即 (5.3.28) 不成立. 则存在时刻 $t_{\text{evac}} \in I_0$ 满足 $N(t_{\text{evac}}) \gg \tilde{C}(\eta_5)$, 其中 $\tilde{C}(\eta_5)$ 满足

$$\tilde{C}(\eta_5)c(\eta_5) > 1/\eta_5.$$

利用推论 5.3.3 就推知能量在时刻 t_{evac} 处从低频和中频几乎抽空①, 即

$$\|P_{<1/\eta_5}u(t_{\text{evac}})\|_{\dot{H}^1(\mathbb{R}^3)} \leqslant \|P_{<c(\eta_5)N(t_{\text{evac}})}u(t_{\text{evac}})\|_{\dot{H}^1(\mathbb{R}^3)} \leqslant \eta_5. \tag{5.7.2}$$

另一方面, 直觉告诉我们, L^2 质量密度在非线性 Schrödinger 方程的演化下不会迅速地调整. 如果从时刻 $t_{\min}$ 一直到 t_{evac} 的演化过程中, 低频部分的 L^2 质量 (5.7.1) 仍然围绕在 $N_{\min}$ 附近, 这将会与 (5.7.2) 导致矛盾. 事实上, 通过证明频率局部化的 L^2 质量几乎守恒, 证实 L^2 质量从时刻 $t_{\min}$ 一直到 t_{evac} 慢速运动的直觉! 通过选取 η_j 足够小, 就会导致矛盾.

证明理念 从 $t_{\min}$ 到 t_{evac} 的演化过程中, 质量缓变运动与能量抽空同时发生是不可能的. 现在进入细节证明. 固定 t_{evac}, 利用时间的逆向对称性, 无妨假设 $t_{\text{evac}} > t_{\min}$. 从 (5.7.1), 显而易见 $t_{\text{evac}} \neq t_{\min}$.

根据 (5.7.1), 容易看出

$$\|u_{>c(\eta_0)}(t_{\min})\|_{L^2(\mathbb{R}^3)} \geqslant \eta_1.$$

特别, 令

$$P_{\text{hi}} \triangleq P_{\geqslant \eta_4^{100}}, \quad P_{\text{lo}} \triangleq P_{<\eta_4^{100}}, \quad u_{\text{hi}} \triangleq P_{\text{hi}}u, \quad u_{\text{lo}} \triangleq P_{\text{lo}}u,$$

容易推出

$$\|u_{\text{hi}}(t_{\min})\|_{L^2(\mathbb{R}^3)} \geqslant \eta_1. \tag{5.7.3}$$

假设能够证明如下断言:

$$\|u_{\text{hi}}(t_{\text{evac}})\|_{L^2(\mathbb{R}^3)} \geqslant \frac{1}{2}\eta_1. \tag{5.7.4}$$

则从 (5.3.4) 与 (5.3.6), 直接推知

$$\|P_{\leqslant C(\eta_1)}u_{\text{hi}}(t_{\text{evac}})\|_{L^2(\mathbb{R}^3)} \geqslant \|u_{\text{hi}}(t_{\text{evac}})\|_{L^2(\mathbb{R}^3)} - \|P_{\geqslant C(\eta_1)}u_{\text{hi}}(t_{\text{evac}})\|_{L^2(\mathbb{R}^3)}$$

① 如果假设 $N(t_{\text{evac}}) = \infty$, 从极小能量爆破解的刻画就可以看出当时间 t 从 $t_{\min}$ 到 t_{evac} 演化过程中, 能量在 t_{evac} 处从低频和中频几乎抽空.

$$\geqslant \frac{\eta_1}{2} - \frac{1}{C(\eta_1)} \geqslant \frac{\eta_1}{2} - \frac{\eta_1}{4} = \frac{1}{4}\eta_1.$$

根据 Bernstein 估计, 上式意味着

$$\|P_{\leqslant C(\eta_1)} u(t_{\text{evac}})\|_{\dot{H}^1} \geqslant \|P_{\leqslant C(\eta_1)} u_{\text{hi}}(t_{\text{evac}})\|_{\dot{H}^1} \geqslant \eta_4^{100} \|P_{\leqslant C(\eta_1)} u_{\text{hi}}(t_{\text{evac}})\|_2 \gtrsim c(\eta_1, \eta_4).$$

然而, 推论 5.3.3 关于极小能量爆破解的聚积刻画

$$\|P_{\leqslant \tilde{c}(\eta_1,\eta_4) N(t_{\text{evac}})} u(t_{\text{evac}})\|_{\dot{H}^1} \leqslant c(\eta_1, \eta_4)$$

意味着

$$\tilde{c}(\eta_1, \eta_4) N(t_{\text{evac}}) \lesssim C(\eta_1) \Longrightarrow N(t_{\text{evac}}) \lesssim C(\eta_1, \eta_4).$$

这与抽空现象 (5.7.2) 的证明过程矛盾! 具体地说,

$$\tilde{C}(\eta_5) \ll N(t_{\text{evac}}) \lesssim C(\eta_1, \eta_4)$$

与参数 η_5 选取的任意小性相矛盾. 余下来证明断言 (5.7.4).

采用连续性方法. 假设存在时刻 $t_{\min} \leqslant t_* \leqslant t_{\text{evac}}$ 满足

$$\inf_{t_{\min} \leqslant t \leqslant t_*} \|u_{\text{hi}}(t)\|_{L^2(\mathbb{R}^3)} \geqslant \frac{1}{2}\eta_1. \tag{5.7.5}$$

通过连续性证明:

$$\inf_{t_{\min} \leqslant t \leqslant t_*} \|u_{\text{hi}}(t)\|_{L^2(\mathbb{R}^3)} \geqslant \frac{3}{4}\eta_1. \tag{5.7.6}$$

如果上述连续性过程封闭, 即刻推出满足 (5.7.5) 成立的 t_* 之集合在区间 $[t_{\min}, t_{\text{evac}}]$ 上既开又闭, 从而推出所需估计 (5.7.4).

注意到 $\eta_4^{100} \ll N_{\min}$, 容易推出

$$\|u_{\text{hi}}(t_{\min})\|_2 = \|u_{>\eta_4^{100}}(t_{\min})\|_2 \geqslant \|u_{c(\eta_0)N_{\min} \leqslant |\xi| \leqslant C(\eta_0)N_{\min}}(t_{\min})\|_2.$$

这就表明 $t_{\min}$ 时刻在频率 $N_{\min}$ 附近的 L^2 质量向低频移动! 如果证明估计 (5.7.6) 为真, 这就意味着对于 $t \in [t_{\min}, t_{\text{evac}}]$, 仍然存在一部分质量停留在频率大于 η_4^{100} 的位置. 因此, 从 (5.7.6) 就可推出引理 5.3.11.

现在从 (5.7.5) 出发来推导 (5.7.6). 基本理念就是视高频 $u_{\text{hi}}(t)$ 的 L^2 范数

$$L(t) \triangleq \int_{\mathbb{R}^3} |u_{\text{hi}}(t)|^2 \, dx = \int_{\mathbb{R}^3} |u_{\text{hi}}(t,x)|^2 \, dx$$

为一个几乎守恒量. 从 (5.7.3)

$$L(t_{\min}) \geqslant \eta_1^2$$

起步, 利用微积分基本定理, 仅需证明

$$\int_{t_{\min}}^{t_*} |\partial_t L(t)| \, dt \leqslant \frac{1}{100}\eta_1^2.$$

根据

$$\partial_t T_{00} + \partial_j T_{0j} = 2\{\mathcal{N}, \phi\}_m, \quad \left\{F'(|\phi|^2)\phi, \, \phi\right\}_m = 0,$$

容易看出

$$\begin{aligned}\partial_t L(t) &= 2\int \{P_{\text{hi}}(|u|^4 u), u_{\text{hi}}\}_m \, dx \\ &= 2\int \{P_{\text{hi}}(|u|^4 u) - |u_{\text{hi}}|^4 u_{\text{hi}}, u_{\text{hi}}\}_m \, dx.\end{aligned}$$

因此, 仅需证明

$$\int_{t_{\min}}^{t_*} \left| \int \{P_{\text{hi}}(|u|^4 u) - |u_{\text{hi}}|^4 u_{\text{hi}}, u_{\text{hi}}\}_m \, dx \right| dt \leqslant \frac{1}{100}\eta_1^2. \tag{5.7.7}$$

欲完成 (5.7.7) 的证明, 需要对五线性相互作用进行精细的分析, 按照三种方式进行输出. 具体地说,

- 对于低频用 $\dot{S}^1$-Strichartz 范数来估计;
- 用 L_{xt}^4(通过频率局部化相互作用 Morawet 估计) 与 Bernstein 估计来处理中频与高频;
- 用 $\dot{S}^1$-Strichartz 估计来处理极高频部分.

5.7.2 高频、中频与低频的时空估计

为了证明 (5.7.7), 需要建立 u 进行一系列的时空估计. 完全类似于 (5.7.4) 后面的讨论与论证, 假设条件 (5.7.5) 就意味着

$$N(t) \leqslant C(\eta_1, \eta_4), \quad \forall \ t_{\min} \leqslant t \leqslant t_*.$$

这与推论 5.3.10 结合就获得如下 Strichartz 上界估计

$$\|u\|_{\dot{S}^1([t_{\min}, t_*]\times\mathbb{R}^3)} \leqslant C(\eta_1, \eta_3, \eta_4). \tag{5.7.8}$$

鉴于上式右边依赖 η_4，欲证明估计 (5.7.7)，上面估计仅当再出现一个 η_5 正次幂的因子才会发挥作用. 其余情形均需求助于命题 5.3.8 提供 $L^4_{t,x}$ 范数估计①

$$\int_{t_{\min}}^{t_{\text{evac}}}\int |P_{\geqslant N}u(t,x)|^4\,dxdt \lesssim \eta_1 N^{-3}, \quad N < c(\eta_3)N_{\min} = c(\eta_3). \tag{5.7.9}$$

粗略地讲, 对于中频而言, 估计 (5.7.9) 优于 (5.7.8), 但对于极高频而言, (5.7.8) 优于估计 (5.7.9). 下面引理 5.7.1 给出的估计在低频部分具有优势.

实现目标还需要形如 $u_{\leqslant\eta_4}$ 等一些低频部分的估计. 当 $N\to 0$ 时, N^{-3} 发散, 自然 (5.7.9) 失效. 采用修改命题 5.6.4 提供的估计

$$\|\nabla u_{\text{lo}}\|_{L^2_tL^6_x(I_0\times\mathbb{R}^3)} \lesssim C_0^{1/2}\eta_1^{1/2}, \quad \|u_{\text{lo}}\|_{L^4_tL^\infty_x(I_0\times\mathbb{R}^3)} \lesssim \eta_3^{1/2}$$

固然可以获得一些合理的控制估计, 然而估计中得到的常数不足以抵消 (5.7.8) 中出现的损失!

根据上面讨论, 需要建立命题 5.6.4 的一个能充分利用抽空假设 (5.7.2) 的更强版本, 确保在 $u_{\leqslant\eta_4}$ 时刻 t_{evac} 具有极小能量. 根据假设我们期望 $u_{\leqslant\eta_4}(t)$ 在整个区间 $[t_{\min}, t_{\text{evac}}]$ 均具有极小能量, 即: 期望控制估计中包含 η_5 的正次幂因子而非仅包含 η_3 的正次幂. 当然, 存在一小部分能量从高频漏向低频, 但幸运的是高频的 $L^4_{t,x}$ 控制估计限制了② 高频能量向极低频能量渗透程度, 这个直观解释可用严格化的引理表述:

引理 5.7.1 在上述记号与假设 (特别是假设条件 (5.7.2) 和(5.7.9)) 下, 有

$$\|P_{\leqslant N}u\|_{\dot{S}^1([t_{\min},t_{\text{evac}}]\times\mathbb{R}^3)} \lesssim \eta_5 + \eta_4^{-3/2}N^{3/2}, \quad \forall\ N\leqslant\eta_4. \tag{5.7.10}$$

在证明之前给出一点分析. (5.7.10) 右边第一项 $C\eta_5$ 表示源于 $u(t_{\text{evac}})$ 的低频部分对应的能量控制, 而 $\eta_4^{-3/2}N^{3/2}$ 源于在区间 $t_{\min}\leqslant t\leqslant t_{\text{evac}}$ 上 $u(t)$ 的高频产生的非线性修正. 当 $N\to 0$ 时, $N^{3/2}$ 的强衰减表明: (5.7.10) 意味着高频不可能将能量投放到距其很远的低频上. 与此同时, 它与命题 5.6.4 比较, 当 N 很接近于 η_4, 这个估计就会越变越坏. 为了避免这一困难, 用 η_4^{100} 替代 η_4 进行高低频分解

$$u = u_{\text{hi}} + u_{\text{lo}}, \quad u_{\text{lo}} \triangleq u_{\leqslant\eta_4^{100}}.$$

---

① 重要的是: 虽然高频 u_{hi} 的 L^2 控制仅从 $t_{\min}$ 扩张到 t_*, 然而 $u_{\geqslant N}$ 的 $L^4_{t,x}$ 控制则一直扩张到 t_{evac}. 这使得我们可通过抽空假设 (5.7.2), 在区间 $[t_{\min}, t_*]$ 上建立低频部分有用的新控制估计, 这个额外的控制估计对于获得高频 u_{hi} 所满足的几乎质量守恒是至关重要的. 这就帮助我们完成连续性过程, 将 t_* 一直扩张到 t_{evac}, 至此即可得出矛盾.

② 用超临界 $L^4_{t,x}$ 范数估计来控制临界量 (如能量本身) 似乎是不可思议的! 关键在于一旦频率局部化, 次临界量、临界量、超临界量之间的区别就变得无足轻重了, 这从 Bernstein 估计就容易看出. 在本节整个分析均局部化在 $N_{\min}=1$ 附近进行, 因此超临界范数 $L^4_{t,x}$ 或 $L^\infty_tL^2_x$ 就可以起到非常重要的作用.

注意到在低频部分, (5.7.10) 提供的估计在低频部分不仅优于估计(5.7.8), 同样也优于估计(5.7.9).

引理 5.7.1 的证明 采用连续性方法, 不同之处是从 t_{evac} 开始进行倒向演化[①], 而非通常的从时刻 $t_{\min}$ 开始前向演化. 连续性方法的基本前提是 (5.7.2). 令 C_0 是一个不依赖于 η_j 的充分大的待定常数. $\Omega \subseteq [t_{\min}, t_{\text{evac}})$ 表示满足估计

$$\|P_{\leqslant N} u\|_{\dot{S}^1([t,t_{\text{evac}}]\times\mathbb{R}^3)} \leqslant C_0\eta_5 + \eta_0\eta_4^{-3/2}N^{3/2}, \quad \forall\, N \leqslant \eta_4 \tag{5.7.11}$$

的所有时间 t 的集合. 为了证明 (5.7.10), 仅需证明 $t_{\min} \in \Omega$ (额外因子 η_0 在连续性方法中有用, 但在最终估计 (5.7.10) 将要放弃这一因子). 特别地, 从 (5.7.11) 可见如下平凡估计:

$$\|P_{\leqslant N} u\|_{\dot{S}^1([t,t_{\text{evac}}]\times\mathbb{R}^3)} \lesssim \eta_0, \quad \forall\ N \leqslant \eta_4. \tag{5.7.12}$$

步骤一 首先, 对于充分接近 t_{evac} 的 t, 证明 $t \in \Omega$. 利用 Strichartz 估计及 Bernstein 不等式就推出

$$\begin{aligned}\|P_{\leqslant N} u\|_{\dot{S}^1([t,t_{\text{evac}}]\times\mathbb{R}^3)} &\lesssim \|\nabla P_{\leqslant N} u(t_{\text{evac}})\|_{L^2} + \|\nabla P_{\leqslant N}(|u|^4 u)\|_{L_t^2 L_x^{\frac{6}{5}}([t,t_{\text{evac}}]\times\mathbb{R}^3)} \\ &\lesssim \eta_5 + |t_{\text{evac}} - t|^{1/2} N^{\frac{3}{2}} \|u\|^5_{L_t^\infty L_x^5(I_0\times\mathbb{R}^3)} \\ &\lesssim \eta_5 + C(I_0, u) N^{\frac{3}{2}} |t_{\text{evac}} - t|^{1/2},\end{aligned}$$

这里 u 是区间 I_0 上的 Schwartz 函数 (确保 $\|u\|_{L_t^\infty L_x^5(I_0\times\mathbb{R}^3)}$ 有界). 如果选取 C_0 充分大 (不依赖于 η_j), 只要 t 充分接近 t_{evac}, 即可推出估计 (5.7.11) 成立.

步骤二 设 $t \in \Omega$, 对所有的 $N \leqslant \eta_4$ 均有 (5.7.11) 成立. 通过连续性(5.7.11) 证明

$$\|P_{\leqslant N} u\|_{\dot{S}^1([t,t_{\text{evac}}]\times\mathbb{R}^3)} \leqslant \frac{1}{2}C_0\eta_5 + \frac{1}{2}\eta_0\eta_4^{-3/2}N^{3/2}, \quad \forall\ N \leqslant \eta_4. \tag{5.7.13}$$

如果上述断言为真, 就意味着 (因为 u 是 Schwartz 函数) Ω 既是开集也是闭集, 从而推出所需结论 $t_{\min} \in \Omega$.

下面从 (5.7.11) 来推导 (5.7.13). 剩余证明所用时空范数将限制在时空区域 $[t, t_{\text{evac}}] \times \mathbb{R}^3$ 上进行.

固定 $N \leqslant \eta_4$. 根据 Strichartz 估计, 有

$$\|P_{\leqslant N} u\|_{\dot{S}^1([t,t_{\text{evac}}]\times\mathbb{R}^3)} \lesssim \|P_{\leqslant N} u(t_{\text{evac}})\|_{\dot{H}^1(\mathbb{R}^3)} + C\sum_{m=1}^{M} \|\nabla F_m\|_{L_t^{q_m'} L_x^{r_m'}([t,t_{\text{evac}}]\times\mathbb{R}^3)},$$

① 本节方法似乎依赖于双向演化 (前项与后项同时演化) 方法, 这与 5.6.4 节 “双 Duhamel 技巧” 具有可比性.

这里 $(q_m, r_m) \in \Lambda_S$, 非线性项的低频可分解为

$$P_{\leqslant N}(|u|^4 u) = \sum_{m=1}^{M} F_m.$$

从 (5.7.2) 推知

$$\|P_{\leqslant N} u(t_{\text{evac}})\|_{\dot{H}^1(\mathbb{R}^3)} \lesssim \|P_{<1/\eta_5} u(t_{\text{evac}})\|_{\dot{H}^1(\mathbb{R}^3)} \lesssim \eta_5,$$

只要 C_0 适当大, 该估计对 (5.7.13) 而言是合用或容许的.

考虑非线性项 $P_{\leqslant N}(|u|^4 u)$ 对应的估计. 将 u 分解成高频与低频

$$u = u_{\leqslant \eta_4} + u_{>\eta_4}, \quad u_{\leqslant \eta_4} \triangleq P_{\leqslant \eta_4} u, \quad u_{>\eta_4} \triangleq P_{>\eta_4} u,$$

利用 (5.1.18) 可将非线性项分解为

$$P_{\leqslant N}(|u|^4 u) = \sum_{j=0}^{5} F_j, \quad F_j \triangleq P_{\leqslant N} \mathcal{O}(u_{>\eta_4}^j u_{\leqslant \eta_4}^{5-j}).$$

下面逐项进行估计:

- **情形 1: F_2, F_3, F_4, F_5 的估计.**

利用 Bernstein 不等式与 Hölder 不等式, 易见

$$\begin{aligned}
\|\nabla F_j\|_{L_t^2 L_x^{6/5}} &\lesssim C N^{3/2} \|\mathcal{O}(u_{>\eta_4}^j u_{\leqslant \eta_4}^{5-j})\|_{L_t^2 L_x^1([t, t_{\text{evac}}] \times \mathbb{R}^3)} \\
&\leqslant C N^{3/2} \|u_{>\eta_4}\|_{L_t^\infty L_x^6([t, t_{\text{evac}}] \times \mathbb{R}^3)}^{j-2} \|u_{\leqslant \eta_4}\|_{L_t^\infty L_x^6([t, t_{\text{evac}}] \times \mathbb{R}^3)}^{5-j} \\
&\quad \times \|u_{>\eta_4}\|_{L_t^4 L_x^4([t, t_{\text{evac}}] \times \mathbb{R}^3)}^2, \quad j = 2, 3, 4, 5.
\end{aligned}$$

根据能量估计, Sobolev 不等式及 (5.7.9)($N = \eta_4$ 对应的情形), 我们推知

$$\|\nabla F_j\|_{L_t^2 L_x^{6/5}} \lesssim C \eta_1^{\frac{1}{2}} N^{3/2} \eta_4^{-3/2}, \quad j = 2, 3, 4, 5.$$

如果 η_1 充分小, 这对 (5.7.13) 而言是可以接受或容许的. 需要指出频率局部化相互作用 Morawetz 估计 (5.3.23) 中出现的小常数 η_1 在完成连续性的过程中起着关键作用.

- **情形 2a: 在 $N \ll \eta_4$ 情形下 F_1 的估计.**

考虑

$$\|\nabla F_1\|_{L_t^{q_1'} L_x^{r_1'}} \sim \|\nabla P_{\leqslant N} \mathcal{O}(u_{>\eta_4} u_{\leqslant \eta_4}^4)\|_{L_t^{q_1'} L_x^{r_1'}} \tag{5.7.14}$$

的估计. 在此情况下, 无妨假设 $N < c\eta_4$. 我们断言 $u^4_{\leqslant \eta_4}$ 中至少存在一个因子具有频率大于 $c\eta_4$, 否则利用正交性这一项就会消失! 因此, 可以将 (5.7.14) 改写成①

$$\|\nabla P_{\leqslant N}\mathcal{O}(u^3_{\leqslant \eta_4}(P_{>c\eta_4}u_{\leqslant \eta_4})u_{>\eta_4})\|_{L^2_t L^{6/5}_x([t,t_{\mathrm{evac}}]\times\mathbb{R}^3)}, \quad (q_1', r_1') = (2, 6/5).$$

注意到 $P_{\geqslant c\eta_4}u_{\leqslant \eta_4}$ 与 $u_{>\eta_4}$ 满足估计 (5.7.9), 因此

$$\begin{aligned}&\|\nabla F_1\|_{L^2_t L^{6/5}_x}\\ &\leqslant CN^{3/2}\|u_{\leqslant \eta_4}\|^3_{L^\infty_t L^6_x([t,t_{\mathrm{evac}}]\times\mathbb{R}^3)}\|u_{\geqslant c\eta_4}\|_{L^4_t L^4_x([t,t_{\mathrm{evac}}]\times\mathbb{R}^3)}\|u_{>\eta_4}\|_{L^4_t L^4_x([t,t_{\mathrm{evac}}]\times\mathbb{R}^3)}.\end{aligned}$$

利用重复处理 F_2, F_3, F_4, F_5 的方法, 这一项的估计是可以接受或容许的.

- **情形 2b: 在情形 $N \sim \eta_4$ 下 F_1 的估计.**

无妨假设 $N \geqslant c\eta_4$. 选取 $(q_1', r_1') = (1, 2)$ 并利用 Bernstein 估计就得

$$\|\nabla F_1\|_{L^1_t L^2_x} \leqslant C\eta_4\|\mathcal{O}(u_{>\eta_4}u^4_{\leqslant \eta_4})\|_{L^1_t L^2_x([t,t_{\mathrm{evac}}]\times\mathbb{R}^3)}.$$

利用 Hölder 不等式 Bernstein 估计, 就得

$$\begin{aligned}\|\nabla F_1\|_{L^1_t L^2_x} &\leqslant C\eta_4\|u_{\leqslant \eta_4}\|^4_{L^4_t L^\infty_x([t,t_{\mathrm{evac}}]\times\mathbb{R}^3)}\|u_{>\eta_4}\|_{L^\infty_t L^2_x([t,t_{\mathrm{evac}}]\times\mathbb{R}^3)}\\ &\leqslant C\eta_4\|u_{\leqslant \eta_4}\|^4_{L^4_t L^\infty_x([t,t_{\mathrm{evac}}]\times\mathbb{R}^3)}\frac{1}{\eta_4}\|\nabla u_{>\eta_4}\|_{L^\infty_t L^2_x([t,t_{\mathrm{evac}}]\times\mathbb{R}^3)}\\ &\leqslant C\|u_{\leqslant \eta_4}\|^4_{L^4_t L^\infty_x([t,t_{\mathrm{evac}}]\times\mathbb{R}^3)}.\end{aligned}$$

从 Strichartz 范数的控制 (5.2.4) 和粗估计 (5.7.12), 容易看出

$$\|u_{\leqslant \eta_4}\|_{L^4_t L^\infty_x([t,t_{\mathrm{evac}}]\times\mathbb{R}^3)} \lesssim \|u_{\leqslant \eta_4}\|_{\dot{S}^1([t,t_{\mathrm{evac}}]\times\mathbb{R}^3)} \lesssim \eta_0.$$

因此, 有

$$\|\nabla F_1\|_{L^1_t L^2_x} \leqslant O(\eta_0^4),$$

由于 $N \sim \eta_4$, 可见上述估计对于 (5.7.13) 而言是可以接受或容许的. 这就完成了 F_1 的估计.

- **情形 3: F_0 的估计.**

剩余项 F_0 对应的估计. 令 $(q_0', r_0') = (1, 2)$, 分解 $u_{\leqslant \eta_4} = u_{<\eta_5} + u_{\eta_5 \leqslant \cdot \leqslant \eta_4}$, 则

$$\|\nabla F_0\|_{L^1_t L^2_x([t,t_{\mathrm{evac}}]\times\mathbb{R}^3)} \leqslant \|\nabla P_{\leqslant N}\mathcal{O}(u^4_{\leqslant \eta_4}u_{<\eta_5})\|_{L^1_t L^2_x([t,t_{\mathrm{evac}}]\times\mathbb{R}^3)}$$

---

① 严格地讲, 仅仅能将 (5.7.14) 写成这样的项求和, $u^3_{\leqslant \eta_4}$ 中的因子必须被 $P_{>c\eta_4}u_{\leqslant \eta_4}$ 或 $P_{\leqslant c\eta_4}u_{\leqslant \eta_4}$ 来替代. 鉴于在所考虑空间中投影算子的有界性, 我们忽略了这一技术, 类似地引理中的其他分解也是一样的.

$$+\|\nabla P_{\leqslant N}\mathcal{O}(u_{\leqslant\eta_4}^4 u_{\eta_5\leqslant\cdot\leqslant\eta_4})\|_{L_t^1L_x^2([t,t_{\text{evac}}]\times\mathbb{R}^3)}.$$

考虑含极低频因子 $u_{<\eta_5}$ 的项, 放弃 $P_{\leqslant N}$ 并利用五线性估计 (引理 5.2.3) 就得

$$\begin{aligned}\|\nabla P_{\leqslant N}\mathcal{O}(u_{\leqslant\eta_4}^4 u_{<\eta_5})\|_{L_t^1L_x^2([t,t_{\text{evac}}]\times\mathbb{R}^3)} &\lesssim \|\nabla\mathcal{O}(u_{\leqslant\eta_4}^4 u_{<\eta_5})\|_{L_t^1L_x^2([t,t_{\text{evac}}]\times\mathbb{R}^3)}\\ &\lesssim \|u_{\leqslant\eta_4}\|_{\dot S^1([t,t_{\text{evac}}]\times\mathbb{R}^3)}^4\|u_{<\eta_5}\|_{\dot S^1([t,t_{\text{evac}}]\times\mathbb{R}^3)}\\ &\lesssim (C_0\eta_5+\eta_0)^4(C_0\eta_5+\eta_0\eta_4^{-3/2}\eta_5^{3/2})\\ &\lesssim C_0\eta_0^4\eta_5\end{aligned}$$

倒数第二个不等式用到连续性假设条件 (5.7.11). 于是, 所获估计是可以接受的.

最后, 问题就归结为不含因子 $u_{<\eta_5}$ 的项

$$\|\nabla P_{\leqslant N}\mathcal{O}(u_{\eta_5\leqslant\cdot\leqslant\eta_4}^5)\|_{L_t^1L_x^2([t,t_{\text{evac}}]\times\mathbb{R}^3)} \tag{5.7.15}$$

对应的估计. 利用 Bernstein 不等式, 容易推出

$$\begin{aligned}\|\nabla P_{\leqslant N}\mathcal{O}(u_{\eta_5\leqslant\cdot\leqslant\eta_4}^5)\|_{L_t^1L_x^2([t,t_{\text{evac}}]\times\mathbb{R}^3)} &\lesssim N^{3/2}\|\mathcal{O}(u_{\eta_5\leqslant\cdot\leqslant\eta_4}^5)\|_{L_t^1L_x^{3/2}([t,t_{\text{evac}}]\times\mathbb{R}^3)}\\ &= N^{3/2}\|u_{\eta_5\leqslant\cdot\leqslant\eta_4}\|_{L_t^5L_x^{15/2}([t,t_{\text{evac}}]\times\mathbb{R}^3)}^5.\end{aligned}$$

利用 Bernstein 估计及连续性假设条件 (5.7.11), 我们有

$$\begin{aligned}\|u_{\eta_5\leqslant\cdot\leqslant\eta_4}\|_{L_t^5L_x^{15/2}} &\leqslant \sum_{\eta_5\leqslant N'\leqslant\eta_4}\|P_{N'}u\|_{L_t^5L_x^{15/2}([t,t_{\text{evac}}]\times\mathbb{R}^3)}\\ &\lesssim \sum_{\eta_5\leqslant N'\leqslant\eta_4}(N')^{-3/10}\|\nabla P_{N'}u\|_{L_t^5L_x^{30/11}([t,t_{\text{evac}}]\times\mathbb{R}^3)}\\ &\lesssim \sum_{\eta_5\leqslant N'\leqslant\eta_4}(N')^{-3/10}\|P_{N'}u\|_{\dot S^1([t,t_{\text{evac}}]\times\mathbb{R}^3)}\\ &\lesssim \sum_{\eta_5\leqslant N'\leqslant\eta_4}(N')^{-3/10}(C_0\eta_5+\eta_0\eta_4^{-3/2}(N')^{3/2})\\ &\lesssim \eta_0\eta_4^{-3/10}.\end{aligned}$$

因此

$$\|\nabla P_{\leqslant N}\mathcal{O}(u_{\eta_5\leqslant\cdot\leqslant\eta_4}^5)\|_{L_t^1L_x^2([t,t_{\text{evac}}]\times\mathbb{R}^3)} \lesssim O(\eta_0^5\eta_4^{-3/2}N^{3/2}).$$

选取 η_0 充分小, 这是可以接受! 综上估计就证明了(5.7.13).

5.7.3 局部化 L^2 质量增量的控制

现在有足够多的估计来证明 (5.7.7). 将其改写为

$$P_{\mathrm{hi}}(|u|^4u)-|u_{\mathrm{hi}}|^4u_{\mathrm{hi}}=P_{\mathrm{hi}}(|u|^4u-|u_{\mathrm{hi}}|^4u_{\mathrm{hi}}-|u_{\mathrm{lo}}|^4u_{\mathrm{lo}})+P_{\mathrm{hi}}(|u_{\mathrm{lo}}|^4u_{\mathrm{lo}})-P_{\mathrm{lo}}(|u_{\mathrm{hi}}|^4u_{\mathrm{hi}}),$$

因此, 仅需考虑下面三项的估计:

$$\int_{t_{\min}}^{t_*}\left|\int \overline{u_{\mathrm{hi}}}P_{\mathrm{hi}}(|u|^4u-|u_{\mathrm{hi}}|^4u_{\mathrm{hi}}-|u_{\mathrm{lo}}|^4u_{\mathrm{lo}})\,dx\right|dt \tag{5.7.16}$$

$$\int_{t_{\min}}^{t_*}\left|\int \overline{u_{\mathrm{hi}}}P_{\mathrm{hi}}(|u_{\mathrm{lo}}|^4u_{\mathrm{lo}})\,dx\right|dt \tag{5.7.17}$$

$$\int_{t_{\min}}^{t_*}\left|\int \overline{u_{\mathrm{hi}}}P_{\mathrm{lo}}(|u_{\mathrm{hi}}|^4u_{\mathrm{hi}})\,dx\right|dt \tag{5.7.18}$$

粗略地看, 正交性就使得 (5.7.18) 几乎消失, 残存原因是频率空间的截断是光滑截断! 即使如此, 几乎正交性也可以确保诸项被 η_1^2 控制. 事实上, 读者将会看到上述诸项的控制估计中起码可以抽取 η_4 的正次幂因子, 然而 $\ll \eta_1^2$ 的出现已经足够满足了. 下面给出估计 (5.7.16), (5.7.17), 及 (5.7.18) 的细节.

- **情形 1: (5.7.16) 的估计.**

将共轭算子 P_{hi} 转移到 $\overline{u_{\mathrm{hi}}}$ 之上, 利用形如 (5.1.18) 的逐点估计就得

$$\left||u|^4u-|u_{\mathrm{hi}}|^4u_{\mathrm{hi}}-|u_{\mathrm{lo}}|^4u_{\mathrm{lo}}\right|\lesssim |u_{\mathrm{hi}}|^4|u_{\mathrm{lo}}|+|u_{\mathrm{hi}}||u_{\mathrm{lo}}|^4.$$

于是,

$$(5.7.16)\lesssim \int_{t_{\min}}^{t_*}\int |P_{\mathrm{hi}}u_{\mathrm{hi}}|(|u_{\mathrm{hi}}|^4|u_{\mathrm{lo}}|+|u_{\mathrm{hi}}||u_{\mathrm{lo}}|^4)\,dxdt.$$

为方便起见, 忽略了投影算子 P_{hi}, 将 $P_{\mathrm{hi}}u_{\mathrm{hi}}$ 视为 u_{hi}. 严格地讲并不完全相等, 然而, $P_{\mathrm{hi}}u_{\mathrm{hi}}$ 与 u_{hi} 满足完全相同的估计, 这样的修改也是无害的. 综述上面的讨论, (5.7.16) 的估计就归结为

$$(5.7.16)\lesssim \int_{t_{\min}}^{t_*}\int \left[|u_{\mathrm{hi}}|^5|u_{\mathrm{lo}}|+|u_{\mathrm{hi}}|^2|u_{\mathrm{lo}}|^4\right]dxdt. \tag{5.7.19}$$

- **情形 1a: $|u_{\mathrm{hi}}|^2|u_{\mathrm{lo}}|^4$ 的贡献.**

考虑 $|u_{\mathrm{hi}}|^2|u_{\mathrm{lo}}|^4$ 的贡献. 需要证明

$$\int_{t_{\min}}^{t_*}\int |u_{\mathrm{hi}}|^2|u_{\mathrm{lo}}|^4dxdt\ll \eta_1^2. \tag{5.7.20}$$

利用 Hölder 不等式, 容易看出

$$\int_{t_{\min}}^{t_*}\int |u_{\rm hi}|^2|u_{\rm lo}|^4dxdt \lesssim \|u_{\rm hi}\|^2_{L_t^\infty L_x^2([t_{\min},t_*]\times\mathbb{R}^3)}\|u_{\rm lo}\|^4_{L_t^4 L_x^\infty([t_{\min},t_*]\times\mathbb{R}^3)}.$$

根据低频的优化估计 (5.7.10), 推知

$$\|u_{\rm lo}\|_{L_t^4 L_x^\infty([t_{\min},t_*]\times\mathbb{R}^3)} \leqslant \|P_{\rm lo}u\|_{\dot{S}^1([t_{\min},t_{\rm evac}]\times\mathbb{R}^3)} \lesssim \eta_5+\eta_4^{-3/2}\eta_4^{150}\lesssim \eta_4^{100}.$$

利用能量估计及优化估计 (5.7.10) 就得

$$\begin{aligned}
&\|u_{\rm hi}\|_{L_t^\infty L_x^2([t_{\min},t_*]\times\mathbb{R}^3)}\\
\leqslant& \|P_{\geqslant\eta_4}u_{\rm hi}\|_{L_t^\infty L_x^2([t_{\min},t_*]\times\mathbb{R}^3)}+\sum_{\eta_4^{100}\leqslant N\leqslant\eta_4}\|P_N u_{\rm hi}\|_{L_t^\infty L_x^2([t_{\min},t_*]\times\mathbb{R}^3)}\\
\lesssim& \eta_4^{-1}\|u\|_{L_t^\infty \dot{H}_x^1([t_{\min},t_*]\times\mathbb{R}^3)}+\sum_{\eta_4^{100}\leqslant N\leqslant C\eta_4}N^{-1}\|P_N\nabla u_{\rm hi}\|_{L_t^\infty L_x^2([t_{\min},t_*]\times\mathbb{R}^3)}\\
\lesssim& \eta_4^{-1}+\sum_{\eta_4^{100}\leqslant N\leqslant\eta_4}N^{-1}\|P_N u_{\rm hi}\|_{\dot{S}^1([t_{\min},t_*]\times\mathbb{R}^3)}\\
\lesssim& \eta_4^{-1}+\sum_{\eta_4^{100}\leqslant N\leqslant\eta_4}N^{-1}(\eta_5+\eta_4^{-3/2}N^{3/2})\\
\lesssim& \eta_4^{-1}+\eta_5\eta_4^{-100}+\eta_4^{-1}\\
\lesssim& \eta_4^{-1}.
\end{aligned}$$

因此

$$\int_{t_{\min}}^{t_*}\int |u_{\rm hi}|^2|u_{\rm lo}|^4dxdt \lesssim O(\eta_4^4).$$

这是可以接受的上界估计.

- **情形 1b: $|u_{\rm hi}|^5|u_{\rm lo}|$ 的贡献.**

考虑 $|u_{\rm hi}|^5|u_{\rm lo}|$ 的贡献, 换句话讲, 需要证明

$$\int_{t_{\min}}^{t_*}\int |u_{\rm hi}|^5|u_{\rm lo}|dxdt \ll \eta_1^2. \tag{5.7.21}$$

这个估计在控制 (5.7.18)也是非常有效的.

将 $u_{\rm lo}$ 进一步分解成低频、极低频等不同频段:

$$u_{\rm lo}=P_{>\eta_5^{1/2}}u_{\rm lo}+P_{\leqslant\eta_5^{1/2}}u.$$

利用 Sobolev 嵌入定理、能量估计及 (5.7.8), 可见

$$\begin{aligned}\int_{t_{\min}}^{t_*}\int |u_{\rm hi}|^5|u_{\leqslant\eta_5^{1/2}}|dxdt &\lesssim \|u_{\rm hi}\|^5_{L_t^5L_x^5([t_{\min},t_*]\times\mathbb{R}^3)}\|u_{\leqslant\eta_5^{1/2}}\|_{L_t^\infty L_x^\infty([t_{\min},t_*]\times\mathbb{R}^3)}\\ &\lesssim C(\eta_4)\|\nabla u\|^5_{L_t^5L_x^{30/11}([t_{\min},t_*]\times\mathbb{R}^3)}\eta_5^{1/4}\|\nabla u\|_{L_t^\infty L_x^2([t_{\min},t_*]\times\mathbb{R}^3)}\\ &\lesssim C(\eta_4)\eta_5^{1/4}\|u\|^5_{\dot S^1([t_{\min},t_*]\times\mathbb{R}^3)}\\ &\lesssim C(\eta_4)C(\eta_1,\eta_3,\eta_4)^4\eta_5^{1/4},\end{aligned}$$

即 (5.7.21) 中极低频部分对应的估计是可以接受的.

考虑含低频部分 $P_{>\eta_5^{1/2}}u_{\rm lo}$ 的贡献. 利用 Hölder 不等式, 我们就得

$$\begin{aligned}&\||u_{\rm hi}|^5|P_{>\eta_5^{1/2}}u_{\rm lo}|\|_{L^1_{t,x}([t_{\min},t_*]\times\mathbb{R}^3)}\\ \leqslant{}& C\|u_{\rm hi}\|^5_{L_t^{10}L_x^5([t_{\min},t_*]\times\mathbb{R}^3)}\|P_{>\eta_5^{1/2}}u_{\rm lo}\|_{L_t^2L_x^\infty([t_{\min},t_*]\times\mathbb{R}^3)}.\end{aligned}\tag{5.7.22}$$

利用 Bernstein 估计及低频部分的优化估计 (5.7.10), 有

$$\begin{aligned}\|P_{>\eta_5^{1/2}}u_{\rm lo}\|_{L_t^2L_x^\infty([t_{\min},t_*]\times\mathbb{R}^3)} &\leqslant \sum_{\eta_5^{1/2}<N\leqslant\eta_4^{100}}\|P_Nu\|_{L_t^2L_x^\infty([t_{\min},t_*]\times\mathbb{R}^3)}\\ &\leqslant \sum_{\eta_5^{1/2}<N\leqslant\eta_4^{100}}N^{-1/2}\|\nabla P_Nu\|_{L_t^2L_x^6([t_{\min},t_*]\times\mathbb{R}^3)}\\ &\leqslant \sum_{\eta_5^{1/2}<N\leqslant\eta_4^{100}}N^{-1/2}\|P_Nu\|_{\dot S^1([t_{\min},t_*]\times\mathbb{R}^3)}\\ &\leqslant \sum_{\eta_5^{1/2}<N\leqslant\eta_4^{100}}N^{-1/2}(\eta_5+\eta_4^{-3/2}N^{3/2})\\ &\leqslant C\eta_4^{-3/2}\eta_4^{100}.\end{aligned}$$

为了估计 $\|u_{\rm hi}\|_{L_t^{10}L_x^5([t_{\min},t_*]\times\mathbb{R}^3)}$, 将 $u_{\rm hi}$ 分解为更高频与中频, 即

$$u_{\rm hi}=u_{>\eta_4}+u_{\eta_4^{100}\leqslant\cdot\leqslant\eta_4}.$$

利用能量估计、Hölder 不等式及局部化的相互作用 Morawetz 估计 (5.7.9), 更高频部分具如下估计 ①:

$$\|u_{>\eta_4}\|_{L_t^{10}L_x^5([t_{\min},t_*]\times\mathbb{R}^3)}\lesssim\|u_{>\eta_4}\|^{\frac{2}{5}}_{L_t^4L_x^4([t_{\min},t_*]\times\mathbb{R}^3)}\|u_{>\eta_4}\|^{\frac{3}{5}}_{L_t^\infty L_x^6([t_{\min},t_*]\times\mathbb{R}^3)}$$

① 注意到 (5.7.9) 的应用不需要 η_1 是小常数.

$$\lesssim \eta_1^{\frac{1}{4}\cdot\frac{2}{5}}\eta_4^{-\frac{3}{4}\cdot\frac{2}{5}} \lesssim \eta_4^{-\frac{3}{10}}.$$

而对于中频部分, 利用 Bernstein 估计与优化的低频估计 (5.7.10), 容易推出

$$\begin{aligned}
\|u_{\eta_4^{100}\leqslant\cdot\leqslant\eta_4}\|_{L_t^{10}L_x^5([t_{\min},t_*]\times\mathbb{R}^3)} &\lesssim \sum_{\eta_4^{100}\leqslant N\leqslant\eta_4} \|u_N\|_{L_t^{10}L_x^5([t_{\min},t_*]\times\mathbb{R}^3)}\\
&\lesssim \sum_{\eta_4^{100}\leqslant N\leqslant\eta_4} N^{-\frac{3}{10}}\|\nabla u_N\|_{L_t^{10}L_x^{\frac{30}{13}}([t_{\min},t_*]\times\mathbb{R}^3)}\\
&\lesssim \sum_{\eta_4^{100}\leqslant N\leqslant\eta_4} N^{-\frac{3}{10}}\|u_N\|_{\dot{S}^1([t_{\min},t_*]\times\mathbb{R}^3)}\\
&\lesssim \sum_{\eta_4^{100}\leqslant N\leqslant\eta_4} N^{-\frac{3}{10}}(\eta_5+\eta_4^{-\frac{3}{2}}N^{\frac{3}{2}})\\
&\lesssim \eta_4^{-\frac{3}{10}}.
\end{aligned}$$

将上面获得的估计代入 (5.7.22), 就得

$$\int_{t_{\min}}^{t_*}\int |u_{\mathrm{hi}}|^5|u_{\mathrm{lo}}|dxdt \lesssim \eta_4^{-3}\eta_4^{100} = \eta_4^{97},$$

这是可以接受的估计.

- **情形 2: (5.7.17) 的估计.**

由于投影算子 P_{hi} 的出现, 低频项 u_{lo} 中一定有一个频率满足 $\geqslant c\eta_4^{100}$, 否则正交性就导致该项消失! 于是, 移动 P_{hi} 到高频 u_{hi} 上, (5.7.17) 的估计就归结为形如①

$$\int_{t_{\min}}^{t_*}\int |P_{\mathrm{hi}}u_{\mathrm{hi}}||P_{\geqslant c\eta_4^{100}}u_{\mathrm{lo}}||u_{\mathrm{lo}}|^4\ dxdt$$

的一些求和项. 注意到 $P_{\mathrm{hi}}u_{\mathrm{hi}}$ 及

$$P_{\geqslant c\eta_4^{100}}u_{\mathrm{lo}} = P_{\mathrm{lo}}u_{\geqslant c\eta_4^{100}},$$

与 u_{hi} 本质上满足相同的估计. 因此, 适当修正估计 (5.7.20) 是可以接受的.

- **情形 3: (5.7.18) 的估计.**

利用恒等式 $P_{\mathrm{lo}}u_{\mathrm{hi}} = P_{\mathrm{hi}}u_{\mathrm{lo}}$, 转移投影算子, 将 (5.7.18) 改写为

$$\int_{t_{\min}}^{t_*}\left|\int \overline{P_{\mathrm{hi}}u_{\mathrm{lo}}}|u_{\mathrm{hi}}|^4u_{\mathrm{hi}}dx\right|dt. \tag{5.7.23}$$

① 实际上, $|u_{\mathrm{lo}}|^4$ 中的某个因子 u_{lo} 必须被 $P_{\geqslant c\eta_4^{100}}u_{\mathrm{lo}}$ 或 $P_{<c\eta_4^{100}}u_{\mathrm{lo}}$ 所替代, 这对估计没有产生任何影响.

需要考虑包含五个高频因子 $u_{\rm hi}$ 及一个形如 $P_{\rm hi}u_{\rm lo}$ 的因子的估计. 但是, 这与 (5.7.21) 本质上一样, 已经被证明是可以接受的. 事实上, 这里 $P_{\rm hi}u_{\rm lo}$ 替代了 $u_{\rm lo}$, 读者会验证投影算子 $P_{\rm hi}$ 是无害的, 它不会破坏低频 $u_{\rm lo}$ 的任何估计.

综上即得估计 (5.7.7), 说明命题 5.3.12 成立. 从而完成了定理 5.1.1 的证明. □

在本节结束之前, 给出与定理 5.1.1 相关的问题及评注.

能量解无条件唯一性问题 定理 5.1.1 中解的整体存在性是指在空间 $C_t^0\dot{H}_x^1\cap L_{t,x}^{10}$ 中所获得的有限能量解 u 存在唯一, 并且连续依赖于初值函数 (参见引理 5.2.5). 然而, 唯一性可以拓广到空间 $C_t^0\dot{H}_x^1$ 意义下的唯一性！换句话说, 存在于空间 $C_t^0\dot{H}_x^1$(未必属于空间 $L_{t,x}^{10}$) 中的解是唯一的! 这就是 "无条件唯一性". 该问题源于 Kato[74,75] 的研究, 也可以参见 [47, 48] 等. 需要指出的是 [74, 75] 的无条件唯一性仅仅涉及次临界 Schrödinger 方程. 事实上, 借助于端点 Strichartz 估计[76], 可以将此结果推广到临界情形. 为了读者方便, 下面给出该结论的证明梗概.

记 $u\in C_t^0\dot{H}_x^1\cap L_{t,x}^{10}$ 是定理 5.1.1 决定的非线性 Schrödinger 方程 (5.1.1) 具有能量初值 u_0 的整体解, 自然有 $u(0)=u_0$. 如果不然, 具有初值 u_0 的非线性 Schrödinger 方程 (5.1.1) 还存在另一个能量解 $v\in C_t^0\dot{H}_x^1$, 即满足 Duhamel 积分公式

$$v(t)=e^{it\Delta}u_0-i\int_0^t e^{i(t-s)\Delta}(|v|^4v(s))\,ds.$$

利用 Sobolev 嵌入定理,

$$v\in C_t^0\dot{H}_x^1\subseteq C_t^0L_x^6.$$

说明非线性项 $|v|^4v$ 是局部可积的, 上式右边至少在分布意义下是有意义的. **断言**: v 在其整个存在区间上满足 $u\equiv v$. 事实上, 利用连续性方法与方程关于时间平移的不变性, 仅需对在包含 0 的小邻域 I 上, 证明 $u\equiv v$ 即可.

为证明上述断言, 令 $v=u+w$, 则 w 满足相差方程对应的积分表示式

$$w(t)=-i\int_0^t e^{i(t-s)\Delta}(|u+w|^4(u+w)(s)-|u|^4u(s))\,ds.$$

设 $\varepsilon>0$ 是待定小常数, 注意到 $w\in C_t^0\dot{H}_x^1\subseteq C_t^0L_x^6$ 及 $w(0)=0$, 只要选取 I 充分小, 就能保证

$$\|w\|_{L_t^\infty L_x^6(I\times\mathbb{R}^3)}\leqslant\varepsilon.$$

利用 Strichartz 估计知

$$\|u\|_{\dot{S}^1}<\infty\Longrightarrow\|u\|_{L_t^8L_x^{12}}<\infty.$$

因此, 只要选取 I 充分小, 就有

$$\|u\|_{L_t^8 L_x^{12}(I\times\mathbb{R}^3)} \leqslant \varepsilon.$$

采用 (5.1.18) 的表示方式, 将 w 满足的积分方程改写成

$$w(t) = \int_0^t e^{i(t-s)\Delta}(O(|w(s)|^5) + O(|u(s)|^4|w(s)|))\, ds.$$

利用 Strichartz 估计, 容易推出

$$\|w\|_{L_t^2 L_x^6(I\times\mathbb{R}^3)} \leqslant C\||w|^5\|_{L_t^2 L_x^{6/5}(I\times\mathbb{R}^3)} + C\||u|^4|w|\|_{L_t^1 L_x^2(I\times\mathbb{R}^3)}.$$

根据 I 的选取及 Hölder 不等式, 我们推知

$$\|w\|_{L_t^2 L_x^6(I\times\mathbb{R}^3)} \leqslant C\varepsilon^4\|w\|_{L_t^2 L_x^6(I\times\mathbb{R}^3)}.$$

由于 $w \in C_t^0 L_x^6$, 有 $\|w\|_{L_t^2 L_x^6(I\times\mathbb{R}^3)} < \infty$. 选取 ε 充分小, 我们就推知 w 在区间 $I \times \mathbb{R}^3$ 上恒等于 0. 利用标准的连续性方法, 可以推知在整个时间区间上 $w \equiv 0$, 断言得证.

小解或径向解 对于非聚焦能量临界非线性 Schrödinger 方程

$$iu_t + \Delta u = |u|^{\frac{4}{d-2}}u, \quad t \in \mathbb{R},\ x \in \mathbb{R}^d.$$

Cazenave 和 Weissler 在 [19] 中利用 Strichartz 估计, 获得能量空间中小解的整体适定与散射. 对于径向对称初值情形, Bourgain 在 [7, 8] 中发展了极小能量归纳法, 结合质量几乎有限传播、局部化 Morawetz 估计解决三维、四维非聚焦能量临界非线性 Schrödinger 方程解的整体适定与散射问题, 这是临界色散方程大解散射理论的第一个重要突破. 对于高维情形, 除了质量几乎有限传播、局部化 Morawetz 估计外, 还需要诸如非齐 Duhamel 部分对应的额外 Strichartz 估计、分数次链锁法则等, Tao 解决高维能量临界非线性 Schrödinger 方程解的整体适定性与散射问题[172]. 高维 ($d \geqslant 5$) 临界非线性对应着非代数式增长, 三维和四维临界非线性对应代数式增长, 不仅比高维容易处理, 同时也可获得解的正则性. 然而, 对高维 ($d \geqslant 5$) 情形, 不可能期待过高的正则性, 原因在于非线性项在 $|u| = 0$ 处是不光滑的.

定理 5.1.1 的高维版本 本章有关三维非径向情形研究的整体框架, 诸如: 能量归纳机制、极小能量爆破解的局部化、基于频率局部化逼近的质量守恒的能量抽空方法等可以推广到高维情形. Ryckman 和 Visan 对本章技术进行作适当修正, 解决四维非聚焦能量临界非线性 Schrödinger 方程的散射性[157]. Visan 在其博士

学位论文 [188] 中解决了五维或五维以上的情形. 需要指出的是高维情形的推广不是平凡的. 例如: 除了选用不同的 Strichartz 指标之外, 相互作用 Morawetz 估计在高维情形下呈现不同的表现方式, 事实上, 高维情形下, $\Delta\frac{1}{|x|}$ 不再是 Dirac 质量, 而是分数阶积分位势等. 感兴趣的读者可参考 [188, 189] 等相关文献.

具非线性耦合效应的临界 Schrödinger 方程 一个自然推广就是在方程 (5.1.1) 的非线性部分增加一个低阶的非线性次临界扰动项. 对于低增长非聚焦型扰动, 可能会影响散射结果. 特别地, 当增加的非线性作用 $|u|^{p-1}u$ 中的指标 p 较小时, 如

$$p < 1 + \frac{4}{d} \quad 或 \quad p \leqslant 1 + \frac{2}{d}.$$

但人们希望这样的低阶非线性作用不影响方程解的整体适定性与正则性. 然而, 这些低阶的非线性项的确可以产生非平凡的困难: 扰动项破坏方程的尺度变换 (scaling) 不变性, 而本章介绍的研究方法严重依赖方程的尺度不变性. 对于非聚焦能量临界方程, 附加非聚焦次临界扰动问题的研究, 具体可见 Tao、Visan 和 Zhang 等的工作 [181], [194]. 也可参见苗长兴及其研究团队的工作 [22, 126, 127, 134].

色散框架下的变分原理: Kenig-Merle 方法 Bourgain 发展起来的能量归纳法[7], 后来被 Tao 等[28] 进一步发扬光大. 这些研究方法是定量研究, 由分析过程可以相对精确地确定各种估计的定量依赖, 比较麻烦的是计算极其繁杂. Kenig-Merle 基于时空轮廓分解, 发展了所谓的 “集中紧与刚性方法”, 成功地解决了聚焦非线性临界色散波方程的散射理论[77]. “集中紧与刚性方法” 可视为色散框架下的变分原理, 属于定性研究方法. 该方法的显著特点是参数依赖关系不是特别具体, 能相对简便地解决问题. “集中紧与刚性方法” 在后面两章将会具体介绍. 需要说明的是, Killip 和 Visan 利用该方法, 结合 Dodson 开发的长时间 Strichartz 估计[29], 对三维、四维非聚焦型能量临界非线性 Schrödinger 方程解的整体适定与散射性重新给予简化证明, 见 [93, 190].

临界模猜想 Kenig-Merle 发展 “集中紧与刚性方法”, 圆满解决了聚焦能量临界色散方程散射猜想. 然而, 能量与质量层次之外的临界散射猜想是公开问题 (没有相应该层次上的守恒量). Kenig-Merle 率先提出了 “临界模猜想”, 即假设解在极大生命区间上的临界模一致有界, 则该解是散射. 率先解决了三维三次增长 Schrödinger 方程对应的临界模猜想[79]. Killip 等解决了高维 ($d \geqslant 5$) 能量次临界或超临界 Schrödinger 方程对应的临界模猜想 KVCPDE. 苗长兴及合作者解决了 $d = 4$ 对应的临界模猜想[37, 116], $d = 3$ 的情形下的临界模猜想是公开的.

临界 Hartree 方程 Hartree 方程是含非局部非线性项的色散方程, 也是一

个源于量子力学的重要模型. 苗长兴及其研究团队系统地研究了具有非局部项非线性色散方程、波动方程的散射理论, 发展了处理非局部相互作用的研究模式, 详见 [102, 103, 121—125, 128, 129, 135, 136].

临界色散波方程解的长时间动力学行为 在 Bourgain, Kenig, Merle, Schlag, Tao, Tataru 等的引领下, 临界色散波方程解的长时间动力学行为研究取得快速发展, 譬如: 聚焦型能量临界波动方程 (见 [78] 等)、波映照 (wave maps) (见 [97, 99, 100, 165, 174—178] 等).

具反平方位势的临界色散波方程 Killip、Visan 及苗长兴研究团队建立了与具反平方位势 Schrödinger 算子对应的 Littlewood-Paley 理论与 Sobolev 空间理论, 奠定了具反平方位势的非线性色散方程的研究基础[84]. 进而研究了具反平方位势能量临界 Schrödinger 方程、波动方程的整体适定性与散射性[85, 117], 展示了具反平方位势的能量临界色散方程突破, 后续研究可见了 Frank、Merz、Duong 等数学家的工作. 具反平方位势 Schrödinger 算子对应的弯曲 Fourier 变换等调和分析, 可见 [120].

非相对论极限问题 非聚焦能量临界 Schrödinger 方程整体存在与散射结果类似于三维能量临界非线性 Klein-Gordon 方程

$$-\frac{1}{2c^2}u_{tt} + \Delta u = -|u|^4 u + \frac{m^2c^2}{2}u$$

(详见参考文献 [145]). 正如前面讨论, 能量临界 Schrödinger 方程的研究方法与能量临界 Klein-Gordon 方程的研究方法之间存在一些区别. 特别地, 我们不清楚本章提供的研究框架对于非线性 Klein-Gordon 方程解的时空范数关于非相对极限过程 $c \to \infty$ 是否是一致有界的! 尽管非线性 Klein-Gordon 方程在某种意义下是收敛于非线性 Schrödinger 方程 (在具有合适的法化区域内及对于满足适当条件的初值函数, 见 [146]). 可以看出, 本章研究框架扩展到非线性 Klein-Gordon 方程的主要障碍是缺少类似的相互作用 Morawetz 估计(5.1.8) (或其他任意的局部不变量). 对于能量空间中小初值问题, 解的一致界在非相对极限意义下是保持的. 但是, 对于一般能量解而言, 这样的界似乎不再合适. 详见 [146] 中的相关注记, 关于次临界的情形, 可以参见 [146] 的参考文献.

第 6 章 聚焦型能量临界 Schrödinger 方程

本章考虑聚焦型能量临界 Schrödinger 方程

$$\begin{cases} iu_t + \Delta u = F(u), \quad F(u) = -|u|^{\frac{4}{d-2}}u, \\ u(t_0) = u_0(x) \in \dot{H}^1(\mathbb{R}^d), \quad d \geqslant 3 \end{cases} \tag{6.0.1}$$

的基态猜想. 到目前为止, 已经彻底解决了高维 ($d \geqslant 4$) 能量临界的聚焦型 Schrödinger 方程的整体适定性与散射性. 然而, 对于 $d = 3$ 的情形, 在径向对称的框架下已得到相应的结果, 三维一般情形的基态猜想还是公开的. 为突出集中紧与刚性方法的理念, 主要定理及其证明均在 $d \geqslant 5$ 情形下给出. 读者从定理的证明过程可以看出, 所用方法与大部分结果对 $d \geqslant 3$ 还是成立的.

容易验证, 伸缩变换

$$u(t,x) \longrightarrow u_\lambda(t,x) = \lambda^{-\frac{d-2}{2}} u(\lambda^{-2}t, \lambda^{-1}x)$$

保持方程 (6.0.1) 及能量

$$E(u(t)) = \int_{\mathbb{R}^d} \left(\frac{1}{2}|\nabla u|^2 - \frac{d-2}{2d}|u(t,x)|^{\frac{2d}{d-2}} \right) dx \tag{6.0.2}$$

不变. 通常称能量中含 ∇u 的部分是动能, 其余部分是势能. 所谓 (6.0.1) 是聚焦 (focusing) 型方程, 是指动能和势能的符号相反.

定义 6.0.1 设 $t_0 \in I$, 函数 $u : I \times \mathbb{R}^d \longrightarrow \mathbb{C}$ 在非空区间 I 上是问题 (6.0.1) 的强解, 即 $\dot{H}^1(\mathbb{R}^d)$ 解是指: 如果对于任意紧区间 $K \subset I$, 成立

$$u \in C(K; \dot{H}^1(\mathbb{R}^d)) \cap L_{t,x}^{\frac{2(d+2)}{d-2}}(K \times \mathbb{R}^d) \tag{6.0.3}$$

和

$$u(t) = e^{i(t-t_0)\Delta}u(t_0) - i\int_{t_0}^t e^{i(t-t_0)\Delta}F(u(\tau))d\tau, \quad \forall\, t \in I. \tag{6.0.4}$$

若 $u(t)$ 不能扩张到比区间 I 更大的区间上, 就称 I 是极大生命区间, $u(t)$ 就称为 (6.0.1) 的极大生命区间解. 特别地, 当 $I = \mathbb{R}$ 时, 称 $u(t)$ 是 (6.0.1) 整体解.

注记 6.0.1　$u \in L_{t,x}^{\frac{2(d+2)}{d-2}}(K \times \mathbb{R}^d)$ 是自然的, 它基于如下几个事实:

(i) 由 Strichartz 估计, 解的自由部分属于 $u \in L_{t,x}^{\frac{2(d+2)}{d-2}}(K \times \mathbb{R}^d)$, 作为自由方程的扰动形式, 自然期望解仍具有这样的可积性.

(ii) 证明局部适定性需要在形如 $C(J; \dot{H}^1(\mathbb{R}^d)) \cap L_{t,x}^{\frac{2(d+2)}{d-2}}(J \times \mathbb{R}^d)$ 上实施. 事实上, 无法证明积分方程 (6.0.4) 所定义的非线性映射在 $C(J; \dot{H}^1(\mathbb{R}^d))$ 中的闭球上是压缩映射, 其中区间 J 的长度是待定的.

(iii) 若 I 是极大生命区间, $u \in L_{t,x}^{\frac{2(d+2)}{d-2}}(I \times \mathbb{R}^d)$, 则 $I = \mathbb{R}$. 这就是爆破准则的直接结果.

(iv) 作为一个后验结果, $u \in L_{t,x}^{\frac{2(d+2)}{d-2}}(K \times \mathbb{R}^d)$ 可以由 $u \in C(I; \dot{H}^1(\mathbb{R}^d))$ 所确保. 换句话说, $u \in C(I; \dot{H}^1(\mathbb{R}^d))$ 的端点性估计可以导出内闭型时空估计!

6.1　问题的归结及主要结果

散射尺度的刻画　就临界问题而言, 与整体适定性和散射相关联的概念还有爆破解, 它可以借助于尺度函数 $S_I(u)$ 来予以刻画.

定义 6.1.1　$u(t, x)$ 在区间 $I \times \mathbb{R}^d$ 上的散射尺度定义为

$$S_I(u) = \int_I \int_{\mathbb{R}^d} |u(t, x)|^{\frac{2(d+2)}{d-2}} dxdt. \tag{6.1.1}$$

定义 6.1.2 (爆破解)　称 (6.0.1) 的解 $u(t, x)$ 关于时间 $t \in \mathbb{R}$ 是前向爆破的, 如果存在 $t_1 \in I$ 使得

$$S_{[t_1, \sup I)}(u) = \infty. \tag{6.1.2}$$

称 $u(t, x)$ 关于时间 $t \in \mathbb{R}$ 是后向爆破的, 如果存在 $t_1 \in I$ 使得

$$S_{(\inf I, t_1]}(u) = \infty. \tag{6.1.3}$$

Cazenave 和 Weissler[19,20] 系统地研究了能量临界 Schrödinger 方程局部适定性与无条件唯一性, 总结如下:

定理 6.1.1　给定 $u_0 \in \dot{H}^1(\mathbb{R}^d)$, $t_0 \in \mathbb{R}$, 则问题 (6.0.1) 存在唯一的极大生命区间解 $u: I \times \mathbb{R}^d \longrightarrow \mathbb{C}$, 它满足如下性质:

(1) **局部适定性**　I 是包含 t_0 的开区间.

(2) **能量守恒**　$E(u(t)) = E(u_0(x))$, $\forall\, t \in I$.

(3) **爆破准则**　如果 $\sup(I) < \infty$, 则 u 前向爆破; 如果 $\inf(I) > -\infty$, 则 u 是后向爆破.

(4) **散射** (scattering) 如果 $\sup(I)=+\infty$, 并且 u 非前向爆破, 则 u 是前向散射的, 即存在 $u_+\in\dot{H}^1(\mathbb{R}^d)$ 满足

$$\lim_{t\to+\infty}\|u(t)-e^{it\Delta}u_+(x)\|_{\dot{H}^1(\mathbb{R}^d)}=0. \tag{6.1.4}$$

相应地, 如果 $\inf(I)=-\infty$, 并且 u 非后向爆破, 则 u 是后向散射的, 即存在 $u_-(x)$, 使得

$$\lim_{t\to-\infty}\|u(t)-e^{it\Delta}u_-(x)\|_{\dot{H}^1(\mathbb{R}^d)}=0$$

成立.

(5) **小解的整体存在性与散射** 如果 $\|\nabla u_0\|_2\ll 1$, 则 u 是整体存在的, 并且 $S_{\mathbb{R}}(u)\lesssim\|\nabla u_0\|_2^{\frac{2(d+2)}{d-2}}$, 此亦说明小解的双向散射性.

(6) **无条件唯一性** 如果 $t_0\in J$, $\tilde{u}(t,x)\in C(J;\dot{H}^1(\mathbb{R}^d))$ 满足积分方程 (6.0.4), 则

$$J\subseteq I \quad 且 \quad \tilde{u}(t,x)\equiv u(t,x),\quad \forall\, t\in J. \tag{6.1.5}$$

引理 6.1.2 (稳定性理论——局部适定性的变体) 设 $d\geqslant 3$. 对于任意 $E,L>0$ 和 $\varepsilon>0$, 存在 $\delta>0$ 具有如下性质: 设 $\tilde{u}(t,x):I\times\mathbb{R}^d\longrightarrow\mathbb{C}$ 是 (6.0.1) 的逼近解, 满足

$$\Big\|\nabla[i\tilde{u}_t+\Delta\tilde{u}-F(\tilde{u})]\Big\|_{L_{t,x}^{\frac{2(d+2)}{d+4}}(I\times\mathbb{R}^d)}\leqslant\delta \tag{6.1.6}$$

及

$$\|\tilde{u}\|_{L^\infty(I;\dot{H}^1(\mathbb{R}^d))}\leqslant E,\qquad S_I(\tilde{u})\leqslant L. \tag{6.1.7}$$

如果 $t_0\in I$, $u_0\in\dot{H}^1(\mathbb{R}^d)$ 满足

$$\|\tilde{u}(t_0)-u_0\|_{\dot{H}^1(\mathbb{R}^d)}\leqslant\delta, \tag{6.1.8}$$

则存在 $u:I\times\mathbb{R}^d\longrightarrow\mathbb{C}$ 满足 Cauchy 问题 (6.0.1) 及

$$\|\tilde{u}-u\|_{L^\infty(I;\dot{H}^1(\mathbb{R}^d))}+S_I(\tilde{u}-u)\leqslant\varepsilon. \tag{6.1.9}$$

注记 6.1.1 (i) 容易看出, (6.1.8) 可以用较弱的条件

$$\|e^{i(t-t_0)\Delta}\tilde{u}(t_0)-e^{i(t-t_0)\Delta}u_0\|_{S(I)}\leqslant\delta$$

来代替. 一般框架下的稳定性定理可见 Tao 和 Visan 的文章 [180]. 事实上, 由稳定性定理可推出局部适定性. 例如, 可取 $\tilde{u}=e^{i(t-t_0)\Delta}u_0(x)$ 是逼近解.

(ii) 解算子 $\mathcal{T}:\varphi\longrightarrow u(t)$ 在 $\dot{H}^1(\mathbb{R}^d)$ 的每一个有界集上是一致连续的, 这是稳定性定理的直接结果, 具体证明可以参见 [180].

(iii) 非聚焦型临界 Schrödinger 方程的研究引人注目, Bourgain[7] 创立了极小能量归纳法, 解决了径向情形的散射理论, 也可参见 [59] 及 [171]. I-研究团队解决了 3-维非聚焦型临界 Schrödinger 方程的整体适定性及散射性, 也可参见 [93]. 高维情形的推广可以参考 [157] 和 [187—190].

(iv) 对于聚焦型临界 Schrödinger 方程的研究, 问题就变得更加复杂. 已知的经典结果局限于在小动能初值条件下, (6.0.1) 是整体适定的且双向散射的. 然而, 注意到

$$W(t,x) \equiv W(x) \triangleq \left(1 + \frac{|x|^2}{d(d-2)}\right)^{-\frac{d-2}{2}} \in \dot{H}^1(\mathbb{R}^d)$$

是 (6.0.1) 的稳态解, 它满足

$$\Delta W + |W|^{\frac{4}{d-2}} W = 0.$$

依照定义 6.1.2 容易验证, 它是前向与后向爆破解. 鉴于这个事实, 人们猜想它可能是所有爆破解中具有极小动能的爆破解.

猜想 6.1.3　设 $d \geqslant 3$, $u: I \times \mathbb{R}^d \longrightarrow \mathbb{C}$ 是 (6.0.1) 的解, 如果

$$E_\star = \sup_{t\in I} \|\nabla u(t)\|_2 < \|\nabla W\|_2, \tag{6.1.10}$$

则

$$\int_I \int_{\mathbb{R}^d} \left|u(t,x)\right|^{\frac{2(d+2)}{d-2}} dxdt \leqslant C(E_\star) < \infty. \tag{6.1.11}$$

注记 6.1.2　(i) 对径向对称的初值函数, Kenig 和 Merle[77] 证明 $d = 3, 4, 5$ 情形下猜想 6.1.3 成立. 需要指出的是 Kenig 和 Merle[77] 基于凸性引理, 陈述上面猜想用极小能量解而非 I-团队使用的极小动能解的术语来论述. Killip 和 Visan[91] 解决了 $d \geqslant 5$ 时, 猜想 6.1.3 成立. Dodson[33] 解决了 $d = 4$ 时, 猜想 6.1.3 成立. 对一般初值问题, $d = 3$ 对应的基态猜想 6.1.3 仍然是公开的.

(ii) 对质量临界情形, 只要将稳态解 W 换成质量临界非线性 Schrödinger 方程对应的基态解 Q,

$$-\Delta Q + Q = |Q|^{\frac{4}{d}} Q \tag{6.1.12}$$

就可以给出相应的猜想. 其中, Q 是确保 Gagliardo-Nirenberg 不等式达到最优的极大元 (maximizer, 见定理 3.1.15 及其推论). Weinstein 首先意识到 Q 在质量临界 Schrödinger 方程及能量次临界 Schrödinger 方程爆破解的研究中的重要作用. 在径向初值的情形下, Killip, Tao, Visan[89], Killip, Visan, Zhang 等[94, 182, 183] 解

决质量临界 Schrödinger 方程对应的基态猜想. B. Dodson 发展了长时间 Strichatrtz 估计, 解决质量临界 Schrödinger 方程的散射理论, 可参考其专著 [34] 与系列文章 [29—32].

(iii) 质量临界的刚性猜想. 设 $\|u_0\|_2 = \|Q\|_2$, 则质量临界非线性 Schrödinger 方程的 Cauchy 问题的解在不计尺度变换、平移、相旋转及 Galilean 变换的前提下, 只能是如下三种情形之一:

- $u(t) = e^{it}Q(x)$.
- $u(t) = P_c(Q) = |t|^{-\frac{d}{2}} e^{\frac{i|x|^2-4}{4t}} Q\left(\frac{x}{t}\right)$.
- 整体存在且散射.

在径向对称条件下, Tao 等[183] 证明了质量临界的刚性猜想, 最近 Dodson[35,36] 解决了维数 $1 \leqslant d \leqslant 15$ 的一般情形! 另一方面, Merle[109] 在 1993 年就证明了质量临界 Schrödinger 方程的 H^1 有限时刻爆破解一定是 $P_c(Q)$.

定理 6.1.4 (主要定理-I) 设 $d \geqslant 5$, $u : I \times \mathbb{R}^d \longrightarrow \mathbb{C}$ 是 (6.0.1) 的解, 如果

$$E_\star \triangleq \sup_{t\in I} \|\nabla u(t)\|_2 < \|\nabla W\|_2, \tag{6.1.13}$$

则

$$S_I(u) \triangleq \int_I \int_{\mathbb{R}^d} \big|u(t,x)\big|^{\frac{2(d+2)}{d-2}} dxdt \leqslant C(E_\star) < \infty. \tag{6.1.14}$$

注记 6.1.3 (1) 解决一般初值函数对应的基态猜想的关键: 建立极小动能爆破解具有限的质量. 事实上, 它还具有进一步的负向正则性

$$u(t,x) \in L_t^\infty(H^{-\varepsilon}(\mathbb{R}^d)), \quad \varepsilon > 0. \tag{6.1.15}$$

然而, 当 $d = 3, 4$ 时, 直接验证

$$W(x) = \left(1 + \frac{|x|^2}{d(d-2)}\right)^{\frac{2-d}{2}} \notin L^2(\mathbb{R}^d),$$

这就说明困难是本质的. Dodson 最近解决了 $d = 4$ 对应的基态猜想[33]. 为了解决 $d = 3$ 对应的基态猜想, 势必需要新的证明理念及开发新的研究工具!

(2) 从技术层面来讲, 方法的核心在于证明了极小动能爆破解在 $L^p(\mathbb{R}^d)$ 意义下具有额外的衰减性, 进而通过双 Duhamel 技术获得 L^2 尺度意义下的负向正则性.

推论 6.1.5 (散射理论) 设 $d \geqslant 5, u$ 是 (6.0.1) 的极大生命区间 I 上的解, 进而还假设

$$\sup_{t\in I} \|\nabla u(t)\|_2 < \|\nabla W\|_2, \tag{6.1.16}$$

则 $I=\mathbb{R}$, 并且

$$\int_{\mathbb{R}}\int_{\mathbb{R}^d}\big|u(t,x)\big|^{\frac{2(d+2)}{d-2}}dxdt<\infty. \tag{6.1.17}$$

利用 Kenig-Merle 关于能量捕获推论 3.1.3, 可以获得一个有效的、仅依赖于初值的整体适定性及散射性结果.

推论 6.1.6 设 $d\geqslant 5, u_0\in \dot H^1(\mathbb{R}^d)$ 满足 $E(u_0)<E(W)$ 和 $\|\nabla u_0\|_2\leqslant \|\nabla W\|_2$, 则 (6.0.1) 对应的解是整体的, 并且满足如下整体时空估计

$$\int_{\mathbb{R}}\int_{\mathbb{R}^d}\big|u(t,x)\big|^{\frac{2(d+2)}{d-2}}dxdt<\infty. \tag{6.1.18}$$

注记 6.1.4 (i) 该推论的表述基于"基态猜想"的形式. 证明中提供的轮廓分解与集中紧致原理完全是基于"相变理念"! 自然也完全适用于临界非聚焦 Schrödinger 方程的 Cauchy 问题, 不同之处在于不需要对初始能量施加额外的条件.

(ii) 定理 6.1.4 的结果是最佳的. 事实上, 稳态解 $W(x)$ 是非散射的. 当然, 亦存在动能稍大于 W 的动能的初值 $u_0(x)$, 与它对应的 Cauchy 问题 (6.0.1) 的解在有限时刻产生爆破现象, 参见命题 6.1.7.

(iii) 定理 6.1.4 的约束条件本质上等价于 $E(u_0)<E(W)$ 和 $\|\nabla u_0\|_2<\|\nabla W\|_2$. 事实上, 如果 $\|\nabla u_0\|_2=\|\nabla W\|_2$. 利用最优型 G-N 不等式就得

$$\begin{aligned}E(u_0)&=\frac12\int_{\mathbb{R}^d}|\nabla u|^2dx-\frac{d-2}{2d}\int_{\mathbb{R}^d}|u|^{2^*}dx\\&\geqslant\frac12\int_{\mathbb{R}^d}|\nabla u|^2dx\left(1-\frac{d-2}{d}\left(\frac{\|\nabla u\|_2}{\|\nabla W\|_2}\right)^{\frac{4}{d-2}}\right)\\&=\frac1d\int_{\mathbb{R}^d}|\nabla W|^2dx=E(W).\end{aligned}$$

此与 $E(u_0)<E(W)$ 相矛盾!

命题 6.1.7 (爆破定理) 设 $d\geqslant 3$, $u_0\in \dot H^1(\mathbb{R}^d)$ 并且

$$E(u_0)<E(W),\quad \|\nabla u_0\|_2\geqslant\|\nabla W\|_2. \tag{6.1.19}$$

进而假设

$$xu_0\in L^2(\mathbb{R}^d)\quad 或\quad u_0\in \dot H^1(\mathbb{R}^d),\ u_0(x)是径向函数, \tag{6.1.20}$$

则 (6.0.1) 的解在有限时刻爆破.

注记 6.1.5 (i) 当能量为负时, 聚焦型 Schrödinger 方程的 Cauchy 问题的解会产生爆破现象, 这类结果最早出现在能量次临界情形. 具体地讲, 当 $xu_0 \in L^2(\mathbb{R}^d)$ 时, Glassey[57] 给出具负能量的聚焦 Schrödinger 方程 Cauchy 问题 (6.0.1) 解的爆破现象之刻画 $\left(p \geqslant 1+\dfrac{4}{d}\right)$. 与此相对应, 当初值 $u_0 \in \dot{H}^1_{\mathrm{rad}}(\mathbb{R}^d)$ 时, Ogawa 和 Tsutsumi[152] 证明了 Cauchy 问题 (6.0.1) 解可产生爆破现象. 最近, Holmer 和 Roudenko[65] 将具有负能量初值的爆破现象推广到某些具有正能量初值的情形.

(ii) 当 $E(u) = E(W)$, (6.0.1) 是否整体存在或解产生爆破是一个有趣的公开问题. 最近, Duyckaerts 和 Merle[38] 讨论了 $d = 3, 4, 5$ 且初值是径向的情形下, 给出所有可能出现的爆破现象, 这本质上对应着解的刚性结构问题. 高维情形参见李栋和张晓轶的文章[103].

下面的爆破型定理表明具有有限动能爆破解一定在爆破处依动能的尺度聚积. 这恰好与猜想 6.1.3 的结果相辅相成.

定理 6.1.8 (爆破解的动能聚积刻画) 设 $d \geqslant 5$, u 是 (6.0.1) 的解, 它在 $T^\star \in [-\infty, \infty]$ 处发生爆破. 进而假设

$$\limsup_{t \uparrow T^\star} \|\nabla u(t)\|_2 < \infty. \tag{6.1.21}$$

如果 $T^\star < \infty$, 则存在序列 $t_n \longrightarrow T^\star$ 满足: 对任意满足

$$\left|T^\star - t_n\right|^{-\frac{1}{2}} R_n \longrightarrow \infty, \quad n \longrightarrow \infty \tag{6.1.22}$$

的序列 $R_n \in (0, \infty)$, 有

$$\limsup_{n \to \infty} \sup_{x_0 \in \mathbb{R}^d} \int_{|x - x_0| \leqslant R_n} |\nabla u(t_n, x)|^2 dx \geqslant \|\nabla W\|_2^2. \tag{6.1.23}$$

如果 $|T^\star| = \infty$, 则存在序列 $t_n \longrightarrow T^\star$ 满足: 对任意满足 $R_n \in (0, \infty)$,

$$\left|t_n\right|^{-\frac{1}{2}} R_n \longrightarrow \infty$$

的序列, 成立

$$\limsup_{n \to \infty} \sup_{x_0 \in \mathbb{R}^d} \int_{|x - x_0| \leqslant R_n} |\nabla u(t_n, x)|^2 dx \geqslant \|\nabla W\|_2^2. \tag{6.1.24}$$

注记 6.1.6 证明爆破解对应的动能聚积的基本工具是 Bourgain 建立的改进 Strichartz 估计[6]. 为克服动能不守恒带来的困难, 产生了一些新的技术, 可参见 [89]. 对于 $d = 3, 4, 5$ 且初值函数是径向对称的情形, Kenig 与 Merle 给出了爆

破解对应的动能聚积结论. 可以期望在 $d=3,4$ 情形下, 对一般向初始函数, 理解 Cauchy 问题 (6.0.1) 解的爆破或聚积机制, 这也是一个非常有趣的公开问题.

定理 6.1.4 的证明 反证法及相应问题之归结.

如果定理 6.1.4 不能成立, 意味着一定存在一个非常特殊类型的 "反例"——**极小动能爆破解**. 我们将会证明这个 "反例" 具有丰富的性质, 而这些性质是无法直接从它的构造看出. 经过细致的分析, 就会证明具有如此好性质的解是不存在的! 通过认真分析与归结, 这类特殊的 "反例"——**极小动能爆破解** 具有 **"模去对称群之后的紧性", 即几乎周期性**.

定义 6.1.3 (模去对称群之后的几乎周期性) 设 $d \geqslant 3$, 问题 (6.0.1) 具有生命区间 I 的解 u 称是几乎周期解 (模去对称群), 如果存在频率尺度函数 $N: I \longrightarrow \mathbb{R}^+$, 中心轨道函数 $x: I \longrightarrow \mathbb{R}^d$ 及紧性模函数 $C: \mathbb{R}^+ \longrightarrow \mathbb{R}^+$ 满足: 对任意 $t \in I$ 和 $\eta > 0$, 有

$$\int_{|x-x(t)| \geqslant \frac{C(\eta)}{N(t)}} |\nabla u(t,x)|^2 dx \leqslant \eta \tag{6.1.25}$$

和

$$\int_{|\xi| \geqslant C(\eta)N(t)} |\xi|^2 |\hat{u}(t,\xi)|^2 d\xi \leqslant \eta. \tag{6.1.26}$$

注记 6.1.7 (i) 频率尺度函数 $N(t)$ 刻画了 $u(t)$ 在 t 处的频率尺度, 而 $N(t)^{-1}$ 恰好刻画了 $u(t)$ 在 t 处的空间尺度. 用一个上下有界函数 $a(t)$ 去乘以 $N(t)$, 将其变成一个等价的新尺度函数, 这仅需将紧性模函数进行相应的修改!

(ii) 利用推论 4.1.8 中的 L^2-紧性刻画, $\mathcal{A} = \{f(x) \mid f(x) \in \dot{H}^1(\mathbb{R}^d)\}$ 是紧集 $\Longleftrightarrow$ 它是一致有界且存在一个紧性模函数 $C(\eta)$ 使得

$$\int_{|x| \geqslant C(\eta)} |\nabla f(x)|^2 dx + \int_{|\xi| \geqslant C(\eta)} |\xi|^2 |\hat{f}(\xi)|^2 d\xi < \eta, \quad \forall\, f(x) \in \mathcal{A}. \tag{6.1.27}$$

(iii) 通过 (ii) 给出的 $\dot{H}^1$ 中紧集刻画, 容易给出定义 6.1.3 的一个等价形式: 即 u 模去对称群是几乎周期解 $\Longleftrightarrow$

$$\{u(t), t \in I\} \subseteq \Big\{ \lambda^{\frac{d-2}{2}} f(\lambda(x-x_0)), \lambda \in (0,\infty),\ x_0 \in \mathbb{R}^d, f \in \mathcal{A} \Big\}, \tag{6.1.28}$$

其中 $\mathcal{A} \subseteq \dot{H}^1(\mathbb{R}^d)$ 是紧集. 事实上, 由于

$$\lambda^{-\frac{d-2}{2}} u\Big(t, \frac{x}{\lambda} + x_0\Big) \in \mathcal{A} \Longleftrightarrow \int_{|x-x_0| \geqslant \frac{C(\eta)}{\lambda}} |\nabla u|^2 dx + \int_{|\xi| \geqslant \lambda C(\eta)} |\xi|^2 |\hat{u}(\xi)|^2 d\xi \leqslant \eta,$$

取 $\lambda = N(t)$, $x(t) = -x_0(t)$ 即可. 特别, $\dot{H}^1(\mathbb{R}^d)$ 的每个紧集均是 L^{2^*} 中的紧集. 因此, (6.0.1) 的几乎周期解也满足

$$\int_{|x-x(t)|\geqslant \frac{C(\eta)}{N(t)}} |u(t,x)|^{\frac{2d}{d-2}} \mathrm{d}x \leqslant \eta, \quad \forall\ t \in I,\ \eta > 0. \tag{6.1.29}$$

(iv) $\mathcal{A}$ 在 $\dot{H}^1(\mathbb{R}^d)$ 的紧集同时表明: $\forall\ \eta > 0, \exists\ c(\eta) > 0$, 使得

$$\int_{|x|<c(\eta)} |\nabla f(x)|^2 dx + \int_{|\xi|<c(\eta)} |\xi|^2 |\hat{f}(\xi)|^2 d\xi \leqslant \eta, \quad \forall\ f(x) \in \mathcal{A}. \tag{6.1.30}$$

这里用到了紧性与有限 ε-网的等价性、积分的绝对连续性. 因此, 如果 u 在模去对称群之后

$$\left\{\lambda(t)^{-\frac{d-2}{2}} u\left(t, \frac{x}{\lambda(t)} + x(t)\right), \quad \lambda(t) \in (0,\infty), \quad x(t) \in \mathbb{R}^d\right\}$$

是 $\dot{H}^1(\mathbb{R}^d)$ 的紧集, 利用紧性刻画就可以推出 (取 $\lambda = N(t)$):

$$\int_{|x-x(t)|\leqslant \frac{c(\eta)}{N(t)}} |\nabla u(t,x)|^2 dx + \int_{|\xi|\leqslant c(\eta)N(t)} |\xi|^2 |\hat{u}(t,\xi)|^2 d\xi < \eta. \tag{6.1.31}$$

定理 6.1.9 (Milestone-I 几乎周期解的归结) 设 $d \geqslant 3$, 猜想 6.1.3 失败, 则 Cauchy 问题 (6.0.1) 一定存在一个极大生命区间解 $u : I \times \mathbb{R}^d \longrightarrow \mathbb{C}$ 满足

$$\sup_{t\in I} \|\nabla u(t)\|_2 < \|\nabla W\|_2. \tag{6.1.32}$$

在模去对称群后是几乎周期的双向爆破解. 进而, u 在所有爆破解中具有极小动能, 即

$$\sup_{t\in I} \|\nabla u(t)\|_2 \leqslant \sup_{t\in J} \|\nabla v(t)\|_2 \tag{6.1.33}$$

这里 $v : J \times \mathbb{R}^d \longrightarrow \mathbb{C}$ 是 Cauchy 问题 (6.0.1) 极大生命区间解, 且至少在一个方向上爆破.

注记 6.1.8 (i) 定理中几乎周期解的概念及其性质源于极小动能爆破解, 而极小动能爆破解是 Keraani[81] 在研究质量临界的 Schrödinger 方程爆破现象时所引入的概念, 他证明极小动能爆破解存在性. Kenig 和 Merle[77] 首次将极小动能爆破解的理念与技术应用到聚焦型能量临界 Schrödinger 方程与聚焦型能量临界波动方程散射性的研究.

(ii) Bourgain 及 I-团队关于能量临界 Schrödinger 方程的研究将着力点放在“几乎极小能量爆破解”, 并证明它在物理空间与频率空间均具局部化的特性. 从定义上来讲类似于几乎周期解的定义 6.1.3, 但是要弱些. 因此, 所有前面的能量归纳方法属于定量分析, 这明显地增加了方法本身的成本与复杂性.

(iii) 利用 Gerárd-Keraani 集中紧性的轮廓分解刻画与“相变理念”, 可以统一处理聚焦与非聚焦临界 Schrödinger 方程及波动方程的整体适定性及散射理论.

对 $d \geqslant 3$ 情形, 给出定理 6.1.9 一个统一证明, 关键步骤是引入了极小动能爆破解. 与 Kenig-Merle 基于极小能量爆破解的定义不同, 面临的新困难是动能未必守恒. 具体表现在以下两方面:

(1) 选取“坏的轮廓”, 即对应的散射尺度趋于 ∞, 是非常技术与细致的. 原因在于存在这样的可能: 几个轮廓对应的散射尺度在短时间内很大, 然而它们对应的动能在很长时间内无法达到临界值.

(2) 对于选取的“坏的轮廓”, 必须证明当这个轮廓达到临界动能时刻之后, 动能是可分离的!

为了完成定理 6.1.4 的证明, 需要证明极小动能爆破解有比定理 6.1.9 更多的好性质. 特别, 需要更好地限制频率尺度函数 $N(t)$ 的行为. 下面通过频率尺度函数给出解的分类!

定理 6.1.10 (Milestone-II–爆破解的分类) 对 $d \geqslant 3$, 假设猜想 6.1.3 失败, 则 Cauchy 问题 (6.0.1) 一定存在极小动能爆破解 $u : I \times \mathbb{R}^d \longrightarrow \mathbb{C}$ 在模去对称群后是几乎周期解, 满足 $S_I(u) = \infty$ 及

$$\sup_{t\in I} \|\nabla u(t)\|_2 < \|\nabla W\|_2.$$

与此同时, 通过生命区间 I 上的频率尺度函数 $N : I \longrightarrow \mathbb{R}^+$, 将爆破解 $u(t)$ 进行如下分类:

I: (有限时刻爆破) $\big|\inf I\big| < \infty$ 或 $\sup I < \infty$.

II: (孤立子解) $I = \mathbb{R}$ 满足 $N(t) = 1, \quad \forall\, t \in \mathbb{R}$.

III: (低频-高频 cascade 现象) $I = \mathbb{R}$ 满足

$$\inf_{t\in\mathbb{R}} N(t) \geqslant 1, \quad \limsup_{t\to+\infty} N(t) = \infty.$$

注记 6.1.9 (i) 从上面定理可以看出, 定理 6.1.4 的证明仅需排除定理 6.1.10 中极小动能爆破解的存在性. 关键步骤是证明解具有低正则性, 即 $u \in L_x^2(\mathbb{R}^d)$. 在此基础上, 利用 Morawetz 估计等来排除这三种“敌人”.

(ii) 对于情形-II 或情形-III 中出现的爆破解, 需要在 $d \geqslant 5$ 的约束下, 才能证明 $u \in L_x^2(\mathbb{R}^d)$. 低维的困难至少从 $W(x) \notin L_x^2(\mathbb{R}^d)$ 可见一斑.

(iii) 传统方法是通过不同类型的 Morawetz 估计来建立负向正则性! Tao, Visan, Zhang[181] 给出的方法是通过循环迭代及双 Duhamel 技术, 证明极小动能爆破解具有负向正则性.

定理 6.1.10 所确定的极小动能爆破解属于 $L_x^2(\mathbb{R}^d)$ 是一个很特殊的性质. 对于一般的 $\dot{H}^1(\mathbb{R}^d)$ 初值, 解在 ∞ 远处未必快速衰减. 该性质与几乎周期性质密切相关, 也对应着色散方程的一个非常特殊的性质. 事实上, 随着时间演化, 一般初值所决定的解包含了辐射到 $+\infty$ 的波, 而几乎周期解在物理空间中仍然保持聚积 (在空间位置 $x(t)$ 附近聚积).

定理 6.1.10 中的几乎周期解具有 $L_x^2(\mathbb{R}^d)$ 可积性的关键在于定义的极小动能爆破解, 低频部分对于爆破现象没有直接贡献, 实际上构成了动能的浪费. 极小的深层次含义意味着解在生命区间端点处散射波的消失, 否则, 解就不会具有紧性 (获得紧性需要正则性). 用数学语言表述, 极小动能爆破解具有如下形式的 Duhamel 公式, 它在建立极小动能爆破解的负正则性时起着关键作用.

命题 6.1.11 (Duhamel 公式) 设 u 是 (6.0.1) 在极大生命区间 I 上的几乎周期解, 则对任意 $t \in I$, 在 $\dot{H}^1(\mathbb{R}^d)$ 弱拓扑下成立:

$$\begin{aligned} u(t) &= \lim_{T \nearrow \sup I} i \int_t^T e^{i(t-t')\Delta} F(u(t'))dt' \\ &= -\lim_{T \searrow \inf I} i \int_T^t e^{i(t-t')\Delta} F(u(t'))dt'. \end{aligned} \tag{6.1.34}$$

注记 6.1.10 (i) 有限时间爆破情形主要采用 Kenig-Merle 的方法证明: 当 t 趋向于有限端点时,

$$\begin{aligned} \|u(t)\|_{L_x^2} &\leqslant \left\| \int_t^T e^{i(t-s)\Delta} F(u(s))ds \right\|_{L_x^2} \lesssim \|F(u(s))\|_{L_t^2 L_x^{\frac{2d}{d+2}}([t,T)\times\mathbb{R}^d)} \\ &\lesssim (T-t)^{\frac{1}{2}} \|u\|^{2^*}_{L_t^\infty L_x^{2^*}([t,T)\times\mathbb{R}^d)} \lesssim (T-t)^{\frac{1}{2}} \longrightarrow 0, \end{aligned}$$

结合质量守恒就意味着 $u \equiv 0$, $\forall\, t \in I$.

(ii) 对于孤立子解情形或低频-高频 cascade 情形, 核心问题是建立 $u(t)$ 的负向正则性. 首先证明:

$$u \in L_t^\infty L_x^p, \quad p < \frac{2d}{d-2}. \tag{6.1.35}$$

此意味 u 在 ∞ 处有更快的衰减. 由于动能一致有界, 原先仅有 $u(t) \in L^\infty(L^{2^*})$. (6.1.35) 的证明采用与 Duhamel 公式 (6.1.34) 无关的连续性方法. 为了开发或解析频率之间的相互作用, 需要使用所谓因果型 Gronwall 不等式. 直接原因在于非线性相互作用产生低频的两个途径, 即高频之间的相互作用可以产生低频, 低频的分数次幂亦可能产生低频.

建立负向正则性的第二步是将上一步中建立的 u 衰减估计提升到 L_x^2 空间中的衰减估计, 这需要解的整体存在性及 Tao 的双 Duhamel 技术. 为了确保相应积分收敛, 需要 $d \geqslant 5$ 及第一步建立的衰减估计 (6.1.35). 利用负向正则性结合 $L^2(\mathbb{R}^d)$ 守恒, 达到排除低频-高频 cascade 现象之目的.

(iii) 为了排除孤立子解的情景, 需要从负向正则性推出 u 在 $L^2(\mathbb{R}^d)$ 中的紧性. 借助于 Kenig-Merle 的方法证明极小动能爆破解一定具有零动量. 定义动量起码要求 $u \in \dot{H}^{1/2}(\mathbb{R}^d)$, 这与 $u \in \dot{H}^1(\mathbb{R}^d)$ 相比亦是负向正则性. 根据动量消失, 可以证明中心尺度函数

$$\big|x(t)\big| = o(t), \quad t \longrightarrow \infty \quad (\text{而不仅仅是 } O(t)),$$

其中 $L^2(\mathbb{R}^d)$ 紧性起着至关重要的作用! 最后, 利用截断 Virial 不等式, 负向正则性和 $|x(t)| = o(t)$ 就可排除孤立子解的情景.

(iv) 从几乎周期解所满足的公式 (6.1.24) 推出它可能具有紧性 (右边具有更好的正则性). 对于散射情形而言恰恰相反, 因为

$$u(t) = e^{it\Delta}\varphi_{\pm} + i\int_t^{\pm\infty} e^{i(t-t')\Delta}F(u(t'))dt' \tag{6.1.36}$$

中的第一项没有更好的正则性, 自然 u 也不可能具有紧性!

6.2 几乎周期解的归结

本节的主旨是证明定理 6.1.9. 为此目的, 先在模去对称群意义下证明 Palais-Smale 条件 $(\mathrm{PS})_c$.

对任意 $0 < K_0 \leqslant \|\nabla W\|_2^2$, 定义

$$L(K_0) = \sup\Big\{S_I(u):\ u : I \times \mathbb{R}^d \longrightarrow \mathbb{C},\ \sup_{t\in I}\|\nabla u(t)\|_2^2 \leqslant K_0\Big\} \tag{6.2.1}$$

这里上确界是对问题 (6.0.1) 满足

$$\sup_{t\in I}\|\nabla u(t)\|_2^2 \leqslant K_0$$

的所有解所取. 注意到 W 是问题 (6.0.1) 的稳态解, 容易验证 L 是 $[0, \|\nabla W\|_2^2] \longrightarrow [0, \infty]$ 的单调不减函数, 并且满足

$$L(\|\nabla W\|_2^2) = \infty.$$

另一方面, 从定理 6.1.1 中小能量解的适定性理论, 可以看出

$$L(K_0) \leqslant C(d)K_0^{\frac{d+2}{d-2}}, \quad K_0 < \eta_0 = \eta_0(d), \tag{6.2.2}$$

其中 $\eta_0(d)$ 是小解散射理论中出现的阈值. 由稳定性定理 (引理 6.1.2) 可知, L 是一个连续函数, 由此推出存在唯一临界动能值 K_c, 使得

$$\begin{cases} L(K_0) < \infty, & K_0 < K_c, \\ L(K_0) = \infty, & K_0 \geqslant K_c. \end{cases} \tag{6.2.3}$$

特别, 如果 $u : I \times \mathbb{R}^d \longrightarrow \mathbb{C}$ 是问题 (6.0.1) 的极大生命区间解, 满足

$$\sup_{t\in I} \|\nabla u(t)\|_2^2 < K_c, \tag{6.2.4}$$

则 u 是整体解且满足

$$S_{\mathbb{R}}(u) \leqslant L(\sup_{t\in\mathbb{R}} \|\nabla u(t)\|_2^2). \tag{6.2.5}$$

从上面的讨论可以看出, 猜想 6.1.3 失败等价于

$$0 < K_c < \|\nabla W\|_2^2.$$

经典 Palais-Smale 条件 $(\mathrm{PS})_c$　设 X 是一个 Banach 空间, $\varphi \in C^1(X;\mathbb{R})$, $c \in \mathbb{R}$. 称泛函 φ 满足 $(\mathrm{PS})_c$ 条件, 是指: 对于满足

$$\varphi(u_n) \longrightarrow c, \quad \varphi'(u_n) \longrightarrow 0$$

的极化序列 $\{u_n\}$, 一定存在收敛的子列 (仍记为 $\{u_n\}$), 使得

$$u_n \longrightarrow u, \quad \text{且} \quad \lim_{n\to\infty} \varphi(u_n) = \varphi(u) = c.$$

下面给出在模去对称群之后的 Palais-Smale 条件.

命题 6.2.1 (在模去对称群意义下的 Palais-Smale 条件)　设 $d \geqslant 3$, $u_n : I_n \times \mathbb{R}^d \longrightarrow \mathbb{C}$ 是问题 (6.0.1) 的解序列, 满足

$$\limsup_{n\to\infty} \sup_{t\in I_n} \|\nabla u_n(t)\|_2^2 = K_c, \tag{6.2.6}$$

并设时间序列 $\{t_n\} \subseteq I_n$ 满足

$$\lim_{n\to\infty} S_{t\geqslant t_n}(u_n) = \lim_{n\to\infty} S_{t\leqslant t_n}(u_n) = \infty. \tag{6.2.7}$$

则在模去对称意义下存在子序列, 仍用 $\{u_n(t_n)\}$ 表示, 在 $\dot{H}^1(\mathbb{R}^d)$ 中收敛.

证明 利用平移不变性, 对任意的 $n \geqslant 1$, 总可以假设 $t_n = 0$. 这样就有

$$\lim_{n\to\infty} S_{\geqslant 0}(u_n) = \lim_{n\to\infty} S_{\leqslant 0}(u_n) = \infty. \tag{6.2.8}$$

对于 $\dot{H}^1$ 中的有界序列 $\{u_n(0)\}$, 应用线性轮廓分解定理 (定理 4.3.1), 在不计子序列的意义下, 获得如下轮廓分解

$$u_n(0) = \sum_{j=1}^{J} g_n^j e^{it_n^j\Delta}\phi^j + w_n^J, \quad g_n^j f(x) := (\lambda_n^j)^{-\frac{d-2}{2}} f\left(\frac{x - x_n^j}{\lambda_n^j}\right). \tag{6.2.9}$$

考察序列 $\{t_n^j\}$, 通过选取合适的子序列及对角性原理, 就可以推得: 对每一个 j,

$$t_n^j \longrightarrow t^j \in [-\infty, \infty], \quad n \longrightarrow \infty.$$

如果 $t^j \in (-\infty, \infty)$, 可用 $e^{it^j\Delta}\phi^j$ 来代替 ϕ^j, 这样就等价于 $t^j \equiv 0$. 即将误差部分

$$g_n^j\Big[e^{it_n^j\Delta}\phi^j - \phi^j\Big]$$

放在 w_n^J 中. 因此就可假设 $t_n^j \equiv 0$. 因此, 总可以归结成如下情形:

$$t_n^j \equiv 0 \quad 或 \quad t_n^j \longrightarrow \pm\infty. \tag{6.2.10}$$

现在定义与 ϕ^j 对应的非线性轮廓 $v^j : I^j \times \mathbb{R}^d \longrightarrow \mathbb{C}$, 它依赖于 t_n^j 的极限值.

(i) 如果 $t_n^j \equiv 0$, 定义 v^j 是问题 (6.0.1) 具有初值 $v^j(0) = \phi^j(x)$ 的极大生命区间解.

$$v^j(t) = e^{it\Delta}\phi^j + i\int_0^t e^{i(t-\tau)\Delta}|v^j(\tau)|^{2^*-2}v^j(\tau)d\tau, \quad 2^* = \frac{2d}{d-2}.$$

(ii) 如果 $t_n^j \longrightarrow \infty$, 则 v^j 是问题 (6.0.1) 的前向散射于 $e^{it\Delta}\phi^j$ 的极大生命区间解, 即

$$v^j(t) = e^{it\Delta}\phi^j + i\int_t^{\infty} e^{i(t-\tau)\Delta}|v^j(\tau)|^{2^*-2}v^j(\tau)d\tau.$$

(iii) 如果 $t_n^j \longrightarrow -\infty$, v^j 是问题 (6.0.1) 的后向散射于 $e^{it\Delta}\phi^j$ 的极大生命区间解

$$v^j(t) = e^{it\Delta}\phi^j - i\int_{-\infty}^{t} e^{i(t-\tau)\Delta}|v^j(\tau)|^{2^*-2}v^j(\tau)d\tau.$$

对于每个 $j, n \geqslant 1$, 定义 $v_n^j : I_n^j \times \mathbb{R}^d \longrightarrow \mathbb{C}$ 如下:

$$v_n^j(t) \triangleq T_{g_n^j}\big[v^j(\cdot + t_n^j)\big](t) = (\lambda_n^j)^{-\frac{d-2}{2}} v^j\left(\frac{t}{(\lambda_n^j)^2} + t_n^j, \frac{x - x_n^j}{\lambda_n^j}\right), \tag{6.2.11}$$

这里

$$I_n^j = \left\{ t \in \mathbb{R},\ (\lambda_n^j)^{-2}t + t_n^j \in I^j \right\}. \tag{6.2.12}$$

于是, v_n^j 是问题 (6.0.1) 具有初值

$$v_n^j(t)\big|_{t=0} = g_n^j v^j(t_n^j) = (\lambda_n^j)^{-\frac{d-2}{2}} v^j\left(t_n^j, \frac{x - x_n^j}{\lambda_n^j}\right) \tag{6.2.13}$$

的解, 并且具有极大生命区间

$$I_n^j = (-T_{n,j}^-, T_{n,j}^+), \quad -\infty \leqslant -T_{n,j}^- < 0 < T_{n,j}^+ \leqslant \infty.$$

利用定理 4.3.1 中的动能分离的性质

$$\lim_{n\to\infty}\left[\|\nabla u_n(0)\|_2^2 - \sum_{j=1}^{J}\|\nabla\phi^j\|_2^2 - \|\nabla w_n^J\|_2^2\right] = 0, \tag{6.2.14}$$

推知存在 $J_0 \geqslant 1$, 使得

$$\|\nabla\phi^j\|_2 \leqslant \eta_0 = \eta_0(d), \quad j \geqslant J_0, \tag{6.2.15}$$

这里 $\eta_0 = \eta_0(d)$ 是小能量散射理论成立的阈值. 根据小解散射理论, 对 $n \geqslant 1$ 和所有的 $j \geqslant J_0$, v_n^j 是整体的, 同时满足

$$\sup_{t\in\mathbb{R}}\|\nabla v_n^j(t)\|_2^2 + S_{\mathbb{R}}(v_n^j) \lesssim \|\nabla\phi^j\|_2^2, \quad j \geqslant J_0. \tag{6.2.16}$$

引理 6.2.2 (至少有一个坏的轮廓) *存在* $1 \leqslant j_0 < J_0$, *使得*

$$\lim_{n\to\infty}\sup S_{[0,T_{n,j_0}^+)}(v_n^{j_0}) = \infty. \tag{6.2.17}$$

证明 采用反证法. 如果不然, 对 $1 \leqslant j < J_0$, 均有

$$\limsup_{n\to\infty} S_{[0,T_{n,j}^+)}(v_n^j) < \infty. \tag{6.2.18}$$

特别, 当 n 充分大时, 根据解的爆破准则, 这意味着

$$T_{n,j}^+ = \infty, \quad 1 \leqslant j < J_0.$$

进而, 将区间 $[0,\infty)$ 分解成若干个子区间

$$[0,\infty) = \bigcup_{l=1}^{L} I_\ell,$$

并使之在其上的散射尺度 $S_{I_\ell}(v_n^j)$ 充分小. 在 I_ℓ 上对 v_n^j 应用 Strichartz 估计, 可见

$$\|v_n^j\|_{\dot{S}^1(I_\ell)} < \infty.$$

求和可见

$$\limsup_{n\to\infty} \|v_n^j\|_{\dot{S}^1([0,\infty))} < \infty, \quad 1 \leqslant j < J_0. \tag{6.2.19}$$

结合 (6.2.16) 并且利用 (6.2.6) 和 (6.2.14), 容易看出, 当 n 充分大时, 有

$$\sum_{j\geqslant 1} S_{[0,\infty)}(v_n^j) \lesssim 1 + \sum_{j\geqslant J_0} \|\nabla\phi^j\|_2^2 \lesssim 1 + K_c. \tag{6.2.20}$$

断言 在这些假设下, 证明对于充分大的 n, $S_{\geqslant 0}(u_n) < \infty$, 这与条件 (6.2.8) 相矛盾. 为此目的, 需要求助于稳定性定理 (扰动性理论), 考虑近似解如下:

$$u_n^J(t) \triangleq \sum_{j=1}^{J} v_n^j(t) + e^{it\Delta} w_n^J, \tag{6.2.21}$$

注意到 (6.2.9) 与 (6.2.11), 直接验证

$$\begin{aligned}\|u_n^J(0) - u_n(0)\|_{\dot{H}^1(\mathbb{R}^d)} &\lesssim \Big\| \sum_{j=1}^{J} \big(g_n^j v^j(t_n^j) - g_n^j e^{it_n^j\Delta}\phi^j\big) \Big\|_{\dot{H}^1(\mathbb{R}^d)} \\ &\lesssim \sum_{j=1}^{J} \big\| v^j(t_n^j) - e^{it_n^j\Delta}\phi^j \big\|_{\dot{H}^1(\mathbb{R}^d)}.\end{aligned} \tag{6.2.22}$$

由 $v^j(t)$ 的选取, 容易看出

$$\lim_{n\to\infty} \sup \|u_n^J(0) - u_n(0)\|_{\dot{H}^1(\mathbb{R}^d)} = 0. \tag{6.2.23}$$

下面证明 $u_n^J(t)$ 不是前向爆破解. 事实上, 由正交条件

$$\frac{\lambda_n^j}{\lambda_n^{j'}} + \frac{\lambda_n^{j'}}{\lambda_n^j} + \frac{|x_n^j - x_n^{j'}|}{\lambda_n^j} + \frac{|t_n^j - t_n^{j'}|}{(\lambda_n^j)^2} \longrightarrow \infty, \quad n \longrightarrow \infty, \tag{6.2.24}$$

与 v_n^j 非前向爆破, 对任意 $j \geqslant 1$ 和充分大的 n, 有

$$\limsup_{n\to\infty} S_{(0,\infty)}\big(|v_n^j|^{1-\theta}|v_n^{j'}|^\theta\big) = 0, \quad 0 < \theta < 1, \quad j \neq j' \tag{6.2.25}$$

(上式的证明细节完全与定理 4.3.1 中的证明过程相同, 省略). 由轮廓分解的余项估计 (4.3.20) 及 (6.2.20) 可以推出

$$
\begin{aligned}
\lim_{J\to\infty}\limsup_{n\to\infty} S_{[0,\infty)}(u_n^J) &\lesssim \lim_{J\to\infty}\limsup_{n\to\infty}\left(S_{[0,\infty)}\left(\sum_{j=1}^J v_n^j\right)+S_{[0,\infty)}\left(e^{it\Delta}w_n^J\right)\right)\\
&\lesssim \lim_{J\to\infty}\limsup_{n\to\infty}\sum_{j=1}^J S_{[0,\infty)}(v_n^j)\\
&\lesssim 1+K_c. \qquad (6.2.26)
\end{aligned}
$$

类似于从 (6.2.19) 推导 (6.2.20) 的方法 (区间分解), 可见

$$
\lim_{J\to\infty}\limsup_{n\to\infty}\|u_n^J\|_{\dot S^1_{[0,\infty)}}\leqslant C(K_c)<\infty. \qquad (6.2.27)
$$

说明 $u_n^J(t)$ 不是前向爆破解.

为证明断言, 仅需验证 u_n^J 是问题 (6.0.1) 的扰动问题的解, 即

$$
\lim_{J\to\infty}\limsup_{n\to\infty}\left\|\nabla\left[(i\partial_t+\Delta)u_n^J-F(u_n^J)\right]\right\|_{L_{t,x}^{\frac{2(d+2)}{d+4}}}=0. \qquad (6.2.28)
$$

由三角不等式及

$$
(i\partial_t+\Delta)u_n^J=\sum_{j=1}^J F(v_n^j) \quad (\text{根据 (6.2.11) 就得此式}),
$$

上面极限式可归结于证明

$$
\lim_{J\to\infty}\limsup_{n\to\infty}\left\|\nabla\left[\sum_{j=1}^J F(v_n^j)-F\left(\sum_{j=1}^J v_n^j\right)\right]\right\|_{L_{t,x}^{\frac{2(d+2)}{d+4}}}=0, \qquad (6.2.29)
$$

$$
\lim_{J\to\infty}\limsup_{n\to\infty}\left\|\nabla\left[F(u_n^J-e^{it\Delta}w_n^J)-F(u_n^J)\right]\right\|_{L_{t,x}^{\frac{2(d+2)}{d+4}}}=0. \qquad (6.2.30)
$$

先证明 (6.2.29), 直接估计就得

$$
\begin{aligned}
&\left|\nabla\left(\sum_{j=1}^J F(f_j)-F\left(\sum_{j=1}^J f_j\right)\right)\right|\\
\cong&\left|\sum_{j=1}^J |f_j|^{\frac{4}{d-2}}\nabla f_j-\left|\sum_{\ell=1}^J f_\ell\right|^{\frac{4}{d-2}}\sum_{j=1}^J\nabla f_j\right|
\end{aligned}
$$

$$\lesssim C(|J|)\sum_{j\neq j'}|\nabla f_j|\,|f_{j'}|^{\frac{4}{d-2}}. \tag{6.2.31}$$

其次, 由 (6.2.16) 和 (6.2.19), 对任意 $j\geqslant 1$ 和充分大的 n, 有 $v_n^j\in \dot{S}^1((0,\infty))$. 利用正交条件 (6.2.24), 简单计算就推出

$$\limsup_{n\to\infty}\Big\||v_n^{j'}|^{\frac{4}{d-2}}\nabla v_n^j\Big\|_{L_{t,x}^{\frac{2(d+2)}{d+4}}([0,\infty)\times\mathbb{R}^d)}=0,\quad j\neq j'. \tag{6.2.32}$$

因此,

$$\begin{aligned}&\limsup_{n\to\infty}\left\|\nabla\left(\sum_{j=1}^J F(v_n^j)-F\left(\sum_{j=1}^J v_n^j\right)\right)\right\|_{L_{t,x}^{\frac{2(d+2)}{d+4}}([0,\infty)\times\mathbb{R}^d)}\\ \lesssim\ & C(|J|)\limsup_{n\to\infty}\sum_{j\neq j'}\Big\||v_n^{j'}|^{\frac{4}{d-2}}\nabla v_n^j\Big\|_{L_{t,x}^{\frac{2(d+2)}{d+4}}([0,\infty)\times\mathbb{R}^d)}=0.\end{aligned}$$

从而推出估计 (6.2.29) 成立.

下面证明 (6.2.30). 为简单起见, 除非特殊说明, 时空范数均指在 $[0,\infty)\times\mathbb{R}^d$ 上进行. 当 $d\geqslant 6$ 时, 由 Hölder 不等式

$$\begin{aligned}&\Big\|\nabla\Big[F(u_n^J-e^{it\Delta}w_n^J)-F(u_n^J)\Big]\Big\|_{L_{t,x}^{\frac{2(d+2)}{d+4}}}\\ \lesssim\ &\|\nabla e^{it\Delta}w_n^J\|_{L_{t,x}^{\frac{2(d+2)}{d}}}\|e^{it\Delta}w_n^J\|_{L_{t,x}^{\frac{2(d+2)}{d-2}}}^{\frac{4}{d-2}}\\ &+\|\nabla u_n^J\|_{L_{t,x}^{\frac{2(d+2)}{d}}}\|e^{it\Delta}w_n^J\|_{L_{t,x}^{\frac{2(d+2)}{d-2}}}^{\frac{4}{d-2}}+\Big\||u_n^J|^{\frac{4}{d-2}}\nabla e^{it\Delta}w_n^J\Big\|_{L_{t,x}^{\frac{2(d+2)}{d+4}}}.\end{aligned} \tag{6.2.33}$$

如果 $d=3,4,5$, 在 (6.2.33) 的右边还会出现形如

$$\|\nabla u_n^J\|_{L_{t,x}^{\frac{2(d+2)}{d}}}\|e^{it\Delta}w_n^J\|_{L_{t,x}^{\frac{2(d+2)}{d-2}}}\|u_n^J\|_{L_{t,x}^{\frac{2(d+2)}{d-2}}}^{\frac{6-d}{d-2}}$$

的项. 利用

$$\limsup_{J\to\infty}\lim_{n\to\infty}\|e^{it\Delta}w_n^J\|_{L_{t,x}^{\frac{2(d+2)}{d-2}}}=0, \tag{6.2.34}$$

(6.2.26), (6.2.27), Strichartz 估计及 $\|w_n^J\|_{\dot{H}^1}$ 的有界性, (6.2.30) 的证明可归结为证明

$$\limsup_{J\to\infty}\lim_{n\to\infty}\Big\||u_n^J|^{\frac{4}{d-2}}\nabla e^{it\Delta}w_n^J\Big\|_{L_{t,x}^{\frac{2(d+2)}{d+4}}}=0. \tag{6.2.35}$$

由 Hölder 不等式, (6.2.26) 和 Strichartz 估计, 直接验证

$$
\begin{aligned}
&\left\| |u_n^J|^{\frac{4}{d-2}} \nabla e^{it\Delta} w_n^J \right\|_{L_{t,x}^{\frac{2(d+2)}{d+4}}} \\
\lesssim & \left\| u_n^J \right\|_{L_{t,x}^{\frac{2(d+2)}{d-2}}}^{\frac{3}{d-2}} \left\| \nabla e^{it\Delta} w_n^J \right\|_{L_{t,x}^{\frac{2(d+2)}{d}}}^{\frac{d-3}{d-2}} \left\| u_n^J \nabla e^{it\Delta} w_n^J \right\|_{L_{t,x}^{\frac{d+2}{d-1}}}^{\frac{1}{d-2}} \\
\lesssim & \left\| \left(\sum_{j=1}^{J} v_n^j \right) \nabla e^{it\Delta} w_n^J \right\|_{L_{t,x}^{\frac{d+2}{d-1}}}^{\frac{1}{d-2}} + \left\| e^{it\Delta} w_n^J \right\|_{L_{t,x}^{\frac{2(d+2)}{d-2}}}^{\frac{1}{d-2}} \left\| \nabla e^{it\Delta} w_n^J \right\|_{L_{t,x}^{\frac{2(d+2)}{d}}}^{\frac{1}{d-2}} \\
\lesssim & \left\| \left(\sum_{j=1}^{J} v_n^j \right) \nabla e^{it\Delta} w_n^J \right\|_{L_{t,x}^{\frac{d+2}{d-1}}}^{\frac{1}{d-2}} + \left\| e^{it\Delta} w_n^J \right\|_{L_{t,x}^{\frac{2(d+2)}{d-2}}}^{\frac{1}{d-2}}.
\end{aligned} \tag{6.2.36}
$$

注意到 (6.2.34), (6.2.36) 的证明可归结为证明

$$
\lim_{J\to\infty} \limsup_{n\to\infty} \left\| \left(\sum_{j=1}^{J} v_n^j \right) \nabla e^{it\Delta} w_n^J \right\|_{L_{t,x}^{\frac{d+2}{d-1}}} = 0. \tag{6.2.37}
$$

设 $\eta > 0$, 利用 (6.2.20), 对于充分大的 n, 存在不依赖于 n 的 $J' = J'(\eta) \geqslant 1$ 使得

$$
\sum_{j \geqslant J'} S_{[0,\infty)}(v_n^j) \leqslant \eta. \tag{6.2.38}
$$

因此, 利用 Hölder 不等式, 直接推出

$$
\begin{aligned}
&\limsup_{n\to\infty} \left\| \left(\sum_{j=J'}^{J} v_n^j \right) \nabla e^{it\Delta} w_n^J \right\|_{L_{t,x}^{\frac{d+2}{d-1}}}^{\frac{2(d+2)}{d-2}} \\
\leqslant & \limsup_{n\to\infty} \sum_{j \geqslant J'} S_{[0,\infty)}(v_n^j) \left\| \nabla e^{it\Delta} w_n^J \right\|_{L_{t,x}^{\frac{2(d+2)}{d}}}^{\frac{2(d+2)}{d-2}} \\
\lesssim & \eta.
\end{aligned} \tag{6.2.39}
$$

由于 $\eta > 0$ 的任意性, (6.2.37) 的证明又归结为证明

$$
\lim_{J\to\infty} \limsup_{n\to\infty} \left\| v_n^j \nabla e^{it\Delta} w_n^J \right\|_{L_{t,x}^{\frac{d+2}{d-1}}} = 0, \quad 1 \leqslant j \leqslant J'. \tag{6.2.40}
$$

对 $1 \leqslant j \leqslant J'$, 注意到 (6.2.11) 及变量替换可见

$$
\left\| v_n^j \nabla e^{it\Delta} w_n^J \right\|_{L_{t,x}^{\frac{d+2}{d-1}}} = \left\| v^j \nabla \tilde{w}_n^J \right\|_{L_{t,x}^{\frac{d+2}{d-1}}}, \tag{6.2.41}
$$

这里

$$\tilde{w}_n^J \triangleq \left[T_{(g_n^j)^{-1}}(e^{it\Delta}w_n^J)\right](\cdot - t_n^j). \tag{6.2.42}$$

注意到

$$S_{\mathbb{R}}(\tilde{w}_n^J) = S_{\mathbb{R}}(e^{it\Delta}w_n^J), \quad \|\nabla \tilde{w}_n^J\|_{L_{t,x}^{\frac{2(d+2)}{d}}} = \|\nabla e^{it\Delta}w_n^J\|_{L_{t,x}^{\frac{2(d+2)}{d}}}. \tag{6.2.43}$$

由稠密性及 Hölder 不等式, (6.2.40) 就可归结于证明

$$\lim_{J\to\infty}\limsup_{n\to\infty}\left\|\nabla \tilde{w}_n^J\right\|_{L_{t,x}^2(K)} = 0, \quad 1 \leqslant j \leqslant J', \tag{6.2.44}$$

这里 $K \subseteq \mathbb{R}\times\mathbb{R}^d$ 是紧集.

事实上, 根据 Hölder 指标关系

$$\frac{d-1}{d+2} = \frac{d}{2(d+2)} + \frac{d-2}{2(d+2)},$$

$$\frac{d-1}{d+2} = \frac{d}{2(d+1)} + \frac{1}{\chi}, \quad \frac{1}{\chi} = \frac{d^2-2d-2}{2(d+1)(d+2)},$$

插值公式

$$\|\nabla \tilde{w}_n^J\|_{L_{t,x}^{\frac{2(d+1)}{d}}} \leqslant \|\nabla \tilde{w}_n^J\|^{\theta}_{L_{t,x}^{\frac{2(d+2)}{d}}}\|\nabla \tilde{w}_n^J\|^{1-\theta}_{L_{t,x}^2}, \quad \theta = \frac{d+2}{2(d+1)}$$

及稠密性, 就可以推出: 存在 $v_0^j(x) \in C_c^\infty(\mathbb{R}^d)$, 满足

$$\begin{aligned}
\|v^j\nabla \tilde{w}_n^J\|_{L_{t,x}^{\frac{d+2}{d-1}}} \leqslant& \|(v^j - v_0^j)\nabla \tilde{w}_n^J\|_{L_{t,x}^{\frac{d+2}{d-1}}} + \|v_0^j\nabla \tilde{w}_n^J\|_{L_{t,x}^{\frac{d+2}{d-1}}} \\
\leqslant& \|(v^j - v_0^j)\|_{L_{t,x}^{\frac{2(d+2)}{d-2}}}\|\nabla \tilde{w}_n^J\|_{L_{t,x}^{\frac{2(d+2)}{d}}} \quad (\longrightarrow 0) \\
&+ \|v_0^j\|_{L_{t,x}^{\chi}}\|\nabla \tilde{w}_n^J\|_{L_{t,x}^{\frac{2(d+1)}{d}}} \\
\lesssim& o(1) + \|\nabla \tilde{w}_n^J\|^{\theta}_{L_{t,x}^{\frac{2(d+2)}{d}}(K)}\|\nabla \tilde{w}_n^J\|^{1-\theta}_{L_{t,x}^2(K)}.
\end{aligned}$$

利用 Kato 局部光滑估计 (参见引理 1.3.4) 可见

$$\|\nabla \tilde{w}_n^J\|_{L_{t,x}^2(K)} \leqslant T^{\frac{2}{3(d+2)}}R^{\frac{3d+2}{6(d+2)}}\|e^{it\Delta}w_n^J\|^{\frac{1}{3}}_{L_{t,x}^{\frac{2(d+2)}{d-2}}}\|\nabla w_n^J\|^{\frac{2}{3}}_{L_x^2(\mathbb{R}^d)} \longrightarrow 0,$$

从而 (6.2.30) 成立.

利用估计 (6.2.26) 及稳定性引理 (引理 6.1.2), 对充分大的 n, 有

$$S_{[0,\infty)}(u_n) \lesssim 1 + K_c.$$

此与 (6.2.8) 式矛盾. 这样就完成了基石性引理 6.2.2 的证明. □

重新回到命题 6.2.1 的证明 重新排列指标, 无妨假设存在 $1 \leqslant J_1 < J_0$ 满足

$$\begin{cases} \limsup\limits_{n\to\infty} S_{[0,T_{n,j}^+)}(v_n^j) = \infty, & 1 \leqslant j \leqslant J_1, \\ \limsup\limits_{n\to\infty} S_{[0,\infty)}(v_n^j) < \infty, & j > J_1. \end{cases} \tag{6.2.45}$$

通过选取子序列, 可以保证子序列的极限

$$S_{[0,T_{n,j}^+)}(v_n^j) \longrightarrow \infty, \quad 1 \leqslant j \leqslant J_1, \quad n \to \infty, \tag{6.2.46}$$

对任意的 $m, n \geqslant 1$, 定义一个整数 $j(m,n) \in \{1, 2, \cdots, J_1\}$ 和形如 $[0, \tau)$ 的区间 K_n^m, 使得

$$\sup_{1\leqslant j\leqslant J_1} S_{K_n^m}(v_n^j) = S_{K_n^m}(v_n^{j(m,n)}) = m. \tag{6.2.47}$$

利用鸽笼原理, 总存在 $1 \leqslant j_1 \leqslant J_1$ 与无穷多个 m 满足

$$j(m,n) = j_1, \quad \text{对无穷多个 } \{n\} \text{ 成立}, \tag{6.2.48}$$

其中子序列 $\{n\}$ 的选取是依赖于 m 且互不相同的单调数列.

通过重新排序, 无妨假设 $j_1 = 1$. 由临界动能的定义, 有

$$\limsup_{m\to\infty} \limsup_{n\to\infty} \sup_{t\in K_n^m} \|\nabla v_n^1(t)\|_2^2 \geqslant K_c. \tag{6.2.49}$$

另一方面, 对 $m \geqslant 1$, (6.2.47) 意味着 v_n^j 在 K_n^m 上均具有限散射尺度. 因此, 利用引理 6.2.2 的证明方法, 对充分大的 n 和 J,

$$u_n^J(t) \triangleq \sum_{j=1}^{J} v_n^j(t) + e^{it\Delta} w_n^J,$$

在区间 K_n^m 上是 u_n 的一个好逼近, 即

$$\lim_{J\to\infty} \limsup_{n\to\infty} \|u_n^J - u_n\|_{L^\infty \dot{H}^1(K_n^m \times \mathbb{R}^d)} = 0, \quad m \geqslant 1. \tag{6.2.50}$$

下面证明逼近解 $u_n^J(t)$ 在存在区间 K_n^m 的任意时刻均是动能渐近分离的.

引理 6.2.3 (u_n^J 的动能分离性质) 对所有的 $J \geqslant 1$ 和 $m \geqslant 1$, 总有

$$\limsup_{n\to\infty} \sup_{t\in K_n^m} \left| \|\nabla u_n^J(t)\|_2^2 - \sum_{j=1}^{J} \|\nabla v_n^j(t)\|_2^2 - \|\nabla w_n^J(x)\|_2^2 \right| = 0. \tag{6.2.51}$$

这里 $w_n^J(x)$ 是轮廓分解 (6.2) 中的余项.

证明 固定 $J \geqslant 1$ 和 $m \geqslant 1$. 对 $\forall\, t \in K_n^m$, 考虑

$$\begin{aligned}
\|\nabla u_n^J(t)\|_2^2 &= \langle \nabla u_n^J(t), \nabla u_n^J(t)\rangle \\
&= \sum_{j=1}^{J} \|\nabla v_n^j(t)\|_2^2 + \|\nabla w_n^J\|_2^2 + \sum_{j\neq j'} \langle \nabla v_n^j(t), \nabla v_n^{j'}(t)\rangle \\
&\quad + \sum_{j=1}^{J} \Big(\langle \nabla e^{it\Delta} w_n^J, \nabla v_n^j(t)\rangle + \langle \nabla v_n^j(t), \nabla e^{it\Delta} w_n^J\rangle \Big).
\end{aligned} \tag{6.2.52}$$

这样, 引理 6.2.3 的证明可以归结于证明: 对所有 $t_n \in K_n^m$, 有

$$\begin{cases} \langle \nabla v_n^j(t_n), \nabla v_n^{j'}(t_n)\rangle \longrightarrow 0, & n \longrightarrow \infty,\ 1 \leqslant j, j' \leqslant J,\ \ j \neq j', \\ \langle \nabla e^{it_n\Delta} w_n^J, \nabla v_n^j(t_n)\rangle \longrightarrow 0, & n \longrightarrow \infty,\ \ 1 \leqslant j \leqslant J. \end{cases} \tag{6.2.53}$$

注意到 $v_n^j(t)$ 的表示公式

$$v_n^j(t) = (\lambda_n^j)^{-\frac{d-2}{2}} v^j\left(\frac{t}{(\lambda_n^j)^2} + t_n^j, \frac{x - x_n^j}{\lambda_n^j} \right)$$

及正交性条件 (6.2.24), 就可推出第一个极限式 (6.2.53).

尽管所需正交条件与 (6.2.24) 在形式上并不完全一致, 即

$$\frac{\lambda_n^j}{\lambda_n^{j'}} + \frac{\lambda_n^{j'}}{\lambda_n^j} + \frac{|x_n^j - x_n^{j'}|^2}{\lambda_n^{j'}\lambda_n^j} + \frac{|(\lambda_n^j)^2 t_n^j - (\lambda_n^{j'})^2 t_n^{j'}|}{\lambda_n^{j'}\lambda_n^j} \longrightarrow +\infty, \quad n \to \infty.$$

主要原因在于它是形如

$$\begin{cases} \dfrac{\lambda_n^j}{\lambda_n^{j'}} + \dfrac{\lambda_n^{j'}}{\lambda_n^j} + \dfrac{|x_n^j - x_n^{j'}|}{\lambda_n^j} + \dfrac{|(\lambda_n^j)^2 t_n^j - (\lambda_n^{j'})^2 t_n^{j'}|}{(\lambda_n^j)^2} \longrightarrow +\infty, & n \to \infty, \\ \dfrac{\lambda_n^j}{\lambda_n^{j'}} + \dfrac{\lambda_n^{j'}}{\lambda_n^j} + \dfrac{|x_n^j - x_n^{j'}|}{\lambda_n^{j'}} + \dfrac{|(\lambda_n^j)^2 t_n^j - (\lambda_n^{j'})^2 t_n^{j'}|}{(\lambda_n^{j'})^2} \longrightarrow +\infty, & n \to \infty \end{cases}$$

的混合体! 见 **Killp-Visan 高维临界情形 [91] 中的引理 2.9, 易见二者是等价的.**

下面采用强分离性 (4.3.25) 来证明 (6.2.53) 的第二式. 对空间变量作坐标变换, 可见

$$\langle\nabla e^{it\Delta}w_n^J, \nabla v_n^j(t)\rangle = \left\langle \nabla e^{it(\lambda_n^j)^{-2}\Delta}\left[(g_n^j)^{-1}w_n^J\right], \nabla v^j\left(\frac{t}{(\lambda_n^j)^2}+t_n^j\right)\right\rangle. \quad (6.2.54)$$

由于

$$t\in K_n^m \subseteq [0, T_{n,j}^+), \quad 1\leqslant j\leqslant J_1,$$

从而推出

$$\frac{t}{(\lambda_n^j)^2}+t_n^j \in I_j, \quad j\geqslant 1,$$

这里 I_j 是 v^j 的极大生命区间, 特别地当 $j>J_1$ 时, $I_j=\mathbb{R}$. 通过选取子序列及标准的对角线方法, 无妨假设对任意的 j,

$$\left\{\frac{t}{(\lambda_n^j)^2}+t_n^j\right\}\text{是收敛序列.}$$

固定 $1\leqslant j\leqslant J$. 如果 $\dfrac{t}{(\lambda_n^j)^2}+t_n^j$ 收敛于 $\tau^j\in I_j$ 的内点, 由非线性流的连续性, 容易推出:

$$v^j\left(\frac{t}{(\lambda_n^j)^2}+t_n^j\right)\xrightarrow{H^1(\mathbb{R}^d)} v^j(\tau^j). \quad (6.2.55)$$

另一方面, 由动能分离性质或 (6.2.24), 可见

$$\limsup_{n\to\infty}\left\|e^{it(\lambda_n^j)^{-2}\Delta}\left[(g_n^j)^{-1}w_n^J\right]\right\|_{\dot{H}^1(\mathbb{R}^d)} = \lim_{n\to\infty}\sup\|w_n^J\|_{\dot{H}^1(\mathbb{R}^d)}\leqslant K_c. \quad (6.2.56)$$

此与 (6.2.54) 结合, 注意到 $(\lambda_n^j)^{-2}t+t_n^j\longrightarrow\tau^j$, 可见

$$\begin{aligned}\lim_{n\to\infty}\langle\nabla e^{it\Delta}w_n^J, \nabla v_n^j(t)\rangle &= \lim_{n\to\infty}\left\langle\nabla e^{it(\lambda_n^j)^{-2}\Delta}\left[(g_n^j)^{-1}w_n^J\right], \nabla v^j(\tau^j)\right\rangle\\ &= \lim_{n\to\infty}\left\langle\nabla e^{it_n^j\Delta}\left[(g_n^j)^{-1}w_n^J\right], \nabla e^{-i\tau^j\Delta}v^j(\tau^j)\right\rangle\\ &= 0,\end{aligned}$$

这里用到强分离性 (4.3.25).

现考虑

$$(\lambda_n^j)^{-2}t+t_n^j\longrightarrow \sup I_j, \quad n\longrightarrow\infty$$

的情形. 我们断言

$$\sup I_j = \infty, \quad \text{并且 } v^j \text{ 是前向散射的}. \tag{6.2.57}$$

如果 $\lim\limits_{n\to\infty} t_n^j = \infty$, 结合时空估计 (6.2.47) 即得 (6.2.57). 若断言 (6.2.57) 不成立, 则有

$$\limsup_{n\to\infty} S_{[0,t]}(v_n^j) = \limsup_{n\to\infty} S_{[t_n^j,(\lambda_n^j)^{-2}t+t_n^j]}(v^j) = \infty,$$

这与 $t \in K_n^m$ 相矛盾. 因此, 散射结论就意味着 $\exists\ \psi^j \in \dot{H}^1(\mathbb{R}^d)$, 使得

$$\lim_{n\to\infty} \left\| v^j((\lambda_n^j)^{-2}t + t_n^j) - e^{i(t(\lambda_n^j)^{-2}+t_n^j)\Delta}\psi^j) \right\|_{\dot{H}^1(\mathbb{R}^d)} = 0. \tag{6.2.58}$$

再次利用 (6.2.54), 就有

$$\begin{aligned}
\langle \nabla e^{it\Delta} w_n^J, \nabla v_n^j(t)\rangle =& \left\langle \nabla e^{it(\lambda_n^j)^{-2}\Delta}\big[(g_n^j)^{-1}w_n^J\big], \nabla v^j\left(\frac{t}{(\lambda_n^j)^2} + t_n^j\right)\right\rangle \\
=& \left\langle \nabla e^{it(\lambda_n^j)^{-2}\Delta}\big[(g_n^j)^{-1}w_n^J\big], \nabla e^{i(t(\lambda_n^j)^{-2}+t_n^j)\Delta}\psi^j\right\rangle \\
=& \lim_{n\to\infty} \left\langle \nabla e^{-it_n^j\Delta}\big[(g_n^j)^{-1}w_n^J\big], \nabla\psi^j\right\rangle = 0,
\end{aligned} \tag{6.2.59}$$

最后一个等式应用了强分离性 (4.3.25), 此即证明了 (6.2.53) 的第二个极限成立.

最后, 考虑

$$(\lambda_n^j)^{-2}t + t_n^j \longrightarrow \inf I_j, \quad n \longrightarrow \infty$$

的情形. 由于 $(\lambda_n^j)^{-2}t \geqslant 0$ 且 $\inf I_j < \infty$, $j \geqslant 1$, 可以推出 t_n^j 不能收敛于 $+\infty$. 另一方面, 由于 $\inf I_j < 0$, 则 $t_n^j \neq 0$. 按前面对于 $\{t_n^j\}$ 极限点的归结, 就可以推出:

$$\lim_{n\to\infty} t_n^j = -\infty,$$

此意味着 $\inf I_j = -\infty$, 并且 v^j 关于时间后向散射到 $e^{-it\Delta}\phi^j$. 从而推知

$$\lim_{n\to\infty} \left\| v^j\big((\lambda_n^j)^{-2}t + t_n^j\big) - e^{i(t(\lambda_n^j)^{-2}+t_n^j)\Delta}\phi^j \right\|_{\dot{H}^1(\mathbb{R}^d)} = 0. \tag{6.2.60}$$

类似与 (6.2.59) 的推导, 就得

$$\lim_{n\to\infty} \langle \nabla e^{it\Delta} w_n^J, \nabla v_n^j(t)\rangle = \lim_{n\to\infty} \left\langle \nabla e^{-it_n^j\Delta}\big[(g_n^j)^{-1}w_n^J\big], \nabla\phi^j\right\rangle = 0. \tag{6.2.61}$$

利用强分离性 (4.3.25) 即推出 (6.2.53) 中第二个极限式. □

完成命题 6.2.1 的证明 由条件 (6.2.6), (6.2.50) 与引理 6.2.3 的动能分离引理, 可见

$$\begin{aligned}K_c \geqslant & \limsup_{n\to\infty} \sup_{t\in K_n^m} \|\nabla u_n(t)\|_2^2 = \limsup_{n\to\infty} \sup_{t\in K_n^m} \|\nabla u_n^J(t)\|_2^2 \\ = & \lim_{J\to\infty} \limsup_{n\to\infty} \left\{ \|\nabla w_n^J\|_2^2 + \sup_{t\in K_n^m} \sum_{j=1}^J \|\nabla v_n^j(t)\|_2^2 \right\} \\ \geqslant & \limsup_{n\to\infty} \sup_{t\in K_n^m} \|\nabla v_n^1(t)\|_2^2. \end{aligned} \tag{6.2.62}$$

由 (6.2.49), 上式意味着 $J_1 = 1$ 及 $v_n^j \equiv 0$, $j \geqslant 2$. 与此同时还意味着 $w_n \triangleq w_n^1$ 在 $H^1(\mathbb{R}^d)$ 中强收敛于 0. 换言之,

$$u_n(0) = g_n e^{i\tau_n\Delta}\phi + w_n(x), \quad \tau_n \in \mathbb{R},\ g_n \in G\text{是}\dot{H}^1\text{中的酉变换群}, \tag{6.2.63}$$

这里 $\phi, w_n(x) \in \dot{H}^1(\mathbb{R}^d)$ 满足

$$\begin{cases} \lim\limits_{n\to\infty} w_n \xlongequal{\dot{H}^1(\mathbb{R}^d)} 0, \\ \tau_n \equiv 0 \quad \text{或} \quad \tau_n \longrightarrow \pm\infty. \end{cases} \tag{6.2.64}$$

如果 $\tau_n \equiv 0$, 从 (6.2.63) 可以看出, 在模去对称群意义下 $u_n(0) \longrightarrow \phi$.

下面证明只有这种可能性, 即 τ_n 不能收敛于 $\pm\infty$. 采用反证法. 若 $\tau_n \longrightarrow \infty$($\tau_n \longrightarrow -\infty$ 情形的证明是类似的), 由 Strichartz 估计可见

$$S_{\mathbb{R}}(e^{it\Delta}\phi) < \infty \quad \xRightarrow{\text{色散估计}} \quad \lim_{n\to\infty} S_{\geqslant 0}(e^{it\Delta} e^{i\tau_n\Delta}\phi) = 0. \tag{6.2.65}$$

鉴于在群 G 的作用下, 自由方程与散射尺度不变, 此即

$$\lim_{n\to\infty} S_{\geqslant 0}(e^{it\Delta} g_n e^{i\tau_n\Delta}\phi) = 0. \tag{6.2.66}$$

直接利用 (6.2.63) 和 (6.2.64), 容易看出

$$\lim_{n\to\infty} S_{\geqslant 0}(e^{it\Delta} u_n(0)) = 0. \tag{6.2.67}$$

利用稳定性引理 (引理 6.1.2), 可见

$$\lim_{n\to\infty} S_{\geqslant 0}(u_n) = 0, \tag{6.2.68}$$

此与 (6.2.8) 相矛盾.

定理 6.1.9 的证明 设 $d \geqslant 3$, 猜想 6.1.3 失败, 临界动能一定满足 $K_c < \|\nabla W\|_2^2$. 由临界动能的定义, 可找到问题 (6.0.1) 的一串解序列

$$u_n : I_n \times \mathbb{R}^d \longrightarrow \mathbb{C}, \quad I_n \text{ 紧}$$

使得

$$\sup_{n\geqslant 1}\sup_{t\in I_n} \|\nabla u_n(t)\|_2^2 = E_c, \quad \lim_{n\to\infty} S_{I_n}(u_n) = \infty. \tag{6.2.69}$$

设 $t_n \in I_n$ 满足 $S_{\geqslant t_n}(u_n) = S_{\leqslant t_n}(u_n)$, 则

$$\lim_{n\to\infty} S_{\geqslant t_n}(u_n) = \lim_{n\to\infty} S_{\leqslant t_n}(u_n) = \infty. \tag{6.2.70}$$

采用平移不变性, 可以取 $t_n \equiv 0$.

应用命题 6.2.1 (如果必要, 可从中选取子序列), 总可找到 $g_n \in G$ 和 $u_0 \in \dot{H}^1(\mathbb{R}^d)$ 使得

$$g_n u_n(0) \xrightarrow{\dot{H}^1(\mathbb{R}^d)} u_0(x), \quad n \to \infty. \tag{6.2.71}$$

注意到可使用 $T_{g_n} u_n$ 上来代替 u_n, 这个过程就等价于选取 g_n 是恒等变换. 因此, 无妨假设

$$u_n(0) \xrightarrow{\dot{H}^1(\mathbb{R}^d)} u_0, \quad n \to \infty. \tag{6.2.72}$$

设 $u : I \times \mathbb{R}^d \longrightarrow \mathbb{C}$ 是问题 (6.0.1) 具有初值条件 $u(0) = u_0(x)$ 的解. 由于 $u_n(0)$ 在 $\dot{H}^1(\mathbb{R}^d)$ 强收敛于 u_0, 由稳定性引理 6.1.2 就可推出 $I \subseteq \liminf I_n$ 和

$$\lim_{n\to\infty} \|u_n - u\|_{L_t^\infty \dot{H}_x^1(K\times\mathbb{R}^d)} = 0, \quad \forall\, K \subseteq I. \tag{6.2.73}$$

利用 (6.2.69), 可见

$$\sup_{t\in I} \|\nabla u(t)\|_2^2 \leqslant K_c. \tag{6.2.74}$$

下面证明 u 是双向爆破解. 事实上, 如果 u 不是前向爆破解, 则 $[0, \infty) \subseteq I$, 并且

$$S_{\geqslant 0}(u) < \infty.$$

由稳定性引理 (引理 6.1.2), 对于充分大 n, 有

$$S_{\geqslant 0}(u_n) < \infty,$$

这与 (6.2.70) 相矛盾. 类似地, 对于后向爆破解有完全相同的结果.

综上讨论, 根据 K_c 的定义

$$\sup_{t\in I}\|\nabla u(t)\|_2^2 \geqslant K_c, \tag{6.2.75}$$

此与 (6.2.74) 相对比, 就可推出

$$\sup_{t\in I}\|\nabla u(t)\|_2^2 = K_c. \tag{6.2.76}$$

下面证明在模去对称群之后, u 是几乎周期解. 考虑任意序列 $\tau_n \in I$, 由于 u 是双向爆破解, 故

$$S_{\geqslant\tau_n}(u) = S_{\leqslant\tau_n}(u) = \infty. \tag{6.2.77}$$

应用命题 6.2.1, 可以推出 $u(\tau_n)$ 在模去对称之后具有 $\dot{H}^1(\mathbb{R}^d)$ 中的收敛子列. 因此, $\{Gu(t) \mid t \in I\}$ 在商空间 $\dot{H}^1(\mathbb{R}^d)/G$ 中是列紧的. 说明在模去对称之后是几乎周期解. □

6.3 三种特殊类型的爆破解

本节致力给出爆破解的分类, 即证明定理 6.1.10. 设 $v(t)$ 是定理 6.1.9 给出的问题 (6.0.1) 的极小动能爆破解 (几乎周期解). 与 v 相关联的对称参量分别是: 频率尺度函数 $N_v(t)$、位置中心函数 $x_v(t)$, 频率中心位置函数 $\xi_v(t)$ 等. 根据 v 的正则化序列所派生的收敛子列极限来构造解 $u(t)$.

定义 6.3.1 设 $v(t): J\times\mathbb{R}^d \longmapsto \mathbb{C}$ 是 Cauchy 问题 (6.0.1) 的极小动能爆破解. 固定 $t_0 \in J$, 定义 v 在 t_0 处的正则化为

$$\begin{aligned} v^{[t_0]}(t) &\triangleq T_{g_0,-x_v(t_0)N_v(t_0),N_v(t_0)}(v(\cdot+t_0)) \\ &= N_v(t_0)^{\frac{2-d}{2}} v\left(\frac{t}{N_v(t_0)^2}+t_0, \frac{x+x_v(t_0)N_v(t_0)}{N_v(t_0)}\right) \\ &= N_v(t_0)^{\frac{2-d}{2}} v\left(\frac{t}{N_v(t_0)^2}+t_0, \frac{x}{N_v(t_0)}+x_v(t_0)\right). \end{aligned} \tag{6.3.1}$$

容易验证 $v^{[t_0]}(t)$ 也是几乎周期的, 并且具有如下对称参数

$$\begin{cases} N_{v^{[t_0]}}(t) = \dfrac{N_v\left(t_0+\dfrac{t}{N_v(t_0)^2}\right)}{N_v(t_0)}, \\ x_{v^{[t_0]}}(t) = N_v(t_0)\left[x_v\left(t_0+\dfrac{t}{N_v(t_0)^2}\right)-x_v(t_0)\right]. \end{cases} \tag{6.3.2}$$

事实上, 注意到

$$\int_{|x-x_{v^{[t_0]}}(t)|\geqslant C(\eta)/N_{v^{[t_0]}}(t)} \left|\nabla v^{[t_0]}(t,x)\right|^2 dx \leqslant \eta$$

$\Longleftrightarrow$

$$\int_{|x-x_{v^{[t_0]}}(t)|\geqslant C(\eta)/N_{v^{[t_0]}}(t)} N_v(t_0)^{-d}\left|(\nabla v)\left(\frac{t}{N_v(t_0)^2}+t_0, \frac{x+x_v(t_0)N_v(t_0)}{N(t_0)}\right)\right|^2 dx < \eta$$

$\Longleftrightarrow$

$$\int_{|yN_v(t_0)-x_{v^{[t_0]}}(t)-x_v(t_0)N_v(t_0)|\geqslant C(\eta)/N_{v^{[t_0]}}(t)} \left|(\nabla v)\left(\frac{t}{N_v(t_0)^2}+t_0, y\right)\right|^2 dy < \eta.$$

与几乎周期解的定义对应, 即

$$\begin{cases} x_v\left(t_0+\dfrac{t}{N_v(t_0)^2}\right) = \dfrac{x_{v^{[t_0]}}(t)+x_v(t_0)N_v(t_0)}{N_v(t_0)}, \\ N_v\left(t_0+\dfrac{t}{N_v(t_0)^2}\right) = N_{v^{[t_0]}}(t)N_v(t_0), \end{cases}$$

从而推出 (6.3.2). 利用几乎周期解的频率尺度函数等对称参量的定义, 有

$$\begin{aligned} &N_{v^{[t_n]}}(0)=1, \quad x_{v^{[t_n]}}(0)=0, \\ &v^{[t_n]}(0) = N_v(t_n)^{-\frac{d-2}{2}} v\left(t_n, \frac{x+x_v(t_n)N_v(t_n)}{N_v(t_n)}\right) = g_{\theta_0,-x_v(t_n)N_v(t_n),N_v(t_n)}v. \end{aligned}$$

注意到 $v(t)$ 是问题 (6.0.1) 的几乎周期解, 则对任意序列 $\{t_n\}$, 一定存在子序列 (仍记为 $\{t_n\}$) 与 $u_0(x)\in \dot{H}^1(\mathbb{R}^d)$ 使得

$$v^{[t_n]}(0) \xrightarrow{\dot{H}^1(\mathbb{R}^d)} u_0(x).$$

用 $u: I\times\mathbb{R}^d \longrightarrow \mathbb{C}$ 表示问题 (6.0.1) 具初值 $u(0)=u_0(x)$ 的极大生命区间解, 则 u 模去对称之后是几乎周期的, 并且与 v 具有相同的紧模函数.

事实上,

$$v^{[t_n]}(0) = N_v(t_n)^{-\frac{d-2}{2}} v\left(t_n, \frac{x+x_v(t_n)N_v(t_n)}{N_v(t_n)}\right)$$

与 Cauchy 问题 (6.0.1) 对应的解序列是

$$v^{[t_n]}(t) \triangleq N_v(t_n)^{-\frac{d-2}{2}} v\left(\frac{t}{N_v(t_n)^2}+t_n, \frac{x+x_v(t_n)N_v(t_n)}{N_v(t_n)}\right).$$

由于 $v^{[t_n]}(0) \xrightarrow{\dot{H}^1(\mathbb{R}^d)} u_0(x)$ 及稳定性引理 (引理 6.1.2) 可见: 当 n 充分大时, 成立

$$\left\|v^{[t_n]}(t,x)-u(t,x)\right\|_{\dot{H}^1(\mathbb{R}^d)}+S_{\tilde{I}}\big(v^{[t_n]}(t,x)-u(t,x)\big)<\varepsilon, \quad \forall\, \tilde{I}\subseteq\subseteq I. \tag{6.3.3}$$

由几乎周期解的定义可以推出 $u(t,x)$ 几乎周期, 并且具有与 v 相同的紧模函数 $C(\eta)$.

极小动能爆破解 v 的分类 通过极小动能爆破解 v 的正则化形式来寻求孤立子解. 为此目的, 对任意 $T\geqslant 0$, 定义

$$\operatorname{osc}(T)\triangleq\inf_{t_0\in J}\frac{\sup\{N_v(t):t\in J\ 且\ |t-t_0|\leqslant TN_v(t_0)^{-2}\}}{\inf\{N_v(t):t\in J\ 且\ |t-t_0|\leqslant TN_v(t_0)^{-2}\}}, \tag{6.3.4}$$

刻画 $N_v(t)$ 在区间 $[t_0-TN_v(t_0)^{-2},t_0+TN_v(t_0)^{-2}]$ 上的最小振荡. 利用 (6.3.2) 推出, 这等价于正则化形式 $v^{[t_0]}$ 的频率尺度函数 $N_{v^{[t_0]}}(t)$ 在区间 $[-T,T]$ 上的最小振荡. 容易看出, $\operatorname{osc}(T)$ 关于 T 是单调不减函数.

情形 1 $\lim\limits_{T\to\infty}\operatorname{osc}(T)<\infty$. 在此条件下将会抽出一个孤立子解.

在此情形下, 频率尺度函数 $N_v(t)$ 有任意长时间的稳定性. 精确地讲, 可以找到有限数 $A=A_v<\infty$, 时间序列 $\{t_n\}\subseteq J$ 及数列 $\{T_n\}\to\infty$, 使得

$$1\leqslant\frac{\sup\left\{N_v(t):\ t\in J\ 且\ |t-t_n|\leqslant T_nN_v(t_n)^{-2}\right\}}{\inf\left\{N_v(t):\ t\in J\ 且\ |t-t_n|\leqslant T_nN_v(t_n)^{-2}\right\}}<A, \quad \forall\, n\in\mathbb{N} \tag{6.3.5}$$

$$\Longrightarrow\ N_v(t)\ \sim_v\ N_v(t_n), \quad t\in\left[t_n-\frac{T_n}{N_v(t_n)^2},t_n+\frac{T_n}{N_v(t_n)^2}\right]\subseteq J. \tag{6.3.6}$$

定义 v 的正则化形式

$$v^{[t_n]}(t)=N_v(t_n)^{-\frac{d-2}{2}}v\left(\frac{t}{N_v(t_n)^2}+t_n,\frac{x}{N_v(t_n)}+x_v(t_n)\right), \quad t\in[-T_n,T_n], \tag{6.3.7}$$

它的极大生命区间是

$$J_n\triangleq\left\{s\in\mathbb{R}\ \middle|\ t_n+\frac{s}{N_v(t_n)^2}\in J\right\}\supset[-T_n,T_n]. \tag{6.3.8}$$

在模去对称之后是几乎周期解, 相应的频率尺度函数

$$N_{v^{[t_n]}}(s)\triangleq\frac{1}{N_v(t_n)}N_v\left(t_n+\frac{s}{N_v(t_n)^2}\right) \tag{6.3.9}$$

和紧模函数 $C(\eta)$. 根据 (6.3.6), 上式就意味着

$$N_{v^{[t_n]}}(s) \sim 1, \quad \forall\, s \in [-T_n, T_n].$$

起码在子序列意义下, $v^{[t_n]}$ 局部一致收敛于一个几乎周期解 u, 且满足孤立子解的分类条件. 注意到 $T_n \longrightarrow \infty$, 就得

$$N_u(s) \sim 1, \quad \forall\, s \in \mathbb{R}.$$

由于具有限的频率尺度函数的几乎周期解不可能产生在有限时刻爆破, 从而推出 $v^{[t_n]}$ 的极限函数 u 是问题 (6.0.1) 的整体解.

当 $\mathrm{osc}(T)$ 无界时, 寻找属于有限时间爆破或低频-高频 cascade 的解. 为了更好地区别这些不同的爆破现象, 引入频率尺度的振荡函数:

$$a(t_0) \triangleq \frac{N_v(t_0)}{\sup\{N_v(t) : t \in J,\ t \leqslant t_0\}} + \frac{N_v(t_0)}{\sup\{N_v(t) : t \in J,\ t \geqslant t_0\}}, \quad \forall\, t_0 \in J. \tag{6.3.10}$$

先考虑 $a(t_0)$ 可以任意小的情形, 这对应着有限爆破或低频-高频 cascade 情形.

情形 2 $\lim\limits_{T\to\infty} \mathrm{osc}(T) = \infty, \quad \inf\limits_{t_0\in J} a(t_0) = 0.$

由 $a(t_0)$ 的定义, 总可以选取 $t_n^- < t_n < t_n^+ \in J$ 使得

$$a(t_n) \longrightarrow 0, \quad \frac{N_v(t_n^-)}{N_v(t_n)} \longrightarrow \infty, \quad \frac{N_v(t_n^+)}{N_v(t_n)} \longrightarrow \infty. \tag{6.3.11}$$

其次, 由于 $N_v(t)$ 的连续性, 总可以选取 $t'_n \in (t_n^-, t_n^+)$, 使得

$$N_v(t'_n) \leqslant 2\inf\{N_v(t) : t \in [t_n^-, t_n^+]\} \Longrightarrow N_v(t'_n) \leqslant 2N_v(t_n). \tag{6.3.12}$$

因此, 从 (6.3.11) 可以看出:

$$\frac{N_v(t_n^-)}{N_v(t'_n)} \longrightarrow \infty \quad \text{且} \quad \frac{N_v(t_n^+)}{N_v(t'_n)} \longrightarrow \infty. \tag{6.3.13}$$

构造

$$v^{[t'_n]}(t) = N_v(t'_n)^{-\frac{d-2}{2}} v\left(\frac{t}{N_v(t'_n)^2} + t'_n, \frac{x}{N_v(t'_n)} + x_v(t'_n)\right).$$

记 u 是 Cauchy 问题 (6.0.1) 以 $v^{[t'_n]}(0)$ 的子序极限值 $u_0(x)$ 为初值的极大生命区间解. 记 I 是极大生命区间. 如果 I 具有有限端点 T, 则 u 恰好对应着定理 6.1.10 中的有限时间爆破解. 因此, 相应的频率尺度函数满足

$$N_u(t) \gtrsim_u |T - t|^{-1/2} \longrightarrow \infty, \quad t \longrightarrow T. \tag{6.3.14}$$

下面来考虑 $I=\mathbb{R}$ 的情形. 令 $s_n^{\pm}=(t_n^{\pm}-t_n')N_v(t_n')^2$, 直接计算

$$N_{v^{[t_n']}}(s_n^{\pm})=\left.\frac{N_v\left(t_n'+\dfrac{t}{N_v(t_n')^2}\right)}{N_v(t_n')}\right|_{t=s_n^{\pm}}=\frac{N_v(t_n^{\pm})}{N_v(t_n')}\longrightarrow\infty. \tag{6.3.15}$$

再根据 u 是整体解, (6.3.15) 就意味着

$$s_n^{\pm}\longrightarrow\pm\infty\quad(n\to\infty). \tag{6.3.16}$$

(否则就出现矛盾). 结合 (6.3.12) 可以发现

$$\begin{aligned}N_{v^{[t_n']}}(t)&=\frac{N_v\left(t_n'+\dfrac{t}{N_v(t_n')^2}\right)}{N_v(t_n')}\geqslant\frac{\inf\{N_v(s),\ s\in[t_n^-,t_n^+]\}}{N_v(t_n')}\\&\geqslant\frac{1}{2}\quad(\text{对充分大的 } n),\end{aligned} \tag{6.3.17}$$

由频率尺度函数的连续性就推得 $N_{u(t)}(t)\geqslant 1/2$. 利用伸缩变换, 可以保证

$$N_{u(t)}(t)\geqslant 1,\quad\forall\, t\in\mathbb{R}.$$

由 $\operatorname{osc}(T)\longrightarrow\infty$, 考虑 $N_v(t)$ 在 t_n' 处的性质

$$\frac{\sup\{N_v(t):t\in J\ \text{且}\ |t-t_n'|\leqslant TN_v(t_n')^{-2}\}}{\inf\{N_v(t):t\in J\ \text{且}\ |t-t_n'|\leqslant TN_v(t_n')^{-2}\}}\longrightarrow\infty,\quad T\longrightarrow\infty$$

$\Longrightarrow$

$$\frac{\sup\{N_{v^{[t_n']}}(t):t\in J,\ t\in[-T,T]\}}{\inf\{N_{v^{[t_n']}}(t):t\in J,\ t\in[-T,T]\}}\longrightarrow\infty,\quad T\longrightarrow\infty.$$

由频率尺度函数的连续性及 $N_u(t)\geqslant 1$, 立刻推出:

$$\limsup_{|t|\to\infty}N_u(t)=\infty. \tag{6.3.18}$$

这对应着低频-高频 cascade 情形.

情形 3 $a(t_0)$ 严格正的情形, 它对应着有限时刻爆破解. 在此情形下, 有

$$\lim_{T\to\infty}\operatorname{osc}(T)=\infty,\quad\inf_{t_0\in J}a(t_0)=2\varepsilon>0. \tag{6.3.19}$$

如果

$$N_v(t)\leqslant\varepsilon^{-1}N_v(t_0),\quad\forall\, t\geqslant t_0, \tag{6.3.20}$$

称 $t_0 \in J$ 是前向延伸的. 如果

$$N_v(t) \leqslant \varepsilon^{-1} N_v(t_0), \quad \forall\, t \leqslant t_0, \tag{6.3.21}$$

称 $t_0 \in J$ 是后向延伸的.

在上面定义的框架下, $t_0 \in J$ 一定属于下面情形之一:

(1) 前向延伸;

(2) 后向延伸;

(3) 前向与后向均延伸.

由于有限时刻 T_0 处爆破解具有如下特征

$$\lim_{t \to T_0} N_v(t) = \infty,$$

从而推出, 即使在某一点 t_0 处发生前向延伸, 就可以推出 J 是前向无限的, 即 $[t_0, \infty) \subseteq J$; 如果是后向延伸, 则 J 是后向无限的, 即 $(-\infty, t_0] \subseteq J$.

其次, 我们断言: **充分大的时间是前向延伸或充分早的时间是后向延伸**.

对于任意的时刻 t_0, 有关系式

$$\begin{cases} \varepsilon^{-1} N_v(t_0) \geqslant \sup\{N_v(t), \quad t \in J,\ t \geqslant t_0\}, \\ \text{或} \\ \varepsilon^{-1} N_v(t_0) \geqslant \sup\{N_v(t), \quad t \in J,\ t \leqslant t_0\}. \end{cases} \tag{6.3.22}$$

因此, 无妨假设 t_0 是前向延伸的. 这样, 断言就归结为: **充分大的时间是前向延伸的**. 若不然, 根据 J 中任意一点延伸的三择性原则, 一定存在后向延伸的序列 $\{t_n\}$ 满足

$$t_n \longrightarrow \sup J, \quad t_n \geqslant t_0.$$

即

$$N_v(t) \leqslant \varepsilon^{-1} N_v(t_n), \forall\, t \leqslant t_n \Longrightarrow N_v(t_0) \leqslant \varepsilon^{-1} N_v(t_n).$$

由 (6.3.22) 可见

$$N_v(t_n) \ \sim\ N_v(t_0), \quad t_n \geqslant t_0. \tag{6.3.23}$$

对于任意 $t_0 < t < t_n$, t 要么是前向延伸, 要么是后向延伸, 但无论如何总有

$$N_v(t_n) \leqslant \varepsilon^{-1} N_v(t) \quad \text{或} \quad N_v(t_0) \leqslant \varepsilon^{-1} N_v(t). \tag{6.3.24}$$

另外, 由于 t_0 是前向延伸的, 故 $N_v(t) \leqslant \varepsilon^{-1} N_v(t_0) \Longrightarrow$

$$N_v(t) \ \sim\ N_v(t_0), \quad t_0 < t < t_n. \tag{6.3.25}$$

由于 $t_n \longrightarrow \sup J$, 容易推出

$$N_v(t) \sim N_v(t_0), \quad t_0 < t < \sup J. \tag{6.3.26}$$

如果 $\sup J < \infty$, 由有限爆破的刻画

$$N_v(t) \gtrsim \left|\sup J - t\right|^{-\frac{1}{2}}, \tag{6.3.27}$$

这与 (6.3.26) 相矛盾, 从而推出 $\sup J = \infty$. 这就意味着 N_v 在 (t_0, ∞) 上既有上界也有下界, 即

$$\limsup_{T\to\infty} \operatorname{osc}(T) < \infty,$$

此与

$$\lim_{T\to\infty} \operatorname{osc}(T) = \infty$$

相矛盾.

根据时间可逆的对称性, 仅需考虑 $t \geqslant t_0$ 是前向延伸的情形.

选取 T 充分大, 使之满足 $\operatorname{osc}(T) > 2\varepsilon^{-1}$. 用逐次迭代的方式构造增长的时间序列 $\{t_n\}_{n=0}^{\infty}$ 使得

$$0 \leqslant t_{n+1} - t_n \leqslant 8TN_v(t_n)^{-2}, \quad N_v(t_{n+1}) \leqslant \frac{1}{2}N_v(t_n) \tag{6.3.28}$$

构造方法 事实上, 给定 $t_n \geqslant t_0$, 令

$$t_n' \triangleq t_n + 4TN_v(t_n)^{-2}. \tag{6.3.29}$$

如果 $N_v(t_n') \leqslant \dfrac{1}{2}N_v(t_n)$, 就选取 $t_{n+1} = t_n'$, 并且满足

$$0 \leqslant t_{n+1} - t_n = 4TN_v(t_n)^{-2} \leqslant 8TN(t_n)^{-2}.$$

如果 $N_v(t_n') > \dfrac{1}{2}N_v(t_n)$, 那么

$$J_n = \left[t_n' - TN_v(t_n')^{-2}, t_n' + TN_v(t_n')^{-2}\right] \subseteq \left[t_n, t_n + 8TN(t_n)^{-2}\right] \triangleq \tilde{J}_n, \tag{6.3.30}$$

这里用到 $TN_v(t_n')^{-2} \leqslant 4TN_v(t_n)^{-2}$.

由于 t_n 是前向延伸的, 可以推出

$$N_v(t) \leqslant \varepsilon^{-1}N_v(t_n), \quad t \in J_n. \tag{6.3.31}$$

由 T 的选取方法, 即得

$$2\varepsilon^{-1} < \mathrm{osc}(T) \leqslant \frac{\sup\{N_v(t): t\in J_n,\ |t-t_n'|\leqslant TN_v(t_n')^{-2}\}}{\inf\{N_v(t): t\in J_n,\ |t-t_n'|\leqslant TN_v(t_n')^{-2}\}}$$

$$\leqslant \frac{\varepsilon^{-1}N_v(t_n)}{\inf\{N_v(t): t\in J_n,\ |t-t_n'|\leqslant TN_v(t_n')^{-2}\}}$$

$\Longleftrightarrow$

$$\inf\{N_v(t): t\in J_n,\ |t-t_n'|\leqslant TN_v(t_n')^{-2}\} < \frac{1}{2}N_v(t_n).$$

故总可以找到一个 $t_{n+1}\in J_n$ 使得

$$N_v(t_{n+1}) \leqslant \frac{1}{2}N_v(t_n). \tag{6.3.32}$$

这样就获得了 (6.3.28) 的构造!

由标准的正则化范数技术, 构造 $v(t)$ 在 $t=t_n$ 处的正则化序列:

$$v^{[t_n]}(t) = N_v(t_n)^{-\frac{d-2}{2}} v\left(\frac{t}{N_v(t_n)^2}+t_n, \frac{x}{N_v(t_n)}+x_v(t_n)\right)$$

记 $u(t,x)$ 是 $\{v^{[t_n]}\}$ 的子序列的极限, 来证 $u(t,x)$ 是一个有限时刻爆破解. 令

$$s_n = (t_0-t_n)N_v(t_n)^2 < 0.$$

直接验证

$$\begin{aligned} N_{v^{[t_n]}}(s_n) &= \frac{N_v(t_n+s_nN_v(t_n)^{-2})}{N_v(t_n)} = \frac{N_v(t_0)}{N_v(t_n)} \\ &\geqslant \frac{2N_v(t_0)}{N_v(t_{n-1})} \geqslant \cdots \geqslant \frac{2^nN_v(t_0)}{N_v(t_0)} \\ &= 2^n. \end{aligned} \tag{6.3.33}$$

然而, $\{s_n\}$ 是一个有界序列, 即

$$\begin{aligned} |s_n| &= N_v(t_n)^2\sum_{k=0}^{n-1}[t_{k+1}-t_k] \leqslant 8T\sum_{k=1}^{n-1}\frac{N_v(t_n)^2}{N_v(t_k)^2} \\ &\leqslant 8T\sum_{k=1}^{n-1}2^{-(n-k)} \leqslant 8T. \end{aligned} \tag{6.3.34}$$

无妨假设 s_n 收敛到有限点 s, 根据频率尺度函数的连续性, 容易推出

$$\lim_{n\to\infty} N_{v^{[t_n]}}(s_n) = N_u(s) = \infty.$$

由此推出 $u(t)$ 一定在 $-8T\leqslant t<0$ 的某个点处发生爆破.

6.4 有限时刻爆破解

本节排除定理 6.1.10 中的情形 I. 在此情形下, 可以去掉对空间维数的限制条件 $d \geqslant 5$.

定理 6.4.1 (不存在有限时刻爆破) 设 $d \geqslant 3$, 不存在问题 (6.0.1) 的极大生命区间解 $u: I \times \mathbb{R}^d \longrightarrow \mathbb{C}$, 在模去对称之后是满足

$$S_I(u) = \infty, \quad \sup_{t \in I} \|\nabla u(t)\|_2 < \|\nabla W\|_2 \tag{6.4.1}$$

和

$$\left|\inf I\right| < \infty \quad 或 \quad \sup I < \infty \tag{6.4.2}$$

的几乎周期解.

证明 采用反证法. 若不然, 存在满足 (6.4.1) 和 (6.4.2) 的极大生命区间解 u, 在 modulus 对称之后是几乎周期的. 不失一般性, 可以假设 $\sup I < \infty$.

断言 1

$$\liminf_{t \uparrow \sup I} N_u(t) = \infty. \tag{6.4.3}$$

事实上, 如若不然,

$$\liminf_{t \uparrow \sup I} N_u(t) < \infty. \tag{6.4.4}$$

选取 $t_n \in I$, 满足 $t_n \nearrow \sup I$, 定义伸缩函数 $v_n: I_n \times \mathbb{R}^d \longrightarrow \mathbb{C}$ 如下:

$$v_n(t,x) \triangleq u^{[t_n]}(t,x) = N(t_n)^{-\frac{d-2}{2}} u\left(t_n + \frac{t}{N(t_n)^2}, x(t_n) + \frac{x}{N(t_n)}\right), \tag{6.4.5}$$

这里

$$0 \in I_n \triangleq \left\{ t \;\middle|\; t_n \in I,\ t_n + \frac{t}{N(t_n)^2} \in I \right\}.$$

显然 $v_n(t,x)$ 是问题 (6.0.1) 的解且 $\{v_n(0)\}_n$ 是 $\dot{H}^1(\mathbb{R}^d)$ 中的列紧集 (此事实源于 u 在模去对称之后是几乎周期解). 因此, 在不计子序列的意义下, 总有

$$v_n(0) \xrightarrow{\dot{H}^1(\mathbb{R}^d)} v_0(x). \tag{6.4.6}$$

由于 $\|\nabla v_n(0)\|_2 = \|\nabla u(t_n)\|_2$ 且 u 不恒等于 0, 则由 Sobolev 嵌入定理与能量守恒可以推出 $v_n(0)$ 的极限 $v_0(x) \not\equiv 0$. 记 $v(t,x)$ 是问题

$$\begin{cases} iv_t + \Delta v = F(v), \quad F(v) = -|v|^{\frac{4}{d-2}} v, \\ v(0) = v_0(x) \end{cases} \tag{6.4.7}$$

的极大生命区间解. 这里 $I=(-T_-,T_+)$ 满足

$$-\infty\leqslant -T_-<0<T_+\leqslant\infty.$$

由局部适定性和稳定性引理 (引理 6.1.2) 可见, 当 n 充分大时, $v_n(t)$ 是局部适定且在 $(-T_-,T_+)$ 的紧子区间 $J\Subset(-T_-,T_+)$ 上具有限散射尺度

$$S_J(v_n)<\infty.$$

由此推出 u 是适定的, 并且在区间 $\{t_n+N(t_n)^{-2}t,\ t\in J\}$ 上具有有限的散射尺度.

另一方面, 当 $t_n\nearrow\sup I$ 时,

$$\liminf_{n\to\infty}N_u(t_n)<\infty,\quad \sup I<\infty. \tag{6.4.8}$$

此意味着 u 在 $t>\sup I$ 的区间 $\backsim\{t_n+N(t_n)^{-2}t,\ t\in J\}$ 上具有限散射尺度, 这与 u 在 I 上产生前向爆破现象矛盾. 从而 (6.4.3)成立.

断言 2 (6.4.3) 意味着

$$\limsup_{t\uparrow\sup I}\int_{|x|\leqslant R}|u(t,x)|^2dx=0,\quad 对于任意的\ R>0. \tag{6.4.9}$$

事实上, 对于 $0<\eta<1$ 和 $t\in I$, 由 Hölder 不等式和 (6.4.1) 就有

$$\begin{aligned}\int_{|x|\leqslant R}|u(t,x)|^2dx\leqslant&\int_{|x-x(t)|\leqslant\eta R}|u(t,x)|^2dx+\int_{|x|\leqslant R,|x-x(t)|>\eta R}|u(t,x)|^2dx\\ \lesssim&\eta^2R^2\|u(t,x)\|_{2^*}^2+R^2\left(\int_{|x-x(t)|>\eta R}|u|^{2^*}dx\right)^{\frac{d-2}{d}}\\ \lesssim&\eta^2R^2\|\nabla W\|_2^2+R^2\left(\int_{|x-x(t)|>\eta R}|u|^{2^*}dx\right)^{\frac{d-2}{d}},\end{aligned} \tag{6.4.10}$$

令 $\eta\to0$, (6.4.10) 的右边第一项可以任意小. 另一方面, 根据 (6.4.3)、几乎周期解 (模去对称之后) 和 $\dot H^1$ 紧性刻画 (等价条件) 就推出位势型紧性条件

$$\int_{|x-x(t)|\geqslant C(\eta)/N_u(t)}|u(t,x)|^{2^*}\mathrm{d}x\leqslant\eta,\quad\forall\ t\in I,\quad\eta>0 \tag{6.4.11}$$

$\Longrightarrow$

$$\limsup_{t\uparrow\sup I}\int_{|x-x(t)|\geqslant\eta R}u^{2^*}\mathrm{d}x=\limsup_{t\uparrow\sup I}\int_{|x-x(t)|\geqslant\frac{C(\eta)}{N_u(t)}\frac{\eta RN_u(t)}{C(\eta)}}u^{2^*}dx=0. \tag{6.4.12}$$

断言 3 (6.4.9) 意味着 $u \equiv 0$.

事实上, 对 $t \in I$, 定义

$$M_R(t) = \int_{\mathbb{R}^d} \phi\left(\frac{|x|}{R}\right)|u(t,x)|^2 dx, \tag{6.4.13}$$

这里 ϕ 是径向光滑函数, 且满足

$$\phi(r) = \begin{cases} 1, & r \leqslant 1, \\ 0, & r \geqslant 2, \end{cases}$$

因此, 由 (6.4.9) 可见

$$\limsup_{t \uparrow \sup I} M_R(t) = 0, \quad \forall\ R > 0. \tag{6.4.14}$$

另一方面, 由 Hardy 不等式和 (6.4.1), 简单的计算可见

$$|\partial_t M_R(t)| \lesssim \|\nabla u\|_2 \left\|\frac{u}{|x|}\right\|_2 \lesssim \|\nabla W\|_2^2. \tag{6.4.15}$$

由 Newton-Leibniz 公式

$$\begin{aligned} M_R(t_1) &= M_R(t_2) + \int_{t_2}^{t_1} \partial_t M_R(\tau) d\tau \\ &\lesssim M_R(t_2) + |t_1 - t_2| \|\nabla W\|_2^2, \quad t_1, t_2 \in I,\ R > 0. \end{aligned} \tag{6.4.16}$$

令 $t_2 \nearrow \sup I$, 并注意到 (6.4.14) 可见

$$M_R(t_1) \lesssim \big|\sup I - t_1\big| \cdot \|\nabla W\|_2^2. \tag{6.4.17}$$

现令 $R \longrightarrow \infty$, 并利用质量守恒

$$\|u_0\|_2^2 \lesssim \big|\sup I - t_1\big| \cdot \|\nabla W\|_2^2.$$

进而, 在上式中令 $t_1 \nearrow \sup I$, 就可以获得 $u_0 \equiv 0$. 由唯一性可见

$$u \equiv 0, \quad t \in I. \tag{6.4.18}$$

这与 (6.4.1) 矛盾.

6.5 整体几乎周期解

为了排除孤立子解与低频-高频 cascade 解, 需要证明这些几乎周期解具有负正则性. 主要工具是刻画**过去和将来"因果"型 Gronwall 不等式的离散形式**, 其连续形式可以参见 Tao 的专著 [173] .

引理 6.5.1 (Gronwall 不等式) 设 $\gamma > 0, 0 < \eta < \frac{1}{2}(1-2^{-\gamma})$, 序列 $\{b_k\} \in \ell^\infty(\mathbb{Z}^+)$. 若非负序列 $\{x_k\} \in \ell^\infty(\mathbb{Z}^+)$ 满足

$$x_k \leqslant b_k + \eta \sum_{l=0}^{\infty} 2^{-\gamma|k-l|} x_l, \quad k \geqslant 0. \tag{6.5.1}$$

则

$$x_k \lesssim \sum_{l=0}^{\infty} r^{|k-l|} b_l, \quad \forall\, k \geqslant 0, \tag{6.5.2}$$

这里 $r = r(\eta) \in (2^{-\gamma}, 1)$. 进而, 当 $\eta \searrow 0$ 时, 有 $r \searrow 2^{-\gamma}$.

证明 不失一般性, 我们仅需要在

$$x_k = b_k + \eta \sum_{l=0}^{\infty} 2^{-\gamma|k-l|} x_l, \quad k \geqslant 0$$

条件下 (通过减少 b_k 的值而实现此归结) 证明 (6.5.2) 即可.

用 A 表示具有元素

$$A_{kl} = 2^{-\gamma|k-l|}, \quad k, l \in \mathbb{Z}$$

的双向无限矩阵. $\mathcal{P}$ 表示从 $\ell^2(\mathbb{Z}) \longrightarrow \ell^2(\mathbb{Z}^+)$ 的自然投影. **目标是**: 对任意的满足

$$(1 - \eta \mathcal{P} A \mathcal{P}^\star) x = b \tag{6.5.3}$$

的 $\{x_k\}, \{b_k\}$, 证明 (6.5.2) 成立.

首先, 考虑映射 $f = Ag$, 容易看出

$$\|\{f_k\}\|_{\ell^2} = \left\| \left\{ \sum_{l\in\mathbb{Z}} A_{k,l} g_l \right\}_k \right\|_{\ell^2} = \left[\sum_{k\in\mathbb{Z}} \left(\sum_{l\in\mathbb{Z}} 2^{-\gamma|k-l|} g_l \right)^2 \right]^{\frac{1}{2}} \leqslant \|A\| \|\{g_k\}\|_{\ell^2},$$

从而推出

$$\|A\| = \sum_{k\in\mathbb{Z}} 2^{-\gamma|k|} = \frac{1+2^{-\gamma}}{1-2^{-\gamma}}. \tag{6.5.4}$$

于是,ηA是 ℓ^∞ 中的压缩映射. 因此, 可以求解 (6.5.3), 即

$$x = \sum_{p=0}^{\infty} (\eta \mathcal{P} A \mathcal{P}^\star)^p b \leqslant \sum_{p=0}^{\infty} \mathcal{P} (\eta A)^p \mathcal{P}^\star b = \mathcal{P}(1 - \eta A)^{-1} \mathcal{P}^\star b. \tag{6.5.5}$$

这里的不等号是按向量的分量成立的. 由于矩阵 A 的元素非负, 故验证上面的不等式是简单的. 下面仅需计算 $(1-\eta A)^{-1}$ 的元素. 采用 Fourier 分析的技术来证明.

$$a(z) \triangleq \sum_{k\in\mathbb{Z}} 2^{-\gamma|k|} z^k = 1 + \frac{2^{-\gamma} z}{1 - 2^{-\gamma} z} + \frac{2^{-\gamma} z^{-1}}{1 - 2^{-\gamma} z^{-1}}, \tag{6.5.6}$$

则

$$\begin{aligned} f(z) = \frac{1}{1 - \eta a(z)} &= \frac{(z - 2^\gamma)(z - 2^{-\gamma})}{z^2 - (2^{-\gamma} + 2^\gamma - \eta 2^\gamma + \eta 2^{-\gamma}) z + 1} \\ &= 1 + \frac{(1 - r 2^{-\gamma})(r 2^\gamma - 1)}{1 - r^2} \left[1 + \frac{rz}{1 - rz} + \frac{r z^{-1}}{1 - r z^{-1}} \right] \\ &\triangleq 1 + C_r \sum_{k\in\mathbb{Z}} r^{|k|} z^k, \end{aligned} \tag{6.5.7}$$

这里 $r \in (0,1)$, $\dfrac{1}{r}$ 是方程

$$z^2 - (2^{-\gamma} + 2^\gamma - \eta 2^\gamma + \eta 2^{-\gamma}) z + 1 = 0 \tag{6.5.8}$$

的根, 其中在 (6.5.7) 的计算过程中使用了韦达定理.

注意到表示公式 (6.5.6) 意味着估计 (6.5.4), 通过类比容易推出表示式 (6.5.7) 意味着

$$\left\| (1 - \eta A)^{-1} \right\| \leqslant O(r^{|k-l|}).$$

因此, 就推出估计 (6.5.2) 成立. □

定理 6.5.2 (负向正则性) 设 $d \geqslant 5$, u 是问题 (6.0.1) 的整体解, 并且模去对称之后是几乎周期的. 假设

$$\sup_{t\in\mathbb{R}} \|\nabla u(t)\|_2 < \infty \tag{6.5.9}$$

与

$$\inf_{t\in\mathbb{R}} N(t) \geqslant 1. \tag{6.5.10}$$

则 $\exists\, \varepsilon = \varepsilon(d)$, 满足 $u \in L_t^\infty \dot{H}^{-\varepsilon}(\mathbb{R} \times \mathbb{R}^d)$.

证明 分两步来进行. 第一步证明 $u\in L_t^\infty(\mathbb{R};L_x^p(\mathbb{R}^d))$, 这里 p 是属于 $\left(2,\dfrac{2d}{d-2}\right)$ 的某个数. 第二步就是利用双 Duhamel 技术将 $u\in L_t^\infty(\mathbb{R};L_x^p(\mathbb{R}^d))$ 提升到 $u\in L_t^\infty(\mathbb{R};\dot H_x^{1-s}(\mathbb{R}^d))$, 这里 $s=s(p,d)>0$. 按第二步模式重复迭代, 即得定理 6.5.2 的证明.

设 u 是问题 (6.0.1) 满足定理 6.5.2 条件的解. 设 $\eta>0$ 是待定小常数. 由模去对称之后的紧性结果和 (6.5.10) 可以推出: 存在 $N_0=N_0(\eta)$ 使得

$$\|\nabla u_{\leqslant N_0}\|_{L_t^\infty L_x^2(\mathbb{R}\times\mathbb{R}^d)}\leqslant\left(\int_{|\xi|\leqslant c(\eta)N(t)}|\xi|^2|\hat u(\xi)|^2d\xi\right)^{\frac12}\leqslant\eta. \tag{6.5.11}$$

步骤一 在 Lebesgue 空间中破坏尺度变换. 为此目的, 对于低频部分, 引入

$$A(N)=\begin{cases}N^{-\frac{2}{d-2}}\sup\limits_{t\in\mathbb{R}}\|u_N(t)\|_{L^{\frac{2(d-2)}{d-4}}}, & d\geqslant 6,\\ N^{-\frac12}\sup\limits_{t\in\mathbb{R}}\|u_N(t)\|_{L_x^{\frac52}}, & d=5,\end{cases} \tag{6.5.12}$$

这里 $N\leqslant 10N_0$. 注意到

$$\|u(t)\|_{\mathcal{L}_t^\infty\left(\mathbb{R};\dot B^{-\frac{2}{d-2}}_{\frac{2(d-2)}{d-4},\infty}(\mathbb{R}^d)\right)}=\sup_{N\in\mathbb{Z}}A(N)$$

给出了 $A(N)$ 与 $L_t^\infty(\mathbb{R};\dot H_x^1(\mathbb{R}^d))$ 同度的混合型 Besov 空间 $\mathcal{L}_t^\infty(\mathbb{R};\dot B^{-\frac{2}{d-2}}_{\frac{2(d-2)}{d-4},\infty}(\mathbb{R}^d))$ 之间的密切关系. 由 Bernstein 不等式, Sobolev 嵌入和 (6.5.9) 可得

$$A(N)\lesssim\|u_N\|_{L_t^\infty L_x^{\frac{2d}{d-2}}}\lesssim\|\nabla u\|_{L_t^\infty L_x^2}<\infty. \tag{6.5.13}$$

□

下面给出 $A(N)$ 的迭代公式.

引理 6.5.3 (循环迭代公式) 对所有 $N\leqslant 10N_0$, 满足

$$A(N)\lesssim\left(\frac{N}{N_0}\right)^\alpha+\eta^{\frac{4}{d-2}}\sum_{\frac{N}{10}\leqslant N_1\leqslant N_0}\left(\frac{N}{N_1}\right)^\alpha A(N_1)+\eta^{\frac{4}{d-2}}\sum_{N_1\leqslant\frac{N}{10}}\left(\frac{N_1}{N}\right)^\alpha A(N_1), \tag{6.5.14}$$

这里 $\alpha=\min\left\{\dfrac{2}{d-2},\dfrac12\right\}$ 选取的目的是统一表述 $d=5$ 和 $d\geqslant 6$ 两种情形.

证明 仅需对 $d\geqslant 6$ 来证明引理 6.5.3, $d=5$ 的情形仅需作必要的修改就行了.

固定 $N \leqslant 10N_0$, 根据时间的平移对称, 仅需证明

$$N^{-\frac{2}{d-2}}\|u_N(0)\|_{L_x^{\frac{2(d-2)}{d-4}}} \lesssim \left(\frac{N}{N_0}\right)^{\frac{2}{d-2}} + \eta^{\frac{4}{d-2}} \sum_{\frac{N}{10}\leqslant N_1\leqslant N_0} \left(\frac{N}{N_1}\right)^{\frac{2}{d-2}} A(N_1) + \eta^{\frac{4}{d-2}} \sum_{N_1<\frac{N}{10}} \left(\frac{N_1}{N}\right)^{\frac{2}{d-2}} A(N_1). \tag{6.5.15}$$

利用双向 Duhamel 公式 (在弱 $\dot{H}^1$ 拓扑意义下),

$$u(t) = \lim_{T\nearrow \sup I} i\int_t^T e^{i(t-\tau)\Delta}F(u(\tau))\mathrm{d}\tau = -\lim_{T\searrow \inf I} i\int_T^t e^{i(t-\tau)\Delta}F(u(\tau))d\tau. \tag{6.5.16}$$

采用 Bernstein 估计与色散估计, 直接推出

$$\begin{aligned}
N^{-\frac{2}{d-2}}\|u_N(0)\|_{L_x^{\frac{2(d-2)}{d-4}}} &\leqslant N^{-\frac{2}{d-2}}\left\|\int_0^{N^{-2}} e^{-it\Delta}P_NF(u(t))dt\right\|_{L_x^{\frac{2(d-2)}{d-4}}} \\
&\quad + N^{-\frac{2}{d-2}}\int_{N^{-2}}^{\infty}\left\|e^{-it\Delta}P_NF(u(t))\right\|_{L_x^{\frac{2(d-2)}{d-4}}}dt \\
&\lesssim N\left\|\int_0^{N^{-2}} e^{-it\Delta}P_NF(u(t))dt\right\|_{L_x^2} \\
&\quad + N^{-\frac{2}{d-2}}\left\|P_NF(u(t))\right\|_{L_t^\infty L_x^{\frac{2(d-2)}{d}}}\int_{N^{-2}}^{\infty} t^{-\frac{d}{d-2}}dt \\
&\lesssim N^{-1}\|P_NF(u)\|_{L_t^\infty L_x^2} + N^{\frac{2}{d-2}}\left\|P_NF(u(t))\right\|_{L_t^\infty L_x^{\frac{2(d-2)}{d}}} \\
&\lesssim N^{\frac{2}{d-2}}\left\|P_NF(u(t))\right\|_{L_t^\infty L_x^{\frac{2(d-2)}{d}}}.
\end{aligned} \tag{6.5.17}$$

由 Newton-Leibniz 公式与单调性, 分解 $F(u)$ 如下:

$$\begin{aligned}
&F(u) - F(u_{>N_0}) = |u|^{\frac{4}{d-2}}\left(u_{>N_0} + u_{\leqslant N_0}\right) - |u_{>N_0}|^{\frac{4}{d-2}}u_{>N_0} \\
=& |u|^{\frac{4}{d-2}}u_{\leqslant N_0} + |u|^{\frac{4}{d-2}}u_{>N_0} - |u_{>N_0}|^{\frac{4}{d-2}}u_{>N_0} \\
\leqslant& |u|^{\frac{4}{d-2}}u_{\leqslant N_0} + |u_{\leqslant N_0}|^{\frac{4}{d-2}}|u_{>N_0}| \\
=& |u|^{\frac{4}{d-2}}u_{\leqslant N_0} - |u_{\leqslant N_0}|^{\frac{4}{d-2}}u_{\leqslant N_0} + |u_{\leqslant N_0}|^{\frac{4}{d-2}}u_{\leqslant N_0} + |u_{\leqslant N_0}|^{\frac{4}{d-2}}|u_{>N_0}| \\
\leqslant& |u_{>N_0}|^{\frac{4}{d-2}}|u_{\leqslant N_0}| + |u_{\leqslant N_0}|^{\frac{4}{d-2}}|u_{>N_0}| + |u_{\leqslant N_0}|^{\frac{4}{d-2}}u_{\leqslant N_0}
\end{aligned}$$

$$\leqslant |u_{>N_0}|^{\frac{4}{d-2}}|u_{\leqslant N_0}|^{\frac{16}{(d-2)^2}}|u_{\leqslant N_0}|^{1-\frac{16}{(d-2)^2}} + |u_{\leqslant N_0}|^{\frac{4}{d-2}}|u_{>N_0}| + |u_{\leqslant N_0}|^{\frac{4}{d-2}}u_{\leqslant N_0}$$

$$\leqslant |u_{\leqslant N_0}|^{\frac{4}{d-2}}|u_{\leqslant N_0}| + 2|u_{\leqslant N_0}|^{\frac{4}{d-2}}|u_{>N_0}| + |u_{\leqslant N_0}|^{\frac{4}{d-2}}u_{\leqslant N_0}. \tag{6.5.18}$$

由中值定理

$$\begin{aligned} F(z_1) - F(z_2) = &(z_1 - z_2)\int_0^1 F_z(z_2 + \theta(z_1 - z_2))d\theta \\ &+ \overline{z_1 - z_2}\int_0^1 F_{\bar{z}}(z_2 + \theta(z_1 - z_2))d\theta \end{aligned}$$

及

$$z_1 = u_{\leqslant N_0}, \quad z_2 = u_{\frac{N}{10}\leqslant\cdot\leqslant N_0},$$

结合 (6.5.18) 就可以直接推出

$$\begin{aligned} F(u) = &O\big(|u_{\leqslant N_0}|^{\frac{4}{d-2}}|u_{>N_0}|\big) + O\big(|u_{>N_0}|^{\frac{d+2}{d-2}}\big) + F(u_{\frac{N}{10}\leqslant\cdot\leqslant N_0}) \\ &+ u_{<\frac{N}{10}}\int_0^1 F_z(u_{\frac{N}{10}\leqslant\cdot\leqslant N_0} + \theta u_{<\frac{N}{10}})d\theta \\ &+ \overline{u_{<\frac{N}{10}}}\int_0^1 F_{\bar{z}}(u_{\frac{N}{10}\leqslant\cdot\leqslant N_0} + \theta u_{<\frac{N}{10}})d\theta. \end{aligned} \tag{6.5.19}$$

先考虑至少含一阶 $u_{>N_0}$ 的贡献. 利用 Hölder 不等式、Bernstein 不等式及 (6.5.9) 可见

$$\begin{aligned} &N^{\frac{2}{d-2}}\big\|P_N O\big(|u|^{\frac{4}{d-2}}|u_{>N_0}|\big)\big\|_{L_t^\infty L_x^{\frac{2(d-2)}{d}}} \\ \lesssim &N^{\frac{2}{d-2}}\|u_{>N_0}\|_{L_t^\infty L_x^{\frac{2d(d-2)}{d^2-4d+8}}}\|u\|_{L_t^\infty L_x^{\frac{2d}{d-2}}}^{\frac{4}{d-2}} \\ \lesssim &N^{\frac{2}{d-2}}\|u_{>N_0}\|_{L_t^\infty L_x^{\frac{2d(d-2)}{d^2-4d+8}}} \lesssim N^{\frac{2}{d-2}}N_0^{-\frac{2}{d-2}}. \end{aligned} \tag{6.5.20}$$

其次, 考虑 (6.5.19) 式右边最后两项的贡献. 鉴于二者类似, 仅需考虑其中一项. 注意到 $\nabla u \in L_t^\infty L_x^2$, 根据 Besov 空间的差分刻画可见

$$\begin{aligned} \big\|F_z(u)\big\|_{\dot{B}^{\frac{4}{d-2}}_{\frac{d-2}{2},\infty}} &= \sup_h |h|^{-\frac{4}{d-2}}\Big\||\tau_h u|^{\frac{4}{d-2}} - |u|^{\frac{4}{d-2}}\Big\|_{L_x^{\frac{d-2}{2}}} \\ &\leqslant \sup_h \left\|\frac{|\tau_h u - u|^{\frac{4}{d-2}}}{|h|^{\frac{4}{d-2}}}\right\|_{L_x^{\frac{d-2}{2}}} \end{aligned}$$

$$\leqslant \|\nabla u\|_{L_x^2}^{\frac{4}{d-2}}. \tag{6.5.21}$$

进而, 对于高频部分 $P_{\geqslant \frac{N}{10}} F_z(u)$, 利用齐次 Hölder 函数的 Besov 刻画可见

$$\left\|P_{> \frac{N}{10}} F_z(u)\right\|_{L_t^\infty L_x^{\frac{d-2}{2}}} \leqslant N^{-\frac{4}{d-2}} \left\|F_z(u)\right\|_{\dot{B}^{\frac{4}{d-2}}_{\frac{d-2}{2},\infty}} \leqslant N^{-\frac{4}{d-2}} \|\nabla u\|_{L_t^\infty L_x^2}^{\frac{4}{d-2}}. \tag{6.5.22}$$

由 Hölder 不等式和先验估计 (6.5.11), 可以推出

$$\begin{aligned}
&N^{\frac{2}{d-2}} \left\|P_N\left(u_{< \frac{N}{10}} \int_0^1 F_z(u_{\frac{N}{10} \leqslant \cdot \leqslant N_0} + \theta u_{< \frac{N}{10}}) d\theta\right)\right\|_{L_t^\infty L_x^{\frac{2(d-2)}{d}}} \\
\leqslant\, & N^{\frac{2}{d-2}} \left\|u_{< \frac{N}{10}}\right\|_{L_t^\infty L_x^{\frac{2(d-2)}{d-4}}} \left\|P_{> \frac{N}{10}}\left(\int_0^1 F_z(u_{\frac{N}{10} \leqslant \cdot \leqslant N_0} + \theta u_{< \frac{N}{10}}) d\theta\right)\right\|_{L_t^\infty L_x^{\frac{d-2}{2}}} \\
\leqslant\, & N^{-\frac{2}{d-2}} \left\|u_{< \frac{N}{10}}\right\|_{L_t^\infty L_x^{\frac{2(d-2)}{d-4}}} \|\nabla u_{\leqslant N_0}\|_{L_t^\infty L_x^2}^{\frac{4}{d-2}} \\
\leqslant\, & \eta^{\frac{4}{d-2}} \sum_{N_1 \leqslant \frac{N}{10}} N_1^{-\frac{2}{d-2}} \left\|P_{N_1} u\right\|_{L_t^\infty L_x^{\frac{2(d-2)}{d-4}}} N_1^{\frac{2}{d-2}} N^{-\frac{2}{d-2}} \\
\leqslant\, & \eta^{\frac{4}{d-2}} \sum_{N_1 \leqslant \frac{N}{10}} \left(\frac{N_1}{N}\right)^{\frac{2}{d-2}} A(N_1).
\end{aligned} \tag{6.5.23}$$

最后, 考察 $F(u_{\frac{N}{10} \leqslant \cdot \leqslant N_0})$ 的贡献. 仅需证明

$$\left\|F(u_{\frac{N}{10} \leqslant \cdot \leqslant N_0})\right\|_{L_t^\infty L_x^{\frac{2(d-2)}{d}}} \lesssim \eta^{\frac{4}{d-2}} \sum_{\frac{N}{10} \leqslant N_1 \leqslant N_0} N_1^{-\frac{2}{d-2}} A(N_1). \tag{6.5.24}$$

当 $d \geqslant 6$ 时, $\dfrac{4}{d-2} \leqslant 1$. 利用三角不等式、Bernstein 不等式、(6.5.11) 和 Hölder 不等式可见

$$\begin{aligned}
&\left\|F(u_{\frac{N}{10} \leqslant \cdot \leqslant N_0})\right\|_{L_t^\infty L_x^{\frac{2(d-2)}{d}}} \lesssim \sum_{\frac{N}{10} \leqslant N_1 \leqslant N_0} \left\|u_{N_1} |u_{\frac{N}{10} \leqslant \cdot \leqslant N_0}|^{\frac{4}{d-2}}\right\|_{L_t^\infty L_x^{\frac{2(d-2)}{d}}} \\
\lesssim\, & \sum_{\frac{N}{10} \leqslant N_1, N_2 \leqslant N_0} \left\|u_{N_1} |u_{N_2}|^{\frac{4}{d-2}}\right\|_{L_t^\infty L_x^{\frac{2(d-2)}{d}}} \\
\lesssim\, & \sum_{\frac{N}{10} \leqslant N_1 \leqslant N_2 \leqslant N_0} \left\|u_{N_1}\right\|_{L_t^\infty L_x^{\frac{2(d-2)}{d-4}}} \left\|u_{N_2}\right\|_{L_t^\infty L_x^2}^{\frac{4}{d-2}} \\
&+ \sum_{\frac{N}{10} \leqslant N_2 \leqslant N_1 \leqslant N_0} \left\|u_{N_1}\right\|_{L_t^\infty L_x^2}^{\frac{4}{d-2}} \left\|u_{N_1}\right\|_{L_t^\infty L_x^{\frac{2(d-2)}{d-4}}}^{\frac{d-6}{d-2}} \left\|u_{N_2}\right\|_{L_t^\infty L_x^{\frac{2(d-2)}{d-4}}}^{\frac{4}{d-2}}
\end{aligned}$$

$$
\begin{aligned}
&\lesssim \sum_{\frac{N}{10}\leqslant N_1\leqslant N_2\leqslant N_0} \|u_{N_1}\|_{L_t^\infty L_x^{\frac{2(d-2)}{d-4}}} \eta^{\frac{4}{d-2}} N_2^{-\frac{4}{d-2}} \\
&\quad + \sum_{\frac{N}{10}\leqslant N_2\leqslant N_1\leqslant N_0} \eta^{\frac{4}{d-2}} N_1^{-\frac{4}{d-2}} \|u_{N_1}\|_{L_t^\infty L_x^{\frac{2(d-2)}{d-4}}}^{\frac{d-6}{d-2}} \|u_{N_2}\|_{L_t^\infty L_x^{\frac{2(d-2)}{d-4}}}^{\frac{4}{d-2}} \\
&\lesssim \eta^{\frac{4}{d-2}} \sum_{\frac{N}{10}\leqslant N_1\leqslant N_0} N_1^{-\frac{2}{d-2}} A(N_1) \\
&\quad + \eta^{\frac{4}{d-2}} \sum_{\frac{N}{10}\leqslant N_2\leqslant N_1\leqslant N_0} \left(\frac{N_2}{N_1}\right)^{\frac{16}{(d-2)^2}} \left(N_1^{-\frac{2}{d-2}} A(N_1)\right)^{\frac{d-6}{d-2}} \left(N_2^{-\frac{2}{d-2}} A(N_2)\right)^{\frac{4}{d-2}} \\
&\lesssim \eta^{\frac{4}{d-2}} \sum_{\frac{N}{10}\leqslant N_1\leqslant N_0} N_1^{-\frac{2}{d-2}} A(N_1),
\end{aligned}
\tag{6.5.25}
$$

这里用到了 $A(N)$ 的定义. 综合 (6.5.20), (6.5.23) 及 (6.5.24) 就可以推出引理 6.5.3 中的循环公式.

当 $d=5$ 时, 利用双向 Duhamel 公式与 (6.5.17) 推导类似, 可得

$$
N^{-\frac{1}{2}}\|u_N(0)\|_{L_x^{\frac{5}{2}}} \lesssim N^{\frac{1}{2}} \|P_N F(u)\|_{L_t^\infty L_x^{\frac{5}{4}}}, \tag{6.5.26}
$$

其中 $F(u)$ 可以分解成 (6.5.19), 即

$$
\begin{aligned}
F(u) = &O\left(|u_{\leqslant N_0}|^{\frac{4}{3}} |u_{>N_0}|\right) + O\left(|u_{>N_0}|^{\frac{7}{3}}\right) + F(u_{\frac{N}{10}\leqslant\cdot\leqslant N_0}) \\
&+ u_{<\frac{N}{10}} \int_0^1 F_z(u_{\frac{N}{10}\leqslant\cdot\leqslant N_0} + \theta u_{<\frac{N}{10}}) d\theta \\
&+ \overline{u_{<\frac{N}{10}}} \int_0^1 F_{\bar z}(u_{\frac{N}{10}\leqslant\cdot\leqslant N_0} + \theta u_{<\frac{N}{10}}) d\theta.
\end{aligned}
$$

类同于 (6.5.20) 的估计, 至少含一阶 $u_{>N_0}$ 的项的贡献如下:

$$
\begin{aligned}
N^{\frac{1}{2}} \left\|P_N O\left(|u_{>N_0}|\ |u|^{\frac{4}{3}}\right)\right\|_{L_t^\infty L_x^{\frac{5}{4}}} &\lesssim N^{\frac{1}{2}} \|u_{>N_0}\|_{L_t^\infty L_x^{\frac{5}{2}}} \|u\|_{L_t^\infty L_x^{\frac{10}{3}}}^{\frac{4}{3}} \\
&\lesssim N^{\frac{1}{2}} N_0^{-\frac{1}{2}} \|u_{>N_0}\|_{L_t^\infty L_x^{\frac{10}{3}}} \lesssim N^{\frac{1}{2}} N_0^{-\frac{1}{2}},
\end{aligned}
\tag{6.5.27}
$$

这里用到了 $\dot H^1(\mathbb{R}^5) \hookrightarrow L^{\frac{10}{3}}(\mathbb{R}^5)$.

由 Bernstein 不等式、(6.5.11) 及分数阶求导的链锁法则, 与 (6.5.23) 对应的估计就变换成

$$
N^{\frac{1}{2}} \left\| P_N \left(u_{<\frac{N}{10}} \int_0^1 F_z(u_{\frac{N}{10}\leqslant\cdot\leqslant N_0} + \theta u_{<\frac{N}{10}}) d\theta \right) \right\|_{L_t^\infty L_x^{\frac{5}{4}}}
$$

$$
\begin{aligned}
&\lesssim N^{\frac{1}{2}}\left\|u_{<\frac{N}{10}}\right\|_{L_t^\infty L_x^5}\left\|P_{>\frac{N}{10}}\left(\int_0^1 F_z(u_{\frac{N}{10}\leqslant\cdot\leqslant N_0}+\theta u_{<\frac{N}{10}})d\theta\right)\right\|_{L_t^\infty L_x^{\frac{5}{3}}}\\
&\lesssim N^{-\frac{1}{2}}\left\|u_{<\frac{N}{10}}\right\|_{L_t^\infty L_x^5}\left\|\nabla P_{>\frac{N}{10}}\left(\int_0^1 F_z(u_{\frac{N}{10}\leqslant\cdot\leqslant N_0}+\theta u_{<\frac{N}{10}})d\theta\right)\right\|_{L_t^\infty L_x^{\frac{5}{3}}}\\
&\lesssim N^{-\frac{1}{2}}\left\|u_{<\frac{N}{10}}\right\|_{L_t^\infty L_x^5}\left\|\nabla u_{\leqslant N_0}\right\|_{L_t^\infty L_x^2}\left\|u_{\leqslant N_0}\right\|^{\frac{1}{3}}_{L_t^\infty L_x^{\frac{10}{3}}}\\
&\lesssim N^{-\frac{1}{2}}\left\|u_{<\frac{N}{10}}\right\|_{L_t^\infty L_x^5}\left\|\nabla u_{\leqslant N_0}\right\|^{\frac{4}{3}}_{L_t^\infty L_x^2}\\
&\leqslant \eta^{\frac{4}{3}}\sum_{N_1\leqslant\frac{N}{10}} N^{-\frac{1}{2}}N_1^{\frac{1}{2}}N_1^{-\frac{1}{2}}\left\|u_{N_1}\right\|_{L_t^\infty L_x^5}\\
&\leqslant \eta^{\frac{4}{3}}\sum_{N_1\leqslant\frac{N}{10}}\left(\frac{N_1}{N}\right)^{\frac{1}{2}}A(N_1).
\end{aligned}
\tag{6.5.28}
$$

最后, 类同于估计 (6.5.25), 由 Bernstein 估计直接计算就得

$$
\begin{aligned}
&\left\|F(u_{\frac{N}{10}\leqslant\cdot\leqslant N_0})\right\|_{L_t^\infty L_x^{\frac{5}{4}}}\lesssim\sum_{\frac{N}{10}\leqslant N_1,N_2\leqslant N_0}\left\|u_{N_1}u_{N_2}|u_{\frac{N}{10}\leqslant\cdot\leqslant N_0}|^{\frac{1}{3}}\right\|_{L_t^\infty L_x^{\frac{5}{4}}}\\
\lesssim&\sum_{\frac{N}{10}\leqslant N_1\leqslant N_2,N_3\leqslant N_0}\left\|u_{N_1}\right\|_{L_t^\infty L_x^5}\left\|u_{N_2}\right\|_{L_t^\infty L_x^{\frac{20}{9}}}\left\|u_{N_3}\right\|^{\frac{1}{3}}_{L_t^\infty L_x^{\frac{20}{9}}}\\
&+\sum_{\frac{N}{10}\leqslant N_3\leqslant N_1\leqslant N_2\leqslant N_0}\left\|u_{N_1}\right\|^{\frac{2}{3}}_{L_t^\infty L_x^5}\left\|u_{N_1}\right\|^{\frac{1}{3}}_{L_t^\infty L_x^{\frac{20}{9}}}\left\|u_{N_2}\right\|_{L_t^\infty L_x^{\frac{20}{9}}}\left\|u_{N_3}\right\|^{\frac{1}{3}}_{L_t^\infty L_x^5}\\
\lesssim&\sum_{\frac{N}{10}\leqslant N_1\leqslant N_2,N_3\leqslant N_0}\left\|u_{N_1}\right\|_{L_t^\infty L_x^5}N_2^{-\frac{3}{4}}\left\|\nabla u_{N_2}\right\|_{L_t^\infty L_x^2}N_3^{-\frac{1}{4}}\left\|\nabla u_{N_3}\right\|^{\frac{1}{3}}_{L_t^\infty L_x^2}\\
&+\sum_{\frac{N}{10}\leqslant N_3\leqslant N_1\leqslant N_2\leqslant N_0}\left\|u_{N_1}\right\|^{\frac{2}{3}}_{L_t^\infty L_x^5}N_1^{-\frac{1}{4}}\left\|\nabla u_{N_1}\right\|^{\frac{1}{3}}_{L_t^\infty L_x^2}N_2^{-\frac{3}{4}}\left\|\nabla u_{N_2}\right\|_{L_t^\infty L_x^2}\left\|u_{N_3}\right\|^{\frac{1}{3}}_{L_t^\infty L_x^5}\\
\lesssim&\sum_{\frac{N}{10}\leqslant N_1\leqslant N_2,N_3\leqslant N_0}\left\|u_{N_1}\right\|_{L_t^\infty L_x^5}\eta N_2^{-\frac{3}{4}}\eta^{\frac{1}{3}}N_3^{-\frac{1}{4}}\\
&+\sum_{\frac{N}{10}\leqslant N_3\leqslant N_1\leqslant N_2\leqslant N_0}\left\|u_{N_1}\right\|^{\frac{2}{3}}_{L_t^\infty L_x^5}\eta^{\frac{1}{3}}N_1^{-\frac{1}{4}}\eta N_2^{-\frac{3}{4}}\left\|u_{N_3}\right\|^{\frac{1}{3}}_{L_t^\infty L_x^5}\\
\lesssim&\,\eta^{\frac{4}{3}}\sum_{\frac{N}{10}\leqslant N_1\leqslant N_0}N_1^{-\frac{1}{2}}A(N_1)
\end{aligned}
$$

$$
\begin{aligned}
&+\eta^{\frac{4}{3}} \sum_{\frac{N}{10} \leqslant N_3 \leqslant N_1 \leqslant N_0} \left(\frac{N_3}{N_1}\right)^{\frac{1}{3}} \left(N_1^{-\frac{1}{2}} A(N_1)\right)^{\frac{2}{3}} \left(N_3^{-\frac{1}{2}} A(N_3)\right)^{\frac{1}{3}} \\
&\lesssim \eta^{\frac{4}{3}} \sum_{\frac{N}{10} \leqslant N_1 \leqslant N_0} N_1^{-\frac{1}{2}} A(N_1),
\end{aligned}
\tag{6.5.29}
$$

这里用到 N_1, N_2 的轮换对称性. 综合 (6.5.27)—(6.5.29) 即得引理 6.5.3 在 $d=5$ 情形下的结果. □

注记 6.5.1 对 $d=3$ 或 $d=4$ 情形, 不知道如何建立循环迭代估计! 事实上, $u(t,x)=W(x)$ 提供了定理 6.5.2 的一个反例. 从技术层面上来讲, 即使是采用最佳的色散估计 $O(|t|^{-\frac{d}{2}})$, 也不足以保证在双 Duhamel 技术中积分的收敛性.

命题 6.5.4 (L^p-breach of scaling) 设 u 同定理 6.5.2 的假设. 则

$$
u \in L_t^\infty L_x^p, \quad \frac{2(d+1)}{d-1} < p < \frac{2d}{d-2}. \tag{6.5.30}
$$

特别, 由 Hölder 不等式可见

$$
\nabla F(u) \in L_t^\infty L_x^r, \quad \frac{2(d-2)(d+1)}{d^2+3d-6} \leqslant r < \frac{2d}{d+4}. \tag{6.5.31}
$$

证明 仅给出 $d \geqslant 6$ 的证明, $d=5$ 的证明完全类似, 省略.

注意到引理 6.5.3 建立了循环迭代公式满足引理 6.5.1 的框架, 利用具有因果律的广义 Gronwall 不等式, 可得

$$
\|u_N\|_{L_t^\infty L_x^{\frac{2(d-2)}{d-4}}} \lesssim N^{\frac{4}{d-2}-}, \quad N \leqslant 10N_0. \tag{6.5.32}
$$

事实上, 在引理 6.5.3 中令

$$
\begin{cases}
N = 10 \cdot 2^{-k} N_0, \quad x_k = A(10 \cdot 2^{-k} N_0), \\
\gamma = 1, \quad 0 < \eta < \dfrac{1}{4},
\end{cases}
$$

就得

$$
\begin{aligned}
A(10 \cdot 2^{-k} N_0) \leqslant (10 \cdot 2^{-k})^{\alpha} &+ \eta^{2\alpha} \sum_{2^{-k} \leqslant 10 \cdot 2^{-\ell} \leqslant 1} 2^{-(k-\ell)} A(10 \cdot 2^{-\ell} N_0) \\
&+ \eta^{2\alpha} \sum_{10 \cdot 2^{-\ell} \leqslant 2^{-k}} 2^{-(\ell-k)} A(10 \cdot 2^{-\ell} N_0)
\end{aligned}
$$

$\Longrightarrow$

$$A(10\cdot 2^{-k}N_0)\leqslant (10\cdot 2^{-k})^{\alpha}+\eta^{2\alpha}\sum_{\ell=0}^{\infty}2^{-|k-\ell|}A(10\cdot 2^{-\ell}N_0)$$

$\Longrightarrow$

$$A(10\cdot 2^{-k}N_0)\leqslant \sum_{l=0}^{\infty}r^{-|k-\ell|}(10\cdot 2^{-\ell})^{\alpha}\lesssim (2^{-k})^{\frac{2}{d-2}-},\quad r\in\Big(2^{-\gamma},\,1\Big). \tag{6.5.33}$$

从而推出估计 (6.5.32) 成立.

这样, 利用插值公式并注意到 p 的范围, 可见

$$\begin{aligned}\|u_N\|_{L_t^\infty L_x^p}&\leqslant \|u_N\|_{L_t^\infty L_x^{\frac{2(d-2)}{d-4}}}^{(d-2)(\frac{1}{2}-\frac{1}{p})}\|u_N\|_{L_t^\infty L_x^2}^{\frac{d-2}{p}-\frac{d-4}{2}}\\&\lesssim N^{\frac{2(p-2)-}{p}}N^{\frac{d-4}{2}-\frac{d-2}{p}}\lesssim N^{\frac{1}{d+1}-},\quad N\leqslant 10N_0.\end{aligned} \tag{6.5.34}$$

因此, 对于高频部分利用 Bernstein 估计及 (6.5.9), 就得

$$\begin{aligned}\|u\|_{L_t^\infty L_x^p}&\leqslant \|u_{\leqslant N_0}\|_{L_t^\infty L_x^p}+\|u_{\geqslant N_0}\|_{L_t^\infty L_x^p}\\&\lesssim \sum_{N\leqslant N_0}N^{\frac{1}{d+1}-}+\sum_{N\geqslant N_0}N^{\frac{d-2}{2}-\frac{d}{p}}\lesssim 1,\end{aligned} \tag{6.5.35}$$

这里用到 (6.5.30) 中的指标关系. □

步骤二 采用双 Duhamel 技术提升 $L_t^\infty L_x^p$ 到负正则性空间中.

命题 6.5.5 (负向正则性) 设 $d\geqslant 5$, u 同定理 6.5.2 的假设. 假设

$$|\nabla|^sF(u)\in L_t^\infty L_x^r,\quad \frac{2(d-2)(d+1)}{d^2+3d-6}\leqslant r<\frac{2d}{d+4},\quad 0\leqslant s\leqslant 1. \tag{6.5.36}$$

则存在 $s_0=s_0(r,d)>0$ 满足 $u\in L_t^\infty \dot H_x^{s-s_0+}$.

证明 命题 6.5.5 可以归结于证明

$$\big\||\nabla|^su_N\big\|_{L_t^\infty L_x^2}\lesssim N^{s_0},\quad s_0=\frac{d}{r}-\frac{d+4}{2},\quad 对于任意的\ N>0. \tag{6.5.37}$$

事实上, 对高频部分采用 Bernstein 估计, 低频部分使用 (6.5.37), 容易看出

$$\begin{aligned}\big\||\nabla|^{s-s_0+}u\big\|_{L_t^\infty L_x^2}&\leqslant \big\||\nabla|^{s-s_0+}u_{\leqslant 1}\big\|_{L_t^\infty L_x^2}+\big\||\nabla|^{s-s_0+}u_{>1}\big\|_{L_t^\infty L_x^2}\\&\lesssim \sum_{N\leqslant 1}N^{0+}+\sum_{N>1}N^{s-1-s_0+}\end{aligned}$$

$$\lesssim 1, \tag{6.5.38}$$

这里用到了 $\|\nabla u\|_2 \lesssim 1$. 因此, 仅需证明 (6.5.37). 由时间的平移不变性, (6.5.37) 就可以归结为证明:

$$\big\||\nabla|^s u_N(0)\big\|_2 \lesssim N^{s_0}, \quad s_0 = \frac{d}{r} - \frac{d+4}{2}, \quad \forall\, N > 0. \tag{6.5.39}$$

采用 Duhamel 公式 (6.5.16), 容易看出

$$\begin{aligned}
&\big\||\nabla|^s u_N(0)\big\|_2^2 \\
=& \lim_{T\to\infty} \lim_{T'\to\infty} \left\langle i\int_0^T e^{-it\Delta} P_N|\nabla|^s F(u(t))dt, -i\int_{T'}^0 e^{-i\tau\Delta} P_N|\nabla|^s F(u(\tau))d\tau \right\rangle \\
\leqslant& \int_0^\infty \int_{-\infty}^0 \Big|\big\langle P_N|\nabla|^s F(u(t)), e^{i(t-\tau)\Delta} P_N|\nabla|^s F(u(t))\big\rangle\Big| dt d\tau.
\end{aligned} \tag{6.5.40}$$

一方面, 由 Hölder 不等式及色散估计可见

$$\begin{aligned}
&\Big|\big\langle P_N|\nabla|^s F(u(t)), e^{i(t-\tau)\Delta} P_N|\nabla|^s F(u(t))\big\rangle\Big| \\
\leqslant& \big\|P_N|\nabla|^s F(u)\big\|_r \big\|e^{i(t-\tau)\Delta} P_N|\nabla|^s F(u)\big\|_{r'} \\
\leqslant& |t-\tau|^{d(\frac{1}{2}-\frac{1}{r})} \big\||\nabla|^s F(u)\big\|_{L_t^\infty L_x^r}^2.
\end{aligned} \tag{6.5.41}$$

另一方面, 利用 Bernstein 估计

$$\begin{aligned}
&\Big|\big\langle P_N|\nabla|^s F(u(t)), e^{i(t-\tau)\Delta} P_N|\nabla|^s F(u(t))\big\rangle\Big| \\
\leqslant& \big\|P_N|\nabla|^s F(u)\big\|_2 \big\|e^{i(t-\tau)\Delta} P_N|\nabla|^s F(u)\big\|_2 \\
\leqslant& N^{-2(\frac{d}{2}-\frac{d}{r})} \big\||\nabla|^s F(u)\big\|_{L_t^\infty L_x^r}^2.
\end{aligned} \tag{6.5.42}$$

综合以上两个方面, 就得

$$\begin{aligned}
\big\||\nabla|^s u_N(0)\big\|_2^2 &\lesssim \big\||\nabla|^s F(u)\big\|_{L_t^\infty L_x^r}^2 \int_0^\infty \int_{-\infty}^0 \min\Big(|t-\tau|^{-1}, N^2\Big)^{\frac{d}{r}-\frac{d}{2}} dt d\tau \\
&\lesssim N^{2s_0} \big\||\nabla|^s F(u)\big\|_{L_t^\infty L_x^r}^2,
\end{aligned} \tag{6.5.43}$$

这里用到

$$\frac{d}{r} - \frac{d}{2} > 2 \quad \left(\text{因为 } r < \frac{2d}{d+4}\right).$$

从而推出 (6.5.39), 即完成了命题 6.5.5 的证明. □

完成定理 6.5.2 的证明 引理 6.5.3 中的估计可以确保 $s=1$ 情形下的命题 6.5.5. 于是

$$u \in L_t^\infty \dot{H}_x^{1-s_0+}, \quad s_0 = s_0(r,d) > 0. \tag{6.5.44}$$

利用分数阶求导链锁法则与估计 (6.5.30)

$$\left\|\nabla^{1-s_0+}F(u)\right\|_r \leqslant \left\|\nabla^{1-s_0+}u\right\|_2 \|u\|_\ell^{\frac{4}{d-2}}, \tag{6.5.45}$$

这里

$$\frac{1}{r} = \frac{1}{2} + \frac{4}{\ell(d-2)} \quad \overset{\frac{2(d+1)}{d-1}<\ell<\frac{2d}{d-2}}{\Longleftrightarrow} \quad \frac{2(d-2)(d+1)}{d^2+3d-6} \leqslant r < \frac{2d}{d+4},$$

即

$$|\nabla|^{1-s_0+}F(u) \in L_t^\infty L_x^r, \quad \frac{2(d-2)(d+1)}{d^2+3d-6} \leqslant r < \frac{2d}{d+4}. \tag{6.5.46}$$

取 $s = 1 - s_0+$, 再次使用命题 6.5.5, 就可以推出

$$u \in L_t^\infty \dot{H}_x^{(1-2s_0)+}, \tag{6.5.47}$$

如果 $(1-2s_0)+ < 0$, 则取 $-\varepsilon = (1-2s_0)+$ 即可. 否则, 重复上面步骤有限次, 就可推出存在 $\varepsilon > 0$, 满足

$$u \in L_t^\infty \dot{H}_x^{-\varepsilon}, \quad 0 < \varepsilon < s_0. \tag{6.5.48}$$

□

6.5.1 低频-高频的 cascade 性质

用几乎周期解 u 的负向正则性来排除低频-高频的 cascade 现象.

定理 6.5.6 (cascade-型解的不存在性) *设 $d \geqslant 5$, 不存在问题 (6.0.1) 的整体解, 它是定理 6.1.10 意义下的低频-高频 cascade 解.*

证明 采用反证法. 如果不然, 即存在一个整体解 u 具有低频-高频 cascade 性质. 由定理 6.5.2 的负向正则性及插值公式可见 $u \in L_t^\infty L_x^2(\mathbb{R}^d)$. 由质量守恒可见

$$0 \leqslant M(u) = M(u(t)) \triangleq \int_{\mathbb{R}^d} |u(t,x)|^2 dx < \infty, \quad t \in \mathbb{R}. \tag{6.5.49}$$

固定 $t \in \mathbb{R}$, 令 $\eta > 0$ 是充分小常数, 利用紧性可见

$$\int_{|\xi| \leqslant C(\eta)N(t)} |\xi|^2 |\hat{u}(t,\xi)|^2 d\xi < \eta. \tag{6.5.50}$$

另一方面, 由于 $u \in L_t^\infty \dot{H}_x^{-\varepsilon}(\mathbb{R}^d)$, 则

$$\int_{|\xi|\leqslant C(\eta)N(t)} |\xi|^{-2\varepsilon}|\hat{u}(t,\xi)|^2 d\xi \lesssim 1. \tag{6.5.51}$$

因此, 利用插值不等式, 就有

$$\int_{|\xi|\leqslant C(\eta)N(t)} |\hat{u}(t,\xi)|^2 d\xi \lesssim \eta^{\frac{\varepsilon}{1+\varepsilon}}. \tag{6.5.52}$$

与此同时, 高频部分具有如下估计:

$$\begin{aligned}\int_{|\xi|\geqslant C(\eta)N(t)} |\hat{u}(t,\xi)|^2 d\xi &\leqslant \big[C(\eta)N(t)\big]^{-2}\int_{\mathbb{R}^d}|\xi|^2|\hat{u}(t,\xi)|^2 d\xi\\ &\leqslant \big[C(\eta)N(t)\big]^{-2}\|\nabla u\|_2^2\\ &\leqslant \big[C(\eta)N(t)\big]^{-2}\|\nabla W\|_2^2.\end{aligned} \tag{6.5.53}$$

综合 (6.5.52)—(6.5.53), 利用 Plancheral 定理, 容易推出

$$0 \leqslant M(u) \lesssim \eta^{\frac{\varepsilon}{1+\varepsilon}} + C(\eta)^{-2}N(t)^{-2}, \quad \forall\, t\in\mathbb{R}. \tag{6.5.54}$$

根据 $u(t,x)$ 低频-高频 cascade 的定义, 总存在一个时间序列 t_n 使得

$$N(t_n) \longrightarrow +\infty, \quad t_n \longrightarrow +\infty.$$

由于 η 的任意小性, 结合 (6.5.54) 就可以推出 $M(u) = 0$, 因此 $u \equiv 0$. 这与 $S_I(u) = \infty$ 相矛盾, 定理 6.5.6 得证.

6.5.2 孤立子解

排除孤立子解通常依赖于 Virial 型方法. 为了有效地利用 Virial 型不等式, 需要控制中心位置函数 $x(t)$ 的运动. 众所周知, 孤立子解具有有限的质量 ($N(t) \geqslant 1$), 在此基础上建立中心位置函数 $x(t)$ 的控制性估计

$$|x(t)| = o(|t|), \quad t \longrightarrow \infty.$$

首先, 具有有限质量的极小动能爆破解具有零动量. 其次, 在没有质量有限的假设下, 简单的方法也可以导出粗糙的估计 $|x(t)| = O(|t|)$. 最后, 利用 Virial 型方法, 将中心位置函数 $x(t)$ 运动控制的粗糙估计提升到形如 $o(|t|)$ 的改进估计.

命题 6.5.7 (零动量) 设 u 是问题 (6.0.1) 的极小动能爆破解, 满足 $u \in L_t^\infty H^1(\mathbb{R}^d)$, 则它的总动量守恒, 并且

$$P(u) \triangleq 2\mathrm{Im}\int_{\mathbb{R}^d} \overline{u(t,x)}\nabla u(t,x)\mathrm{d}x \equiv 0. \tag{6.5.55}$$

证明 设 $u: I\times\mathbb{R}^d \longrightarrow \mathbb{C}$ 同命题 6.5.7 的假设. 则动量 $P(u)$ 与质量 $M(u)$ 有限并且是守恒的. 进而推出 $M(u)\neq 0$! 否则, $u\equiv 0$, 这与极小动能爆破解的假设相矛盾.

令 $\xi_0 \triangleq -(2M(u))^{-1}P(u)$, $\tilde{u}$ 是 u 对应的 Galilean 变换, 即

$$\tilde{u}(t,x) \triangleq e^{ix\xi_0}e^{-it|\xi_0|^2}u(t,x-2\xi_0 t), \tag{6.5.56}$$

简单的计算就意味着

$$\|\nabla\tilde{u}(t,x)\|_2^2 = \|\nabla u(t,x)\|_2^2 - (4M(u))^{-1}P(u)^2, \tag{6.5.57}$$

等价地可记成

$$E(u) = E(\tilde{u}) + (4M(u))^{-1}P(u)^2. \tag{6.5.58}$$

上式的物理意义是总能量可以分解成质心处的能量与质心运动所产生的能量之和.

由于

$$S_I(u) = S_I(\tilde{u}) = \infty,$$

$\tilde{u}(t,x)$ 亦是问题 (6.0.1) 的爆破解. 由于 u 是极小动能爆破解, 因此

$$P(u) = 0.$$

否则, (6.5.57) 意味着 $\tilde{u}$ 对应动能 $\|\nabla\tilde{u}\|_2 < \|\nabla u\|_2$, 产生矛盾. 这就完成了命题 6.5.7 的证明.

控制 $\{x(t)\}$ 运动的第二个工具是 $\{u(t)\}$ 在 $L^2(\mathbb{R}^d)$ 中轨道的紧性, 这就要充分利用定理 6.5.2.

引理 6.5.8 (L^2 轨道紧性) 设 $d\geqslant 5$, u 是定理 6.1.10 意义下的问题 (6.0.1) 的孤立子解. 则对 $\forall\eta>0$, 存在 $C(\eta)>0$ 满足

$$\sup_{t\in\mathbb{R}}\int_{|x-x(t)|\geqslant C(\eta)} |u(t,x)|^2 dx \lesssim \eta. \tag{6.5.59}$$

证明 鉴于证明方法是对固定的 t 来进行, 无妨假设 $x(t)=0$.

先考虑低频部分的贡献. 由定理 6.5.2 中的负向正则性, 可见

$$\|u_{<N}(t)\|_{L_x^2} \lesssim N^{\varepsilon}\big\||\nabla|^{-\varepsilon}u\big\|_{L_t^\infty L_x^2} \lesssim N^{\varepsilon}. \tag{6.5.60}$$

只要取 $N=N(\eta)$ 充分小, 可保证左边小于 η.

其次, 考虑高频部分的贡献. 注意到

$$\begin{cases}\Big[I_{|x|\geqslant 2R}\Delta^{-1}\nabla P_{\geqslant N}I_{|x|\leqslant R}f\Big](x)\triangleq -i\displaystyle\int_{\mathbb{R}^d}K(x,y)f(y)dy,\\ K(x,y)\triangleq(2\pi)^{-\frac{d}{2}}\displaystyle\int_{\mathbb{R}^d}I_{|x|\geqslant 2R}(x)e^{i(x-y)\cdot\xi}\frac{\xi}{|\xi|^2}\left(1-\chi\left(\frac{\xi}{N}\right)\right)I_{|y|\leqslant R}(y)d\xi.\end{cases}$$

简单地应用 Schur 测试引理即可推出: 对 $\forall\, m\geqslant 0$, 有估计

$$\big\|I_{|x|\geqslant 2R}\Delta^{-1}\nabla P_{\geqslant N}I_{|x|\leqslant R}\big\|_{L^2\to L^2}\lesssim N^{-1}\langle RN\rangle^{-m} \tag{6.5.61}$$

关于 $R, N>0$ 一致成立.

另一方面, 由 Bernstein 估计可见

$$\big\|I_{|x|\geqslant 2R}\Delta^{-1}\nabla P_{\geqslant N}I_{|x|\geqslant R}\big\|_{L^2\to L^2}\lesssim N^{-1}. \tag{6.5.62}$$

因此, 就可以直接推出

$$\begin{aligned}&\int_{|x|\geqslant 2R}\big|u_{>N}(t,x)\big|^2dx=\int_{|x|\geqslant 2R}\big|\Delta^{-1}\nabla P_{\geqslant N}\nabla u(t,x)\big|^2dx\\ =&\int_{\mathbb{R}^d}\big|I_{|x|\geqslant 2R}\Delta^{-1}\nabla P_{\geqslant N}\nabla\big[(I_{|x|\leqslant R}+I_{|x|>R})u(t,x)\big]\big|^2dx\\ \lesssim&\Big\|I_{|x|\geqslant 2R}\Delta^{-1}\nabla P_{\geqslant N}\nabla\big[I_{|x|\leqslant R}u(t,x)\big]\Big\|_2^2+\Big\|I_{|x|\geqslant 2R}\Delta^{-1}\nabla P_{\geqslant N}\nabla\big[I_{|x|>R}u(t,x)\big]\Big\|_2^2\\ \lesssim&N^{-2}\langle RN\rangle^{-2}\|\nabla u\|_2^2+N^{-2}\int_{|x|\geqslant R}|\nabla u|^2dx.\end{aligned} \tag{6.5.63}$$

对第一步取定的 $N=N(\eta)>0$, 取 R 充分大, 可以保证 (6.5.63) 的第一项小于 η. 与此同时, 利用 $\dot{H}^1$ 紧性

$$\sup_{t\in\mathbb{R}}\int_{|x-x(t)|\geqslant C(\eta_1)}|\nabla u(t,x)|^2dx<\eta_1, \tag{6.5.64}$$

即得与第一项完全类似的估计. 最后, 综合 (6.5.60), (6.5.63)—(6.5.64), 就可推出引理 6.5.8.

引理 6.5.9 (中心轨道 $x(t)$ 的控制) 设 $d\geqslant 5$, u 是问题 (6.0.1) 的孤立子型极小动能爆破解 (在定理 6.1.10 意义下). 则

$$|x(t)|=o(t),\quad t\longrightarrow\infty. \tag{6.5.65}$$

证明 采用反证法. 如果不然, 假设存在 $\delta > 0$ 和序列 $t_n \longrightarrow \infty$ 满足

$$|x(t_n)| \geqslant \delta t_n, \quad \forall n \geqslant 1. \tag{6.5.66}$$

由时间的平移不变性, 无妨假设 $x(0) = 0$.

设 $\eta > 0$ 是待定小常数, 由几乎周期解的紧致性及引理 6.5.8 可见

$$\sup_{t\in\mathbb{R}} \int_{|x-x(t)|>C(\eta)} \Big(|\nabla u(t,x)|^2 + |u(t,x)|^2\Big) dx \leqslant \eta. \tag{6.5.67}$$

定义

$$T_n = \inf_{t\in[0,t_n]} \big\{t: \ |x(t)| = |x(t_n)|\big\} \leqslant t_n, \quad R_n \triangleq C(\eta) + \sup_{t\in[0,t_n]} |x(t)|. \tag{6.5.68}$$

设 $\phi(r)$ 是光滑的径向函数, 满足

$$\phi(r) = \begin{cases} 1, & r \leqslant 1, \\ 0, & r \geqslant 2 \end{cases}$$

及定义截断质量中心位置如下:

$$X_R(t) = \int_{\mathbb{R}^d} x\phi\Big(\frac{|x|}{R}\Big)|u(t,x)|^2 dx. \tag{6.5.69}$$

由定理 6.5.2 知 $u(t) \in L_t^\infty L_x^2$, 与 (6.5.67) 结合就可以推出

$$\begin{aligned} \big|X_{R_n}(0)\big| &\leqslant \bigg|\int_{|x|\leqslant C(\eta)} x\phi\Big(\frac{|x|}{R_n}\Big)|u(t,x)|^2 dx\bigg| + \bigg|\int_{|x|\geqslant C(\eta)} x\phi\Big(\frac{|x|}{R_n}\Big)|u(t,x)|^2 dx\bigg| \\ &\leqslant C(\eta)M(u) + 2\eta R_n, \end{aligned} \tag{6.5.70}$$

这里小尺度使用了 $L_t^\infty L_x^2$ 有界性, 在大尺度上使用了紧性条件 (6.5.67).

另一方面, 利用 (6.5.67), (6.5.68) 及三角不等式可见

$$\begin{aligned} \big|X_{R_n}(T_n)\big| \geqslant & \big|x(T_n)\big|M(u) - \big|x(T_n)\big| \ \bigg|\int_{\mathbb{R}^d} \Big[1 - \phi\Big(\frac{|x|}{R_n}\Big)\Big]|u(T_n,x)|^2 dx\bigg| \\ & - \bigg|\int_{|x-x(T_n)|\leqslant C(\eta)} [x - x(T_n)]\phi\Big(\frac{|x|}{R_n}\Big)|u(T_n,x)|^2 dx\bigg| \\ & - \bigg|\int_{|x-x(T_n)|\geqslant C(\eta)} [x - x(T_n)]\phi\Big(\frac{|x|}{R_n}\Big)|u(T_n,x)|^2 dx\bigg| \end{aligned}$$

$$
\begin{aligned}
&\geqslant |x(T_n)|\,[M(u)-\eta]-C(\eta)M(u)-\eta\big[R_n+|x(T_n)|\big]\\
&\geqslant |x(T_n)|\,[M(u)-3\eta]-2C(\eta)M(u).
\end{aligned}\tag{6.5.71}
$$

因此, 选取 $\eta>0$ 充分小 (依赖于 $M(u)$), 对 (6.5.70), (6.5.71) 使用三角不等式, 就有

$$
\big|X_{R_n}(T_n)-X_{R_n}(0)\big|\geqslant_{M(u)}\big(|x(T_n)|-C(\eta)\big).\tag{6.5.72}
$$

简单计算表明:

$$
\begin{aligned}
\partial_t X_R(t)=&\,2d\mathrm{Im}\int_{\mathbb{R}^d}\phi\Big(\frac{|x|}{R}\Big)\nabla u(t,x)\overline{u(t,x)}dx\\
&+2\mathrm{Im}\int_{\mathbb{R}^d}\frac{x}{|x|R}\phi'\Big(\frac{|x|}{R}\Big)x\cdot\nabla u(t,x)\overline{u(t,x)}dx.
\end{aligned}\tag{6.5.73}
$$

由命题 6.5.7 知 $P(u)=0$. 于是, 利用 Cauchy-Schwarz 不等式及估计 (6.5.67)—(6.5.68) 就可以推出

$$
\begin{aligned}
\big|\partial_t X_{R_n}(t)\big|\leqslant&\left|2d\mathrm{Im}\int_{\mathbb{R}^d}\Big[1-\phi\Big(\frac{|x|}{R_n}\Big)\Big]\nabla u(t,x)\overline{u(t,x)}dx\right|\\
&+\left|2\mathrm{Im}\int_{\mathbb{R}^d}\frac{x}{|x|R_n}\phi'\Big(\frac{|x|}{R_n}\Big)x\cdot\nabla u(t,x)\overline{u(t,x)}dx\right|\\
\leqslant&\,(2d+4)\eta,\quad \forall\, t\in[0,T_n].
\end{aligned}\tag{6.5.74}
$$

由此可利用 Newton-Leibniz 公式及(6.5.72), 可见

$$
|x(T_n)|-C(\eta)\lesssim_{M(u)}\big|X_{R_n}(T_n)-X_{R_n}(0)\big|\lesssim_{M(u)}\eta T_n.\tag{6.5.75}
$$

注意到

$$
|x(T_n)|=|x(t_n)|>\delta t_n\geqslant\delta T_n,\tag{6.5.76}
$$

则当 $n\longrightarrow\infty$ 时, (6.5.75) 与 (6.5.76) 就产生矛盾. 从而完成引理 6.5.9 的证明.

现在采用截断 Virial 恒等式来排除孤立子型的爆破解. 当 $x(t)\equiv 0$ 时, 对应着径向情形, Kenig 与 Merle 率先解决该问题. 利用 L^2 范数的有界性, 可将 $x(t)\equiv 0$ 情形的结果推广到 $|x(t)|=o(t)$ 的情形.

定理 6.5.10 (排除孤立子解) 设 $d\geqslant 5$, 则问题 (6.0.1) 的极小动能爆破解不可能是定理 6.1.10 意义下的孤立子解.

证明 采用反证法. 假设 (6.0.1) 存在孤立子型的极小动能爆破解. 记 $\eta>0$ 是待定的小常数, 由几乎周期解的定义, 容易看出

$$
\sup_{t\in\mathbb{R}}\int_{|x-x(t)|>C(\eta)}\Big(|\nabla u(t,x)|^2+|u(t,x)|^{\frac{2d}{d-2}}\Big)dx\leqslant\eta.\tag{6.5.77}
$$

由引理 6.5.9知 $|x(t)| = o(|t|)$, $|t| \to \infty$. 从而推出存在 $T_0 = T_0(\eta) \in \mathbb{R}$, 满足

$$|x(t)| \leqslant \eta t, \quad 对 \forall\, t \geqslant T_0. \tag{6.5.78}$$

选取光滑的径向函数 $\phi(r)$ 满足

$$\phi(r) = \begin{cases} r, & r \leqslant 1, \\ 0, & r \geqslant 2, \end{cases}$$

并定义

$$V_R(t) = \int_{\mathbb{R}^d} \psi(x)|u(t,x)|^2 dx, \quad \psi(x) \triangleq R^2 \phi\Big(\frac{|x|^2}{R^2}\Big). \tag{6.5.79}$$

直接计算可见

$$\partial_t V_R(t) = 4\mathrm{Im} \int_{\mathbb{R}^d} \phi'\Big(\frac{|x|^2}{R^2}\Big) \overline{u(t,x)} x \cdot \nabla u(t,x) dx. \tag{6.5.80}$$

由负向正则性的副产品 $u \in L^\infty L^2$, 可以推出

$$\big|\partial_t V_R(t)\big| \lesssim R \|\nabla u(t)\|_2 \|u(t)\|_2 \lesssim R, \quad t \in I, \quad R > 0. \tag{6.5.81}$$

进一步对 t 微分, 可见

$$\begin{aligned} \partial_{tt} V_R(t) = &4\mathrm{Re} \int_{\mathbb{R}^d} \psi_{ij}(x) u_i(t,x) \bar{u}_j(t,x) dx - \frac{4}{d} \int_{\mathbb{R}^d} \Delta\psi \cdot |u(t,x)|^{\frac{2d}{d-2}} dx \\ &- \int_{\mathbb{R}^d} (\Delta\Delta\psi)(x) \cdot |u(t,x)|^2 dx, \end{aligned} \tag{6.5.82}$$

这里下标表示对空间变量的导数, 重复出现的下标表示求和. 利用 ψ 的表示式和 Hölder 不等式, 容易看出

$$\begin{aligned} \partial_{tt} V_R(t) = &8 \int_{\mathbb{R}^d} \Big(|\nabla u(t,x)|^2 - |u(t,x)|^{\frac{2d}{d-2}} \Big) dx \\ &+ O\Big(\int_{|x| \geqslant R} |\nabla u(t,x)|^2 + |u(t,x)|^{\frac{2d}{d-2}} dx \Big) \\ &+ O\Big(\int_{R \leqslant |x| \leqslant 2R} |u(t,x)|^{\frac{2d}{d-2}} dx \Big)^{\frac{d-2}{d}}. \end{aligned} \tag{6.5.83}$$

注意到

$$\sup_{t \in I} \|\nabla u(t)\|_2 < \|\nabla W\|_2$$

及强制性引理 3.1.4, 容易推出

$$\int_{\mathbb{R}^d}\left(|\nabla u(t,x)|^2-|u(t,x)|^{\frac{2d}{d-2}}\right)dx \gtrsim \|\nabla u_0\|_2^2. \tag{6.5.84}$$

因此, 可以选取 $\eta>0$ 充分小, $R\triangleq C(\eta)+\sup_{T_0\leqslant t\leqslant T_1}|x(t)|$, 根据 (6.5.77), 推出

$$\partial_{tt}V_R(t)\gtrsim \|\nabla u_0\|_2^2. \tag{6.5.85}$$

在 $[T_0,T_1]$ 应用微积分基本定理, 利用 (6.5.81), (6.5.85) 估计, 即得

$$(T_1-T_0)\|\nabla u_0\|_2^2\lesssim_u R\lesssim_u C(\eta)+\sup_{T_0\leqslant t\leqslant T_1}|x(t)|,\quad \forall\, T_1\geqslant T_0 \tag{6.5.86}$$

再次利用 (6.5.78), 有

$$(T_1-T_0)\|\nabla u_0\|_2^2\lesssim C(\eta)+\eta T_1.$$

注意到 η 充分小, T_1 可以取充分大, 就可推出 $u_0\equiv 0$. 由唯一性推知 $u\equiv 0$, 这与 u 是 soliton 型爆破解的定义相矛盾.

6.6 爆破机制与能量聚积现象

本节来证明命题 6.1.7, 研究能量聚焦型临界 Schrödinger 方程解在爆破点的聚积现象. 鉴于没有动能守恒, 仅仅用其推论 6.1.5 是不够的, 需要充分开发定理 6.1.4.

6.6.1 爆破机制

为此目的, 假设 $u_0(x)\in\dot{H}^1(\mathbb{R}^d)$, $\delta_0>0$ 满足

$$\|\nabla u_0\|_2\geqslant\|\nabla W\|_2,\quad E(u_0)\leqslant(1-\delta_0)E(W). \tag{6.6.1}$$

设 $u: I\times\mathbb{R}^d\longrightarrow\mathbb{C}$ 是 Cauchy 问题 (6.0.1) 具有初值条件

$$u\big|_{t=t_0}=u_0(x),\quad t_0\in I$$

的极大生命区间解, 由推论 3.1.3 (即凸性引理 II) 可见, 存在 $\delta_2,\delta_3>0$ 满足

$$\|\nabla u(t)\|_2^2\geqslant(1+\delta_2)\|\nabla W\|_2^2,\quad t\in I, \tag{6.6.2}$$

$$\int_{\mathbb{R}^d}\left(|\nabla u(t,x)|^2-|u(t,x)|^{\frac{2d}{d-2}}\right)dx\leqslant-\delta_3,\quad t\in I. \tag{6.6.3}$$

采用标准的凸性方法, 证明命题 6.1.7 中的爆破结果 (两种假设条件).

情形 1 $xu_0 \in L^2(\mathbb{R}^d)$. 考虑

$$V(t) = \int_{\mathbb{R}^d} |x|^2 \ |u(t,x)|^2 dx, \tag{6.6.4}$$

这个积分是良定的, 且 $V(t) \in C^2(I)$. 由于 $u \not\equiv 0$, 从而 $V(t) > 0$, $\forall\, t \in I$.

简单计算, 可见

$$\partial_{tt} V(t) = 8 \int_{\mathbb{R}^d} \left(|\nabla u(t,x)|^2 - |u(t,x)|^{\frac{2d}{d-2}} \right) dx \leqslant -8\delta_3, \tag{6.6.5}$$

因此, $V(t)$ 关于变量 t 是一个开口向下的抛物线, 说明 $u(t)$ 一定是双向爆破解.

情形 2 $u_0 \in \dot{H}^1(\mathbb{R}^d)$ 且是径向函数的情形.

鉴于初值对应的二阶矩函数 $\int_{\mathbb{R}^d} |x|^2 |u_0(x)|^2 dx$ 不再有限, 构造截断 Virial 函数

$$V_R(t) = \int_{\mathbb{R}^d} \psi(x) |u(t,x)|^2 dx, \tag{6.6.6}$$

$$\psi(x) = R^2 \phi\left(\frac{|x|^2}{R^2} \right), \quad \forall\ R > 0, \tag{6.6.7}$$

其中 $\phi(r)$ 是 $[0,\infty)$ 上光滑凹函数满足

$$\phi(r) = \begin{cases} r, & r \leqslant 1, \\ 2, & r \geqslant 3, \end{cases} \tag{6.6.8}$$

$$\begin{cases} \phi''(r) \searrow, & r \leqslant 2, \\ \phi''(r) \nearrow, & r \geqslant 2. \end{cases} \tag{6.6.9}$$

通过简单计算, 容易看出

$$\begin{aligned} \partial_{tt} V_R(t) = {} & 4\mathrm{Re} \int_{\mathbb{R}^d} \psi_{ij}(x) u_i(t,x) \bar{u}_j(t,x) dx - \frac{4}{d} \int_{\mathbb{R}^d} \Delta \psi \cdot |u(t,x)|^{\frac{2d}{d-2}} dx \\ & - \int_{\mathbb{R}^d} (\Delta\Delta\psi)(x) \cdot |u(t,x)|^2 dx. \end{aligned} \tag{6.6.10}$$

将 ψ 的表达式代入上式, 利用矩函数是径向函数的性质, 可以推出

$$\partial_{tt} V_R(t) = 8 \int_{\mathbb{R}^d} \left(|\nabla u(t,x)|^2 - |u(t,x)|^{\frac{2d}{d-2}} \right) dx + \frac{1}{R^2} O\left(\int_{|x| \sim R} |u(t,x)|^2 dx \right)$$

$$
\begin{aligned}
&+8\int_{\mathbb{R}^d}\left(\phi'\left(\frac{|x|^2}{R^2}\right)-1+\frac{2|x|^2}{R^2}\phi''\left(\frac{|x|^2}{R^2}\right)\right)\left(|\nabla u(t,x)|^2-|u(t,x)|^{\frac{2d}{d-2}}\right)dx\\
&+\frac{16(d-1)}{d}\int_{\mathbb{R}^d}\frac{|x|^2}{R^2}\phi''\left(\frac{|x|^2}{R^2}\right)|u(t,x)|^{\frac{2d}{d-2}}dx. \qquad (6.6.11)
\end{aligned}
$$

由于 ϕ 的选取方法, $\phi''(r)\leqslant 0$. 进而, 由 $u\in L^2(\mathbb{R}^d)$, 可选取 $R=R(M(u))$ 充分大, 使得右边第二项的贡献小于第一项的贡献的 1/2. 这样, 由 (6.6.3), 上式就变成

$$
\partial_{tt}V_R(t)\leqslant -4\delta_3-8\int_{\mathbb{R}^d}\omega(x)\left(|\nabla u(t,x)|^2-|u(t,x)|^{\frac{2d}{d-2}}\right)dx, \qquad (6.6.12)
$$

这里

$$
\omega(x)=1-\phi'\left(\frac{|x|^2}{R^2}\right)-\frac{2|x|^2}{R^2}\phi''\left(\frac{|x|^2}{R^2}\right). \qquad (6.6.13)
$$

注意到 $0\leqslant\omega\leqslant 1$ 是径向函数, $\mathrm{supp}(\omega)\subseteq\{x \mid |x|>R\}$, 且

$$
\omega(x)\lesssim\omega(y), \quad \text{关于 } |x|\leqslant|y| \text{ 是一致的}. \qquad (6.6.14)
$$

类同于情形 1, 问题就归结于证明 $\partial_{tt}V_R(t)<0$.

注意到 $\omega(x)$ 满足加权径向 Sobolev 嵌入定理中权函数的要求, 利用引理 4.1.9 即得

$$
\left\||x|^{\frac{d-1}{2}}\omega^{\frac14}f\right\|^2_{L^\infty_x(\mathbb{R}^d)}\lesssim\|f\|_{L^2_x(\mathbb{R}^d)}\left\|\omega^{1/2}\nabla f\right\|_{L^2_x(\mathbb{R}^d)}. \qquad (6.6.15)
$$

结合质量守恒, 可以推出

$$
\begin{aligned}
\int_{\mathbb{R}^d}\omega(x)|u(t,x)|^{\frac{2d}{d-2}}dx &\lesssim \left\|\omega^{1/4}u(t)\right\|_\infty^{\frac{4}{d-2}}\int_{\mathbb{R}^d}|u(t,x)|^2dx\\
&\lesssim R^{-\frac{2(d-1)}{d-2}}\left\||x|^{\frac{d-1}{2}}\omega^{1/4}u(t)\right\|_\infty^{\frac{4}{d-2}}\|u_0\|^2_{L^2_x}\\
&\lesssim R^{-\frac{2(d-1)}{d-2}}\left\|\omega^{1/2}\nabla u(t)\right\|_{L^2_x}^{\frac{2}{d-2}}\|u_0\|_{L^2_x}^{\frac{2(d-1)}{d-2}}\\
&\lesssim\left(R^{-1}\|u_0\|_{L^2_x}\right)^{\frac{2(d-1)}{d-2}}\left(\left\|\omega^{1/2}\nabla u(t)\right\|_2^2+1\right). \qquad (6.6.16)
\end{aligned}
$$

因此, 取 R 充分大, 注意到 $\omega>0$, 就可保证

$$
\partial_{tt}V_R<0.
$$

利用凸性方法即得命题 6.1.7 的证明.

6.6.2 爆破点的聚积现象

下面证明能量聚焦型临界 Schrödinger 方程的爆破点的集中现象 (定理 6.1.8). 对于 $d=3,4,5$ 维的情形, Kenig 和 Merle[77] 给出了径向情形的证明概要, 然而, 他们没有满意地解决二次振荡, 即存在一列径向函数 ϕ_n 满足

$$\begin{cases}\|\phi_n\|_{L^2(\mathbb{R}^d)}=1, \quad \left\|e^{it\Delta}\phi_n\right\|_{L_{t,x}^{\frac{2(d+2)}{d}}([0,1]\times\mathbb{R}^d)}\gtrsim 1,\\ \text{然而} \quad \displaystyle\int_{|x|\leqslant R}|\phi_n(x)|^2dx\longrightarrow 0, \quad \forall\ R>0.\end{cases} \tag{6.6.17}$$

这个困难在 Merle 和 Vega[115] 及 Keranni[82] 的文章亦有阐述. 与质量临界 Schrödinger 方程不同, 即动能不守恒, 证明定理 6.1.8 会遇到一些新的困难. 事实上, 仅仅使用推论 6.1.5 是不够的, 这就需要充分开发定理 6.1.4 的功能. 在证明定理 6.1.8 之前, 首先介绍逆 Strichartz 估计与轨道紧性分析.

引理 6.6.1 (逆向 Strichartz 估计) 设 $d\geqslant 3$, $\phi\in\dot{H}^1(\mathbb{R}^d)$ 和 $\eta>0$ 满足

$$\int_I\int_{\mathbb{R}^d}\left|e^{it\Delta}\phi\right|^{\frac{2(d+2)}{d-2}}dxdt\geqslant\eta, \quad I\subseteq\mathbb{R}. \tag{6.6.18}$$

则存在 $C=C(\|\nabla\phi\|_2,\eta)$, $x_0\in\mathbb{R}^d$ 和 $J\subseteq I$ 使得

$$\int_{|x-x_0|\leqslant C|J|^{\frac{1}{2}}}\left|e^{it\Delta}\nabla\phi\right|^2\mathrm{d}x\geqslant C^{-1}, \quad \forall\ t\in J, \tag{6.6.19}$$

这里 C 不依赖 I 或 J.

证明 先证明存在二进数 $M\gtrsim|I|^{-\frac{1}{2}}$ 满足

$$\int_I\int_{\mathbb{R}^d}\left|e^{it\Delta}\phi_M\right|^{\frac{2(d+2)}{d-2}}dxdt\gtrsim\eta^{\frac{d-2}{8}}. \tag{6.6.20}$$

利用 (6.6.18) 和额外 Strichartz 不等式 (参见引理 4.3.2) 可见

$$\eta\leqslant\int_I\int_{\mathbb{R}^d}\left|e^{it\Delta}\phi\right|^{\frac{2(d+2)}{d-2}}dxdt\lesssim\|\nabla\phi\|_{L_x^2}^2\sup_M\left\|e^{it\Delta}\phi_M\right\|_{L_{t,x}^{\frac{2(d+2)}{d-2}}}^{\frac{8}{d-2}}. \tag{6.6.21}$$

另一方面, 由 Bernstein 估计可见

$$\int_I\int_{\mathbb{R}^d}\left|e^{it\Delta}\phi_M\right|^{\frac{2(d+2)}{d-2}}dxdt\leqslant|I|M^2\|\nabla\phi\|_{L_x^2}^{\frac{2(d+2)}{d-2}}. \tag{6.6.22}$$

将 (6.6.22) 代入 (6.6.21) 的右边, 容易推出 (6.6.20) 且相应的参数满足

$$M \geqslant C(\|\nabla\phi\|_2, \eta)|I|^{-\frac{1}{2}}.$$

利用 Bernstein 不等式结合 Strichartz 估计, 即可获得上界估计

$$\left\|e^{it\Delta}\phi_M\right\|_{L_{t,x}^{\frac{2(d+2)}{d}}} \lesssim M^{-1}\|\nabla\phi\|_{L_x^2} \tag{6.6.23}$$

于是, 根据 (6.6.20) 和 (6.6.23) 及插值公式

$$\|e^{it\Delta}\phi_M\|_{L_{t,x}^{\frac{2(d+2)}{d-2}}} \leqslant \|e^{it\Delta}\phi_M\|_{L_{t,x}^{\frac{2(d+2)}{d}}}^{1-\frac{2}{d}} \cdot \|e^{it\Delta}\phi_M\|_{L_{t,x}^\infty}^{\frac{2}{d}}$$

$\Longrightarrow$

$$\|e^{it\Delta}\nabla\phi_M\|_{L_{t,x}^\infty} \gtrsim C(\|\nabla\phi\|_2, \eta)M^{\frac{d-2}{2}}.$$

因此, 存在 $t_0 \in I$ 和 $x_0 \in \mathbb{R}^d$, 使得

$$\left|\left[e^{it_0\Delta}\nabla\phi_M\right](x_0)\right| \gtrsim C(\|\nabla\phi\|_2, \eta)M^{\frac{d-2}{2}}. \tag{6.6.24}$$

利用 $e^{it\Delta}P_M(x)$ 的局部常数性质 (Heisenberg 原理) 与连续性就有

$$\int_{|x-x_0|\lesssim M^{-1}} \left|e^{it_0\Delta}\nabla\phi_M(x)\right|^2 \mathrm{d}x \gtrsim C(\|\nabla\phi\|_2, \eta).$$

注意到

$$\begin{aligned}
&\int_{|x-x_0|\lesssim M^{-1}} \left|e^{it\Delta}\nabla\phi(x)\right|^2 dx \\
\geqslant& \int_{|x-x_0|\lesssim M^{-1}} \left|e^{it_0\Delta}\nabla\phi_M(x)\right|^2 dx \\
&- \int_{|x-x_0|\lesssim M^{-1}} \left|(1-e^{i(t-t_0)\Delta})e^{it_0\Delta}\nabla\phi_M(x)\right|^2 dx \\
\geqslant& \int_{|x-x_0|\lesssim M^{-1}} \left|e^{it_0\Delta}\nabla\phi(x)\right|^2 dx \\
&- \int_{\mathbb{R}^d} \left|(1-e^{i(t-t_0)\Delta})e^{it_0\Delta}\nabla\phi_M(x)\right|^2 dx \\
\geqslant& \int_{|x-x_0|\lesssim M^{-1}} \left|e^{it_0\Delta}\nabla\phi_M(x)\right|^2 dx
\end{aligned}$$

$$-\int_{\mathbb{R}^d}\left|1-e^{i(t-t_0)|\xi|^2}\right|^2 e^{it_0|\xi|^2}\left|\varphi\left(\frac{\xi}{M}\right)\right|^2|\nabla\phi_M|^2dx. \tag{6.6.25}$$

只要 $|t-t_0|\lesssim M^{-2}$, 就可以推出

$$\int_{|x-x_0|\lesssim M^{-1}}\left|e^{it\Delta}\nabla\phi(x)\right|^2dx\gtrsim C(\|\nabla\phi\|_2,\eta),\quad |t-t_0|\lesssim M^{-2}.$$

令 $J=\{t:\ |t-t_0|\lesssim M^{-2}\}$, 注意到 $|J|^{1/2}\sim M^{-1}$, (6.6.25) 就意味着估计 (6.6.19). 事实上, 上面证明理念源于 Heisenberg 原理!

引理 6.6.2 (轮廓的紧性) 设 $d\geqslant 2,\psi\in\dot{H}^1(\mathbb{R}^d)$, 假设

$$\int_{|x-x_k|\leqslant r_k}\left|e^{it_k\Delta}\nabla\psi(x)\right|^2dx\geqslant\varepsilon, \tag{6.6.26}$$

这里 $\varepsilon>0$, $\{t_k\}\in\mathbb{R}$, $\{x_k\}\in\mathbb{R}^d$ 是序列, $\{r_k\}$ 是满足 $r_k>0$ 的序列. 则对任意序列 $a_k\longrightarrow\infty$ 有

$$\int_{|x|\leqslant a_kr_k}\left|e^{it_k\Delta}\nabla\psi(x)\right|^2dx\longrightarrow\|\nabla\psi\|_2^2. \tag{6.6.27}$$

证明 不失一般性, 假设 $t_k\longrightarrow t_\infty\in[-\infty,\infty]$. 先考虑 t_∞ 是有限点的情形, 此时

$$e^{it_k\Delta}\nabla\psi\xrightarrow{L^2}e^{it_\infty\Delta}\nabla\psi,\quad k\longrightarrow\infty,$$

条件 (6.6.26) 就可以推出

$$\liminf_{k\to\infty}\int_{|x-x_k|\leqslant r_k}\left|e^{it_\infty\Delta}\nabla\psi(x)\right|^2dx\geqslant\varepsilon. \tag{6.6.28}$$

此意味着 $\liminf r_k>0$, 因此

$$\limsup\frac{|x_k|}{r_k}<\infty.$$

否则, 就存在满足

$$\left|\frac{x_n}{r_n}\right|\longrightarrow\infty$$

的子序列, 根据绝对连续性定理, 就与 (6.6.28) 相矛盾. 因此,

$$\lim_{k\to\infty}\int_{|x|\leqslant a_kr_k}\left|e^{it_\infty\Delta}\nabla\psi(x)\right|^2dx=M(\nabla\psi). \tag{6.6.29}$$

利用三角不等式及两边夹的性质, 可见

$$
\begin{aligned}
&\int_{|x|\leqslant a_k r_k}\left|e^{it_\infty\Delta}\nabla\psi(x)\right|^2dx-\int_{|x|\leqslant a_k r_k}\left|(e^{it_k\Delta}-e^{it_\infty\Delta})\nabla\psi(x)\right|^2dx\\
\leqslant&\int_{|x|\leqslant a_k r_k}\left|e^{it_k\Delta}\nabla\psi(x)\right|^2dx\\
\leqslant&\int_{|x|\leqslant a_k r_k}\left|e^{it_\infty\Delta}\nabla\psi(x)\right|^2dx+\int_{|x|\leqslant a_k r_k}\left|(e^{it_k\Delta}-e^{it_\infty\Delta})\nabla\psi(x)\right|^2dx,
\end{aligned}
$$

由此推出极限 (6.6.27) 成立.

下面考虑 $t_k\longrightarrow\pm\infty$ 的情形. 利用渐近轮廓的 Fraunhofer 公式

$$
\left\|[e^{it\Delta}\nabla\psi](x)-(2it)^{-\frac{d}{2}}e^{\frac{|x|^2}{4t}i}\widehat{\nabla\psi}\left(\frac{x}{2t}\right)\right\|_2\longrightarrow 0,\quad t\to\pm\infty \tag{6.6.30}
$$

与坐标变换, 条件 (6.6.26) 就转化成

$$
\liminf_{k\to\infty}\int_{|y-y_k|\leqslant\frac{r_k}{2t_k}}|\widehat{\nabla\psi}(y)|dy\geqslant\varepsilon,\quad y_k=\frac{x_k}{2t_k}. \tag{6.6.31}
$$

此式意味着 $\liminf\dfrac{r_k}{|t_k|}>0$. 进而推出

$$
\lim_{k\to\infty}\int_{|y|\leqslant a_k\frac{r_k}{2t_k}}|\widehat{\nabla\psi}(y)|dy=M(\nabla\psi). \tag{6.6.32}
$$

由 (6.6.30) 与 (6.6.32) 即可推出估计 (6.6.27).

引理 6.6.3 (轨道的紧性) 设 $\psi: I\times\mathbb{R}^d\longrightarrow\mathbb{C}$ 是 Cauchy 问题 (6.0.1) 的解, 满足 $S_I(\psi)<\infty$. 假设

$$
\int_{|x-x_k|<r_k}\left|e^{it_k\Delta}\nabla\psi(\tau_k)\right|^2dx\geqslant\varepsilon,
$$

这里 $\varepsilon>0$, 序列 $\{t_k\}\subseteq\mathbb{R}$, $\{x_k\}\subseteq\mathbb{R}^d$, $\{\tau_k\}\subseteq I$ 和 $r_k>0$, 则

$$
\left|\|\nabla\psi(\tau_k)\|_2^2-\int_{|x|\leqslant a_k r_k}\left|e^{it_k\Delta}\nabla\psi(\tau_k)\right|^2\mathrm{d}x\right|\longrightarrow 0,\quad 对\ \forall\ a_k\to\infty. \tag{6.6.33}
$$

证明 由局部存在性及解的爆破准则, 无妨假设 I 是闭区间, 或 $\sup I=\infty$, 或 $|\inf I|=\infty$. 不失一般性, 仅需证明序列 $\{\tau_k\}$ 收敛的情形 (极限值可能是 $\pm\infty$).

如果 τ_k 收敛于 I 中的有限点 τ_0, 利用引理 6.6.2 以及解在 $\dot{H}_x^1(\mathbb{R}^d)$ 中的连续性, 可见

$$\begin{aligned}
&\left|\|\nabla\psi(\tau_k)\|_2^2 - \int_{|x|\leqslant a_k r_k} \left|c^{it_k\Delta}\nabla\psi(\tau_k)\right|^2 dx\right| \\
\leqslant &\left|\|\nabla\psi(\tau_k)\|_2^2 - \|\nabla\psi(\tau_0)\|_2^2 + \int_{|x|\leqslant a_k r_k} \left|e^{it_k\Delta}\nabla\psi(\tau_0)\right|^2 dx\right. \\
&- \int_{|x|\leqslant a_k r_k} \left|e^{it_k\Delta}\nabla\psi(\tau_k)\right|^2 dx - \int_{|x|\leqslant a_k r_k} \left|e^{it_k\Delta}\nabla\psi(\tau_0)\right|^2 dx \\
&\left. + \|\nabla\psi(\tau_0)\|_2^2\right| \longrightarrow 0.
\end{aligned}$$

如果 $\tau_k \longrightarrow \infty$ ($-\infty$ 的情形同理可以处理), 则有 $\sup I = \infty$. 由于 ψ 在 I 上具有有限的散射尺度 $S_I(\psi) < \infty$, 则由定理 6.1.1, 存在 $\psi_+(x) \in \dot{H}_x^1$ 使得

$$\left\|\psi(\tau_k) - e^{i\tau_k\Delta}\psi_+\right\|_{\dot{H}_x^1} \longrightarrow 0. \tag{6.6.34}$$

通过插项, 可见

$$\begin{aligned}
&\left|\|\nabla\psi(\tau_k)\|_2^2 - \int_{|x|\leqslant a_k r_k} \left|e^{it_k\Delta}\nabla\psi(\tau_k)\right|^2 dx\right| \\
\leqslant &\left|\|\nabla\psi(\tau_k)\|_2^2 - \|e^{i\tau_k\Delta}\psi_+\|_2^2 + \int_{|x|\leqslant a_k r_k} \left|e^{i\tau_k\Delta}\nabla\psi_+\right|^2 dx\right. \\
&- \int_{|x|\leqslant a_k r_k} \left|e^{it_k\Delta}\nabla\psi(\tau_k)\right|^2 dx - \int_{|x|\leqslant a_k r_k} \left|e^{it_k\Delta}e^{i\tau_k\Delta}\nabla\psi_+\right|^2 dx \\
&\left. + \|e^{i\tau_k\Delta}\psi_+\|_2^2\right| \longrightarrow 0,
\end{aligned}$$

利用引理 6.6.2 即得引理 6.6.3 的证明.

定理 6.1.8 的证明 不失一般性, 无妨假设 (6.0.1) 的解 u 是前向爆破解, 爆破时刻记为

$$0 < T^\star \leqslant \infty.$$

仅需考虑 $T^\star < \infty$ 的情形, $T^\star = \infty$ 的情形仅需适当修改就行了.

设 $t_n \nearrow T^\star$, 定义 $u_n(0) \triangleq u(t_n)$, 则

$$u_n(t) \triangleq u(t + t_n)$$

是问题 (6.0.1)在区间 $[0,T^\star-t_n)$ 上的解, 满足 (6.1.21), 即

$$\limsup_{t\to T^\star}\|\nabla u(t)\|_2<\infty.$$

利用轮廓分解定理 (定理 4.3.1), 获得

$$u_n(0)=\sum_{j=1}^J g_n^j e^{it_n^j\Delta}\phi^j+w_n^J,\quad \forall J\geqslant 1. \tag{6.6.35}$$

定义 $v_n^j:I_n^j\times\mathbb{R}^d\longrightarrow\mathbb{C}$ 是问题 (6.0.1)具有初值

$$v_n^j(0)\triangleq g_n^j e^{it_n^j\Delta}\phi^j \tag{6.6.36}$$

的解. 由动能的强分离性质

$$\lim_{n\to+\infty}\left[\|\nabla u_n(0)\|_2^2-\sum_{j=1}^J\|\nabla\phi^j\|_2^2-\|\nabla w_n^J\|_2^2\right]=0,\quad \forall J\geqslant 1, \tag{6.6.37}$$

因此, 存在 $J_0\geqslant 1$ 满足

$$\|\nabla\phi^j\|_2\leqslant\eta_0,\quad j\geqslant J_0, \tag{6.6.38}$$

这里 $\eta_0=\eta_0(d)$ 是小解散射理论的阈值. 由局部适定性定理 6.1.1 可得: 对 $\forall\, n\geqslant 1$, $j\geqslant J_0$, 上述 Cauchy 问题存在整体解 v_n^j, 且满足

$$\sup_{t\in\mathbb{R}}\|\nabla v_n^j(t)\|_2^2+S_{\mathbb{R}}(v_n^j)\lesssim\|\nabla\phi^j\|_2^2,\quad n\geqslant 1,\quad j\geqslant J_0. \tag{6.6.39}$$

引理 6.6.4 (坏轮廓的存在性) *存在* $1\leqslant j_0<J_0$, *使得*

$$\limsup_{n\to\infty}S_{[0,T^\star-t_n)}(v_n^{j_0})=\infty. \tag{6.6.40}$$

证明 完全类似于引理 6.2.2 的证明, 采用反证法. 如果不然, 即

$$\limsup_{n\to\infty}S_{[0,T^\star-t_n)}(v_n^j)<\infty,\quad 1\leqslant j\leqslant J.$$

通过构造逼近解

$$u_n^J=\sum_{j=1}^J v_n^j+e^{it\Delta}w_n^J \tag{6.6.41}$$

及稳定性定理, 推知 u 不可能在 $T^\star$ 处产生爆破现象, 矛盾.

重新将指标排序, 无妨设存在 $1 \leqslant J_1 < J_0$ 满足

$$\lim_{n\to\infty} \sup S_{[0,T^\star-t_n)}(v_n^j) = \infty, \quad \forall\, j \leqslant J_1, \tag{6.6.42}$$

$$\lim_{n\to\infty} \sup S_{[0,T^\star-t_n)}(v_n^j) < \infty, \quad \forall\, j > J_1. \tag{6.6.43}$$

通过选取 $\{n\}$ 的子序列, 采用对角线技术就有

$$S_{[0,T^\star-t_n)}(v_n^j) \longrightarrow \infty, \quad j \leqslant J_1, \quad n \longrightarrow \infty.$$

对任意 $n, m \geqslant 1$, 存在

$$1 \leqslant j(m,n) \leqslant J_1 \quad \text{和} \quad 0 < T_n^m < T^\star - t_n,$$

使得

$$\sup_{1\leqslant j\leqslant J_1} S_{[0,T_n^m]}(v_n^j) = S_{[0,T_n^m)}(v_n^{j(m,n)}) = m. \tag{6.6.44}$$

由鸽笼原理, 一定存在 $1 \leqslant j_1 \leqslant J_1$, 满足对无穷多个 m, 成立

$$j(m,n) = j_1, \quad \text{对于无限多 } n \in \mathbb{N}. \tag{6.6.45}$$

重新排列指标, 无妨设 $j_1 = 1$. 由定理 6.1.4 的散射尺度关系, 一定存在 $0 \leqslant \tau_n^m \leqslant T_n^m$ 使得

$$\limsup_{m\to\infty} \limsup_{n\to\infty} \|\nabla v_n^1(\tau_n^m)\|_2 \geqslant \|\nabla W\|_2. \tag{6.6.46}$$

具体地讲, 给定 $\varepsilon > 0$, 总可找到 $m_0 = m_0(\varepsilon)$ 使得

$$\|\nabla v_n^1(\tau_n^{m_0})\|_2 \geqslant \|\nabla W\|_2 - \varepsilon, \quad \text{对于无穷多个 } n. \tag{6.6.47}$$

为简单起见, 下面省略上标 m_0, 简化记号如下:

$$\tau_n^{m_0} \triangleq \tau_n, \quad T_n^{m_0} = T_n. \tag{6.6.48}$$

于是, 我们就找到了一个 ε——依赖的子序列 $\{n\}$, 满足

$$\|\nabla v_n^1(\tau_n)\|_2 \geqslant \|\nabla W\|_2 - \varepsilon, \quad \forall\, n \quad \text{且} \quad \lim_{n\to\infty} \|\nabla v_n^1(\tau_n)\|_2 \text{ 存在}. \tag{6.6.49}$$

现令 $\eta > 0$ 是待定小常数. 固定 n, 由于

$$S_{[0,T_n]}(v_n^1) = m_0.$$

因此, 存在区间 $[\tau_n^-, \tau_n^+] \subseteq [0, T_n] \subseteq [0, T^* - t_n]$ 满足 $\tau_n \in [\tau_n^-, \tau_n^+]$ 及

$$S_{[\tau_n^-, \tau_n^+]}(v_n^1) = \eta. \tag{6.6.50}$$

由扰动定理 (非线性问题解的时空范数不小, 自由部分的时空范数亦不能太小), 可见

$$S_{[\tau_n^- - \tau_n, \tau_n^+ - \tau_n)}\big(e^{it\Delta} v_n^1(\tau_n)\big) \gtrsim \eta^{C(d)}, \tag{6.6.51}$$

这里 $C(d)$ 是依赖于维数 d 的常数. 因此, 由引理 6.6.1 的逆向 Strichartz 估计, 存在 $x_n \in \mathbb{R}^d$ 和 $\tau_n^- - \tau_n \leqslant s_n \leqslant \tau_n^+ - \tau_n$ 满足

$$\int_{|x - x_n| \lesssim |T^* - t_n'|^{\frac{1}{2}}} \left| e^{is_n\Delta} \nabla v_n^1(\tau_n) \right|^2 dx \gtrsim 1, \tag{6.6.52}$$

这里 $t_n' \triangleq t_n + s_n + \tau_n$. 选取 $s_n \triangleq \inf J$, J 是由引理 6.6.1 决定的区间. 当 $T^* = \infty$ 时, 可以取 $s_n = \sup J$, 因此, 波包的半径就小于或等于 $|t_n'|^{\frac{1}{2}}$.

类同于命题 6.2.1 关于模去对称群之后的 Palais-Smale 条件的讨论, 通过抽取子序列 $\{n\}$, 假设 $\{t_n^1\}$ 收敛 (亦可能是 $\pm\infty$). 不失一般性, 可以假设 $t_n^1 = 0$ 或 $t_n^1 \longrightarrow \pm\infty$.

在 $t_n^1 = 0$ 的情形, 用 v^1 表示问题 (6.0.1) 以 $\phi^1(x)$ 为初值的极大生命区间解; 当 $t_n^1 \longrightarrow \pm\infty$ 时, 用 $v^1(t)$ 表示问题 (6.0.1) 的散射到 $e^{it\Delta}\phi^1$ 的解. 事实上, 当 $t_n^1 \longrightarrow \pm\infty$ 时的散射结果与 (6.6.42) 相矛盾, 我们这里不用这一事实.

由 $v_n^1(t)$ 的定义, 可以推出

$$\left\| v_n^1(\cdot) - T_{g_n^1}[v^1(\cdot + t_n^1)] \right\|_{\dot{S}^1([0, T_n])} \longrightarrow 0, \tag{6.6.53}$$

这里

$$T_{g_n^1} v^1(\cdot + t_n^1) = (\lambda_n^1)^{-\frac{d-2}{2}} v^1\left(t_n^1 + \frac{t}{(\lambda_n^1)^2}, \frac{x - x_n^1}{\lambda_n^1} \right).$$

特别, 当 $t_n^1 \equiv 0$ 时, (6.6.53) 就恒等于 0. 结合 (6.6.44) 容易看出

$$S_{[t_n^1, t_n^1 + T_n(\lambda_n^1)^{-2}]}(v^1) \longrightarrow S_{[0, T_n]}(v_n^1) = m_0. \tag{6.6.54}$$

进而, 利用 (6.6.52), (6.6.53) 和伸缩变换, 平移变换可见

$$\int_{|\lambda_n^1 y + x_n^1 - x_n| \lesssim |T^* - t_n'|^{\frac{1}{2}}} \left| e^{is_n(\lambda_n^1)^{-2}\Delta} \nabla v^1\left(\frac{\tau_n}{(\lambda_n^1)^2} + t_n^1, y \right) \right|^2 dy \gtrsim 1. \tag{6.6.55}$$

利用轨道的紧性引理 6.6.3 来证明. 注意到 (6.6.54) 意味着 v^1 在相应的区间上具有有限的散射尺度. 利用伸缩变换及 (6.6.53) 推出, 对任意的序列

$$\forall \ R_n \in (0, \infty) \quad 满足 \quad \lim_{n\to\infty} (T^* - t_n')^{-\frac{1}{2}} R_n = \infty,$$

一定有

$$\left|\|\nabla v_n^1(\tau_n)\|_2^2 - \int_{|x-x_n^1|\leqslant R_n} \left|e^{is_n\Delta}\nabla v_n^1(\tau_n)\right|^2 dx\right| \longrightarrow 0. \tag{6.6.56}$$

下面来证明对于 $u(t_n')$ 存在类似的波包. 由估计 (6.6.44), 发现当 n, J 充分大时, u_n^J 在 $[0,T_n]$ 上是 u_n 的一个好的逼近. 特别地, 有

$$\lim_{J\to\infty}\limsup_{n\to\infty}\|u_n^J(s_n+\tau_n)-u(t_n')\|_{\dot{H}^1(\mathbb{R}^d)}=0, \quad u_n^J(s_n+\tau_n)=u^J(t_n'). \tag{6.6.57}$$

另一方面, 由正交条件 (6.2.6) 与强分离性质 (4.3.25), 类似于 u_n^J 的动能分离引理 6.2.3 的证明过程, 容易看出

$$\lim_{n\to\infty}\sup\left|\langle\nabla u_n^J(s_n+\tau_n),\nabla v_n^1(s_n+\tau_n)\rangle\right| = \lim_{n\to\infty}\sup\|\nabla v_n^1(s_n+\tau_n)\|_2^2, \quad \forall\, J\geqslant 1. \tag{6.6.58}$$

由 (6.6.57) 和 (6.6.58), 容易推出

$$\limsup_{n\to\infty}\left|\langle\nabla u_n(t_n'),\nabla v_n^1(s_n+\tau_n)\rangle\right| = \lim_{n\to\infty}\sup\|\nabla v_n^1(s_n+\tau_n)\|_2^2. \tag{6.6.59}$$

由 (6.6.50) 与 Strichartz 估计, 可见

$$\left\|v_n^1(s_n+\tau_n)-e^{is_n\Delta}\nabla v_n^1(\tau_n)\right\|_{\dot{H}_x^1}\lesssim \eta^{\frac{2}{d+2}}. \tag{6.6.60}$$

利用三角不等式, 可见

$$\begin{aligned}
&\limsup_{n\to\infty}\left|\langle\nabla u_n(t_n'),e^{is_n\Delta}\nabla v_n^1(\tau_n)\rangle\right|\\
\geqslant&\limsup_{n\to\infty}\left|\langle\nabla u_n(t_n'),\nabla v_n^1(s_n+\tau_n)\rangle\right|\\
&-\limsup_{n\to\infty}\left|\langle\nabla u_n(t_n'),\nabla v_n^1(s_n+\tau_n)-e^{is_n\Delta}\nabla v_n^1(\tau_n)\rangle\right|\\
\geqslant&\limsup_{n\to\infty}\|\nabla v_n^1(s_n+\tau_n)\|_2-c(\eta)\\
=&\limsup_{n\to\infty}\|\nabla v_n^1(\tau_n)\|_2^2-c(\eta),
\end{aligned} \tag{6.6.61}$$

这里选取 η 是充分小的正数. 而 $c(\eta)$ 是 η 的小次幂, 它依赖于空间的维数. 利用 (6.6.56) 和 (6.6.61), Cauchy-Schwarz 不等式, 可以推出

$$\lim_{n\to\infty}\sup\int_{|x-x_n^1|\leqslant R_n}|\nabla u(t_n',x)|^2dx\geqslant\frac{\left[\lim\limits_{n\to\infty}\|\nabla v_n^1(\tau_n)\|_2^2-c(\eta)\right]^2}{\lim\limits_{n\to\infty}\|\nabla v_n^1(\tau_n)\|_2^2}. \tag{6.6.62}$$

利用 (6.6.47) 及 ε, η 的充分小性, 即可获得

$$\limsup_{n\to\infty}\sup_{x_0\in\mathbb{R}^d}\int_{|x-x_0|\leqslant R_n}|\nabla u(t_n,x)|^2dx\geqslant\|\nabla W\|_2^2,\quad t_n\triangleq t_n'.$$

这就完成了定理 6.1.8 的证明.

注记 6.6.1　(i) 人们或许会问: 沿着每一个趋向于爆破点的轨道, 动能是否均产生集中现象? 一般来讲, 我们无法证明这个性质. 特别地, 无法验证 Kenig-Merle 中的断言 (见 [77] 推论 8.18). 主要障碍是: 无法排除当 t 趋向于爆破点时, 解迅速地改变扩散与集中的可能性. 当然, 如果假设

$$\sup_{t\in I}\|\nabla u(t)\|_2^2<2\|\nabla W\|_2^2,\tag{6.6.63}$$

采用 Keraani 在 [82] 上的方法, 可以给出肯定回答!

(ii) 关于爆破机制的刻画, 有许多问题是公开的, 这也是一个既有难度又富挑战性的研究方向!

在本章结束之前, 给出主要结论定理 6.1.4 的进一步的注记.

集中紧与刚性方法　考虑聚焦能量临界非线性 Schrödinger 方程

$$iu_t+\Delta u=-|u|^{\frac{4}{d-2}}u,\quad t\in\mathbb{R},\ x\in\mathbb{R}^d.$$

对于径向对称初值, Kenig 和 Merle[77] 发展“集中紧与刚性方法” (Concentration Compactness - Rigidity Method), 解决低维 ($d=3,4,5$) 基态猜想. 后来, Killip, Tao, Visan, Zhang 等[89, 94, 182, 183] 利用“集中紧与刚性方法”, 结合双 Duhamel 技术, 系统研究聚焦型质量临界非线性 Schrödinger 方程

$$iu_t+\Delta u=\pm|u|^{\frac{4}{d}}u,\quad t\in\mathbb{R},\ x\in\mathbb{R}^d.$$

解决了二维及以上质量低于门槛 (threshold) 时, 径向解的整体适定与散射, 其中对于非聚焦型方程, 门槛质量为无穷大, 对于聚焦型方程, 门槛质量为基态质量. 最后, Dodson 发展“长时间 Strichartz 估计”技术等, 彻底解决质量低于门槛时, 解的整体适定与散射[29-32]. 此外, 长时间 Strichartz 技术后来也被 Dodson[33] 用来解决四维聚焦型能量临界非线性 Schrödinger 方程解的整体适定与散射, Killip 和 Visan 利用该方法, 给出了三维、四维非聚焦型能量临界非线性 Schrödinger 方程解的整体适定与散射性的简化证明, 见 [93, 190]. 迄今为止, 三维聚焦型能量临界非线性 Schrödinger 方程的基态猜想依然是公开问题. 关于能量或质量临界 Hartree 方程方程的研究可见 [102, 103, 121—125, 128, 129, 135, 136].

门槛解 (threshold solution) 及超门槛解 对于聚焦型能量临界 Schrödinger 方程而言, Kenig 及研究团队率先研究了门槛解[38,39,103]. 后来, Nakanishi 和 Schlag[148] 发展 "单通定理" (one pass theorem) 研究超门槛解, 见 [147, 150]. 对于聚焦型质量临界非线性 Schrödinger 方程而言, 门槛解的刚性分类研究始于 Merle[109] (简化证明见 [64]), 最近工作可参考 Dodson[35,36]. 超门槛有限时刻爆破解的动力学研究见 [110—114] 等.

定理 6.1.4 推广与含非局部效应的临界色散方程 一个自然的推广就是在聚焦型方程的非线性部分增加一个能量次临界扰动项, 分析扰动项对散射解门槛大小的影响, 以及对解长时间动力学行为的影响, 这方面的研究源于 [126, 127], 亦可参见 [22, 86, 87, 134]. 关于能量或质量临界 Hartree 方程的研究可见 [102, 103, 121—125, 128, 129, 135, 136].

第 7 章　非线性 Klein-Gordon 方程的散射理论

7.1　问题的提出、比较与直观视角

本章主要研究如下聚焦型能量临界与次临界非线性 Klein-Gordon 方程

$$\begin{cases} u_{tt} - \Delta u + u = |u|^{p-1}u, \quad (x,t) \in \mathbb{R}^d \times \mathbb{R}, \\ u(0,x) = u_0, \quad u_t(0,x) = u_1 \end{cases} \tag{7.1.1}$$

的散射理论, 其中 $u(t,x): \mathbb{R} \times \mathbb{R}^d \to \mathbb{R}$,

$$\begin{cases} 2_* - 1 < p \leqslant 2^* - 1, \quad 2^* = \dfrac{2d}{d-2}, \ 2_* = 2 + \dfrac{4}{d}, \quad \text{当 } d \geqslant 3 \text{ 时}, \\ 2_* - 1 < p < +\infty, \qquad 2_* = 2 + \dfrac{4}{d}, \qquad\qquad \text{当 } 1 \leqslant d \leqslant 2 \text{ 时}. \end{cases} \tag{7.1.2}$$

$p = 2^* - 1$ 对应着能量临界指标, $p = 2_* - 1$ 对应着质量临界指标. 容易看出, 方程 (7.1.1) 具有两个重要的守恒量:

$$\begin{aligned} E(u,u_t) &= \frac{1}{2}\int_{\mathbb{R}^d} \left(|\nabla u(t)|^2 + |u(t)|^2 + |u_t(t)|^2\right)dx - \frac{1}{p+1}\int_{\mathbb{R}^d} |u(t)|^{p+1}dx \\ &= E(u_0,u_1), \qquad\qquad (\text{能量}), \\ P(u,u_t) &= \int_{\mathbb{R}^d} u_t(t)\nabla u(t)dx = P(u_0,u_1), \qquad (\text{动量}). \end{aligned}$$

记

$$\langle a,b\rangle = \mathrm{Re}(a\bar{b}), \quad \partial = (\partial_t, \nabla_x), \quad \mathscr{D} = (-\partial_t, \nabla_x),$$

则方程 (7.1.1) 对应的 Lagrange 密度为

$$2\ell(u) = -|\dot{u}|^2 + |\nabla u|^2 + |u|^2 + F(u), \quad \frac{\partial F}{\partial \bar{z}} = f(z). \tag{7.1.3}$$

注意到自然微分算子 $\mathscr{D}$ 出现在 $\ell(u)$ 的变分中, 直接验算 $\ell(u)$ 的临界点

$$\delta_v \ell(u) := \lim_{\varepsilon\to 0}\frac{\ell(u+\varepsilon v) - \ell(u)}{\varepsilon} = \langle \mathrm{eq}(u), v\rangle + \partial\langle \mathscr{D}u, v\rangle = 0 \tag{7.1.4}$$

对应着方程 (7.1.1) 的弱解, 这里

$$\mathrm{eq}(u) = \Box u + u + f(u), \quad f(u) = -|u|^{p-1}u.$$

"抽象相变观点" 考虑 (7.1.1) 或非聚焦非线性 Klein-Gordon 方程

$$\begin{cases} u_{tt} - \Delta u + u = -|u|^{p-1}u, & (x,t) \in \mathbb{R}^d \times \mathbb{R}, \\ u(0,x) = u_0, \quad u_t(0,x) = u_1. \end{cases} \tag{7.1.5}$$

利用 Strichartz 估计与非线性估计, 容易获得:

(i) 能量空间的局部适定性;

(ii) 小解的整体存在性与散射理论.

如果将散射与否作为**相变**标志, 说明 Cauchy 问题 (7.1.5) 的散射状态是非空集合, 它起码包含了 $H^1(\mathbb{R}^d) \times L^2(\mathbb{R}^d)$ 中以原点为中心的小球! 如果散射区域的边界是空集, 则说明在整个能量空间均是散射区域! 这恰好对应着能量空间中非聚焦临界与次临界非线性 Klein-Gordon 方程 (7.1.5) 的散射理论, 见 Brenner[12]、Ginibre 和 Velo[55] (能量次临界)、Nakanishi[145] (能量临界) 的经典结果. 对于聚焦型临界与次临界非线性 Klein-Gordon 方程 (7.1.1) 而言, 散射区域的边界显然是非空的! 事实上, 椭圆方程

$$-\Delta\phi + \phi = |\phi|^{p-1}\phi, \quad x \in \mathbb{R}^d \tag{7.1.6}$$

的非平凡解 Q 就属于次临界问题 (7.1.1) 的散射区域的边界; 从椭圆方程

$$-\Delta\phi = |\phi|^{2^*-2}\phi, \quad x \in \mathbb{R}^d,$$

的非平凡解 W 构造 $u(t,x) = e^{it}W$ 就属于临界问题 (7.1.1) 散射区域的边界. 理解或给出散射区域边界结构就对应着**刚性定理**等深刻问题.

"相变理念" 统一给出了处理聚焦与非聚焦非线性 Klein-Gordon 方程散射理论的统一模式, 实现了经典变分方法与集中紧致方法的有机融合, 充分体现了轮廓分解与集中紧致方法的强大功能.

相对波动方程与非相对色散方程的比较 众所周知, 聚焦型非线性波动方程或色散方程的散射理论与相应椭圆方程解的研究密切相关, 这些椭圆方程的解及其在共形变换群下轨道就形成了**散射意义下相变** 的边界或属于散射区域的边界. 然而, 如何界定它们对应的椭圆方程并非易事, 这与临界与次临界、方程是否容许伸缩变换群、相应物理系统是否满足动能与势能的平衡、极小功是否在椭圆方程的解处达到等密切相关. 对于能量次临界聚焦非线性 Klein-Gordon 方程 (7.1.1)

而言, 相应椭圆方程 (7.1.6) 的解对应着 Lagrange 泛函

$$J(\phi)=\frac{1}{2}\int_{\mathbb{R}^d}\left(|\nabla\phi|^2+|\phi|^2\right)dx-\frac{1}{p+1}\int_{\mathbb{R}^d}|\phi|^{p+1}dx \tag{7.1.7}$$

的临界点. 我们称椭圆方程 (7.1.6) 对应的 Lagrange 泛函 (7.1.7) 为 Hamilton 系统 (7.1.1) 的静态能量. 这就表明能量次临界聚焦非线性 Klein-Gordon 方程 (7.1.1) 具有基态解, 即椭圆方程 (7.1.6) 的正解 $Q(x)$.

另一方面, 对于聚焦型能量临界的 Klein-Gordon 方程 (7.1.1) 而言, 相应的椭圆方程

$$-\Delta\phi+\phi=|\phi|^{2^*-2}\phi,\quad x\in\mathbb{R}^d$$

无解, 取而代之的是能量临界波动方程

$$u_{tt}-\Delta u=|u|^{2^*-2}u \tag{7.1.8}$$

对应的椭圆方程

$$-\Delta\phi=|\phi|^{2^*-2}\phi,\quad x\in\mathbb{R}^d \tag{7.1.9}$$

的解 $W(x)$ 对应着能量临界波动方程的基态解. 直接验证 $u(t,x)=e^{it}W(x)$ 对应着能量临界 Klein-Gordon 方程 (7.1.1) 的驻波解, 它同样属于聚焦能量临界 Klein-Gordon 方程 (7.1.1) 的散射边界! 从物理上来讲, 势能仅需 Δu 所决定的动能来控制!

对于非相对聚焦型非线性 Schrödinger 方程

$$iu_t+\Delta u+f(u)=0,\quad f(u)=|u|^{p-1}u \tag{7.1.10}$$

而言, 能量临界情形 ($p=2^*-1$) 存在基态解 $u=W(x)$, $W(x)$ 是椭圆方程 (7.1.9) 的解, 对应着相应的 Lagrange 泛函

$$J^{(0)}(\phi)=\frac{1}{2}\int_{\mathbb{R}^d}|\nabla\phi|^2dx-\frac{1}{2^*}\int_{\mathbb{R}^d}|\phi|^{2^*}dx \tag{7.1.11}$$

的临界点, 此泛函恰好对应着临界 Schrödinger 方程的能量 $\mathcal{E}(\phi)$, 即

$$\mathcal{E}(\phi)=J^{(0)}(\phi)=\frac{1}{2}\int_{\mathbb{R}^d}|\nabla\phi|^2dx-\frac{1}{2^*}\int_{\mathbb{R}^d}|\phi|^{2^*}dx.$$

对于能量次临界情形 ($p<2^*-1$), 聚焦型非线性 Schrödinger 方程 (7.1.10) 存在形如 $u(t,x)=e^{it}Q(x)$ 驻波解, 其中 Q 是椭圆方程 (7.1.6) 的解, 对应着相应

的 Lagrange 泛函 (7.1.7) 的临界点, 即次临界非线性 Schrödinger 方程的极小功泛函 (7.1.7) 的临界点.

不具伸缩不变性的相对波动方程的变分导数 对具有伸缩不变性的临界波动方程或非线性色散方程, 仅需要考虑在伸缩变换下的变分导数就行了, 原因是无须考虑 L^2 范数的控制或对应的质量守恒! 然而, 对于不具伸缩不变性的临界 Klein-Gordon 方程或非线性色散方程, 需要建立高频-低频控制估计, 这势必考虑相应的 Hopf 变分导数, 优点是可更好地刻画不同线性能量之间的平衡, 适应不同的物理机制与过程. 以聚焦非线性 Klein-Gordon 方程 (7.1.1) 为例, 给出相对波动方程 (不具伸缩不变) 的变分导数与散射理论的关系.

考虑 Hopf 变换 $\phi^\lambda(x) = e^{\lambda\alpha}\phi(e^{-\beta\lambda}x)$, 相应的无穷小母元 $\mathcal{L}_{\alpha,\beta}$:

$$\mathcal{L}_{\alpha,\beta}\phi \triangleq \frac{d}{d\lambda}\Big|_{\lambda=0}\phi^\lambda(x) = \big(\alpha - \beta x\cdot\nabla\big)\phi. \tag{7.1.12}$$

于是, 聚焦非线性 Klein-Gordon 方程 (7.1.1) 对应的静态能量 (7.1.7) 的变分导数为

$$\begin{aligned}
K_{\alpha,\beta}(\phi) \triangleq \mathcal{L}_{\alpha,\beta}J(\phi) &= \frac{d}{d\lambda}\Big|_{\lambda=0}J(\phi^\lambda)\\
&= \frac{2\alpha+(d-2)\beta}{2}\int_{\mathbb{R}^d}|\nabla\phi|^2dx + \frac{2\alpha+\beta d}{2}\int_{\mathbb{R}^d}|\phi|^2dx\\
&\quad -\left(\alpha+\frac{d\beta}{p+1}\right)\int_{\mathbb{R}^d}|\phi|^{p+1}dx\\
&= \int_{\mathbb{R}^d}\big(\alpha\phi - \beta x\cdot\nabla\phi\big)\big(-\Delta\phi+\phi-|\phi|^{p-1}\phi\big)dx.
\end{aligned} \tag{7.1.13}$$

这是用到如下事实:

$$\frac{d}{d\lambda}\Big|_{\lambda=0}J(\phi^\lambda) = \int_{\mathbb{R}^d}\frac{d}{d\lambda}\Big|_{\lambda=0}\phi^\lambda(x)\big(-\Delta\phi+\phi-|\phi|^{p-1}\phi\big)dx.$$

非线性 Klein-Gordon 方程 (7.1.1) **的 Virial 量** 众所周知, Virial 量变化刻画了聚焦非线性 Klein-Gordon 方程 (7.1.1) 解是爆破还是散射, 它的构造如下:

$$V(t) = \int_{\mathbb{R}^d}\big(\alpha u - \beta x\cdot\nabla u\big)u_t dx. \tag{7.1.14}$$

直接计算, 容易看出

$$\frac{d}{dt}V(t) = \left(\alpha + \frac{d}{2}\beta\right)\|u_t\|_2^2 - K_{\alpha,\beta}(u).$$

爆破情形 $K_{\alpha,\beta}(u) < 0$ 对应着解的爆破态, 为此目标, 选取变分参数满足 $\alpha + \dfrac{d\beta}{2} \geqslant 0$, 这就确保

$$\frac{d}{dt}V(t) > 0.$$

特别地选取 $(\alpha, \beta) = (1, 0)$, 这时

$$V(t) = \int_{\mathbb{R}^d} uu_t dx$$

恰好对应着 Glassey 在研究聚焦非线性 Klein-Gordon 方程 (7.1.1) 解的爆破现象时所考虑的量, 它等价于分析质量关于时间的两阶导数

$$\frac{d^2}{dt^2}\int_{\mathbb{R}^d} |u(x,t)|^2 dx = 2\frac{d}{dt}\int_{\mathbb{R}^d} uu_t dx = 2\frac{d}{dt}V(t) > 0$$

的变化. 换句话来说, 聚焦非线性 Klein-Gordon 方程 (7.1.1) 解是爆破主要源于低频部分, 原因在于高频可被动能有效地控制, 这与非线性 Schrödinger 方程的爆破机制有较大的区别.

从技术层面来看, 聚焦非线性 Klein-Gordon 方程 (7.1.1) 解是爆破解依赖如下事实:

引理 7.1.1 设 $y(t) \in C^2(\mathbb{R})$, $y(t) \geqslant 0$, 且

$$\begin{cases} y''(t) \geqslant \delta > 0, \\ y''(t) \geqslant \lambda \dfrac{y'(t)^2}{y(t)}, \quad \lambda > 1. \end{cases}$$

则 $y(t)$ 一定在有限时刻产生爆破.

引理 7.1.2 (Sturm-Liouville 定理) 设 $y(t) \in C^2(\mathbb{R})$, $y(t) \geqslant 0$, 且

$$y''(t) \geqslant \lambda \frac{y'(t)^2}{y(t)} + y(t), \quad \lambda > 1.$$

则 $y(t)$ 一定在有限时刻产生爆破.

注记 7.1.1 (i) 命题 3.2.2 证明了变分导数 $K_{\alpha,\beta}(u) < 0$ 决定的区域是不依赖参数 (α, β) 的, 结合聚焦非线性 Klein-Gordon 方程解的爆破机制 (见 Glassey 泛函的构造), 就明白 Klein-Gordon 方程 (7.1.1) 解的爆破区域与散射区域的划分准则, 其中还存在许多有趣的公开问题.

(ii) 能量重分、渐近极小功原理. 实际上对应着 Klein-Gordon 方程的 Lagrange 泛函中动能与势能在平均意义下是渐近一致的. 计算

$$\frac{d}{dt}\int_{\mathbb{R}^d} uu_t dx = \int_{\mathbb{R}^d} |u_t|^2 dx - \int_{\mathbb{R}^d}\left(|\nabla u|^2 + |u|^2 - |u|^{p+1}\right)dx. \tag{7.1.15}$$

两边关于 t 在 $[0,T]$ 上取积分平均,

$$\frac{1}{T}\int_0^T\int_{\mathbb{R}^d}|u_t|^2 dxdt - \frac{1}{T}\int_0^T\int_{\mathbb{R}^d}\left(|\nabla u|^2+|u|^2-|u|^{p+1}\right)dxdt = \frac{1}{T}\Big(\int_{\mathbb{R}^d} uu_t dx\Big|_0^T\Big).$$

从而推出

$$\lim_{T\to\infty}\frac{1}{T}\int_0^T\int_{\mathbb{R}^d}|u_t|^2 dxdt = \lim_{T\to\infty}\frac{1}{T}\int_0^T\int_{\mathbb{R}^d}\left(|\nabla u|^2+|u|^2-|u|^{p+1}\right)dxdt. \tag{7.1.16}$$

散射情形 $K_{\alpha,\beta}\geqslant 0$ 对应着解的散射态. 为证明这一事实, 只需选取参数满足 $\alpha+\frac{d}{2}\beta\leqslant 0$. 特别地选取 $(\alpha,\beta)=(d,-2)$, 就有

$$V(t) = \int_{\mathbb{R}^d}(du + 2x\cdot\nabla u)u_t dx = \int_{\mathbb{R}^d}(x\cdot\nabla+\nabla\cdot x)uu_t dx,$$

$$V'(t) = -K_{d,-2}(u) < 0.$$

直观上 $V(t)$ 单调递减, $V(t)\to-\infty$. 为了保证合理性, 需要对 $V(t)$ 中被积函数进行截断 (cut-off), 确保 $V(t)$ 有意义. 结合紧性说明所派生的其他项均为小扰动项即可.

注记 7.1.2 (i) 众所周知, 如果能量次临界非线性 Schrödinger 方程 (7.1.10) 的解发生爆破现象, 自然应该是

$$\lim_{t\to T^*}\|u(t)\|_{\dot{H}^1(\mathbb{R}^d)} = \infty.$$

由 Heisenberg 不确定原理、Hardy 不等式及质量守恒律, 有

$$\|u_0\|^2_{L^2(\mathbb{R}^d)} = \int_{\mathbb{R}^d}|u(x,t)|^2 dx = \int_{\mathbb{R}^d}|x||u|\cdot\frac{|u|}{|x|}dx \leqslant \|xu(t)\|_{L^2}\|u\|_{\dot{H}^1}.$$

因此,

$$\lim_{t\to T^*}\|xu(t)\|^2_{L^2} = 0 \Longrightarrow \lim_{t\to T^*}\|u(t)\|_{\dot{H}^1(\mathbb{R}^d)} = \infty. \tag{7.1.17}$$

进而, 通过研究关于时间变量的二阶导数

$$\frac{d^2}{dt^2}\int_{\mathbb{R}^d}|x|^2|u(x,t)|^2dx,$$

可以获得相应的爆破机制. 与此同时, 还导致相应的 Virial 量的定义, 即

$$V(t)\triangleq\frac{d}{dt}\int_{\mathbb{R}^d}|x|^2|u(x,t)|^2dx=4\mathrm{Im}\int_{\mathbb{R}^d}(ru_r\bar{u})dx. \tag{7.1.18}$$

(ii) 在抽象的 Lagrange 框架下, 约定

$$\langle a,b\rangle=\mathrm{Re}(a\bar{b}),\quad \partial=(\partial_t,\nabla_x),\quad \mathscr{D}=(-i/2,\nabla_x),\qquad \text{(NLS)}$$

$$2\ell(u)=\langle i\dot{u},u\rangle+|\nabla u|^2+F(u),\quad \frac{\partial F}{\partial\bar{z}}=f(z).\qquad (NLS)$$

注意到 $\ell(u)$ 是与 $\mathrm{eq}(u)=0$ 对应的 Lagrange 密度函数, 直接验算 $\ell(u)$ 的临界点

$$\delta_v\ell(u):=\lim_{\varepsilon\to0}\frac{\ell(u+\varepsilon v)-\ell(u)}{\varepsilon}=\langle\mathrm{eq}(u),v\rangle+\partial\langle\mathscr{D}u,v\rangle=0$$

对应着非线性 Schrödinger 方程 (7.1.10) 的弱解, 这里 $\mathrm{eq}(u)=iu_t+\Delta u+f(u)$. 类似于聚焦非线性 Klein-Gordon 方程 (7.1.1), 定义非线性 Schrödinger 方程 (7.1.10)对应的广义 Virial 量如下:

$$V(t)=\mathrm{Re}\int_{\mathbb{R}^d}(\alpha u-\beta x\cdot\nabla u)\overline{(-iu)/2}dx=\frac{\beta}{2}\mathrm{Im}\int_{\mathbb{R}^d}(ru_r\bar{u})dx.$$

为陈述主要定理, 需要回忆命题 3.2.1 和命题 3.2.2 及如下记号:

变分导数

$$\begin{aligned}K_{\alpha,\beta}(\varphi)&=\int_{\mathbb{R}^d}(\alpha\varphi-\beta x\cdot\nabla\varphi)\big(-\Delta\varphi+\varphi-|\varphi|^{p-1}\varphi\big)dx,\\K_{\alpha,\beta}^{(0)}(\varphi)&\triangleq\mathcal{L}_{\alpha,\beta}J^{(0)}(\varphi)=\frac{d}{d\lambda}\Big|_{\lambda=0}J^{(0)}(\varphi^\lambda)\\&=\int_{\mathbb{R}^d}(\alpha\varphi-\beta x\cdot\nabla\varphi)\big(-\Delta\varphi-|\varphi|^{\frac{4}{d-2}}\varphi\big)dx,\end{aligned}$$

其中参数 (α,β) 的定义域为

$$\Omega^*=\Big\{(\alpha,\beta):\ \alpha\geqslant0,\ \ 2\alpha+d\beta\geqslant0,\ \ 2\alpha+(d-2)\beta\geqslant0,\ \ (\alpha,\beta)\neq(0,0)\Big\}.$$

门槛 (threshold)

$$m_{\alpha,\beta} = \inf\left\{J(\varphi) \mid \varphi \in H^1(\mathbb{R}^d)\backslash\{0\},\ K_{\alpha,\beta}(\varphi) = 0\right\}.$$

由 3.2 节可知: $m_{\alpha,\beta}$ 不依赖于参数 (α,β) 且

(i) 对于次临界情形 $2_* - 1 < p < 2^* - 1$, 极小值 m 在基态 Q 处达到, 即

$$m = J(Q) = \inf\{J(\varphi) \mid \varphi \in H^1(\mathbb{R}^d)\backslash\{0\},\ -\Delta\varphi + \varphi = |\varphi|^{p-1}\varphi\}.$$

静态能量 $J(\varphi)$ 的定义见 (7.1.7).

(ii) 对能量临界 $p = 2^* - 1$ 情形, 极小值 m 用临界椭圆方程的基态 W 来刻画, 即

$$m = J^{(0)}(W) = \inf\left\{J^{(0)}(\varphi) \mid \varphi \in \dot{H}^1(\mathbb{R}^d)\backslash\{0\},\ -\Delta\varphi = |\varphi|^{\frac{4}{d-2}}\varphi\right\}.$$

静态能量 $J^{(0)}(\varphi)$ 的定义见 (7.1.11).

基于极化元与变分导数而确定的散射与爆破区域

$$\mathcal{K}^+_{\alpha,\beta} = \{(u_0,u_1) \in H^1 \times L^2 \mid E(u_0,u_1) < m,\ K_{\alpha,\beta}(u_0) \geqslant 0\},$$

$$\mathcal{K}^-_{\alpha,\beta} = \{(u_0,u_1) \in H^1 \times L^2 \mid E(u_0,u_1) < m,\ K_{\alpha,\beta}(u_0) < 0\}.$$

特别地, 对能量临界情形 $p = 2^* - 1$, 刚性定理意味着如下定义:

$$\mathcal{K}^{(0)+}_{\alpha,\beta} = \{(u_0,u_1) \in H^1 \times L^2 \mid E(u_0,u_1) \leqslant m,\ K_{\alpha,\beta}(u_0) \geqslant 0\},$$

$$\mathcal{K}^{(0)-}_{\alpha,\beta} = \{(u_0,u_1) \in H^1 \times L^2 \mid E(u_0,u_1) \leqslant m,\ K_{\alpha,\beta}(u_0) < 0\}.$$

由命题 3.2.2 可知: $\mathcal{K}^\pm_{\alpha,\beta}$ 不依赖参数 (α,β).

本章的主要定理可以陈述为:

定理 7.1.3 若 $(u_0,u_1) \in H^1(\mathbb{R}^d) \times L^2(\mathbb{R}^d)$, 设 u 为方程 (7.1.1) 在极大生命区间 $I = (-T_{\min}, T_{\max})$ 上的解, 则

(1) 若 $(u_0,u_1) \in \mathcal{K}^-_{\alpha,\beta}$, 则 u 是有限时刻爆破解, 即 $T_{\max}, T_{\min} < +\infty$.

(2) 若 $(u_0,u_1) \in \mathcal{K}^+_{\alpha,\beta}$, 则 u 是方程 (7.1.1) 唯一整体存在且散射的解. 具体地说: 存在自由方程

$$\ddot{v} - \Delta v + v = 0 \tag{7.1.19}$$

的解 $v_\pm$ 满足

$$\lim_{t\to\pm\infty} \|u(t) - v_\pm(t)\|_{H^1} + \|\dot{u}(t) - \dot{v}_\pm\|_2 = 0.$$

(3) 特别地, 对于能量临界 $p = 2^* - 1$ 的情形, 将 (1) 与 (2) 中的 $\mathcal{K}^\pm_{\alpha,\beta}$ 换为 $\mathcal{K}^{(0)\pm}_{\alpha,\beta}$, 相应的结果仍然成立.

注记 7.1.3 (i) 在文献 [88] 中, Killip, Stovall, Visan 通过建立质量临界的 Klein-Gordon 方程与质量临界的 Schrödinger 方程之间的转化关系, 从而讨论了聚焦型质量临界非线性 Klein-Gordon 方程 (7.1.1) 的散射理论.

(ii) 如何处理能量次临界情形的刚性定理, 即: 在 $E(u_0,u_1)=m$ 的条件下, 解的分类问题仍是一个有趣的公开问题.

7.2 变分导数估计与爆破刻画

本节中凡是出现具上标 Q 的数学物理量, 均是原数学物理量中去掉非二次增长的部分. 证明主要定理 7.1.3 之前, 先给出变分导数估计.

7.2.1 变分导数估计

引理 7.2.1 ($\mathcal{K}^+$ 中自由能量与能量等价性)

$$K_{1,0}(u)\geqslant 0 \quad\Longrightarrow\quad \begin{cases}\dfrac{p-1}{2(p+1)}\|u\|_{H^1}^2\leqslant J(u)\leqslant\dfrac{1}{2}\|u\|_{H^1}^2,\\ \dfrac{p-1}{p+1}E^Q(u,u_t)\leqslant E(u,u_t)\leqslant E^Q(u,u_t),\end{cases} \tag{7.2.1}$$

其中 $E^Q(u,u_t)=\dfrac{1}{2}\|u\|_{H^1}^2+\dfrac{1}{2}\|u_t\|_2^2$, $\|u\|_{H^1}^2=\|\nabla u\|_2^2+\|u\|_2^2$.

证明 注意到

$$K_{1,0}(u)=\int_{\mathbb{R}^d}|\nabla u|^2dx+\int_{\mathbb{R}^d}|u|^2dx-\int_{\mathbb{R}^d}|u|^{p+1}dx\geqslant 0\Longrightarrow\|u\|_{H^1}^2\geqslant\|u\|_{p+1}^{p+1},$$

容易推出

$$\frac{1}{2}\|u\|_{H^1}^2\geqslant J(u)\geqslant\left(\frac{1}{2}-\frac{1}{p+1}\right)\|u\|_{H^1}^2=\frac{p-1}{2(p+1)}\|u\|_{H^1}^2.$$

$$E^Q(u,u_t)\geqslant E(u,u_t)=E^Q(u,u_t)-\frac{1}{p+1}\|u\|_{p+1}^{p+1}\geqslant\frac{p-1}{p+1}E^Q(u,u_t). \qquad\square$$

在能量门槛 $E(u_0,u_1)<m$ 的条件下, 建立 $|K|$ 的一致下界估计, 它在研究聚焦型临界与次临界非线性 Klein-Gordon 方程 (7.1.1) 解的爆破与散射中起着重要作用.

引理 7.2.2 (一致下界估计) 假设 $(\alpha,\beta)\in\Omega^*$ 且 $(d,\alpha)\neq(2,0)$. 那么存在 $\delta=\delta(\alpha,\beta,d,p)>0$, 使得 $\forall\varphi\in H^1$, $J(\varphi)<m$, 有

$$K_{\alpha,\beta}\geqslant\min\left\{\bar{\mu}(m-J(\varphi)),\delta K_{\alpha,\beta}^{(Q)}(\varphi)\right\}\quad 或 \quad K_{\alpha,\beta}\leqslant-\bar{\mu}(m-J(\varphi)).$$

进而, 若 $u(t,x):\ I\times\mathbb{R}^d\to\mathbb{R}$ 是方程 (7.1.1) 以 (u_0,u_1) 为初值的极大生命区间解, 且初值 $(u_0,u_1)\in\mathcal{K}^+_{\alpha,\beta}$, 则 $(u(t),\partial_t u(t))\in\mathcal{K}^+_{\alpha,\beta}$. 同理, 若 $(u_0,u_1)\in\mathcal{K}^-_{\alpha,\beta}$, 则 $(u(t),\partial_t u(t))\in\mathcal{K}^-_{\alpha,\beta}$.

注记 7.2.1 当 $(d,\alpha)=(2,0)$ 时, 上面估计不再成立! 事实上, 此时 $(\alpha,\beta)\in\Omega^*$ 就意味着 $\beta>0$. 从 $\varphi^\lambda(x)=\varphi(e^{-\beta\lambda}x)$ 就容易推出:

$$K_{0,\beta}(\varphi^\lambda_{0,\beta})=\beta e^{2\beta\lambda}\|\varphi\|_2^2-\frac{2\beta}{p+1}e^{2\beta\lambda}\|\varphi\|_{p+1}^{p+1}=e^{2\beta\lambda}K_{0,\beta}(\varphi),$$

$$J(\varphi^\lambda_{0,\beta})=\frac{1}{2}\|\nabla\varphi\|_2^2+\frac{1}{2}e^{2\beta\lambda}\|\varphi\|_2^2-\frac{1}{p+1}e^{2\beta\lambda}\|\varphi\|_{p+1}^{p+1}.$$

故选取 φ 满足 $\|\nabla\varphi\|_2<m$, 当 $\lambda\to-\infty$ 时, 自然有 $J(\varphi^\lambda_{0,\beta})<m$. 与此同时, 还有

$$\lim_{\lambda\to-\infty}K(\varphi^\lambda_{0,\beta})=0.$$

因此, 上面结果不能成立!

引理 7.2.2 的证明 注意到 $\varphi^\lambda(x)=e^{\lambda\alpha}\varphi(e^{-\beta\lambda}x)$, 容易看出

$$J(\varphi^\lambda_{\alpha,\beta})=\frac{1}{2}e^{[2\alpha+(d-2)\beta]\lambda}\|\nabla\varphi\|_2^2+\frac{1}{2}e^{[2\alpha+d\beta]\lambda}\|\varphi\|_2^2-\frac{1}{p+1}e^{[(p+1)\alpha+d\beta]\lambda}\|\varphi\|_{p+1}^{p+1},\tag{7.2.2}$$

$$\begin{aligned}K_{\alpha,\beta}(\varphi^\lambda_{\alpha,\beta})=&\frac{2\alpha+(d-2)\beta}{2}e^{[2\alpha+(d-2)\beta]\lambda}\|\nabla\varphi\|_2^2+\frac{2\alpha+d\beta}{2}e^{[2\alpha+d\beta]\lambda}\|\varphi\|_2^2\\&-\frac{(p+1)\alpha+d\beta}{p+1}e^{[(p+1)\alpha+d\beta]\lambda}\|\varphi\|_{p+1}^{p+1},\end{aligned}\tag{7.2.3}$$

$$F(\varphi^\lambda_{\alpha,\beta})=\frac{1}{p+1}e^{[(p+1)\alpha+d\beta]\lambda}\|\varphi\|_{p+1}^{p+1},\tag{7.2.4}$$

无妨假设 $\varphi\neq0$, 定义:

$$j(\lambda)\triangleq J(\varphi^\lambda_{\alpha,\beta}),\quad j(0)=J(\varphi),$$

$$j'(\lambda)=K_{\alpha,\beta}(\varphi^\lambda),\quad j'(0)=K_{\alpha,\beta}(\varphi),$$

$$n(\lambda)\triangleq F(\varphi^\lambda)=\frac{1}{p+1}\|\varphi^\lambda\|_{p+1}^{p+1},\quad n'(\lambda)=\frac{(p+1)\alpha+d\beta}{p+1}e^{[(p+1)\alpha+d\beta]\lambda}\|\varphi\|_{p+1}^{p+1}>0.$$

由引理 3.2.6 中的估计 (3.2.14), 推知

$$j''(\lambda)=\mathcal{L}^2_{\alpha,\beta}J(\varphi)=(\mathcal{L}_{\alpha,\beta}-\bar{\mu})(\mathcal{L}_{\alpha,\beta}-\underline{\mu})J(\varphi^\lambda)+(\bar{\mu}+\underline{\mu})\mathcal{L}_{\alpha,\beta}J(\varphi^\lambda)-\bar{\mu}\underline{\mu}J(\varphi^\lambda)$$

$$\leqslant (\bar{\mu}+\underline{\mu})j'(\lambda)-\bar{\mu}\underline{\mu}j(\lambda)-\frac{2\alpha\varepsilon}{d+1}n'(\lambda). \tag{7.2.5}$$

情形 1　$K_{\alpha,\beta}(\varphi)<0$. 对于满足 $|\lambda|$ 充分大的负数 $\lambda<0$, 类似于 (3.2.25) 推导即得

$$\exists \lambda_0<0,\ \text{s.t. } j'(\lambda_0)=0, \quad \text{并且} \quad j'(\lambda)<0,\ \lambda_0<\lambda\leqslant 0.$$

根据 $\bar{\mu}H_{\alpha,\beta}=(\bar{\mu}-\mathcal{L})J(\varphi)$, 重新按现在的记号及 (3.2.25), 就有

$$j'(\lambda)-\bar{\mu}j(\lambda)=-\bar{\mu}H_{\alpha,\beta}(\varphi^{\lambda})\leqslant 0.$$

故由 (7.2.5) 和 $n'(\lambda)>0$ 可知

$$j''(\lambda)\leqslant \bar{\mu}j'(\lambda)+\underline{\mu}\big[j'(\lambda)-\bar{\mu}j(\lambda)\big]\leqslant \bar{\mu}j'(\lambda), \quad \lambda_0<\lambda\leqslant 0. \tag{7.2.6}$$

因此

$$K_{\alpha,\beta}(\varphi)=\int_{\lambda_0}^{0}j''(\lambda)d\lambda\leqslant \bar{\mu}\int_{\lambda_0}^{0}j'(\lambda)d\lambda=\bar{\mu}\big[j(0)-j(\lambda_0)\big]\leqslant \bar{\mu}\big[J(\varphi)-m\big].$$

这里用到

$$j'(\lambda_0)=K_{\alpha,\beta}(\varphi^{\lambda_0})=0\Longrightarrow j(\lambda_0)=J(\varphi^{\lambda_0})\geqslant m.$$

情形 2　$K_{\alpha,\beta}(\varphi)>0$. 由引理 7.2.1 知

$$J(\varphi)\geqslant \frac{p-1}{2(p+1)}\|\varphi\|_{H^1}^2,\ \ \bar{\mu}\|\varphi\|_{H^1}^2\geqslant K_{\alpha,\beta}^{(Q)}(\varphi)\Longrightarrow J(\varphi)\geqslant \frac{p-1}{2(p+1)\bar{\mu}}K_{\alpha,\beta}^{(Q)}(\varphi).$$

如果

$$(2\bar{\mu}+\underline{\mu})K_{\alpha,\beta}(\varphi)\geqslant \bar{\mu}\underline{\mu}J(\varphi)+\frac{2\alpha\varepsilon}{d+1}\mathcal{L}_{\alpha,\beta}F(\varphi),$$

将 $\mathcal{L}F(\varphi)=K_{\alpha,\beta}^{(Q)}(\varphi)-K_{\alpha,\beta}(\varphi)$ 代入上式, 利用前面得到的估计推出:

$$\left(2\bar{\mu}+\underline{\mu}+\frac{2\alpha\varepsilon}{d+1}\right)K_{\alpha,\beta}(\varphi)\geqslant \left[\frac{(p-1)\underline{\mu}}{2(p+1)}+\frac{2\alpha\varepsilon}{d+1}\right]K_{\alpha,\beta}^{(Q)}(\varphi).$$

注意到 $(\alpha,\beta)\in\Omega^*$ 意味着 $\underline{\mu}>0$ 且 $\alpha>0$, 由此推出存在 $\delta>0$, 满足

$$K_{\alpha,\beta}(\varphi)\geqslant \delta K_{\alpha,\beta}^{(Q)}(\varphi).$$

如果

$$(2\bar{\mu}+\underline{\mu})K_{\alpha,\beta}(\varphi)<\bar{\mu}\underline{\mu}J(\varphi)+\frac{2\alpha\varepsilon}{d+1}\mathcal{L}_{\alpha,\beta}F(\varphi),$$

等价于

$$(2\bar{\mu}+\underline{\mu})j'(0)<\bar{\mu}\underline{\mu}j(0)+\frac{2\alpha\varepsilon}{d+1}n'(0). \tag{7.2.7}$$

结合 (7.2.5) 得

$$j''(0)\leqslant -\bar{\mu}j'(0)=-\bar{\mu}K_{\alpha,\beta}(\varphi)<0. \tag{7.2.8}$$

由 (3.2.12) 知 $n'(0)-\bar{\mu}n(0)\geqslant 0$. 因此, 从

$$(\mathcal{L}_{\alpha,\beta}-\bar{\mu})(\mathcal{L}_{\alpha,\beta}-\underline{\mu})F(\varphi)\geqslant\frac{2\alpha\varepsilon}{d+1}\mathcal{L}_{\alpha,\beta}F(\varphi),$$

就得

$$n''(0)\geqslant(\bar{\mu}+\underline{\mu})n'(0)-\bar{\mu}\underline{\mu}n(0)+\frac{2\alpha\varepsilon}{d+1}n'(0)\geqslant\bar{\mu}n'(0)\geqslant\bar{\mu}^2n(0)>0. \tag{7.2.9}$$

进一步, 考察 $\lambda>0$ 逐步变大, 对于满足

$$(2\bar{\mu}+\underline{\mu})j'(\lambda)<\bar{\mu}\underline{\mu}j(\lambda)+\frac{2\alpha\varepsilon}{d+1}n'(\lambda)\quad\text{及}\quad j'(\lambda)>0 \tag{7.2.10}$$

成立的 $\lambda>0$, (7.2.5) 意味着

$$j''(\lambda)<0,\quad j'(\lambda)\searrow\ (\text{单调下降}),\quad j(\lambda)\nearrow\ (\text{单调上升}).$$

类似于 (7.2.8)及 (7.2.9) 的证明过程, 就可以推出

$$\begin{aligned}n''(\lambda)&\geqslant(\bar{\mu}+\underline{\mu})n'(\lambda)-\bar{\mu}\underline{\mu}n(\lambda)+\frac{2\alpha\varepsilon}{d+1}n'(\lambda)\geqslant\bar{\mu}n'+\underline{\mu}(n'-\bar{\mu}n)\\&\geqslant\bar{\mu}n'(\lambda)\geqslant\bar{\mu}^2n(\lambda)>0.\end{aligned}$$

注意到 (7.2.10) 的左边是单调下降, 右边是单调上升的函数, 总存在一点 $\lambda_0>0$, 使得

$$j'(\lambda_0)=0,\quad(2\bar{\mu}+\underline{\mu})j'(\lambda)<\bar{\mu}\underline{\mu}j(\lambda)+\frac{2\alpha\varepsilon}{d+1}n'(\lambda),\quad 0\leqslant\lambda\leqslant\lambda_0.$$

我们**断言** $\lambda_0<+\infty$. 在此断言下, 有

$$j''(\lambda)<-\bar{\mu}j'(\lambda),\quad 0\leqslant\lambda<\lambda_0. \tag{7.2.11}$$

因此

$$K_{\alpha,\beta}(\varphi)=-\int_0^{\lambda_0}j''(\lambda)d\lambda\geqslant\bar{\mu}\int_0^{\lambda_0}j'(\lambda)d\lambda=\bar{\mu}(j(\lambda_0)-j(0))\geqslant\bar{\mu}(m-J(\varphi)).$$

下面只需证明**断言** $\lambda_0 < +\infty$ 即可. 若不然, 对任意的 $\lambda > 0$, 都有 $j'(\lambda) > 0$. 从

$$j''(\lambda) < -\bar{\mu} j'(\lambda),$$

容易看出

$$j'(\lambda) < e^{-\bar{\mu}\lambda} j'(0) \longrightarrow 0, \quad \lambda \longrightarrow +\infty.$$

由 (7.2.5) 和 $j(\lambda) > 0$ 知

$$j''(\lambda) \leqslant -\frac{1}{2}\bar{\mu}\underline{\mu} j(\lambda) - \frac{2\alpha\varepsilon}{d+1} n'(\lambda) \leqslant -\frac{1}{2}\bar{\mu}\underline{\mu} J(\varphi) - \frac{2\alpha\varepsilon}{d+1} n'(0) \triangleq -\sigma < 0.$$

故

$$j'(\lambda) < j'(0) - \sigma\lambda,$$

这与假设 $j'(\lambda) > 0 (\forall \lambda > 0)$ 相矛盾, 从而**断言**成立. 这样就完成引理的证明. □

7.2.2 爆破机制

下面讨论聚焦型临界与次临界非线性 Klein-Gordon 方程 (7.1.1) 解的爆破机制.

能量门槛之下的爆破 (blow-up) 机制 在 $2_* - 1 < p \leqslant 2^* - 1$ 及

$$(u_0, u_1) \in \mathcal{K}^-_{\alpha,\beta} = \Big\{ (u_0, u_1) \in H^1 \times L^2 \; \Big| \; E(u_0, u_1) < m, \; K_{\alpha,\beta}(u_0) < 0 \Big\}$$

的条件下, 证明 (7.1.1) 的解在有限时刻发生爆破现象. 采用反证法. 如果不然, 即 (7.1.1) 的能量解 $u(t)$ 在 $t > 0$ 上均存在. 令

$$y(t) = \|u(t)\|_2^2 \quad \Longrightarrow \quad y'(t) = 2\int_{\mathbb{R}^d} u u_t dx, \tag{7.2.12}$$

$$y''(t) = 2\|u_t\|_2^2 - 2K_{1,0}(u) = (p+3)\|u_t\|_2^2 - 2(p+1)E(u, u_t) + (p-1)\|u\|_{H^1}^2, \tag{7.2.13}$$

因此, 由能量守恒可见 $J(u) \leqslant E(u, u_t) < m$. 根据引理 7.2.2 的证明过程, 可见

$$K_{1,0}(u) < -2(m - J(u)) < -2(m - E(u_0, u_1)) \triangleq -2\delta < 0, \tag{7.2.14}$$

故 $y''(t) > 2\delta > 0$. 因此, 存在 $t_0 > 0$ 充分大, 使得

$$\begin{cases} t > t_0, \quad y'(t) > 0, \quad y(t) \longrightarrow +\infty, \quad t \longrightarrow +\infty, \\ t > t_0, \quad (p-1)\|u(t)\|_{H^1}^2 \geqslant 2(p+1)E(u, u_t) = 2(p+1)E(u_0, u_1). \end{cases} \tag{7.2.15}$$

从而, 由 Cauchy-Schwarz 不等式得

$$y''(t) \geqslant (p+3)\|u_t\|_2^2 \geqslant \frac{p+3}{4}\frac{y'(t)^2}{y(t)} \quad \Longrightarrow \quad \frac{y''(t)}{y'(t)} \geqslant \frac{p+3}{4}\frac{y'(t)}{y(t)}, \quad t > t_0. \tag{7.2.16}$$

两边关于时间变量从 t_0 到 t 积分, 可见

$$y^{-\frac{p-1}{4}}(t) \leqslant y^{-\frac{p-1}{4}}(t_0) - \frac{p-1}{4}\frac{y'(t_0)}{y(t_0)^{\frac{p+3}{4}}}(t-t_0),$$

等价地有

$$t \leqslant t_0 + \frac{4}{p-1}\frac{y(t_0)}{y'(t_0)}. \tag{7.2.17}$$

矛盾!

能量门槛情形对应的爆破机制 次临界 Klein-Gordon 方程 (7.1.1) 的解在能量门槛意义下的爆破机制仍然是一个公开问题. 然而, 临界 Klein-Gordon 方程 (7.1.1) 的解在能量门槛意义下可以发生爆破现象. 具体地讲, 在 $p = 2^* - 1$ 及

$$(u_0, u_1) \in \mathcal{K}_{\alpha,\beta}^{(0)-} = \Big\{(u_0, u_1) \in H^1 \times L^2 \;\Big|\; E(u_0, u_1) = m,\ K_{\alpha,\beta}(u_0) < 0\Big\}$$

的条件下, 可以证明 (7.1.1) 的解将在有限时刻发生爆破现象.

与能量门槛之下的情况相比, 质量函数不再具有一致凸性: $y''(t) \geqslant 2\delta > 0$, 引理 7.1.1 中的爆破机制无法使用. 因此, 我们求助于 Sturm-Liouville 定理 (引理 7.1.2) 来建立爆破结果. 这自然地激发我们寻找如下的替代:

$$y''(t) \geqslant \alpha\frac{y'(t)^2}{y(t)} + y(t), \quad \alpha > 1, \quad y(t) = \|u(t)\|_2^2. \tag{7.2.18}$$

引入记号

$$\begin{cases} J^{(c)}(\varphi) = \displaystyle\int_{\mathbb{R}^d} \left[\frac{1}{2}|\nabla\varphi|^2 + \frac{c}{2}|\varphi|^2 - \frac{1}{p+1}|\varphi|^{p+1}\right] dx, \\ K_{1,0}^{(c)}(\varphi) = \|\nabla\varphi\|_2^2 + c\|\varphi\|_2^2 - \|\varphi\|_{p+1}^{p+1}, \\ H_{p+1}^{(c)}(\varphi) = J^{(c)}(\varphi) - \dfrac{K_{1,0}^{(c)}(\varphi)}{p+1}, \\ c \equiv 0, \quad \text{如果}\ \ p = 2^* - 1. \end{cases} \tag{7.2.19}$$

由引理 3.2.8 与引理 3.2.9 可得如下断言:

$$m = H_{p+1}^{(c)}(Q) = J^{(c)}(Q) \leqslant \inf\big\{H_{p+1}^{(c)}(\varphi) \big|\, \varphi \in H^1,\ K_{1,0}^{(c)}(\varphi) < 0\big\}. \tag{7.2.20}$$

特别地, 对于临界情形 $c=0$, $p=2^*-1$, 我们有

$$\begin{cases} H_{2^*}^{(0)}(\varphi)=J^{(0)}(\varphi)-\dfrac{1}{2^*}K_{1,0}^{(0)}(\varphi)=\dfrac{1}{d}\displaystyle\int_{\mathbb{R}^d}|\nabla\varphi|^2dx, \\ m=H_{2^*}^{(0)}(Q)=J^{(0)}(Q)\leqslant \inf\big\{H_{2^*}^{(0)}(\varphi)\big|\ \varphi\in H^1,\ K_{1,0}^{(0)}(\varphi)<0\big\}, \\ J^{(0)}(Q)\triangleq \dfrac{1}{2}\|\nabla Q\|_2^2-\dfrac{d-2}{2d}\|Q\|_{2^*}^{2^*}=\dfrac{1}{d}\|\nabla Q\|_2^2\triangleq H_{2^*}^{(0)}(Q). \end{cases} \tag{7.2.21}$$

与此同时, Q 是达到最佳 Sobolev 嵌入 $\|\varphi\|_{2^*}\leqslant C_*\|\nabla\varphi\|_2$ 的极小化元, 于是

$$\|\nabla Q\|_2^2=\|Q\|_{\frac{2d}{d-2}}^{\frac{2d}{d-2}} \implies E(Q)=\frac{1}{2}\|\nabla Q\|_2^2-\frac{d-2}{2d}\|Q\|_{\frac{2d}{d-2}}^{\frac{2d}{d-2}}=\frac{1}{d}\|\nabla Q\|_2^2. \tag{7.2.22}$$

注意到 $E(u,u_t)=J^{(0)}(Q)=m$ 直接验算就得

$$\begin{aligned} y''(t)&=2\|u_t\|_2^2-2K_{1,0}(u)=2\|u_t\|_2^2+2\cdot 2^*\left(J(u)-\frac{K_{1,0}(u)}{2^*}\right)-2\cdot 2^*J(u) \\ &=2\|u_t\|_2^2+2\cdot 2^*\left(J(u)-\frac{K_{1,0}(u)}{2^*}\right)-2\cdot 2^*E(u,u_t)+2^*\|u_t\|_2^2 \\ &=(2+2^*)\|u_t\|_2^2+2\cdot 2^*\big(H^{(1)}(u)-m\big) \\ &=(2+2^*)\|u_t\|_2^2+(2^*-2)\|u\|_2^2+2\cdot 2^*\big(H^{(0)}(u)-H^{(0)}(Q)\big) \\ &\geqslant \frac{2+2^*}{4}\frac{y'(t)^2}{y(t)}+(2^*-2)y(t). \end{aligned} \tag{7.2.23}$$

令 $z(t)=y(t)^{-\frac{2^*-2}{4}}$, 则

$$z''(t)=-\frac{2^*-2}{2}\left(y''-\frac{2^*+2}{4}\frac{y'^2}{y}\right)\frac{z}{2y}\leqslant -\frac{(2^*-2)^2}{4}z. \tag{7.2.24}$$

由 Sturm-Liouville 比较定理知: $z(t)$ 在长度大于 $2\pi/(2^*-2)$ 的区间上必与 0 相交, 故解的存在区间不超过 $2\pi/(2^*-2)$, 矛盾.

断言 (7.2.20) 的证明　考虑伸缩变换 $\varphi^\lambda\triangleq\varphi_{1,0}^\lambda$, 则

$$\begin{aligned} \frac{d}{d\lambda}H_{p+1}^{(c)}(\varphi_{1,0}^\lambda)&=\left(\mathcal{L}_{1,0}-\frac{1}{1+p}\mathcal{L}_{1,0}^2\right)J^{(c)}(\varphi^\lambda) \\ &=\left(1-\frac{2}{p+1}\right)e^{2\lambda}\left[\|\nabla\varphi\|_2^2+c\|\varphi\|_2^2\right]\geqslant 0. \end{aligned} \tag{7.2.25}$$

当 $\lambda < 0$ 充分小时,

$$K_{1,0}^{(c)}(\varphi^{\lambda}) = e^{2\lambda}\|\varphi\|_2^2 + ce^{2\lambda}\|\nabla\varphi\|_2^2 - e^{(p+1)\lambda}\|\varphi\|_{p+1}^{p+1} > 0,$$

结合 $K_{1,0}^{(c)}(\varphi) < 0$, 一定存在 $\lambda_0 < 0$, 使得

$$K_{1,0}^{(c)}(\varphi^{\lambda_0}) = 0. \tag{7.2.26}$$

注意到

$$J^{(c)}(Q) = \inf\left\{J^{(c)}(\varphi) \mid \varphi \in H^1,\ \ K_{1,0}^{(c)}(\varphi) = 0\right\}, \quad g(\lambda) \triangleq H_{p+1}^{(c)}(\varphi^{\lambda}) \nearrow,$$

从而推出

$$H_{p+1}^{(c)}(Q) = J^{(c)}(Q) \leqslant J^{(c)}(\varphi^{\lambda_0}) = H_{p+1}^{(c)}(\varphi^{\lambda_0}) \leqslant H_{p+1}^{(c)}(\varphi). \tag{7.2.27}$$

由此就得断言 (7.2.20). □

7.3 Klein-Gordon 方程整体时空估计

本节将聚焦临界与次临界非线性 Klein-Gordon 方程 (7.1.1) 转化为色散方程的标准形式, 进而建立额外 Strichartz 估计和非线性估计, 在此框架下给出大解的局部适定性、小解的散射理论及相应的扰动引理.

7.3.1 非线性 Klein-Gordon 方程转化成标准的色散方程

定义 7.3.1 令 $\vec{u} = \langle\nabla\rangle u - iu_t,\ \ u = \langle\nabla\rangle^{-1}\mathrm{Re}\vec{u},\ \ \langle\nabla\rangle = (1-\Delta)^{\frac{1}{2}}$.

$$\begin{cases}(\Box+1)u = 0,\\ (\Box+1)u = f(u)\end{cases} \iff \begin{cases}(i\partial_t + \langle\nabla\rangle)\vec{u} = 0,\\ (i\partial_t + \langle\nabla\rangle)\vec{u} = f(\mathrm{Re}\langle\nabla\rangle^{-1}\vec{u}).\end{cases}$$

定义新框架下的记号如下:

$$E^Q(u,\dot{u}) = \frac{1}{2}\|u\|_{H^1}^2 + \frac{1}{2}\|\dot{u}\|_2^2 = \frac{1}{2}\|\vec{u}\|_2^2, \quad \varphi \triangleq \mathrm{Re}\varphi + i\mathrm{Im}(\varphi) \triangleq \langle\nabla\rangle u(0) + iu_t(0),$$

$$\widetilde{E}(\varphi) \triangleq \frac{1}{2}\|\varphi\|_2^2 - \frac{1}{p+1}\|\mathrm{Re}\langle\nabla\rangle^{-1}\varphi\|_{p+1}^{p+1} \Longrightarrow \widetilde{E}(\vec{u}) \triangleq E(u,\dot{u}) = E(u(0),\dot{u}(0)) \triangleq \widetilde{E}(\varphi)$$

$$\begin{aligned}\widetilde{K}_{\alpha,\beta}(\varphi) &= K_{\alpha,\beta}^{(Q)}(\langle\nabla\rangle^{-1}\varphi) + K_{\alpha,\beta}^{(N)}(\mathrm{Re}\langle\nabla\rangle^{-1}\varphi)\\ &= K_{\alpha,\beta}(\mathrm{Re}\langle\nabla\rangle^{-1}\varphi) + K_{\alpha,\beta}^{Q}(\mathrm{Im}\langle\nabla\rangle^{-1}\varphi)\end{aligned}$$

$$\Longrightarrow \quad \widetilde{K}_{\alpha,\beta}(\vec{u}(t)) \geqslant K_{\alpha,\beta}(u(t)).$$

$$\mathcal{K}^+_{\alpha,\beta} = \Big\{\varphi = \vec{u}(0) = \langle\nabla\rangle u_0 - iu_1 \in L^2 \;\Big|\; \widetilde{E}(\varphi) \triangleq E(\mathrm{Re}\langle\nabla\rangle^{-1}\varphi, \mathrm{Im}\varphi) < m,$$

$$K_{\alpha,\beta}(\mathrm{Re}\langle\nabla\rangle^{-1}\varphi) \geqslant 0\Big\},$$

$$\widetilde{\mathcal{K}}^+_{\alpha,\beta} = \Big\{\varphi \in L^2 \;\Big|\; \widetilde{E}(\varphi) \triangleq E(\mathrm{Re}\langle\nabla\rangle^{-1}\varphi, \mathrm{Im}\varphi) < m\widetilde{K}_{\alpha,\beta}(\varphi) \geqslant 0\Big\},$$

上述记号可参见 3.2 节的符号.

命题 7.3.1 $\widetilde{\mathcal{K}}^+_{\alpha,\beta} = \mathcal{K}^+_{\alpha,\beta}$.

证明 **步骤一** $\mathcal{K}^+_{\alpha,\beta} \subset \widetilde{\mathcal{K}}^+_{\alpha,\beta}$. 事实上, 对于 $\forall\varphi \in \mathcal{K}^+_{\alpha,\beta}$, 按定义容易看出: $\widetilde{E}(\varphi) < m$ 及

$$\widetilde{K}_{\alpha,\beta}(\varphi) = K_{\alpha,\beta}(\mathrm{Re}\langle\nabla\rangle^{-1}\varphi) + K^Q_{\alpha,\beta}(\mathrm{Im}\langle\nabla\rangle^{-1}\varphi) \geqslant 0.$$

步骤二 $\widetilde{\mathcal{K}}^+_{\alpha,\beta} \subset \mathcal{K}^+_{\alpha,\beta}$. 事实上, 对于 $\forall\varphi \in \widetilde{\mathcal{K}}^+_{\alpha,\beta}$, 如果 $\varphi \notin \mathcal{K}^+_{\alpha,\beta}$, 则有

$$K_{\alpha,\beta}(\mathrm{Re}\langle\nabla\rangle^{-1}\varphi) < 0.$$

根据引理 7.2.2 中的一致下界估计, 推得

$$\begin{aligned}
K_{\alpha,\beta}(\mathrm{Re}\langle\nabla\rangle^{-1}\varphi) &< -\bar{\mu}\big(m - J(\mathrm{Re}\langle\nabla\rangle^{-1}\varphi)\big) = -\bar{\mu}\big(m - \widetilde{E}(\varphi)\big) - \frac{\bar{\mu}}{2}\|\mathrm{Im}\langle\nabla\rangle^{-1}\varphi\|^2_{H^1} \\
&< -\frac{\bar{\mu}}{2}\|\mathrm{Im}\langle\nabla\rangle^{-1}\varphi\|^2_{H^1} < -K^{(Q)}_{\alpha,\beta}(\mathrm{Im}\langle\nabla\rangle^{-1}\varphi),
\end{aligned}$$

故

$$\widetilde{K}_{\alpha,\beta}(\varphi) = K_{\alpha,\beta}(\mathrm{Re}\langle\nabla\rangle^{-1}\varphi) + K^{(Q)}_{\alpha,\beta}(\mathrm{Im}\langle\nabla\rangle^{-1}\varphi) < 0.$$

这与假设 $\widetilde{K}_{\alpha,\beta}(\varphi) \geqslant 0$ 相矛盾. □

7.3.2 Strichartz 估计

回顾线性 Klein-Gordon 方程解的色散估计及其对应的经典 Strichartz 估计.

引理 7.3.2 (色散型估计[12,55]) 设 $2 \leqslant r \leqslant +\infty$, $0 \leqslant \theta \leqslant 1$, 则

$$\big\|e^{it\sqrt{1-\Delta}}f\big\|_{B^{-(d+1+\theta)(\frac12-\frac1r)/2}_{r,2}} \leqslant \mu(t)\big\|f\big\|_{B^{(d+1+\theta)(\frac12-\frac1r)/2}_{r',2}}, \tag{7.3.1}$$

这里

$$\mu(t) = C\min\Big\{|t|^{-(d-1-\theta)(\frac12-\frac1r)_+},\ |t|^{-(d-1+\theta)(\frac12-\frac1r)}\Big\}. \tag{7.3.2}$$

引理 7.3.3 (Strichartz 估计[12,55]) 设 $0 \leqslant \theta_i \leqslant 1$, $\rho_i \in \mathbb{R}$, $2 \leqslant q_i \leqslant +\infty$, $2 < r_i \leqslant +\infty$ $(i=1,2)$. 进而假设 $(\theta_i, d, q_i, r_i) \neq (0,3,2,+\infty)$ 满足

$$\begin{cases} 0 \leqslant \dfrac{2}{q_i} \leqslant \min\left\{(d-1+\theta_i)\left(\dfrac{1}{2}-\dfrac{1}{r_i}\right), 1\right\}, & i=1,2, \\ \rho_1 + (d+\theta_1)\left(\dfrac{1}{2}-\dfrac{1}{r_1}\right) - \dfrac{1}{q_1} = \mu, \\ \rho_2 + (d+\theta_2)\left(\dfrac{1}{2}-\dfrac{1}{r_2}\right) - \dfrac{1}{q_2} = 1-\mu, \end{cases}$$

则有如下诸估计:

$$\left\| e^{it\sqrt{1-\Delta}} f \right\|_{L^{q_1}(\mathbb{R}; B^{\rho_1}_{r_1,2})} \leqslant C\|f\|_{H^\mu}, \tag{7.3.3}$$

$$\left\| \int_{\mathbb{R}} \frac{\sin(t-s)\sqrt{1-\Delta}}{\sqrt{1-\Delta}} f(s)ds \right\|_{L^{q_1}(I; B^{\rho_1}_{r_1,2})} \leqslant C\|f\|_{L^{q_2'}(I; B^{-\rho_2}_{r_2',2})}, \tag{7.3.4}$$

$$\left\| \int_0^t \frac{\sin(t-s)\sqrt{1-\Delta}}{\sqrt{1-\Delta}} f(s)ds \right\|_{L^{q_1}(I; B^{\rho_1}_{r_1,2})} \leqslant C\|f\|_{L^{q_2'}(I; B^{-\rho_2}_{r_2',2})}. \tag{7.3.5}$$

特别, 当 $\theta_1 = \theta_2 = \theta$ 时, r_j 的约束条件可以放宽成 $2 \leqslant r_j \leqslant \infty$.

注记 7.3.1 (i) 引理 7.3.2 中的色散型估计的证明可归结于如下振荡积分估计:

$$\sup_{x\in\mathbb{R}^d} \left| \int_{\mathbb{R}^d} e^{it(1+|\xi|^2)^{\frac{1}{2}}} e^{ix\xi} \beta(\xi) d\xi \right| \lesssim (1+|t|)^{-\frac{d-\theta}{2}}, \quad \beta(\xi) \in C_c^\infty(\mathbb{R}^d), \quad \theta \in [0,1].$$

(ii) 当 $\theta_1 = \theta_2 = \theta$ 时, 利用标准的 TT^* 方法、Christ-Kiselev 引理、Besov 空间的刻画 (端点情形需要原子分解) 就直接推出 Strichartz 估计, 详见苗长兴、张波的专著 [141] 的第五章.

(iii) 如果 $\theta_2 > \theta_1$, 选取 $\tilde{\rho}_2$ 满足

$$\tilde{\rho}_2 + (d+\theta_1)\left(\frac{1}{2}-\frac{1}{r_2}\right) - \frac{1}{q_2} = 1-\mu \implies \tilde{\rho}_2 > \rho_2.$$

利用特殊情形的 Strichartz 估计与 Sobolev 嵌入关系

$$\|f\|_{L^{q_2'}(I; B^{-\tilde{\rho}_2}_{r_2',2})} \lesssim \|f\|_{L^{q_2'}(I; B^{-\rho_2}_{r_2',2})}$$

就得 Strichartz 估计. 同理, 如果 $\theta_1 > \theta_2$, 选取 $\tilde{\rho}_1$ 满足

$$\tilde{\rho}_1 + (d+\theta_2)\left(\frac{1}{2}-\frac{1}{r_1}\right) - \frac{1}{q_1} = \mu \implies \tilde{\rho}_1 > \rho_1,$$

利用特殊情形的 Strichartz 估计与 Sobolev 嵌入关系

$$\left\|\int_{\mathbb{R}}\frac{\sin(t-s)\sqrt{1-\Delta}}{\sqrt{1-\Delta}}f(u(s))ds\right\|_{L^{q_1}(I;B^{\rho_1}_{r_1,2})}$$
$$\leqslant\left\|\int_{\mathbb{R}}\frac{\sin(t-s)\sqrt{1-\Delta}}{\sqrt{1-\Delta}}f(u(s))ds\right\|_{L^{q_1}(I;B^{\tilde{\rho}_1}_{r_1,2})}$$

即可.

定义 7.3.2 (i) 设

$$(1/q,1/r,\sigma)\in[0,1]^2\times\mathbb{R},\quad \theta\in[0,1],\quad \varrho\in(0,+\infty].$$

约定如下记号:

$[(1/q,1/r,\sigma)]_{\varrho}(I)=L^q_t(I;B^{\sigma}_{r,\varrho})$, $\quad[(1/q,1/r,\sigma)]^{\bullet}_{\varrho}(I)=L^q_t(I;\dot{B}^{\sigma}_{r,\varrho})$,

$[(1/q,1/r,\sigma)]_0(I)=L^q_t(I;L^r_x)$,

$\mathrm{reg}^{\theta}(1/q,1/r,\sigma)=\sigma+(d+\theta)\left(\dfrac{1}{2}-\dfrac{1}{r}\right)-\dfrac{1}{q}$ 或 $\underline{\sigma+\delta(r)-\left(1-\dfrac{2\theta}{d}\right)\dfrac{1}{q}}$

$\mathrm{str}^{\theta}(1/q,1/r,\sigma)=\dfrac{2}{q}-(d-1+\theta)\left(\dfrac{1}{2}-\dfrac{1}{r}\right)$,

$\mathrm{dec}^{\theta}(1/q,1/r,\sigma)=\dfrac{1}{q}-(d-1+\theta)\left(\dfrac{1}{2}-\dfrac{1}{r}\right)$,

$H^{s-\frac{1}{2}}$意义下的对偶指标：$(1/q,1/r,\sigma)^{(s)}\triangleq(1/q,1/r,s)$,

$$(1/q,1/r,\sigma)^{*(s)}\triangleq(1/q',1/r',2(s-1/2)-\sigma).$$

(ii) 称 $Z=(Z_1,Z_2,Z_3)$ 为 H^s 层次的 Strichartz-容许簇是指: 存在 $\theta\in[0,1]$, 使得

$$0\leqslant Z_1\leqslant\frac{1}{2},\quad 0\leqslant Z_2<\frac{1}{2},\quad \mathrm{reg}^{\theta}[Z]\leqslant s,\quad \mathrm{str}^{\theta}[Z]\leqslant 0.$$

(iii) $\mathrm{str}^{\theta}(1/q,1/r,\sigma)$ 是刻画 Strichartz 容许范围的变量, $\mathrm{dec}^{\theta}(1/q,1/r,\sigma)$ 为刻画色散衰减指标的变量, 从引理 7.3.2 可以看出, $\mathrm{dec}^{\theta}(1/q,1/r,\sigma)=0$ 隐含着 $\mu(t)\in L^q_*$.

下面用新记号陈述经典 Strichartz 估计:

引理 7.3.4 对于任意的 $s\in\mathbb{R}$, 设 Z 及 T 均是 H^s 层次的 Strichartz-容许簇. 那么对于任意的时空函数 $u(x,t)$, $I\subset\mathbb{R}$ 及 $t_0\in I$, 有如下的估计

$$\|u\|_{[Z]_2(I)}\lesssim\|u(t_0)\|_{H^s}+\|\dot{u}(t_0)\|_{H^{s-1}}+\|(\Box+1)u\|_{[T^{*(s)}]_2(I)},\tag{7.3.6}$$

这里隐性常数不依赖于 I 及 t_0. 特别, 当 $[Z]_2, [T]_2$ 选用不同的参数 $\theta \in [0,1]$ 时, 需要回避 $Z_2 = 1/2$ 与 $T_2 = 1/2$ 的端点情形.

注记 7.3.2 (i) 令 $V = \big(1/q, 1/r, \sigma\big)$, 则 $V^{*(s)} = \big(1/q', 1/r', 2(s-1/2)-\sigma\big)$. 直接验证

$$\mathrm{reg}^\theta[V^{*(s)}] = \mathrm{reg}^\theta\big(1/q', 1/r', 2(s-1/2)-\sigma\big) = 2(s-1/2) - 1 - \mathrm{reg}^\theta[V],$$

$$\mathrm{str}^\theta[V^{*(s)}] = \mathrm{str}^\theta\big(1/q', 1/r', 2(s-1/2)-\sigma\big) = 2 - \mathrm{str}^\theta[V].$$

(ii) 考虑

$$\begin{cases} [Z] = \left(\dfrac{1}{q_1}, \dfrac{1}{r_1}, \sigma_1\right), \quad \sigma_1 + (d+\theta_1)\left(\dfrac{1}{2} - \dfrac{1}{r_1}\right) - \dfrac{1}{q_1} = \mu_1 \leqslant s, \\ [T] = \left(\dfrac{1}{q_2}, \dfrac{1}{r_2}, \sigma_2\right), \quad \sigma_2 + (d+\theta_2)\left(\dfrac{1}{2} - \dfrac{1}{r_2}\right) - \dfrac{1}{q_2} = \mu_2 \leqslant s. \end{cases} \tag{7.3.7}$$

考察引理 7.3.3 中的非齐次部分的 Strichartz 估计 (7.3.5)

$$\left\| \int_0^t \frac{\sin{(t-s)}\sqrt{1-\Delta}}{\sqrt{1-\Delta}} f(u(s))ds \right\|_{L^{q_1}(I; B^{\rho_1}_{r_1,2})} \leqslant C\|f\|_{L^{q_2'}(I; B^{-\rho_2}_{r_2',2})},$$

相应的正则指标应满足 $\mathrm{reg}^{\theta_1}(1/q_1, 1/r_1, \rho_1) = \mu$ 及 $\mathrm{reg}^{\theta_2}(1/q_2, 1/r_2, \rho_2) = 1-\mu$, 这等价于

$$\begin{cases} \rho_1 + (d+\theta_1)\left(\dfrac{1}{2} - \dfrac{1}{r_1}\right) - \dfrac{1}{q_1} = \mu \leqslant s, \\ -\rho_2 + (d+\theta_2)\left(\dfrac{1}{2} - \dfrac{1}{r_2'}\right) - \dfrac{1}{q_2'} = \mu - 2. \end{cases} \tag{7.3.8}$$

对照

$$\begin{cases} T^{*(s)} = \left(\dfrac{1}{q_2'}, \dfrac{1}{r_2'}, 2\left(s - \dfrac{1}{2}\right) - \sigma_2\right) \\ \mathrm{reg}^{\theta_2}[T^{*(s)}] = 2\left(s-\dfrac{1}{2}\right) - \sigma_2 + (d+\theta_2)\left(\dfrac{1}{2} - \dfrac{1}{r_2'}\right) - \dfrac{1}{q_2'} \\ \qquad\qquad\quad = 2\left(s - \dfrac{1}{2}\right) - 1 - \mathrm{reg}^{\theta_2}[T] = 2\left(s-\dfrac{1}{2}\right) - 1 - \mu_2, \end{cases} \tag{7.3.9}$$

就获得 Strichartz 估计 (7.3.6) 关系式

$$\begin{cases} \mu \triangleq \mu_1 \leqslant s, \quad \rho_1 \triangleq \sigma_1, \quad \rho_2 = \sigma_2 - 2\left(s - \dfrac{1}{2}\right), \\ 2\left(s - \dfrac{1}{2}\right) - 1 - \mu_2 = \mu_1 - 2 \implies \mu_1 + \mu_2 = 2s. \end{cases} \tag{7.3.10}$$

由此推出 Strichartz 估计 (7.3.6) 估计中容许关系 (7.3.7) 应满足

$$\begin{cases}\mathrm{reg}^{\theta_1}[Z]=\mathrm{reg}^{\theta_1}\left(\dfrac{1}{q_1},\dfrac{1}{r_1},\sigma_1\right)=\mu_1\leqslant s, \quad \mathrm{reg}^{\theta_2}[T]=\mathrm{reg}^{\theta_2}\left(\dfrac{1}{q_2},\dfrac{1}{r_2},\sigma_2\right)=\mu_2\leqslant s,\\ \mathrm{reg}^{\theta_2}[T^{*(s)}]=\mathrm{reg}^{\theta_2}\left(\dfrac{1}{q_2'},\dfrac{1}{r_2'},2\left(s-\dfrac{1}{2}\right)-\sigma_2\right)=2\left(s-\dfrac{1}{2}\right)-1-\mathrm{str}^{\theta_2}[T].\\ \mathrm{reg}^{\theta_1}[Z]+\mathrm{reg}^{\theta_2}[T]=2s \quad\Longrightarrow\quad \mu_1=\mu_2=s.\end{cases} \tag{7.3.11}$$

引理 7.3.5 (额外 Strichartz 估计) 设 $Z,T\in\mathbb{R}^3$, $\theta\in[0,1]$ 满足

$$\begin{cases}\mathrm{reg}^{\theta}[Z]\leqslant\mathrm{reg}^{\theta}[T]+2, \quad \mathrm{str}^{\theta}[Z]\leqslant\mathrm{str}^{\theta}[T]-2, \quad 0<Z_1,T_1<1,\\ \mathrm{dec}^{\theta}[Z]<0<\mathrm{dec}^{\theta}[T]-1, \quad 0<\dfrac{1}{2}-Z_2, \quad T_2-\dfrac{1}{2}<\dfrac{1}{d-1+\theta}.\end{cases} \tag{7.3.12}$$

对于任意的区间 $I\subset\mathbb{R}$, $t_0\in I$, 设 $u(t,x)$ 是线性 Klein-Gordon 方程

$$\begin{cases}\Box u+u=f(t,x),\\ u(t_0)=0,\ u_0(t_0)=0\end{cases} \qquad \left(u=\int_{t_0}^{t}\frac{\sin(t-\tau)\sqrt{1-\Delta}}{\sqrt{1-\Delta}}f(\tau,x)d\tau\right) \tag{7.3.13}$$

的解, 则

$$\|u\|_{[Z]_2(I)}\lesssim\|(\Box+1)u\|_{[T]_2(I)}. \tag{7.3.14}$$

注记 7.3.3 对于 $\theta=0$ 的情况, Nakanishi 实际上在 [145] 中的引理 7.4 已经证过额外 Strichartz 估计, 即:

引理 7.3.6 设 $1<\tilde{q}<q<\infty$, $\dfrac{2(d-1)}{d+1}<\tilde{r}<2<r<\dfrac{2(d-1)}{d-3}$ 及

$$\begin{cases}\sigma+\delta(r)-\dfrac{1}{q}=\tilde{\sigma}+\delta(\tilde{r})-\dfrac{1}{\tilde{q}}+2 \iff \mathrm{reg}^0[Z]=\mathrm{reg}^0[T]+2,\\ \dfrac{1}{q}-\gamma(r)<0<\dfrac{1}{\tilde{q}}-\gamma(\tilde{r})-1, \quad \gamma(r)=(d-1)\left(\dfrac{1}{2}-\dfrac{1}{r}\right)\\ \iff \mathrm{dec}^0[Z]<0<\mathrm{dec}^0[T]-1,\\ \dfrac{2}{q}-\gamma(r)<\dfrac{2}{\tilde{q}}-\gamma(\tilde{r})-2, \quad \gamma(r)=(d-1)\left(\dfrac{1}{2}-\dfrac{1}{r}\right) \iff \mathrm{str}^0[Z]<\mathrm{str}^0[T]-2,\end{cases}$$

这里

$$Z=\big(1/q,1/r,\sigma\big), \quad T=\big(1/\tilde{q},1/\tilde{r},\tilde{\sigma}\big).$$

则线性非齐次 Klein-Gordon 方程 (7.3.13) 的解满足如下的额外 Strichartz 估计:

$$\left\| \int_{t_0}^{t} \frac{\sin(t-s)\sqrt{1-\Delta}}{\sqrt{1-\Delta}} f(s)ds \right\|_{L^q(I;B^{\sigma}_{r,1})} \lesssim \|f\|_{L^{\tilde{q}}(I;B^{\tilde{\sigma}}_{\tilde{r},\infty})}. \tag{7.3.15}$$

注意到这里获得的额外 Strichartz 估计除了第一可积指标范围扩张之外, 在第二可积指标上有了极大的改进, 但受实插值方法的限制, 导致了约束条件 $\mathrm{str}^0[Z] < \mathrm{str}^0(T)-2$, 不含 $\mathrm{str}^0[Z] = \mathrm{str}^0(T)-2$ 对应的边界情形.

(1) 为了处理质量临界的非线性增长, 需要考虑边界情形 $\mathrm{str}^0[Z] = \mathrm{str}^0(T)-2$. 事实上, 如果把估计 (7.3.15) 减弱为

$$\left\| \int_{t_0}^{t} \frac{\sin(t-s)\sqrt{1-\Delta}}{\sqrt{1-\Delta}} f(s)ds \right\|_{L^q(I;B^{\sigma}_{r,2})} \lesssim \|f\|_{L^{\tilde{q}}(I;B^{\tilde{\sigma}}_{\tilde{r},2})}, \tag{7.3.16}$$

则引理 7.3.6 中线性 Klein-Gordon 方程解满足的经典 Strichartz 估计就可包含边界情形 $\mathrm{str}^0[Z] \leqslant \mathrm{str}^0(T)-2$!

(2) 在新的记号框架下, 标准的 Strichartz 估计表述如下:

$$\left\| \int_{t_0}^{t} \frac{\sin(t-s)\sqrt{1-\Delta}}{\sqrt{1-\Delta}} f(s)ds \right\|_{[Z]_2(I)} \lesssim \|f\|_{[Q^{*(s)}]_2(I)}. \tag{7.3.17}$$

其中为 Z, Q 是 H^s 层次的 Strichartz-容许簇, 即

$$\begin{cases} \mathrm{str}^\theta[Z] \leqslant 0, \quad \mathrm{reg}^\theta[Z] \leqslant s, \quad 0 \leqslant Z_1 \leqslant \dfrac{1}{2}, \quad 0 \leqslant Z_2 < \dfrac{1}{2}, \\ \mathrm{str}^\theta[Q] \leqslant 0, \quad \mathrm{reg}^\theta[Q] \leqslant s, \quad 0 \leqslant Q_1 \leqslant \dfrac{1}{2}, \quad 0 \leqslant Q_2 < \dfrac{1}{2}. \end{cases}$$

如果令

$$T = Q^{*(s)} = \big(1-Q_1, 1-Q_2, 2(s-1/2)-Q_3\big),$$

则相应的指标关系就是

$$\begin{cases} \mathrm{str}^\theta[T] = 2 - \mathrm{str}^\theta[Q], \\ \mathrm{reg}^\theta[T] = 2\big(s-1/2\big) - 1 - \mathrm{reg}^\theta[Q] \end{cases} \Longrightarrow \begin{cases} \mathrm{str}^\theta[T] \geqslant 2 + \mathrm{str}^\theta[Z], \\ \mathrm{reg}^\theta[T] \geqslant \mathrm{reg}^\theta[Z] - 2. \end{cases} \tag{7.3.18}$$

这里用到

$$-\mathrm{str}^\theta[Q] \geqslant \mathrm{str}^\theta[Z], \quad 2s \geqslant \mathrm{reg}^\theta[Q] + \mathrm{reg}^\theta[Z].$$

从中可以看出引理 7.3.5 中条件的由来与推广.

引理 7.3.5 的证明 该引理主要用来处理高维情形, 避免低增长指标引起的正则性的损失! 分四种情形讨论.

情形 1 $\mathrm{str}^\theta[Z]=0=\mathrm{str}^\theta[T]-2,\ \mathrm{reg}^\theta[Z]=\mathrm{reg}^\theta[T]+2.$

由

$$\mathrm{str}^\theta[Z]=2Z_1-(d-1+\theta)\left(\frac{1}{2}-Z_2\right)=0,\ \ \frac{1}{2}-Z_2<\frac{1}{d-1+\theta}\quad\Longrightarrow\quad Z_1<\frac{1}{2}.$$

同理推出:

$$T_1>\frac{1}{2}\quad 或\quad T_1'<\frac{1}{2}.$$

令 $Q=\big(1/q,1/r,\sigma\big)$ 满足 $\mathrm{reg}^\theta[Q]=s$, 从 $T\triangleq Q^{*(s)}=\big(T_1,T_2,2(s-1/2)-\sigma\big)$ 所满足估计

$$\begin{aligned}\mathrm{reg}^\theta[T]&\triangleq\mathrm{reg}^\theta[Q^{*(s)}]=\mathrm{reg}^\theta\big(T_1,T_2,2(s-1/2)-\sigma\big)\\&=2(s-1/2)-1-\mathrm{reg}^\theta[Q]=s-2,\quad T_1=\frac{1}{q'},\quad T_2=\frac{1}{r'},\end{aligned}$$

可以推出

$$-\Big[2(s-1/2)-\sigma\Big]+(n+\theta)\left(\frac{1}{2}-\frac{1}{r}\right)-\frac{1}{q}=1-s.$$

故由注记 7.3.3(4), 可知情形 1 可由非端点 Strichartz 估计而得到.

情形 2 $\mathrm{str}^\theta[Z]=\mathrm{str}^\theta[T]-2,\ \mathrm{reg}^\theta[Z]=\mathrm{reg}^\theta[T]+2,\ T_2+Z_2=1.$

• 如果 $\mathrm{str}^\theta[Z]=0=\mathrm{str}^\theta[T]-2$, 作为情形 1 的特例自然成立! 自然, 这种特殊情形下对应的指标关系为

$$\begin{cases}2Z_1-(d-1+\theta)\left(\dfrac{1}{2}-Z_2\right)=0,\\2T_1-(d-1+\theta)\left(\dfrac{1}{2}-T_2\right)=2,\\T_2+Z_2=1,\\\mathrm{reg}^\theta[Z]=\mathrm{reg}^\theta[T]+2\end{cases}\Longrightarrow\begin{cases}T_1+Z_1=1.\\T_2+Z_2=1,\\T_3=Z_3-1+(d{+}1{+}\theta)\left(\dfrac{1}{2}-Z_2\right).\end{cases}$$

由引理 7.3.2 中给出的色散估计和 Hardy-Littlewood-Sobolev 不等式可得

$$\begin{aligned}\left\|\int_{t_0}^t\frac{\sin(t-s)\sqrt{1-\Delta}}{\sqrt{1-\Delta}}f(s)ds\right\|_{[Z]_2(I)}&\lesssim\left\|\int_{t_0}^t\big\|e^{\pm i(t-s)\langle\nabla\rangle}f(s)\big\|_{B^{Z_3-1}_{1/Z_2,2}}ds\right\|_{L^{1/Z_1}(I)}\\&\lesssim\left\|\int_{t_0}^t|t-s|^{-2Z_1}\|f(s)\|_{B^{T_3}_{1/T_2,2}}ds\right\|_{L^{1/Z_1}(I)}\end{aligned}$$

$$\lesssim \|f\|_{[T]_2(I)}.$$

• 如果 $\mathrm{str}^\theta[Z] = \mathrm{str}^\theta[T] - 2 \neq 0$, 选取 $s \in \mathbb{R}$ 及 $b \in \left(-\frac{1}{2}, \frac{1}{2}\right)$, 使得平移变换:

$$Z = Z' + (b, 0, s), \quad T = T' + (b, 0, s)$$

满足

$$\begin{cases} \mathrm{str}^\theta[Z'] = 0 = \mathrm{str}^\theta[T'] + 2 \iff 2(Z_1 + b) - (d - 1 + \theta)\left(\frac{1}{2} - Z_2\right) = 0, \\ \mathrm{reg}^\theta[Z'] = \mathrm{reg}^\theta[T'] + 2, \quad 0 < Z_1', T_1' < 1, \quad T_1' + Z_1' = 1, \\ \mathrm{dec}^\theta[Z'] < 0 < \mathrm{dec}^\theta[T'] - 1, \quad 0 < \frac{1}{2} - Z_2', \quad T_2' - \frac{1}{2} < \frac{1}{d-1+\theta}. \end{cases}$$

这就可转化成情形 1. 事实上,

$$\begin{aligned} \left\| \int_{t_0}^t \frac{\sin(t-s)\sqrt{1-\Delta}}{\sqrt{1-\Delta}} f(s) ds \right\|_{[Z]_2(I)} &\lesssim \left\| \int_{t_0}^t \left\| e^{\pm i(t-s)\langle\nabla\rangle} f(s) \right\|_{B^{Z_3'-1+s}_{1/Z_2',2}} ds \right\|_{L^{1/Z_1}(I)} \\ &\lesssim \left\| \int_{t_0}^t |t-s|^{-2Z_1'} \|f(s)\|_{B^{T_3'+s}_{1/T_2',2}} ds \right\|_{L^{\frac{1}{Z_1'+b}}(I)} \\ &\lesssim \|f\|_{[T]_2(I)}, \end{aligned}$$

这里用到

$$Z_1' + b + 1 = T_1 + 2Z_1' \iff Z_1' + T_1' = 1.$$

情形 3 $\mathrm{str}^\theta[Z] = \mathrm{str}^\theta[T] - 2$, $\mathrm{reg}^\theta[Z] = \mathrm{reg}^\theta[T] + 2$.

直接对情形 2 中的估计与经典 Strichartz 估计实施插值推出 $T_2 + Z_2 \neq 1$ 情形的结果.

情形 4 $\mathrm{str}^\theta[Z] \leqslant \mathrm{str}^\theta[T] - 2$, $\mathrm{reg}^\theta[Z] \leqslant \mathrm{reg}^\theta[T] + 2$.

注意到

$$\begin{cases} \frac{2}{q_Z} - (d-1+\theta)\left(\frac{1}{2} - \frac{1}{r_Z}\right) \leqslant \frac{2}{q_T} - (d-1+\theta)\left(\frac{1}{2} - \frac{1}{r_T}\right) - 2, \\ \sigma_Z + (d+\theta)\left(\frac{1}{2} - \frac{1}{r_Z}\right) - \frac{1}{q_Z} \leqslant \sigma_T + (d+\theta)\left(\frac{1}{2} - \frac{1}{r_T}\right) - \frac{1}{q_T} + 2, \end{cases}$$

选取 $r_{\tilde{T}} \geqslant r_T$ 满足

$$\begin{cases} \dfrac{2}{q_Z} - (d-1+\theta)\left(\dfrac{1}{2} - \dfrac{1}{r_Z}\right) = \dfrac{2}{q_T} - (d-1+\theta)\left(\dfrac{1}{2} - \dfrac{1}{r_{\tilde{T}}}\right) - 2, \\ (d-1+\theta)\left(\dfrac{1}{r_T} - \dfrac{1}{r_{\tilde{T}}}\right) \geqslant 0. \end{cases}$$

$$\begin{cases} \sigma_Z + (d+\theta)\left(\dfrac{1}{2} - \dfrac{1}{r_Z}\right) - \dfrac{1}{q_Z} = \sigma_{\tilde{T}} + (d+\theta)\left(\dfrac{1}{2} - \dfrac{1}{r_{\tilde{T}}}\right) - \dfrac{1}{q_T} + 2, \\ \sigma_{\tilde{T}} \triangleq \sigma_T + (d+\theta)\left(\dfrac{1}{r_T} - \dfrac{1}{r_{\tilde{T}}}\right) \geqslant \sigma_T. \end{cases}$$

记

$$[\tilde{T}] = (\tilde{T}_1, \tilde{T}_2, \tilde{T}_3) \triangleq \left(\frac{1}{q_T}, \frac{1}{r_{\tilde{T}}}, \sigma_{\tilde{T}}\right),$$

利用 Sobolev 嵌入定理就得

$$\begin{aligned} \left\| \int_{t_0}^t \frac{\sin(t-s)\sqrt{1-\Delta}}{\sqrt{1-\Delta}} f(s)ds \right\|_{[Z]_2(I)} &\lesssim \|f\|_{[\tilde{T}]_2(I)} \sim \left\|f(t)\right\|_{L^{q_T}(I;B^{\sigma_{\tilde{T}}}_{r_{\tilde{T}},2})} \\ &\lesssim \left\|f(t)\right\|_{L^{q_T}(I;B^{\sigma_T}_{r_T,2})} \triangleq \|f\|_{[T]_2(I)}. \qquad \square \end{aligned}$$

注记 7.3.4 实际上,“额外 Strichartz 估计”中关于时间的可积指标范围扩展了! 标准 Strichartz 估计左边关于时间可积性的指标 $\geqslant 2$, 右边关于时间可积性的指标 $\leqslant 2$; 然而对于“额外 Strichartz 估计”而言, 左右两边的可积指标均没有这个限制. 但对于空间可积性就不能扩展到小于 2, 这是因为对于空间可积指标小于 2 是无界的!

下面介绍一个三点插值不等式:

引理 7.3.7 设 $Z, A, B, C \in [0,1]^2 \times \mathbb{R}$, $\theta \in [0,1]$. 假设 $A_1 < Z_1 < B_1$, 如果下面条件之一

(i) $\min\left\{\mathrm{str}^\theta[A], \mathrm{str}^\theta[B], \mathrm{str}^\theta[C]\right\} \geqslant \mathrm{str}^\theta[Z]$, $\min\left\{\mathrm{reg}^\theta[A], \mathrm{reg}^\theta[B]\right\} > \mathrm{reg}^\theta[Z]$;

(ii) $\min\left\{\mathrm{str}^\theta[A], \mathrm{str}^\theta[B]\right\} > \mathrm{str}^\theta[Z]$, $\min\left\{\mathrm{reg}^\theta[A], \mathrm{reg}^\theta[B], \mathrm{reg}^\theta[C]\right\} \geqslant \mathrm{reg}^\theta[Z]$

成立, 则存在

$$\alpha, \beta, \gamma \in (0,1), \quad \text{s.t.} \quad \alpha + \beta + \gamma = 1, \quad \forall\, \varrho \in (0, +\infty],$$

使得

$$\|u\|_{[Z]_\varrho} \lesssim \|u\|^\alpha_{[A]_\infty} \cdot \|u\|^\beta_{[B]_\infty} \cdot \|u\|^\gamma_{[C]_\infty}. \tag{7.3.19}$$

特别, 若 $Z=(Z_1,Z_2,0)$ 且满足 $0\leqslant Z_2\leqslant 1/2$, 则根据

$$B^0_{1/Z_2,2}\hookrightarrow L^{1/Z_2}\quad\Longrightarrow\quad [Z]_2\hookrightarrow [Z]_0=L_t^{1/Z_1}L_x^{1/Z_2},$$

就推出估计

$$\|u\|_{[Z]_0}\lesssim \|u\|_{[Z]_2}\lesssim \|u\|^{\alpha}_{[A]_\infty}\cdot\|u\|^{\beta}_{[B]_\infty}\cdot\|u\|^{\gamma}_{[C]_\infty}. \tag{7.3.20}$$

证明 由于 $A_1<Z_1<B_1$, 对于 $\forall\ 0<\theta_2\ll 1$, 存在 $\theta_1\in(0,1)$ 使得

$$(1-\theta_2)\big[(1-\theta_1)A_1+\theta_1 B_1\big]+\theta_2 C_1=Z_1.$$

令 $\widetilde{Z}=(1-\theta_2)\big[(1-\theta_1)A+\theta_1 B\big]+\theta_2 C$, 则

$$\begin{cases}\mathrm{str}^\theta(\widetilde{Z})=(1-\theta_2)\big[(1-\theta_1)\mathrm{str}^\theta[A]+\theta_1\mathrm{str}^\theta[B]\big]+\theta_2\mathrm{str}^\theta[C]\geqslant \mathrm{str}^\theta[Z],\\ \mathrm{reg}^\theta(\widetilde{Z})=(1-\theta_2)\big[(1-\theta_1)\mathrm{reg}^\theta[A]+\theta_1\mathrm{reg}^\theta[B]\big]+\theta_2\mathrm{reg}^\theta[C]\geqslant \mathrm{reg}^\theta[Z],\\ \widetilde{Z}_1=Z_1.\end{cases}$$

上式就意味着

$$\begin{cases}\widetilde{Z}_2\geqslant Z_2,\\ \widetilde{Z}_3-d\widetilde{Z}_2\geqslant Z_3-dZ_2\end{cases}\Longrightarrow [\widetilde{Z}]_\varrho\hookrightarrow[Z]_\varrho.$$

(i) 在 $\mathrm{reg}^\theta[\widetilde{Z}]>\mathrm{reg}^\theta[Z]$ 的情形下, 有严格的单调关系

$$\widetilde{Z}_3-d\widetilde{Z}_2>Z_3-dZ_2\ \Longrightarrow\ [\widetilde{Z}]_\infty\hookrightarrow[Z]_\varrho.$$

利用复插值方法, 就得

$$\Big[\big[[A]_\infty,[B]_\infty\big]_{\theta_1},[C]_\infty\Big]_{\theta_2}=[\widetilde{Z}]_\infty\hookrightarrow[Z]_\varrho, \tag{7.3.21}$$

从而推出 (7.3.19).

(ii) 采用实插值方法. 对于任意的 $0<\delta\ll 1$, $Z_\pm\triangleq Z\pm\delta(1,0,1)$, 总有估计

$$\|u\|_{[Z]_\varrho}\lesssim\|u\|^{\frac12}_{[Z_+]_\infty}\|u\|^{\frac12}_{[Z_-]_\infty}.$$

事实上, 对于 $0<s_1<s<s_2$ 及 $s=\dfrac{s_1+s_2}{2}$, 容易看出

$$\|f\|_{B^s_{r,\varrho}}=\Big(\sum_{k\geqslant -1}2^{ksq}\|f_k\|_r^\varrho\Big)^{\frac1\varrho}\qquad\qquad (\ f_k\triangleq\Delta_k f\ \ )$$

$$
\begin{aligned}
&\lesssim 2^{\frac{N(s_2-s_1)}{2}}\|f\|_{B^{s_1}_{r,\infty}} + 2^{\frac{N(s_1-s_2)}{2}}\|f\|_{B^{s_2}_{r,\infty}}\\
&\lesssim \|f\|^{\frac{1}{2}}_{B^{s_1}_{r,\infty}}\|f\|^{\frac{1}{2}}_{B^{s_2}_{r,\infty}}, \qquad\qquad \left(2^{N(s_2-s_1)}=\frac{\|f\|_{B^{s_2}_{r,\infty}}}{\|f\|_{B^{s_1}_{r,\infty}}}\right).
\end{aligned}
$$

令 $0<\varepsilon\ll 1$ 满足: $\varepsilon(B_1-A_1)(1-\theta_2)=\delta$, 记

$$
\widetilde{Z}_\pm \triangleq (1-\theta_2)\Big[(1-\theta_1\mp\varepsilon)A+(\theta_1\pm\varepsilon)B\Big]+\theta_2 C.
$$

容易验证 $\widetilde{Z}^1_\pm = Z^1_\pm$ 及

$$
\begin{cases}
\mathrm{str}^\theta[\widetilde{Z}_\pm] > \mathrm{str}^\theta[Z_\pm],\\
\mathrm{reg}^\theta[\widetilde{Z}_\pm] \geqslant \mathrm{reg}^\theta[Z_\pm] = \mathrm{reg}^\theta[Z]
\end{cases}
\Longrightarrow
\begin{cases}
\widetilde{Z}^2_\pm > Z^2_\pm,\\
\widetilde{Z}^3_\pm - d\widetilde{Z}^2_\pm \geqslant Z^3_\pm - dZ^2_\pm,
\end{cases}
$$

通过插值

$$
\Big[\big[[A]_\infty,[B]_\infty\big]_{\theta_1\pm\varepsilon},[C]_\infty\Big]_{\theta_2} = [\widetilde{Z}_\pm]_\infty \hookrightarrow [Z_\pm]_\infty,\ \big[[Z_+]_\infty,[Z_-]_\infty\big]_{\frac{1}{2}} \hookrightarrow [Z]_\varrho, \tag{7.3.22}
$$

就可以得到估计 (7.3.19). □

7.3.3 Strichartz 范数意义下的整体扰动理论

首先引入如下空间:

$$
\begin{aligned}
&H \triangleq (\,0,1/2,1\,),\quad [H]_2(I)=L^\infty_t(I;H^1),\qquad \text{能量空间},\\
&W \triangleq (\,1/\rho_w,1/\rho_w,1/2\,),\quad [W]_2(I)=L^{\rho_w}_t(I;B^{\frac{1}{2}}_{\rho_w,2}),\\
&\mathrm{reg}^0[W]=1,\quad \rho_w=\frac{2(d+1)}{d-1},\qquad \text{波方程}\\
&K \triangleq (\,1/\rho_k,1/\rho_k,1/2\,),\quad [K]_2(I)=L^{\rho_k}_t(I;B^{\frac{1}{2}}_{\rho_k,2}),\\
&\mathrm{reg}^1[K]=1,\quad \rho_k=\frac{2(d+2)}{d},\qquad \text{Klein-Gordon}.
\end{aligned}
$$

注记 7.3.5 (1) 直接验证

$$
\begin{cases}
1=\mathrm{reg}^0[H]=\mathrm{reg}^1[H]=\mathrm{reg}^0[W]=\mathrm{reg}^1[K],\\
0=\mathrm{str}^0[H]=\mathrm{str}^1[H]=\mathrm{str}^0[W]=\mathrm{str}^1[K].
\end{cases}
$$

(2) 空间的选取原则-I ($d\leqslant 2$):

• $L^\infty(I; B^{1-\frac{n}{2}-\sigma}_{\infty,\infty}(\mathbb{R}^n))$: $(0<\sigma\ll 1)$. 当 $\sigma=0$ 时, 它是与能量空间 $L^\infty(I; H^1(\mathbb{R}^n))$ 同度的最大时空 Besov 空间.

• $L^q_{t,x}(I\times\mathbb{R}^d)$: $q=\dfrac{(d+2)(p-1)}{2}$ 是与非线性项 $|u|^{p-1}u$ 对应的临界对称时空可积指标, 即:

$$\frac{2}{q}=d\Big(\frac{1}{2}-\frac{1}{q}\Big)-\Big(\frac{d}{2}-\frac{2}{p-1}\Big).$$

它确保了非线性估计

$$\big\||u|^{p-1}u\big\|_{L^{\rho'}(I;B^{\frac12}_{\rho',2})}\lesssim\|u\|^{p-1}_{L^q_{t,x}}\|u\|_{L^\rho(I;B^{\frac12}_{\rho,2})},\quad \rho\triangleq\rho_k=\frac{2(d+2)}{d},\tag{7.3.23}$$

其中

$$\begin{cases}\mathrm{reg}^1[K]=\dfrac12+(d+1)\Big(\dfrac12-\dfrac1\rho\Big)-\dfrac1\rho=1,\\ [K]_2(I)=L^\rho(I;B^{\frac12}_{\rho,2})\Longleftrightarrow L^{\rho'}(I;B^{\frac12}_{\rho',2})=[K^{*(1)}]_2(I).\end{cases}$$

(3) 空间的选取原则-II $(d\geqslant 3)$:

• $L^q_{t,x}(I\times\mathbb{R}^d)$: $q=\dfrac{(d+1)(p-1)}{2}$ 是与非线性项 $|u|^{p-1}u$ 对应的临界对称时空可积指标, 即

$$\frac{2}{q}=(d-1)\Big(\frac{1}{2}-\frac{1}{q}\Big)-\Big(\frac{d}{2}-\frac{2}{p-1}\Big),$$

它确保非线性估计

$$\big\||u|^{p-1}u\big\|_{L^{\rho'}(I;B^{\frac12}_{\rho',2})}\lesssim\|u\|^{p-1}_{L^q_{t,x}}\|u\|_{L^\rho(I;B^{\frac12}_{\rho,2})},\quad \rho\triangleq\rho_w=\frac{2(d+1)}{d-1},\tag{7.3.24}$$

其中

$$\begin{cases}\mathrm{reg}^0[W]=\dfrac12+d\Big(\dfrac12-\dfrac1\rho\Big)-\dfrac1\rho=1,\\ [W]_2(I)=L^\rho(I;B^{\frac12}_{\rho,2})\Longleftrightarrow L^{\rho'}(I;B^{\frac12}_{\rho',2})=[W^{*(1)}]_2(I).\end{cases}$$

• $L^q(I;L^\rho(\mathbb{R}^d))\Longleftrightarrow L^{\frac{q}{p+1}}(I;L^{\rho'}(\mathbb{R}^n))$: 部分压缩映射方法派生的工作空间, 度量就是部分范数, 主要基于 $L^p-L^{p'}$ 估计及 Hardy-Littlewood-Sobolev 不等式.

在讨论主要扰动引理之前, 先说明 $[H]_2\cap[W]_2\cap[K]_2$ 空间范数足以控制解的所有 Strichartz 范数.

引理 7.3.8　设 Z, T, U 是 H^1-容许簇. 则存在常数 C_1 及连续函数 $C_2:(0,\infty)\to(0,\infty)$ 使得对于任意的时间 I, $t_0\in I$ 及时空函数 $w(t,x)$, 满足

$$\begin{aligned}&\|w\|_{[Z]_2(I)} \qquad (7.3.25)\\ \leqslant\ & C_1\|\vec{w}(t_0)\|_{L_x^2}+C_1\|eq(w)\|_{([T^{*(1)}]_2+[U^{*(1)}]_2)(I)}+C_2\big(\|w\|_{([H]_2\cap[W]_2\cap[K]_2)(I)}\big),\end{aligned}$$

这里 $\mathrm{eq}(w)=w_{tt}-\Delta w+w-f(w)$.

证明　由 Strichartz 估计可得

$$\begin{aligned}\|w\|_{[Z]_2(I)}\leqslant\ & C_1\|\vec{w}(t_0)\|_{L_x^2}+C_1\|\mathrm{eq}(w)\|_{([T^{*(1)}]_2+[U^{*(1)}]_2)(I)}\\ &+C_1\||w|^{p-1}w\|_{\left([W^{*(1)}]_2+[K^{*(1)}]_2+L_t^1L_x^2\right)(I)},\end{aligned}$$

故问题就归结为

$$\||w|^{p-1}w\|_{\left([W^{*(1)}]_2+[K^{*(1)}]_2+L_t^1L_x^2\right)(I)}\lesssim C_2\big(\|w\|_{([H]_2\cap[W]_2\cap[K]_2)(I)}\big).$$

情形 1　$d\leqslant 2$. 利用 (7.3.23), 我们推出

$$\||w|^{p-1}w\|_{[K^{*(1)}]_2(I)}\lesssim\|w\|^{p-1}_{L_{t,x}^{\frac{(d+2)(p-1)}{2}}}\|w\|_{[K]_2(I)}.$$

$$\|w\|_{L_{t,x}^{\frac{(d+2)(p-1)}{2}}}\lesssim\|w\|^{\theta}_{L_{t,x}^{\frac{2(d+2)}{d}}}\|w\|^{1-\theta}_{L_{t,x}^{\infty}}\lesssim\|w\|^{\theta}_{[K]_2(I)}\|w\|^{1-\theta}_{[H]_2(I)},\quad \theta=\frac{4}{d(p-1)},\quad d=1,$$

$$\begin{cases}\|w\|_{L_{t,x}^{\frac{(d+2)(p-1)}{2}}}\lesssim\|w\|^{\theta}_{L_t^{\frac{2(d+2)}{d}}L_x^{\frac{2(d+2)}{d}+}}\|w\|^{1-\theta}_{L_t^{\infty}L_x^{\infty-}}\lesssim\|w\|^{\theta}_{[K]_2(I)}\|w\|^{1-\theta}_{[H]_2(I)},\ p-1>\dfrac{4}{d},\\ \|w\|_{L_{t,x}^{\frac{(d+2)(p-1)}{2}}}\lesssim\|w\|_{[K]_2(I)},\quad p-1=\dfrac{4}{d},\quad d=2.\end{cases}$$

当然, 上面证明可按 $d=2$ 的方式统一处理, 这里有较大的 "回旋空间".

情形 2　$d\geqslant 3$. 根据 (7.3.23) 与 (7.3.24), 容易看出

$$\||w|^{\frac{4}{d}}w\|_{[K^{*(1)}](I)}\lesssim\|w\|^{\frac{4}{d}}_{L_{t,x}^{\frac{2(d+2)}{d}}}\|w\|_{[K]_2(I)}\lesssim\|w\|^{1+\frac{4}{d}}_{[K]_2(I)},$$

$$\||w|^{\frac{4}{d-2}}w\|_{[W^{*(1)}](I)}\lesssim\|w\|^{\frac{4}{d-2}}_{L_{t,x}^{\frac{2(d+1)}{d-1}}}\|w\|_{[W]_2(I)}\lesssim\|w\|^{1+\frac{4}{d-2}}_{[W]_2(I)}.$$

这就意味着

$$\begin{aligned}\||w|^{p-1}w\|_{\left([W^{*(1)}]_2+[K^{*(1)}]_2\right)(I)} &\lesssim \||w|^{\frac{4}{d}}w\|_{[K^{*(1)}](I)}+\||w|^{\frac{4}{d-2}}w\|_{[W^{*(1)}](I)}\\ &\lesssim \|w\|_{[K]_2(I)}^{1+\frac{4}{d}}+\|w\|_{[W]_2(I)}^{1+\frac{4}{d-2}}.\end{aligned}$$ □

引入刻画散射尺度的空间: $ST(I)\triangleq\big([K]_2\cap[W]_2\big)(I)$. 作为上面引理的直接应用, 可以建立解的局部适定性和小解的散射性.

推论 7.3.9 假设 $(u_0,u_1)\in H^1\times L^2$. 那么存在一个小常数 $\delta=\delta(E)>0$ 使得: 如果 $\|(u_0,u_1)\|_{H^1\times L^2}\leqslant E$, 并且 I 是一个满足

$$\left\|\cos t\sqrt{1-\Delta}u_0+\frac{\sin t\sqrt{1-\Delta}}{\sqrt{1-\Delta}}u_1\right\|_{ST(I)}\leqslant\delta \tag{7.3.26}$$

的时间区间, 则存在临界与次临界非线性 Klein-Gordon 方程 (7.1.1) 或 (7.1.5) 的唯一强解 $u\in C(I;H^1)\cap C^1(I;L^2)$ 满足

$$\|u\|_{ST(I)}\leqslant 2\delta,\quad \|u\|_{[Z]_2(I)}\leqslant 2C(E),$$

其中 Z 是一个任意的 H^1-容许簇.

推论 7.3.10 如果 $\|u\|_{ST(\mathbb{R})}<+\infty$, 则 u 是散射的.

证明 波算子的存在性实际上等价于终值问题的局部适定性, 可用类似于推论 7.3.9 证明方法给出, 故我们仅须证明渐近完备性. 不失一般性, 仅需考虑 $t\to+\infty$ 的情形. 利用 Duhamel 公式

$$\begin{pmatrix}u(t)\\ \dot u(t)\end{pmatrix}=V_0(t)\begin{pmatrix}u_0(x)\\ u_1(x)\end{pmatrix}-\int_0^t V_0(t-s)\begin{pmatrix}0\\ f(u(s))\end{pmatrix}ds, \tag{7.3.27}$$

其中

$$K(t)=\frac{\sin(t\omega)}{\omega},\quad V_0(t)=\begin{pmatrix}\dot K(t) & K(t)\\ \ddot K(t) & \dot K(t)\end{pmatrix},\quad \omega=\big(1-\Delta\big)^{1/2}.$$

定义

$$\begin{pmatrix}u_0^+\\ u_1^+\end{pmatrix}=\begin{pmatrix}u_0\\ u_1\end{pmatrix}-\int_0^t V_0(-s)\begin{pmatrix}0\\ f(u(s))\end{pmatrix}ds,$$

则

$$\begin{aligned}&\left\|\begin{pmatrix}u(t)\\ \dot u(t)\end{pmatrix}-V_0(t)\begin{pmatrix}u_0+\\ u_1^+\end{pmatrix}\right\|_{H^1\times L^2}\\ =&\left\|\int_t^\infty V_0(t-s)\begin{pmatrix}0\\ f(u(s))\end{pmatrix}ds\right\|_{H^1\times L^2}\end{aligned}$$

$$\lesssim \||w|^{p-1}w\|_{\left([W^{*(1)}]_2([t,+\infty))+[K^{*(1)}]_2([t,+\infty))\right)}$$

$$\lesssim \|w\|_{[K]_2([t,+\infty))}^{1+\frac{4}{d}} + \|w\|_{[W]_2([t,+\infty))}^{1+\frac{4}{d-2}} \longrightarrow 0, \quad t \longrightarrow +\infty.$$

对于 $d=1,2$ 的情形仅需修改最后一个不等式的估计方式就行了. □

下面建立关键的扰动引理, 在传统的意义下, 它说明解在初值和非线性项的小扰动意义下是稳定的. 从现代分析的观点来看, 它主要用于分析非线性项的强弱相互作用, 在 Bourgain 的能量归纳技术 (相变理念)、基于"轮廓分解" 的集中紧性刻画方法等过程中, 发挥着基础性作用. 当然, 作为扰动引理的直接结果, 也可以获得局部适定性.

引理 7.3.11 (扰动引理) 设 $p>1+4/d$, Z,T,U 及 V 是 H^1-容许簇, 且 $\mathrm{reg}^0[V]=1$. 则存在连续函数

$$\varepsilon_0,\ C_0:\ (0,\infty)\times(0,\infty) \longrightarrow (0,\infty)$$

使得下面结论成立: 设 $I\subset\mathbb{R}$ 是一个时间区间, $t_0\in I$ 且 $\vec{u},\ \vec{w}\in C(I;L^2)$. 令

$$\vec{\gamma}_0 = e^{i\langle\nabla\rangle(t-t_0)}(\vec{u}-\vec{w})(t_0),$$

假设对于 $E_1,\ E_2>0$, 成立

$$\|\vec{u}\|_{L_t^\infty(I;L^2)} + \|\vec{w}\|_{L_t^\infty(I;L^2)} \leqslant E_1, \tag{7.3.28}$$

$$\|w\|_{([W]_2\cap[K]_2)} \leqslant E_2, \tag{7.3.29}$$

$$\|\gamma_0\|_{[V]_\infty(I)} + \left\|\left(\mathrm{eq}(u),\mathrm{eq}(w)\right)\right\|_{\left([T^{*(1)}]_2+[U^{*(1)}]_2\right)(I)} \leqslant \varepsilon_0(E_1,E_2). \tag{7.3.30}$$

则

$$\|u\|_{[Z]_2(I)} \leqslant C_0(E_1,E_2).$$

注记 7.3.6 (1) 如果 $p=1+4/d$, 还需要假设

$$\|\gamma_0\|_{[K]_0(I)} \leqslant \varepsilon_0(E_1,E_2).$$

(2) 证明思路: 通过剖分时间区间, 使得 w 在每个小区间上具有充分小的时空范数, 足以保证可以使用连续性方法. 这样一来, 问题就归结为在每个小区间使用短时间的扰动引理, 然后再叠加局部扰动的结果就获得长时间扰动引理. 一般来说, 解决问题的一个有效工具是寻找好的迭代方式! 这里采用的迭代过程如下: 记

$$I\cap(t_0,+\infty) \triangleq (t_0,t_n) = \bigcup_{j=0}^{n-1} I_j, \quad I_j=(t_j,t_{j+1}), \quad t_0<t_1<\cdots<t_n,$$

$$\gamma(t) := u(t) - w(t), \quad \vec{\gamma}_j(t) \triangleq e^{i\langle\nabla\rangle(t-t_j)}\vec{\gamma}(t_j), \quad \vec{\gamma}(t) = \langle\nabla\rangle u(t) - i\dot{u}(t),$$

$$\begin{aligned}\|\gamma_0(t)\|_{\mathcal{Y}(I)} \leqslant \delta &\Longrightarrow \|\gamma(t)\|_{\mathcal{Y}(I_0)} \leqslant 2\delta \Longrightarrow \|\gamma_1(t)\|_{\mathcal{Y}(t_1,t_n)} \leqslant 2^2\delta \\ &\Longrightarrow \|\gamma(t)\|_{\mathcal{Y}(I_1)} \leqslant 2^3\delta, \qquad \cdots \\ &\Longrightarrow \|\gamma_{n-1}(t)\|_{\mathcal{Y}(t_{n-1},t_n)} \leqslant 2^{2n-1}\delta \Longrightarrow \|\gamma(t)\|_{\mathcal{Y}(I_{n-1})} \leqslant 2^{2n}\delta.\end{aligned}$$

引理 7.3.11 的证明 引入记号:

$$\begin{cases} e = \mathrm{eq}(u) - \mathrm{eq}(w), \\ \gamma(t) = u(t) - w(t) \end{cases} \Longrightarrow \begin{cases} \gamma_{tt} - \Delta\gamma + \gamma = f(w+\gamma) - f(w) - e, \\ \vec{\gamma}(t_0) = \vec{\gamma}_0(t_0). \end{cases}$$

首先, 利用引理 7.3.8 中的 Strichartz 估计及条件 (7.3.29)—(7.3.30), 直接推出

$$\|w\|_{[Z]_2(I)} \leqslant E_2 \quad (\text{其中 } Z \text{ 是任意的 } H^1\text{-容许簇}). \tag{7.3.31}$$

情形 1 $d \leqslant 4$. 选取

$$\begin{cases} S = \left(\dfrac{1}{p_1}, \dfrac{1}{2p_1}, 0\right), \quad [S]_0 = L_t^{p_1}L_x^{2p_1}, \quad 1 + \dfrac{4}{d} < p_1 \leqslant 1 + \dfrac{4}{d-1}, \quad 2 \leqslant d \leqslant 4, \\ S = \left(\dfrac{1}{p_1}, \dfrac{1}{2p_1}, 0\right), \quad [S]_0 = L_t^{p_1}L_x^{2p_1}, \quad 1 + \dfrac{4}{d} < p_1 < \infty, \quad d = 1, \\ L = \left(\dfrac{1}{p_2}, \dfrac{1}{2p_2}, 0\right), \quad [L]_0 = L_t^{p_2}L_x^{2p_2}, \quad 1 + \dfrac{4}{d-1} < p_2 \leqslant 1 + \dfrac{4}{d-2}, \quad 3 \leqslant d \leqslant 4, \\ L = \left(\dfrac{1}{p_2}, \dfrac{1}{2p_2}, 0\right), \quad [L]_0 = L_t^{p_2}L_x^{2p_2}, \quad 1 + \dfrac{4}{d-1} < p_2 < \infty, \quad d = 2 \end{cases}$$

S, L 的选取主要基于选取能量空间对应着特殊的 H^1-容许簇, 其对偶空间恰好是 $L_t^1L_x^2$ (不用引理 7.3.8 中较弱的空间形式), 使得将 Strichartz 估计中时空指标全部用尽, 恰好形成一个循环模式. 对 $d = 1$ 的情形, 仅选取 $[S]_0$ 即可.

步骤一 $\|\gamma_0\|_{[S]_0(I)\cap[L]_0(I)} \leqslant CE_1^\theta\varepsilon_0^{1-\theta}$, $0 < \theta < 1$.

子情形 1 $p = p_1$. 注意到

$$\begin{cases} \mathrm{str}^1[S] < 0 \Longleftrightarrow \dfrac{2}{p} - d\left(\dfrac{1}{2} - \dfrac{1}{2p}\right) < 0 \Longleftrightarrow p > 1 + \dfrac{4}{d}, \\ \mathrm{reg}^1[S] \leqslant 1 \Longleftrightarrow 0 + (d+1)\left(\dfrac{1}{2} - \dfrac{1}{2p}\right) - \dfrac{1}{p} \leqslant 1 \Longleftrightarrow p \leqslant 1 + \dfrac{4}{d-1}, \quad d \geqslant 2. \\ \mathrm{reg}^1[S] \leqslant 1 \Longleftrightarrow 0 + (d+1)\left(\dfrac{1}{2} - \dfrac{1}{2p}\right) - \dfrac{1}{p} \leqslant 1 \Longleftrightarrow p < \infty, \quad d = 1. \end{cases}$$

为了应用引理 7.3.7 给出的估计, 选取

$$A = H, \quad B = \left(\frac{d}{d+4}, \frac{d}{2(d+4)}, \frac{2}{d+4}\right), \quad C = V,$$

其中 B 的选取原则是满足

$$A_1 < S_1 = \frac{1}{p} < \frac{d}{d+4} = B_1, \quad \mathrm{str}^1[B] = 0, \quad \mathrm{reg}^1[B] = 1.$$

注意到 $\mathrm{reg}^1[V] \geqslant \mathrm{reg}^0[V] = 1$, 容易看出

$$\begin{cases} \min\{\mathrm{str}^1[A], \mathrm{str}^1[B]\} = 0 > \mathrm{str}^1[S], \\ \min\{\mathrm{reg}^1[A], \mathrm{reg}^1[B], \mathrm{reg}^1[C]\} = 1 \geqslant \mathrm{reg}^1[S]. \end{cases}$$

注意到 $\dfrac{d+4}{d} \geqslant 2$, 由经典的 Strichartz 估计 $\|\gamma_0(t)\|_{[B]_2(I)} \lesssim \|\vec{\gamma}(t_0)\|_{L^2} \lesssim E_1$ 和引理 7.3.7 推出

$$\|\gamma_0(t)\|_{[S]_0(I)} \lesssim \|\gamma_0(t)\|_{[A]_\infty(I)}^{\alpha} \|\gamma_0(t)\|_{[B]_\infty(I)}^{\beta} \|\gamma_0(t)\|_{[C]_\infty(I)}^{1-\alpha-\beta} \leqslant C E_1^{\alpha+\beta} \varepsilon_0^{1-\alpha-\beta}. \tag{7.3.32}$$

子情形 2 $p = p_2$. 注意到

$$\begin{cases} \mathrm{str}^0[L] < 0 \Longleftrightarrow \dfrac{2}{p} - (d-1)\left(\dfrac{1}{2} - \dfrac{1}{2p}\right) < 0 \Longleftrightarrow p > 1 + \dfrac{4}{d-1}, \\ \mathrm{reg}^0[L] \leqslant 1 \Longleftrightarrow 0 + d\left(\dfrac{1}{2} - \dfrac{1}{2p}\right) - \dfrac{1}{p} \leqslant 1 \Longleftrightarrow p \leqslant 1 + \dfrac{4}{d-2}, \quad 3 \leqslant d \leqslant 4, \\ \mathrm{reg}^0[L] \leqslant 1 \Longleftrightarrow 0 + d\left(\dfrac{1}{2} - \dfrac{1}{2p}\right) - \dfrac{1}{p} \leqslant 1 \Longleftrightarrow p < \infty, \quad d = 2. \end{cases}$$

类似于子情形 1 的选取原则, 取

$$A = H, \quad B = \left(\frac{d-1}{d+3}, \frac{d-1}{2(d+3)}, \frac{2}{d+3}\right), \quad C = V.$$

以确保引理 7.3.7 的条件

$$A_1 < L_1 = \frac{1}{p} < \frac{d-1}{d+3} = B_1, \quad \mathrm{str}^0[B] = 0, \quad \mathrm{reg}^0[B] = 1$$

及

$$\min\{\mathrm{str}^0[A], \mathrm{str}^0[B]\} = 0 > \mathrm{str}^0[L],$$

$$\min\{\text{reg}^0[A], \text{reg}^0[B], \text{reg}^0[C]\} = 1 \geqslant \text{reg}^0[L]$$

成立. 因此, 由 Strichartz 估计 $\|\gamma_0(t)\|_{[B]_2(I)} \lesssim \|\vec{\gamma}(t_0)\|_{L^2} \lesssim E_1$ 和引理 7.3.7 推出

$$\|\gamma_0(t)\|_{[L]_0(I)} \lesssim \|\gamma_0(t)\|^{\alpha}_{[A]_\infty(I)} \|\gamma_0(t)\|^{\beta}_{[B]_\infty(I)} \|\gamma_0(t)\|^{1-\alpha-\beta}_{[C]_\infty(I)} \leqslant CE_1^{\alpha+\beta}\varepsilon_0^{1-\alpha-\beta}. \tag{7.3.33}$$

这与估计 (7.3.32) 相结合就完成了步骤一的证明.

步骤二 目标是证明 $\|\gamma(t)\|_{[S]_0(I)\cap[L]_0(I)} \leqslant C(E_1, E_2)$. 注意到 (7.3.31), 易见

$$w \in [S]_0(I) \cap [L]_0(I) \triangleq \mathcal{X}(I),$$

剖分时间区间 I:

$$I \cap (t_0, +\infty) = (t_0, t_n), \quad I_j = (t_j, t_{j+1}), \quad t_0 < t_1 < \cdots < t_n,$$

使得

$$n \leqslant C(E_1, E_2), \quad \|w\|_{\mathcal{X}(I_j)} = \|w\|_{[S]_0(I_j)\cap[L]_0(I_j)} \leqslant \delta \quad (j = 0, 1, \cdots, n-1).$$

记

$$\vec{\gamma}_j(t) \triangleq e^{i\langle\nabla\rangle(t-t_j)}\vec{\gamma}(t_j)$$

表示自由方程的解, 由 Strichartz 估计可见:

$$\begin{aligned}\|\gamma(t) - \gamma_j(t)\|_{\mathcal{X}(I_j)} &\lesssim \|f(w+\gamma) - f(w)\|_{L_t^1 L_x^2(I_j)} + \|e\|_{\left([T^{*(1)}]_2 + [U^{*(1)}]_2\right)(I)} \\ &\lesssim \|\gamma\|_{[S]_0(I_j)}\left(\|w\|^{p_1-1}_{[S]_0(I_j)} + \|\gamma\|^{p_1-1}_{[S]_0(I_j)}\right) \\ &\quad + \|\gamma\|_{[L]_0(I_j)}\left(\|w\|^{p_2-1}_{[L]_0(I_j)} + \|\gamma\|^{p_2-1}_{[L]_0(I_j)}\right) + \varepsilon_0,\end{aligned}$$

由此推出

$$\begin{aligned}\|\gamma\|_{\mathcal{X}(I_j)} &\lesssim \|\gamma_j(t)\|_{\mathcal{X}(I_j)} + \varepsilon_0 + \|\gamma\|^{p_1}_{[S]_0(I_j)} + \|\gamma\|^{p_2}_{[L]_0(I_j)} \\ &\lesssim \|\gamma_j(t)\|_{\mathcal{X}(I_j)} + \varepsilon_0 + \|\gamma\|^{p_1}_{\mathcal{X}(I_j)} + \|\gamma\|^{p_2}_{\mathcal{X}(I_j)}.\end{aligned} \tag{7.3.34}$$

注意到

$$\begin{aligned}\gamma_{j+1}(t) &= e^{i\langle\nabla\rangle(t-t_{j+1})}\gamma(t_{j+1}) \\ &= e^{i\langle\nabla\rangle(t-t_{j+1})}\Bigg[e^{i\langle\nabla\rangle(t_{j+1}-t_j)}\gamma(t_j) \\ &\quad + \int_{t_j}^{t_{j+1}} e^{i\langle\nabla\rangle(t_{j+1}-s)}[f(w+\gamma) - f(w) - e](s)ds\Bigg]\end{aligned}$$

$$= e^{i\langle\nabla\rangle(t-t_j)}\gamma(t_j) + \int_{t_j}^{t_{j+1}} e^{i\langle\nabla\rangle(t-s)}[f(w+\gamma) - f(w) - e](s)ds, \quad (7.3.35)$$

两边在区间 $[t_j, t_n)$ 上积分, 类似上面的推导过程, 就得

$$\|\gamma_{j+1}(t) - \gamma_j(t)\|_{\mathcal{X}([t_j,t_n))} \lesssim (\delta^{p_1-1} + \delta^{p_2-1})\|\gamma(t)\|_{\mathcal{X}(I_j)} + \varepsilon_0 + \|\gamma\|^{p_1}_{\mathcal{X}(I_j)} + \|\gamma\|^{p_2}_{\mathcal{X}(I_j)}. \quad (7.3.36)$$

进而推出

$$\|\gamma_{j+1}(t)\|_{\mathcal{X}([t_{j+1},t_n))} \lesssim \|\gamma_j(t)\|_{\mathcal{X}([t_j,t_N))} + (\delta^{p_1-1} + \delta^{p_2-1})\|\gamma(t)\|_{\mathcal{X}(I_j)} + \varepsilon_0 + \|\gamma\|^{p_1}_{\mathcal{X}(I_j)} + \|\gamma\|^{p_2}_{\mathcal{X}(I_j)}. \quad (7.3.37)$$

综合 (7.3.34) 及 (7.3.37) 就得

$$\|\gamma\|_{\mathcal{X}(I_j)} + \|\gamma_{j+1}(t)\|_{\mathcal{X}([t_{j+1},t_n))} \lesssim \|\gamma_j(t)\|_{\mathcal{X}([t_j,t_n))} + \varepsilon_0, \quad \|\gamma\|_{\mathcal{X}(I_j)} \lesssim \delta \ll 1. \quad (7.3.38)$$

选取充分小的 $\varepsilon_0 > 0$, 由步骤一和 (7.3.34), (7.3.37) 及迭代技术, 就得

$$\|\gamma_0(t)\|_{\mathcal{X}(I)} \leqslant \delta \quad \xRightarrow{(7.3.34)} \quad \|\gamma\|_{\mathcal{X}(I_0)} \leqslant 2\delta \quad \xRightarrow{(7.3.37)} \quad \|\gamma_1(t)\|_{\mathcal{X}(I)} \leqslant 2^2\delta$$
$$\xRightarrow{(7.3.34)} \quad \|\gamma\|_{\mathcal{X}(I_1)} \leqslant 2^4\delta \quad \cdots \xRightarrow{(7.3.34)} \quad \|\gamma\|_{\mathcal{X}(I_{n-1})} \leqslant 2^{2n}\delta. \quad (7.3.39)$$

步骤三 目标是证明 $\|u\|_{[Z]_2(I)} \leqslant C(E_1, E_2)$. 由 Strichartz 估计, 可得

$$\begin{aligned}&\|\gamma(t) - \gamma_j(t)\|_{[Z]_2(I_j)} + \|\gamma_{j+1}(t) - \gamma_j(t)\|_{[Z]_2(I)}\\ \lesssim\ &(\delta^{p_1-1} + \delta^{p_2-1})\|\gamma(t)\|_{\mathcal{X}(I_j)} + \varepsilon_0 + \|\gamma\|^{p_1}_{\mathcal{X}(I_j)} + \|\gamma\|^{p_2}_{\mathcal{X}(I_j)}\\ \lesssim\ &\delta,\end{aligned}$$

结合 (7.3.38) 就可以推出

$$\|\gamma\|_{[Z]_2(I)} \leqslant \sum_0^{n-1} \big(\|\gamma(t) - \gamma_j(t)\|_{[Z]_2(I_j)} + \|\gamma_j(t)\|_{[Z]_2(I_j)}\big) \leqslant C(E_1, E_2).$$

因此, 利用 (7.3.31) 就得估计 $\|u\|_{[Z]_2(I)} \leqslant C(E_1, E_2)$.

情形 2 $d \geqslant 5$. 需要利用 “额外 Strichartz 估计”. 为统一起见, 我们观察到非线性项总可以被接近于质量临界增长及小于或等于能量临界的非线性增长控制, 即

$$|u|^{p-1}u \lesssim \max\big(\ |u|^{p_1-1}u,\ \ |u|^{p_2-1}u\ \big),$$

这里

$$\begin{cases} 2_* - 2 = \dfrac{4}{d} < p_1 - 1 < \dfrac{4(d+1)}{(d+2)(d-1)}, \\ \max\left(\dfrac{4d-2}{d(d-2)}, \dfrac{4(d^2+d-1)}{d(d-2)(d+1)}\right) < p_2 - 1 \leqslant 2^* - 2. \end{cases} \tag{7.3.40}$$

预备工作 在估计 $\gamma = u - w$ 之前, 引入指标簇 $\tilde{M}$, M, $\tilde{N}$, N, R, Q, P 及 Y 如下:

$$\begin{cases} M = \dfrac{2}{d+1}\left[\dfrac{1}{p_2-1}(1+d,0,0) + \dfrac{d-2}{4}(-d,1,0)\right], \ (\text{[}M^\sharp\text{]的同度替代空间}) \\ \tilde{M} = \dfrac{2}{d+1}\left[\dfrac{1}{p_2-1}\left(1+d,\dfrac{1}{d},1\right) + \dfrac{d-2}{4}(-d,1,0)\right], \ (\text{[}M^\sharp\text{]具导数的同度空间}) \\ \tilde{M} = M + \dfrac{2(0,1/d,1)}{(p_2-1)(d+1)}, \quad \mathrm{reg}^0[M] = \mathrm{reg}^0[\tilde{M}] = \dfrac{d}{2} - \dfrac{2}{p_2-1}. \\ M^\sharp \triangleq \dfrac{2(1,1,0)}{(p_2-1)(d+1)}, \quad \mathrm{reg}^0[M^\sharp] = \dfrac{d}{2} - \dfrac{2}{p_2-1}, (\text{非线性估计中的最佳指标}) \\ N = \dfrac{2}{d+1}\left[\left(\dfrac{1}{2}, \dfrac{d-1}{4} - \dfrac{1}{d}, 0\right) + \left(1 - \dfrac{d-2}{4}(p_2-1)\right)(-d,1,0)\right], \\ \tilde{N} = \dfrac{2}{d+1}\left[\left(\dfrac{1}{2}, \dfrac{d-1}{4}, 1\right) + \left(1 - \dfrac{d-2}{4}(p_2-1)\right)(-d,1,0)\right], \\ \tilde{N} = N + \dfrac{2(0,1/d,1)}{d+1}, \quad \mathrm{reg}^0[N] = \mathrm{reg}^0[\tilde{N}] = 1, \ (\text{同度正则性转换}) \\ \tilde{N}_o = \dfrac{2}{d+1}\left(\dfrac{1}{2}, \dfrac{d-1}{4}, 1\right), \quad \mathrm{reg}^0[N_o] = \mathrm{reg}^0[\tilde{N}_o] = 1, \ (\text{可积转换与扰动}) \\ Y = \dfrac{(6, d+3, 4)}{2(d+1)}, \quad \mathrm{reg}^0[Y] = -1, (\text{额外 Strichartz 容许对的共轭, 见 (7.3.47)}) \\ P = \dfrac{(4, d-1, 4)}{2(d+1)}, \quad \mathrm{reg}^1[P] = 1, \ (\text{经典的 Strichartz 容许对, 同}\tilde{N}_o) \\ Q = \dfrac{(1,2,2)}{(p_1-1)(d+1)}, \quad \mathrm{reg}^1[Q] < 1, \quad Y = P + (p_1-1)Q^0, \\ R = \left(\dfrac{(d+4)}{2(d+2)p_1}, R_1, \dfrac{1}{2}\right), \quad R + (p_1-1)R^0 = K^{*(1)}. \end{cases} \tag{7.3.41}$$

对于 $p_2 > 2$ 的情形, 还需要引入更多的指标如下:

$$\begin{cases} \hat{M} \triangleq \tilde{M} + \dfrac{2(p_2-2)}{(p_2-1)(d+1)}(0, 1/d, 1), & p_2 > 2, \\ \hat{M} \triangleq \tilde{M}, & p_2 \leqslant 2. \end{cases} \tag{7.3.42}$$

这样一来, 我们有如下最佳的 Sobolev 嵌入关系

$$[\hat{M}]_q \subset [\tilde{M}]_q \subset [M]_q, \quad [\tilde{N}]_q \subset [N]_q, \tag{7.3.43}$$

注意到 (7.3.40) 意味着 $p_1 < 2$ $(d \geqslant 5)$, 存在 $\alpha, \beta \in (0,1)$ 满足插值关系

$$\begin{cases} R + (p_1-1)R^0 = K^{*(1)}, \quad R = (1-\alpha)W + \alpha K, \quad M^\sharp = (1-\beta)W^0 + \beta R^0, \\ K^{*(1)} = \left(\dfrac{d+4}{2(d+2)}, \dfrac{d+4}{2(d+2)}, \dfrac{1}{2}\right), \quad K = \left(\dfrac{d}{2(d+2)}, \dfrac{d}{2(d+2)}, \dfrac{1}{2}\right), \\ W = \left(\dfrac{d-1}{2(d+1)}, \dfrac{d-1}{2(d+1)}, \dfrac{1}{2}\right). \end{cases} \tag{7.3.44}$$

Y 是非容许的指标簇 (额外 Strichartz 估计中出现), 满足形如

$$\begin{cases} Y = \tilde{N} + (p_2-1)M = N + (p_2-1)\tilde{M} = P + (p_1-1)Q^0 = P^0 + (p_1-1)Q, \\ \textbf{具有性质} \quad P_3 = (p_1-1)Q_3, \quad \tilde{N}_3 = (p_2-2)\tilde{M}_3 \quad (\Longleftarrow\ M = M^0,\ N = N^0) \end{cases} \tag{7.3.45}$$

的最佳嵌入关系. 在 $p_2 > 2$ 的情形下, 自然还有

$$Y = N + \hat{M} + (p_2-2)M. \tag{7.3.46}$$

上面指标选取源于经典 Strichartz 估计过渡到扩展型 Strichartz 估计

$$W^{*(1)} = L^{\frac{2(d+1)}{d+3}}(I; B^{\frac{1}{2}}_{\frac{2(d+1)}{d+3},2}(\mathbb{R}^d)) \longrightarrow Y = L^{\frac{d+1}{3}}(I; B^{\frac{2}{d+1}}_{\frac{2(d+1)}{d+3},2}(\mathbb{R}^d)) \tag{7.3.47}$$

的替代关系. 直接验算, 上面选取的指标簇满足 $(d \geqslant 5)$ Strichartz 估计所容许的条件:

$$\begin{cases}1 = \mathrm{reg}^0[\tilde{N}] = -\mathrm{reg}^0[Y] \geqslant \mathrm{reg}^0(\hat{M}), \quad (\text{高增长对应波容许关系}, \theta = 0)\\ \mathrm{reg}^0[\hat{M}] = \mathrm{reg}^0[\tilde{M}] = \mathrm{reg}^0(M) = \dfrac{d}{2} - \dfrac{2}{p_2 - 1},\\ \text{特别, 当 } p_2 - 1 = 2^\star - 2 = 4/(d-2) \text{ 时, } \mathrm{reg}^0(\hat{M}) = 1,\\ 1 > \mathrm{reg}^1[Q], -\mathrm{reg}^1[Y], \ \mathrm{reg}^1[P] = 1, \ (\text{低增长对应 S-型容许关系}, \theta = 1)\\ 0 > \mathrm{str}^0[\hat{M}], \ \mathrm{str}^0[\tilde{N}], \ \mathrm{str}^1[Q], \ \mathrm{str}^1[P],\\ \mathrm{str}^0[\tilde{N}] \leqslant \mathrm{str}^0[Y] - 2, \quad \mathrm{str}^1[P] = \mathrm{str}^1[Y] - 2,\\ 0 \leqslant \hat{M}_1, \hat{M}_2, Q_1, Q_2, R_1 = R_2 < 1/2, \quad 1 < \mathrm{dec}^0[Y], \mathrm{dec}^1[Y],\\ Y_2 < \dfrac{1}{2} + \dfrac{1}{d}, \quad \tilde{N}_2 > \dfrac{1}{2} - \dfrac{1}{d-1}, \quad P_2 > \dfrac{1}{2} - \dfrac{1}{d}.\end{cases} \tag{7.3.48}$$

容易验证 $Z = Q, \tilde{M}, \hat{M}$ 分别满足引理 7.3.7(i), 于是

$$\|w\|_{([Q]_{2(p_1-1)}\cap[\hat{M}]_2\cap[\tilde{M}]_{2(p_2-1)})(I)} \lesssim \|w\|_{([H]_2\cap[K]_2\cap[W]_2)(I)} \lesssim E_1 + E_2. \tag{7.3.49}$$

按传统的技术, 剖分时间区间 $I \cap (t_0, \infty)$ 为 $t_0 < \cdots < t_n$, $n \leqslant C(E_1, E_2)$ 使得

$$\|w\|_{([Q]_{2(p_1-1)}\cap[\hat{M}]_2\cap[\tilde{M}]_{2(p_2-1)}\cap[K]_2\cap[W]_2)(I_j)} \leqslant \delta \ll 1 \quad (j = 0, \cdots, n-1). \tag{7.3.50}$$

引入如下时空空间:

$$\begin{cases}\mathcal{Y}_0 := [W]_0 \cap [R]_0 \hookleftarrow [W]_0 \cap [K]_0, \quad \tilde{\mathcal{Y}} := [\tilde{N}]_2 \cap [P]_2, \quad \mathcal{Y} := [W]_2 \cap [K]_2,\\ \mathcal{Y}_0^* := [W^{*(1)}]_0 + [K^{*(1)}]_0 \hookleftarrow [W^{*(1)}]_0 + [R^{*(1)}]_0, \quad \mathcal{Y}^* := [W^{*(1)}]_2 + [K^{*(1)}]_2.\end{cases} \tag{7.3.51}$$

于是, $d \geqslant 5$ 情形的证明分下面三步进行:

第一步: 在 (7.3.50) 的假设下, 估计 $\|\gamma\|_{\mathcal{Y}_0}$. 鉴于这里不涉及空间导数, 可以直接利用经典 Strichartz 估计.

第二步: 在相同的条件下估计 $\|\gamma\|_{\tilde{\mathcal{Y}}}$. 空间导数出现就需要非线性函数的可微性, 同时需要求助于额外 Strichartz 估计.

第三步: 利用 u 在 $[\tilde{N}]_2 \cap [R]_0$ 中的有界性, 来估计 $\|u\|_{\mathcal{Y}}$. 一旦获得一个更好的界, 也就验证了上一步的假设条件.

事实上, 通过第三步中的插值及其他范数来估计 $\|\cdot\|_{[R]_0}$, 这样一来就可以跳过第一步! 然而, 对于质量临界 $p_1 - 1 = 4/d$ 情形, $R = K$. 因此, 第一步是必须的.

步骤一 假设

$$\|\gamma\|_{([Q]_{2(p_1-1)}\cap[\hat{M}]_2\cap[\tilde{M}]_{2(p_2-1)}\cap[R]_0\cap[M^\sharp]_0)(I_j)} \leqslant \delta \quad (j=0,\cdots,n-1), \tag{7.3.52}$$

注意到 W^0 与 R^0 均是 $H^{1/2}$-容许簇, 利用 Strichartz 估计及 Hölder 不等式就得

$$\begin{aligned}
&\|\gamma-\gamma_j\|_{\mathcal{Y}_0(I_j)}+\|\gamma_{j+1}-\gamma_j\|_{\mathcal{Y}_0(\mathbb{R})}\\
\lesssim&\|f(w+\gamma)-f(w)\|_{\mathcal{Y}_0^*(I_j)}+\|e\|_{\mathcal{Y}^*(I_j)}\\
\lesssim&\|(w,\gamma)\|_{[R]_0(I_j)}^{p_1-1}\|\gamma\|_{[R]_0(I_j)}+\|(w,\gamma)\|_{[M^\sharp]_0(I_j)}^{p_2-1}\|\gamma\|_{[W]_0(I_j)}+\varepsilon_0\\
\lesssim&\delta^{p_1-1}\|\gamma\|_{\mathcal{Y}_0(I_j)}+\varepsilon_0,\quad \text{(需要深思低阶项的估计, 很好)}
\end{aligned} \tag{7.3.53}$$

这里用到 (7.3.50) 及 (7.3.52). 类似于低维情形的插值过程, 利用引理 7.3.7(ii), 就得

$$\|\gamma_0\|_{\mathcal{Y}_0(I)} \lesssim E_1^{1-\theta_3}\varepsilon_0^{\theta_3}+E_1^{1-\theta_4}\varepsilon_0^{\theta_4},\quad \theta_3,\theta_4\in(0,1). \tag{7.3.54}$$

需要指出的是: 当 $p_1\to 4/d$ 时, $\mathrm{str}^1[R]\to 0$, **这就意味着对质量临界增长的情形, 需要增加条件** $\|\gamma_0\|_{[K]_0}\ll 1$. 采用 "连续性" ((7.3.39) 的证明过程), 就能推出

$$\|\gamma\|_{\mathcal{Y}_0(I)} \leqslant C(E_1,E_2)(\varepsilon_0^{\theta_3}+\varepsilon_0^{\theta_4}) \ll \delta. \tag{7.3.55}$$

步骤二 假设 (7.3.52), 利用额外 Strichartz 估计, 容易看出

$$\|\gamma-\gamma_j\|_{\tilde{\mathcal{Y}}(I_j)}+\|\gamma_{j+1}-\gamma_j\|_{\tilde{\mathcal{Y}}(\mathbb{R})} \lesssim \|f(w+\gamma)-f(w)\|_{[Y]_2(I_j)}+\|e\|_{\mathcal{Y}^*(I_j)}, \tag{7.3.56}$$

其中非线性项差的估计如下:

$$\begin{aligned}
&\|f_L(w+\gamma)-f_L(w)\|_{[Y]_2(I_j)}\\
\lesssim&\|(w,\gamma)\|_{[M]_0(I_j)}^{p_2-1}\|\gamma\|_{[\tilde{N}]_2(I_j)}+\|(w,\gamma)\|_{[\tilde{M}]_{2(p_2-1)}(I_j)}^{p_2-1}\|\gamma\|_{[N]_0(I_j)}\\
&+\|(w,\gamma)\|_{[M]_0(I_j)}^{p_2-2}\|(w,\gamma)\|_{[\hat{M}]_2(I_j)}\|\gamma\|_{[N]_0(I_j)},
\end{aligned} \tag{7.3.57}$$

这里最后一项仅在 $p_2>2$ 才会出现, 而倒数第二项对应着 $p_2\leqslant 2$ 的情形. 类似地, 我们有

$$\begin{aligned}
&\|f_S(w+\gamma)-f_S(w)\|_{[Y]_2(I_j)}\\
\lesssim&\|(w,\gamma)\|_{[Q]_0(I_j)}^{p_1-1}\|\gamma\|_{[P]_2(I_j)}+\|(w,\gamma)\|_{[Q]_{2(p_1-1)}(I_j)}^{p_1-1}\|\gamma\|_{[P]_0(I_j)}.
\end{aligned} \tag{7.3.58}$$

由此推出

$$\|\gamma-\gamma_j\|_{\tilde{\mathcal{Y}}(I_j)}+\|\gamma_{j+1}-\gamma_j\|_{\tilde{\mathcal{Y}}(\mathbb{R})}\lesssim\delta^{p_1-1}\|\gamma\|_{\tilde{\mathcal{Y}}(I_j)}+\varepsilon_0, \tag{7.3.59}$$

这里使用了 (7.3.50), (7.3.52) 及下面的关于空间变量的嵌入关系

$$[Q]_{2(p_1-1)}\subset[Q]_0,\quad [P]_2\subset[P]_0,\quad [\hat{M}]_2+[\tilde{M}]_{2(p_2-1)}\subset[M]_0,\quad [\tilde{N}]_2\subset[N]_0. \tag{7.3.60}$$

利用引理 7.3.7 及 Strichartz 估计, 存在常数 $\theta_5,\theta_6\in(0,1)$ 使得

$$\begin{cases}\|\gamma_0\|_{[\tilde{N}]_2(I)}\lesssim\|\gamma_0\|^{1-\theta_5}_{[H]_2(I)\cap[W]_2(I)}\|\gamma_0\|^{\theta_5}_{[M]_0(I)}\lesssim E_1^{1-\theta_5}\varepsilon_0^{\theta_5},\\ \|\gamma_0\|_{[P]_2(I)}\lesssim\|\gamma_0\|^{1-\theta_6}_{[H]_2(I)\cap[K]_2(I)}\|\gamma_0\|^{\theta_6}_{[M]_0(I)}\lesssim E_1^{1-\theta_6}\varepsilon_0^{\theta_6}.\end{cases} \tag{7.3.61}$$

注意到当 $p_1-1\to4/d$ 时, $\mathrm{str}^1[P]$ 不等于零, 这就说明 θ_5,θ_6 具有一致下界. 利用连续性方法 (见 (7.3.39) 的证明过程), 容易推出

$$\|\gamma\|_{\tilde{\mathcal{Y}}(I)}\leqslant C(E_1,E_2)(\varepsilon_0^{\theta_5}+\varepsilon_0^{\theta_6})\ll\delta. \tag{7.3.62}$$

因此, 在 (7.3.52) 的假设条件下, 推出

$$\|\gamma\|_{[W]_0(I)\cap[R]_0(I)\cap[\tilde{N}]_2(I)\cap[P]_2(I)}\lesssim C(E_1,E_2)\sum_{k=3}^{6}\varepsilon_0^{\theta_k}\ll\delta. \tag{7.3.63}$$

步骤三 利用 Strichartz 估计, (7.3.50) 及 (7.3.52), 容易推知

$$\begin{aligned}\|u\|_{\mathcal{Y}(I_j)}&\lesssim\|\vec{u}(t_j)\|_{L_x^2}+\|\mathrm{eq}(u)+f(u)\|_{\mathcal{Y}^*(I_j)}\\&\lesssim E_1+\varepsilon_0+\|u\|^{p_1-1}_{[R]_0(I_j)}\|u\|_{[R]_2(I_j)}+\|u\|^{p_2-1}_{[M^\sharp]_0(I_j)}\|u\|_{[W]_2(I_j)}\\&\lesssim E_2+\varepsilon_0+\delta^{p_1-1}\|u\|_{\mathcal{Y}(I_j)}.\end{aligned} \tag{7.3.64}$$

因此,

$$\|u\|_{\mathcal{Y}(I_j)}\lesssim E_1+\varepsilon_0, \tag{7.3.65}$$

这就意味着

$$\|u\|_{\mathcal{Y}(I)}\lesssim n(E_1+\varepsilon_0)\leqslant C(E_1,E_2), \tag{7.3.66}$$

进而, 利用引理 7.3.8 将上述估计扩展到所有的 Strichartz 范数的控制估计.

最后, 来验证 (7.3.52). 利用引理 7.3.7(ii), 存在 $\theta_7,\theta_8\in(0,1)$ 满足

$$\|\gamma\|_{[Q]_{2p_1}\cap[\hat{M}]_2\cap[\tilde{M}]_{2p_2}}\lesssim\sum_{k=7,8}\|\gamma\|^{1-\theta_k}_{[H]_2\cap[K]_2\cap[W]_2}\|\gamma\|^{\theta_k}_{[P]_2\cap[\tilde{N}]_2}. \tag{7.3.67}$$

如果 $p_1-1=4/d$, 需要证明

$$\|\gamma\|_{[Q]_{2p_1}\cap[\hat{M}]_2\cap[\tilde{M}]_{2p_2}}\lesssim\sum_{k=7,8}\|\gamma\|^{1-\theta_k}_{[H]_2\cap[K]_2\cap[W]_2}\|\gamma\|^{\theta_k}_{[P]_2\cap[\tilde{N}]_2\cap[K]_0}. \tag{7.3.68}$$

无论哪种情形, 利用 (7.3.65), (7.3.50), (7.3.63) 及 (7.3.44), 总存在 $\theta\in(0,1)$ 使得

$$\|\gamma\|_{([Q]_{2p_1}\cap[\hat{M}]_2\cap[\tilde{M}]_{2p_2}\cap[R]_0\cap[M^\sharp]_0)(I_j)}\lesssim C(A,B)\varepsilon_0^\theta. \tag{7.3.69}$$

通过选择 $\varepsilon_0(A,B)>0$ 充分小, 使得 (7.3.69) 最后可被 δ 控制. 根据关于变量 t 的连续性及对序标 j 的归纳, 就验证了假设 (7.3.52), 于是就获得了所需估计. □

7.4 Klein-Gordon 方程轮廓分解

本节着重讨论不具伸缩不变结构的线性 Klein-Gordon 方程所对应的轮廓 (profile) 分解, 这是紧中紧致方法研究散射理论的基本工具, 在刻画弱强相互作用、极值元及其正则性、爆破机制、相变等相关问题上起着重要的作用.

7.4.1 线性轮廓分解

定义 7.4.1 对于任意的 $j\in\mathbb{N}$, 考虑以 $\{n\}\subset\mathbb{N}$ 为序标三元簇 $(t_n^j,x_n^j,h_n^j)\in\mathbb{R}\times\mathbb{R}^d\times(0,\infty)$, 用 τ_n^j, T_n^j 及 $\langle\nabla\rangle_n^j$ 分别表示时间变量平移、$L^2(\mathbb{R}^d)$ 上的酉变换及 $L^2(\mathbb{R}^d)$ 上的自伴算子:

$$\tau_n^j=-\frac{t_n^j}{h_n^j},\quad T_n^j\varphi(x)=(h_n^j)^{-\frac{d}{2}}\varphi\left(\frac{x-x_n^j}{h_n^j}\right),\quad \langle\nabla\rangle_n^j=\sqrt{-\Delta+(h_n^j)^2}. \tag{7.4.1}$$

另外, 定义 $\mathbb{R}^d$ 上的 Fourier 乘子空间如下:

$$\mathcal{MC}=\left\{\mu=\mathcal{F}^{-1}\tilde{\mu}\mathcal{F}\;\middle|\;\tilde{\mu}\in C(\mathbb{R}^d),\ \exists\lim_{|\xi|\to\infty}\tilde{\mu}(\xi)\in\mathbb{R}\right\}. \tag{7.4.2}$$

特别地, 主要使用 Id, $|\nabla|\langle\nabla\rangle^{-1},\langle\nabla\rangle^{-1}\in\mathcal{MC}$ 这个特殊的乘子.

引理 7.4.1 设 $\vec{v}_n(t)=e^{i\langle\nabla\rangle t}\vec{v}_n(0)$ 是自由 Klein-Gordon 方程具有 L_x^2 一致界的解序列. 则在不计子序列意义下, 存在 $K\in\{0,1,2,\cdots,\infty\}$ 及对于任意的 $j\in[0,K)$, 存在复值函数

$$\varphi^j\in L^2(\mathbb{R}^d),\quad \{(t_n^j,x_n^j,h_n^j)\}_{n\in\mathbb{N}}\subset\mathbb{R}\times\mathbb{R}^d\times(0,1]$$

满足下面结论. 对于任意的 $j<k\leqslant K$, 定义 $\vec{v}_n^j$ 及 $\vec{\omega}_n^k$ 如下:

$$\vec{v}_n(t,x)=\sum_{j=0}^{k-1}\vec{v}_n^j(t,x)+\vec{\omega}_n^k(t,x),\quad \vec{v}_n^j(t,x)=e^{i\langle\nabla\rangle(t-t_n^j)}T_n^j\varphi^j(x), \tag{7.4.3}$$

则

$$(T_n^{k-1})^{-1}\vec{\omega}_n^k(t_n^{k-1}) \rightharpoonup 0, \quad \text{在} \quad L_x^2(\mathbb{R}^d), \tag{7.4.4}$$

且

$$\lim_{k\to K}\overline{\lim_{n\to\infty}}\|\vec{\omega}_n^k\|_{L^\infty(\mathbb{R};B^{-\frac{d}{2}}_{\infty,\infty}(\mathbb{R}^d))} = 0 \quad \left(\lim_{k\to K}\overline{\lim_{n\to\infty}}\|\omega_n^k\|_{L^\infty(\mathbb{R};B^{1-\frac{d}{2}}_{\infty,\infty}(\mathbb{R}^d))} = 0\right), \tag{7.4.5}$$

并且对于任意的 $\mu \in \mathcal{MC}$, $l < j < k \leqslant K$ 和 $t \in \mathbb{R}$, 成立

$$\lim_{n\to\infty}\langle\mu\vec{v}_n^l, \mu\vec{v}_n^j\rangle_{L_x^2} = 0 = \lim_{n\to\infty}\langle\mu\vec{v}_n^j, \mu\vec{\omega}_n^k\rangle_{L_x^2}, \tag{7.4.6}$$

$$\lim_{n\to\infty}\left|\log\left(\frac{h_n^l}{h_n^j}\right)\right| + \frac{|t_n^j - t_n^l| + |x_n^j - x_n^l|}{h_n^l} = +\infty. \tag{7.4.7}$$

进而, 每一个序列 $\{h_n^j\}_{n\in\mathbb{N}}$, 要么趋向于 0, 要么对于所有的 n, $h_n^j \equiv 1$.

注记 7.4.1 (i) 称 $\vec{v}_n^j$ 为自由集中波, $\vec{\omega}_n^k$ 称为余项. 从 (7.4.6) 容易推出加权意义下的渐近正交性

$$\lim_{n\to+\infty}\left[\|\mu\vec{v}_n(t)\|_{L^2}^2 - \sum_{j=0}^{k-1}\|\mu\vec{v}_n^j(t)\|_{L^2}^2 - \|\mu\vec{\omega}_n^k(t)\|_{L^2}^2\right] = 0, \quad \forall\, k > 1. \tag{7.4.8}$$

特别地, 当 $\mu = 1$ 时, 就对应着经典的 L^2 意义下的渐近正交性

$$\lim_{n\to+\infty}\left[\|\vec{v}_n^j(t)\|_{L^2}^2 - \sum_{j=0}^{k-1}\|\vec{v}_n^j(t)\|_{L^2}^2 - \|\vec{\omega}_n^k(t)\|_{L^2}^2\right] = 0, \quad \forall\, k > 1. \tag{7.4.9}$$

(ii) 由于轮廓分解中选取的具有负指数非齐次 Besov 空间 $L^\infty(\mathbb{R}; B^{-\frac{d}{2}}_{\infty,\infty}(\mathbb{R}^d))$ 作为中间拓扑空间, 相应的伸缩尺度

$$h_n = 2^{-k_n}, \quad 0 \leqslant k_n \in \mathbb{N}$$

也就自然排除了 $h_n^j \to +\infty$ 的情形!

(iii) 对于 Schrödinger 方程的 $\dot{H}^1(\mathbb{R}^d)$-线性轮廓分解 (参见定理 4.3.1), 其中间拓扑 $L_{t,x}^{\frac{2(d+2)}{d-2}}(\mathbb{R}\times\mathbb{R}^d)$ 本质上也可以换为负指数齐次 Besov 空间 $L_t^\infty\dot{B}^{1-\frac{d}{2}}_{\infty,\infty}(\mathbb{R}\times\mathbb{R}^d)$. 事实上, 由额外 Strichartz 估计 (见引理 4.3.2) 和 (4.3.34) 可得

$$\|e^{it\Delta}f\|_{L_{t,x}^{\frac{2(d+2)}{d-2}}(\mathbb{R}\times\mathbb{R}^d)} \lesssim \|f\|_{\dot{H}^1(\mathbb{R}^d)}^{\frac{(d-2)(d+4)}{d(d+2)}}\|e^{it\Delta}f\|_{L_t^\infty\dot{B}^{1-\frac{d}{2}}_{\infty,\infty}(\mathbb{R}\times\mathbb{R}^d)}^{\frac{8}{d(d+2)}}. \tag{7.4.10}$$

由此可以推出：若余项在中间拓扑 $L_t^\infty \dot{B}^{1-\frac{d}{2}}_{\infty,\infty}(\mathbb{R}\times\mathbb{R}^d)$ 下小，则余项在中间拓扑 $L_{t,x}^{\frac{2(d+2)}{d-2}}(\mathbb{R}\times\mathbb{R}^d)$ 也是小的. 因此, 利用本节的方法可以给出定理 4.3.1 的另一种证明, 感兴趣的读者可以作为练习.

证明 定义

$$\chi_0(x)\in\mathcal{S}(\mathbb{R}^d),\quad \hat{\chi}_0(\xi)=1,\quad |\xi|\leqslant 1,\quad \hat{\chi}_0(\xi)=0,\quad |\xi|\geqslant 2,$$

$$\hat{\chi}_k(\xi)=\hat{\chi}_0(2^{-k}\xi)-\hat{\chi}_0(2^{-k+1}\xi)\quad (k\geqslant 1),\quad \hat{\chi}_{(0)}(\xi)=\hat{\chi}_0(\xi)-\hat{\chi}_0(2\xi).$$

$$\nu:=\varlimsup_{n\to\infty}\|\vec{v}_n\|_{L_t^\infty B^{-\frac{d}{2}}_{\infty,\infty}}\sim\varlimsup_{n\to\infty}\sup_{\substack{t\in\mathbb{R},x\in\mathbb{R}^d\\k\geqslant 0}}2^{-\frac{kd}{2}}|\chi_k*\vec{v}_n(t,x)|,$$

步骤一 若 $\nu=0$, 则取 $K=0$ 即可. 如果不然, 则 $\exists\,(t_n,x_n,k_n)$ 使得

$$2^{-\frac{k_nd}{2}}|\chi_{k_n}*\vec{v}_n(t_n,x_n)|\geqslant\frac{\nu}{2}.$$

令 $h_n=2^{-k_n}$, 注意到

$$\chi_k(x)=2^{kd}\chi_{(0)}(2^kx),\quad \forall\,k\geqslant 1,$$

那么对于 $k_n\geqslant 1$ 可见

$$\begin{aligned}2^{-\frac{k_nd}{2}}\chi_{k_n}*\vec{v}_n(t_n,x_n)&=2^{-\frac{k_nd}{2}}\int_{\mathbb{R}^d}\chi_{k_n}(y)\vec{v}_n(t_n,x_n-y)\,dy\\&=h_n^{\frac{d}{2}}\int_{\mathbb{R}^d}2^{k_nd}\chi_{(0)}(2^{k_n}y)\vec{v}_n(t_n,x_n-y)\,dy\\&=\int_{\mathbb{R}^d}\chi_{(0)}(y)\big[h_n^{\frac{d}{2}}\vec{v}_n(t_n,x_n-yh_n)\big]\,dy\\&=\int_{\mathbb{R}^d}\chi_{(0)}(y)T_n^{-1}\vec{v}_n(t_n,-y)\,dy.\end{aligned}$$

因此, 若定义

$$\psi_n(x)=T_n^{-1}\vec{v}_n(t_n,x)\quad 或\quad \vec{v}_n(t_n,x)=T_n\psi_n(x),\tag{7.4.11}$$

可以推出

$$2^{-\frac{k_nd}{2}}|\chi_{k_n}*\vec{v}_n(t_n,x_n)|=\begin{cases}|\chi_0*\psi_n(0)|, & k_n=0,\\|\chi_{(0)}*\psi_n(0)|, & k_n\geqslant 1.\end{cases}$$

另一方面, 从

$$\|\psi_n\|_{L^2} = \|T_n\psi_n\|_{L^2} = \|\vec{v}_n(t_n,x)\|_{L^2} \leqslant C,$$

可以看出 $\{\psi_n\}$ 为 L^2 中的有界列. 因此, 存在弱收敛子序, 仍记为 $\{\psi_n\}$, 收敛到 ψ, 即

$$\psi_n \rightharpoonup \psi, \quad 在 \quad L^2. \tag{7.4.12}$$

因此,

$$2^{-\frac{k_n d}{2}}|\chi_{k_n} * \vec{v}_n(t_n,x_n)| = \begin{cases} |\chi_0 * \psi_n(0)|, & k_n = 0, \\ |\chi_{(0)} * \psi_n(0)|, & k_n \geqslant 1 \end{cases} \longrightarrow \begin{cases} |\chi_0 * \psi(0)|, \\ |\chi_{(0)} * \psi(0)|. \end{cases}$$

由此可得

$$\frac{1}{2}\varlimsup_{n\to\infty}\|\vec{v}_n\|_{L_t^\infty B^{-\frac{d}{2}}_{\infty,\infty}} = \frac{\nu}{2} \lesssim \|\psi\|_{L^2}. \tag{7.4.13}$$

由于 $h_n = 2^{-k_n}\ (k_n \geqslant 0) \implies h_n \in (0,1]$. 则问题可归结为如下两种情形:

$$\begin{cases} 情形\ 1: \ h_n \longrightarrow 0, \quad 令\ (t_n^0, x_n^0, h_n^0) \triangleq (t_n, x_n, h_n), \quad \varphi^0 = \psi, \\ 情形\ 2: \ h_n \longrightarrow h_\infty > 0, \quad 令\ (t_n^0, x_n^0, h_n^0) \triangleq (t_n, x_n, 1), \quad \varphi^0 = h_\infty^{-\frac{d}{2}}\psi\left(\dfrac{x}{h_\infty}\right), \end{cases}$$

由 Lebesgue 控制收敛定理和稠密性 $C_c^\infty(\mathbb{R}^d) \subset\subset L^2(\mathbb{R}^d)$, 就有

$$\|T_n\psi - T_n^0\varphi^0\|_{L^2} \longrightarrow 0, \quad n \longrightarrow \infty. \tag{7.4.14}$$

令

$$\vec{v}_n^0(t) = e^{i(t-t_n^0)\langle\nabla\rangle}T_n^0\varphi^0, \quad \vec{w}_n^1(t) = \vec{v}_n(t) - \vec{v}_n^0(t),$$

现验证

$$\langle \mu\vec{v}_n^0(t),\ \mu\vec{w}_n^1(t)\rangle_{L^2} \longrightarrow 0, \quad n \longrightarrow +\infty. \tag{7.4.15}$$

由 Plancherel 定理或 $(i\partial_t + \langle\nabla\rangle)\vec{v}_n^0 = 0$ 知: 上式关于时间 t 是守恒的, 因此只需验证

$$\langle \mu\vec{v}_n^0(t_n^0),\ \mu\vec{w}_n^1(t_n^0)\rangle_{L^2} = \langle \mu T_n^0\varphi^0,\ \mu\vec{w}_n^1(t_n^0)\rangle_{L^2} \longrightarrow 0, \quad n \longrightarrow +\infty. \tag{7.4.16}$$

注意到

$$\begin{cases} \mu T_n^0 = T_n^0\mu_n^0, \quad \mu = \mathcal{F}^{-1}\widetilde{\mu}\mathcal{F}, \quad \mu_n^0 = \mathcal{F}^{-1}\widetilde{\mu}_n^0\mathcal{F}, \quad \widetilde{\mu}_n^0 = \widetilde{\mu}(\xi/h_n^0), \\ \mu_n^0 \longrightarrow \mu_\infty^0 \in \mathcal{M}_\infty, \quad n \longrightarrow \infty, \quad \mathcal{M}_\infty\ 是\ L^2(\mathbb{R}^d)\ 上的乘子空间. \end{cases} \tag{7.4.17}$$

因此,

$$\langle \mu \vec{v}_n^0(t_n^0),\ \mu \vec{w}_n^1(t_n^0)\rangle_{L^2} = \langle \mu T_n^0 \varphi^0,\ \mu \vec{w}_n^1(t_n^0)\rangle_{L^2} = \langle (\mu_n^0)^2 \varphi^0,\ (T_n^0)^{-1} \vec{w}_n^1(t_n^0)\rangle_{L^2}.$$

进而可归结为证明

$$(T_n^0)^{-1} \vec{w}_n^1(t_n^0) = (T_n^0)^{-1} T_n \psi_n - \varphi^0 \longrightarrow 0, \quad 在 \quad L^2. \tag{7.4.18}$$

这可由 (7.4.12) 及 (7.4.14) 推出. 因此 (7.4.15) 得证.

步骤二 若

$$\overline{\lim_{n\to\infty}} \|\vec{w}_n^1\|_{L_t^\infty(\mathbb{R}; B_{\infty,\infty}^{-\frac{d}{2}}(\mathbb{R}^d))} = 0,$$

则取 $K=1$ 就行了. 如若不然, 对 $\vec{w}_n^1$ 采用步骤一完全相同的讨论, 就可以找到第二个集中波 $\vec{v}_n^1$ 及相应的余项 $\vec{w}_n^2$, 满足对于三元子序列簇 (t_n^1, x_n^1, h_n^1) 及 $\varphi^1 \in L^2(\mathbb{R}^d)$ 使得

$$\begin{cases} \vec{w}_n^1 = \vec{v}_n^1 + \vec{w}_n^2, \quad \vec{v}_n^1 = e^{i\langle\nabla\rangle(t-t_n^1)} T_n^1 \varphi^1, \\ (T_n^1)^{-1} \vec{w}_n^2(t_n^1) \longrightarrow 0, \quad 在 \ L^2, \\ \langle \mu \vec{v}_n^1(t),\ \mu \vec{w}_n^2(t)\rangle_{L^2} = \langle \mu_n^1 \varphi^1,\ \mu_n^1 (T_n^1)^{-1} \vec{w}_n^2(t_n^1)\rangle \longrightarrow 0, \\ \overline{\lim_{n\to\infty}} \|\vec{w}_n^1\|_{L_t^\infty(\mathbb{R}; B_{\infty,\infty}^{-\frac{d}{2}}(\mathbb{R}^d))} \lesssim \|\varphi^1\|_{L^2}. \end{cases}$$

步骤一与步骤二的总结与推理结果 重复步骤一与步骤二就得到所需分解:

$$\vec{v}_n(t,x) = \sum_{j=0}^{k-1} \vec{v}_n^j(t,x) + \vec{\omega}_n^k(t,x), \quad \vec{v}_n^j(t,x) = e^{i\langle\nabla\rangle(t-t_n^j)} T_n^j \varphi^j(x).$$

若 $K<+\infty$, 由我们的构造方式可见

$$\overline{\lim_{n\to\infty}} \|\vec{w}_n^K\|_{L_t^\infty(\mathbb{R}; B_{\infty,\infty}^{-\frac{d}{2}}(\mathbb{R}^d))} = 0. \tag{7.4.19}$$

另一方面, 若 $K=+\infty$, 作为分解的 L^2 正交性 (7.4.9)及收敛级数的性质, 我们有

$$\|\vec{v}_n^k\|_{L^2} = \|\varphi^k\|_{L^2} \longrightarrow 0, \quad k \longrightarrow \infty.$$

结合递推关系可得

$$\lim_{k\to\infty} \overline{\lim_{n\to\infty}} \|\vec{w}_n^k\|_{L_t^\infty(\mathbb{R}; B_{\infty,\infty}^{-\frac{d}{2}}(\mathbb{R}^d))} \lesssim \lim_{k\to\infty} \|\varphi^k\|_{L^2} = 0.$$

因此, (7.4.5) 得证.

步骤三 正交性 (7.4.6) 及 (7.4.7) 的证明.

我们断言: (7.4.7) 意味着 (7.4.6). 事实上, 利用 (7.4.17) 可见

$$\langle \mu\vec{v}_n^l(0),\ \mu\vec{v}_n^j(0)\rangle = \left\langle e^{-i\langle\nabla\rangle t_n^l} T_n^l \mu_n^l \varphi^l,\ e^{-i\langle\nabla\rangle t_n^j} T_n^j \mu_n^j \varphi^j \right\rangle = \langle S_n^{j,l}\mu_n^l\varphi^l,\ \mu_n^j\varphi^j\rangle, \tag{7.4.20}$$

这里

$$\begin{cases} S_n^{j,l} \triangleq (T_n^j)^{-1} e^{i(t_n^j - t_n^l)\langle\nabla\rangle} T_n^l = e^{-it_n^{j,l}\langle\nabla\rangle_n^j}(T_n^j)^{-1}T_n^l \triangleq e^{-i\langle\nabla\rangle_n^j t_n^{j,l}} T_n^{j,l}, \\ \tilde{\mu}_n^l = \tilde{\mu}\left(\dfrac{\xi}{h_n^l}\right), \\ (t_n^{j,l}, x_n^{j,l}, h_n^{j,l}) \triangleq \dfrac{(t_n^l - t_n^j, x_n^l - x_n^j, h_n^l)}{h_n^j}, \quad \langle\nabla\rangle_n^j = \sqrt{-\Delta + (h_n^j)^2}. \end{cases}$$

结合 $\mathcal{S} \to \mathcal{S}'$ 上的算子 $e^{it\langle\nabla\rangle_n^j}$ 关于 t 的一致衰减性, (7.4.7) 和稠密性, 就推出

$$S_n^{j,l} \longrightarrow 0, \quad j < l, \ n \longrightarrow \infty, \quad 在\ L^2.$$

与此同时, 利用 $\tilde{\mu}_n^j = \tilde{\mu}(\xi/h_n^j)$ 与 $\tilde{\mu}_n^k$ 的收敛性, 就得

$$|\langle \mu\vec{v}_n^l(0),\ \mu\vec{v}_n^j(0)\rangle| \leqslant |\langle S_n^{j,l}\mu_n^l\varphi^l,\ \mu_n^j\varphi^j\rangle| \longrightarrow 0, \quad n \to +\infty,$$

利用能量守恒, 可见

$$|\langle \mu\vec{v}_n^l(t),\ \mu\vec{v}_n^j(t)\rangle| = |\langle \mu\vec{v}_n^l(0),\ \mu\vec{v}_n^j(0)\rangle| \longrightarrow 0, \quad n \to +\infty,$$

进而推出

$$\langle \mu\vec{v}_n^j(t),\ \mu\vec{w}_n^k(t)\rangle = \left\langle \mu\vec{v}_n^j(t),\ \mu\vec{w}_n^{j+1}(t) - \sum_{m=j+1}^{k-1} \mu\vec{v}_n^m(t) \right\rangle \longrightarrow 0, \quad n \to +\infty.$$

最后证明 (7.4.7). 采用反证法, 如果不然, 则一定存在一个极小序标对 (l, j) 使得 (7.4.7) 不能成立, 即存在子序列 (t_n^j, x_n^j, h_n^j) 使得

$$h_n^l \longrightarrow h_\infty^l, \quad 且 \quad \log\left(\frac{h_n^l}{h_n^j}\right), \ \frac{t_n^l - t_n^j}{h_n^l}, \ \frac{x_n^l - x_n^j}{h_n^l} \quad 收敛. \tag{7.4.21}$$

这里所谓序标对 (l, j) 的序关系是指:

$$(l_1, j_1) \leqslant (l_2, j_2) \Longleftrightarrow l_1 \leqslant l_2, \ j_1 \leqslant j_2.$$

考虑

$$
\begin{aligned}
\left(T_n^l\right)^{-1} \vec{w}_n^{l+1}(t_n^l) &= \sum_{m=l+1}^{j} \left(T_n^l\right)^{-1} \vec{v}_n^m(t_n^l) + \left(T_n^l\right)^{-1} \vec{w}_n^{j+1}(t_n^l) \\
&= \sum_{m=l+1}^{j} \left(T_n^l\right)^{-1} e^{i(t_n^l - t_n^m)\langle\nabla\rangle} T_n^m \varphi^m + \left(T_n^l\right)^{-1} \vec{w}_n^{j+1}(t_n^l) \\
&= \sum_{m=l+1}^{j-1} S_n^{l,m} \varphi^m + S_n^{l,j} \varphi^j + \left(T_n^l\right)^{-1} \vec{w}_n^{j+1}(t_n^l), \qquad (7.4.22)
\end{aligned}
$$

这里

$$
S_n^{l,m} = e^{i\frac{t_n^l - t_n^m}{h_n^l}\langle\nabla\rangle} \left(T_n^l\right)^{-1} T_n^m \triangleq e^{it_n^{l,m}\langle\nabla\rangle} T_n^{l,m}, \quad t_n^{l,m} = \frac{t_n^l - t_n^m}{h_n^l}, \quad h_n^{l,m} = \frac{h_n^m}{h_n^l}.
$$

从线性轮廓分解 (7.4.3) 的构造过程与反证假设, 容易看出

$$
\begin{cases}
\left(T_n^l\right)^{-1} \vec{w}_n^{l+1}(t_n^l) \xrightarrow{L^2 \text{ 弱拓扑}} 0, \quad n \longrightarrow +\infty, \\
\left(T_n^j\right)^{-1} \vec{w}_n^{j+1}(t_n^j) \xrightarrow{L^2 \text{ 弱拓扑}} 0, \quad n \longrightarrow +\infty, \\
S_n^{l,m} \varphi^m \longrightarrow 0, \quad \forall\, m \in [l+1, j-1], \quad n \longrightarrow +\infty.
\end{cases} \qquad (7.4.23)
$$

另一方面, 根据 (7.4.21) 中的收敛性假设与余项的结构, 就得:

$$
\begin{cases}
S_n^{l,j} \varphi^j \longrightarrow S_\infty^{l,j} \varphi^j \sim \varphi^j \quad (l, j \text{ 相对固定}), \quad n \longrightarrow \infty, \\
\left(T_n^l\right)^{-1} \overrightarrow{w}_n^{j+1}(t_n^l) = S_n^{l,j} \left(T_n^j\right)^{-1} \overrightarrow{w}_n^{j+1}(t_n^j) \xrightarrow{L^2 \text{ 弱拓扑}} 0,
\end{cases} \qquad (7.4.24)
$$

将 (7.4.23), (7.4.24) 代入到 (7.4.22) 就得 $\varphi^j = 0$, 矛盾. 从而 (7.4.7) 得证. □

伸缩尺度 $h_n = 2^{-k_n}$ 趋向于 0 的自由集中波在低正则 Besov 空间 $B^s_{\infty,1}(\mathbb{R}^d)$ $\left(s < -\dfrac{d}{2}\right)$ 消失. 事实上, 此种集中波序列的最小频率收敛于 ∞, 可将其放在余项之中或将其视为余项的一部分. 因此, 在次临界情况下, 无妨假设伸缩尺度为 1, 即

推论 7.4.2 设 $\vec{v}_n$ 是具有 L_x^2 一致界的自由 Klein-Gordon 方程的解序列, 则在不计子序列的意义下, 存在 $K \in \{0, 1, 2, \cdots, \infty\}$ 且对于任意的整数 $j \in [0, K)$,

$$
\varphi^j \in L^2(\mathbb{R}^d), \quad \{(t_n^j, x_n^j)\}_{n\in\mathbb{N}} \subset \mathbb{R} \times \mathbb{R}^d
$$

满足下面结论: 对于每一个 $j < k \leqslant K$, 定义 $\vec{v}_n^j$ 及 $\vec{\omega}_n^k$ 为

$$\vec{v}_n(t,x) = \sum_{j=0}^{k-1} \vec{v}_n^j(t,x) + \vec{\omega}_n^k(t,x), \quad \vec{v}_n^j(t,x) = e^{i\langle\nabla\rangle(t-t_n^j)}\varphi^j(x-x_n^j), \tag{7.4.25}$$

则对于任意的 $s < -\dfrac{d}{2}$, 有

$$\lim_{k\to K} \overline{\lim_{n\to\infty}} \|\vec{\omega}_n^k\|_{L^\infty(\mathbb{R};B^s_{\infty,1}(\mathbb{R}^d))} = 0, \tag{7.4.26}$$

并且对于任意的 $\mu \in \mathcal{MC}$, $l < j < k \leqslant K$ 及任意的 $t \in \mathbb{R}$, 成立

$$\lim_{n\to\infty} \langle \mu\vec{v}_n^l, \mu\vec{v}_n^j\rangle^2_{L^2_x} = 0 = \lim_{n\to\infty} \langle \mu\vec{v}_n^j, \mu\vec{\omega}_n^k\rangle^2_{L^2_x}, \tag{7.4.27}$$

$$\lim_{n\to\infty} |t_n^j - t_n^k| + |x_n^j - x_n^k| = +\infty. \tag{7.4.28}$$

下面, 考虑势能 (非线性能量) 的正交性分析. 先回忆经典的 Mikhlin 乘子定理.

引理 7.4.3 (Mikhlin 乘子定理) 若

$$T_m f = \mathcal{F}^{-1}\big[m(\cdot)\hat{f}(\cdot)\big](x), \quad m(\xi) \in C^k(\mathbb{R}^d \setminus \{0\}), \quad k > \frac{d}{2}$$

及

$$\left|\frac{\partial^\alpha}{\partial\xi^\alpha} m(\xi)\right| \leqslant C|\xi|^{-|\alpha|}, \quad |\alpha| \leqslant k,$$

则

$$\|T_m f\|_p \leqslant A_p \|f\|_p, \quad 1 < p < \infty.$$

注记 7.4.2 (i) 作为 Mikhlin 乘子定理的直接结果, 对任意的 $1 < p < \infty$, 有

$$\begin{cases} \big\|\big[|\nabla| - \langle\nabla\rangle_n\big]\varphi\big\|_p \lesssim h_n \big\|\langle\nabla/h_n\rangle^{-1}\varphi\big\|_p, \\ \big\|\big[|\nabla|^{-1} - \langle\nabla\rangle_n^{-1}\big]\varphi\big\|_p \lesssim h_n \big\|\langle\nabla/h_n\rangle^{-2}|\nabla|^{-1}\varphi\big\|_p \end{cases} \tag{7.4.29}$$

关于 $0 < h_n \leqslant 1$ 是一致成立的.

(ii) 对于 $T_n\psi = h_n^{-\frac{d}{2}}\psi\left(\dfrac{x-x_n}{h_n}\right)$, 有

$$\begin{cases} T_n\phi(i\nabla)f = \phi(ih_n\nabla)T_n f, \\ (T_n)^{-1}\phi(i\nabla)f = \phi(i\nabla/h_n)(T_n)^{-1}f, \\ \|T_n f\|_2 = \|f\|_2. \end{cases} \tag{7.4.30}$$

注记 7.4.3 由齐次最佳插值公式 (参见苗长兴 [139, 第八讲, 定理 8.15])

$$\|f\|_{L^q} \lesssim \|f\|_{\dot{W}^{s,p}}^{\frac{p}{q}} \|f\|_{\dot{B}_{\infty,\infty}^{-\frac{d}{q}}}^{1-\frac{p}{q}}, \quad s = \frac{d}{p} - \frac{d}{q},\ 2 \leqslant p < q < +\infty,$$

可以推出非齐次形式的最佳插值不等式

$$\|f\|_{2^*} \leqslant \|P_{\leqslant 1} f\|_{2^*} + \|P_{\geqslant 1} f\|_{2^*} \lesssim \|f\|_{H^1}^{\frac{d-2}{d}} \|f\|_{B_{\infty,\infty}^{1-\frac{d}{2}}}^{\frac{2}{d}}. \tag{7.4.31}$$

事实上,

$$\begin{cases} \|P_{\leqslant 1} f\|_{2^*} \lesssim \|P_{\leqslant 1} f\|_2^{\frac{d-2}{d}} \|P_{\leqslant 1} f\|_\infty^{\frac{2}{d}} \lesssim \|f\|_{H^1}^{\frac{d-2}{d}} \|f\|_{B_{\infty,\infty}^{1-\frac{d}{2}}}^{\frac{2}{d}}, \\ \|P_{\geqslant 1} f\|_{2^*} \lesssim \|P_{\geqslant 1} f\|_{\dot{H}^1}^{\frac{d-2}{d}} \|P_{\geqslant 1} f\|_{\dot{B}_{\infty,\infty}^{1-\frac{d}{2}}}^{\frac{2}{d}} \lesssim \|f\|_{H^1}^{\frac{d-2}{d}} \|f\|_{B_{\infty,\infty}^{1-\frac{d}{2}}}^{\frac{2}{d}}. \end{cases}$$

引理 7.4.4 设 $\vec{v}_n$ 是自由 Klein-Gordon 方程的解序列, 设

$$\vec{v}_n(t,x) = \sum_{j=0}^{k-1} \vec{v}_n^j(t,x) + \vec{w}_n^k(t,x)$$

是由引理 7.4.1 或推论 7.4.2 决定的线性轮廓分解. 则

$$\begin{cases} \lim\limits_{k\to K} \varlimsup\limits_{n\to+\infty} \left| \widetilde{E}(\vec{v}_n(0)) - \sum\limits_{j=0}^{k-1} \widetilde{E}(\vec{v}_n^j(0)) - \widetilde{E}(\vec{w}_n^k(0)) \right| = 0, \\ \lim\limits_{k\to K} \varlimsup\limits_{n\to+\infty} \left| \widetilde{K}_{\alpha,\beta}(\vec{v}_n(0)) - \sum\limits_{j=0}^{k-1} \widetilde{K}_{\alpha,\beta}(\vec{v}_n^j(0)) - \widetilde{K}_{\alpha,\beta}(\vec{w}_n^k(0)) \right| = 0, \end{cases} \tag{7.4.32}$$

其中 $\tilde{E}$ 和 $\tilde{K}$ 的定义可见 7.3 节.

证明 注意到 $\tilde{E}$ 及 $\tilde{K}$ 中线性部分的正交性已由 (7.4.8) 与 (7.4.9) 给出, 仅需证明:

$$\lim_{k\to K} \varlimsup_{n\to\infty} \left| \Big\| \sum_{j<k} v_n^j(0) + w_n^k(0) \Big\|_{p+1}^{p+1} - \sum_{j<k} \|v_n^j(0)\|_{p+1}^{p+1} - \|w_n^j(0)\|_{p+1}^{p+1} \right| = 0.$$

即

$$\begin{cases} \lim\limits_{k\to K} \varlimsup\limits_{n\to+\infty} \left| F\left(v_n(0)\right) - \sum\limits_{j<k} F\left(v_n^j(0)\right) - F\left(w_n^k(0)\right) \right| = 0, \\ F(u(t)) = -\dfrac{1}{p+1} \displaystyle\int_{\mathbb{R}^d} |u(t,x)|^{p+1}\, dx, \end{cases} \tag{7.4.33}$$

这里, $v_n(0) = \mathrm{Re}\langle\nabla\rangle^{-1}\vec{v}_n(0)$.

为此目的, 根据色散性质 (τ_n^j 是否趋向 $\pm\infty$) 重新安排线性集中波的求和方式. 令

$$v_n^{<k}(0) = \sum_{j<k} v_n^j(0) = \sum_{j<k,\tau_n^j\to\tau_\infty^j} v_n^j(0) + \sum_{j<k,\tau_n^j\to\pm\infty} v_n^j(0), \quad \tau_\infty^j < \infty.$$

于是, (7.4.33) 就等价于

$$\begin{aligned}
&\left|F(v_n(0)) - \sum_{j<k} F\left(v_n^j(0)\right) - F\left(w_n^k(0)\right)\right| \\
\leqslant &\left|F(v_n(0)) - F\left(v_n^{<k}(0)\right)\right| + \left|F\left(v_n^{<k}(0)\right) - F\Big(\sum_{j<k,\tau_n^j\to\tau_\infty^j} v_n^j(0)\Big)\right| \\
&+ \left|F\Big(\sum_{j<k,\tau_n^j\to\tau_\infty^j} v_n^j(0)\Big) - \sum_{j<k,\tau_n^j\to\tau_\infty^j} F\left(v_n^j(0)\right)\right| \\
&+ \left|\sum_{j<k,\tau_n^j\to\pm\infty} F\left(v_n^j(0)\right)\right| + \left|F\left(w_n^k(0)\right)\right| \longrightarrow 0, \ \ n \longrightarrow \infty.
\end{aligned} \tag{7.4.34}$$

注意到

$$\|w_n^k(0)\|_{p+1} \lesssim \|w_n^k(0)\|_2^{1-\frac{d}{2}+\frac{d}{p+1}} \|w_n^k(0)\|_{2^*}^{\frac{d}{2}-\frac{d}{p+1}} \lesssim \|w_n^k(0)\|_{H^1}^{\frac{2}{p+1}} \|w_n^k(0)\|_{B_{\infty,\infty}^{1-\frac{d}{2}}}^{1-\frac{2}{p+1}} \longrightarrow 0,$$

我们有

$$\lim_{k\to K} \varlimsup_{n\to+\infty} \left\|w_n^k(0)\right\|_{L_x^{p+1}} = 0, \quad \forall\ 2 < p+1 \leqslant 2^*. \tag{7.4.35}$$

由此推出

$$\begin{cases}
\lim\limits_{k\to K} \varlimsup\limits_{n\to+\infty} \left|F(v_n(0)) - F\left(v_n^{<k}(0)\right)\right| = 0, \\
\lim\limits_{k\to K} \varlimsup\limits_{n\to+\infty} \left|F\left(w_n^k(0)\right)\right| = 0.
\end{cases} \tag{7.4.36}$$

对于满足 $|\tau_n^j| = \left|\dfrac{t_n^j}{h_n^j}\right| \to +\infty$ **的求和项**, 容易看出

$$\begin{cases} \dfrac{\left(h_n^j\right)^{1-s}|\xi|^s}{\sqrt{|\xi|^2+(h_n^j)^2}} \text{ 满足引理 7.4.3 的乘子条件}, \\ \dot{H}^s \hookrightarrow L^{p+1} \implies |\nabla|^{-s}\varphi \in L^{p+1}, \quad \forall \varphi \in L^2, \quad s = \dfrac{d}{2} - \dfrac{d}{p+1}, \\ Q(\langle\nabla\rangle)T_n^j = T_n^j\Big[Q(\langle\nabla\rangle_n^j/h_n^j)\Big]. \end{cases}$$

因此, 对于任意的 $2 < p+1 \leqslant 2^*$, 利用 Mikhlin 乘子定理, 可以推出

$$\begin{aligned} \|v_n^j(0)\|_{p+1} &= \|\mathrm{Re}\langle\nabla\rangle^{-1}\vec{v}_n^j(0)\|_{p+1} \lesssim \left\|\langle\nabla\rangle^{-1}e^{-it_n^j\langle\nabla\rangle}(h_n^j)^{-\frac{d}{2}}\varphi^j\left(\frac{x-x_n^j}{h_n^j}\right)\right\|_{p+1} \\ &= \left\|\langle\nabla\rangle^{-1}e^{-it_n^j\langle\nabla\rangle}T_n^j\varphi^j\right\|_{p+1} \leqslant \left\|T_n^j h_n^j\left[\langle\nabla\rangle_n^j\right]^{-1}e^{i\tau_n^j\langle\nabla\rangle_n^j}\varphi^j\right\|_{p+1} \\ &= \left\|\left[h_n^j\right]^s T_n^j\left[h_n^j\right]^{1-s}\left[\langle\nabla\rangle_n^j\right]^{-1}e^{i\tau_n^j\langle\nabla\rangle_n^j}\varphi^j\right\|_{p+1} \\ &= \left\|\left[h_n^j\right]^{1-s}\left[\langle\nabla\rangle_n^j\right]^{-1}e^{i\tau_n^j\langle\nabla\rangle_n^j}\varphi^j\right\|_{p+1} \\ &\lesssim \left\||\nabla|^{-s}e^{i\tau_n^j\langle\nabla\rangle_n^j}\varphi^j\right\|_{p+1} \to 0, \quad n \to \infty, \end{aligned}$$

这里用到 $\mathcal{S}(\mathbb{R}^d) \to L^{p+1}(\mathbb{R}^d)$ 上的算子 $e^{it\langle\nabla\rangle_n^j}$ 关于 t 的衰减性质和稠密性. 由此推出

$$\begin{cases} \lim\limits_{k\to K}\varlimsup\limits_{n\to+\infty}\left|F(v_n^{<k}(0)) - F\Bigg(\sum\limits_{j<k,\tau_n^j\to\tau_\infty^j} v_n^j(0)\Bigg)\right| = 0, \\ \lim\limits_{k\to K}\varlimsup\limits_{n\to+\infty}\left|\sum\limits_{j<k,\tau_n^j\to\pm\infty} F(v_n^j(0))\right| = 0. \end{cases} \tag{7.4.37}$$

于是, 证明 (7.4.33) 或 (7.4.34) 就等价于证明

$$\left|F\Bigg(\sum_{j<k,\tau_n^j\to\tau_\infty^j} v_n^j(0)\Bigg) - \sum_{j<k,\tau_n^j\to\tau_\infty^j} F\left(v_n^j(0)\right)\right| \longrightarrow 0, \quad n \longrightarrow \infty. \tag{7.4.38}$$

关于存在子序列 $\tau_n^j \to \tau_\infty^j \in \mathbb{R}$ **的求和部分**, 注意到 $h_n^j \in (0,1]$,

$$v_n^j(0) = \mathrm{Re}\langle\nabla\rangle^{-1}\vec{v}_n^j(0) = \langle\nabla\rangle^{-1}\mathrm{Re}\big(e^{it_n^j\langle\nabla\rangle}T_n^j\varphi^j\big) = \langle\nabla\rangle^{-1}T_n^j\mathrm{Re}\big(e^{i\langle\nabla\rangle_n^j\tau_n^j}\varphi^j\big),$$

容易推出: 在不计子序列的意义下,

$$\begin{aligned}\|v_n^j(0) - \langle\nabla\rangle^{-1}T_n^j\psi^j\|_{H^1} &= \|\langle\nabla\rangle v_n^j(0) - T_n^j\psi^j\|_{L^2}\\ &\lesssim \|e^{i\langle\nabla\rangle_n^j\tau_n^j}\varphi^j - e^{i\langle\nabla\rangle_\infty^j\tau_\infty^j}\varphi^j\|_{L^2} \longrightarrow 0, \quad n\longrightarrow\infty,\end{aligned}$$

其中

$$\psi^j := \mathrm{Re}\big(e^{i\langle\nabla\rangle_\infty^j\tau_\infty^j}\varphi^j\big) \in L^2(\mathbb{R}^d).$$

于是, 将 (7.4.38) 分解为

$$\begin{aligned}&\left|F\Big(\sum_{j<k,\tau_n^j\to\tau_\infty^j} v_n^j(0)\Big) - \sum_{j<k,\tau_n^j\to\tau_\infty^j} F\big(v_n^j(0)\big)\right|\\ \leqslant&\left|F\Big(\sum_{j<k,\tau_n^j\to\tau_\infty^j} v_n^j(0)\Big) - F\Big(\sum_{j<k,\tau_n^j\to\tau_\infty^j} \langle\nabla\rangle^{-1}T_n^j\psi^j\Big)\right|\\ &+\left|\sum_{j<k,\tau_n^j\to\tau_\infty^j} F\big(v_n^j(0)\big) - \sum_{j<k,\tau_n^j\to\tau_\infty^j} F\Big(\langle\nabla\rangle^{-1}T_n^j\psi^j\Big)\right|\\ &+\left|F\Big(\sum_{j<k,\tau_n^j\to\tau_\infty^j} \langle\nabla\rangle^{-1}T_n^j\psi^j\Big) - \sum_{j<k,\tau_n^j\to\tau_\infty^j} F\Big(\langle\nabla\rangle^{-1}T_n^j\psi^j\Big)\right|. \qquad (7.4.39)\end{aligned}$$

利用 Sobolev 嵌入定理, 就得

$$\begin{cases}\left|F\Big(\displaystyle\sum_{j<k,\tau_n^j\to\tau_\infty^j} v_n^j(0)\Big) - F\Big(\sum_{j<k,\tau_n^j\to\tau_\infty^j} \langle\nabla\rangle^{-1}T_n^j\psi^j\Big)\right| \to 0,\\ \left|\displaystyle\sum_{j<k,\tau_n^j\to\tau_\infty^j} F_i\big(v_n^j(0)\big) - \sum_{j<k,\tau_n^j\to\tau_\infty^j} F\left(\langle\nabla\rangle^{-1}T_n^j\psi^j\right)\right| \to 0.\end{cases} \qquad (7.4.40)$$

这样 (7.4.38) 可归结为证明:

$$\lim_{k\to K}\varlimsup_{n\to\infty}\left|F\Big(\sum_{j<k,\tau_n^j\to\tau_\infty^j} \langle\nabla\rangle^{-1}T_n^j\psi^j\Big) - \sum_{j<k,\tau_n^j\to\tau_\infty^j} F\Big(\langle\nabla\rangle^{-1}T_n^j\psi^j\Big)\right| = 0. \qquad (7.4.41)$$

情形 1　次临界情形 $2<p+1<2^*$. 记 $F\triangleq F_s$, 直接计算可见

$$\left|F_s\Big(\sum_{j<k,\tau_n^j\to\tau_\infty^j} \langle\nabla\rangle^{-1}T_n^j\psi^j\Big) - \sum_{j<k,\tau_n^j\to\tau_\infty^j} F_s\left(\langle\nabla\rangle^{-1}T_n^j\psi^j\right)\right|$$

$$\leqslant \left|F_s\Big(\sum_{j<k,\tau_n^j\to\tau_\infty^j}\langle\nabla\rangle^{-1}T_n^j\psi^j\Big)-F_s\Big(\sum_{j<k,\tau_n^j\to\tau_\infty^j,h_n^j=1}\langle\nabla\rangle^{-1}T_n^j\psi^j\Big)\right|$$
$$+\left|\sum_{j<k,\tau_n^j\to\tau_\infty^j}F_s\Big(\langle\nabla\rangle^{-1}T_n^j\psi^j\Big)-\sum_{j<k,\tau_n^j\to\tau_\infty^j,h_n^j=1}F_s\Big(\langle\nabla\rangle^{-1}T_n^j\psi^j\Big)\right|$$
$$+\left|F_s\Big(\sum_{j<k,\tau_n^j\to\tau_\infty^j,h_n^j=1}\langle\nabla\rangle^{-1}T_n^j\psi^j\Big)-\sum_{j<k,\tau_n^j\to\tau_\infty^j,h_n^j=1}F_s\Big(\langle\nabla\rangle^{-1}T_n^j\psi^j\Big)\right|.$$

若 $h_n^j\longrightarrow 0$, 断言

$$\big\|\langle\nabla\rangle^{-1}T_n^j\psi^j\big\|_{p+1}\longrightarrow 0,\quad n\longrightarrow\infty. \tag{7.4.42}$$

事实上, 利用稠密性可归结为对 $f(x)\in S(\mathbb{R}^d)$,

$$\big\|\langle\nabla\rangle^{-1}T_n^jf\big\|_{p+1}\longrightarrow 0,\quad n\longrightarrow\infty.$$

利用 Sobolev 嵌入和 Mikhlin 乘子定理可得

$$\begin{aligned}\big\|\langle\nabla\rangle^{-1}T_n^jf\big\|_{p+1}&=\big\|T_n^jh_n^j\big[\langle\nabla\rangle_n^j\big]^{-1}f\big\|_{p+1}\\&=\big[h_n^j\big]^{1-s}\Big\|\big[\langle\nabla\rangle_n^j\big]^{-1}f\Big\|_{p+1}\\&\lesssim\big[h_n^j\big]^{1-s}\Big\||\nabla|\big[\langle\nabla\rangle_n^j\big]^{-1}f\Big\|_r\\&\lesssim\big[h_n^j\big]^{1-s}\|f\|_r\longrightarrow 0,\quad n\longrightarrow\infty,\end{aligned}$$

其中, $s=\dfrac{d}{2}-\dfrac{d}{p+1}<1$, $1-\dfrac{d}{r}=-\dfrac{d}{p+1}$. 由此推出

$$\begin{cases}\left|F_s\Big(\sum_{j<k,\tau_n^j\to\tau^j}\langle\nabla\rangle^{-1}T_n^j\psi^j\Big)-F_s\Big(\sum_{j<k,\tau_n^j\to\tau^j,h_n^j=1}\langle\nabla\rangle^{-1}T_n^j\psi^j\Big)\right|\to 0,\\ \left|\sum_{j<k,\tau_n^j\to\tau^j}F_s\left(\langle\nabla\rangle^{-1}T_n^j\psi^j\right)-\sum_{j<k,\tau_n^j\to\tau^j,h_n^j=1}F_s\left(\langle\nabla\rangle^{-1}T_n^j\psi^j\right)\right|\to 0.\end{cases} \tag{7.4.43}$$

进而, 利用正交性条件 (7.4.7) 和 $\tau_n^j\to\tau_\infty^j, h_n^j=1$, 就推知自由集中波 $\langle\nabla\rangle^{-1}T_n^j\psi^j$ 在物理空间中的正交性, 即

$$|x_n^j-x_n^l|\to+\infty.$$

由此可得对于 $f_j(x)\in C_c^\infty(\mathbb{R}^d)$,

$$F_s\Big(\sum_{j<k,\tau_n^j\to\tau_\infty^j,h_n^j=1} f_j(x-x_n^j)\Big)=\sum_{j<k,\tau_n^j\to\tau_\infty^j,h_n^j=1} F_s\big(f_j(x-x_n^j)\big).$$

因此, 利用稠密性可得

$$\left|F_s\Big(\sum_{j<k,\tau_n^j\to\tau_\infty^j,h_n^j=1}\langle\nabla\rangle^{-1}T_n^j\psi^j\Big)-\sum_{j<k,\tau_n^j\to\tau_\infty^j,h_n^j=1}F_s\Big(\langle\nabla\rangle^{-1}T_n^j\psi^j\Big)\right|=0.$$

情形 2 临界情形 $p=2^*-1$. 记 $F\triangleq F_c$, 记

$$\begin{cases}\widehat{\psi}^j=|\nabla|^{-1}\psi^j, & h_n^j\to 0,\\ \widehat{\psi}^j=\langle\nabla\rangle^{-1}\psi^j, & h_n^j\equiv 1,\end{cases}$$

则 $\widehat{\psi}^j\in L_x^{2^*}$. 问题就归结于证明:

$$\begin{aligned}&\left|F_c\Big(\sum_{j<k,\tau_n^j\to\tau_\infty^j}\langle\nabla\rangle^{-1}T_n^j\psi^j\Big)-\sum_{j<k,\tau_n^j\to\tau_\infty^j}F_c\left(\langle\nabla\rangle^{-1}T_n^j\psi^j\right)\right|\\
\leqslant&\left|F_c\Big(\sum_{j<k,\tau_n^j\to\tau_\infty^j}\langle\nabla\rangle^{-1}T_n^j\psi^j\Big)-F_c\Big(\sum_{j<k,\tau_n^j\to\tau_\infty^j}h_n^jT_n^j\widehat{\psi}^j\Big)\right|\\
&+\left|\sum_{j<k,\tau_n^j\to\tau_\infty^j}F_c\left(\langle\nabla\rangle^{-1}T_n^j\psi^j\right)-\sum_{j<k,\tau_n^j\to\tau_\infty^j}F_c\left(h_n^jT_n^j\widehat{\psi}^j\right)\right|\\
&+\left|F_c\Big(\sum_{j<k,\tau_n^j\to\tau_\infty^j}h_n^jT_n^j\widehat{\psi}^j\Big)-\sum_{j<k,\tau_n^j\to\tau_\infty^j}F_c\left(h_n^jT_n^j\widehat{\psi}^j\right)\right|\longrightarrow 0,\quad n\longrightarrow\infty.\end{aligned}\tag{7.4.44}$$

若 $h_n^j\longrightarrow 0$, 由乘子估计 (7.4.29) 就推知

$$\begin{aligned}\big\|\langle\nabla\rangle^{-1}T_n^j\psi^j-h_n^jT_n^j|\nabla|^{-1}\psi^j\big\|_{2^*}&=\big\|h_n^jT_n^j\big[\langle\nabla\rangle_n^j\big]^{-1}\psi^j-h_n^jT_n^j|\nabla|^{-1}\psi^j\big\|_{2^*}\\
&=\big\|\big[\langle\nabla\rangle_n^j\big]^{-1}\psi^j-h_n^jT_n^j|\nabla|^{-1}\psi^j\big\|_{2^*}\\
&\lesssim h_n^j\big\|\langle\nabla/h_n^j\rangle^{-2}|\nabla|^{-1}\psi^j\big\|_{2^*}\longrightarrow 0.\end{aligned}$$

从而

$$\big\|\langle\nabla\rangle^{-1}T_n^j\psi^j-h_n^jT_n^j\widehat{\psi}^j\big\|_{L_x^{2^*}}=\begin{cases}\big\|\langle\nabla\rangle^{-1}T_n^j\psi^j-h_n^jT_n^j|\nabla|^{-1}\psi^j\big\|_{L_x^{2^*}}, & h_n^j\to 0,\\ \big\|\langle\nabla\rangle^{-1}T_n^j\psi^j-h_n^jT_n^j\langle\nabla\rangle^{-1}\psi^j\big\|_{L_x^{2^*}}, & h_n^j\equiv 1\end{cases}$$

$$= \begin{cases} \left\| (\langle \nabla \rangle_n^j)^{-1} \psi^j - |\nabla|^{-1} \psi^j \right\|_{L_x^{2^*}}, & h_n^j \to 0, \\ 0, & h_n^j \equiv 1 \end{cases}$$

$$\longrightarrow 0, \quad n \to +\infty,$$

由此推出

$$\begin{cases} \left| F_c\Big(\sum_{j<k, \tau_n^j \to \tau_\infty^j} \langle \nabla \rangle^{-1} T_n^j \psi^j \Big) - F_c\Big(\sum_{j<k, \tau_n^j \to \tau_\infty^j} h_n^j T_n^j \widehat{\psi}^j \Big) \right| \longrightarrow 0, \\ \left| \sum_{j<k, \tau_n^j \to \tau_\infty^j} F_c\Big(\langle \nabla \rangle^{-1} T_n^j \psi^j \Big) - \sum_{j<k, \tau_n^j \to \tau_\infty^j} F_c\Big(h_n^j T_n^j \widehat{\psi}^j \Big) \right| \longrightarrow 0. \end{cases} \tag{7.4.45}$$

于是, 问题 (7.4.44) 就归为证明:

$$\left| F_c\Big(\sum_{j<k, \tau_n^j \to \tau_\infty^j} h_n^j T_n^j \widehat{\psi}^j \Big) - \sum_{j<k, \tau_n^j \to \tau_\infty^j} F_c\Big(h_n^j T_n^j \widehat{\psi}^j \Big) \right| \longrightarrow 0, \quad n \longrightarrow \infty. \tag{7.4.46}$$

将 (7.4.46) 中的 $\hat{\psi}^j$ 换为相互之间无重叠的项 $\widetilde{\psi}^j$, 这里

$$\widetilde{\psi}^j(x) := \hat{\psi}^j(x) \times \begin{cases} 0, & \exists\, l < j, \ \text{s.t.} \ \ h_n^l < h_n^j, \quad \dfrac{x - x_n^{j,l}}{h_n^{j,l}} \in \operatorname{supp} \hat{\psi}^l, \\ 1, & \text{其他}, \end{cases}$$

其中

$$x_n^{j,l} = \frac{x_n^j - x_n^l}{h_n^j}, \quad h_n^{j,l} = \frac{h_n^l}{h_n^j}.$$

利用正交性条件 (7.4.7)知 $h_n^{j,l} \to 0$ 或 $|x_n^{j,l}| \to \infty$, 因此

$$\widetilde{\psi}_n^j \to \widehat{\psi}^j, \quad \text{a.e.}\ x \in \mathbb{R}^d \quad \text{及} \quad \widetilde{\psi}_n^j \to \widehat{\psi}^j, \quad \text{在} \ \ L_x^{2^*},$$

利用控制收敛定理知

$$\begin{cases} \left| F_c\Big(\sum_{j<k, \tau_n^j \to \tau_\infty^j} h_n^j T_n^j \widehat{\psi}^j \Big) - F_c\Big(\sum_{j<k, \tau_n^j \to \tau_\infty^j} h_n^j T_n^j \widetilde{\psi}_n^j \Big) \right| \longrightarrow 0, \\ \left| \sum_{j<k, \tau_n^j \to \tau_\infty^j} F_c\Big(h_n^j T_n^j \widehat{\psi}^j \Big) - \sum_{j<k, \tau_n^j \to \tau_\infty^j} F_c\Big(h_n^j T_n^j \widetilde{\psi}_n^j \Big) \right| \longrightarrow 0. \end{cases} \tag{7.4.47}$$

另一方面, 注意到 $\widetilde{\psi}_n^j$ 的支集性质, 容易看出

$$F_c\Big(\sum_{j<k,\tau_n^j\to\tau_\infty^j} h_n^j T_n^j \widetilde{\psi}_n^j\Big) = \sum_{j<k,\tau_n^j\to\tau_\infty^j} F_c\Big(h_n^j T_n^j \widetilde{\psi}_n^j\Big).$$

因此, 就得

$$\begin{aligned}
&\left|F_c\Big(\sum_{j<k,\tau_n^j\to\tau_\infty^j} h_n^j T_n^j \widehat{\psi}^j\Big) - \sum_{j<k,\tau_n^j\to\tau_\infty^j} F_c\Big(h_n^j T_n^j \widehat{\psi}^j\Big)\right| \\
\leqslant &\left|F_c\Big(\sum_{j<k,\tau_n^j\to\tau_\infty^j} h_n^j T_n^j \widehat{\psi}^j\Big) - F_c\Big(\sum_{j<k,\tau_n^j\to\tau_\infty^j} h_n^j T_n^j \widetilde{\psi}_n^j\Big)\right| \\
&+\left|\sum_{j<k,\tau_n^j\to\tau_\infty^j} F_c\Big(h_n^j T_n^j \widehat{\psi}^j\Big) - \sum_{j<k,\tau_n^j\to\tau_\infty^j} F_c\Big(h_n^j T_n^j \widetilde{\psi}_n^j\Big)\right| \\
&+\left|F_c\Big(\sum_{j<k,\tau_n^j\to\tau_\infty^j} h_n^j T_n^j \widetilde{\psi}_n^j\Big) - \sum_{j<k,\tau_n^j\to\tau_\infty^j} F_c\Big(h_n^j T_n^j \widetilde{\psi}_n^j\Big)\right| \\
\longrightarrow & \; 0, \quad n\longrightarrow\infty.
\end{aligned}$$

从而就完成了正交性 (7.4.32) 的证明. 其余部分的证明是如下引理与 (7.4.32) 极限语言的直接结果. □

引理 7.4.5 ($\widetilde{\mathcal{K}}^+$ 的分解) 假设 $k\in\mathbb{N}$ 及 $\varphi_0,\cdots,\varphi_k\in L^2(\mathbb{R}^d)$. 如果存在满足 $\varepsilon(1+2/\bar{\mu})<\delta$ 的常数 $\delta,\varepsilon>0$ 及 $(\alpha,\beta)\in\Omega^*$ 使得

$$\begin{cases} \displaystyle\sum_{j=0}^k \widetilde{E}(\varphi_j)-\varepsilon \leqslant \widetilde{E}\Big(\sum_{j=0}^k\varphi_j\Big)\leqslant m-\delta, \\ \displaystyle -\varepsilon\leqslant \widetilde{K}_{\alpha,\beta}\Big(\sum_{j=0}^k\varphi_j\Big)\leqslant \sum_{j=0}^k \widetilde{K}_{\alpha,\beta}(\varphi_j)+\varepsilon, \end{cases} \tag{7.4.48}$$

则对于任意的 $j=0,\cdots,k$, 皆有 $\varphi_j\in\widetilde{\mathcal{K}}^+$, 即

$$0\leqslant \widetilde{E}(\varphi_j)<m,\quad \widetilde{K}_{\alpha,\beta}(\varphi_j)\geqslant 0.$$

证明 令 $\psi_j=\mathrm{Re}\langle\nabla\rangle^{-1}\varphi_j$. 首先我们证明对任意 $j\in\{0,\cdots,k\}$, $\widetilde{K}_{\alpha,\beta}(\varphi_j)\geqslant 0$. 采用反证法来论证. 若存在 l 使得 $\widetilde{K}_{\alpha,\beta}(\varphi_l)<0$, 则 $K_{\alpha,\beta}(\psi_l)\leqslant\widetilde{K}_{\alpha,\beta}(\varphi_l)<0$. 由引理 3.2.7 推出 $H_{\alpha,\beta}(\psi_l)\geqslant m$. 另一方面, 由 $H_{\alpha,\beta}$ 的定义可见

$$0\leqslant H_{\alpha,\beta}(\psi_j)=J(\psi_j)-\frac{1}{\bar{\mu}}K_{\alpha,\beta}(\psi_j)$$

$$
\begin{aligned}
&= \tilde{E}(\varphi_j) - \frac{1}{\bar{\mu}}\tilde{K}_{\alpha,\beta}(\varphi_j) - \frac{1}{2}\int_{\mathbb{R}^d} |\mathrm{Im}\varphi_j|^2\, dx + \frac{1}{\bar{\mu}}K^{(Q)}_{\alpha,\beta}\big(\mathrm{Im}\langle\nabla\rangle^{-1}\varphi_j\big) \\
&\leqslant \tilde{E}(\varphi_j) - \frac{1}{\bar{\mu}}\tilde{K}_{\alpha,\beta}(\varphi_j).
\end{aligned} \tag{7.4.49}
$$

因此,

$$
\begin{aligned}
m \leqslant \sum_{j=0}^{k} H_{\alpha,\beta}(\psi_j) &\leqslant \sum_{j=0}^{k}\Big[\tilde{E}(\varphi_j) - \frac{1}{\bar{\mu}}\tilde{K}_{\alpha,\beta}(\varphi_j)\Big] \\
&\leqslant m - \delta + \frac{\varepsilon}{\bar{\mu}} + \varepsilon(1+1/\bar{\mu}) \\
&< m,
\end{aligned}
$$

由此可得矛盾. 因此, 对于任意的 $0 \leqslant j \leqslant k$, $\widetilde{K}_{\alpha,\beta}(\psi_j) \geqslant 0$. 结合 (7.4.49) 可得 $\tilde{E}(\varphi_j) \geqslant 0$, 故

$$
\widetilde{E}(\varphi_j) \leqslant \sum_{j=0}^{k} \widetilde{E}(\varphi_j) \leqslant m + \varepsilon - \delta < m. \qquad \square
$$

利用引理 7.4.4 和引理 7.4.5 可得

引理 7.4.6 设 $\vec{v}_n$ 是自由 Klein-Gordon 方程的解序列, 满足

$$
\vec{v}_n(0) \in \widetilde{\mathcal{K}}^{+}, \quad \varlimsup_{n\to\infty} \widetilde{E}(\vec{v}_n(0)) < m.
$$

设

$$
\overrightarrow{v}_n(t,x) = \sum_{j=0}^{k-1} \overrightarrow{v}^{j}_n(t,x) + \overrightarrow{w}^{k}_n(t,x)
$$

是由引理 7.4.1 或推论 7.4.2 决定的线性轮廓分解. 则对于充分大的 n 及任意的 $j < K$, 我们有 $\vec{v}^j_n(0) \in \widetilde{\mathcal{K}}^{+}$, 并且满足

$$
\begin{cases}
\displaystyle\lim_{k\to K}\varlimsup_{n\to+\infty}\Big|\widetilde{E}(\vec{v}_n(0)) - \sum_{j=0}^{k-1}\widetilde{E}(\vec{v}^j_n(0)) - \widetilde{E}(\vec{w}^k_n(0))\Big| = 0, \\
\displaystyle\lim_{k\to K}\varlimsup_{n\to+\infty}\Big|\widetilde{K}_{\alpha,\beta}(\vec{v}_n(0)) - \sum_{j=0}^{k-1}\widetilde{K}_{\alpha,\beta}(\vec{v}^j_n(0)) - \widetilde{K}_{\alpha,\beta}(\vec{w}^k_n(0))\Big| = 0.
\end{cases} \tag{7.4.50}
$$

进而, 对于任意的 $j < k$

$$
0 \leqslant \varliminf_{n\to\infty} \widetilde{E}(\vec{v}^j_n(0)) \leqslant \varlimsup_{n\to\infty} \widetilde{E}(\vec{v}^j_n(0)) \leqslant \varlimsup_{n\to\infty} \widetilde{E}(\vec{v}_n(0)), \tag{7.4.51}
$$

这里仅当

$$K=1,\quad \vec{\omega}_n^1 \longrightarrow 0,\quad \text{在}\quad L_t^\infty L_x^2,\quad n\longrightarrow\infty$$

时, 不等式 (7.4.51) 中后面两个不等号变成等号.

7.4.2 非线性轮廓分解

对于 $H^1(\mathbb{R}^d)\times L^2(\mathbb{R}^d)$ 中有界初值函数序列, 7.4.1 节建立了自由 Klein-Gordon 方程对应的解序列的线性轮廓分解. 在此基础上, 对于该有界初值函数序列, 建立研究非线性 Klein-Gordon 方程 (7.1.1) 的解序列对应的非线性轮廓分解.

基本理念 首先, 对于 $H^1(\mathbb{R}^d)\times L^2(\mathbb{R}^d)$ 中的有界的初值函数序列进行线性轮廓分解:

$$\vec{u}_n(0)=\sum_{j=0}^{k-1}\vec{u}_n^j(0)+\vec{w}_n^k(0),\quad \vec{u}_n=\langle\nabla\rangle u_n-i\dot{u}_n,\quad u_n=\langle\nabla\rangle^{-1}\mathrm{Re}\vec{u}_n.$$

利用渐近正交性与弱相互作用, 相应的非线性演化满足渐近叠加原理:

$$\mathrm{NLKG}(\vec{u}_n(0))=\mathrm{NLKG}\left[\sum_{j=0}^{k-1}\vec{u}_n^j(0)+\vec{w}_n^k(0)\right]$$

$$\sim\sum_{j=0}^{k-1}\mathrm{NLKG}\big[\vec{u}_n^j(0)\big]+e^{it\langle\nabla\rangle}\vec{w}_n^k(0)\quad(\text{主部为弱相互作用, 加上余项的线性演化})$$

$$=\sum_{j=0}^{k-1}\mathrm{NLKG}\Big[e^{-it_n^j\langle\nabla\rangle}T_n^j\varphi^j\Big]+\vec{w}_n^k(t)\qquad\left(e^{-it_n^j\langle\nabla\rangle}T_n^j\varphi^j=T_n^je^{i\langle\nabla\rangle_n^j\tau_n^j}\varphi^j,\tau_n^j=-\frac{t_n^j}{h_n^j}\right)$$

$$=\sum_{j=0}^{k-1}\mathrm{NLKG}\Big[T_n^je^{i\tau_n^j\langle\nabla\rangle_n^j}\varphi^j\Big]+\vec{w}_n^k(t)\qquad\left(\widetilde{T}_n^jf(t,x)\triangleq(h_n^j)^{-\frac{d}{2}}f\left(\frac{t-t_n^j}{h_n^j},\frac{x-x_n^j}{h_n^j}\right)\text{为扩展变换}\right)$$

$$\sim\sum_{j=0}^{k-1}\widetilde{T}_n^j\mathrm{NLKG}_n^j(e^{i\tau_n^j\langle\nabla\rangle_n^j}\varphi^j)+\vec{w}_n^k(t)\qquad(\text{变换群与非线性演化的交换—脱群作用})$$

$$\sim\sum_{j=0}^{k-1}\widetilde{T}_n^j\mathrm{NLKG}_\infty^j(e^{i\tau_\infty^j\langle\nabla\rangle_\infty^j}\varphi^j)+\vec{w}_n^k(t)\qquad\left(\vec{U}_\infty^j(\tau_\infty^j)\triangleq e^{i\tau_\infty^j\langle\nabla\rangle_\infty^j}\varphi^j\xrightarrow{\mathrm{NLKG}_\infty^j}\vec{U}_\infty^j\right)$$

$$\sim\sum_{j=0}^{k-1}\widetilde{T}_n^j\vec{U}_\infty^j(t)+\vec{w}_n^k(t)=\sum_{j=0}^{k-1}\vec{u}_{(n)}^j(t)+\vec{w}_n^k(t)\quad\big(\vec{U}_\infty^j(t)\text{是非线性轮廓},\ \{u_{(n)}^j\}$$

是相应的集中波).

线性轮廓 (自由集中波) 分解的回忆 $\vec{v}_n(0) \in \widetilde{\mathcal{K}}^+$ 意味着初始函数序列是 L^2 中的有界序列, 记 $\vec{v}_n(t)$ 是如下自由方程

$$\begin{cases} (i\partial_t + \langle\nabla\rangle)\vec{v}_n = 0, \\ \vec{v}_n(t)\big|_{t=0} = \vec{v}_n(0) \in \widetilde{\mathcal{K}}^+ \end{cases} \tag{7.4.52}$$

的有界自由解序列. 由引理 7.4.1 及推论 7.4.2, 在不计子序列的意义下, 存在函数列 $\{\varphi^j(x)\}$, 三元簇序列 (t_n^j, x_n^j, h_n^j) 及 $\vec{v}_n(t)$ 对应的自由集中波列 $\{\vec{v}_n^j(t,x)\}$ 满足

$$\begin{cases} (i\partial_t + \langle\nabla\rangle)\vec{v}_n^j = 0, \quad j = 0, 1, \cdots, K, \\ \vec{v}_n^j(t_n^j) = T_n^j\varphi^j(x), \quad T_n^j\varphi^j(x) = (h_n^j)^{-\frac{d}{2}}\varphi^j\left(\dfrac{x - x_n^j}{h_n^j}\right) \in L^2 \end{cases} \tag{7.4.53}$$

及 $\vec{v}_n^j(0) \in \widetilde{\mathcal{K}}^+(j = 0, \cdots, K,)$ 使得

$$\begin{aligned} \vec{v}_n(t,x) &= \sum_{j=0}^{k-1} \vec{v}_n^j(t,x) + \vec{w}_n^k(t,x) = \sum_{j=0}^{k-1} e^{i(t-t_n^j)\langle\nabla\rangle}T_n^j\varphi^j + \vec{w}_n^k(t,x) \\ &= \sum_{j=0}^{k-1} T_n^j e^{i\frac{t-t_n^j}{h_n^j}\langle\nabla\rangle_n^j}\varphi^j + \vec{w}_n^k(t,x) \\ &\triangleq \sum_{j=0}^{k-1} \widetilde{T}_n^j e^{it\langle\nabla\rangle_n^j}\varphi^j + \vec{w}_n^k(t,x). \end{aligned}$$

模去群 T_n^j 作用之后的自由集中波 在线性轮廓分解

$$\vec{v}_n^j(t,x) = T_n^j\vec{V}_n^j\left(\frac{t - t_n^j}{h_n^j}\right) \triangleq \widetilde{T}_n^j\vec{V}_n^j$$

中模去群或扩展群变换 $\widetilde{T}_n^j$ 的作用, 所获得的自由集中波 $\vec{V}_n^j(t,x)$ 等价于求解

$$\begin{cases} (i\partial_t + \langle\nabla\rangle_n^j)\vec{V}_n^j = 0, \\ \vec{V}_n^j(0) = \varphi^j \end{cases} \Longleftrightarrow \begin{cases} \vec{V}_n^j(t,x) = e^{it\langle\nabla\rangle_n^j}\varphi^j, \\ \vec{V}_n^j(t,x) = (T_n^j)^{-1}\vec{v}_n^j(t_n^j + th_n^j). \end{cases} \tag{7.4.54}$$

非线性集中波 (模去群 $\tilde{T}_n^j$ 作用) 令 $u_n^j(t)$ 是具有初值 $\vec{v}_n^j(0)$ 的非线性 Klein-Gordon 方程

$$\begin{cases}(i\partial_t+\langle\nabla\rangle)\vec{u}_n^j=f(u_n^j),\\ \vec{u}_n^j(0)=\vec{v}_n^j(0)\triangleq T_n^j\vec{V}_n^j(\tau_n^j)\in\widetilde{\mathcal{K}}^+,\end{cases}\quad \tau_n^j=-\frac{t_n^j}{h_n^j} \tag{7.4.55}$$

的解 (起码局部存在). 为了脱掉存在于 u_n^j 上的群作用, 脱群变换如下:

$$\vec{u}_n^j(t)=T_n^j\vec{U}_n^j\left(\frac{t-t_n^j}{h_n^j}\right)\Longleftrightarrow\vec{U}_n^j(t)=(T_n^j)^{-1}\vec{u}_n^j(t_n^j+th_n^j). \tag{7.4.56}$$

根据解的积分表示公式

$$\begin{aligned}\vec{u}_n^j(t)&=e^{it\langle\nabla\rangle}\vec{v}_n^j(0)-i\int_0^t e^{i(t-s)\langle\nabla\rangle}f(u_n^j)ds\\&=v_n^j(t)-i\int_0^t e^{i(t-s)\langle\nabla\rangle}f(\mathrm{Re}\langle\nabla\rangle^{-1}\vec{u}_n^j)ds\end{aligned}$$

及关系式 (7.4.56), 容易看出

$$\begin{aligned}\vec{U}_n^j(t)&=(T_n^j)^{-1}\vec{v}_n^j(t_n^j+th_n^j)-(T_n^j)^{-1}i\int_0^{t_n^j+th_n^j}e^{i(t_n^j+th_n^j-s)\langle\nabla\rangle}f(\mathrm{Re}\langle\nabla\rangle^{-1}\vec{u}_n^j)ds\\&=\vec{V}_n^j(t)-i\int_{\tau_n^j}^t e^{i(t-s)\langle\nabla\rangle_n^j}f(\mathrm{Re}(\langle\nabla\rangle_n^j)^{-1}\vec{U}_n^j)ds,\quad\tau_n^j=-\frac{t_n^j}{h_n^j}\end{aligned} \tag{7.4.57}$$

满足

$$\begin{cases}(i\partial_t+\langle\nabla\rangle_n^j)\vec{U}_n^j=f(\mathrm{Re}(\langle\nabla\rangle_n^j)^{-1}\vec{U}_n^j),\\ \vec{U}(\tau_n^j)=\vec{V}_n^j(\tau_n^j).\end{cases} \tag{7.4.58}$$

通过选取子序列 (记号不变), 使得

$$h_n^j\longrightarrow h_\infty^j\in[0,1],\quad\tau_n^j\longrightarrow\tau_\infty^j\in[-\infty,\infty],\quad j=0,\cdots,K.$$

因此, 极限方程的积分形式表示如下:

$$\vec{V}_\infty^j(t,x)=e^{it\langle\nabla\rangle_\infty^j}\varphi^j(x),\quad\vec{U}_\infty^j(t)=\vec{V}_\infty^j(t)-i\int_{\tau_\infty^j}^t e^{i(t-s)\langle\nabla\rangle_\infty^j}f(\widehat{U}_\infty^j)ds. \tag{7.4.59}$$

这里

$$\widehat{U}_\infty^j\triangleq\mathrm{Re}(\langle\nabla\rangle_\infty^j)^{-1}\vec{U}_\infty^j=\begin{cases}\mathrm{Re}\langle\nabla\rangle^{-1}\vec{U}_\infty^j,&h_\infty^j=1,\\ \mathrm{Re}|\nabla|^{-1}\vec{U}_\infty^j,&h_\infty^j=0.\end{cases} \tag{7.4.60}$$

与此同时, 极限方程的微分形式可表示如下:

$$\begin{cases}(i\partial_t + \langle\nabla\rangle^j_\infty)\vec{V}^j_\infty = 0,\\ \vec{V}^j_\infty(0) = \varphi^j,\end{cases} \quad \begin{cases}(i\partial_t + \langle\nabla\rangle^j_\infty)\vec{U}^j_\infty = f(\widehat{U}^j_\infty),\\ \vec{U}^j_\infty(\tau^j_\infty) = \vec{V}^j_\infty(\tau^j_\infty).\end{cases} \tag{7.4.61}$$

利用 Strichartz 估计, 容易推出 (7.4.61) 在 $t = \tau^j_\infty$ 对应 Cauchy 问题的解 $\vec{U}_\infty$ 是局部适定的, 这包括了 $h^j_\infty = 0$ 和 $\tau = \pm\infty$ 等各种情形! 特别, 当 $\tau^j_\infty = \pm\infty$ 时, 对应着波算子的存在性问题. 注意到当 t 趋向于 τ^j_∞ 时, 引理 7.4.4 保证 $\vec{V}^j_\infty \in \tilde{\mathcal{K}}^+$, 因此, 在极大存在区间上就有 $\vec{U}^j_\infty \in \tilde{\mathcal{K}}^+$.

定义 7.4.2 (非线性轮廓) (i) 极大生命区间解 $\vec{U}^j_\infty$ 称为与自由集中波 $\{\vec{v}^j_n\}$ 相对应的非线性轮廓.

(ii) 与自由集中波列 $\{\vec{v}^j_n\}$ 对应的非线性集中波列 $\{\vec{u}^j_{(n)}\}$ 定义为

$$\vec{u}^j_{(n)}(t,x) = T^j_n \vec{U}^j_\infty\left(\frac{t-t^j_n}{h^j_n}\right) \triangleq \widetilde{T}^j_n \vec{U}^j_\infty.$$

换句话说, 非线性集中波恰好是以自由集中波脱群之后在 τ_n 处, 以 $\vec{V}(\tau_n) = e^{i\tau_n\langle\nabla\rangle^j_n}\varphi^j$ 为初值或终值问题的解列的极限——非线性轮廓 $\vec{U}^j_\infty$, 重新用时空不变群 $\widetilde{T}^j_n$ 作用之后所得到的解序列.

注记 7.4.4 (i) 如果 $h^j_\infty = 1$, 则 $u^j_{(n)}$ 恰好对应着非线性 Klein-Gordon 方程 (7.1.1), 即

$$(\Box + 1)u^j_{(n)} = f(u^j_{(n)}), \quad \vec{u}^j_{(n)}(0) = T^j_n\vec{U}^j_\infty(\tau^j_n)$$

的解.

(ii) 如果 $h^j_\infty = 0$, 注意到

$$\begin{aligned}(\partial_t^2 - \Delta + 1)u^j_{(n)} &= (i\partial_t + \langle\nabla\rangle)\vec{u}^j_{(n)} = (i\partial_t + |\nabla|)\vec{u}^j_{(n)} + (\langle\nabla\rangle - |\nabla|)\vec{u}^j_{(n)}\\ &= (\langle\nabla\rangle - |\nabla|)\vec{u}^j_{(n)} + f(|\nabla|^{-1}\langle\nabla\rangle u^j_{(n)}),\end{aligned}$$

则 $u^j_{(n)}$ 恰好对应着非线性 Klein-Gordon 方程

$$\begin{cases}(\partial_t^2 - \Delta + 1)u^j_{(n)} = (\langle\nabla\rangle - |\nabla|)\vec{u}^j_{(n)} + f(|\nabla|^{-1}\langle\nabla\rangle u^j_{(n)}),\\ \vec{u}^j_{(n)}(0) = T^j_n\vec{U}^j_\infty(\tau^j_n)\end{cases}$$

的解.

(iii) **断言** 当 $n \to \infty$ 时, $\|\vec{u}^j_n(0) - \vec{u}^j_{(n)}(0)\|_{L^2_x} \to 0$.

事实上, 简单的计算就推出

$$\|\vec{u}_n^j(0) - \vec{u}_{(n)}^j(0)\|_{L_x^2} = \|\vec{V}_n^j(\tau_n^j) - \vec{U}_\infty^j(\tau_n^j)\|_{L_x^2}$$
$$\leqslant \|\vec{V}_n^j(\tau_n^j) - \vec{V}_\infty^j(\tau_n^j)\|_{L_x^2} + \|\vec{V}_\infty^j(\tau_n^j) - \vec{U}_\infty^j(\tau_n^j)\|_{L_x^2} \longrightarrow 0, \quad n \longrightarrow \infty.$$

设 $u_n(t) \in \mathcal{K}^+$ 是聚焦型非线性 Klein-Gordon 方程 (7.1.1) 在初始时刻 $t=0$ 对应的 Cauchy 的局部解, $\{v_n(t)\}$ 是具有相同初值的自由 Klein-Gordon 方程的解序列, 则引理 7.4.1 或推论 7.4.2 就给出了自由解序列 $\{\vec{v}_n(t)\}$ 对应的线性轮廓分解

$$\vec{v}_n(t) = \sum_{j=0}^{k-1} \vec{v}_n^j(t) + \vec{\omega}_n^k, \quad \vec{v}_n^j(t) \triangleq e^{i\langle\nabla\rangle(t-t_n^j)} T_n^j \varphi^j(x).$$

定义 7.4.3 (非线性轮廓分解) 假设 $\{\vec{v}_n^j\}_{n\in\mathbb{N}}$ 是自由集中波, $\{\vec{u}_{(n)}^j\}_{n\in\mathbb{N}}$ 是与自由集中波 $\{\vec{v}_n^j\}_{n\in\mathbb{N}}$ 相关联的非线性集中波. 定义 $\{u_n(t)\}$ 的非线性轮廓分解如下:

$$\vec{u}_{(n)}^{<k} \triangleq \sum_{j=0}^{k-1} \vec{u}_{(n)}^j. \tag{7.4.62}$$

如果每一个非线性集中波 $\vec{u}_{(n)}^j$ 均具有有限整体 Strichartz 范数, 我们将会证明

$$\vec{u}_{(n)}^{<k} + \vec{\omega}_n^k$$

是 $\vec{u}_n$ 的一个好的逼近.

首先, 通过引理 7.4.1 与扰动引理 7.3.11 来建立在 Strichartz 时空拓扑意义下的正交性.

空间记号 在 7.3.3 节定义的时空空间

$$ST = [W]_2 \cap [K]_2, \quad ST^* = [W^{*(1)}]_2 + [K^{*(1)}]_2 + L_t^1 L_x^2$$

的基础上, 引入依赖于非线性轮廓分解 (直接依赖其中的尺度参数 $h_\infty^\diamond$) 的函数空间

$$ST_\infty^\diamond \triangleq \begin{cases} [W]_2 \cap [K]_2, & h_\infty^\diamond = 1, \\ [W]_2^\bullet \triangleq L_t^{\rho_w}(I; \dot{B}^{\frac{1}{2}}_{\rho_w,2}), & h_\infty^\diamond = 0. \end{cases}$$

容易看出, 如果 $h_n^\diamond \longrightarrow 0$, 需要选择伸缩不变空间, 这就对应着 H^1 临界增长的情形. 换言之处理聚积总使用如下集中波估计, 对任意 $S = (S_1, S_2, S_3) \in [0,1] \times [0,1/2] \times [0,1]$, 有

$$\|u_{(n)}^\diamond\|_{[S]_2(\mathbb{R})} \lesssim (h_n)^{1-\mathrm{reg}^0[S]} \|\widehat{U}_\infty^\diamond\|_{[S]_2^\bullet(\mathbb{R})}. \tag{7.4.63}$$

事实上, 注意到 $\vec{u}^{\diamondsuit}_{(n)}(t) = T^{\diamondsuit}_n \vec{U}^{\diamondsuit}_{\infty}\left(\dfrac{t-t^{\diamondsuit}_n}{h^{\diamondsuit}_n}\right)$ 及 (7.4.60) 可得

$$
\begin{aligned}
u^{\diamondsuit}_{(n)}(t) &= \mathrm{Re}\langle\nabla\rangle^{-1}T^{\diamondsuit}_n\vec{U}^{\diamondsuit}_{\infty}\left(\frac{t-t^{\diamondsuit}_n}{h^{\diamondsuit}_n}\right) = \langle\nabla\rangle^{-1}T^{\diamondsuit}_n|\nabla|\widehat{U}^{\diamondsuit}_{\infty}\left(\frac{t-t^{\diamondsuit}_n}{h^{\diamondsuit}_n}\right)\\
&= h^{\diamondsuit}_n T^{\diamondsuit}_n|\nabla|(\langle\nabla\rangle^{\diamondsuit}_n)^{-1}\widehat{U}^{\diamondsuit}_{\infty}\left(\frac{t-t^{\diamondsuit}_n}{h^{\diamondsuit}_n}\right),
\end{aligned}
$$

进而推出

$$
\begin{aligned}
\|u^{\diamondsuit}_{(n)}\|_{[S]_2(\mathbb{R})} &= \left\|\langle\nabla\rangle^{S_3}h^{\diamondsuit}_n T^{\diamondsuit}_n|\nabla|(\langle\nabla\rangle^{\diamondsuit}_n)^{-1}\widehat{U}^{\diamondsuit}_{\infty}\left(\frac{t-t^{\diamondsuit}_n}{h^{\diamondsuit}_n}\right)\right\|_{L^{1/S_1}(\mathbb{R};B^0_{1/S_2,2})}\\
&\lesssim \left\|\langle\nabla\rangle^{S_3}h^{\diamondsuit}_n T^{\diamondsuit}_n|\nabla|(\langle\nabla\rangle^{\diamondsuit}_n)^{-1}\widehat{U}^{\diamondsuit}_{\infty}\left(\frac{t-t^{\diamondsuit}_n}{h^{\diamondsuit}_n}\right)\right\|_{L^{1/S_1}(\mathbb{R};\dot{B}^0_{1/S_2,2})}\\
&\lesssim (h^{\diamondsuit}_n)^{1-S_3}\left\|T^{\diamondsuit}_n|\nabla|(\langle\nabla\rangle^{\diamondsuit}_n)^{S_3-1}\widehat{U}^{\diamondsuit}_{\infty}\left(\frac{t-t^{\diamondsuit}_n}{h^{\diamondsuit}_n}\right)\right\|_{L^{1/S_1}(\mathbb{R};\dot{B}^0_{1/S_2,2})}\\
&\lesssim (h^{\diamondsuit}_n)^{1-\mathrm{reg}^0(S)}\left\||\nabla|(\langle\nabla\rangle^{\diamondsuit}_n)^{S_3-1}\widehat{U}^{\diamondsuit}_{\infty}(t,x)\right\|_{L^{1/S_1}(\mathbb{R};\dot{B}^0_{1/S_2,2})}\\
&\lesssim (h^{\diamondsuit}_n)^{1-\mathrm{reg}^0(S)}\left\|\widehat{U}^{\diamondsuit}_{\infty}(t,x)\right\|_{L^{1/S_1}(\mathbb{R};\dot{B}^{S_3}_{1/S_2,2})}\\
&\triangleq (h^{\diamondsuit}_n)^{1-\mathrm{reg}^0(S)}\|\widehat{U}^{\diamondsuit}_{\infty}\|_{[S]^{\bullet}_2(\mathbb{R})}.
\end{aligned}
$$

引理 7.4.7 假设 (7.1.1) 的非线性项满足 (7.1.2), 非线性轮廓分解 (7.4.62) 满足

$$
\|\widehat{U}^j_{\infty}\|_{ST^j_{\infty}(\mathbb{R})} + \|\vec{U}^j_{\infty}\|_{L^{\infty}_t L^2_x(\mathbb{R}\times\mathbb{R}^d)} < \infty, \quad \forall j < K. \tag{7.4.64}
$$

则对于任意的有限区间 I, 任意的 $j<K$ 及任意的 $k<K$, 有估计

$$
\varlimsup_{n\to\infty}\|u^j_{(n)}\|_{ST(I)} \lesssim \|\widehat{U}^j_{\infty}\|_{ST^j_{\infty}(\mathbb{R})}, \tag{7.4.65}
$$

$$
\varlimsup_{n\to\infty}\|u^{<k}_{(n)}\|^2_{ST(I)} \lesssim \varlimsup_{n\to\infty}\sum_{j=0}^{k-1}\left\|u^j_{(n)}\right\|^2_{ST(I)}, \tag{7.4.66}
$$

这里隐常数不依赖于 I, j 或 k. 进而还有

$$
\lim_{n\to\infty}\left\|f(u^{<k}_{(n)}) - \sum_{j=0}^{k-1} f\left((\langle\nabla\rangle^j_{\infty})^{-1}\langle\nabla\rangle u^j_{(n)}\right)\right\|_{ST^*(I)} = 0. \tag{7.4.67}
$$

证明 **步骤一** (7.4.65) 的证明. 若 $h_\infty^j=1$, 根据定义

$$u_{(n)}^j(t,x)=\mathrm{Re}\langle\nabla\rangle^{-1}T_n^j\vec{U}_\infty^j=\mathrm{Re}\langle\nabla\rangle^{-1}\vec{U}_\infty^j(t-t_n^j,x-x_n^j)=\widehat{U}_\infty^j(t-t_n^j,x-x_n^j),$$

容易推出估计 (7.4.65).

若 $h_\infty^j=0$, 由 (7.4.63) 及 $1-\mathrm{reg}^0[W]=0$, 容易看出:

$$\|u_{(n)}^j\|_{[W]_2(I)}\lesssim\|\widehat{U}_\infty^j\|_{[W]_2^\bullet(\mathbb{R})}=\|\widehat{U}_\infty^j\|_{ST_\infty^j(\mathbb{R})}.$$

利用插值关系与 Sobolev 嵌入关系

$$\begin{cases}V\triangleq\dfrac{1}{d+2}H+\dfrac{d+1}{d+2}W=K+\dfrac{(-1,0,1)}{2(d+2)},\quad\rho_k=\dfrac{2(d+2)}{d},\quad\rho_w=\dfrac{2(d+1)}{d-1};\\ V=\left(\dfrac{d-1}{2(d+2)},\dfrac{d}{2(d+2)},\dfrac{d+3}{2(d+2)}\right),\quad V^{\frac12}=\left(\dfrac{d-1}{2(d+2)},\dfrac{d}{2(d+2)},\dfrac12\right),\\ \mathrm{reg}[V^{\frac12}]=\dfrac{1}{2(d+2)}\end{cases}$$

及 (7.4.63) 证明中的中间结果, 就得

$$\begin{aligned}&\|u_{(n)}^j\|_{[K]_2(I)}=\|u_{(n)}^j\|_{L_t^{\rho_k}(I;B^{\frac12}_{\rho_k,2})}\lesssim|I|^{\frac{1}{2(d+2)}}\|u_{(n)}^j\|_{[V^{\frac12}]_2(I)}\\
\lesssim&|I|^{\frac{1}{2(d+2)}}(h_n^j)^{\frac{1}{2(d+2)}}\||\nabla|(\langle\nabla\rangle_n^j)^{-\frac12}\widehat{U}_\infty^j(t,x)\|_{L^{\frac{2(d+2)}{d-1}}(\mathbb{R};\dot{B}^0_{\frac{2(d+2)}{d},2})}\\
\lesssim&(|I|h_n^j)^{\frac{1}{2(d+2)}}\Big\|(\langle\nabla\rangle_n^j)^{-\frac{1}{2(d+2)}}P_{\geqslant(h_n^j)^{\frac12}}|\nabla|^{\frac12+\frac{1}{2(d+2)}}\\
&\times\left(\frac{|\nabla|}{\langle\nabla\rangle_n^j}\right)^{\frac12-\frac{1}{2(d+2)}}\widehat{U}_\infty^j\Big\|_{L_t^{\frac{2(d+2)}{d-1}}(\mathbb{R};\dot{B}^0_{\frac{2(d+2)}{d},2})}\\
&+(|I|h_n^j)^{\frac{1}{2(d+2)}}\Big\|(\langle\nabla\rangle_n^j)^{-\frac{1}{2(d+2)}}P_{\leqslant(h_n^j)^{\frac12}}|\nabla|^{\frac12+\frac{1}{2(d+2)}}\\
&\times\left(\frac{|\nabla|}{\langle\nabla\rangle_n^j}\right)^{\frac12-\frac{1}{2(d+2)}}\widehat{U}_\infty^j\Big\|_{L_t^{\frac{2(d+2)}{d-1}}(\mathbb{R};\dot{B}^0_{\frac{2(d+2)}{d},2})}\\
\lesssim&|I|^{\frac{1}{2(d+2)}}(h_n^j)^{\frac{1}{4(d+2)}}\|\widehat{U}_\infty^j\|_{L_t^{\frac{2(d+2)}{d-1}}(\mathbb{R};\dot{B}^{\frac12+\frac{1}{2(d+2)}}_{\frac{2(d+2)}{d},2})}\\
&+|I|^{\frac{1}{2(d+2)}}\|P_{\leqslant h_n^{\frac12}}\widehat{U}_\infty^j\|_{L_t^{\frac{2(d+2)}{d-1}}(\mathbb{R};\dot{B}^{\frac12+\frac{1}{2(d+2)}}_{\frac{2(d+2)}{d},2})}\\
=&|I|^{\frac{1}{2(d+2)}}h_n^{\frac{1}{4(d+2)}}\|\widehat{U}_\infty^j(t,x)\|_{[V]_2}+|I|^{\frac{1}{2(d+2)}}\|P_{\leqslant h_n^{\frac12}}\widehat{U}_\infty^j(t,x)\|_{[V]_2}\end{aligned}$$

$$\lesssim |I|^{\frac{1}{2(d+2)}}(h_n^j)^{\frac{1}{4(d+2)}}\|\widehat{U}_\infty^j\|_{L_t^\infty \dot{H}^1}^{\frac{1}{d+2}}\|\widehat{U}_\infty^j\|_{[W]_2^\bullet(\mathbb{R})}^{\frac{d+1}{d+2}} + |I|^{\frac{1}{2(d+2)}}\big\|P_{\leqslant h_n^{\frac{1}{2}}}\widehat{U}_\infty^j(t,x)\big\|_{[V]_2}$$

$$\to 0, \quad n \longrightarrow \infty. \tag{7.4.68}$$

步骤二 (7.4.66) 的证明. 先考虑 $h_\infty^j = 1$ 的情形. 定义 $\chi \in C_c^\infty(\mathbb{R}^{1+d})$ 满足

$$\begin{cases} \chi(t,x) \equiv 1, \quad |(t,x)| \leqslant 1, \quad \chi(t,x) \equiv 0, \quad |(t,x)| \geqslant 2, \quad \chi_R(t,x) = \chi\left(\dfrac{t}{R}, \dfrac{x}{R}\right), \\ \widehat{U}_{\infty,R}^j = \chi_R \widehat{U}_\infty^j, \quad u_{(n),R}^j = T_n^j \widehat{U}_{\infty,R}^j, \quad u_{(n),R}^{<k} \triangleq \displaystyle\sum_{j<k} u_{(n),R}^j. \end{cases}$$

由于

$$\big\|u_{(n)}^{<k} - u_{(n),R}^{<k}\big\|_{ST(I)} \leqslant \sum_{j<k}\big\|(1-\chi_R)\widehat{U}_\infty^j\big\|_{ST(\mathbb{R})} \longrightarrow 0, \quad R \longrightarrow +\infty,$$

(7.4.66) 可归结为证明

$$\varlimsup_{n\to\infty}\|u_{(n),R}^{<k}\|_{ST(I)}^2 \lesssim \varlimsup_{n\to\infty}\sum_{j=0}^{k-1}\big\|u_{(n),R}^j\big\|_{ST(I)}^2. \tag{7.4.69}$$

事实上, 根据 Besov 空间的差分刻画

$$\|u\|_{\dot{B}_{r,\varrho}^s} \simeq \left(\int_{\mathbb{R}^d}\frac{\|u(x-y)-u(x)\|_r^\varrho}{|y|^{s\varrho}}\frac{dy}{|y|^d}\right)^{\frac{1}{\varrho}}, \quad 0<s<1,$$

利用正交条件

$$|x_n^j - x_n^k| + |t_n^j - t_n^k| \longrightarrow \infty, \quad j \neq k, \quad n \longrightarrow \infty$$

和 $u_{(n),R}^j$ 的支集性质, 容易看出

$$\left|\sum_{j<k} u_{(n),R}^j\right| = \left(\sum_{j<k}|u_{(n),R}^j|^2\right)^{\frac{1}{2}}, \quad 当\ n\ 充分大.$$

于是, 对于 $q=\rho_k$ 或 $q=\rho_w$, 总有

$$\|u_{(n),R}^{<k}\|_{ST(I)} \leqslant \left\|\left(\int_{\mathbb{R}^d}\frac{\big\|u_{(n),R}^{<k}(t,x-y)-u_{(n),R}^{<k}(t,x)\big\|_q^2}{|y|}\frac{dy}{|y|^d}\right)^{\frac{1}{2}}\right\|_{L_t^q(I)} + \|u_{(n),R}^{<k}\|_{L_{t,x}^q(I\times\mathbb{R}^d)}$$

$$= \left\| \left(\int_{\mathbb{R}^d} \frac{\left\| \left(\sum_{j<k} |u^j_{(n),R}(t,x-y) - u^j_{(n),R}(t,x)|^2 \right)^{\frac{1}{2}} \right\|_q^2}{|y|} \frac{dy}{|y|^d} \right)^{\frac{1}{2}} \right\|_{L^q_t(I)}$$

$$+ \left\| \left(\sum_{j<k} |u^j_{(n),R}|^2 \right)^{\frac{1}{2}} \right\|_{L^q_{t,x}(I\times\mathbb{R}^d)}$$

$$\leqslant \left(\sum_{j<k} \left\| \left(\int_{\mathbb{R}^d} \frac{\left\| u^j_{(n),R}(t,x-y) - u^j_{(n),R}(t,x) \right\|_q^2}{|y|} \frac{dy}{|y|^d} \right)^{\frac{1}{2}} \right\|^2_{L^q_t(I)} \right)^{\frac{1}{2}}$$

$$+ \left(\sum_{j<k} \left\| u^j_{(n),R} \right\|^2_{L^q(I\times\mathbb{R}^d)} \right)^{\frac{1}{2}}$$

$$\cong \left(\sum_{j<k} \| u^j_{(n),R} \|^2_{ST(I)} \right)^{\frac{1}{2}}, \tag{7.4.70}$$

两边取上极限就得 (7.4.69).

其次, 考虑 $h^j_\infty = 0$, 即对应临界增长情形. 为书写方便, 引入新的记号来刻画 Besov 空间. 定义差分算子

$$\delta^l_m \varphi(x) = \varphi(x - 2^{-m} e_l) - \varphi(x), \quad e_l = (0, \cdots, 0, 1, 0, \cdots, 0),$$

其中 e_l 表示 $\mathbb{R}^d$ 上的第 l 个基底单位, 于是 $f(t,x)$ 的时空 Besov 范数等价于

$$\|f\|_{ST} \triangleq \sum_{l=1}^{d} \left\| 2^{m\sigma} \delta^l_m f \right\|_{L^q_t \ell^2_{m\geqslant 0} L^r_x} + \|f\|_{L^q_t L^r_x}, \quad \left(\frac{1}{q}, \frac{1}{r}, \sigma \right) = W \text{ 或 } K. \tag{7.4.71}$$

根据 (7.4.68) 中 $\|\cdot\|_{[K]_2}$ 的估计, (7.4.66) 就归结为证明:

$$\varlimsup_{n\to\infty} \|u^{<k}_{(n)}\|^2_{[W]_2(I)} \lesssim \varlimsup_{n\to\infty} \sum_{j=0}^{k-1} \left\| u^j_{(n)} \right\|^2_{ST(I)}. \tag{7.4.72}$$

注意到

$$\mathrm{Re}|\nabla|^{-1} \vec{u}^{<k}_{(n)} = \sum_{j<k} \mathrm{Re}|\nabla|^{-1} \vec{u}^j_{(n)} = \sum_{j<k} \mathrm{Re}|\nabla|^{-1} T^j_n \vec{U}^j_\infty \left(\frac{t - t^j_n}{h^j_n} \right)$$

$$= \sum_{j<k} h^j_n T^j_n \widehat{U}^j_\infty \left(\frac{t - t^j_n}{h^j_n} \right),$$

容易推出

$$\|u_{(n)}^{<k}\|_{[W]_2(I)} \lesssim \||\nabla|^{-1}\langle\nabla\rangle u_{(n)}^{<k}\|_{[W]_2^\bullet(\mathbb{R})} = \|\mathrm{Re}|\nabla|^{-1}\vec{u}_{(n)}^{<k}\|_{[W]_2^\bullet(\mathbb{R})}$$
$$= \left\|\sum_{j<k} h_n^j T_n^j \widehat{U}_\infty^j\left(\frac{t-t_n^j}{h_n^j}\right)\right\|_{[W]_2^\bullet(\mathbb{R})} \cong \sum_{l=1}^d \left\|\sum_{j<k} \breve{u}_{n,m}^{j,l}\right\|_{L_t^q l_{m\in\mathbb{Z}}^2 L_x^r}, \tag{7.4.73}$$

这里

$$\breve{u}_{n,m}^{j,l} = 2^{\sigma m}\delta_m^l h_n^j T_n^j \widehat{U}_\infty^j\left(\frac{t-t_n^j}{h_n^j}\right), \quad m\ 是求和变量. \tag{7.4.74}$$

对于充分大的 $R \gg 1$, 令

$$\breve{u}_{n,m,R}^{j,l}(t,x) = \begin{cases} \chi_{h_n^j R}(t-t_n^j, x-x_n^j)\breve{u}_{n,m}^{j,l}, & \left|m - |\log_2 h_n^j|\right| \leqslant R, \\ 0, & \left|m - |\log_2 h_n^j|\right| > R, \end{cases} \tag{7.4.75}$$

这里 $\chi \in C_c^\infty(\mathbb{R}^{d+1})$ 是径向函数, 且在单位球内恒等于 1, 在以 2 为半径的球外恒等于零. 完全类似于 (7.4.63) 的计算方法, 直接推出

$$\begin{aligned}
&\|\breve{u}_{n,m}^{j,l} - \breve{u}_{n,m,R}^{j,l}\|_{L_t^q \ell_{m\in\mathbb{N}}^2 L_x^r} \\
=& \left\|\breve{u}_{n,m}^{j,l}\right\|_{L_t^q \ell_{|m+\log_2 h_n^j|>R}^2 L_x^r} + \left\|(1-\chi_{h_n^j R}(t-t_n^j, x-x_n^j))\breve{u}_{n,m}^{j,l}\right\|_{L_t^q \ell_{|m+\log_2 h_n^j|\leqslant R}^2 L_x^r} \\
\leqslant& \left\|2^{\sigma m}\delta_m^l (h_n^j)^{1-\frac{d}{2}}\widehat{U}_\infty^j\left(\frac{t-t_n^j}{h_n^j}, \frac{x-x_n^j}{h_n^j}\right)\right\|_{L_t^q \ell_{|m+\log_2 h_n^j|>R}^2 L_x^r} \\
&+ \left\|2^{\sigma m}\delta_m^l (h_n^j)^{1-\frac{d}{2}}(1-\chi_{h_n^j R}(t-t_n^j, x-x_n^j))\widehat{U}_\infty^j\left(\frac{t-t_n^j}{h_n^j}, \frac{x-x_n^j}{h_n^j}\right)\right\|_{L_t^q \ell_{|m+\log_2 h_n^j|\leqslant R}^2 L_x^r} \\
\leqslant& \left\|2^{\sigma(m+\log_2 h_n^j)}\delta_{m+\log_2 h_n^j}^l \widehat{U}_\infty^j(t,x)\right\|_{L_t^q \ell_{|m+\log_2 h_n^j|>R}^2 L_x^r} \\
&+ \left\|2^{\sigma(m+\log_2 h_n^j)}\delta_{m+\log_2 h_n^j}^l (1-\chi_R(t,x))\widehat{U}_\infty^j(t,x)\right\|_{L_t^q \ell_{|m+\log_2 h_n^j|\leqslant R}^2 L_x^r} \\
\leqslant& \left\|2^{\sigma m}\delta_m^l \widehat{U}_\infty^j\right\|_{L_t^q l_{m\in\mathbb{Z}}^2 L_x^r(|t|+|m|+|x|>R)} \longrightarrow 0, \quad R \longrightarrow \infty.
\end{aligned} \tag{7.4.76}$$

这里收敛关于 n 是一致的. 利用正交条件 (7.4.7), 容易看出

$$\left\{\ \mathrm{supp}_{t,m,x}\breve{u}_{n,m,R}^{j,l}\ \right\}_{j<k}$$

对于充分大的 n 是相互正交的. 用 $\breve{u}_{n,m,R}^{j,l}$ 代替 (7.4.73) 中的 $\breve{u}_{n,m}^{j,l}$, 采用类似于 (7.4.70) 的归结证明, 即得估计 (7.4.72).

最后, 证明非线性部分的渐近正交性 (7.4.67). 分两种情形讨论:

情形 1 次临界增长情形 利用注记 7.4.4, $u_{(n)}^{j}$ 恰好对应着非线性 Klein-Gordon 方程的解, 自然 $u_{(n)}^{j} \in L^{\infty}(I;H^1)$. 由正交条件和 $u_{(n),R}^{j}$ 的紧支集性质, 对充分大的 n, 有

$$f(u_{(n),R}^{<k}) = \sum_{j<k} f(u_{(n),R}^{j}).$$

因此,

$$\begin{aligned}
&\big\|f(u_{(n)}^{<k}) - \sum_{j<k} f(u_{(n)}^{j})\big\|_{ST^*(I)} \\
\leqslant& \big\|f(u_{(n)}^{<k}) - f(u_{(n),R}^{<k})\big\|_{ST^*(I)} + \Big\|f(u_{(n),R}^{<k}) - \sum_{j<k} f(u_{(n),R}^{j})\Big\|_{ST^*(I)} \\
&+ \sum_{j<k} \big\|f(u_{(n),R}^{j}) - f(u_{(n)}^{j})\big\|_{ST^*(I)}.
\end{aligned}$$

利用介值定理与非线性估计, 渐近正交性 (7.4.67) 就归结为证明

$$\big\|f(u_{(n)}^{<k}) - f(u_{(n),R}^{<k})\big\|_{ST^*(I)} \longrightarrow 0, \quad R \longrightarrow +\infty. \tag{7.4.77}$$

子情形 1 $d \leqslant 4$ 利用引理 7.3.8, $u_{(n)}^{j} \in ST(I) \cap L_t^{\infty}(I;H^1)$ 意味着 $u_{(n)}^{j}$ 在完全 Strichartz 时空范数意义下有界. 注意到

$$2 \leqslant 1 + \frac{4}{d} \leqslant p \Longrightarrow u_{(n)}^{<k} \in L_t^p L_x^{2p}.$$

容易看出

$$\begin{aligned}
&\big\||u_{(n)}^{<k}|^{p-1} u_{(n)}^{<k} - |u_{(n),R}^{<k}|^{p-1} u_{(n),R}^{<k}\big\|_{L_t^1 L_x^2} \\
\leqslant& \big\|\big(|u_{(n)}^{<k}|^{p-1} + |u_{(n),R}^{<k}|^{p-1}\big) \cdot (u_{(n)}^{<k} - u_{(n),R}^{<k})\big\|_{L_t^1 L_x^2} \\
\leqslant& \big\|u_{(n)}^{<k}\big\|_{L_t^p L_x^{2p}}^{p-1} \big\|(1-\chi_R) u_{(n)}^{<k}\big\|_{L_t^p L_x^{2p}} \longrightarrow 0, \quad R \longrightarrow \infty.
\end{aligned}$$

子情形 2 $d \geqslant 5$, 由于 p 有可能小于 2, 故 $L^p(\mathbb{R}; L^{2p}(\mathbb{R}^d))$ 范数不能完全被 Strichartz 范数控制, 上述方法无法使用. 与此同时, 也不能直接采用引理 7.3.11 中给出的相差估计, 原因在于它仅仅能控制额外 Y 范数! 为了估计相差部分的

$\|\cdot\|_{ST^*}$ 估计, 需要对 "正则指标为 1" 的函数空间

$$H \triangleq (\ 0, 1/2, 1\ ), \quad [H]_2(I) = L_t^\infty(I; H^1), \quad M^\sharp = \frac{2}{(p-1)(d+1)}(1,1,0),$$

$$W \triangleq (\ 1/\rho_w, 1/\rho_w, 1/2\ ), \quad [W]_2(I) = L_t^{\rho_w}(I; B^{\frac{1}{2}}_{\rho_w,2}), \quad \rho_w = \frac{2(d+1)}{d-1},$$

$$K \triangleq (\ 1/\rho_k, 1/\rho_k, 1/2\ ), \quad [K]_2(I) = L_t^{\rho_k}(I; B^{\frac{1}{2}}_{\rho_k,2}), \quad \rho_k = \frac{2(d+2)}{d}$$

扰动如下:

$$H_\varepsilon \triangleq \left(\varepsilon^2, \frac{1-\varepsilon}{2}, 0\right), \quad W_\varepsilon \triangleq W - (p-1)\varepsilon(d,-1,0), \quad M_\varepsilon^\sharp \triangleq M^\sharp + \varepsilon(\ d, -1, 0\ ), \tag{7.4.78}$$

使得

$$\begin{cases} \mathrm{str}^0[H_\varepsilon], \mathrm{str}^0[M_\varepsilon^\sharp], \mathrm{str}^0[W_\varepsilon] < 0, \quad \mathrm{reg}^0[H_\varepsilon] < 1, \\ \mathrm{reg}^0[W_\varepsilon] = \mathrm{reg}^0[W] = 1, \quad \mathrm{reg}^0[M_\varepsilon^\sharp] = \mathrm{reg}^0[M^\sharp] \leqslant 1, \\ W_\varepsilon + (p-1)M_\varepsilon^\sharp = W + (p-1)M^\sharp = W^{*(1)}. \end{cases} \tag{7.4.79}$$

事实上, 仅需选取 $0 < \varepsilon < p-1$ 充分小就能保证上式成立. 利用插值定理, 容易看出

$$\begin{cases} |f(u) - f(v)| \lesssim |f_s(u) - f_s(v)| + |f_l(u) - f_l(v)|, \\ |f_s(u) - f_s(v)| \lesssim |u-v|(|u|+|v|)^\varepsilon, \quad 0 < \varepsilon < p-1 \quad \text{且} \quad 0 < \varepsilon \ll 1, \\ |f_l(u) - f_l(v)| \lesssim \left|\displaystyle\int_0^1 f_1'(\theta u + (1-\theta)v)d\theta\right||u-v|, \qquad p-1 \geqslant 1, \\ |f_l(u) - f_l(v)| \lesssim |u|^{p-1}|u-v| + |u-v|^{p-1}v, \qquad p-1 < 1. \end{cases} \tag{7.4.80}$$

注意到

$$[H_\varepsilon]_0(I) = L_t^{1/\varepsilon^2}(I; L_x^{\frac{2}{1-\varepsilon}}), \quad \mathrm{str}^0[H_\varepsilon] < 0,\ \mathrm{reg}^0[H_\varepsilon] < 1, \quad u_{(n)}^{<k} - u_{(n),R}^{<k} \in [H_\varepsilon]_0(I),$$

容易推出

$$\|f_s(u_{(n)}^{<k}) - f_s(u_{(n),R}^{<k})\|_{L_t^1 L_x^2(I)}$$

$$\begin{aligned}
&\lesssim \|u_{(n)}^{<k} - u_{(n),R}^{<k}\|_{L_t^1 L_x^{\frac{2}{1-\varepsilon}}} \|(|u_{(n)}^{<k}| + |u_{(n),R}^{<k}|)^{\varepsilon}\|_{L_t^\infty L_x^{\frac{2}{\varepsilon}}} \\
&\lesssim |I|^{1-\varepsilon^2} \|u_{(n)}^{<k} - u_{(n),R}^{<k}\|_{L_t^{1/\varepsilon^2} L_x^{\frac{2}{1-\varepsilon}}} \left[\left\|u_{(n)}^{<k}\right\|_{L_t^\infty L_x^2} + \left\|u_{(n),R}^{<k}\right\|_{L_t^\infty L_x^2}\right]^{\varepsilon} \\
&\lesssim |I|^{1-\varepsilon^2} \|u_{(n)}^{<k} - u_{(n),R}^{<k}\|_{[H_\varepsilon]_0(I)} \left(\|u_{(n)}^{<k}\|_{L_t^\infty L_x^2} + \|u_{(n),R}^{<k}\|_{L_t^\infty L_x^2}\right)^{\varepsilon}. \qquad (7.4.81)
\end{aligned}$$

同理, 注意到 (7.4.80), 可见

$$\begin{aligned}
&\|f_l(u_{(n)}^{<k}) - f_l(u_{(n),R}^{<k})\|_{[W^{*(1)}]_2} \\
\lesssim &\|u_{(n)}^{<k} - u_{(n),R}^{<k}\|_{[M_\varepsilon^\sharp]_0} \left(\|u_{(n)}^{<k}\|_{[M_\varepsilon^\sharp]_0} + \|u_{(n),R}^{<k}\|_{[M_\varepsilon^\sharp]_0}\right)^{p-2} \left(\|u_{(n)}^{<k}\|_{[W_\varepsilon]} + \|u_{(n),R}^{<k}\|_{[W_\varepsilon]}\right) \\
&+ \left(\|u_{(n)}^{<k}\|_{[M_\varepsilon^\sharp]_0}^{p-1} + \|u_{(n),R}^{<k}\|_{[M_\varepsilon^\sharp]_0}^{p-1}\right) \|u_{(n)}^{<k} - u_{(n),R}^{<k}\|_{[W_\varepsilon]}, \quad p \geqslant 2 \qquad (7.4.82)
\end{aligned}$$

和

$$\begin{aligned}
&\|f_l(u_{(n)}^{<k}) - f_l(u_{(n),R}^{<k})\|_{[W^{*(1)}]_2} \\
\lesssim &\|u_{(n)}^{<k}\|_{[M_\varepsilon^\sharp]_0}^{p-1} \|u_{(n)}^{<k} - u_{(n),R}^{<k}\|_{[W_\varepsilon]_2} + \|u_{(n)}^{<k} - u_{(n),R}^{<k}\|_{[M_\varepsilon^\sharp]_0}^{p-1} \|u_{(n),R}^{<k}\|_{[W_\varepsilon]_2}, \quad p < 2. \qquad (7.4.83)
\end{aligned}$$

利用上面的估计 (7.4.81)—(7.4.83) 即得 (7.4.77), 从而证明了渐近正交性 (7.4.67).

注记 7.4.5 需要注意的是, (7.4.83) 没有给出 Lipschitz 型的连续性, 但已经达到预期的目标. 在 7.4.1 节中, 为了保证沿着时间区间多次迭代, 就需要建立 Lipschitz 型估计, 这就需要使用额外 Strichartz 估计.

情形 2 临界情形 $p = 1 + 4/(d-2)$ 为了证明非线性部分的渐近正交性 (7.4.67), 需要进一步的截断程序与归结技术. 注意到

$$\begin{aligned}
u_{(n)}^j &= \mathrm{Re}\langle\nabla\rangle^{-1} T_n^j \vec{U}_\infty^j \left(\frac{t - t_n^j}{h_n^j}\right) = \langle\nabla\rangle^{-1} T_n^j \langle\nabla\rangle_\infty^j \widehat{U}_\infty \left(\frac{t - t_n^j}{h_n^j}\right) \\
&= h_n^j T_n^j (\langle\nabla\rangle_n^j)^{-1} \langle\nabla\rangle_\infty^j \widehat{U}_\infty \left(\frac{t - t_n^j}{h_n^j}\right), \qquad (7.4.84)
\end{aligned}$$

引入 $u_{(n)}^{<k}$ 中 $u_{(n)}^j$ 的替代如下:

$$u_{(n)}^j \quad \longmapsto \quad u_{\langle n\rangle}^j \triangleq h_n^j T_n^j \widehat{U}_\infty^j \left(\frac{t - t_n^j}{h_n^j}\right). \qquad (7.4.85)$$

子情形 1 $d = 3, 4$. 为简单起见, 记

$$S = \left(\frac{1}{p}, \frac{1}{2p}, 0\right), \quad [S]_0 = L_t^p L_x^{2p}, \quad \mathrm{reg}[S] = 1. \qquad (7.4.86)$$

注意到 $h_\infty = 0$ 及 Mikhlin 乘子型估计 (7.4.29), 直接推出

$$
\begin{aligned}
&\|f(u_{(n)}^{<k}) - f(u_{\langle n\rangle}^{<k})\|_{L_t^1 L_x^2(I)} \\
\lesssim &\Big(\|u_{\langle n\rangle}^{<k}\|_{[S]_0(\mathbb{R})}^{p-1} + \|u_{(n)}^{<k}\|_{[S]_0(\mathbb{R})}^{p-1}\Big)\|u_{(n)}^{<k} - u_{\langle n\rangle}^{<k}\|_{[S]_0(\mathbb{R})} \\
\lesssim &\Big(\|u_{\langle n\rangle}^{<k}\|_{[H]_2^\bullet\cap[W]_2^\bullet}^{p-1} + \|u_{(n)}^{<k}\|_{[H]_2^\bullet\cap[W]_2^\bullet}^{p-1}\Big)\sum_{j<k}\Big\|\Big[|\nabla|(\langle\nabla\rangle_n^j)^{-1} - 1\Big]\widehat{U}_\infty^j\Big\|_{[S]_0(\mathbb{R})} \\
\lesssim &\Big(\|u_{\langle n\rangle}^{<k}\|_{[H]_2^\bullet\cap[W]_2^\bullet}^{p-1} + \|u_{(n)}^{<k}\|_{[H]_2^\bullet\cap[W]_2^\bullet}^{p-1}\Big)\sum_{j<k}\|\langle\nabla/h_n^j\rangle^{-2}\widehat{U}_\infty^j\|_{[S]_0(\mathbb{R})} \longrightarrow 0, \quad n\longrightarrow\infty,
\end{aligned}
\tag{7.4.87}
$$

这里用到了引理 7.3.7 (1) 中的齐次插值公式

$$\widehat{U}_\infty \in [H]_2^\bullet \cap [W]_2^\bullet \subset [S]_0$$

及

$$
\begin{aligned}
\|\langle\nabla/h_n^j\rangle^{-2}\widehat{U}_\infty^j\|_{[S]_0(\mathbb{R})} \leqslant &\|P_{\leqslant(h_n^j)^{\frac12}}\widehat{U}_\infty^j\|_{[S]_0(\mathbb{R})} \\
&+ h_n^j\|P_{\geqslant(h_n^j)^{\frac12}}\widehat{U}_\infty^j\|_{[S]_0(\mathbb{R})} \longrightarrow 0, \quad n\longrightarrow\infty.
\end{aligned}
$$

子情形 2 $d\geqslant 5$. 引入新指标

$$G \triangleq \frac{d-2}{d+2}\left(\frac{1}{d+1}, \frac{d+3}{2(d+1)}, 0\right) \implies (2^*-1)G = W^{*(1)} - \frac{(1,0,1)}{2}, \tag{7.4.88}$$

满足

$$\operatorname{reg}^0[G] = 1, \quad \operatorname{str}^0[G] < 0.$$

因此, 利用齐次空间与非齐空间的范数定义, 可见

$$
\begin{aligned}
\|f(u_{(n)}^{<k}) - f(u_{\langle n\rangle}^{<k})\|_{[W^{*(1)}]_2(I)} \lesssim &\|f(u_{(n)}^{<k}) - f(u_{\langle n\rangle}^{<k})\|_{[W^{*(1)}]_2^\bullet(I)} \\
&+ |I|^{\frac12}\|f(u_{(n)}^{<k}) - f(u_{\langle n\rangle}^{<k})\|_{[(2^*-1)G]_0(I)} \\
\triangleq &\,\mathrm{I} + \mathrm{II}.
\end{aligned}
\tag{7.4.89}
$$

利用非齐次估计 (7.4.82)—(7.4.83) 的齐次形式, 容易看出

$$
\begin{aligned}
\mathrm{I} \leqslant &\|u_{\langle n\rangle}^{<k}\|_{[M_\varepsilon^\sharp]_0(\mathbb{R})}^{p-1}\|u_{(n)}^{<k} - u_{\langle n\rangle}^{<k}\|_{[W_\varepsilon]_2^\bullet(\mathbb{R})} \\
&+ \|u_{(n)}^{<k} - u_{\langle n\rangle}^{<k}\|_{[M_\varepsilon^\sharp]_0(\mathbb{R})}^{\theta}\|(u_{(n)}^{<k}, u_{\langle n\rangle}^{<k})\|_{[W_\varepsilon]_2^\bullet(\mathbb{R})}^{p-\theta}
\end{aligned}
$$

$$
\begin{aligned}
&\lesssim \sum_{j<k} \|\widehat{U}_\infty^j\|_{[M_\varepsilon^\sharp]_0(\mathbb{R})}^{p-1} \sum_{j<k} \|\langle \nabla/h_n^j\rangle^{-2} \widehat{U}_\infty^j\|_{[W_\varepsilon]_2^\bullet(\mathbb{R})} \\
&\quad + \left(\sum_{j<k} \|\langle \nabla/h_n^j\rangle^{-2} \widehat{U}_\infty\|_{[M_\varepsilon^\sharp]_0(\mathbb{R})}\right)^\theta \sum_{j<k} \|\widehat{U}_\infty^j\|_{[W_\varepsilon]_2^\bullet(\mathbb{R})}^{p-\theta}, \qquad (7.4.90)
\end{aligned}
$$

这里 $\theta \triangleq \min(p-1,1)$. 再次使用引理 7.3.7 (1) 中的插值公式的齐次形式

$$
\widehat{U}_\infty \in [H]_2^\bullet \cap [W]_2^\bullet \subset [M_\varepsilon^\sharp]_0,
$$

就推出当 $n \longrightarrow \infty$, (7.4.90) 的右边趋向于 0.

类似地, 利用 Hölder 不等式, 容易推出

$$
\begin{aligned}
\mathrm{II} &\leqslant \left(\|u_{\langle n\rangle}^{<k}\|_{[G]_0(\mathbb{R})}^{p-1} + \|u_{(n)}^{<k}\|_{[G]_0(\mathbb{R})}^{p-1}\right) \|u_{(n)}^{<k} - u_{\langle n\rangle}^{<k}\|_{[G]_0(\mathbb{R})} \\
&\leqslant \left(\sum_{j<k} \|\widehat{U}_\infty^j\|\right)^{p-1}_{[G]_0(\mathbb{R})} \sum_{j<k} \|\langle \nabla/h_n^j\rangle^{-2} \widehat{U}_\infty^j\|_{[G]_0(\mathbb{R})} \longrightarrow 0. \qquad (7.4.91)
\end{aligned}
$$

总结 上述两种情形的讨论就将渐近正交性 (7.4.67) 的证明归结为证明

$$
\begin{aligned}
&\left\| f(u_{\langle n\rangle}^{<k}) - \sum_{j<k} f(u_{\langle n\rangle}^j) \right\|_{ST^*(I)} \\
&= \left\| \sum_{j<k} f(u_{\langle n\rangle}^j) - \sum_{j<k} f(u_{\langle n\rangle}^j) \right\|_{ST^*(I)} \longrightarrow 0, \quad n \longrightarrow \infty. \qquad (7.4.92)
\end{aligned}
$$

为此目的, 对于充分大的 $R \gg 1$, 定义

$$
\begin{aligned}
&\widehat{U}_{n,R}^j(t,x) \\
&= \chi_R(t,x)\widehat{U}_\infty^j(t,x) \prod \left\{ \left(1-\chi_{h_n^{j,l}R}\right)\left(t-t_n^{j,l}, x-x_n^{j,l}\right) \middle| \, 1 \leqslant l < k,\ h_n^l R < h_n^j \right\}, \qquad (7.4.93)
\end{aligned}
$$

其中 χ 是前面定义的光滑截断函数, 而

$$
t_n^{j,l} = \frac{t_n^l - t_n^j}{h_n^j}, \quad x_n^{j,l} = \frac{x_n^l - x_n^j}{h_n^j}, \quad h_n^{j,l} = \frac{h_n^l}{h_n^j}. \qquad (7.4.94)
$$

注意到当

$$
h_n^{j,l} \longrightarrow 0 \quad 或 \quad |t_n^{j,l}| + |x_n^{j,l}| \longrightarrow \infty, \quad n \longrightarrow \infty
$$

时,

$$\left\|\widehat{U}^j_{n,R}(t,x)\right\|_{[H]^\bullet_2\cap[W]^\bullet_2} \text{一致有界.}$$

利用正交条件 (7.4.7) 可见

$$\left\|\widehat{U}^j_{n,R}(t,x)-\chi_R\widehat{U}^j_\infty\right\|_{[M^\sharp]_0(\mathbb{R})}\longrightarrow 0,\quad n\longrightarrow\infty.$$

利用引理 7.3.7 (2) 中的插值公式对应的齐次形式, 容易看出

$$\begin{cases}\left\|\widehat{U}^j_{n,R}(t,x)-\chi_R\widehat{U}^j_\infty(t,x)\right\|_{[S]_0(\mathbb{R})}\longrightarrow 0, & d\leqslant 4,\quad n\longrightarrow\infty,\\ \left\|\widehat{U}^j_{n,R}(t,x)-\chi_R\widehat{U}^j_\infty(t,x)\right\|_{[M^\sharp_\varepsilon]_0(\mathbb{R})\cap[W_\varepsilon]^\bullet_2(\mathbb{R})}\longrightarrow 0, & d\geqslant 5,\quad n\longrightarrow\infty.\end{cases}\tag{7.4.95}$$

进而还有

$$\begin{cases}\left\|\chi_R\widehat{U}^j_\infty(t,x)-\widehat{U}^j_\infty(t,x)\right\|_{[S]_0(\mathbb{R})}\longrightarrow 0, & d\leqslant 4,\quad n\longrightarrow\infty,\\ \left\|\chi_R\widehat{U}^j_\infty(t,x)-\widehat{U}^j_\infty(t,x)\right\|_{[M^\sharp_\varepsilon]_0(\mathbb{R})\cap[W_\varepsilon]^\bullet_2(\mathbb{R})}\longrightarrow 0, & d\geqslant 5,\quad n\longrightarrow\infty.\end{cases}\tag{7.4.96}$$

因此, (7.4.92) 就归结为证明

$$\left\|f\left(\sum_{j<k}u^j_{\langle n\rangle,R}\right)-\sum_{j<k}f(u^j_{\langle n\rangle,R})\right\|_{ST^*(I)}\longrightarrow 0,\quad n\longrightarrow\infty.\tag{7.4.97}$$

事实上, 利用正交条件 (7.4.7), 容易看出

$$u^j_{\langle n\rangle,R}=h^j_nT^j_n\widehat{U}^j_{n,R}\left(\frac{t-t^j_n}{h^j_n}\right)\Longrightarrow\left\{\operatorname{supp}_{t,x}u^j_{\langle n\rangle,R}\right\}_{j<k}\text{ 对充分大的 } n \text{ 互不相交.}$$

因此, 对充分大的 n, 容易推出

$$f\left(\sum_{j<k}u^j_{\langle n\rangle,R}\right)=\sum_{j<k}f(u^j_{\langle n\rangle,R}).$$

根据上面的归结与证明, 即得渐近正交性估计 (7.4.67). □

在前面讨论的基础上, 如果每一个非线性轮廓具有整体 Strichartz 范数, 我们将证明 $\vec{u}^{<k}_{(n)}+\vec{w}^k_n$ 是 $\vec{u}_n$ 的一个逼近解.

引理 7.4.8 设 $\{u_n(t,x)\}$ 是非线性 Klein-Gordon 方程 (7.1.1) 的一个局部解序列, 满足 $\vec{u}_n(0)\in\mathcal{K}^+$ 且 $\varlimsup\limits_{n\to\infty}\tilde{E}(\vec{u}_n)<m$. 假设非线性轮廓分解 (7.4.62) 中的每一个非线性轮廓 $\vec{U}_\infty^j$ 均具有限的 Strichartz 范数与能量, 即

$$\|\widehat{U}_\infty^j\|_{ST_\infty^j(\mathbb{R})}+\|\vec{U}_\infty^j\|_{L_t^\infty L_x^2(\mathbb{R})}<\infty. \tag{7.4.98}$$

则对于充分大的 n, u_n 具有有限的 Strichartz 与能量范数, 即

$$\varlimsup_{n\to\infty}\|u_n\|_{ST(\mathbb{R})}+\|\vec{u}_n\|_{L_t^\infty L_x^2(\mathbb{R})}<+\infty. \tag{7.4.99}$$

证明 记 $\vec{w}=\vec{u}_{(n)}^{<k}+\vec{w}_n^k$, 直接验证可得

$$\begin{aligned}
&\mathrm{eq}(\vec{u}_{(n)}^{<k}+\vec{w}_n^k)\triangleq(i\partial_t+\langle\nabla\rangle)(\vec{u}_{(n)}^{<k}+\vec{w}_n^k)-f(u_{(n)}^{<k}+w_n^k)\\
=&\big[f(u_{(n)}^{<k})-f(u_{(n)}^{<k}+w_n^k)\big]+\Bigg[\sum_{j<k}\Big(\langle\nabla\rangle-\langle\nabla\rangle_\infty^j\Big)\vec{u}_{(n)}^j\\
&+\sum_{j<k}f\bigg(\frac{\langle\nabla\rangle}{\langle\nabla\rangle_n^j}u_{(n)}^j\bigg)-f\big(u_{(n)}^{<k}\big)\Bigg].
\end{aligned}\tag{7.4.100}$$

为了证明引理 7.4.8, 仅需验证扰动引理 (引理 7.3.11) 的条件即可. 首先, 根据 $\vec{u}_{(n)}^{<k}$ 的构造, 容易看出

$$\big\|\big(\vec{u}_{(n)}^{<k}(0)+\vec{w}_n^k(0)\big)-\vec{u}_n(0)\big\|_{L_x^2}\leqslant\sum_{j<k}\big\|\vec{u}_{(n)}^j(0)-\vec{v}_n^j(0)\big\|_{L_x^2}\longrightarrow 0,\quad n\longrightarrow\infty.$$

此意味着

$$\big\|\vec{u}_{(n)}^{<k}(0)+\vec{w}_n^k(0)\big\|_{L_x^2}\leqslant E_0.$$

其次, 由线性轮廓分解的正交性, 容易看出

$$\begin{aligned}
\|\vec{u}_n(0)\|_{L^2}^2=\|\vec{v}_n(0)\|_2^2&=\sum_{j<k}\|\vec{v}_n^j(0)\|_2^2+\|\vec{w}_n^j(0)\|_2^2+o_n(1)\\
&\geqslant\sum_{j<k}\|\vec{v}_n^j(0)\|_2^2+o_n(1)=\sum_{j<k}\|\vec{u}_n^j(0)\|_2^2+o_n(1).
\end{aligned}\tag{7.4.101}$$

因此, 除了有限集 $J\subset\mathbb{N}$ 之外, 皆有

$$\|\vec{v}_n^j(0)\|_{L^2}<\varepsilon_0,\quad j\notin J,$$

其中 ε_0 是引理 7.3.9 决定的小初值散射的门槛. 因此

$$\|u_{(n)}^j\|_{ST(\mathbb{R})} \lesssim \|\vec{v}_n^j(0)\|_{L^2}, \quad j \notin J.$$

由引理 7.4.7 中的 (7.4.65)—(7.4.66), (7.4.101) 及上式就得

$$\begin{aligned}\Big\|\sum_{j<k} u_{(n)}^j\Big\|_{ST(I)}^2 &\leqslant \sum_{j\in J}\|u_{(n)}^j\|_{ST(I)}^2 + \sum_{j\notin J}\|u_{(n)}^j\|_{ST(I)}^2 \\ &\leqslant \sum_{j\in J}\|\widehat{U}_\infty^j\|_{ST(\mathbb{R})}^2 + \sum_{j\notin J}\|u_{(n)}^j(0)\|_{L_x^2}^2 < +\infty.\end{aligned} \tag{7.4.102}$$

最后, 验证 (7.4.100) 中的非线性项的扰动

$$\begin{aligned}&\Big\|[f(u_{(n)}^{<k}) - f(u_{(n)}^{<k} + w_n^k)] + \sum_{j<k}\Big(\langle\nabla\rangle - \langle\nabla\rangle_\infty^j\Big)\vec{u}_{(n)}^j \\ &+ \sum_{j<k} f\Big(\frac{\langle\nabla\rangle}{\langle\nabla\rangle_n^j} u_{(n)}^j\Big) - f(u_{(n)}^{<k})\Big\|_{ST^*(I)}\end{aligned}$$

充分小. 当 $h_n^j = 1$ 时, 余项的线性部分消失; 当 $h_n^j = 0$ 时,

$$\begin{aligned}\|(\langle\nabla\rangle - \langle\nabla\rangle_\infty^j)\vec{u}_{(n)}^j\|_{L_t^1 L_x^2(I\times\mathbb{R}^d)} &\lesssim |I|\|\langle\nabla\rangle^{-1}\vec{u}_{(n)}^j\|_{L_t^\infty L_x^2(\mathbb{R})} \\ &\sim |I|\|\langle\nabla/h_n^j\rangle^{-1}\vec{U}_\infty^j\|_{L_t^\infty L_x^2(\mathbb{R}\times\mathbb{R}^d)} \longrightarrow 0, \quad n\longrightarrow\infty.\end{aligned}$$

因此, 利用估计 (7.4.87), (7.4.92), 只需验证

$$\|f(u_{(n)}^{<k} + w_n^k) - f(u_{(n)}^{<k})\|_{ST^*(I)} \ll 1, \quad n \longrightarrow \infty. \tag{7.4.103}$$

注意到 $\|\widehat{U}_\infty^j\|_{[W]_2^\bullet(\mathbb{R})} < \infty$, 利用引理 7.3.7 就知对于任意的 H^1 层次的容许簇 $[Z]_2$, 有估计

$$\sup_k \overline{\lim_{n\to\infty}}\|u_{(n)}^{<k}\|_{[Z]_2(\mathbb{R})} < \infty. \tag{7.4.104}$$

情形 1 $d \leqslant 4$. 首先, 有

$$\|f(u_{(n)}^{<k} + w_n^k) - f(u_{(n)}^{<k})\|_{L_t^1 L_x^2(I\times\mathbb{R}^d)} \lesssim \|w_n^k\|_{L_t^p L_x^{2p}}\big(\|u_{(n)}^{<k}\|_{L_t^p L_x^{2p}} + \|w_n^k\|_{L_t^p L_x^{2p}}\big)^{p-1}.$$

利用三点插值引理 7.3.7(1), 取

$$Z = L_t^p L_x^{2p} \text{ 或 } L_t^p B_{2p,2}^0, \quad A = W, \quad B = K, \quad C = L_t^\infty B_{\infty,\infty}^s \quad \Big(s < 1 - \frac{d}{2}\Big),$$

则

$$\|w_n^k\|_{L_t^pL_x^{2p}} \lesssim \|w_n^k\|_{ST(I)}^{\theta}\|w_n^k\|_{L_t^\infty B_{\infty,\infty}^s}^{1-\theta} \lesssim \|\vec{w}_n^k(0)\|_2^{\theta}\|w_n^k\|_{L_t^\infty B_{\infty,\infty}^s}^{1-\theta} \longrightarrow 0, \quad n\longrightarrow\infty.$$

情形 2 $d \geqslant 5$. 通过插值定理, 容易看出

$$\|w_n^k\|_{L^\infty(I;B_{\infty,\infty}^s(\mathbb{R}^d))} \ll 1 \Longrightarrow \|w_n^k\|_{[S]_0}, \|w_n^k\|_{[M_\varepsilon^\sharp]_0}, \|w_n^k\|_{[H_\varepsilon]_0}, \|w_n^k\|_{[W_\varepsilon]_2} \ll 1.$$

因此, 利用估计 (7.4.63)—(7.4.67) 及 (7.4.81)—(7.4.83) 就得

$$\begin{aligned}&\lim_{k\to K}\overline{\lim_{n\to\infty}}\left\|f(u_{(n)}^{<k}+w_n^k)-f(u_{(n)}^{<k})\right\|_{[ST^*](I)}=0\\ \Rightarrow\ &\lim_{k\to K}\overline{\lim_{n\to\infty}}\left\|\mathrm{eq}(u_{(n)}^{<k}+w_n^k)\right\|_{[ST^*](I)}=0.\end{aligned}$$

再次使用 Strichartz 估计即得 $u_{(n)}^{<k}+w_n^k \in L_t^\infty L_x^2(I\times\mathbb{R}^d)$. 因此, 当 k 充分接近 K, n 充分大时, 真解 u_n 与逼近解 $u_{(n)}^{<k}+w_n^k$ 满足扰动引理 7.3.11 的全部条件, 因此就获得所需结果. □

7.5 临界元的抽取方法与 PS 条件

本节将证明: 如果存在解序列的能量严格小于变分门槛 m, 并且解序列对应的整体 Strichartz 时空范数没有一致的上界, 则一定存在一个整体解 $u\in\mathcal{K}^+$ 具有极小能量及无穷的时空范数, 我们称该整体解为一个临界元! 利用上面建立的轮廓分解及紧性亏损来寻找临界元. 为此, 先引入一些基本概念.

定义 7.5.1 基于推论 7.3.10 的事实, 定义散射尺度 $\|u\|_{ST(\mathbb{R})}=\|u\|_{[W]_2\cap[K]_2(\mathbb{R})}$. 与此同时, 定义

$$\Lambda(E)=\sup\left\{\|u\|_{ST(I)}^{p+1}:\ \text{对于任意区间 } I\subset\mathbb{R},\ u\in\mathcal{K}^+,\ E(u,u_t)\leqslant E\right\},$$

定义 $E_{\max}$ 为一致 Strichartz 时空模的门槛, 即

$$E_{\max}\triangleq\sup\{E:\ \Lambda(E)<+\infty\}.$$

从小能量的散射理论及 "相变理念", 容易看出 $E_{\max}>0$. 另一方面, 只要存在基态就说明 $E_{\max}\leqslant m$! 进而, 对于临界情形, 如果容许考虑复数解 $e^{it}Q(x)$, 具有不同质量的稳态解就产生了原来 Klein-Gordon 方程的驻波 (standing wave) 解.

注记 7.5.1 (i) 由扰动引理知: $\Lambda(E)$ 为 E 的连续函数, 故

$$\Lambda(E)\begin{cases}<\infty, & E<E_{\max},\\ =\infty, & E\geqslant E_{\max}.\end{cases}$$

(ii) 由推论 7.3.9, 当 E 充分小时, 则 $\Lambda(E)$ 关于 E 是次线性的, 即

$$\Lambda(E) \lesssim E^{\frac{p+1}{2}} \lesssim E.$$

(iii) 经典 $(\mathrm{PS})_c$ 条件: 设 X 为一 Banach 空间, $\phi \in C^1(X;\mathbb{R})$, $c \in \mathbb{R}$, 称泛函 ϕ 满足 $(\mathrm{PS})_c$ 条件, 是指对于满足

$$\phi(u_n) \longrightarrow c, \quad \phi'(u_n) \longrightarrow 0$$

的极化序列 $\{u_n\}$, 一定存在收敛的子列 (仍然记为 $\{u_n\}$), 使得

$$u_n \xrightarrow{X} u(x), \quad n \longrightarrow +\infty, \quad 且 \quad \lim_{n\to\infty} \phi(u_n) = \phi(u).$$

引理 7.5.1 假设 $u_n \in \mathcal{K}^+$ 是 Cauchy 问题 (7.1.1) 在区间 $I_n \subset \mathbb{R}$ 上满足

$$E(u_n, \dot{u}_n) \longrightarrow E_{\max} < m, \quad \|u_n\|_{ST(I_n)} \longrightarrow +\infty \quad (n \longrightarrow \infty) \tag{7.5.1}$$

的解序列, 则存在 (7.1.1) 的一个整体解 $u_c \in \mathcal{K}^+$ 满足

$$E(u_c, \dot{u}_c) = E_{\max}, \quad \|u_c\|_{ST(\mathbb{R})} = \infty. \tag{7.5.2}$$

另外, 存在一个序列 $(t_n, x_n) \in \mathbb{R} \times \mathbb{R}^d$ 及 $\varphi \in L^2(\mathbb{R}^d)$ 使得沿着某个子序列 (序标仍用 $\{n\}$ 表示), 满足

$$\|\vec{u}_n(0, x) - e^{-i\langle\nabla\rangle t_n}\varphi(x - x_n)\|_{L^2_x} \to 0. \tag{7.5.3}$$

通常称这个整体解 u_c 是一个临界元.

证明 首先, 利用方程关于时间的平移不变性, 无妨假设对 $\forall n$, 皆有 $0 \in I_n$. 考虑与 $u_n(0)$ 对应的线性或非线性轮廓分解, 利用引理 7.4.1 (临界情形) 或推论 7.4.2 (次临界情形) 就得

$$\begin{cases} e^{it\langle\nabla\rangle}\vec{u}_n(0) = \displaystyle\sum_{j=0}^{k-1} \vec{v}_n^j + \vec{\omega}_n^k, \quad \vec{v}_n^j = e^{i\langle\nabla\rangle(t-t_n^j)} T_n^j \varphi^j(x), \\ u_{(n)}^{<k} = \displaystyle\sum_{j=0}^{k-1} u_{(n)}^j, \quad \vec{u}_{(n)}^j(t,x) = T_n^j \vec{U}_\infty^j\left(\dfrac{t - t_n^j}{h_n^j}\right), \\ \|\vec{v}_n^j(0) - \vec{u}_{(n)}^j(0)\|_{L_x^2} \longrightarrow 0, \quad n \longrightarrow \infty. \end{cases} \tag{7.5.4}$$

注意到如下事实:

• 引理 7.4.8 排除了所有非线性轮廓 $\vec{U}^j_\infty$ 均具有有界整体 Strichartz 范数的可能性.

• 根据 $E_{\max}$ 的定义, Cauchy 问题 (7.1.1) 在 $\mathcal{K}^+$ 中能量小于 $E_{\max}$ 的所有解皆具有有限的 Strichartz 范数.

根据引理 7.4.6, 我们推知仅能存在一个轮廓, 即: $K=1$, 使得对于充分大的 n, 成立

$$\widetilde{E}(\vec{u}^0_{(n)})=E_{\max},\quad \vec{u}^0_{(n)}\in\mathcal{K}^+,\quad \|\widehat{U}^0_\infty\|_{ST^0_\infty(\mathbb{R})}=\infty,\quad \lim_{n\to\infty}\|\vec{\omega}^1_n\|_{L^\infty_t L^2_x}=0. \tag{7.5.5}$$

若 $h^0_n\to 0$ (仅发生在临界情况), 则 $\widehat{U}^0_\infty=|\nabla|^{-1}\mathrm{Re}\vec{U}^0_\infty$ 恰好是临界波动方程

$$(\partial_t^2-\Delta)\widehat{U}^0_\infty=f(\widehat{U}^0_\infty) \tag{7.5.6}$$

的解, 且满足

$$E^0(\widehat{U}^0_\infty)=E_{\max}<m=J^{(0)}(Q),\quad K^w(\widehat{U}^0_\infty(0))\geqslant 0,\quad \|\widehat{U}^0_\infty\|_{[W]^\bullet_2}=\infty, \tag{7.5.7}$$

其中 Q 就是无质量临界波方程对应的基态解, K^w 就是变分导数 K 对应的自由形式 (质量为零). 根据 Kenig 和 Merle[78] 的结论可知: 满足 (7.5.6)—(7.5.7) 的解是不存在的. 因此, 我们总有 $h^0_n=1$. 进而推出 (7.5.3) 成立.

下证 $u_c=\widehat{U}^0_\infty=\langle\nabla\rangle^{-1}\mathrm{Re}\vec{U}^0_\infty$ 为 Cauchy 问题 (7.1.1) 的一个整体解. 反证法, 若不然, 选取序列 $t_n\in\mathbb{R}$ 逼近极大生命区间的右端点. 容易看出解序列 $\{\widehat{U}^0_\infty(t+t_n)\}$ 满足引理 7.5.1 的假设, 因此, 存在 (t^1_n,x^1_n) 和 $\psi\in L^2$, 使得

$$\|\vec{U}^0_\infty(t_n)-e^{-i\langle\nabla\rangle t^1_n}\psi(x-x^1_n)\|_{L^2_x}\longrightarrow 0,\quad n\longrightarrow\infty. \tag{7.5.8}$$

令 $\vec{v}=e^{it\langle\nabla\rangle}\psi$, 则 $\forall\,\varepsilon>0$, $\exists\delta=\delta(\varepsilon)>0$, 对于满足 $|I|<2\delta$ 的任意区间 I, 总有

$$\|\langle\nabla\rangle^{-1}\vec{v}(t-t^1_n)\|_{ST(I)}\triangleq\|\langle\nabla\rangle^{-1}e^{i(t-t^1_n)\langle\nabla\rangle}\psi\|_{[W]_2\cap[K]_2(I)}<\varepsilon.$$

结合 (7.5.8) 知

$$\begin{aligned}
&\overline{\lim_{n\to\infty}}\|\langle\nabla\rangle^{-1}e^{i\langle\nabla\rangle t}\vec{U}^0_\infty(t_n)\|_{ST(-\delta,\delta)}\\
\leqslant\ &\overline{\lim_{n\to\infty}}\Big(\|\langle\nabla\rangle^{-1}e^{i\langle\nabla\rangle t}\big(\vec{U}^0_\infty(t_n)-e^{-i\langle\nabla\rangle t^1_n}\psi(x-x^1_n)\big)\|_{ST(-\delta,\delta)}\\
&+\|\langle\nabla\rangle^{-1}\vec{v}(t-t^1_n)\|_{ST(-\delta,\delta)}\Big)\\
\leqslant\ &\overline{\lim_{n\to\infty}}\Big(\|\vec{U}^0_\infty(t_n)-e^{-i\langle\nabla\rangle t^1_n}\psi(x-x^1_n)\|_{L^2_x}+\|\langle\nabla\rangle^{-1}\vec{v}(t-t^1_n)\|_{ST(-\delta,\delta)}\Big)
\end{aligned}$$

$\leqslant \varepsilon.$

因此, 只要 ε 充分小, 解 $\widehat{U}_\infty^0$ 在区间 $(t_n-\delta, t_n+\delta)$ 上有定义, 说明解的存在区间超出其生命区间, 矛盾! □

7.6 临界元的排除

在这一节中, 通过临界元在能量空间中的紧性、临界元的动量为零 (利用 Lorentz 变换来证明) 等特殊性质, 证明临界元是不存在的. 主要方法基于 Virial 分析! 记 u_c 是引理 7.5.1 获得的临界元, 根据方程 (7.1.1) 关于时间 t 对称性, 不妨假设 $\|u_c\|_{ST(0,\infty)}=\infty$, 我们把它称为前向临界元.

7.6.1 临界元的紧性

在模去空间平移的意义下, 证明前向临界元 $u_c(t)$ 关于时间 $t>0$ 形成的轨道在能量空间中是准紧 (precompact) 的, 即:

引理 7.6.1 设 u_c 是一个前向临界元. 则存在 $y:\ (0,\infty)\to\mathbb{R}^d$ 满足集合

$$\left\{\ (u_c,\dot{u}_c)(t,x-y(t))\right|\ 0<t<\infty\ \Big\} \tag{7.6.1}$$

是能量空间 $H^1(\mathbb{R}^d)\times L^2(\mathbb{R}^d)$ 中准紧集. 除此之外, 还可以进一步假设 $y(t)\in C^1$ 满足

$$|\dot{y}(t)|\lesssim_{u_c} 1, \quad 关于时间\ t\ 一致成立. \tag{7.6.2}$$

证明 采用 Kenig-Merle 方法[77] 来证明. 对于 $(u,v)\in H^1\times L^2$ 及 $y\in\mathbb{R}^d$, 定义局部能量、局部能量的确界尺寸、确界满足要求的空间尺度如下:

$$\begin{cases} E_0(u,v,y,R)=\displaystyle\int_{|x-y|\leqslant R}\big(|v(x)|^2+|\nabla u(x)|^2+|u(x)|^2\big)dx, \\ \lambda(u,v,R)=\displaystyle\sup_{y\in\mathbb{R}^d}E_0(u,v,y,R), \\ \rho(u,v,\delta)=\inf\big\{R:\ \lambda(u,v,R)>(1-\delta)E_0(u,v)\big\}. \end{cases} \tag{7.6.3}$$

断言 对于任意固定的 $\delta>0$, $\rho(u_c(t),\dot{u}_c(t),\delta)$ 保持有界. 事实上, 如果不然, 存在一个时间序列 $\{t_n\}_n$ 使得对于任意的 $n\in\mathbb{N}$ 与 $y\in\mathbb{R}^d$, 满足

$$E_0(u_c(t_n),\dot{u}_c(t_n),y,n)\leqslant(1-\delta)E_0(u_c(t_n),\dot{u}_c(t_n)). \tag{7.6.4}$$

但是, 解序列

$$\big\{(u_n(t),\dot{u}_n(t))\triangleq(u_c(t+t_n),\dot{u}_c(t+t_n))\big\}$$

满足引理 7.5.1 的假设条件 (7.5.1). 因此, 利用 (7.5.3) 推知: 存在序列 $(t'_n, Y_n) \in \mathbb{R} \times \mathbb{R}^d$ 及 $\phi \in L^2(\mathbb{R}^d)$ 满足 (在不计子序列的意义下)

$$\|\vec{u}_n(0,x) - e^{-it'_n\langle\nabla\rangle}\phi(x - Y_n)\|_{L^2_x} \longrightarrow 0, \quad n \longrightarrow \infty.$$

于是,

$$\begin{cases} \|\vec{u}_c(t_n,x) - e^{-it'_n\langle\nabla\rangle}\phi(x - Y_n)\|_{L^2_x} \longrightarrow 0, \quad n \longrightarrow \infty, \\ \quad \text{或} \\ \|\vec{u}_c(t_n,x+Y_n) - e^{-it'_n\langle\nabla\rangle}\phi(x)\|_{L^2_x} \longrightarrow 0, \quad n \longrightarrow \infty. \end{cases} \tag{7.6.5}$$

现在我们证明 $\{t'_n\}$ 有界. 事实上, 如果 $t'_n \to -\infty$, 根据三角不等式及估计, 有

$$\begin{aligned} \|\langle\nabla\rangle^{-1}e^{it\langle\nabla\rangle}\vec{u}_c(t_n)\|_{ST(0,\infty)} \leqslant & \|\langle\nabla\rangle^{-1}e^{it\langle\nabla\rangle}\big(\vec{u}_c(t_n) - e^{-it'_n\langle\nabla\rangle}\phi(x-Y_n)\big)\|_{ST(0,\infty)} \\ & + \|\langle\nabla\rangle^{-1}e^{i(t-t'_n)\langle\nabla\rangle}\phi(x-Y_n)\|_{ST(0,\infty)} \\ \lesssim & \|\vec{u}_c(t_n,x) - e^{-it'_n\langle\nabla\rangle}\phi(x-Y_n)\|_{L^2_x} \\ & + \|\langle\nabla\rangle^{-1}e^{it\langle\nabla\rangle}\phi\|_{ST(-t'_n,\infty)} \\ \longrightarrow & \, 0, \quad n \longrightarrow \infty, \end{aligned}$$

因此, 对于充分大的 n, $u_c(t)$ 是 (7.1.1) 在区间 $[t_n, \infty)$ 上的全局解, 且具有充分小的 Strichartz 范数, 这与 $\|u_c(t)\|_{ST(0,\infty)} = \infty$ 相矛盾.

如果 $t'_n \longrightarrow +\infty$, 同样的方法推知

$$\|\langle\nabla\rangle^{-1}e^{it\langle\nabla\rangle}\vec{u}_c(t_n)\|_{ST(-\infty,0)} = \|\langle\nabla\rangle^{-1}e^{it\langle\nabla\rangle}\phi\|_{ST(-\infty,-t'_n)} + o_n(1) \longrightarrow 0, \quad n \longrightarrow \infty.$$

利用推论 7.3.9, 对于足够大的 n, u_c 在 $t < t_n$ 上满足 (7.1.1), 并且

$$\begin{aligned} \|u_c(t)\|_{ST(-\infty,t_n)} &\lesssim \|\langle\nabla\rangle^{-1}e^{i(t-t_n)\langle\nabla\rangle}\vec{u}_c(t_n)\|_{ST(-\infty,t_n)} \\ &= \|\langle\nabla\rangle^{-1}e^{it\langle\nabla\rangle}\vec{u}_c(t_n)\|_{ST(-\infty,0)}. \end{aligned}$$

这意味着 $u_c = 0$, 这与 $\|u_c\|_{ST(0,\infty)} = \infty$ 相矛盾. 因此, t'_n 是有界, 这就推出 $\{t'_n\}$ 是准紧集 (precompact).

根据 (7.6.5), 在不计子序列的意义下, 存在 $(w_0, w_1) \in H^1 \times L^2$ 使得

$$\|(u_c(t_n, x+Y_n), \dot{u}_c(t_n, x+Y_n)) - (w_0, w_1)\|_{H^1 \times L^2} \longrightarrow 0, \quad n \longrightarrow \infty. \tag{7.6.6}$$

对于任意的 R, 从 (7.6.4) 容易推出

$$E_0(w_0, w_1, y, R) = \lim_{n\to+\infty} E_0(u_c(t_n, x+Y_n), \dot{u}_c(t_n, x+Y_n), y, R) \leqslant (1-\delta)E_0(w_0, w_1).$$

因此

$$E_0(w_0, w_1) \leqslant (1-\delta)E_0(w_0, w_1) \quad \Longrightarrow \quad E_0(w_0, w_1) = 0,$$

这与

$$E(w_0, w_1) = \lim_{n \to +\infty} E(u_c(t_n), \dot{u}_c(t_n)) = E_{\max}$$

相矛盾. 因此, 存在一个单调下降的函数 R 使得

$$\rho(u_c(t), \dot{u}_c(t), \delta) < R(\delta), \quad \forall t \geqslant 0.$$

说明断言成立.

类似地可以证明存在单调下降的函数 $\kappa(\delta) > 0$, 使得对于任意的 $t \geqslant 0$,

$$\lambda(u_c(t), \dot{u}_c(t), R(\delta)) > \kappa(\delta). \tag{7.6.7}$$

选取 δ 充分小, 使之满足

$$\delta < \frac{1}{24}, \quad \sqrt{\delta} < \frac{\kappa(\delta)}{8E_{\max}}.$$

这样就可以定义 $y(t) \in \mathbb{R}^d$ 满足

$$\lambda(u_c(t), \dot{u}_c(t), R(\delta)) = E_0(u_c(t), \dot{u}_c(t), -y(t), R(\delta)).$$

我们断言:

$$K = \left\{ (u_c, \dot{u}_c)(t, x - y(t)) \,\middle|\, \quad t \in \mathbb{R}^+ \right\}$$

是能量空间 $H^1 \times L^2$ 中的准紧集 (precompact). 如果不然, 一定存在 $\varepsilon_0 > 0$ 和时间序列 t_i 使得

$$\begin{aligned} &E_0\big(u_c(t_i, x - y(t_i)) - u_c(t_j, x - y(t_j)), \\ &\dot{u}_c(t_i, x - y(t_i)) - \dot{u}_c(t_j, x - y(t_j))\big) > \varepsilon_0, \quad \forall\, i \neq j. \end{aligned} \tag{7.6.8}$$

采用与 (7.6.6) 完全相同的推理, 推知存在一个序列 $\{Y_k\}_k$ 及 $(w_0, w_1) \in H^1 \times L^2$, 在不计子序列的意义下, 满足

$$\begin{aligned} (U(t_i), U_t(t_i)) &\triangleq (u_c(t_i, x - (y(t_i) - Y_i)), \dot{u}_c(t_i, x - (y(t_i) - Y_i))) \\ &\longrightarrow (w_0, w_1), \quad \text{在 } H^1 \times L^2, \quad i \longrightarrow \infty. \end{aligned}$$

特别, $(U(t_i), U_t(t_i))$ 是一个 Cauchy 列. 于是, 记 i_0 满足估计

$$E_0(U(t_i) - U(t_j), U_t(t_i) - U_t(t_j)) < \frac{\kappa(\delta)}{4}, \quad \forall i, j \geqslant i_0. \tag{7.6.9}$$

假设存在一个子序列满足

$$|Y_j - Y_{i_0}| \longrightarrow +\infty, \quad j \longrightarrow +\infty.$$

因此, 对于 $|Y_j - Y_{i_0}| > 2R(\delta)$, 我们有

$$\begin{aligned}
&E_0(U(t_j) - U(t_{i_0}), U_t(t_j) - U_t(t_{i_0}))\\
=& E_0(U(t_j), U_t(t_j)) + E_0(U(t_{i_0}), U_t(t_{i_0}))\\
&- 2\int_{\mathbb{R}^d} \big(U(t_{i_0})U_t(t_j) + \nabla U(t_j)\nabla U(t_{i_0}) + U(t_j)U(t_{i_0})\big)\\
\geqslant& 2\kappa(\delta) - 2\int_{|x-Y_j|\leqslant R(\delta)} \big(U(t_{i_0})U_t(t_j) + \nabla U(t_j)\nabla U(t_{i_0}) + U(t_j)U(t_{i_0})\big)\\
&- 2\int_{|x-Y_j|\geqslant R(\delta)} \big(U(t_{i_0})U_t(t_j) + \nabla U(t_j)\nabla U(t_{i_0}) + U(t_j)U(t_{i_0})\big)\\
\geqslant& 2\kappa(\delta) - 2\sqrt{E_0(U(t_j), U_t(t_j))}\sqrt{\delta E_0(U(t_{i_0}), U_t(t_{i_0}))}\\
&- 2\sqrt{E_0(U(t_{i_0}), U_t(t_{i_0}))}\sqrt{\delta E_0(U(t_j), U_t(t_j))}\\
\geqslant& 2\kappa(\delta) - 8\sqrt{\delta}E_{\max} \geqslant \kappa(\delta),
\end{aligned}$$

这与 (7.6.9) 相矛盾! 其中在第三个不等式中使用了

$$E_0(u_c, \dot{u}_c) \leqslant 2E(u_c, \dot{u}_c).$$

因此, 序列 $\{Y_j\}_j$ 保持有界. 因此, 在不计子序列意义下, 无妨假设 $Y_k \longrightarrow Y_*$. 于是

$$\begin{aligned}
&\big(U(t_n, x + Y_*), U_t(t_n, x + Y_*)\big)\\
=& \big(u_c(t_n, \cdot - y(t_n) - (Y_n - Y_*)), \dot{u}_c(t_n, \cdot - y(t_n) - (Y_n - Y_*))\big)
\end{aligned}$$

是一个 Cauchy 列, 与 (7.6.8) 相矛盾! 由此可见, 集合

$$K \triangleq \Big\{(u_c, \dot{u}_c)(t, x - y(t)) \;\Big|\; t \in \mathbb{R}^+\Big\}$$

是能量空间 $H^1 \times L^2$ 中的准紧集.

最后证明 (7.6.2). 根据 K 是列紧集及非线性流的连续性, 存在 $s_0 > 0$ 使得对于 Klein-Gordon 方程 (7.1.1) 具有初值 $(w_0, w_1) \in K$ 的任意解, 总成立 (紧性

与有限 ε-网等价)

$$\begin{cases} E_0(u_c(t+s), \dot{u}_c(t+s), 0, 2R(\delta)) \geqslant (1-\delta)E_0(u_c(t), \dot{u}_c(t), 0, R(\delta)), \\ E_0(u_c(t+s), \dot{u}_c(t+s)) \leqslant (1-\delta)^{-1}E_0(u_c(t), \dot{u}_c(t)), \end{cases} \quad |s| \leqslant s_0. \tag{7.6.10}$$

特别, 对于充分大的 $R(\delta)$ 及 $E_0(u_c(t), \dot{u}_c(t), 0, R(\delta)) \geqslant (1-\delta)E_0(u_c(t), \dot{u}_c(t))$ 就得

$$E_0(u_c(t+s), \dot{u}_c(t+s), 0, 2R(\delta)) \geqslant (1-\delta)^3 E_0(u_c(t+s), \dot{u}_c(t+s)). \tag{7.6.11}$$

这就意味着

$$E_0(u_c(t+s), \dot{u}_c(t+s), Y, R(\delta)) < 3\delta E_0(u_c(t+s), \dot{u}_c(t+s)), \quad |Y| > 3R(\delta). \tag{7.6.12}$$

因此, 对于任意的 $t \geqslant 0$ 及任意的小时间 $|s| \leqslant s_0$, 有估计

$$|y(t) - y(t+s)| \leqslant 6R(\delta).$$

对于任意的 $j \in \mathbb{N}$, 令 $t_j = js_0$, 构造光滑函数 $\tilde{y}(t)$ 满足

$$\tilde{y}(t_j) = y(t_j), \quad |\tilde{y}'(t)| \leqslant 8R(\delta)s_0^{-1}.$$

对于任意的 $t \in \mathbb{R}$, 存在 j_0 使得 $|t - t_{j_0}| \leqslant s_0$, 于是

$$\begin{aligned} |y(t) - \tilde{y}(t)| &\leqslant |y(t) - y(t_{j_0})| + |y(t_{j_0}) - \tilde{y}(t_{j_0})| + |\tilde{y}(t_{j_0}) - \tilde{y}(t)| \\ &\leqslant 6R(\delta) + 6R(\delta) + 8R(\delta) \lesssim_{u_c} 1. \end{aligned}$$

因此, 用 $\tilde{y}(t)$ 替代 $y(t)$, 所得的集合

$$\Big\{(u_c(t, x - \tilde{y}(t)), \dot{u}_c(t, x - \tilde{y}(t)))\Big| t \in \mathbb{R}^+\Big\}$$

仍然是能量空间 $H^2 \times L^2$ 中的紧集, 这样就得 (7.6.2). □

作为紧性引理的直接推论, 有:

推论 7.6.2 令

$$E_{R,c(t)}(u) \triangleq \int_{|x-c(t)| \geqslant R} \left(|u|^2 + |\nabla u|^2 + |\dot{u}|^2 - |u|^{p+1}\right) dx.$$

设 $u_c(t)$ 是一个前向临界元, 对于任意的 $\eta > 0$, 一定存在 $R(\eta) > 0$ 与 $y(t) \in \mathbb{R}^d$ 满足

$$E_{R(\eta), y(t)}(u_c) \leqslant \eta E(u_c, \dot{u}_c), \quad \forall t > 0.$$

7.6.2 临界元具有零动量

众所周知, 非线性 Klein-Gordon 方程 (7.1.1) 具有动量守恒:

$$P(u) := \int_{\mathbb{R}^d} u_t \nabla u dx \in \mathbb{R}^d. \tag{7.6.13}$$

注意到在能量意义下, 临界元不能以任何正的速度移动. 利用 Klein-Gordon 方程在 Lorentz 变换下的不变性, 证明临界元的动量为 0.

引理 7.6.3 对于任意的临界元 u_c, 总有 $P(u_c) = 0$.

证明 注意到

$$\sinh \lambda = \frac{e^\lambda - e^{-\lambda}}{2} \triangleq s, \quad \cosh \lambda = \frac{e^\lambda + e^{-\lambda}}{2} \triangleq c. \tag{7.6.14}$$

定义 Lorentz 变换如下:

$$L_j^\lambda u(t, x_1, \cdots, x_d) = u(y_0, y_1, \cdots, y_d), \quad \text{其中} \quad \begin{cases} y_0 = t \cosh \lambda + x_j \sinh \lambda, \\ y_j = t \sinh \lambda + x_j \cosh \lambda, \\ y_k = x_k, \quad (k \neq j). \end{cases} \tag{7.6.15}$$

Lorentz 变换的无穷小生成元定义如下:

$$\frac{d}{d\lambda}\Big|_{\lambda=0} L_j^\lambda u = (t\partial_j + x_j \partial_t) u = \mathcal{A}_{0,j} u, \quad L_j^{\lambda_1+\lambda_2} u = L_j^{\lambda_1} L_j^{\lambda_2} u, \quad L_j^0 = I. \tag{7.6.16}$$

直接验证

$$\begin{cases} \partial_\lambda y_0 = y_j, \\ \partial_\lambda y_j = y_0 \end{cases} \Longrightarrow \partial_\lambda L_j^\lambda u = L_j^\lambda \big[(t\partial_j + x_j \partial_t) u\big] = L_j^\lambda \mathcal{A}_{0,j} u \tag{7.6.17}$$

及

$$\begin{cases} \partial_t L_j^\lambda = L_j^\lambda (c\partial_t + s\partial_j), \quad \partial_{tt} L_j^\lambda u = L_j^\lambda (c^2 \partial_{tt} + 2sc\partial_{t\lambda} + s^2 \partial_{jj}), \\ \partial_j L_j^\lambda = L_j^\lambda (s\partial_t + c\partial_j), \quad \partial_{jj} L_j^\lambda u = L_j^\lambda (s^2 \partial_{tt} + 2sc\partial_{t\lambda} + c^2 \partial_{jj}). \end{cases} \tag{7.6.18}$$

注意到 $[\partial_{tt} - \Delta, L_j^\lambda] = 0$, 则

$$\Box u + u = |u|^{p-1} u \Longrightarrow \Box\big[L_j^\lambda u\big] + \big[L_j^\lambda u\big] = \big|\big[L_j^\lambda u\big]\big|^{p-1} \big[L_j^\lambda u\big].$$

由于 L_j^λ 变换的 Jacobiian 为 1, 自然

$$\iint L_j^\lambda v dt dx_j = \iint v \begin{vmatrix} c & s \\ s & c \end{vmatrix} dt dx_j = \iint v dt dx_j. \tag{7.6.19}$$

从而推出 Lorentz 变换 L_j^λ 保持所有 $L_{t,x}^p(\mathbb{R}^{d+1})$ 时空范数! 直接计算得

$$\begin{aligned}
\partial_\lambda^0 E(L_j^\lambda u) \triangleq{}& \frac{d}{d\lambda} E(L_j^\lambda u)\big|_{\lambda=0} = \left\langle u_t, \partial_\lambda^0 \partial_t L_j^\lambda u \right\rangle \\
&+ \left\langle \nabla u, \partial_\lambda^0 \nabla L_j^\lambda u \right\rangle + \left\langle u - f(u), \partial_\lambda^0 L_j^\lambda u \right\rangle \\
={}& \left\langle u_t, x_j u_{tt} + t u_{tj} + u_j \right\rangle + \left\langle u_k, x_j u_{kt} + t u_{kj} + \delta_{kj} u_t \right\rangle \\
&+ \left\langle u - f(u), x_j u_t + t u_j \right\rangle \\
={}& \left\langle x_j u_t, u_{tt} \right\rangle + \left\langle u_t, u_j \right\rangle - \left\langle x_j u_t, u_{kk} \right\rangle + \left\langle u - f(u), x_j u_t \right\rangle \\
={}& \left\langle x_j u_t, \Box u + u - f(u) \right\rangle + \left\langle u_t, u_j \right\rangle = \left\langle u_t, u_j \right\rangle = P_j(u),
\end{aligned} \tag{7.6.20}$$

同理可得

$$\frac{d}{d\lambda} P_k(L_j^\lambda u)\bigg|_{\lambda=0} = \delta_{jk} E(u), \quad \frac{d^2}{d\lambda^2} E(L_j^\lambda u)\bigg|_{\lambda=0} = E(u).$$

注意到 Lorentz 变换的可加性, 可见

$$\frac{d}{d\lambda} f(L_j^\lambda u)\bigg|_{\lambda=\lambda_0} = \frac{d}{d\lambda} f(L_j^{\lambda+\lambda_0} u)\bigg|_{\lambda=0},$$

进而推出

$$\frac{d^2}{d\lambda^2} E(L_j^\lambda u) = E(L_j^\lambda u). \tag{7.6.21}$$

通过求解如下常微分方程的 Cauchy 问题

$$\begin{cases} \dfrac{d^2}{d\lambda^2} E(L_j^\lambda u) = E(L_j^\lambda u), \\ E(L_j^\lambda u)|_{\lambda=0} = E(u), \quad \dfrac{d}{d\lambda} E(L_j^\lambda u)\bigg|_{\lambda=0} = P_j(u), \end{cases}$$

就可以计算 $E(L_j^\lambda u)$ 的精确表达式如下:

$$E(L_j^\lambda u) = E(u) \cosh \lambda + P_j(u) \sinh \lambda. \tag{7.6.22}$$

由于 L_j^λ 变换的 Jacobi 行列式为 1, 对于任意的临界元 $u_c(t)$, 满足

$$\|L_j^\lambda u_c\|_{ST(\mathbb{R})} = \|u_c\|_{ST(\mathbb{R})} = +\infty. \tag{7.6.23}$$

采用反证法来证明引理 如果存在 j_0 $(1 \leqslant j_0 \leqslant d)$, 使得 $P_{j_0}(u) \neq 0$, 无妨假设 $P_{j_0}(u) < 0$.

一方面, 对于任意的 $\lambda \in \mathbb{R}$, Lorentz 变换 $L_{j_0}^\lambda$ 将临界元 $u_c(t)$ 变成另一个临界元 $L_{j_0}^\lambda u_c(t)$, 自然具有极小能量与无穷 Strichartz 时空范数.

另一方面, 根据连续性推出 $L_{j_0}^\lambda u_c \in \mathcal{K}^+$. 选取 $0 < \lambda_0 \ll 1$ 满足

$$P_{j_0}(L_{j_0}^{\lambda_0} u_c) < 0 \implies E(L_{j_0}^{\lambda_0} u_c) < E(u_c) = E_{\max}, \tag{7.6.24}$$

从而推出 $\|L_{j_0}^{\lambda_0} u_c\|_{ST(\mathbb{R})} < +\infty$, 与 $L_{j_0}^{\lambda_0} u_c$ 是临界元相矛盾! 因此, 引理得证. □

7.6.3 排除临界元

主要基于能量的传播来考察临界元的稳定性. 对于任意的 $R > 0$, 定义局部化能量的中心 $X_R(t) \in \mathbb{R}^d$ 如下:

$$X_R(u;t) := \int \chi_R(x) x e(u)(t,x) dx, \tag{7.6.25}$$

这里 χ_R 是前面定义的标准径向截断函数, $e(u)$ 表示能量密度函数, 即

$$e(u) = \frac{|u_t|^2 + |\nabla u|^2 + |u|^2}{2} - F(u). \tag{7.6.26}$$

根据能量守恒的局部形式 $\dot{e}(u) = \nabla \cdot (u_t \nabla u)$, 推知对于任意的解 u, 均有

$$\frac{d}{dt} X_R(u;t) = -dP(u) + \int [d(1-\chi_R(x)) + (r\partial_r)\chi_R(x)] u_t \nabla u dx. \tag{7.6.27}$$

如果选取 $u = u_c$ 是临界元, 则 $P(u_c) = 0$ 就意味着

$$\left| \frac{d}{dt} X_R(u_c;t) \right| \lesssim E_{R,0}(u_c;t), \tag{7.6.28}$$

这里外部能量 $E_{R,0}(u_c;t)$ 的定义可见推论 7.6.2. 进而, 注意到 $u_c \in \mathcal{K}^+$, 从引理 7.2.2 就推知: 存在 $\delta_0 \in (0,1)$ 使得

$$K_{1,0}(u_c(t)) \geqslant \delta_0 \|u_c(t)\|_{H^1}^2, \quad t \in \mathbb{R}. \tag{7.6.29}$$

引理 7.6.4 假设 u_c 是一个前向临界元. 记 $\delta_0>0$ 同不等式 (7.6.29) 中的参数, 设 $R_0(\eta)>0$, $y(t)\in\mathbb{R}^d$ 是推论 7.6.2 所决定的参数. 如果 $0<\eta\ll\delta_0$ 及 $R\gg R_0(\eta)$, 则

$$|y(t)-y(0)|\leqslant R-R_0(\eta),\quad 0<t<t_0,\ t_0\gtrsim\delta_0R/\eta. \tag{7.6.30}$$

证明 根据空间平移的不变性, 无妨假设 $y(0)=0$. 令 t_0 是满足 (7.6.30) 的最大时刻, 即

$$t_0=\inf\Big\{t>0\big|\ |y(t)|\geqslant R-R_0(\eta)\Big\}.$$

根据有限传播速度就意味着 $t_0>0$. 于是,

$$|y(t)|\leqslant R-R_0(\eta),\quad 0<t<t_0.$$

根据推论 7.6.2 中的估计 $E_{R,0}\leqslant\eta E(u_c)$ 及估计 (7.6.28), 直接推出

$$\left|\frac{d}{dt}X_R(u_c;t)\right|\lesssim\eta E(u_c). \tag{7.6.31}$$

其次, 考虑能量聚积中心与截断能量的聚积中心 (当 $R\gg1$ 时, 应该非常接近) 的内积. 利用 (7.6.25) 可见

$$\begin{aligned}&y(t)\cdot X_R(u_c;t)\\&=|y(t)|^2\int_{\mathbb{R}^d}\chi_R(x-y(t))e(u_c)dx+\int_{\mathbb{R}^d}\chi_R(x-y(t))y(t)\cdot(x-y(t))e(u_c)dx.\end{aligned} \tag{7.6.32}$$

右边的第一项的下界估计如下:

$$\begin{aligned}E(u_c)-\int_{\mathbb{R}^d}(1-\chi_R(x-y(t)))e(u_c)dx&\geqslant\frac{\|\dot{u}_c(t)\|_{L_x^2}^2}{2}+K_{1,0}(u_c(t))-CE_{R,y(t)}(t)\\&\geqslant\delta_0E(u_c)-C\eta E(u_c)\gtrsim\delta_0E(u_c),\end{aligned} \tag{7.6.33}$$

这里用到了 $\eta\ll\delta_0$. (7.6.32) 右边的第二项可分解成球内与球外两部分. 球内部分用能量控制、球外部分用推论 7.6.2 来估计, 即

$$\begin{aligned}&(7.6.32)\ \text{右边的第二项}\\&\leqslant\left|\int_{|x-y(t)|\leqslant R_0}\chi_R(x-y(t))y(t)\cdot(x-y(t))e(u_c)dx\right|\end{aligned}$$

$$
\begin{aligned}
&+\left|\int_{|x-y(t)|\geqslant R_0}\chi_R(x-y(t))y(t)\cdot(x-y(t))e(u_c)dx\right|\\
&\leqslant R_0E(u_c)|y(t)|+|y(t)|\left|\int_{|x-y(t)|\geqslant R_0}\chi_R(x-y(t))|x-y(t)|e(u_c)dx\right|\\
&\leqslant R_0E(u_c)|y(t)|+|y(t)|R\left|\int_{|x-y(t)|\geqslant R_0}e(u_c)dx\right|\\
&\lesssim (R_0+R\eta)E(u_c)|y(t)|.
\end{aligned}
\tag{7.6.34}
$$

注意到 $y(0)=0$, 完全相同的推理就得

$$
|X_R(u;0)|\lesssim (R_0+R\eta)E(u). \tag{7.6.35}
$$

利用 (7.6.31)—(7.6.35), 容易看出

$$
\delta_0E(u)|y(t)|\lesssim (R_0+R\eta+\eta t)E(u)\implies \delta_0|y(t)|\lesssim R_0+R\eta+\eta t. \tag{7.6.36}
$$

令 $t\longrightarrow t_0$, 利用 t_0 的定义, 就得

$$
\delta_0R\lesssim \eta t_0.
$$

□

临界元色散效应 最后, 利用局部化 Virial 等式, 分析临界元的色散性质, 推出与前面导出的非传播性质相矛盾的事实! 对于任意的 $R>0$, 定义局部化 Virial 量 $V_R(u;t)\in\mathbb{R}$ 如下:

$$
V_R(u;t):=\Big\langle\chi_R(x)u_t,\quad (x\cdot\nabla+\nabla\cdot x)u\Big\rangle,\ \ DF\triangleq uF'(u)=uf(u). \tag{7.6.37}
$$

对于任意的解, 有

$$
\begin{aligned}
\frac{d}{dt}V_R(u;t)=&-\int\chi_R(x)[2|\nabla u|^2-d(D-2)f(u)]+\frac{d}{2}|u|^2\Delta\chi_R(x)dx\\
&-\int r\partial_r\chi_R(x)[|u_t|^2+2|u_r|^2-|\nabla u|^2-|u|^2+2f(u)]dx\\
\leqslant&-K_{d,-2}(u(t))+CE_{R,0}(u;t).
\end{aligned}
\tag{7.6.38}
$$

如果 $u=u_c$ 是一个临界元, 则 $u_c\in\mathcal{K}^+$, 根据引理 7.2.2 就推知: 存在 $\delta_2\in(0,1)$ 满足

$$
K_{d,-2}(u_c(t))\geqslant\delta_2\|\nabla u_c(t)\|^2_{L^2_x},\quad \forall t>0. \tag{7.6.39}
$$

于是, 两边关于变量 t 积分, 就有

$$V_R(u_c;t_0) \leqslant V_R(u_c;0) - \delta_2 \int_0^{t_0} \|\nabla u_c(t)\|_{L_x^2}^2 dt + C\eta E(u_c)t_0. \tag{7.6.40}$$

根据紧性引理 7.6.1, 推知如下结论:

引理 7.6.5 设 u 是一个前向临界元, 则对于任意的 $\eta > 0$, 总存在 $C > 0$ 使得

$$\|u(t)\|_{L_x^2}^2 \leqslant C\|\nabla u(t)\|_{L_x^2}^2 + \eta\|\dot{u}(t)\|_{L_x^2}^2, \quad \forall t > 0. \tag{7.6.41}$$

证明 如果不然, 存在时间序列 $t_n > 0$ 满足

$$\|u(t_n)\|_{L_x^2}^2 > n\|\nabla u(t_n)\|_{L_x^2}^2 + \eta\|\dot{u}(t_n)\|_{L_x^2}^2. \tag{7.6.42}$$

由于 u 的 L_x^2 范数有界, 那么 $\|\nabla u(t_n)\|_{L_x^2} \to 0$. 利用紧性引理 (引理 7.6.1), 在不计子序列的意义下, $u(t_n) \to 0$ 在 H_x^1 意义下成立. 与此同时, 上面不等式还意味着 $\dot{u}(t_n) \to 0$. 因此, $E^Q(u;t_n) \to 0$ 与能量的等价性引理 (引理 7.2.1) 相矛盾. □

用 u 乘以方程的两边, 在上面引理中取 $\eta = 1/4$, 推出存在常数 $C > 0$, 使得

$$\begin{aligned} \partial_t\langle u, \dot{u}\rangle &= \int_{\mathbb{R}^d} \Big(|\dot{u}|^2 - |\nabla u|^2 - |u|^2 + DF(u)\Big)dx \\ &\geqslant \int_{\mathbb{R}^d} \Big(\frac{|\dot{u}|^2}{2} + |u|^2 - C|\nabla u|^2\Big)dx. \end{aligned} \tag{7.6.43}$$

因此,

$$\int_0^{t_0} (\|\dot{u}\|_{L_x^2}^2 + \|u\|_{L_x^2}^2)dt \lesssim E(u) + \int_0^{t_0} \|\nabla u\|_{L_x^2}^2 dt. \tag{7.6.44}$$

进而有

$$t_0 E(u) \leqslant \int_0^{t_0} E^Q(u;t)dt \lesssim E(u) + \int_0^{t_0} \|\nabla u\|_{L_x^2}^2 dt. \tag{7.6.45}$$

现选取正数 $\eta \ll \delta_2\delta_0$ 及 $R \gg R_0(\eta)$. 根据引理 7.6.4 推知存在 $t_0 \sim \delta_0 R/\eta$ 使得

$$E_{R,0}(u;t) \leqslant \eta E(u), \quad 0 < t < t_0.$$

于是, 利用 (7.6.40) 和 (7.6.45), 直接推出

$$-V_R(u;t_0) + V_R(u;0) \gtrsim [\delta_2 t_0 - C\eta t_0 - C]E(u) \gtrsim \delta_2 t_0 E(u) \sim \frac{\delta_2\delta_0 R}{\eta}E(u), \tag{7.6.46}$$

其中左边可以被 $RE(u)$ 控制. 这与 $\eta > 0$ 的任意小性发生矛盾.

作为本章结束, 给出主要定理 7.1.3 的一些注记.

聚焦型非线性 Klein-Gordon 方程没有尺度 (scaling) 不变性, 而尺度不变性在能量临界非线性 Schrödinger[77,91] 和能量临界非线性波动方程[78] 解的散射理论研究中发挥重要作用. 事实上, Ibrahim, Masmoudi 和 Nakanishi[66,67] 首次将尺度参数引入到不具尺度不变性方程的散射理论研究中. 值得注意的是, 通过稳定性分析, 当尺度参数收敛到零时, 能量临界非线性 Klein-Gordon 方程解的散射问题就归结到能量临界非线性波动方程相应问题的研究, 见 (7.5.6). 这样的观察导致了具非线性耦合相互作用 Schrödinger 方程解的散射问题的系列研究, 详见 [22, 126, 127].

门槛解 (threshold solution) 及超门槛解的长时间动力学也是该领域的有趣研究方向. Ibrahim, Masmoudi 和 Nakanishi 等利用 "集中紧与刚性方法" 研究了门槛解的动力学行为, 详见 [68]. 在此基础上, Nakanishi 和 Schlag 等结合 "单通定理"[148] 研究了超门槛解的动力学, 有兴趣的读者可参考 [98, 149, 151].

参考文献

[1] Bahouri H, Gérard P. High frequency approximation of solutions to critical nonlinear wave equations. Amer. J. Math., 1999, 121: 131-175.

[2] Bahouri H, Shatah J. Decay estimates for the critical semilinear wave equation. Ann. Inst. H. Poincaré Anal. Non Lineáire, 1998, 15: 783-789.

[3] Bégout P, Vergas A. Mass concentration phenomena for the L^2-critical Schrödinger equation. Trans. Amer. Math. Soc., 2007, 359: 5257-5282.

[4] Berestycki H, Lions P L. Nonlinear scalar field equations, I, existence of a ground state. Arch. Rat. Mech. Anal., 1983, 82: 313-345.

[5] Berestycki H, Lions P L. Nonlinear scalar field equations, II, existence of infinitely many solutions. Arch. Rat. Mech. Anal., 1983, 82: 347-375.

[6] Bourgain J. Refinements of Strichartz' inequality and applications to 2D-NLS with critical nonlinearity. Internat. Math. Res. Notices, 1998, 5: 253-283.

[7] Bourgain J. Global well-posedness of defocusing 3D critical NLS in the radial case. JAMS, 1999, 12: 145-171.

[8] Bourgain J. Global solutions of nonlinear Schrödinger equations. American Mathematical Society Publications, 46. Providence, RI: American Mathematical Society, 1999.

[9] Bourgain J. A remark on normal forms and the 'I-Method' for periodic NLS. Journal d'Analyse Mathematique, 2004, 94: 125-157.

[10] Breen J. Lectures in Harmonic Analysis. Lectures by: Monica Visan. https://www.math.ucla.edu/~josephbreen/Lectures_in_Harmonic_Analysis.pdf.

[11] Bretherton F P. Resonant interaction between waves: The case of discrete oscillations. J. Fluid Mech., 1964, 20: 457-479.

[12] Brenner P. On scattering and everywhere defined scattering operators for nonlinear Klein-Gordon equtaons. J. Diff. Equ., 1985, 56: 310-344.

[13] Brézis H, Coron J M. Convergence of solutions of H-systems or how to blow bubbles. Arch. Rational Mech. Anal., 1985, 89: 21-56.

[14] Burq N, Gérard P, Tzvetkov N. Strichartz inequalities and the nonlinear Schrödinger equation on compact manifolds. Amer. J. Math., 2004, 126: 569-605.

[15] Burq N, Gérard P, Tzvetkov N. Bilinear eigenfunction estimates and the nonlinear Schrödinger equation on surfaces. Invent. Math., 2005, 159: 187-223.

[16] Cao Z, Miao C, Wang M. L^p-estimate of Schrödinger maximal function in higher dimensions. J. of Funct.Anal., 2021, 281: 109091

[17] Cazenave T. An introduction to nonlinear Schrödinger equations. Textos de Métodos Matemáticos 22. Rio de Janeiro: I.M.U.F.R.J., 1989.

[18] Cazenave T. Semilinear Schrödinger equations. Courant Lecture Notes in Mathematics, 10. New York University, Courant Institute of Mathematical Sciences, AMS, 2003.

[19] Cazenave T, Weissler F B. Critical nonlinear Schrödinger Equation. Non. Anal. TMA, 1990, 14: 807-836.

[20] Cazenave T, Weissler F B. Some remarks on the nonlinear Schrödinger equation in the critical case. Nonlinear Semigroups, Partial Differential Equations and Attractors. Lecture Notes in Math., 1989, 1394: 18-29.

[21] Chen T, Pavlovic N. The quintic NLS as the mean field limit of a Boson gas with three-body interactions. Journal of Functional Analysis, 2011, 260: 959-997.

[22] Cheng X, Miao C, Zhao L. Global well-posedness and scattering for nonlinear Schrödinger equations with combined nonlinearities in the radial case. J. Differential Equations, 2016, 261(6): 2881-2934.

[23] Christ M, Colliander J, Tao T. Ill-posedness for nonlinear Schrödinger and wave equations. arXiv: 0311048.

[24] Christ M, Weinstein M. Dispersion of small amplitude solutions of the generalized Korteweg-de Vries equation. J. Funct. Anal., 1991, 100: 87-109.

[25] Colliander J, Keel M, Staffilani G, Takaoka H, Tao T. Global well-posedness for Schrödinger equations with derivative. Siam J. Math., 2001, 33: 649-669.

[26] Colliander J, Keel M, Staffilani G, Takaoka H, Tao T. Existence globale et diffusion pour l'équation de Schrödinger nonlinéaire répulsive cubique sur $\mathbb{R}^3$ en dessous l'espace d'énergie. Journées "Équations aux Dérivées Partielles" (Forges-les-Eaux, 2002), 2002, (10), 14pp.

[27] Colliander J, Keel M, Staffilani G, Takaoka H, Tao T. Scattering for the 3D cubic NLS below the energy norm. Comm. Pure Appl. Math., 2004, 21: 987-1014.

[28] Colliander J, Keel M, Staffilani G, Takaoka H, Tao T. Global well-posedness and scattering for the energy-critical nonlinear Schrödinger equation in $\mathbb{R}^3$. Ann. of. Math., 2008, 167: 767-865.

[29] Dodson B. Global well-posedness and scattering for the defocusing, L^2-critical nonlinear Schrödinger equation when $d \geqslant 3$. J. Amer. Math. Soc., 2012, 25(2): 429-463.

[30] Dodson B. Global well-posedness and scattering for the mass critical nonlinear Schrödinger equation with mass below the mass of the ground state. Adv. Math., 2015, 285: 1589-1618.

[31] Dodson B. Global well-posedness and scattering for the defocusing, L^2-critical, nonlinear Schrödinger equation when $d = 2$. Duke Math. J., 2016, 165(18): 3435-3516.

[32] Dodson B. Global well-posedness and scattering for the defocusing, L^2 critical, nonlinear Schrödinger equation when $d = 1$. Amer. J. Math., 2016, 138(2): 531-569.

[33] Dodson B. Global well-posedness and scattering for the focusing, cubic Schrödinger equation in dimension $d = 4$. Ann. Scient. Éc. Norm. Sup., 4e série, t. 2019, 52: 139-180.

[34] Dodson B. Defocusing Nonlinear Schrödinger Equations. Cambridge: Cambridge University Press, 2019.

[35] Dodson B. A determination of the blowup solutions to the focusing, quintic NLS with mass equal to the mass of the soliton. arXiv:2104.11690.

[36] Dodson B. A determination of the blowup solutions to the focusing NLS with mass equal to the mass of the soliton. Ann. PDE, 2003, https://doi.org/10.1007/s40818-022-00142-5.

[37] Dodson B. Miao C, Murphy J, Zheng J. The defocusing quintic NLS in four space dimensions. Ann. Inst. Henri Poincare-NA, 2017, 34: 759-787.

[38] Duyckaerts T, Merle F. Dynamic of threshold solutions for energy-critical NLS. Geometric and Functional Analysis, 2008, 8: 1787-1840.

[39] Duyckaerts T, Roudenko S S. Threshold solutions for the focusing 3D cubic Schrödinger equation. Rev. Mat. Iberoam., 2010, 26(1): 1-56.

[40] Elgart A, Erdös L, Schlein B, Yau H T. Gross-Pitaevskii equation as the mean field limit of weakly coupled bosons. Arch. Rat. Mech. Anal., 2006, 172(2): 265-283.

[41] Erdös L, Schlein B, Yau H T. Derivation of the cubic non-linear Schrödinger equation from quantum dynamics of many-body systems. Invent. Math., 2007, 167: 515-614.

[42] Erdös L, Schlein B, Yau H T. Derivation of the Gross-Pitaevskii Equation for the Dynamics of Bose-Einstein Condensate. Ann. of Math., 2010, 172: 291-370.

[43] Fefferman C. Inequalities for strongly singular convolution operators. Acta Math., 1970, 124: 9-36.

[44] Foschi D. Inhomogeneous Strichartz estimates. J. Hyperbolic Differ. Equ., 2005, 2: 1-24.

[45] Foschi D. Maximizers for the Strichartz inequality. Journal of the European Mathematical Society, 2007, 9: 739-774.

[46] Frazier M, Jawerth B, Weiss G. Littlewood-Paley theory and the study of function spaces. CBMS Regional Conference Series in Mathematics, 1991.

[47] Furioli G, Terraneo E. Besov spaces and unconditional well-posedness for the nonlinear Schrödinger equation in $\dot{H}^s$. Comm. in Contemp. Math., 2003, 5: 349-367.

[48] Furioli G, Planchon F, Terraneo E. Unconditional well-posedness for semilinear Schrödinger equations in H^s. Harmonic analysis at Mount Holyoke (South Hadley, MA, 2001): 147-156.

[49] Gérard P. Description du défaut de compacité de l'injection de Sobolev. ESAIM Control Optim. Calc. Var., 1998, 3: 213-233.

[50] Gérard P, Meyer Y, Oru F. Inégalités de Sobolev précisées, Séminaire sur les Équations aux Dérivées Partielles, 1996-1997. École Polytech., Palaiseau, 1997, pp. Exp. No. IV, 11.

[51] Gidas B, Ni W M, Nirenberg L. Symmetry and related problems via the maximum principle. Comm. Math. Phys., 1979, 68: 209-243.

[52] Ginibre J, Soffer A, Velo G. The global Cauchy problem for the critical nonlinear wave equation. J. Funct. Anal., 1992, 110: 96-130.

[53] Ginibre J, Velo G. Smoothing properties and retarded estimates for some dispersive evolution equations. Comm. Math. Phys., 1992, 144: 163-188.

[54] Ginibre J, Velo G. Scattering theory in the energy space for a class of nonlinear Schrödinger equations. J. Math. Pure. Appl., 1985, 64: 363-401.

[55] Ginibre J, Velo G. Time decay of finite energy solutions of the nonlinear Klein-Gordon and Schrödinger equations. Ann. Inst. H. Poincaré Phys. Théor., 1985, 43: 399-442.

[56] Ginibre J, Velo G. The global Cauchy problem for the nonlinear Schrödinger equation revisited. Ann. Inst. H. Poincaré Anal. Non Linéaire, 1985, 2: 309-327.

[57] Glassey R. On the blowing up of solutions to the Cauchy problem for nonlinear Schrödinger equations. J. Math. Phys., 1977, 18: 1794-1797.

[58] Glimm J. Solutions in the large for nonlinear hyperbolic systems of equations. Comm. Pure Appl. Math., 1965, 18: 697-715.

[59] Grillakis M. On nonlinear Schrödinger equations. Comm. Partial Differential Equations, 2000, 25: 1827-1844.

[60] Grillakis M. Regularity and asymptotic behaviour of the wave equation with a critical nonlinearity. Ann. of Math., 1990, 132: 485-509.

[61] Grillakis M. Regularity for the wave equation with a critical nonlinearity. Comm. Pure Appl. Math., 1992, 45: 749-774.

[62] Gross E. Hydrodynamics of a superfluid condensate. J. Math. Phys., 1963, 4: 195-207; see also E. Gross, Nuovo Cimento, 1961, 20: 454.

[63] Guo Z, Wang Y. Improved Strichartz estimates for a class of dispersive equations in the radial case and their applications to nonlinear Schrödinger and wave equation. J. Anal. Math., 2014, 124: 1-38.

[64] Hmidi T, Keraani S. Blowup theory for the critical nonlinear Schrödinger equations revisited. Int. Math. Res. Not., 2005, (46): 2815-2828.

[65] Holmer J, Roudenko S. On Blow-up Solutions to the 3D Cubic Nonlinear Schrödinger Equation. Applied Mathematics Research eXpress, 2007, 3 abm004.

[66] Ibrahim S, Masmoudi N, Nakanishi K. Scattering threshold for the focusing nonlinear Klein-Gordon equation. Anal. PDE, 2011, 4(3): 405-460.

[67] Ibrahim S, Masmoudi N, Nakanishi K. Correction to the article Scattering threshold for the focusing nonlinear Klein-Gordon equation. Anal. PDE, 2016, 9(2): 503-514.

[68] Ibrahim S, Masmoudi N, Nakanishi K. Threshold solutions in the case of mass-shift for the critical Klein-Gordon equation. Trans. Amer. Math. Soc., 2014, 366(11): 5653-5669.

[69] Ionescu A, Pausader B, Staffilani G. On the global well-posedness of energy-critical Schröinger equations in curved spaces. Anal. PDE, 2012, 5: 705-746.

[70] Ionescu A, Pausader B. Global well-posedness of the energy-critical defocusing NLS on $\mathbb{R} \times \mathbb{T}^3$. Comm. Math. Phys., 2012, 312: 781-831.

[71] Ionescu A, Pausader B. The energy-critical defocusing NLS on $\mathbb{T}^3$. Duke Math. J., 2012, 161: 1581-1612.

[72] Jaffard S. Analysis of the lack of compactness in the critical Sobolev embeddings. Journal of Functional Analysis, 1999, 161: 384-396.

[73] Kapitanski L. Global and unique weak solutions of nonlinear wave equations. Math. Res. Lett., 1994, 1: 211-223.

[74] Kato T. On nonlinear Schrödinger equations. Ann. Inst. H. Poincare Phys. Theor., 1987, 46: 113-129.

[75] Kato T. On nonlinear Schrödinger equations, II. H^s-solutions and unconditional well-posedness. J. d'Analyse. Math., 1995, 67: 281-306.

[76] Keel M, Tao T. Endpoint Strichartz estimates. Amer. Math. J., 1998, 120: 955-980.

[77] Kenig C, Merle F. Global well-posedness, scattering, and blow-up for the energy-critical focusing nonlinear Schrödinger equation in the radial case. Invent. Math., 2006, 166: 645-675.

[78] Kenig C E, Merle F. Global well-posedness, scattering and blow-up for the energy-critical focusing nonlinear wave equation. Acta Math., 2008, 201: 147-212.

[79] Kenig C E, Merle F. Scattering for $\dot{H}^{\frac{1}{2}}$-bounded slutions the cubic, defocusing NLS in 3 dimensions. Tran. Amer. Math. Soc., 2010, 362: 1937-1962.

[80] Kenig C, Ponce G, Vega L. Oscillatory integrals and regularity of dispersive equations. Indiana Univ. Math. J., 1991, 40: 33-69.

[81] Keraani S. On the defect of compactness for the Strichartz estimates of the Schrödinger equations. J. Diff. Eq., 2001, 175: 353-392.

[82] Keraani S. On the blow up phenomenon of the critical nonlinear Schrödinger equation. J. Funct. Anal., 2006, 235: 171-192.

[83] Killip R, Kwon S, Shao S, Visan M. On the mass-critical generalized KdV equation. DCDS-A, 2012, 32: 191-221.

[84] Killip R, Miao C, Visan M, Zhang J, Zheng J. Sobolev space adapted to the Schrodinger operator with inverse-square potential. Math.Z., 2018, 288: 1273-1298.

[85] Killip R, Miao C, Visan M, Zhang J, Zheng J. The eneregy critical NLS with inverse square potential. DCDS-A, 2017, 37: 3831-3866.

[86] Killip R, Murphy J, Visan M. Scattering for the cubic-quintic NLS: Crossing the virial threshold. SIAM J. Math. Anal., 2021, 53(5): 5803-5812.

[87] Killip R, Oh T, Pocovnicu O, Visan M. Solitons and scattering for the cubic-quintic nonlinear Schrödinger equation on $\mathbb{R}^3$. Arch. Ration. Mech. Anal, 2017, 225(1): 469-548.

[88] Killip R, Stovall B, Visan M. Scattering for the cubic Klein-Gordon equation in two space dimensions. Trans. Amer. Math. Soc., 2012, 364: 1571-1631.

[89] Killip R, Tao T, Visan M. The cubic nonlinear Schrödinger equation in two dimensions with radial data. J. Eur. Math. Soc., (JEMS) 2009, 11(6): 1203-1258.

[90] Killip R, Visan M. Nonlinear Schrödinger Equations at Critical Regularity // Evolution Equations. Clay Math. Proc. 17. Providence, RI: Amer. Math. Soc., 2013: 325-437.

[91] Killip R, Visan M. The focusing energy-critical nonlinear Schrödinger equation in dimensions five and higher. Amer. J. Math., 2010, 132: 361-424.

[92] Killip R, Visan M. Energy-supercritical NLS: Critical $\dot{H}^s$-bunds imply scattering. Cmm. PDEs, 2010, 35: 945-987.

[93] Killip R, Visan M. Global well-posedness and scattering for the defocusing quintic NLS in three dimensions. Anal. PDE, 2012, 5(4): 855-885.

[94] Killip R, Visan M, Zhang X. The mass-critical nonlinear Schrödinger equation with radial data in dimensions three and higher. Anal. PDE, 2008, 1(2): 229-266.

[95] Kirkpatrick K, Schlein B, Staffilani G. Derivation of the two dimensional nonlinear Schrödinger equation from many body quantum dynamics. American Journal of Mathematics, 2011, 133: 91-130.

[96] Klainerman S, Machedon M. On the uniqueness of solutions to the Gross-Pitaevskii hierarchy. Commun. Math. Phys., 2008, 279: 169-185.

[97] Krieger J. Global regularity of wave maps from $\mathbb{R}^{3+1}$ to surfaces. Comm. Math. Phys., 2003, 238 (1/2): 333-366.

[98] Krieger J, Nakanishi K, Schlag W. Global dynamics above the ground state energy for the one-dimensional NLKG equation. Math. Z., 2012, 272(1/2): 297-316.

[99] Krieger J, Schlag W. Concentration compactness for critical wave maps. EMS Monographs in Mathematics. European Mathematical Society (EMS), Zürich, 2012: vi, 484.

[100] Krieger J, Schlag W, Tataru D. Renormalization and blow up for charge one equivariant critical wave maps. Invent. Math., 2008, 171(3): 543-615.

[101] Kwong M K. Uniqueness of positive solutions of $\Delta u - u + u^p = 0$ in $\mathbb{R}^n$. Arch. Rat. Mech. Anal., 1989, 105: 243-266.

[102] Li D, Miao C, Zhang X. The focusing energy-critical Hartree equation. J. Differential Equations, 2009, 246: 1139-1163.

[103] Li D, Zhang X. Dynamics for the energy critical nonlinear Schrödinger equation in high dimensions. J. Funct. Anal., 2009, 256: 1928-1961.

[104] Lieb E H, Loss M. Analysis. 2nd ed. Providence: American Mathematics Society, 2001.

[105] Lin J, Strauss W. Decay and scattering of solutions of a nonlinear Schrödinger equation. Journ. Funct. Anal., 1978, 30: 245-263.

[106] Lions P L. The cncentration-compactness principle in the calculus of variations. The lcally cmpact case. I, Ann. Inst. H. Poincaré anal. Non Linéaire, 1984, 1: 109-145.

[107] Lions P L. The concentration-compactness principle in the calculus of variations. The limit case. I. Rev. Mat. Iberoamericana, 1985, 1: 145-201.

[108] Machihara S, Nakanishi K, Ozawa T. Nonrelativistic limit in the energy space for nonlinear Klein-Gordon equations. Math. Ann., 2002, 322: 603-621.

[109] Merle F. Determination of blow-up solutions with minimal mass for nonlinear Schrödinger equations with critical power. Duke Math. J., 1993, 69(2): 427-454.

[110] Merle F, Raphael P. Sharp upper bound on the blow-up rate for the critical nonlinear Schrödinger equation. Geom. Funct. Anal., 2003, 13(3): 591-642.

[111] Merle F, Raphael P. On universality of blow-up profile for L^2 critical nonlinear Schrödinger equation. Invent. Math., 2004, 156(3): 565-672.

[112] Merle F, Raphael P. Profiles and quantization of the blow up mass for critical nonlinear Schrödinger equation. Comm. Math. Phys., 2005, 253(3): 675-704.

[113] Merle F, Raphael P. The blow-up dynamic and upper bound on the blow-up rate for critical nonlinear Schrödinger equation. Ann. of Math., 2005, 161(1): 157-222.

[114] Merle F, Raphael P. On a sharp lower bound on the blow-up rate for the L^2 critical nonlinear Schrödinger equation. J. Amer. Math. Soc., 2006, 19(1): 37-90.

[115] Merle F, Vega L. Compactness at blow-up time for L^2 solutions of the critical nonlinear Schrödinger equation in 2D. Internat. Math. Res. Notices, 1998, (8): 399-425.

[116] Miao C, Murphy J, Zheng J. The defocusing energy-supercritical NLS in four space dimensions. J. Functional Analysis, 2014, 267: 1662-1724.

[117] Miao C, Murphy J, Zheng J. The energy-critical nonlinear wave equation with an inverse-square potential. Ann. Inst. Henri Poincare-NA, 2020, 37: 417-456.

[118] Miao C, Murphy J, Zheng J. Scattering for the nonlinear inhomogeneous NLS. Math. Research Letter, 2021, 28: 1481-1504.

[119] Miao C, Murphy J, Zheng J. Threshold scattering for the focusing NLS with a repulsive potential. Indiana University Mathematics Journal, 2022.

[120] Miao C, Su X, Zheng J. The $W^{s,p}$-boundedness of stationary wave operators for the Schrödinger operator with inverse-square potential. Trans. Amer. Math. Soc., 2023, 376: 1739-1797.

[121] Miao C, Xu G, Zhao L. Global well-posedness and scattering for the energy-critical, defocusing Hartree equation for radial data. J. Funct. Anal., 2007, 253: 605-627.

[122] Miao C, Xu G, Zhao L. Global well-posedness and uniform bound for the defocusing $H^{1/2}$-subcritical Hartree equation in $\mathbb{R}^d$. Ann. I. H. Poincaré, AN., 2009, 26: 1831-1852.

[123] Miao C, Xu G, Zhao L. Global well-posedness and scattering for the mass-critical Hartree equation with radial data. J. Math. Pures Appl., 2009, 91: 49-79.

[124] Miao C, Xu G, Zhao L. Global well-posedness and scattering for the energy-critical, defocusing Hartree equation in $\mathbb{R}^{1+n}$. Comm. PDEs. 2011, 36: 729-776.

[125] Miao C, Xu G, Yang J. Global well-posedness for the defocusing Hartree equation with radial data in R^4. Communications in Contemporary Mathematics, 2020, 22: 1950004 35pages.

[126] Miao C, Xu G, Zhao L. The dynamics of the 3D radial NLS with the combined terms. Comm. Math. Phys., 2013, 318(3): 767-808.

[127] Miao C, Xu G, Zhao L. The dynamics of the NLS with the combined terms in five and higher dimensions. Some topics in harmonic analysis and applications. Adv. Lect. Math. (ALM), 34. Somerville, MA: Int. Press, 2016: 265-298.

[128] Miao C, Zhang J, Zheng J. The defocusing energy critical wave equation with a cubic convolution. Indiana University Mathematics Journal, 2014, 63: 993-1015.

[129] Miao C, Zhang J, Zheng J. Sacttering theory for the radial $\dot{H}^{\frac{1}{2}}$-critical wave equation with a cubic convolution. J. Differential Equations, 2015, 259: 7199-7237.

[130] Miao C, Zhang J, Zheng J. Maximal estimates for Schrodinger equation with inverse square potential. Pacific J. Math., 2015, 273: 1-20.

[131] Miao C, Zhang J, Zheng J. Strichartz estimates for wave equation with inverse square potential. Communications in Contemporary Mathematics, 2013, 15: 1350026.

[132] Miao C, Zhang J, Zheng J. Linear adjoint restriction estimates for paraboloid. Math. Z., 2019, 292: 427-451.

[133] Miao C, Zhang J, Zheng J. Nonlinear Schrodinger equation with Coulomb potential. Acta. Math. Sci., 2002, 42B(6): 2230-2256.

[134] Miao C, Zhao T, Zheng J. On the 4D nonlinear Schrödinger equation with combined terms under the energy threshold. Calc. Var., 2017, 56: 179.

[135] Miao C, Zheng J. On global solution to the Klein-Gordon-Hartree equation below energy space. J. Differential Equations, 2011, 250: 3418-3447.

[136] Miao C, Zheng J. Energy Scattering for a Klein-Gordon equation with a cubic convolution. J. Differential Equations, 2014, 257: 2178-2224.

[137] 苗长兴. 调和分析及其在偏微分方程中的应用. 2 版. 北京: 科学出版社, 2004.

[138] 苗长兴. 非线性波动方程的现代方法. 2 版. 北京: 科学出版社, 2010.

[139] 苗长兴. 现代调和分析及其应用讲义. 北京: 高等教育出版社, 2018.

[140] 苗长兴, 吴家宏, 章志飞. Littlewood-Paley 理论及其在流体动力学方程中的应用. 北京: 科学出版社, 2012.

[141] 苗长兴, 张波. 偏微分方程的调和分析方法. 北京: 科学出版社, 2008.

[142] Morawetz C. Time decay for the nonlinear Klein-Gordon equation. Proc. Roy. Soc. A, 1968, 306: 291-296.

[143] Morawetz C S, Strauss W A. Decay and scattering of solutions of a nonlinear relativistic wave equation. Comm. Pure Appl. Math., 1972, 25: 1-31.

[144] Moyua A, Vergas A, Vega L. Restriction theorem and maximal operators related to oscillatory integrals in $\mathbb{R}^d$. Duke Math. J., 1999, 96: 547-574.

[145] Nakanishi K. Scattering theory for nonlinear Klein-Gordon equation with Sobolev critical power. Internat. Math. Research Not., 1999, 31: 31-60.

[146] Nakanishi K. Nonrelativistic limit of scattering theory for nonlinear Klein-Gordon equations. J. Diff. Eq., 2002, 180: 453-470.

[147] Nakanishi K, Roy T. Global dynamics above the ground state for the energy-critical Schrödinger equation with radial data. Commun. Pure Appl. Anal., 2016, 15(6): 2023-2058.

[148] Nakanishi K, Schlag W. Invariant manifolds and dispersive Hamiltonian evolution equations. Zurich Lectures in Advanced Mathematics. Zürich: European Mathematical Society (EMS), 2011: vi, 253.

[149] Nakanishi K, Schlag W. Global dynamics above the ground state energy for the focusing nonlinear Klein-Gordon equation. J. Differential Equations, 2011, 250(5): 2299-2333.

[150] Nakanishi K, Schlag W. Global dynamics above the ground state energy for the cubic NLS equation in 3D. Calc. Var. Partial Differential Equations, 2012, 44(1/2): 1-45.

[151] Nakanishi K, Schlag W. Global dynamics above the ground state for the nonlinear Klein-Gordon equation without a radial assumption. Arch. Ration. Mech. Anal., 2012, 203(3): 809-851.

[152] Ogawa T, Tsutsumi Y. Blow-up of H^1 solution for the nonlinear Schrödinger equation. JDE, 1991, 92: 317-330.

[153] Pausader B. Global well-posedness and scattering for nonlinear dispersive equations. Lecture notes at IAPCM and Peking University, 2012.

[154] Pitacvski L P, Exptl J. Theoret. Phys., 1961, 13: 646. (Translation: Vortex lines in an imperfect Bose gas. Soviet Phys. JETP, 1961, 40: 451-454.

[155] Planchon F, Vega L. Bilinear virial identities and applications. Ann. Sci. Ec. Norm. Super., 2009, 42: 261-290.

[156] Rauch J. The u^5 Klein-Gordon equation. II. Anomalous singularities for semilinear wave equations in Nonlinear partial differential equations and their applications. Collège de France Seminar. Res. Notes in Math. 51, Pitman Publ., 1981: 335-364.

[157] Ryckman E, Visan M. Global well-posedness and scattering for the defocusing energy-critical nonlinear Schrödinger equation in $\mathbb{R}^{1+4}$. Amer. J. Math., 2007, 129: 1-60.

[158] Schatzman M. Continuous Glimm functionals and uniqueness of solutions of the Riemann problem. Indiana Univ. Math. J., 1985, 34: 533-589.

[159] Segal I E. Space-time decay for solutions of wave equations. Advance in Math., 1976, 22: 302-311.

[160] Shao S. Sharp linear and bilinear restriction estimates for paraboloids in the cylindrically symmetric case. Rev. Mat. Iberoam., 2009, 25: 1127-1168.

[161] Shatah J, Struwe M. Well-posedness in the energy space for semilinear wave equations with critical growth. Internat. Math. Res. Notices, 1994, (7): 303-311.

[162] Stein E M. Singular Integrals and Differentiability Properties of Functions. Princeton: Princeton University Press, 1970.

[163] Stein E M. Harmonic Analysis. Princeton: Princeton University Press, 1993.

[164] Stein E. Harmonic analysis: Real-variable methods, orthogonality, and oscillatory integrals. volume 43 of Princeton Mathematical Series. Princeton, NJ: Princeton University Press, 1993. With the assistance of Timothy S. Murphy, Monographs in Harmonic Analysis, III.

[165] Sterbenz J, Tataru D. Regularity of wave-maps in dimension 2+1. Comm. Math. Phys., 2010, 298(1): 231-264.

[166] Strichartz R S. Restriction of Fourier transform to quadratic surfaces and deay of solutions of wave equations. Duke Math. J., 1977, 44: 705-714.

[167] Struwe M. Globally regular solutions to the u^5 Klein-Gordon equation. Ann. Scuola Norm. Sup. Pisa Cl. Sci., 1988, 15: 495-513.

[168] Sulem C, Sulem P L. The Nonlinear Schrödinger Equation: Self-Focusing and Wave Collapse. New York: Springer-Verlag, Applied Mathematical Sciences, 139, 1999.

[169] Tao T. A sharp bilinear restrictions estimate for paraboloids. Geom. Funct. Anal., 2003, 13: 1359-1384.

[170] Tao T. https://terrytao.wordpress.com/2008/11/05/concentration-compactness-and-the-profile-decomposition/.

[171] Tao T. On the asymptotic behavior of large radial data for a focusing nonlinear Schrödinger equation. Dynamics of PDE, 2004, 1: 1-47.

[172] Tao T. Global well-posedness and scattering for the higher-dimensional energy-critical non-linear Schrödinger equation for radial data. New York J. Math., 2005, 11: 57-80.

[173] Tao T. Nonlinear dispersive equations, local and global analysis. CBMS. Regional Conference Series in Mathematics, 106. Published for the Conference Boardof the Mathematical Science, Washington, DC. Providence: American Mathematical Society, 2006. ISBN: 0-8218-4143-2.

[174] Tao T. Global regularity of wave maps III. Large energy from $\mathbb{R}^{1+2}$ to hyperbolic spaces. arXiv: 0805.4666.

[175] Tao T. Global regularity of wave maps IV. Absence of stationary or self-similar solutions in the energy class. arXiv: 0806.3592.

[176] Tao T. Global regularity of wave maps V. Large data local wellposedness and perturbation theory in the energy class. arXiv: 0808.0368.

[177] Tao T. Global regularity of wave maps VI. Abstract theory of minimal-energy blowup solutions. arXiv: 0906.2833.

[178] Tao T. Global regularity of wave maps VII. Control of delocalised or dispersed solutions. arXiv: 0908.0776.

[179] Tao T. Two remarks on the generalised Korteweg-de Vries equation Discrete Cont. Dynam. Systems, 2007, 18: 1-14.

[180] Tao T, Visan M. Stability of energy-critical nonlinear Schrödinger equations in high dimensions. Electron. J. Diff. Eqns., 2005, 118: 1-28.

[181] Tao T, Visan M, Zhang X. The nonlinear Schrödinger equation with combined power-type nonlinearities. Comm. Partial Differential Equations, 2007, 32(7-9): 1281-1343.

[182] Tao T, Visan M, Zhang X. Global well-posedness and scattering for the defocusing mass-critical nonlinear Schrödinger equation for radial data in high dimensions. Duke Math. J., 2007, 140(1): 165-202.

[183] Tao T, Visan M, Zhang X. Minimal-mass blow up solutions of the mass critical NLS. Forum Mathematicum, 2008, 20: 881-919.

[184] Triebel H. Interpolation Theory, Function Spaces, Differential Operators. Berlin: VEB Deutscher Verlag der Wissenschaften, 1978.

[185] Triebel H. The structure of functions. Monographs in Mathematics, 97. Basel: Birkhauser Verlag, 2001.

[186] Vilela M. Inhomogeneous Strichartz estimates for the Schrödinger equation. Trans. Amer. Math. Soc., 2007, 359: 2123-2136.

[187] Visan M. The defocusing energy-critical nonlinear Schrödinger equation in higher dimensions. Duke Math. J., 2007, 138: 281-374.

[188] Visan M. The defocusing energy-critical nonlinear Schrödinger equation in dimensions five and higher. Thesis (Ph.D.)-University of California, Los Angeles. 2006: 126.

[189] Visan M. Oberwolfach Seminar: Dispersive equations. 45. Basel: Birkhauser/Springer, 2014.

[190] Visan M. Global well-posedness and scattering for the defocusing cubic nonlinear Schrödinger equation in four dimensions. Int. Math. Res. Not. IMRN, 2012, (5): 1037-1067.

[191] Weinstein M I. Nonlinear Schrödinger equations and sharp interpolation estimates. Comm. Math. Phys., 1983, 87: 567-576.

[192] Wolff T. A sharp bilinear cone restriction estimate. Ann. Math., 2001, 153(3): 661-698.

[193] Yang J. An endline bilinear restriction estimate for parabolids. arXiv:2202.13905.

[194] Zhang X. On the Cauchy problem of 3-D energy-critical Schrödinger equations with subcritical perturbations. J. Differential Equations, 2006, 230(2): 422-445.

名 词 索 引

其 他

《现代数学基础丛书》已出版书目

(按出版时间排序)

1 数理逻辑基础(上册) 1981. 1 胡世华 陆钟万 著
2 紧黎曼曲面引论 1981. 3 伍鸿熙 吕以辇 陈志华 著
3 组合论(上册) 1981. 10 柯 召 魏万迪 著
4 数理统计引论 1981. 11 陈希孺 著
5 多元统计分析引论 1982. 6 张尧庭 方开泰 著
6 概率论基础 1982. 8 严士健 王隽骧 刘秀芳 著
7 数理逻辑基础(下册) 1982. 8 胡世华 陆钟万 著
8 有限群构造(上册) 1982. 11 张远达 著
9 有限群构造(下册) 1982. 12 张远达 著
10 环与代数 1983. 3 刘绍学 著
11 测度论基础 1983. 9 朱成熹 著
12 分析概率论 1984. 4 胡迪鹤 著
13 巴拿赫空间引论 1984. 8 定光桂 著
14 微分方程定性理论 1985. 5 张芷芬 丁同仁 黄文灶 董镇喜 著
15 傅里叶积分算子理论及其应用 1985. 9 仇庆久等 编
16 辛几何引论 1986. 3 J. 柯歇尔 邹异明 著
17 概率论基础和随机过程 1986. 6 王寿仁 著
18 算子代数 1986. 6 李炳仁 著
19 线性偏微分算子引论(上册) 1986. 8 齐民友 著
20 实用微分几何引论 1986. 11 苏步青等 著
21 微分动力系统原理 1987. 2 张筑生 著
22 线性代数群表示导论(上册) 1987. 2 曹锡华等 著
23 模型论基础 1987. 8 王世强 著
24 递归论 1987. 11 莫绍揆 著
25 有限群导引(上册) 1987. 12 徐明曜 著
26 组合论(下册) 1987. 12 柯 召 魏万迪 著
27 拟共形映射及其在黎曼曲面论中的应用 1988. 1 李 忠 著
28 代数体函数与常微分方程 1988. 2 何育赞 著

29　同调代数　1988. 2　周伯壎　著
30　近代调和分析方法及其应用　1988. 6　韩永生　著
31　带有时滞的动力系统的稳定性　1989. 10　秦元勋等　编著
32　代数拓扑与示性类　1989. 11　马德森著　吴英青　段海豹译
33　非线性发展方程　1989. 12　李大潜　陈韵梅　著
34　反应扩散方程引论　1990. 2　叶其孝等　著
35　仿微分算子引论　1990. 2　陈恕行等　编
36　公理集合论导引　1991. 1　张锦文　著
37　解析数论基础　1991. 2　潘承洞等　著
38　拓扑群引论　1991. 3　黎景辉　冯绪宁　著
39　二阶椭圆型方程与椭圆型方程组　1991.4　陈亚浙　吴兰成　著
40　黎曼曲面　1991. 4　吕以辇　张学莲　著
41　线性偏微分算子引论(下册)　1992. 1　齐民友　徐超江　编著
42　复变函数逼近论　1992. 3　沈燮昌　著
43　Banach 代数　1992. 11　李炳仁　著
44　随机点过程及其应用　1992. 12　邓永录等　著
45　丢番图逼近引论　1993. 4　朱尧辰等　著
46　线性微分方程的非线性扰动　1994. 2　徐登洲　马如云　著
47　广义哈密顿系统理论及其应用　1994. 12　李继彬　赵晓华　刘正荣　著
48　线性整数规划的数学基础　1995. 2　马仲蕃　著
49　单复变函数论中的几个论题　1995. 8　庄圻泰　著
50　复解析动力系统　1995. 10　吕以辇　著
51　组合矩阵论　1996. 3　柳柏濂　著
52　Banach 空间中的非线性逼近理论　1997. 5　徐士英　李　冲　杨文善　著
53　有限典型群子空间轨道生成的格　1997. 6　万哲先　霍元极　著
54　实分析导论　1998. 2　丁传松等　著
55　对称性分岔理论基础　1998. 3　唐　云　著
56　Gel′fond-Baker 方法在丢番图方程中的应用　1998. 10　乐茂华　著
57　半群的 S-系理论　1999. 2　刘仲奎　著
58　有限群导引(下册)　1999. 5　徐明曜等　著
59　随机模型的密度演化方法　1999. 6　史定华　著
60　非线性偏微分复方程　1999. 6　闻国椿　著
61　复合算子理论　1999. 8　徐宪民　著
62　离散鞅及其应用　1999. 9　史及民　编著

63　调和分析及其在偏微分方程中的应用　1999. 10　苗长兴　著
64　惯性流形与近似惯性流形　2000. 1　戴正德　郭柏灵　著
65　数学规划导论　2000. 6　徐增堃　著
66　拓扑空间中的反例　2000. 6　汪　林　杨富春　编著
67　拓扑空间论　2000. 7　高国士　著
68　非经典数理逻辑与近似推理　2000. 9　王国俊　著
69　序半群引论　2001. 1　谢祥云　著
70　动力系统的定性与分支理论　2001. 2　罗定军　张　祥　董梅芳　编著
71　随机分析学基础(第二版)　2001. 3　黄志远　著
72　非线性动力系统分析引论　2001. 9　盛昭瀚　马军海　著
73　高斯过程的样本轨道性质　2001. 11　林正炎　陆传荣　张立新　著
74　数组合地图论　2001. 11　刘彦佩　著
75　光滑映射的奇点理论　2002. 1　李养成　著
76　动力系统的周期解与分支理论　2002. 4　韩茂安　著
77　神经动力学模型方法和应用　2002. 4　阮炯　顾凡及　蔡志杰　编著
78　同调论 —— 代数拓扑之一　2002. 7　沈信耀　著
79　金兹堡-朗道方程　2002. 8　郭柏灵等　著
80　排队论基础　2002. 10　孙荣恒　李建平　著
81　算子代数上线性映射引论　2002. 12　侯晋川　崔建莲　著
82　微分方法中的变分方法　2003. 2　陆文端　著
83　周期小波及其应用　2003. 3　彭思龙　李登峰　谌秋辉　著
84　集值分析　2003. 8　李　雷　吴从炘　著
85　数理逻辑引论与归结原理　2003. 8　王国俊　著
86　强偏差定理与分析方法　2003. 8　刘　文　著
87　椭圆与抛物型方程引论　2003. 9　伍卓群　尹景学　王春朋　著
88　有限典型群子空间轨道生成的格(第二版)　2003. 10　万哲先　霍元极　著
89　调和分析及其在偏微分方程中的应用(第二版)　2004. 3　苗长兴　著
90　稳定性和单纯性理论　2004. 6　史念东　著
91　发展方程数值计算方法　2004. 6　黄明游　编著
92　传染病动力学的数学建模与研究　2004. 8　马知恩　周义仓　王稳地　靳　祯　著
93　模李超代数　2004. 9　张永正　刘文德　著
94　巴拿赫空间中算子广义逆理论及其应用　2005. 1　王玉文　著
95　巴拿赫空间结构和算子理想　2005. 3　钟怀杰　著
96　脉冲微分系统引论　2005. 3　傅希林　闫宝强　刘衍胜　著

97　代数学中的 Frobenius 结构　2005. 7　汪明义　著
98　生存数据统计分析　2005. 12　王启华　著
99　数理逻辑引论与归结原理(第二版)　2006. 3　王国俊　著
100　数据包络分析　2006. 3　魏权龄　著
101　代数群引论　2006. 9　黎景辉　陈志杰　赵春来　著
102　矩阵结合方案　2006. 9　王仰贤　霍元极　麻常利　著
103　椭圆曲线公钥密码导引　2006. 10　祝跃飞　张亚娟　著
104　椭圆与超椭圆曲线公钥密码的理论与实现　2006. 12　王学理　裴定一　著
105　散乱数据拟合的模型方法和理论　2007. 1　吴宗敏　著
106　非线性演化方程的稳定性与分歧　2007 .4　马　天　汪守宏　著
107　正规族理论及其应用　2007.4　顾永兴　庞学诚　方明亮　著
108　组合网络理论　2007. 5　徐俊明　著
109　矩阵的半张量积:理论与应用　2007. 5　程代展　齐洪胜　著
110　鞅与 Banach 空间几何学　2007. 5　刘培德　著
111　非线性常微分方程边值问题　2007. 6　葛渭高　著
112　戴维-斯特瓦尔松方程　2007. 5　戴正德　蒋慕蓉　李栋龙　著
113　广义哈密顿系统理论及其应用　2007. 7　李继彬　赵晓华　刘正荣　著
114　Adams 谱序列和球面稳定同伦群　2007. 7　林金坤　著
115　矩阵理论及其应用　2007. 8　陈公宁　著
116　集值随机过程引论　2007. 8　张文修　李寿梅　汪振鹏　高　勇　著
117　偏微分方程的调和分析方法　2008.1　苗长兴　张　波　著
118　拓扑动力系统概论　2008. 1　叶向东　黄　文　邵　松　著
119　线性微分方程的非线性扰动(第二版)　2008.3　徐登洲　马如云　著
120　数组合地图论(第二版)　2008. 3　刘彦佩　著
121　半群的 S-系理论(第二版)　2008. 3　刘仲奎　乔虎生　著
122　巴拿赫空间引论(第二版)　2008. 4　定光桂　著
123　拓扑空间论(第二版)　2008. 4　高国士　著
124　非经典数理逻辑与近似推理(第二版)　2008. 5　王国俊　著
125　非参数蒙特卡罗检验及其应用　2008. 8　朱力行　许王莉　著
126　Camassa-Holm 方程　2008. 8　郭柏灵　田立新　杨灵娥　殷朝阳　著
127　环与代数(第二版)　2009. 1　刘绍学　郭晋云　朱　彬　韩　阳　著
128　泛函微分方程的相空间理论及应用　2009. 4　王　克　范　猛　著
129　概率论基础(第二版)　2009. 8　严士健　王隽骧　刘秀芳　著
130　自相似集的结构　2010. 1　周作领　瞿成勤　朱智伟　著

131 现代统计研究基础 2010. 3 王启华 史宁中 耿 直 主编

132 图的可嵌入性理论(第二版) 2010. 3 刘彦佩 著

133 非线性波动方程的现代方法(第二版) 2010. 4 苗长兴 著

134 算子代数与非交换 L_p 空间引论 2010. 5 许全华 吐尔德别克 陈泽乾 著

135 非线性椭圆型方程 2010. 7 王明新 著

136 流形拓扑学 2010. 8 马 天 著

137 局部域上的调和分析与分形分析及其应用 2011. 6 苏维宜 著

138 Zakharov 方程及其孤立波解 2011. 6 郭柏灵 甘在会 张景军 著

139 反应扩散方程引论(第二版) 2011. 9 叶其孝 李正元 王明新 吴雅萍 著

140 代数模型论引论 2011. 10 史念东 著

141 拓扑动力系统——从拓扑方法到遍历理论方法 2011. 12 周作领 尹建东 许绍元 著

142 Littlewood-Paley 理论及其在流体动力学方程中的应用 2012. 3 苗长兴 吴家宏 章志飞 著

143 有约束条件的统计推断及其应用 2012. 3 王金德 著

144 混沌、Mel′nikov 方法及新发展 2012. 6 李继彬 陈凤娟 著

145 现代统计模型 2012. 6 薛留根 著

146 金融数学引论 2012. 7 严加安 著

147 零过多数据的统计分析及其应用 2013. 1 解锋昌 韦博成 林金官 编著

148 分形分析引论 2013. 6 胡家信 著

149 索伯列夫空间导论 2013. 8 陈国旺 编著

150 广义估计方程估计方法 2013. 8 周 勇 著

151 统计质量控制图理论与方法 2013. 8 王兆军 邹长亮 李忠华 著

152 有限群初步 2014. 1 徐明曜 著

153 拓扑群引论(第二版) 2014. 3 黎景辉 冯绪宁 著

154 现代非参数统计 2015. 1 薛留根 著

155 三角范畴与导出范畴 2015. 5 章 璞 著

156 线性算子的谱分析(第二版) 2015. 6 孙 炯 王 忠 王万义 编著

157 双周期弹性断裂理论 2015. 6 李 星 路见可 著

158 电磁流体动力学方程与奇异摄动理论 2015. 8 王 术 冯跃红 著

159 算法数论(第二版) 2015. 9 裴定一 祝跃飞 编著

160 偏微分方程现代理论引论 2016. 1 崔尚斌 著

161 有限集上的映射与动态过程——矩阵半张量积方法 2015. 11 程代展 齐洪胜 贺风华 著

162 现代测量误差模型 2016. 3 李高荣 张 君 冯三营 著

163 偏微分方程引论 2016. 3 韩丕功 刘朝霞 著

164 半导体偏微分方程引论 2016. 4 张凯军 胡海丰 著

165 散乱数据拟合的模型、方法和理论(第二版) 2016.6 吴宗敏 著
166 交换代数与同调代数(第二版) 2016.12 李克正 著
167 Lipschitz 边界上的奇异积分与 Fourier 理论 2017.3 钱 涛 李澎涛 著
168 有限 p 群构造(上册) 2017.5 张勤海 安立坚 著
169 有限 p 群构造(下册) 2017.5 张勤海 安立坚 著
170 自然边界积分方法及其应用 2017.6 余德浩 著
171 非线性高阶发展方程 2017.6 陈国旺 陈翔英 著
172 数理逻辑导引 2017.9 冯 琦 编著
173 简明李群 2017.12 孟道骥 史毅茜 著
174 代数 K 理论 2018.6 黎景辉 著
175 线性代数导引 2018.9 冯 琦 编著
176 基于框架理论的图像融合 2019.6 杨小远 石 岩 王敬凯 著
177 均匀试验设计的理论和应用 2019.10 方开泰 刘民千 覃 红 周永道 著
178 集合论导引(第一卷：基本理论) 2019.12 冯 琦 著
179 集合论导引(第二卷：集论模型) 2019.12 冯 琦 著
180 集合论导引(第三卷：高阶无穷) 2019.12 冯 琦 著
181 半单李代数与 BGG 范畴 $\mathcal{O}$ 2020.2 胡 峻 周 凯 著
182 无穷维线性系统控制理论(第二版) 2020.5 郭宝珠 柴树根 著
183 模形式初步 2020.6 李文威 著
184 微分方程的李群方法 2021.3 蒋耀林 陈 诚 著
185 拓扑与变分方法及应用 2021.4 李树杰 张志涛 编著
186 完美数与斐波那契序列 2021.10 蔡天新 著
187 李群与李代数基础 2021.10 李克正 著
188 混沌、Melnikov 方法及新发展(第二版) 2021.10 李继彬 陈凤娟 著
189 一个大跳准则——重尾分布的理论和应用 2022.1 王岳宝 著
190 Cauchy-Riemann 方程的 L^2 理论 2022.3 陈伯勇 著
191 变分法与常微分方程边值问题 2022.4 葛渭高 王宏洲 庞慧慧 著
192 可积系统、正交多项式和随机矩阵——Riemann-Hilbert 方法 2022.5 范恩贵 著
193 三维流形组合拓扑基础 2022.6 雷逢春 李风玲 编著
194 随机过程教程 2022.9 任佳刚 著
195 现代保险风险理论 2022.10 郭军义 王过京 吴 荣 尹传存 著
196 代数数论及其通信应用 2023.3 冯克勤 刘凤梅 杨 晶 著
197 临界非线性色散方程 2023.3 苗长兴 徐桂香 郑继强 著